万水 ANSYS 技术丛书

LS-DYNA&LS-OPT 优化分析指南

陈　勇　赵海欧　王海华　编著

中国水利水电出版社
www.waterpub.com.cn
·北京·

内 容 提 要

LS-DYNA 软件是 LST 公司（所属 ANSYS 公司）的一款显式动力分析软件，拥有大量不同种类的单元模型、材料模型和算法选择，能够很方便地处理各种高度非线性问题，如各种碰撞分析、冲压成形分析、爆炸分析、跌落分析、热分析、ALE 流固耦合分析等，在汽车、国防军工、航空航天、电子、石油、制造和建筑等行业有着广泛应用。

LS-OPT 软件是 LST 公司（所属 ANSYS 公司）的一款优化分析软件。随着计算机硬件能力和 LS-DYNA 软件并行计算性能的极大提升，目前，结合 LS-DYNA 软件求解器应用 LS-OPT 软件进行大规模优化设计分析成为可能，并且已开始在各行各业得到应用和普及。

本书是 LS-OPT 软件的系统学习教材，详细阐述了 LS-OPT 软件优化分析的各种基本理论，系统讲解了各种操作流程和分析要领，并结合具体优化案例描述在各种实际场合中的应用。因此，本书可作为汽车、航空航天、国防军工、电子、土木工程、造船、水利、石油、制造和建筑等行业工程技术人员应用 LS-DYNA 和 LS-OPT 软件进行多物理场、多学科优化分析和产品开发设计的参考手册，也可以作为理工科院校本科高年级学生及研究生的“有限元优化设计”课程的参考教材。

图书在版编目（CIP）数据

LS-DYNA&LS-OPT优化分析指南 / 陈勇，赵海欧，王海华编著. -- 北京 : 中国水利水电出版社，2021.1
（万水ANSYS技术丛书）
ISBN 978-7-5170-9315-2

Ⅰ. ①L… Ⅱ. ①陈… ②赵… ③王… Ⅲ. ①有限元分析—应用软件—指南 Ⅳ. ①O241.82-39

中国版本图书馆CIP数据核字(2021)第025168号

责任编辑：杨元泓　　加工编辑：陈　洁　　封面设计：李　佳

书　　名	万水 ANSYS 技术丛书 LS-DYNA&LS-OPT 优化分析指南 LS-DYNA&LS-OPT YOUHUA FENXI ZHINAN
作　　者	陈　勇　赵海欧　王海华　编著
出版发行	中国水利水电出版社 （北京市海淀区玉渊潭南路 1 号 D 座　100038） 网址：www.waterpub.com.cn E-mail：mchannel@263.net（万水） sales@waterpub.com.cn 电话：（010）68367658（营销中心）、82562819（万水）
经　　售	全国各地新华书店和相关出版物销售网点
排　　版	北京万水电子信息有限公司
印　　刷	三河市鑫金马印装有限公司
规　　格	184mm×260mm　16 开本　25.25 印张　620 千字
版　　次	2021 年 1 月第 1 版　2021 年 1 月第 1 次印刷
印　　数	0001—2000 册
定　　价	98.00 元

前　　言

近年来，LS-DYNA 软件在国内汽车、国防军工、航空航天、电子、石油、制造和建筑等行业得到了广泛应用，基本已成为高度非线性、大变形显式动力分析的标准分析软件。

随着安全、节能和社会竞争等各方面的要求，产品设计要求变得越来越复杂，多学科的优化设计要求越来越迫切。这种多学科设计方法要求设计者通常使用多种求解器进行多个案例分析。例如，车辆设计可能需要考虑耐撞性、乘坐舒适性、噪声水平以及耐久性，此外，耐撞性分析可能需要多个分析案例，例如正面和侧面碰撞等。因此，随着计算机变得越来越强大，设计工具的集成将变得越来越普遍，用户亟须一个多学科的设计程序接口。LS-OPT 软件即是这样一款产品，可以结合 LS-DYNA 软件求解器（或其他求解器）来帮助用户进行各种优化设计分析。

LS-OPT 软件优化设计分析对于初学者来说具有一定的难度，而目前国内也没有一本相对比较系统的中文书籍提供参考，鉴于此，应广大使用者的要求，编者根据这几年来 LS-OPT 软件发展状况及软件用户手册，在 ANSYS 中国公司的大力支持下，汇编成这本《LS-DYNA&LS-OPT 优化分析指南》，为 LS-DYNA 和 LS-OPT 软件的使用者提供相关参考和建议。

本书共分 22 章。第 1～19 章对 LS-OPT 软件进行简单介绍，指导用户使用 LS-OPT 图形用户界面；第 20～22 章通过实例说明 LS-OPT 在多种实际场合中的应用，包含了演示特性和功能的内容，可以与第 2～19 章一起阅读，以帮助用户设置问题公式。

在本书的编写过程中，特别感谢编者的研究生黄丹丹、宋长远、陈大玮对部分资料的收集、整理、翻译、校对和全书文稿的排版。特别感谢原 LSTC 公司和上海仿坤软件科技有限公司的工程师们及美国 ANSYS 中国分公司董兆丽女士的大力支持和帮助。

由于编者水平有限，书中不足之处在所难免，敬请广大读者批评指正。

编者

2020 年 4 月于上海

目　　录

第1章 绪论

传统设计方法是通过评估设计响应，随后基于经验或直觉来进行设计更改，从而达到改进目的。但传统设计方法通常达不到预期的最佳设计效果，因为设计目标存在互相冲突，同时不清楚怎样更改设计来实现这些目标的最佳折中。优化设计是一种更系统性的设计方法，它是将设计准则集成到优化目标和约束中，通过逆向过程，首先指定设计准则，然后通过计算获得“最优”设计。

计算方法和计算机硬件直到最近才发展到可以分析复杂非线性问题的水平，在冲击问题和制造过程的模拟中可以找到许多这样的例子。由于响应特性的不稳定性，这些依赖于时间的响应通常对设计参数的更改非常敏感，而并行程序或自适应计算程序逻辑可能会导致虚假的灵敏度，舍入误差可能会进一步加剧这些影响。在优化方法中如果没有恰当地处理这些因素，这些因素将会影响函数梯度，从而阻碍设计改进。

在常用的几种优化方法中，响应面方法（response surface methodology，RSM）是一种在多维空间中构造函数平滑逼近的统计方法，近年来已取得显著成绩。RSM 选择在整个设计空间中最优分布设计来构建近似曲面或“设计公式”，而不是仅仅依赖于局部信息（比如仅仅是梯度）。因此，由“噪声”引起的局部影响得到了缓解，该方法试图在有限的设计空间或更小的感兴趣区域内找到设计响应的表现形式。这种全局信息的提取可以让设计人员使用替代设计公式来探索设计空间。例如，在车辆设计中，设计者可能决定研究改变质量约束的效果，同时监控车辆的耐撞性响应。设计者还可决定约束耐撞性响应，同时最小化或最大化任何其他准则，如质量、乘坐舒适性等。这些准则可以根据重要性进行不同的加权，因此需要更广泛地探索设计空间。

开发设计程序所面临的挑战之一，是设计人员并不总是能够清楚地定义他们的设计问题。在某些情况下，设计准则可能受到安全性或其他考虑因素的约束，因此响应必须限制在特定的值上，这些可以很容易地被定义为数学约束方程。在其他情况下，固定准则不再适用，但设计人员知道响应是否必须最小化还是最大化。比如在汽车设计方面，耐撞性可以通过法规来约束，同时其他参数比如质量、成本和乘坐舒适性等作为目标合并成多目标优化问题。由于各种准则的相对重要性可能是主观的，因此可视化一个响应与另一个响应的取舍曲线能力变得很重要。

取舍曲线是一种可视化工具，用于描述在同一设计中涉及多个重要响应参数的折中属性。在设计调整必须准确而迅速的现代设计中，取舍曲线发挥着极其重要的作用。通常利用帕累托最优原理构造设计取舍曲线。这意味着，只有那些改善一种响应必然导致其他任何响应恶化的设计才最终得到体现。从这个意义上说，如果不能对帕累托最优设计作进一步的改进，它即是最佳折中。当然设计人员仍然有设计的选择，但剩下的因素是主观选择哪个特征或标准比另一个更重要。虽然这个选择最终必须由设计人员做出，但通过限制可能解决方案的数量，这些取舍曲线仍然是有用的。比如车辆设计中的一个例子是质量（或能源效率）与安全性之间的折中。

更复杂的情况是，机械设计实际上是一个跨学科过程，涉及各种建模和分析工具。为了促进这一过程，使设计人员专注于创造力和精细化，重要的是提供合适的接口实用程序来集成这些设计工具。由于安全、节能、社会竞争等方面的要求，设计必然会变得更加复杂。因此，在未来，越来越多的学科将不得不集成到一个特定设计中。这种多学科设计方法要求设计者通常使用多种求解器运行多个案例。例如，车辆设计可能需要考虑耐撞性、乘坐舒适性、噪声水平以及耐久性，此外，耐撞性分析可能需要多个分析工况，例如正面和侧面碰撞。因此，随着计算机变得越来越强大，设计工具的集成将变得越来越普遍，需要一个多学科的设计接口。

现代计算机架构通常具有多个处理器，所有迹象都表明对分布式计算的需求在未来将会增强。这在计算领域引发了一场革命，因为过去花几天时间进行的单个分析现在可以在几个小时内完成。优化，尤其是 RSM，由于消息传递水平较低，因此非常适合应用于分布式计算环境。因为每个设计都可以在一个局部迭代中独立地分析。毫无疑问，序贯方法在分布式计算环境中的优势要小于 RSM 等全局搜索方法。

目前版本的 LS-OPT 还具有基于蒙特卡罗的点选择方案及优化方法。随机方法和响应面方法各自的相关性可能会引起人们的兴趣。在基于纯响应面的方法中，变量的影响与偶然事件有所区别，而蒙特卡罗模拟用于研究这些偶然事件的影响。这两种方法应以互补的方式使用，而不是相互替代。在偶然性起重要作用的事件中，设计响应关注通常具有全局性质（基于时间的平均或积分）。这些响应在特征上基本是确定性的。本书中的整车碰撞实例可以证明侵入量和加速度峰值的确定性特征。这些类型的响应通常是高度非线性的，并且由于不可控的噪声变量，从而具有随机成分，但它们本身不是随机的。

在基于设计优化和鲁棒性改进的直接或间接（近似）可靠性设计响应中，随机方法具有重要作用。该方法目前正在开发中，将在 LS-OPT 的未来版本中提供。

第2章 LS-OPT入门

2.1 LS-OPT安装命令

LS-OPT 软件安装命令见表 2-1。

表 2-1 描述 LS-OPT 的执行命令

命令	描述
lsoptui file_name.lsopt	执行图形用户界面
lsopt file_name.lsopt	执行 LS-OPT 批处理
lsopt env	检查 LS-OPT 环境设置。LS-OPT 环境自动设置为 lsopt 可执行文件的位置
viewer file_name.lsopt	执行图形化后处理器（也可以从主 GUI 访问）
com2lsopt com.abcde abcde.lsopt	将.com 文件（LS-OPT 版本<5.0）转换为 XML 格式的.lsopt 文件

2.2 LS-OPT中的名称约定

2.2.1 变量名

本节定义的变量是可以在数学表达式中使用的实体。变量由它们的名称来标识。名称长度限制为 61 个字符。除了数字 0～9、大写或小写字母外，名称还可以包含句号（.）和/或下划线（_），不可以有空格。

变量的主导字符必须按字母序贯排列。变量必须有唯一的名称，因为数学表达式可以使用同一个公式中的各种实体来构造。

2.2.2 阶段和采样名

对于不能在数学表达式中使用的实体，例如 stage、sampling、distribution 和 resource，这些实体名称还可以包含字符-、+、%、=，不可以有空格。

阶段和采样名受软件限制为 1023 个字符（不可以有空格）。这些名称用作子目录名称，因此可能会根据操作系统受到更严格的限制。

2.2.3 环境变量名

环境变量名称 Envvar 还可以包含字符-、+、%。

2.3 一种使用响应面进行设计的方法

2.3.1 设计准备

由于设计优化过程成本较高，设计人员应该避免在设计的高级阶段才发现模型或过程中的重大缺陷。因此，必须仔细规划设计过程，设计人员需要提前熟悉模型、过程和设计工具。下列几点被认为是重要的：

（1）用户应熟悉并对用于设计的模型（如有限元模型）精度有信心。没有可靠的模型，这种设计毫无意义。

（2）选择合适的准则进行设计。准则中表示的响应必须由分析产生，并且 LS-OPT 可以访问。

（3）从分析程序中请求必要的输出，并为与时间相关的输出设置合适的时间间隔。避免不必要的输出，因为高输出速率会迅速耗尽可用的存储空间。

（4）使用 LS-OPT 运行至少一个模拟分析（基本参考设计）。为节省时间，仿真的终止时间可相应提前。这一过程将测试响应提取命令和各种其他特性。可以使用自动响应检查，但仍然建议手动检查。

（5）就像在传统的模拟中一样，对于长时间的模拟，建议转储重启动文件，如果有重启动文件可用，LS-OPT 将自动重新启动设计模拟。为此，在使用 LS-DYNA 作为求解程序时，需要 runrsf 文件。

（6）确定合适的设计参数。在开始时，选择更多而不是很少的设计变量是很重要的。如果设计涉及多个学科，则需要就设计变量的选择进行一些跨学科的讨论。

（7）为设计参数确定合适的初始值。初始值是对最优设计的估计。如果现有的设计存在这些值，则可以从现有的设计中获得。初始设计将形成第一个感兴趣区域的中心点。

（8）选择一个设计空间。这由所选变量的绝对界限表示。如果功能响应的先前信息可用，则响应也可能是有界的。即使是设计响应的一个简单近似也可以用来确定进行分析的近似函数边界。

（9）为设计变量选择合适的初始设计范围。范围不应该太小，也不应该太大。设计区域太小会偏保守，可能需要多次迭代来收敛，或者根本不可以设计收敛。同时由于噪声占主导地位，设计区域太小，会无法捕捉到响应的可变性。而设计区域太大，会引入较大的建模错误。

当然建模错误通常不那么严重，因为在优化过程中，感兴趣的区域逐渐减少。

（10）如果用户无法确定起始范围的大小，则应将其省略。在这种情况下，将选择整个设计空间。

（11）当使用多项式响应面（默认值）时，要为设计近似选择合适的阶次。一个好的初始近似是线性的，因为线性只需要最少的分析来构建。然而，线性也是最不准确的。因此，选择也取决于现有的资源的多少。当然，线性实验设计可以很容易地扩展到包含更高阶次。

在选择元模型之前，请参考相关理论部分。

经过相应的准备后，现在可以开始优化过程了。此时，用户必须决定是使用自动迭代，还是基于一次或几次迭代。首先执行变量筛选［通过 ANOVA（方差分析）或 GSA（全局敏感性分析）］，变量筛选对于减少设计变量的数量很重要，可以减少每次优化的总计算时间。变量筛选在两个示例中进行了说明（见第 20.5 和 20.6 节）。

自动迭代过程可以选择任意逼近函数来进行。它自动调整子区域的大小，并在满足停止条件时自动终止。减少子区域大小的特性也可以由用户重写，以便将计算点添加到整个设计空间中。如果用户想要探索设计空间，比如构造一个帕累托最优前沿，自动迭代是必要的。如果只需要一个最优点，那么使用带域缩减的序贯线性逼近方法可能是最好的，特别是在设计变量较多的情况下。

逐步迭代的半自动过程也同样有用，因为它可以让设计人员更灵活地处理问题。迭代方法可能会浪费计算时间，特别在处理不当的情况下。在大多数情况下，建议第一次迭代之后暂停一下，这样可以验证数据、设计公式和检查结果，包括方差分析和 GSA 数据。在许多情况下，只需要 2～3 次迭代就可以实现合理的优化设计。设计的改进通常可以在一次迭代中实现。

2.3.2 逐步迭代半自动程序

逐步迭代半自动程序概述如下：

（1）根据需要评估尽可能多的点来构建线性近似，使用任何误差参数来评估线性逼近的准确性，通过 ANOVA/GSA 结果检查主要影响，这将明显找出那些无关紧要的变量从而可以从问题中删除。ANOVA/GSA 是一个简单的迭代运行，通常使用线性响应面来研究主要和/或交互影响。ANOVA/GSA 结果可以在 LS-OPT 的后处理器中查看（见第 16.3.4 节）。

（2）如果线性逼近不够精确，可以添加足够的点来构造二次逼近。对于评估二次逼近的准确性，可以添加中间步骤来评估交互作用和/或椭圆近似的准确性。径向基函数也可以用作更灵活的高阶函数（它们不需要最小点数）。

（3）如果高阶近似也不够精确，原因可能有两个方面：

1）设计响应中存在明显的噪声。

2）建模误差，即函数非线性太强，子区域太大，无法进行精确的二次逼近。

对于上面 1）这种情况，可以采取不同的方法。首先，尝试识别噪声的来源，例如在考虑加速度相关响应时，是否进行了滤波？提取数据库中的响应是否有足够的有效数字可用（使用 LS-DYNA 求解器则没有问题，因为数据是从二进制数据库中提取的）？自适应网格使用正确吗？其次，如果噪声不能归因于特定的数值源，可能是混沌的或随机的建模过程导致噪声响应。在这种情况下，用户可能需要采用基于可靠性的设计优化技术。最后，在优化问题的求解过程中，可以将其他噪声较小但仍然相关的设计响应看作是一个非固有的目标函数或约束函数。

对于上面 2）这种情况，可以缩小子区域。

在大多数情况下，不能确定误差的来源，因此在这两种情况下，都需要进一步的迭代来确定是否可以改进设计。

（4）优化近似子问题。近似解要么在子区域的内部，要么在子区域的边界上。

如果近似解在内部，那么解可能足够好，特别是当它接近起点时。建议对优化设计进行分析，验证其正确性。如果当前子问题中任何函数的精度较差，则需要进行另一次迭代，以减小子区域的大小。

如果近似解在子区域的边界上，则期望解可能在区域之外。因此，如果想更全面地探索设计空间，就必须建立一个新的近似。当前响应面精度可作为是否减小新区域尺寸的指标。

然后可以为新的子区域重复整个过程，并在初始选择更大数量的迭代时自动重复进行。

2.4　推荐的测试程序

一次完整的优化运行成本可能非常高。因此，建议谨慎地进行一次完整的优化。在开始整个运行之前，检查 LS-OPT 优化运行是否设置正确。到目前为止，大部分时间应该花在检查优化运行是否会产生有用结果上。一个常见的问题是不检查设计的鲁棒性，导致一些求解程序运行中断，因为不合理的参数可能导致网格变形、零件的干涉或不确定的几何形状。

因此，建议采取下列一般步骤。

（1） 通过在选定设计空间的极端角落运行一些设计（可能是 2～3 个）来测试分析模型的鲁棒性。并将这些设计运行到它们的全部期限（在与时间相关分析的情况下）。一个重要的设计观点是对所有的设计变量设置最小值和最大值。初始设计可以通过从控制栏 Run 菜单中选择 Baseline Run（基准运行）来执行。

（2）修改输入定义，对实验设计进行全面分析。

（3）对于时间相关分析或非线性分析，要显著减少终止时间或负载，以测试问题和解决程序的逻辑关系和特性。

（4）使用指定的完整问题执行 LS-OPT 并监视流程。

2.5　设计优化中的陷阱

这里着重介绍优化的一些陷阱或潜在问题。使用数值敏感性分析的危险已经讨论过，这里不再详细讨论。

2.5.1　全局最优

KKT（Karush-Kuhn-Tucker）条件控制着一个点的局部最优性。然而，在设计空间中可能有不止一个最优值。这是大多数设计的典型情况，即使是最简单的设计问题（例如众所周知的带有 10 个设计变量的 10 杆桁架尺寸问题），也可能有多个最优值。显而易见，目标是找到全局最优。许多基于梯度和离散的优化设计方法都严格地处理全局最优性，但是由于没有全局最优性的数学准则，只有穷举搜索方法才能确定设计是否最优。大多数全局优化方法需要大量的功能评估（模拟）。在 LS-OPT 算法中，全局最优性是在近似子问题的层次上通过一个从所有实验设计点出发的多起点方法来处理的。如果用户能够负担得起运行直接优化程序，则可以使用遗传算法。

2.5.2 噪声

虽然噪声可能表现出与全局最优性相同的问题，但噪声更多地是指高频随机锯齿响应，而不是波动响应。这可能主要是由于数值四舍五入和/或混沌特性。虽然目前对“噪声”问题的解析或半解析设计灵敏度的应用是一个活跃的研究课题，但目前还不太可能找到适用于冲击和钣金成形问题的基于梯度的优化方法。这在很大程度上是由于优化算法的连续性要求和灵敏度分析费用的增加。尽管只需要较少的功能评估，但灵敏度分析的实施成本很高，而并行化的成本甚至更高。

2.5.3 非鲁棒性设计

由于 RSM 是一种全局逼近方法，所以实验设计中可能包含感兴趣区域较远角落的设计，这些较远角落的设计在仿真过程中很容易失败（除了设计者可能对这些设计不感兴趣之外）。一个例子是单调荷载曲线的参数识别，实验设计者提出的一些参数可能是非单调的。这可能会导致模拟过程出现意想不到的特性和模拟失败的可能性。这几乎总是表明设计公式是不健壮的。在大多数情况下，通过对问题提供适当的约束，并利用这些约束将未来的实验设计限制在一个“合理”的设计空间，可以消除糟糕的设计。

2.5.4 不可能的设计

不可能的设计代表了设计空间中的一个“孔”。一个简单的例子是一个两杆桁架结构，每个桁架组件都被分配一个长度参数。当设计变量的和小于基础测量值，并且桁架无法装配时，就会发生不可能的设计。如果违反设计空间，导致构件尺寸不合理或角度超出可操作性范围，也会发生这种情况。在复杂结构中，可能很难确定不可能区域或“孔”的显式边界。

2.5.5 非唯一的设计

在某些情况下，多个解会为目标函数给出相同或相似值。这种现象在参数识别问题中经常出现。基本问题是一个具有多个解的奇异方程组。非唯一性的表现如下：

- 不同的解具有相同的目标函数值。
- 非线性回归问题的置信区间很大，表明是一个奇异系统。

对于非线性回归问题，用户应确保测试/目标结果是充分的。可能是数据集很大，但是一些参数对与数据对应的函数不敏感。一个例子是确定材料的弹性模量（E），但测试点仅在塑性变形范围内（见第 21.1 节）。在这种情况下，响应函数对 E 不敏感，并且将显示 E 非常高的置信区间（见第 21.1.4 节）。

非鲁棒性设计和不可能的设计的区别在于，非鲁棒性设计可能会显示出意外的特性，导致运行中止，而不可能的设计则根本无法求解。

在机械设计中，不可能的设计是常见的。

2.6 建立一个简单的优化问题

2.6.1 工作目录

创建一个工作目录，用于保存主命令文件、输入文件和其他命令文件以及 LS-OPT 程序输出，要确保路径名称中没有空格。

2.6.2 启动

打开 LS-OPT 图形用户界面（具体介绍见第 3.1 节），输入所需的设置，生成一个 LS-OPT 项目文件，如图 2-1 所示。单击 Create 按钮将打开主 LS-OPT GUI 窗口，如图 2-2 所示。

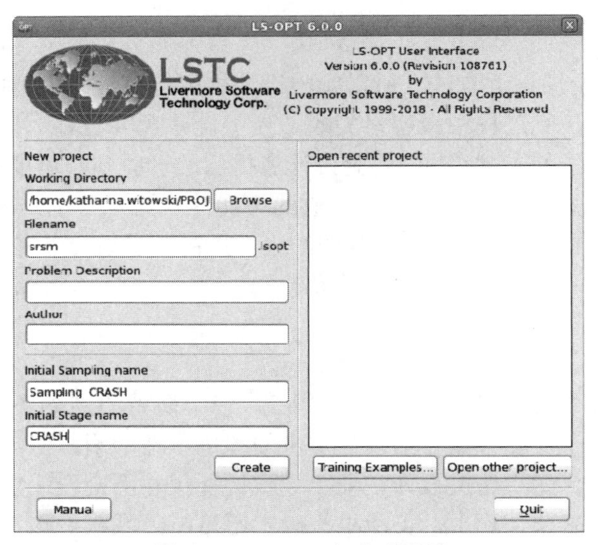

图 2-1 LS-OPT 启动对话框

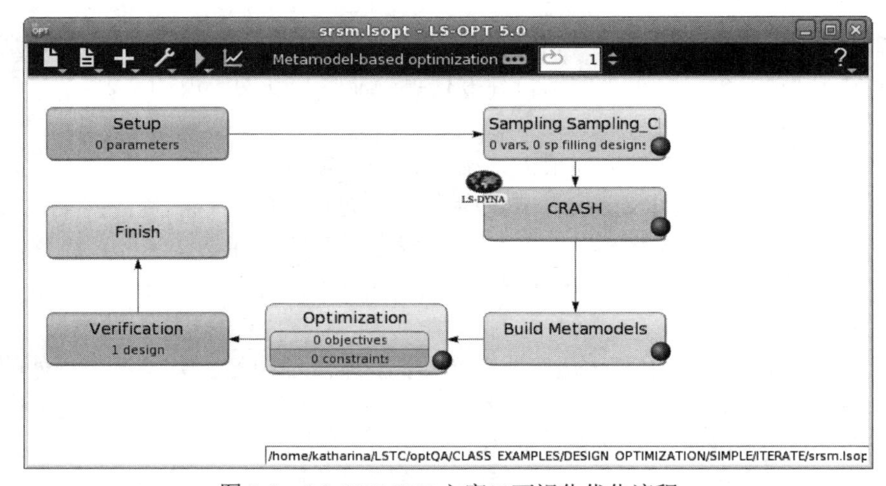

图 2-2 LS-OPT GUI 主窗口可视化优化流程

几个训练的例子可以通过 Training Examples 按钮打开，或可以在主 GUI 中直接打开（参见第 2.7 节）。

选择工作目录，为 LS-OPT 项目文件输入一个名称，并为初始采样和初始阶段输入一个名称，生成一个新项目。

选择一个图形块将打开相应的对话框。使用鼠标左键可以自由移动（CRASH）阶段图标。

2.6.3 任务

从控件栏■■■中选择相应的图标，打开任务对话框，选择任务运行。例如，图 2-3 显示了第 4 章基于元模型的优化与策略：Sequential with Domain Reduction（带域缩减的序贯），主 GUI 显示所选任务的流程流。

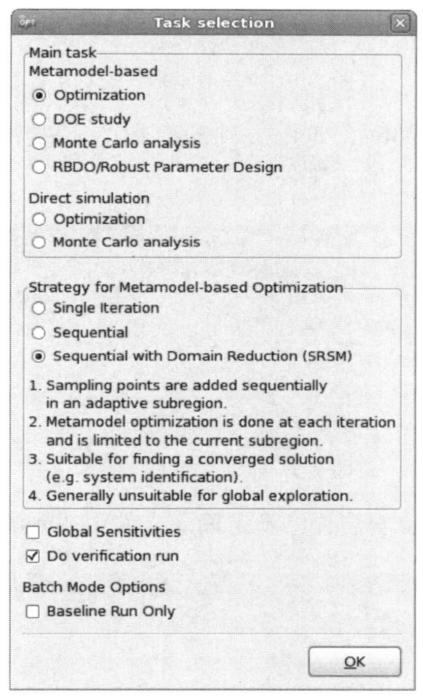

图 2-3　在任务对话框中选择主要任务和策略

2.6.4 阶段

首先，建立流程链。在最简单的情况下，需要定义一个 Stage（阶段）以建立与求解程序（例如 LS-DYNA）的交互关系。选择已经可用的阶段图形块，如图 2-4 所示。选择 Solver Package Name、Solver Command 和 Parameterized Input File（参考第 5 章）。在更复杂的情况下，可以添加进一步的阶段，例如前处理或后处理程序。

然后，切换到 Parameters（参数）选项卡，检查在求解器输入文件中找到的参数，如图 2-5 所示。

接下来，切换到 Responses（响应）和 Histories（历史）选项卡（图 2-6），来定义要从求解器输出数据库中提取的结果（在优化阶段用作目标或约束）（详见第 6 章）。

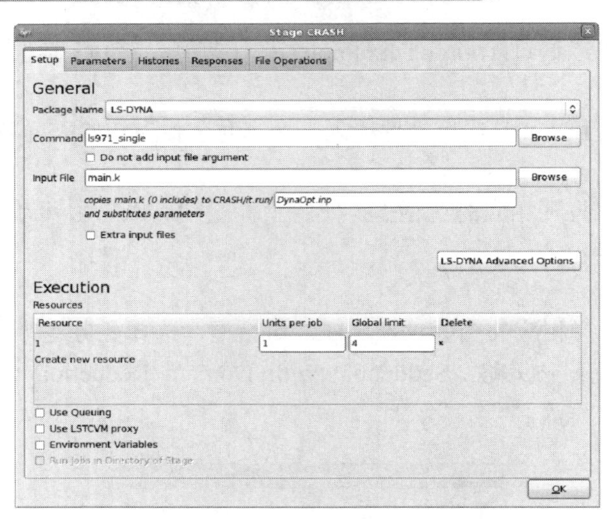

图 2-4　阶段对话框－设置

在图 2-4 所示界面中选择 Solver Package Name（求解程序包名称 LS-DYNA）、the Command（命令）和 Input File（求解程序输入文件）。

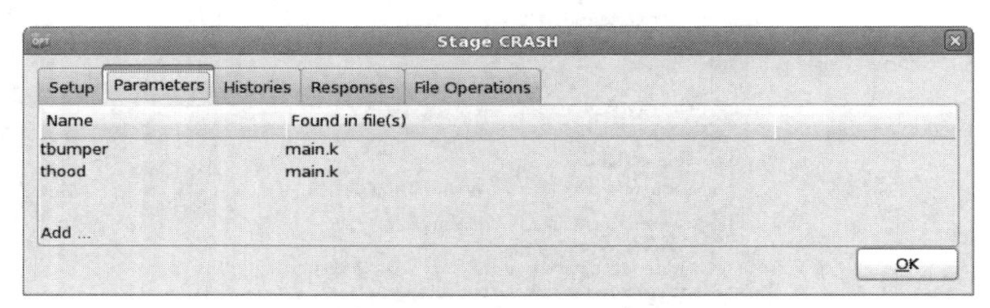

图 2-5　阶段对话框－参数

在图 2-5 所示界面中显示了安装程序指定输入文件中找到的参数。

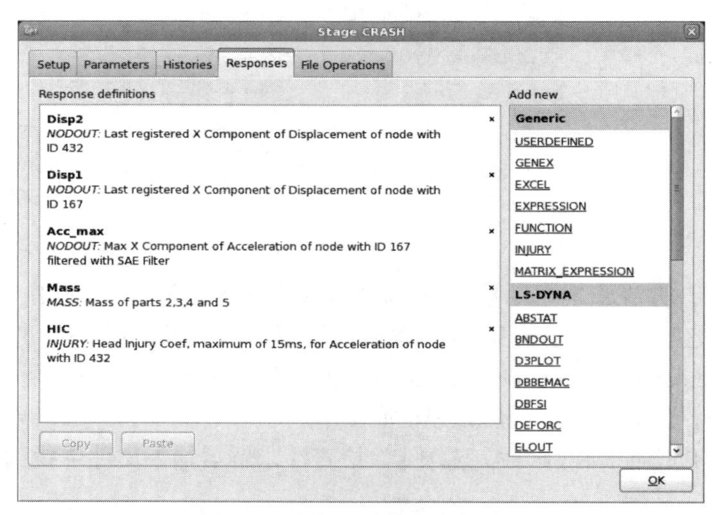

图 2-6　阶段对话框－响应面板

从图 2-6 右边的列表中选择一个响应类型来添加一个新的响应定义。

2.6.5 设置

选择主 GUI 的左上角的 Problem global setup 对话框（详见第 8 章），在阶段输入文件中定义的所有参数都应该自动作为常量可用，如图 2-7 所示。

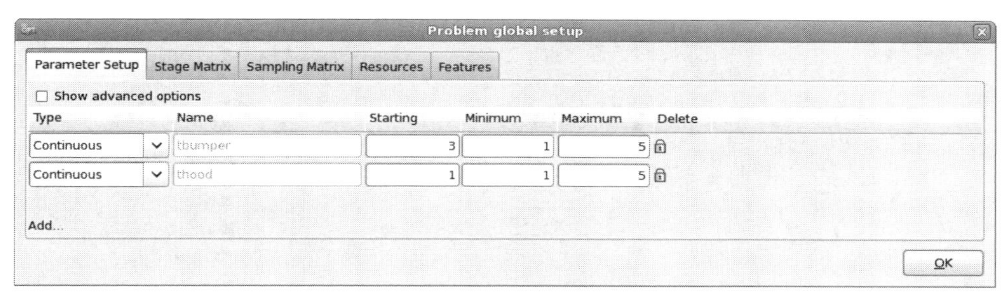

图 2-7　参数设置对话框

选择所需的 Type（变量）类型。在大多数情况下使用 Continuous（连续）变量。然后输入所要求的值，例如 Starting（起始值）、Minimum（最小值）和 Maximum（最大值），来定义连续变量的设计空间。

按照优化流程流中的箭头指向下一个框，以定义相应的设置和选项。

2.6.6 采样和元模型

选择 Sampling（采样）对话框（详见第 9 章），选择元模型和点选择类型，或者只使用默认值，如图 2-8 所示。

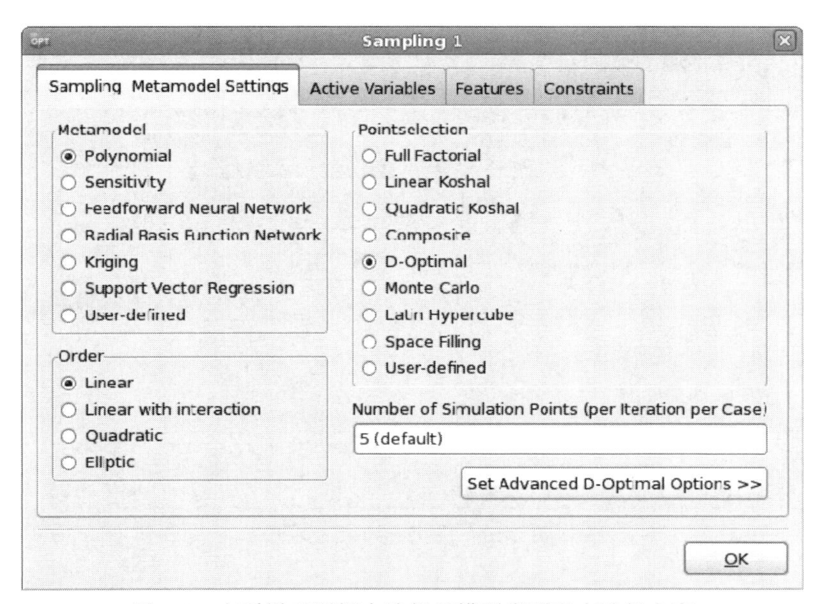

图 2-8　在采样对话框中选择元模型类型和点选择方案

Build Metamodels（建立元模型）框与采样框耦合到同一个对话框。它显示在流程的末尾，主要为了正确地表示优化流程。因此可以跳过建立元模型框。

2.6.7 优化

选择 Optimization 对话框（详见第 12 章），从前面定义的 Responses（响应）中，选择目标组件，如图 2-9 所示。

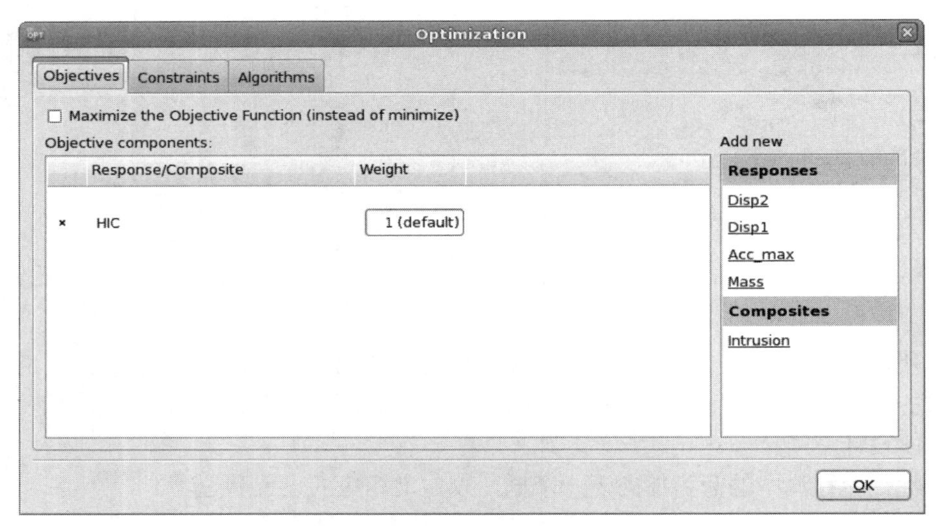

图 2-9　优化—目标对话框

切换到 Constraints 约束选项卡。从前面定义的响应中，选择约束并分别指定下界和上界，如图 2-10 所示。使用算法默认设置。

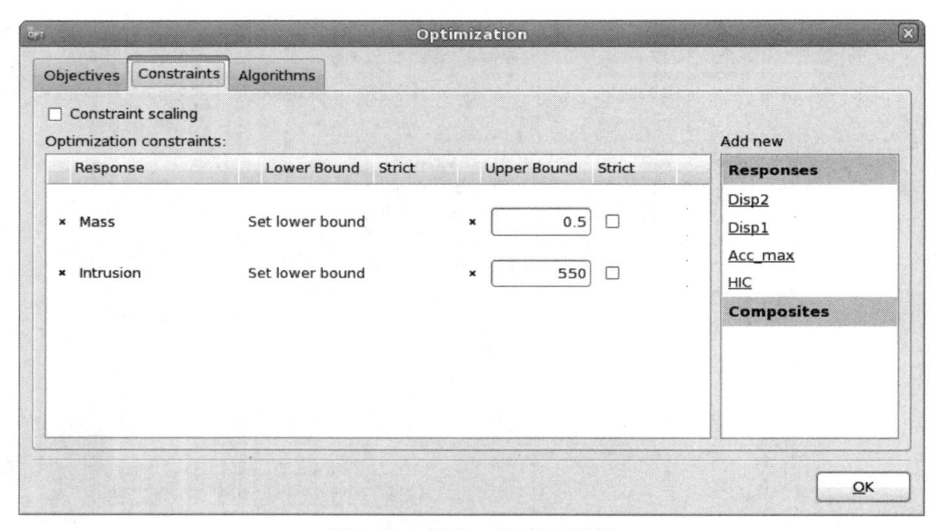

图 2-10　优化—约束对话框

2.6.8 终止条件

选择 Termination Criteria 对话框（详见第 13 章），指定最大迭代次数 Maximum number of Iterations，例如 5 次迭代，其他选项使用默认值，如图 2-11 所示。

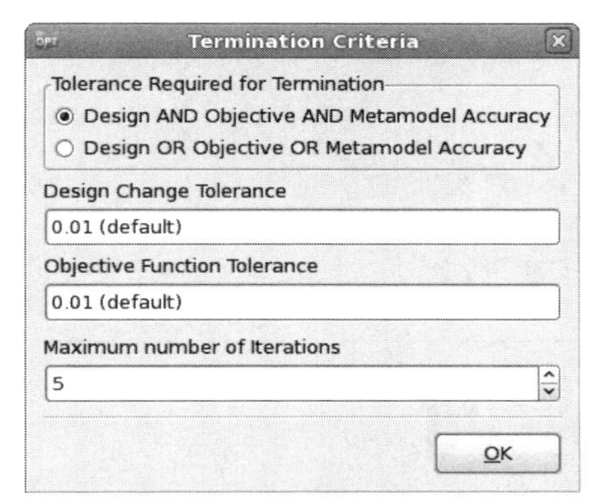

图 2-11　在终止条件对话框设置最大迭代次数

2.6.9　运行

设置优化问题后，使用控制栏 Run 菜单（▶）中的选项运行任务（详见第 3.3 节）。建议首先使用基准运行 Baseline Run 选项，检查流程链的各阶段是否正常工作，并按照预期提取结果，然后使用 Normal Run 选项运行完整的任务。

2.6.10　查看器

通过从主 GUI 窗口控制栏中选择 启动查看器（详见第 16 章）来评估结果。查看器提供了显示元模型、绘制模拟结果以及优化过程的功能。

2.7　训练示例

可以从启动对话框中访问训练示例。按下 Training Examples 按钮打开 LS-OPT Training Examples（训练示例）对话框，如图 2-12 所示，左侧是可用示例列表，右侧是所选示例的描述。

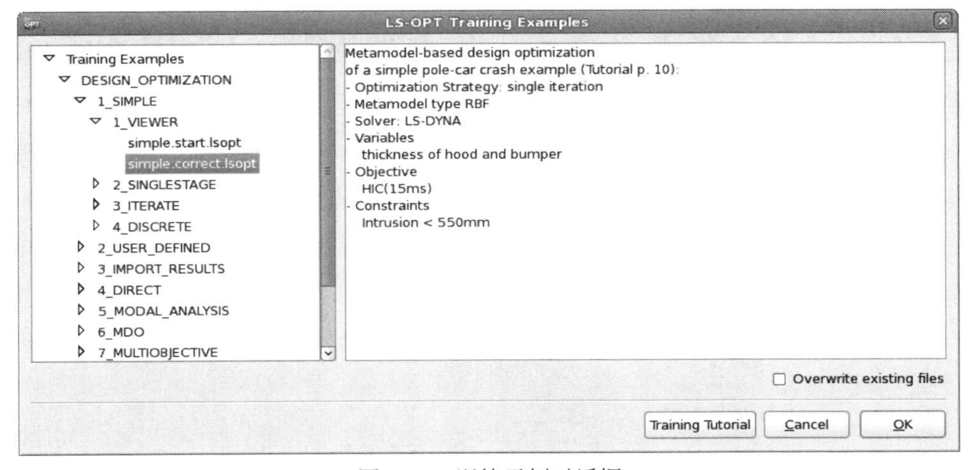

图 2-12　训练示例对话框

本书可通过 Training Tutorial（训练教程）按钮进行访问，了解如何设置和评估训练示例。

第3章 图形用户界面

本章主要介绍 LS-OPT 的图形用户界面。LS-OPT GUI 为用户构建一个模拟过程，使用流程图定义阶段依赖关系。该流程可以完成任何分析任务，例如模拟、优化、蒙特卡罗分析等。通过使用进度条和 LRDS，LS-OPT GUI 还提供了每个优化步骤和仿真阶段的进度窗口。

3.1 LS-OPT 用户界面（LS-OPTui）

在 Linux 系统中，用下面的命令启动用户界面：

lsoptui [command_file.lsopt]

在 Windows 系统中，使用 lsoptui.exe 启动用户界面。命令文件可以直接通过拖放或双击.lsopt 文件名。

如果在没有命令文件参数的情况下启动用户界面，则会打开 Startup 对话框，可以在其中定义一个新的 LS-OPT 项目，或者选择要打开的现有项目，如图 3-1 所示。对话框中各选项的含义具体见表 3-1。另外，将在用户界面中打开指定的 LS-OPT 项目，如图 3-2 所示。

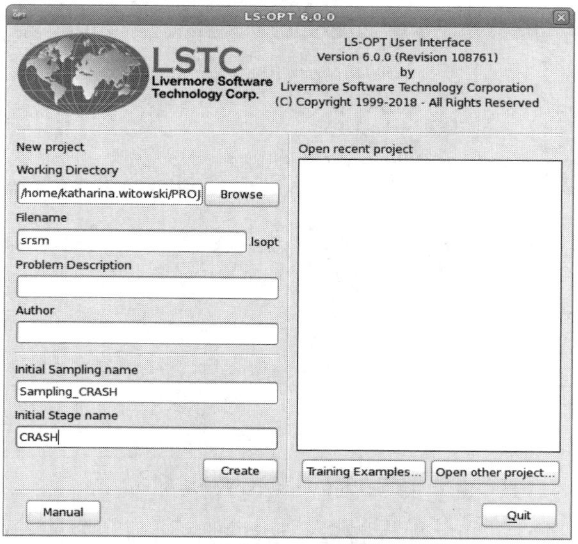

图 3-1　lsoptui 启动对话框

表 3-1　启动对话框选项含义

选项	描述
Working Directory	工作目录：目录，其中存储 LS-OPT 项目输入文件和一些结果
Filename	文件名：存储 LS-OPT 项目的.xml 文件的名称。扩展.lsopt 自动附加到所选名称
Problem Description	问题描述：可以给出问题的描述，这种描述在 lsopt_input 和 lsopt_output 文件中，在图形文件标题和 GUI 中显示（右下角的表）（可选）
Author	作者：作者信息（可选）
Initial Sampling name	初始采样的名字：每个 LS-OPT 项目至少需要一个采样定义，第一个采样的名称必须在这里指定，提供了一个默认名称
Initial Stage name	初期的名字：每个 LS-OPT 项目至少需要一个阶段定义，阶段定义包括求解器类型和命令以及主输入文件名，第一个阶段的名称必须在这里指定，提供了一个默认名称
Create	创建：创建一个新的 LS-OPT 项目，并在主 GUI 中打开它
Open recent project	打开最近的项目：可以打开列表中最后十个 LS-OPT 项目中的一个项目
Training Examples	训练的例子：打开训练示例列表
Open other project	打开其他项目：选项打开任何现有的 LS-OPT 项目
Manual	手册：打开 LS-OPT 用户手册
Quit	退出：退出 lsoptui

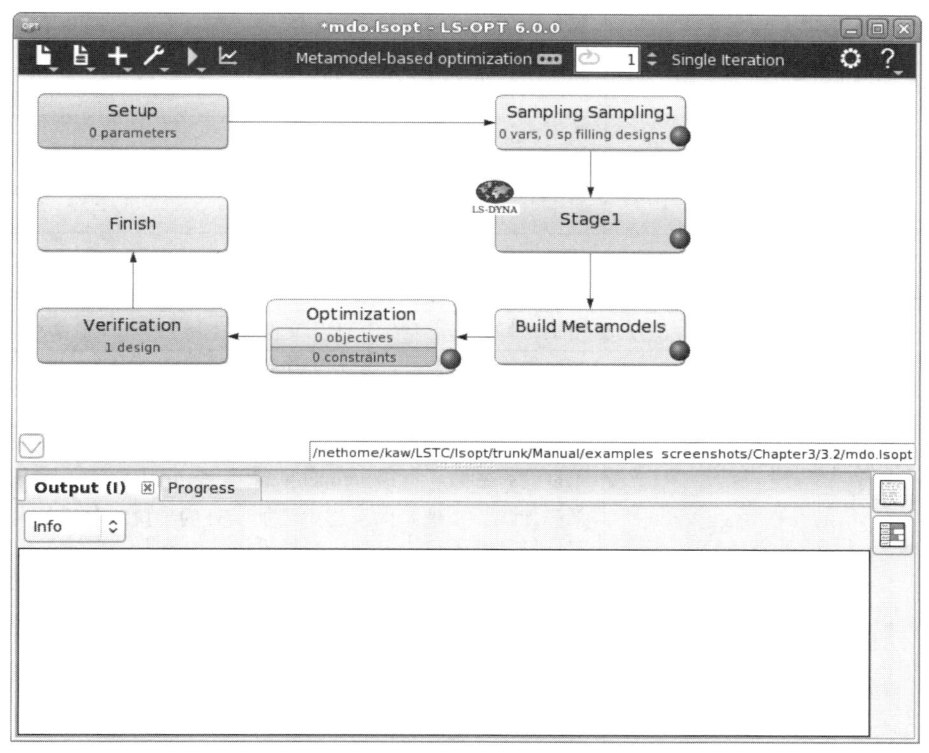

图 3-2　用于设置基于元模型的优化的主 LS-OPT GUI 窗口

使用以前的 LS-OPT 版本（4.x 或者更旧版本）生成的 com.abcde 文件，可以用下面的命令打开：

lsoptui [com.abcde]

保存 GUI 内容将生成一个.xml 格式的 abcde.lsopt 文件。

在命令提示符中执行以下命令也可以生成 abcde.lsopt 文件：

com2xml com.abcde abcde.lsopt

3.2 图形用户界面主窗口

LS-OPT 图形用户界面中的流程图（图 3-2）模拟了所选任务的流程。例如：启动“设置”中定义的全局参数设置，通过采样，在“阶段”中定义仿真过程链及其依赖关系、元模型的构建、元模型优化、收敛检查和域缩减，在一个或多个循环中实现上述流程，最后验证基于元模型的序贯优化运行。有关可用任务的详细信息请参阅第 4 章。

双击任何一个框，就会打开相应的对话框，可以查看和调整设置。对话框和选项在各自的章节中进行了解释，见表 3-2。

表 3-2　主 GUI 控件栏选项

控件	选项	描述
	New	新建：打开 Startup 对话框（图 3-1），创建一个新的优化项目
	Open	打开：选项打开现有的 LS-OPT 项目
	Save	保存：保存当前项目
	Save as …	另存为：当前项目另存为
	Encrypt project	加密项目：加密项目文件
	Exit	退出 lsoptui
	Input	输入：打开 lsopt_input 文件
	Output	输出：打开 lsopt_output 文件
	Summary Report	摘要报告：打开 lsopt_report 文件
	Warnings	警告：打开 WARNING_MESSAGE 文件
	Errors	错误：打开 EXIT_STATUS 文件
	Open project folder	开放的项目文件夹：打开工作目录
	Other file…	其他文件…：选项以打开任何其他文本文件
+	Add Sampling	添加采样：添加额外的采样。采样的名称将用作采样相关数据库的子目录的名称，如 Experiments_n.csv 和 AnalysisResults_n.lsox
	Add Stage in Sampling	采样加级：在选定的采样中添加额外的阶段。阶段的名称将用作工作目录的子目录名称。与阶段相关的数据库存储在此目录中。可以通过指定名称生成新阶段，也可以导入以前导出的阶段
	Add Composite	添加复合：添加复合
	Add Domain Reduction	添加域缩减：使用域缩减（与任务对话框中序贯使用域缩减选项相同）
	Add Termination Criteria	添加终止条件：切换到序贯策略

续表

控件	选项	描述
+	Add Verification Run	添加验证运行：在优化运行结束时，使用预测的最优解或帕累托最优解的参数值运行额外的仿真
	Add Global Sensitivities	增加全局敏感度：计算元模型上的全局敏感性
	Add Classifier	添加分类器：添加分类器
	Re-layout stages	布局阶段：根据定义的依赖关系布局阶段框
	Show XML Tree	显示 XML 树：显示当前设置的 XML 树
	Repair	修复：全局修复或修改现有运行。局部修复可以通过右击一个阶段或采样来完成
	Clean	清除。清除当前迭代[iter]：从指定的迭代 iter 开始删除所有模拟数据和优化数据。清理验证运行：删除验证运行的仿真数据和优化数据。清除所有：LS-OPT 创建的目录结构和该目录结构中的所有文件将被删除
	Archive LS-OPT Database	归档 LS-OPT 数据库：此选项收集相关文件并创建一个 tar 压缩（在 *nix 操作系统上）文件或压缩（在 Windows 操作系统上）文件
	Save Flowchart image	保存图像流程图：保存 LS-OPT 主 GUI 窗口的 png 图像
	DynaStats	DynaStats：打开 DynaStats
	Normal Run	正常的运行：运行的任务
	Baseline Run	基准运行：运行单个设计，在初始值处采样
	Stop	停止：按钮只在 LS-OPT 运行时可用。停止当前优化和所有正在运行的作业
	Viewer	查看器：打开查看器进行后处理
	Task	任务：打开任务对话框
	Iteration	迭代：在运行 LS-OPT 时，这将可视化当前正在运行的迭代。它还用于选择当前迭代以重新启动或修复
	Settings	设置：设置对话框
?	Manual	手册：打开 LS-OPT 用户手册
	About	关于：LS-OPT 信息

3.2.1 设置流程

为了运行一系列相关的仿真，可以构造一个进程。一个典型的简单过程是一个序列：pre-processor→solver→post-processor（前处理程序→求解器→后处理程序），可以通过定义三个相应阶段来构造。然而，也可以创建高度复杂的流程。例如，流程可以合并和分支，如图 3-3 所示。

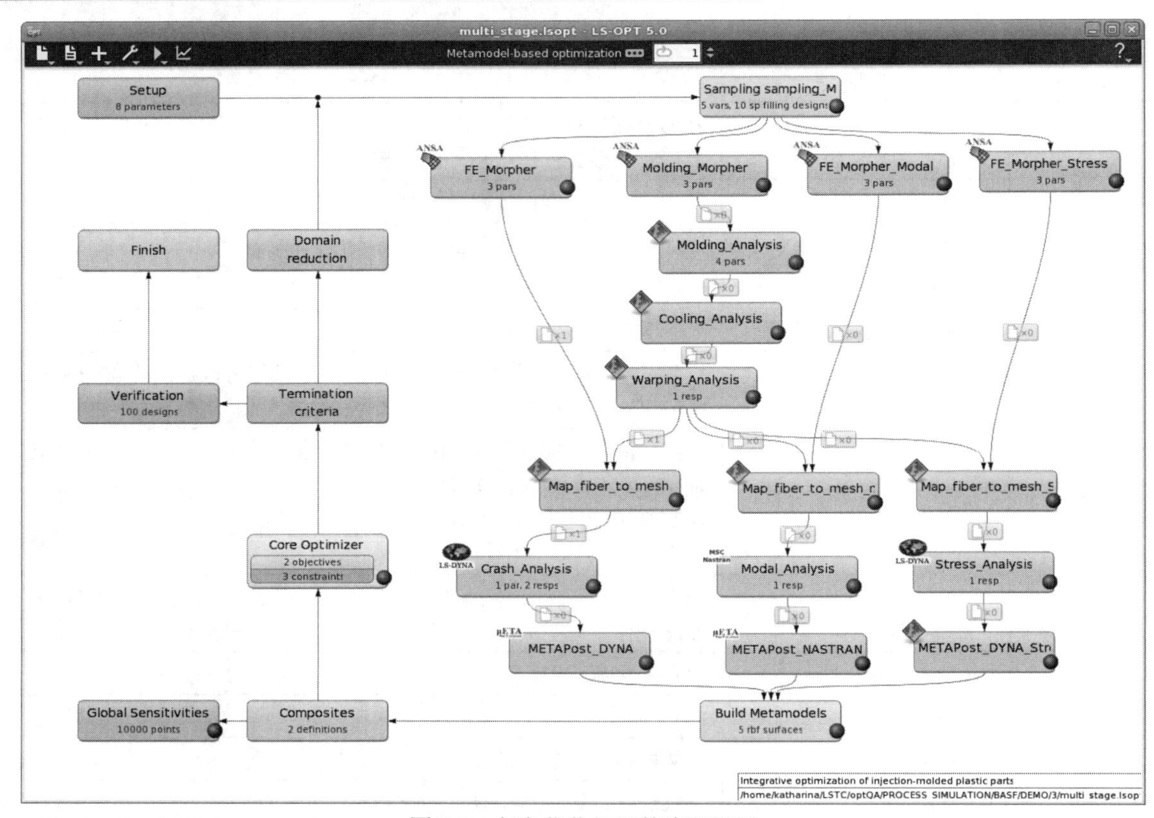

图 3-3 复杂优化问题的流程设置

可以通过添加阶段并使用鼠标连接这些阶段来创建一个阶段对另一个阶段的依赖关系，从而将流程构建为多个步骤。

在创建一个新的优化项目时，将生成第一个阶段。可以使用控制栏中 **+** 菜单的“添加阶段”选项添加其他阶段。可以生成新的阶段，也可以导入以前导出的阶段，见第 3.2.2 节。必须选择分配新阶段的采样。默认情况下，新阶段是与已经存在的阶段并行添加的。

如果需要类似的阶段，例如多案例优化，可以在右键单击已定义的阶段时使用 Clone 选项添加阶段。这将创建与原始阶段定义相同的新阶段。更新历史记录和响应名称，以确保名称的唯一性。如果在原始名称中找到原始阶段的名称，则替换它，否则将在前面加上新阶段的名称。

当单击已定义的阶段并将其粘贴到另一个项目中时，还可以使用 Copy 选项复制阶段。确保名称的唯一性。如果已经存在具有相同名称的阶段，则将下一个空闲号附加到该阶段名称，并相应地更新响应和历史名称。

所需的依赖关系的创建如图 3-4 所示，具体如下：

（1）将鼠标光标悬停在舞台框上，框的下边缘出现一个圆圈。

（2）将鼠标光标移动到圆上（它应该突出显示为黄色），并将圆拖到所需的依赖阶段框中。

（3）在这两个框之间创建连接。

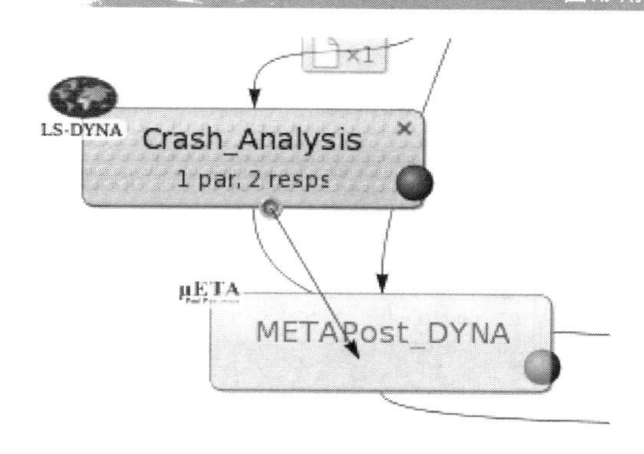

图 3-4　创建阶段依赖关系

可以使用位于连接线上的小图标删除连接，此图标还可以定义阶段间文件操作（见第 3.2.2 节）。

通过右击 Stages，然后选择 delete 函数，可以删除阶段。

阶段图形块 Stage box 的布局可以由用户控制。单击并按住图形块可自由移动。对于复杂的流程设置，可以使用控制栏中的“Tools”菜单中的“Re-layout Stages”选项。

如果需要单独的采样（对于 MDO 问题，通常不同的变量应用于不同的负载情况），可以在每个流程序贯的起点添加新的采样，然后将阶段分配给相关采样。

3.2.2　导出和导入阶段

阶段定义可以导出到文件，然后导入到其他项目中。

要导出一个阶段及其所包含的信息，首先要右击相应的图形块，打开“导出阶段”对话框，如图 3-5 所示。输入的阶段名称将被用作文件名，也可以在导出对话框中重命名该阶段。LS-OPT 会自动为文件添加扩展名.lsstage。在导出时为该阶段添加的描述将在导入时显示在对话框中。Linux 机器上存储阶段信息的默认目录为~/.LSOPT/version/stages，Windows 用户的存储目录为 Application Data\LSOPT\version\stages。“Save in directory”选项可用于指定任何其他目录进行导出。

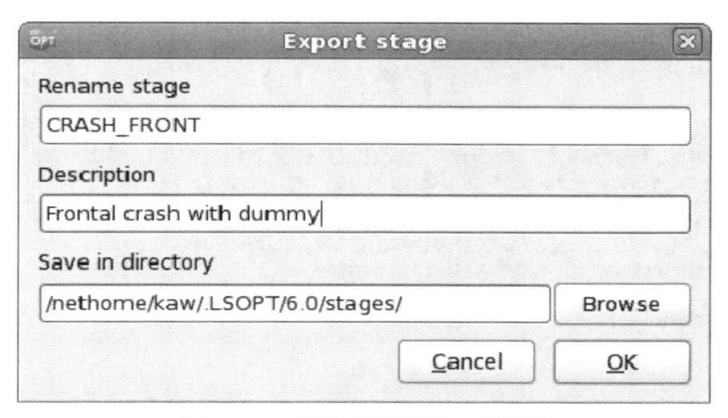

图 3-5　“导出阶段”对话框

通过从相应采样对话框的鼠标右键菜单中选择导出阶段，可以一次性导出一个采样的所有阶段。扩展名为.lsstage 的采样名称用作存储阶段信息的文件名。

要导入之前导出的阶段，从控制条的 **+** 菜单中选择 Add Stage in Sampling，并选择 Import 和所需目录，显示可用的阶段，如图 3-6 所示。可以使用 Ctrl 键一次导入多个阶段。

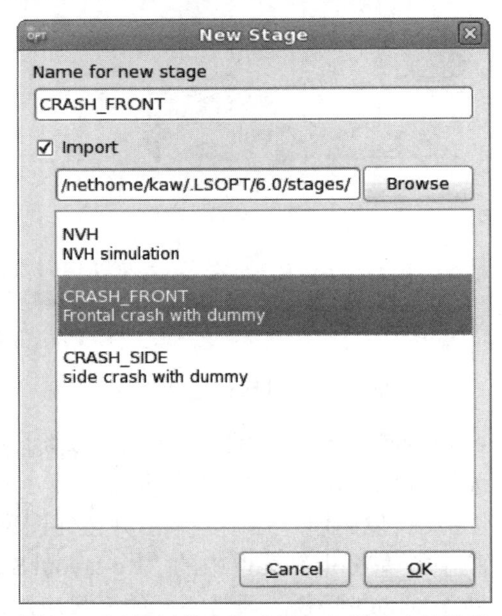

图 3-6 添加新的阶段或导入之前导出的阶段

导入的阶段是并行添加的，但是用户可以定义依赖关系来重新排列阶段。如果导入一个采样的所有阶段，则各阶段间的依赖关系会被保留下来。确保阶段名称的唯一性，如果已有相同名称的阶段，则将下一个空闲的数字附加到该阶段名称中，并相应地更新响应名称和历史名称。

3.2.3 阶段间文件传输

LS-OPT 可以在相互依赖阶段之间传输文件，以获取上游的结果。通过选择连接各个阶段的箭头上的依赖性图标，可以访问 File Transfers 对话框，参见图 3-7 和表 3-3。文件传输命令会在与阶段相关的所有运行目录中执行，例如，如果 CRASH 和 PRE_CRASH 两者之间存在依赖关系，文件传输将在 PRE_CRASH/1.1 和 CRASH/1.1、PRE_CRASH/1.2 和 CRASH/1.2 之间执行。

File Transfers

Files to be copied from the run directory of *FE_Morpher* to *Map_fiber_to_mesh*:

Operation	Source File	Destination File	On Error	Delete
Copy	bumpermesh.k	bumpermesh.k	fail	×
Move	bumper.inc	bumper.inc	fail	×

Add ...

OK

图 3-7 相互依赖阶段之间的文件传输

表 3-3　各阶段间的文件传输选项

选项	选择	描述
Operation	Copy（复制） Move（移动）	操作：可用操作
Source File		源文件：源文件的名称，支持通配符
Destination File		目标文件：目标文件名称
On Error	fail（失败） warn（警告） ignore（忽略）	错误：操作失败怎么办

3.3　运行 LS-OPT

3.3.1　正常运行

此选项运行已选任务。

使用优化和求解程序数据库，可以重启未完成的运行。通过每个运行目录中完成的文件情况及其内容的终止状态来识别模拟作业的完成情况。完成文件的识别可以避免 LS-OPT 对错误或正常终止任务的重复模拟。第 3.4 节提供了一个 clean start 选项。

3.3.2　基准运行

该特性为用户提供了运行单个设计的选项，通常称为基准设计。

在 Parameter Setup 参数设置面板中，设计按指定的初始值取样（见第 8.1 节）。仿真在各个阶段的阶段子路径中执行。此选项便于验证设计，例如，它可以检查如下内容：

（1）正确的求解器命令。

（2）LS-OPT 和队列系统之间的通信（如果有的话）。

（3）所有相关控制卡和数据库格式的存在。

（4）从仿真结果中提取数据。

（5）响应和历史的有效性。

因此，在 LS-OPT 中启动全尺寸优化运行之前，建议使用“Baseline Run”（基准运行）选项作为“dry”运行来进行一个单次模拟。一个成功的基准运行将被识别为一个完整的运行，因此不必在整个优化运行中重复进行。

3.4　重新启动

3.4.1　清除当前迭代

如果用户希望从指定的迭代点来重新启动现有的优化运行，可以使用控制列 🔧 菜单中提供的 Clean from Current iteration [iter]选项。

当前迭代点由位于控制栏中的迭代图标中迭代号（使用向上/向下箭头）的选择指定。需要注意的是，Clean 选项从指定的迭代点开始删除所有模拟数据和优化数据。通过从 Run 菜单中选择 Normal Run 重新启动任务。

3.4.2 现有设计的扩充

在优化过程中为保留现有的（昂贵的）仿真数据，可以使用额外的采样点和仿真来扩展现有的元模型。通过这种方式，可以将新的模拟添加到旧的模拟中，以获得更精确的元模型。这是通过增加采样对话框中的采样点数量并重新启动（例如基于元模型的优化）来实现的。

运行优化时，将扩充实验设计表，执行额外的仿真，构建新的元模型，计算新的预测最优值。注意，如果以前计算过验证运行，则在重新启动之前应该使用 Clean 选项 Clean verification run，替换之前的验证运行。

3.5 现有作业的修复或修改

对于一个现有优化迭代或概率分析作业，可以进行几种类型的修复和修改。修复取决于 Database 和 Output 文件中描述的 LS-OPT 数据库文件的状态。

修复任务可以全局执行，也可以在个别阶段或取样器上局部执行：

- 全局修复可以使用 Tools 下的 repair 选项来执行（可在控制栏中找到）。
- 在主 GUI 窗口中右击相关步骤（Stage or Sampling）来选择执行局部修复任务。

可用的维修任务如下：

- Add Points（添加点）：将点添加到现有的采样中。此选项仅适用于 D-Optimal、Space-filling 和 Latin Hypercube。D-Optimal 和 Space-filling 采样将增加先前计算的点。Latin Hypercube 实验设计点将使用之前计算的点数量作为随机数字发生器的种子计算。如果实验设计的数据库（Experiments_n.csv 用于迭代 n）不存在，将创建新的点。
- Read Points（读点）：Experimental ents_n.csv 文件是根据运行目录中的 XPoint 数据库文件中的数据进行重构。
- Import Results（导入结果）：导入来自.csv（逗号分隔的变量）文件（参见第 9.5.3 节）的结果。
- Run Jobs（运行作业）：将安排阶段作业规划。以前分析过的设计将不再分析。
- Rerun Jobs（重新运行作业）：各阶段的作业将重新提交。
- Rerun Failed Jobs（重新运行失败的作业）：未能运行的作业将重新提交。将从各个阶段指定的文件中重新生成阶段输入文件。如果流程链中定义了多个阶段，则将重新运行所有阶段。
- Extract Results（提取结果）：将从所有阶段的运行中提取结果。此选项还可以允许用户更改现有迭代或蒙特卡罗分析的响应。
- Rerun Verification run（重新运行验证运行）：验证运行将重新提交。
- Build Metamodels（构建元模型）：此选项还可以对现有迭代或蒙特卡罗分析的元模型进行修订。“ExtendedResults”文件将被更新。例如，可以从导入的用户结果构建元模型（请参阅上面的 Import results 导入结果）。

- Evaluate Metamodels（元模型评估）：创建一个表，其中包含一组给定点的错误度量（第 9.5.2 节），或者创建一个表（.csv 文件），其中响应值插值于一个元模型（第 8.5.1 节）。
- Import Metamodels（导入元模型）：从.xml 文件导入元模型（参见第 9.5.4 节）。
- Calculate Global Sensitivities（计算全局敏感性）：使用元模型重新计算全局敏感性。
- Optimize（优化）：元模型用于元模型优化。建立了一个新的优化结果数据库，ExtendedResults 文件将被更新。删除优化历史数据库，因此历史不会显示在查看器中。

注意：

（1）所有后续操作都必须明确地针对迭代进行。例如，增加实验设计不会导致作业运行、结果提取或元模型重新计算。这些任务中的每个任务必须分别执行。

（2）修复迭代 n 后，如果用户正在执行优化任务，优化结果的验证运行必须切换回基于元模型的优化任务，并把开始迭代（为了一个新的开始）指定为 n+1。如果 n+1 是一个完整的迭代（不仅仅是一个验证执行），那么必须修复它。

3.6 存档 LS-OPT 数据库

选择 Tools 菜单中的 Archive LS-OPT Database 选项，弹出如图 3-8 所示对话框，LS-OPT 运行完成后，可以收集该数据库并将其压缩到一个名为 lsopack.tar.gz 的文件中（Windows 系统中是 lsopack.zip）。压缩的数据库适用于任何计算机平台的后处理。

图 3-8 指定 Archive LS-OPT Database 选项的对话框

默认情况下，将收集 LS-OPT 在工作目录、阶段和采样目录中生成的文件，运行目录会被省略掉。

还可以使用更复杂的选项来收集运行目录和所有输入文件中的历史记录和响应文件。使用 DynaStats 工具查看历史记录，需要有 history/response 文件。历史记录和输入组的结果存储在 lsopack_h_i.tar.gz 中（在 Windows 中为 lsopack_h_i.zip）。

任何 Viewer 功能都不需要 history/response 文件，因为这些数据可以在基本存档选项中包含的 AnalysisResults_n.lsox 文件中获得。

图 3-8 中各选项的含义见表 3-4。

表 3-4 Archive LS-OPT Database 选项

选项	描述
Include Histories and Responses	包括历史和响应：还收集运行目录中的历史记录和响应文件。生成的文件是 lsopack_h.tar.gz（在 Windows 中是 lsopack_h.zip）。只有在使用 DynaStats 时才需要历史记录和响应文件

续表

选项	描述
Include Input Deck/Extra Input Files	包括输入卡片/额外的输入文件：将不间断运行 LS-OPT 作业所需的各种输入文件及其他文件添加到打包的数据库文件中。生成的文件是 lsopack_i.tar.gz（在 Windows 中是 lsopack_i.zip）
Additional Files to Archive	要打包的其他文件列表：可以手动或通过浏览添加文件

3.7 加密

通过从“文件”菜单中选择“加密项目”，可以使用密码对 lsopt 项目文件进行加密。只能加密项目文件，而不能加密在阶段中定义的任何输入文件。该文件使用 256 位 AES 加密。

当选择“Encrypt project”时，将显示一个对话框，当单击 OK 时应输入加密密码，此时已启用加密模式。这可以通过“加密项目”菜单项旁边的复选标记来确认。请注意，在保存之前，项目本身不会在磁盘上加密，这使得将文件保存在不同的文件名下成为可能。由引擎使用并反映 lsopt 项目文件的临时文件“lsopt db”也将在下次运行时加密。

打开加密的项目文件时需要输入密码。无法在加密的项目上直接运行引擎。这需要通过 GUI 来完成。

当加密被选中时，单击“Encrypt project”可以删除加密。请注意在此更改之后保存项目。

3.8 设置

3.8.1 模拟后处理程序和文本查看器

可以设置 LS-OPT GUI 和查看器中使用的仿真（如有限元分析）后处理器和文本查看器。设置默认设置是 LS-PrePost v2 和 GenEx，它们都包含在 LS-OPT 发行版中。图 3-9 中的示例显示了名称为 LSPP_4 的 LS-PrePost（FE postprocessor 有限元后处理器）的最新版本的选择。

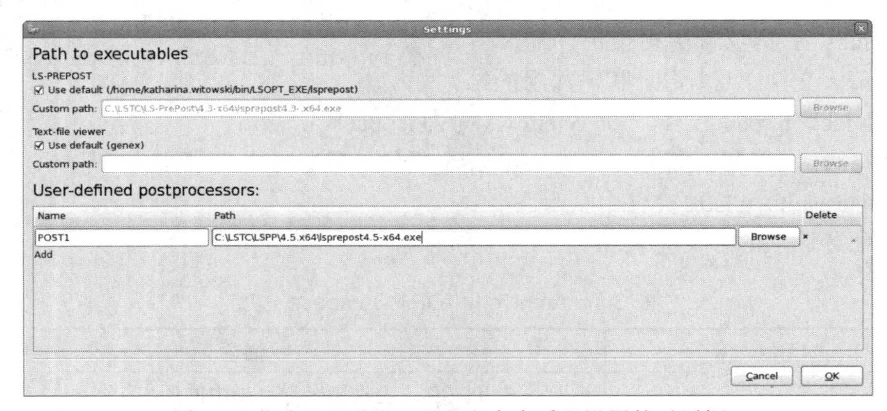

图 3-9 指定 FE 后处理器和文本查看器设置的对话框

从过程进度对话框（第 15.3 节）和查看器表（第 1 章）中都可以启动指定的后处理程序。

第4章 任务对话框——选择任务和策略

本章介绍可用的设计任务和策略。

4.1 任务选择

任务对话框可以选择任务，对于优化任务，还可以选择优化策略。这两个基本分支是基于元模型和直接优化方法（图 4-1）。方法选择可以在 GUI 中使用主 GUI 窗口顶部菜单栏中的控件栏中的 Show Task Settings 图标 ▪▪▪ 进行。表 4-1 列出了可用的任务和选项。

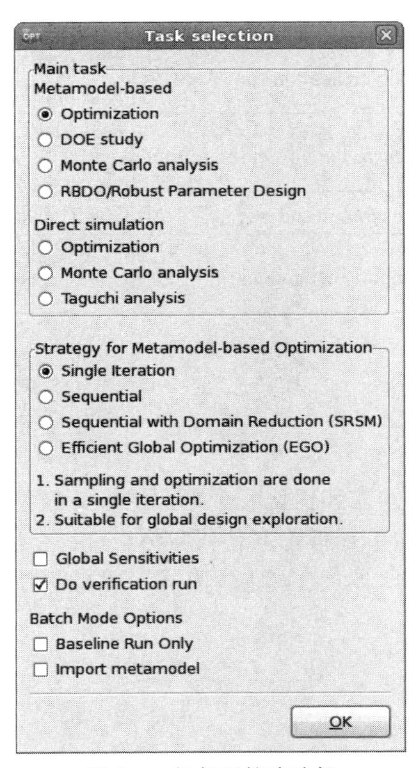

图 4-1　任务和策略选择

表 4-1　可用的任务和选项

选项	选择	描述
Metamodel-based	Optimization	优化：优化使用元模型
	DOE study	DOE 研究：使用元模型
	Monte Carlo analysis	蒙特卡罗分析：使用元模型进行蒙特卡罗分析
	RBDO	RBDO：基于可靠性设计优化使用元模型
Direct simulation	Optimization	优化：采用遗传算法进行直接优化
	Monte Carlo analysis	蒙特卡罗分析：直接蒙特卡罗分析
	Taquchi analysis	田口方法分析：使用正交阵列采样进行直接优化/参数研究
Strategy for Metamodel-based Optimization (Available for Main Task 1 and 4)	Single Iteration	单次迭代：采样和优化是在一次迭代中完成的。适合全局探索
	Sequential	序贯：在整个设计空间中依次添加采样点。适合全局设计探索
	Sequential with Domain Reduction	求解域顺序缩减：在自适应子区域中顺序添加采样点。然后使用当前迭代样本（在子区域中）或使用所有样本来构建元模型。最优解基于元模型确定其位置。适用于寻找收敛的解决方案。通常不适用于全局探索
Available for Main Task 1, 2, 3, 4.	Global Sensitivities	全局敏感：选择计算元模型上的全局灵敏度
Available for Main Task 1 and 4	Do verification run	验证：使用预测最优值的参数值运行额外的仿真。可以对多目标优化问题进行多次仿真
Available for global strategies with multiple objectives.	Create Pareto Optimal Front	创建帕累托最前沿：对于多目标优化问题，选择用帕累托最优解代替单一最优解
	Baseline Run Only	只运行基准：批处理模式选项，只运行基准运行
	Import metamodel	导入元模型：运行自动导入元模型，而不是手动导入

4.2　基于元模型的优化

基于元模型的优化被用于建立和优化一个近似的设计模型，来替代通过直接仿真进行优化设计。因此，创建简单而廉价的元模型来替代实际设计。一旦元模型被创建，它可以用来寻找最优解，或在多个目标的情况下，帕累托最优解。基本步骤如下：

（1）点选择。

（2）运行模拟。

（3）构建元模型。

（4）进行元模型优化。

4.3 DOE 研究

DOE 研究也是一种基于元模型的方法，用于探索设计空间或计算敏感度。DOE 的研究分为以下三个步骤：

（1）点选择。

（2）运行模拟。

（3）构建元模型。

4.4 直接优化

通过使用遗传算法，直接优化只使用仿真结果来寻找最优值。注意，选择直接优化（直接遗传算法）可能需要大量仿真。

4.5 概率分析任务

概率分析任务研究设计参数不确定性对响应的影响。其目的是得到由于不确定性引起的响应变化的统计量；给出设计以及设计失败的概率。任何概率任务都需要定义与分布相关的随机变量（参考第 8.1.5 节）。概率分析的点选择方案取决于它是直接的还是基于元模型的（参考第 14.5 节和第 14.6 节）。关于可用的概率分析任务的更具体细节在第 14.5 节和 14.6 节。LS-OPT 目前有两个概率分析任务：直接蒙特卡罗分析和基于元模型的蒙特卡罗分析。

4.5.1 直接蒙特卡罗分析

采样是基于随机变量分布（参考第 14.4 节），没有构建元模型来执行此任务。

4.5.2 基于元模型的蒙特卡罗分析

采样不是基于随机变量分布（参考第 14.4 节）。统计数据是基于元模型近似计算。

4.6 RBDO/鲁棒参数设计（概率优化任务）

该任务可以在不确定性影响下进行优化。考虑不确定性的影响，可以有助于避免由于加载条件、制造过程等变化而导致的设计意外失效。在基于可靠性的设计优化（RBDO）中，为保证优化设计不具有较高的失效概率，为约束条件定义了一个目标失效概率（通常较小）。在鲁棒设计中，寻找对某些设计参数的不确定性不敏感的最优设计。关于可用的概率分析任务的更具体细节在第 14.7 节中提供。其与确定性优化的区别在于与概率分布相关的变量定义，以及目标（鲁棒设计）和约束（RBDO）的定义。

4.7 田口方法

田口方法是一种直接单迭代优化和参数化研究方法，包括使用正交矩阵仔细选择工艺参数来分析对结果的可变影响，如果需要，根据信噪比（S/N）获得最佳结果。

4.8 基于元模型的优化策略选择

本节将讨论构建元模型的不同策略。这些策略主要取决于用户是希望构建一个可用于全局探索的元模型，还是只对寻找一组最优参数感兴趣。选择策略的一个重要标准是用户是否希望构建元模型并通过迭代来解决问题，或者是否有“模拟预算”，例如，一定数量的模拟，只是想使用预算尽可能有效地建立一个元模型来改进设计，并获得尽可能多的设计信息。

有四种策略可用于基于元模型的优化过程自动化。这些策略只适用于基于元模型的优化和 RBDO 任务（表 4-1）。通过 GUI 界面，在“任务选择”对话框中选择策略（图 4-1）。可用的优化策略是：

（1）单次迭代。

（2）序贯。

（3）带域缩减的序贯（SRSMD）。

（4）高效全局优化（EGO）。

通过推荐选择元模型类型和点选择方案，策略选择将重置采样对话框（会给出一个警告提示!）（见第 9 章）。

下面将逐一讨论这些策略。

4.8.1 单次迭代方法

在这种方法中，仅进行一次实验设计来选择采样点。元模型的选择默认为以空间填充为采样方案的径向基函数网络。

4.8.2 序贯方法

在这种方法中，采样是按序贯进行。通常为每个迭代选择少量的点，并且可以在终止条件对话框中请求多个迭代(见第 13 章)。该方法的优点是只要元模型或最优点达到足够的精度，迭代过程就可以停止。

采样的默认设置如下（见第 9 章）：

（1）径向基函数网络。

（2）空间填充采样。

（3）第一个迭代是线性 D—最优。

（4）对于线性逼近（1.5(n+1)-1），选择每次迭代的点数不小于默认值，其中 n 是变量的个数。

对于空间填充，序贯法与单级法相比具有相似的精度，即序贯法填充 10×30 个点，与单级法填充 300 个点的精度基本相同。因此，单级法和序贯法都适合使用元模型进行设计探索。

这两种方法在元模型（而不是多项式）上都能更好地工作，因为 RBF 等元模型可以灵活地调整到任意数量的点。

4.8.3　带域缩减的序贯方法

这种方法与第 4.8.2 节中的方法相同。但为了加速收敛，采用自适应域缩减策略来减小子区域的大小。在特定的迭代过程中，新点位于设计空间的子区域内。这种策略通常只用于优化，其中用户只对最终的最优点感兴趣，而对设计的任何全局探索都不感兴趣。例如，该方法通常用于参数识别。该方法目前不能用于构造帕累托最优解。

默认的域缩减方法是序贯响应面方法（SRSM），这是原始的 LS-OPT 设计自动化策略。默认情况下使用线性响应面并忽略以前迭代的点。

采样的默认设置如下（参见第 9 章）：

（1）线性多项式。

（2）D-optimal 采样。

（3）基于设计变量数的默认采样点数量。

4.8.4　有效的全局优化方法

这种方法与第 4.8.2 节中的方法相同。但是在连续迭代第一个样本的选择上有所不同，该样本是通过最大化预期改进（El）函数来定位，而不是最小化目标函数的元模型近似。其主要思想是由于稀疏采样，元模型近似可能在局部不准确，因此，最小化当前的目标函数逼近可能不是最佳或最有效的选择。相反，EI 函数在目标函数最小化和稀疏区域采样之间取得了平衡。该方法目前仅限于 Kriging 元模型，不能用于构造帕累托最优前沿。

4.9　基于元模型优化中的域缩减

域缩减对话框如图 4-2 所示。表 4-2 描述了这些选项。

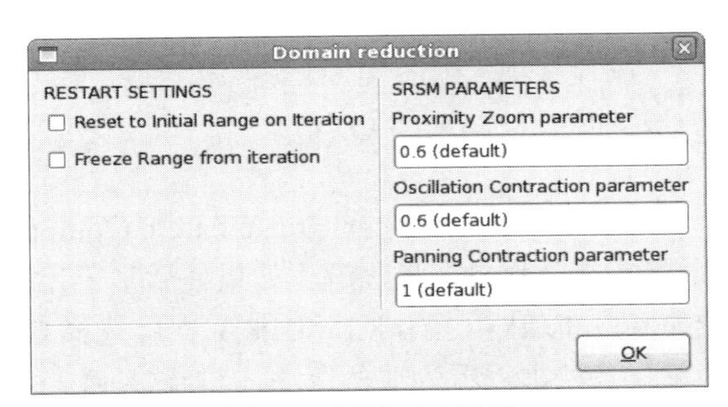

图 4-2　域缩减对话框

表 4-2　重新启动设置和子域参数

选项	描述
Reset to Initial Range on Iteration	重置子域范围：将子域范围重置为指定迭代的初始范围
Freeze Range from iteration	冻结子域范围：来自指定迭代的冻结子域范围

续表

选项	描述
Panning Contraction parameter	平移收缩参数：γ_{pan}
Oscillation Contraction parameter	振荡收缩参数：γ_{osc}
Proximity Zoom parameter	近焦参数：η

4.9.1 改变子域特性

1. 重置子域范围

可以将子区域范围重置为初始范围。例如，在进行优化后，在整个设计空间（或最佳值周围的任何指定范围）添加点。此功能通常只在重启模式下使用。GUI 选项是“Reset to Initial Range on Iteration”（图 4-2），指定迭代的点选择将在最近最优点附近的初始范围内进行。子域将自适应地从下一个迭代开始再次更新。

2. 冻结子域范围

该特性可以在不改变子区域大小的情况下添加点。自适应能力可以在指定的迭代次数上保持不变。GUI 选项为“Freeze Range from iteration”（图 4-2）。

子域范围将自适应地更新到前一个迭代。因此，指定的迭代和更高的迭代将具有相同的范围（尽管感兴趣的区域可能是平移）。该标志用于在不改变边界的情况下向整个设计空间添加点。

4.9.2 设置子域参数

使 SRSM 的连续子域方案自动化。感兴趣区域的大小（由每个变量的范围定义）是根据先前最优值的精度以及振荡的发生情况来调整的。

可以在 GUI 中调整以下参数（图 4-2）。这些参数选择见表 4-2。每个参数都提供了一个合适的默认值，不建议用户去更改这些参数。

4.10 创建帕累托最优前沿

此选项仅在定义多个目标时可用。如果选择 Create Pareto Optimal Front（创建帕累托最优前沿），计算多个帕累托最优解来替代单个最优解。如果使用基于元模型的方法，可用的策略选项仅限于全局策略单阶段和序贯策略（第 4.8.2 和 4.8.3 节）。选择 Create Pareto Optimal Front 选项将使元模型上使用的优化算法被重置为遗传算法，因为这是唯一能够计算帕累托最优解的算法。

4.11 全局灵敏度分析

虽然方差分析（analysis of variance，ANOVA）是评估不同回归项贡献的一种非常流行方法，但是全局灵敏度分析 GSA（global sensitivity analysis，基于 ANOVA 的 Sobol’s 方法）被广泛用于研究不同变量对于高阶模型的重要性。该方法将函数分解为不同变量的子函数，使得每个子函数的均值为 0，每个变量组合只出现一次。然后，每个子函数的方差表示函数相对于该变量组合的方差。GSA 通过在任务对话框中选择适当的选项（Global Sensitivities，全局灵敏度）或从 GUI 中的 Add（+）菜单中选择 Add Global Sensitivity 来执行。GSA 对话框如图 4-3 所示。用于计算灵敏度的蒙特卡罗积分点数量默认为 10000，但是这个数字可以由用户更改。除了线性情况外，灵敏度取决于所考虑的设计空间区域。默认情况下，在 Global Setup 中指定变量边界定义的区域上计算敏感性，这些敏感性指数存储在 Sobol_GSA.iteration XML 数据库文件中。通过选中"Overwrite global computations"框可以修复现有 GSA 结果，这可能是需要的选项，例如，如果元模型在进行早期敏感性分析之后发生了改变，将删除旧的 Sobol_GSA.iteration 文件并基于新分析重新创建该文件。

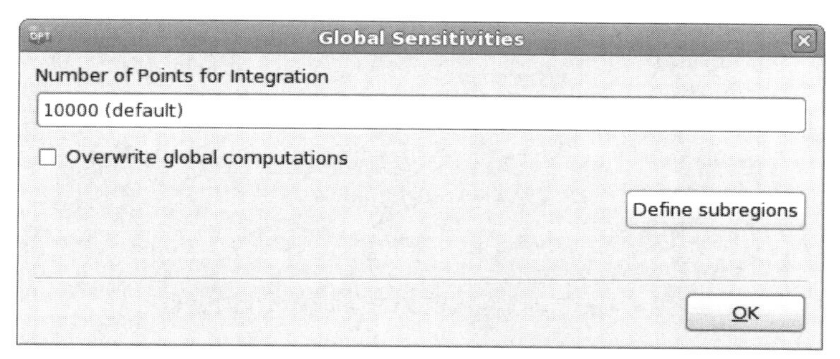

图 4-3　Global Sensitivities 对话框

表 4-3　Global Sensitivities 选项

选项	描述
Number of Points for Integration	积分点的个数：计算灵敏度所需的蒙特卡罗积分点个数
Overwrite global computations	覆盖全局计算：在 Setup dialog 中变量边界定义的全局区域内覆盖 GSA 结果
Define subregions	定义条件：为 GSA 定义设计空间的子区域。有可能具有与整个设计空间相同的边界（例如，用不同的元模型分析相同的域）

注意：

（1）在 LS-OPT 中，全局灵敏度是通过元模型来评估的。因此，精度取决于元模型的质量。

（2）除非考虑分区域（第 4.11.1 节），否则计算变量全局边界的灵敏度。在计算灵敏度时不考虑采样约束。

（3）用解析方程计算多项式和高斯径向基函数元模型的灵敏度。

（4）用蒙特卡罗积分法对复合表达式和子区域灵敏度进行评价。

（5）蒙特卡罗积分的默认采样点数为 10000。为了提高灵敏度系数的精度，这个数值应该增加。

4.11.1　子区域的敏感性分析

Global Sensitivities 对话框还提供了为 GSA 定义子区域的选项（图 4-4 和表 4-4）。使用此特性可以计算不同变量范围的灵敏度，该灵敏度可以与全局设置中指定的界限不同。默认情况下，子区域的创建范围与全局设计空间相同。然而，可以通过单击 Edit 选项修改子区域变量范围，这将打开另一个对话框。变量绑定定义对话框或 GSA Subregion 对话框如图 4-5 所示。对话框中各选项含义见表 4-5。GSA 子区域的定义需要一个与其关联的名称。相应的 GSA 结果存储在工作目录下的 Sobol_GSA.RegionName.iteration 文件中。

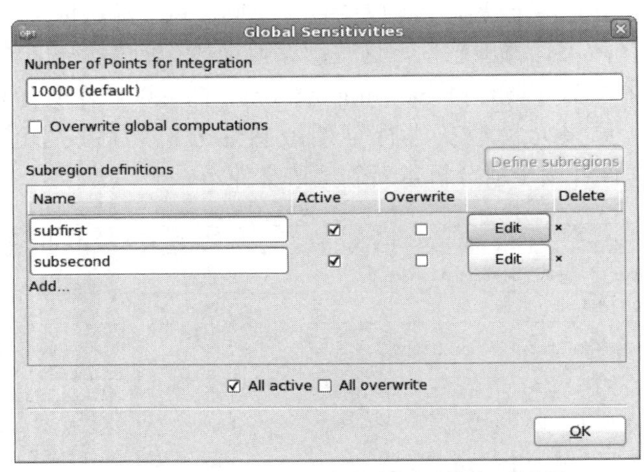

图 4-4　带有子区域定义的全局灵敏度对话框

表 4-4　GSA 子区域定义选项

选项	描述
Name	名字：子区域的名字
Active	激活：为子区域执行 GSA（默认为 on）
Overwrite	覆盖：删除现有 GSA 结果（默认关闭）。如果激活，GSA 将再次执行
Edit	编辑：打开 GSA 子区域对话框（图 4-5），定义子区域的变量边界
All active	全部激活：所有子区域激活
All overwrite	全部覆盖：覆盖所有子区域的现有 GSA 结果

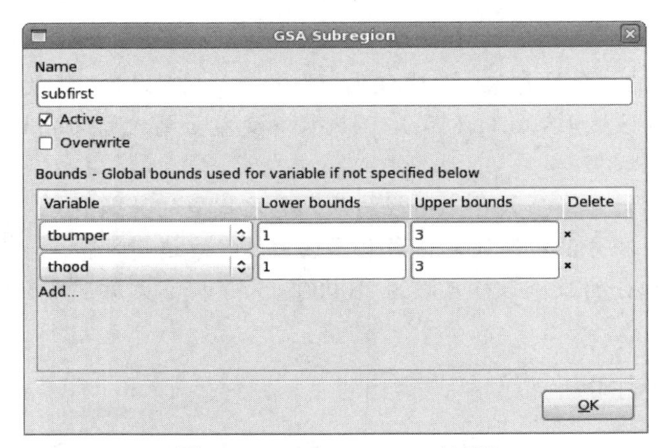

图 4-5　GSA Subregion 对话框

表 4-5 GSA Subregion 对话框选项

选项	描述
Name	名字：子区域的名字
Active	激活：为子区域执行 GSA（默认为 on）
Overwrite	覆盖：删除现有 GSA 结果（默认关闭）。如果激活，GSA 将再次执行
Bounds	界限：定义变量的子区域下界和上界。对于其他变量，在 Setup 对话框中定义全局区域边界

4.12 验证运行

在最后一次完整迭代之后，将对预测的最优设计进行验证运行。如果用户只对使用元模型预测最优值感兴趣，则可以省略此运行。

验证运行选项可以在 GUI 的任务对话框中编辑，也可以使用控件栏中的“Add...”菜单选项编辑。

对于多目标优化问题，可以进行多次验证运行。采用离散空间填充算法选择设计空间中分布均匀的帕累托最优点。验证运行的数量可以使用验证运行框在 GUI 中设置，如图 4-6 所示。

图 4-6 验证运行对话框

第5章
阶段对话框——定义求解器

本章描述 LS-OPT 与仿真包、参数化前处理器或后处理器怎样进行接口，讨论了标准接口和用户可定义执行程序接口。

这里讨论的主要实体是 Stage 对话框，它可以让用户在模拟过程中定义一个步骤。

5.1 介绍

在阶段定义中，可执行程序被认为是关键部分，可执行程序通常被简单称为 solver（求解器）。因此，除了作为通常意义的程序（例如，解决一个物理问题），可执行程序也可以指一个前处理器或后处理器或任何其他可执行程序或脚本，这是执行或管理仿真过程中的一个步骤所必需的。

5.2 通用设置

图 5-1 显示了流程中一个阶段的通用设置对话框。表 5-1 描述了这些选项。

表 5-1 阶段对话框设置选项：通用选项

选项	描述
Package Name	可用以下的软件包求解器类型： LS-DYNA LS-INGRID LS-OPT LS-PREPOST ANSA Excel HyperMorph Matlab METAPost TrueGrid User-Defined User-Defined Postprocessor

续表

选项	描述
Command	命令执行求解器
Model Database (ANSA)	模型数据库（ANSA）：二进制数据库文件，通常扩展名为.ansa
Output File (HyperMorph,μETA, Matlab)	HyperMorph：由 Templex 生成的节点输出文件
	μETA：用于解析历史和响应文件名的输出文件
	Matlab：包含响应和历史定义的输出文件
Session file (μETA)	Session 文件：包含要提取哪些结果的信息的文件
Excel File	Excel 文件：用于参数化和运行 Excel 作业的输入文件模板
Do not copy Excel file to job folder	不要将 Excel 文件复制到作业文件夹： 避免将可能较大的 Excel 输入文件复制到每个运行目录，而是修改原始文件。只有在一次运行一个作业时才可用的选项
Input definitions	输入定义：Excel 输入文件的参数化
LS-DYNA Advanced Options	LS-DYNA 高级选项：先进的接口选项 LS-DYNA

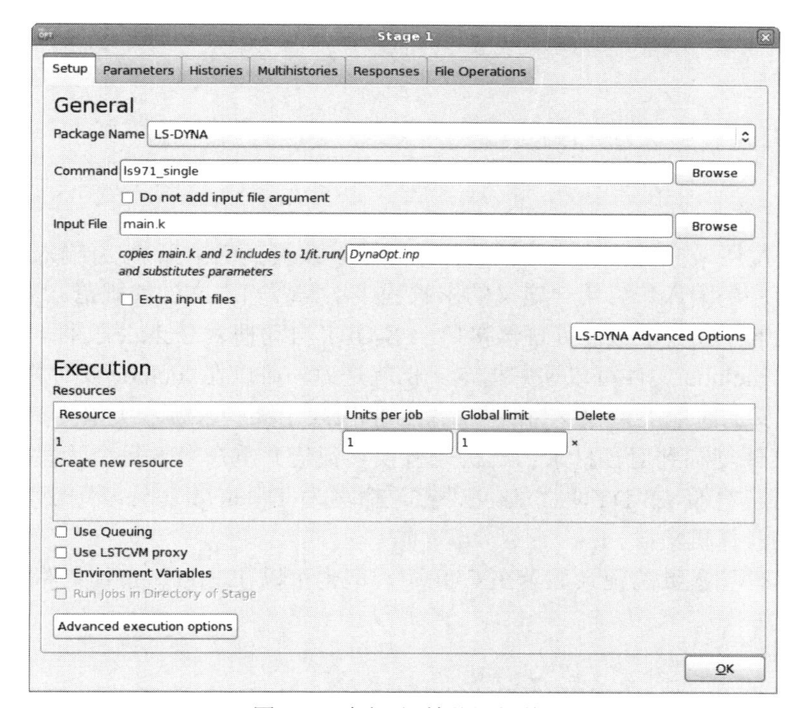

图 5-1 阶段对话框设置面板

5.2.1 命令

必须指定执行求解器的命令。该命令取决于求解器类型，可以是可执行程序或脚本。由于标准输入组名称（也称为基本文件名）在运行时自动附加，因此默认情况下应该省略求解器输入文件名参数，请参阅相应的接口部分了解详细信息。在标准求解器的情况下，会自动使用适当的语法（例如，对于 LS-DYNA，i=DynaOpt.inp）。执行命令可以包含任意数量的附加参数。

基本文件名可以更改。当一个阶段的输出文件成为相关阶段的输入时，这很有用（参见第 5.8 节）。

注意：

（1）该命令必须以下列格式之一指定：

- Browse 浏览。如果浏览项目目录或相对于项目目录的目录，LS-OPT 会自动将项目目录环境${LSPROJHOME}添加到执行命令中。
- Absolute path 绝对路径："/origin/users/john/crash/runmpp"。
- 如果可执行文件位于执行路径中的目录中，则可以仅使用相应可执行文件的名称来指定命令："ls971_single"。

（2）任何包含空格的路径都必须用引号括起来。如果文件是通过浏览添加的，则会自动添加引号如，"C: \Program Files\LSTC\LS-DYNA\ls-dyna.exe"。

（3）Linux: 不要在求解命令之前指定 nohup 命令，也不要指定 UNIX 后台模式符号&。这些都会自动被考虑进去。

（4）Linux: 命令名不能是别名。

5.2.2 输入文件

LS-OPT 处理两种主要类型的求解器输入文件，即：

（1）主输入文件。

（2）额外的输入文件。

LS-OPT 通过用采样过程确定的新值替换原始参数值（或标签），将输入模板转换为前处理程序或求解程序的输入集。用户定义的求解程序不需要输入文件的规范。

对于 LS-DYNA 和大多数前处理器接口，LS-OPT 自动搜索 include 文件。在主输入文件中指定（表 5-2）。include 文件可以递归指定，也就是说，可以在 include 文件中包含 include 文件规范。用户定义的阶段类型也支持这些特性，但仅限于某些求解器类型（参见第 5.3.10 节）。

可将输入文件复制到运行目录，解析来替换参数值并重命名。每个阶段类型都有自己的标准输入文件名。例如 LS-DYNA，该文件被重命名为 DynaOpt.inp。对于远程运行，输入文件将自动传输到计算机集群。

指定输入文件和参数的记录显示在 GUI 中，但也可以在 lsopt_input 文件中进行检查。

5.2.3 额外的输入文件

添加额外文件，可复制到运行目录中或替换变量，如图 5-2 所示。对于远程运行，额外的输入文件会自动传输到计算机集群。

这些文件可以放在任何目录中，并在安装阶段复制到运行目录中。可以使用本地格式（例如 LS-DYNA 的*PARAMETER）或通用 LS-OPT 格式（<< PARAMETER >>），在额外的文件中指定参数（参见第 5.2.4 节）。如果选择 Parse 选项，LS-OPT 将为变量名解析文件。这种情况下，参数将列在 Parameters 页面上，并作为常量导入到 Setup 对话框。用户可以将它们更改为变量。

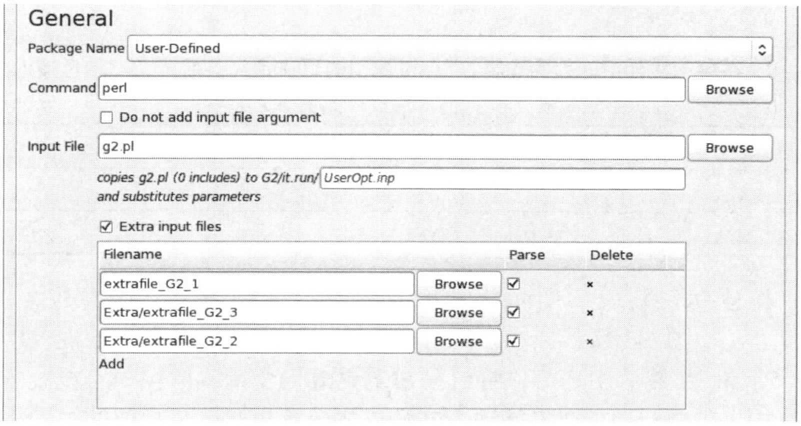

图 5-2　额外输入文件的定义

如果用户希望将文件复制到运行目录中，但是没有解析参数，可以跳过解析，方法是不选中 Parse。该特性通常用于将二进制文件移动到运行目录中。

在多级设置中（参见第 5.3.8 节）额外文件被用来将输入文件移动到较低的级别。在这种情况下，不检查 Parse，以避免在低级别 LS-OPT 运行前在更高层过早进行替换。

注意 LS-DYNA include 文件不必指定为额外文件，因为这些文件是自动处理的。但是，如果用户在 include 文件中有相对路径（例如 MyFiles/geometry.inc）或绝对路径（/home/jo/LSOPT/MyFiles/Material59.inc）的参数，则必须将这些 include 文件指定为额外的输入文件，以便强制复制到运行目录。Path 选项主要用于防止复制非常大的文件。一些用户定义的求解器类型也支持此特性（参见第 5.3.10 节）。

include 包含与额外文件相关的规范，不应该包含任何路径规范，因为这些文件会自动复制到运行目录，并与主输入文件一起保存。

5.2.4　输入文件的参数化

对于所有阶段类型，可以使用用户定义的参数格式（参见第 5.2.5 节）参数化输入文件。对于表 5-2 中列出的包。LS-OPT 支持本机参数，有关详细信息请参阅相应的包接口部分。对于在用户定义的求解器类型下指定的某些求解器，也支持本机参数类型（参见第 5.3.10 节）。

表 5-2　参数和 include 文件

包	在输入文件中识别的本机参数	可识别的用户定义参数格式（见第 5.2.4 节）	包括输入文件中识别的 include 文件
LS-DYNA®	Yes	Yes	Yes
LS-PREPOST®	Yes	Yes	Yes
ANSA1	Yes	Yes	Yes
HyperMorph2	Yes	Yes	Yes
Matlab	Yes	Yes	Yes
TrueGrid3	Yes	Yes	No
LS-INGRID	Yes	Yes	No

续表

包	在输入文件中识别的本机参数	可识别的用户定义参数格式（见第 5.2.4 节）	包括输入文件中识别的 include 文件
LS-OPT	Yes	No	No
Excel	N/A	No	No
User-defined	N/A	Yes	No

LS-OPTui 将自动识别表中所示格式的本机参数和用户定义的参数，并将它们列在 Parameters 面板上，如图 5-3 所示。在“Parameter Setup 参数设置”对话框中，输入文件中的参数也显示为“常量”。然后用户可以将这些常量更改为变量或依赖项。参数名称不能在 GUI 中更改，因此，如果需要，必须在原始输入文件中更改。与变量名相邻的锁图标表示参数名是从输入或 include 文件导入的。

图 5-3　参数面板：在阶段输入文件中找到的参数列表

include 文件也会被扫描到这个特性可用的任何地方，这样就不需要定义额外的文件了。包含有路径指定的 include 文件（例如“../../car5.k”或“/home/jim/ex4a/car6.k”）则不会复制到运行目录中，并且不会在这些文件中执行任何参数替换。这仅仅是为了防止不必要的文件繁殖。但是，用户必须确保要通过队列系统分发到远程节点的文件不包含任何路径规范。这些文件将自动传输到将执行求解器的相关节点（参见第 5.3.1 节）。

如果在包含路径规范的 include 文件中指定了参数，如果用户希望将这些文件解析并复制到运行目录（参见第 5.2.2 节），则应该将这些文件指定为额外文件。

接下来描述的用户定义参数格式可以在所有类型的 include 输入文件中识别。

5.2.5　用户定义的参数格式

LS-OPT 提供了一种通用格式，可以让用户在任何类型的输入文件中替换参数，但 LS-OPT 的 stage.lsopt 输入文件除外。必须在输入文件中使用双括号格式“<<expression:[i]field-width >>”标记包含参数的参数或表达式。

Expression 字段用于 FORTRAN 或 C 类型的数学表达式，可以包含常量、设计变量或依赖项。可选 i 字符表示整数数据类型。字段宽度规范确保有效数字的数量在字段宽度限制范围内最大化。数值字段的默认宽度为 10（通常用于 LS-DYNA 输入文件）。例如，字段宽度为 10 时，数字 12.3456789123 表示为 12.3456789，12345678912345 表示为 1.23457e13。

字段宽度为 0 意味着该数字将以实数的“%g”格式或整数的“%ld”格式表示（C 语言）。对于实数，不输出尾随零和尾随小数点。这种格式不适合 LS-DYNA，因为字段宽度总是有限的。实数如果指定为整数将被截断，因此如果需要舍入，应该使用“Nearest integer”表达式，例如<<nint(expression)>>。

字符串参数由字符 c，<<expression:c field-width>>表示。对于字符串参数，默认宽度是替换字符串的长度，最大不超过 64 个字符。字段宽度为零意味着打印整个替换字符串（与没有指定宽度相同）。

将相关的设计变量或表达式插入前处理器命令文件需要一个前处理器命令，例如：

```
create fillet radius=5.0 line 77 line 89
```

用 create fillet radius=<<Radius*25.4:0>> line 77 line 89 替代，其中，名为 Radius 的设计变量是圆角的半径，不需要尾随或引导空格。在这种情况下，半径乘以常数 25.4 就被替换了。任何表达式都可以指定。

类似地，如果要使用有限元（LS-DYNA）输入文件指定设计变量，则：

```
*SECTION_SHELL
1, 10, , 3.000
0.002, 0.002, 0.002, 0.002
```

用下列代替，使壳单位厚度成为设计变量。

```
*SECTION_SHELL
1, 10, , 3.000
<<Thickness_3>>,<<Thickness_3>>,<<Thickness_3>>,<<Thickness_3>>
```

LS-DYNA 结构输入文件中的输入行示例为：

```
* shfact z-integr printout quadrule
.0 5.0 1.0 .0
* thickn1 thickn2 thickn3 thickn4 ref.surf
<<Thick_1:10>><<Thick_1:10>><<Thick_1:10>><<Thick_1:10>> 0.0
```

上面使用的字段宽度规范不是必需的，因为默认值是 10。有关特定输入字段宽度限制的规则，请参阅相关用户手册。

5.2.6　系统变量

系统变量是 LS-OPT 内部变量。有两个系统变量，即 iterid 和 runid。iterid 表示迭代号，而 runid 表示迭代中的运行号。因此，运行目录的名称可以表示为 iterid.runid。系统变量对于使用文件非常有用，比如在早期阶段已经创建但在当前阶段重用的后处理文件。LS-DYNA 使用系统变量的例子如下：

```
*INCLUDE
../../Case1/<<iterid:i0>>.<<runid:i0>>/frontrail.k
```

替换后的第二行可能是：

```
../../Case1/1.13/frontrail.k
```

因此，当前阶段将始终将文件包含在 Case 1 中对应的目录中。

i0 格式强制使用整数规范（有关更详细的描述参见第 5.2.5 节）。但是，该特性不能与 LS-DYNA *PARAMETER 参数一起使用。

在实现类似效率的另一种更简单方法中，LS-OPT 还可以将前处理作为流程的第一阶段来生成一组求解器输入文件。这个单一阶段之后，可以使用相同的文件进行多个并行仿真阶段。这些文件将从前处理阶段复制到模拟阶段（参见第 3.2.2 节）。

5.2.7 如何避免复制和解析

文件在某些情况下可能非常大，但它们不包含参数，因此不需要解析。对于非常大的文件，可以节省相当多的时间。步骤如下：

（1）取消设置“Do basic check for missing *DATABASE cards”。

（2）用绝对路径指定包含文件的名称，例如“../../largeincludefile.k”。

（3）指定 include 文件的完整路径名作为额外的输入文件。例如，如果文件被指定为“../../largeincludefile.k”。在关键字文件中，它也应该被指定为额外的文件“../../largeincludefile.k”。

（4）不要为该文件选择“Parse”复选框。

应该注意的是，如果没有解析文件，则无法检测没有指定路径的 include 文件（用于复制到运行目录）。

5.3 数据包接口

5.3.1 LS-DYNA

文件 DynaOpt.inp 是从 LS-DYNA 输入模板文件创建的。默认情况下，LS-OPT 将 i=DynaOpt.inpt 附加到求解器命令中。可以使用用户定义的参数格式或* parameter 关键字对输入文件进行参数化。包含在输入文件中的文件将被识别和解析，有关详细信息下面将进一步解释。

LS-DYNA restart 命令将使用与开始命令行相同的命令行参数，将 i=input 文件替换为 r=runrsf。

1. * Parameter 格式

这是推荐的格式。LS-OPT 将识别 LS-DYNA *PARAMETER 关键字下指定的参数，并为每次多次运行使用一个新值替换。根据求解器输入文件名的说明，这些参数应该自动出现在 GUI 的参数列表中。LS-OPT 分别识别整数、实数和字符串的“i”、“r”和“c”格式，并将以适当的格式替换数字或字符串。注意，LS-OPT 将忽略*PARAMETER_EXPRESSION 关键字，因此它可以用于更改内部 LS-DYNA 参数，而不会受到 LS-OPT 的干扰。

有关* parameter 格式的详细信息，请参阅 LS-DYNA 用户手册。

2. LS-DYNA include 文件

LS-OPT 自动处理（解析、复制和传输）include 文件。以下规则适用：

（1）include 文件也可以包含参数，如果在关键字文件中指定 include 文件而没有路径，则还可以解析和复制（或传输）该文件，例如：

```
*INCLUDE
input.k
```

（2）如果路径指定为一个 include 文件，该文件将不会被复制、解析或传输，例如：

```
*INCLUDE
C:\path\myinputfiles\input.k
```

（3）如果主输入文件位于主工作目录的子目录中，并且指定了相对路径，例如myinputfiles/input.k，目录（在本例中是myinputfiles）成为任何include文件的文件环境，这些文件也可以放在这个目录中。因此，所有未指定路径的include文件将自动从这个子目录（myinputfiles）复制（或传输）到运行目录。

3. LS-DYNA / MPP

可以使用LS-OPTui阶段对话框Stage中的LS-DYNA选项运行LS-DYNA MPP版本。下面的run命令是如何指定MPP命令的例子：

mpirun -np 2 lsdynampp

其中：lsdynampp是MPP可执行文件的名称。

4. LS-DYNA 高级选项

通过选择LS-DYNA Advanced Options按钮，可以在Stage对话框中使用LS-DYNA Advanced Options，如图5-4和表5-3所示。

图5-4 阶段设置LS-DYNA高级选项

表5-3 LS-DYNA高级选项

选项	描述
Do Basic Check for Missing *DATABASE Cards	检查LS-DYNA输入文件中是否请求了所需的binout数据类型和所需的节点和/或单元。 更多细节见下文
d3plot compress	压缩d3plot数据库。除位移、速度和加速度外的所有结果都将被删除
d3plot Part Extraction File	需要一个指定要包含/排除的部件列表的文件。该文件由多行组成，每行只有一个条目。该文件的语法为： id：包括带id的部分； id1-id2：包括从id1到id2的部分； -id：排除带id的零件，只排除带id或id1-id2的零件
d3plot Reference Node File	将结果转换到由三个节点指定的本地坐标系统中。第一个节点是原点，其他两个节点用于定义坐标系统。坐标系随着节点移动。需要一个指定由一行组成三个节点的文件。文件可能的内容示例：1001 1002 1003

注意：

（1）更改d3plot数据库并不具有自适应性。

（2）LS-DYNA中的*DATABASE区段二进制选项还可以控制d3plot数据库的大小。

5. 检查*DATABASE卡片

LS-OPT可以对LS-DYNA输入组中的*DATABASE卡片执行一些基本检查。检查将使用第一次迭代、第一次运行的输入文件来完成。

检查项目为：是否在LS-DYNA输入文件中请求所需的binout数据类型。例如，如果LS-OPT使用安全气囊数据，那么LS-DYNA 文件应该包含一个*DATABASE_ABSTAT卡，请求binout输出。注意，当使用默认设置时，LS-DYNA smp 不会将结果写入 binout 文件，因此对于LS-DYNA smp和mpp求解器，binout文件中BINARY选项必须设置为2或3。

在 LS-DYNA 输出中，是否需要输出指定的节点和/或单元。例如，如果 LS-OPT 输出请求一个指定的梁单元，则必须设置*DATABASE_HISTORY_BEAM或*DATABASE_HISTORY_BEAM_SET 卡片，并指定相应的梁单元。注意，*SET_option_GENERAL 或*SET_option_COLUMN卡不会被解析，使用*SET_option_GENERAL或*SET_option_COLUMN指定的输出实体可能被错误标记为缺失；在这种情况下，关闭检查功能。

5.3.2 LS-PREPOST

LsPrepostOpt.inp 文件是由 LS-PREPOST 输入模板文件创建的。LS-OPT 自动将“-nographics c=LsPrepostOpt.inp 2> /dev/null > /dev/null”追加到命令中。

LS-PREPOST输入文件示例包括：

```
test01.cfile:
$# LS-PrePost command file created by LS-PREPOST 3.0 - 1Mar2010(17:08)
$# Created on Apr-06-2010 (13:42:14)
cemptymodel
openc command "para01.cfile"
genselect target node
occfilter clear
genselect clear
genselect target node
occfilter clear
genselect clear
meshing boxshell create 0.000000 0.000000 0.000000 &size &size &size &num &num &num
ac
meshing boxshell accept 1 1 1 boxshell
genselect target node
occfilter clear
refcheck modelclean 9
ac
mesh
save keyword "lsppout"
exit
para01.cfile
parameter size 1.0
parameter num 2
```

5.3.3 LS-INGRID

Ingridopt.inp文件是由LS-INGRID输入模板文件创建的。LS-OPT自动将“i=ingridopt.inp –d TTY”追加到命令中。只支持用户定义的参数格式。

5.3.4　TrueGrid

TruOpt.inp 文件是由 TrueGrid 输入模板文件创建的。LS-OPT 自动将“i=TruOpt.inp”追加到命令中。只支持用户定义的参数格式。

TrueGrid 输入文件需要下面一行放在结尾：

write end

5.3.5　ANSA (BETA CAE Systems SA)

ANSA 前处理器可以与 LS-OPT 进行接口来指定形状变化，同时必须指定几个文件（图 5-5）：

（1）Command：ANSA 可执行文件，通常命名为 ansa.sh。不要使用别名。建议使用 ANSA 命令行选项-lm_retry。

（2）DV File：ANSA 设计参数文件，通常扩展名为.txt 或.dat。

该文件使用 ANSA 生成，LS-OPT 将从该文件中读取 ANSA 设计参数名称、类型和值。

如果 LS-OPT 已经有一个同名的设计变量，那么这个变量将用于驱动 ANSA 参数值。

（3）Model Database：ANSA 二进制数据库，通常扩展名为.ansa。

ANSA 可以生成多个输出文件，这些文件可以用作 LS-DYNA 输入文件，或者在下游阶段 include 文件（在* include 下指定），确保在 ANSA 优化任务中指定不包含路径的输出文件，从而在各自运行目录中生成它们的路径。

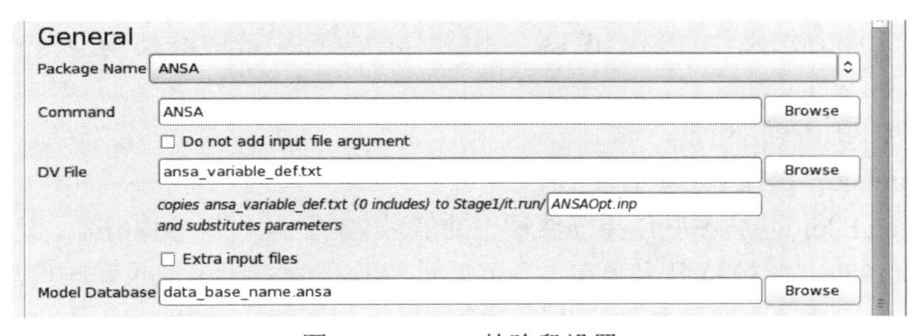

图 5-5　ANSA 的阶段设置

5.3.6　HyperMorph

为了可以指定形状变量的规范，几何前处理器 HyperMorph4 与 LS-OPT 进行接口，同时必须指定几个文件（图 5-6）：

（1）Command：templex 命令。

（2）Input File：在顶部，变量定义为：

{parameter(DVAR1,"Radius_1",1,0.5,3.0)}

（3）Output File：Templex 生成一个节点输出文件，这个文件可以用作下游阶段的 include 文件。

该命令将使 LS-OPT 在默认情况下执行以下命令：

/origin 2/john/mytemplex/templex input.tpl > nodes.include

或如下例所示输入文件是指定的：

/origin 2/user/mytemplex/templex a.tpl > h.output

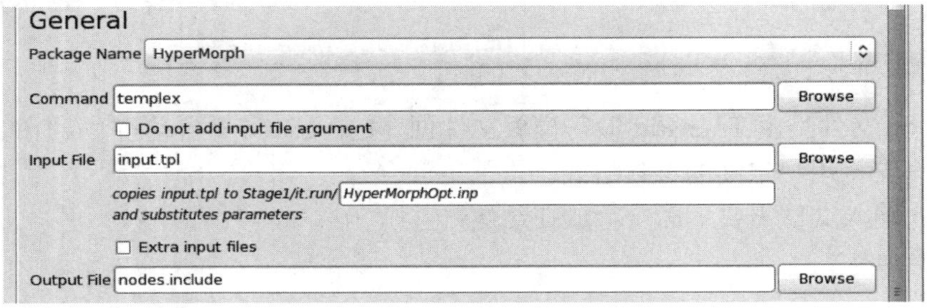

图 5-6 HyperMorph 的阶段设置

注意：

LS-OPT 在输入文件的 DVARi 行上使用变量的名称：

{parameter(DVAR1,"Radius_1",1,0.5,3.0)}

{parameter(DVAR2,"Radius_2",1,0.5,3.0)}

用当前值替换每行末尾的变量和边界。这个名称（例如 Radius_1）由 LS-OPT 识别并自动显示在 Setup 对话框中。下界和上界（在本例中为：[0.5,3.0]）也会自动显示。DVARi 的指定不会以任何方式改变，因此，通常 LS-OPT 中指定变量的数量或秩与 DVARi 中 i 所表示变量的数量或秩之间没有关系。

5.3.7 μETA（BETA CAE Systems SA）

μETA 接口可以从任何它支持的数据库中提取数据，所以使得 LS-OPT 对于任何这样支持的求解器接口都可以访问，从而让 μETA 从求解器数据库中读取结果输出为一个简单的文本文件。

必须指定以下几个文件：

（1）Command：μETA 可执行文件。

（2）Session File：包含哪些结果需要输出的信息文件。这可以应用μETA 交互式地创建。

（3）Output File：此规范仅用于在 LS-OPT 设置阶段解析历史记录和响应名称（将自动显示在 GUI 中）。输出文件（结果文件）是包含输出结果的那个文件的名称。这是一个文本文件，因此很容易解析。该文件具有预先确定的格式，因此 LS-OPT 可以自动提取各个结果。在优化运行期间不使用指定的路径+名称，而只在用户准备 LS-OPT 输入数据的安装阶段使用。在此阶段，响应从基准结果文件中解析，并自动显示在 GUI 的“历史记录”和“响应”页面中。

（4）Database File：这是查找求解程序数据库的路径。默认“./”表示 ETA 将在本地查找数据库。此规范在优化运行期间没有效果，因为 LS-OPT 将始终强制 μETA 在本地查找求解器数据库，例如在运行目录 Stage_A/1.1。

设置一个 LS-OPT 问题：

（1）运行 ETA 并使用由此创建的会话文件创建结果文件。这是手工完成的，独立于 LS-OPT 数据准备（将来可能会提供集成特性）。

（2）在 Stage 对话框中打开 LS-OPT GUI 并选择 metabost 作为包名。

（3）在 LS-OPT GUI 中指定μETA 设置（图 5-7）。用户可以浏览 μETA 可执行文件，Session 文件和结果文件。结果文件是在手动步骤（步骤 1）中创建的文件。不需要更改数据库路径。

（4）结果文件将被解析，以便在相关 GUI 页面中显示历史记录和响应名称。这些可以用来完成优化问题的设置：定义组合、目标和约束等。

（5）优化设置完成后，运行 LS-OPT。

General
Package Name METAPost
Command METAPost Browse
Session File sessionfile.txt Browse
Output File METAPost_results.txt Browse
Database File ./ Browse

图 5-7　MetaPost 界面

5.3.8　LS-OPT

LS-OPT 阶段可以提取优化的 LS-OPT 响应值，然后可以将其用于另一个针对不同变量集的优化问题。LS-OPT 阶段也可用于从优化任务中调用可靠性任务，例如在较低级别使用直接蒙特卡罗方法进行公差优化或鲁棒设计任务。

LS-OPT 阶段只是在嵌套优化框架中执行 LS-OPT 软件的另一个实例。因此，它可以让用户设置多级优化问题，在第 19.7 节中解释了 LS-OPT stage setup 对话框，如图 5-8 所示。

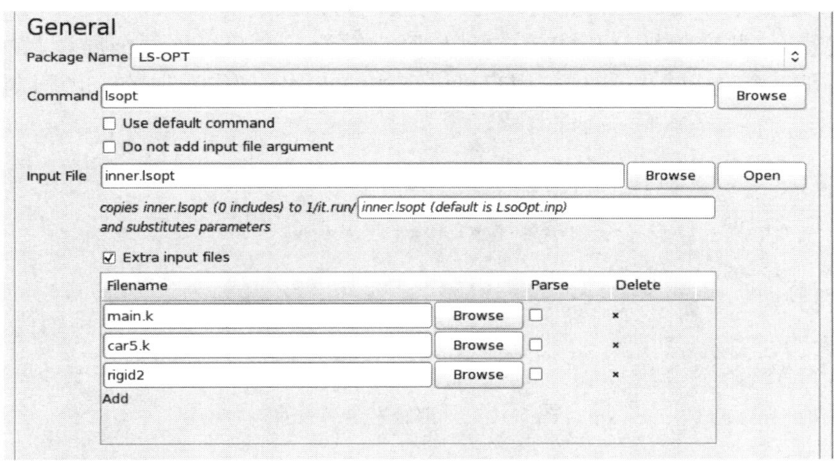

图 5-8　LS-OPT 阶段界面

需要为一个 LS-OPT 阶段指定的内容如下：

（1）Command：与所有其他求解程序接口一样，用户需要提供运行 LS-OPT 的命令。有一个 Use default command 选项，它自动填充用于设置 LS-OPT 可执行文件的路径。

（2）Input File：LS-OPT 阶段的输入文件本身是.lsopt 文件，其中包含针对内部级别 LS-OPT 子问题的设置。文件 LsoOpt.inp（或用户指定的名称）是从 LS-OPT 输入模板文件创建的。默认情况下，LS-OPT 附加 LsoOpt.inp 到求解器命令。输入文件的参数化是使用 Transfer Variables 完成的（图 5-9）。

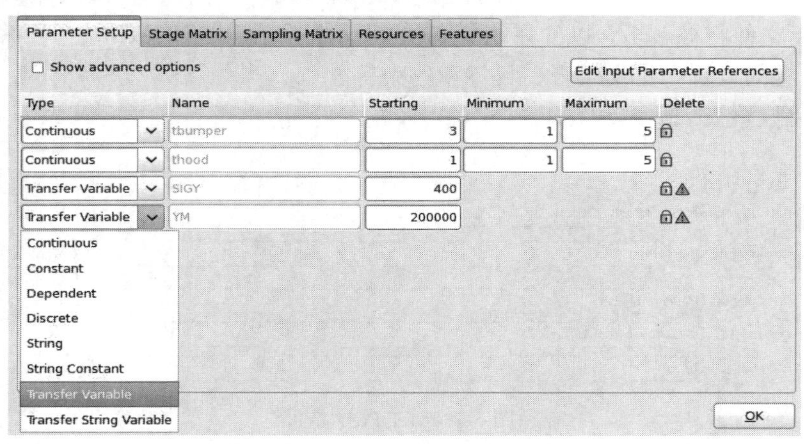

图 5-9　使用 Transfer Variables 进行内部 LS-OPT 设置的参数化

（3）Extra File：在 LS-OPT 阶段设置中需要注意的一个重要方面是使用额外的输入文件，并且不选择 Parse 选项。这很重要，因为较低级别的输入文件需要从较高级别向下传递，同时不考虑较高级别中的较低级别变量。

1．LS-OPT 输入文件参数化

LS-OPT 输入文件，即.lsopt 文件，是使用 Transfer Variables 传递变量参数化的。传输变量在 LS-OPT 阶段输入文件中使用 type="iconstant"表示。连续变量和离散变量可以使用 LS-OPT GUI 设置为传递变量（图 5-9）；然后，这些将被视为该级别的常量，但是可以在前面的级别中设置为变量。这些变量被 LS-OPT 自动检测为常量，并填充外层全局设置（其中参数化的.isopt 文件是一个阶段输入文件）。用户可以在外层使用它们作为常量，也可以将它们设置为变量。

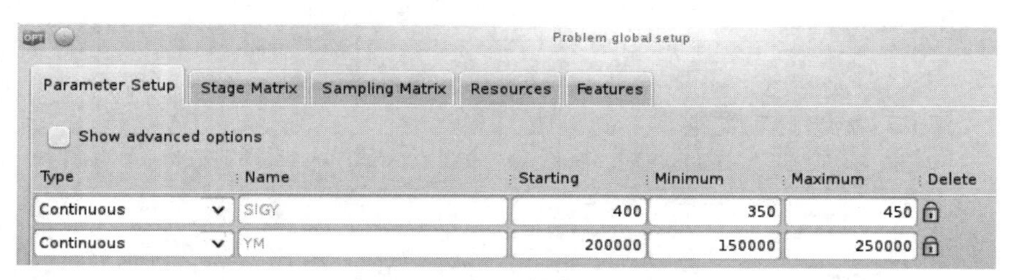

图 5-10　外部级别全局设置

在图 5-10 中，由于 SIGY 和 YM 是内部级别中的传输变量，所以在输入文件（即内部级别.lsopt 文件）中自动检测并锁定。

注意：

（1）用户定义的参数格式<<variable_name>>在 LS-OPT 阶段是不允许的。

（2）LS-OPT 阶段响应使用 LS-OPT 响应类型来提取（参见第 6.15 节）。

2．导航查看较低级别的设置和进度

由于多级设置具有复杂的递归特性，所以提供了简单的导航选项，以便可以从主（高级）设置开始递归地检查或编辑较低级别的设置。在运行期间，还可以从主进度窗口开始递归地查看作业进度。

（1）与 input file 文本框相对的 Open 按钮可以让用户向下导航到下一个级别，并将在 GUI 上显示 inner.lsopt（图 5-8）。

（2）在进行多级运行时，用户还可以通过单击进程对话框中的 LS-OPT 按钮来导航，以显示所选低级作业的进度。还可以使用 View log 按钮监视较低级别的作业进度，以显示文本输出（图 5-11）。

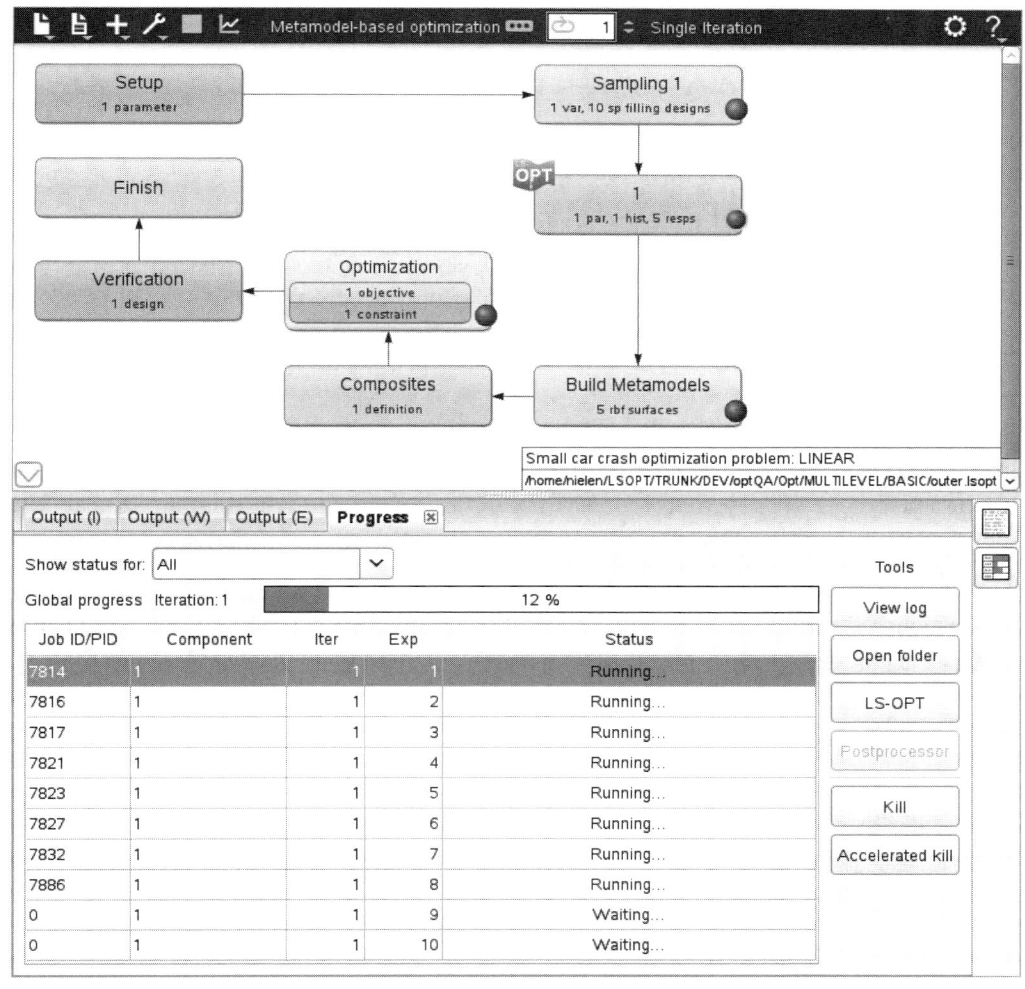

图 5-11　LS-OPT 阶段的进度窗口

5.3.9　Excel

Excel 阶段可以用作求解器或后处理程序。Excel 被看作与任何其他求解器相似，主要区别在于 Excel 的参数化以及响应和历史定义。由于需要对 LS-OPT 任务中的几个样本计算结果，因此需要对 Excel 输入文件进行参数化。这是通过使用阶段对话框本身指定的输入定义来实现的。这些输入可能对应于输入文件中的单个 Excel 单元格或一组单元格，并对每个样本进行替换（图 5-12）。

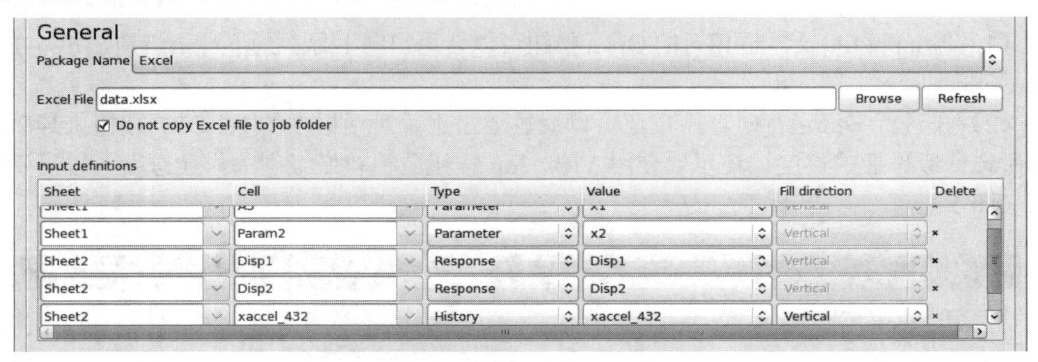

图 5-12　Excel 阶段界面

用于输入定义的属性有表、单元格、类型、值和填充方向，具体如下：

（1）Sheet 和 Cell 选项将 LS-OPT 定向到 Excel 文档中的唯一位置。可以使用 Excel 行列格式（即通过键入 A2、B4 等）分配单元格。如果在解析的 Excel 文档中已经定义了单元格名称，则 LS-OPT 将所有现有名称显示为“Cell 单元格”选项下的列表，并且可以直接选择所需的单元格。“单元格”选项下显示的名称也可以对应于一组 Excel 单元格，用于分配 LS-OPT 历史记录。

（2）Type 和 Value 选项用于将 LS-OPT 设计参数、历史记录和响应与已解析的 Excel 文档的相应字段链接起来。在类型参数、响应、历史记录和用户定义中有四个不同的选项。

1）Parameter 参数用于将 Setup 对话框中定义的全局 LS-OPT 参数链接到 Excel 文档的指定单元格。当参数被选择为类型时，所有在 Setup 对话框中定义的全局 LS-OPT 参数都被作为参数类型列在 Value 选项中。

2）Response 作为参数类型便于使用以前阶段定义的 LS-OPT 响应作为当前 Excel 阶段的输入参数。在 Value 选项下显示前一阶段定义的响应列表，用户可以选择将哪个响应写入 Excel 文档。

3）History 作为一种类型，可以让 LS-OPT 将以前阶段获得的历史记录输入到 Excel 文档中。

4）User-defined 用户定义选项作为一种类型，可以使用命令将以前阶段的历史记录和响应写入 Excel 文档。例如，命令“type response.0”将把上一阶段文件 response.0 中的值写入 Excel 文档；从以前的阶段目录传输 response.0 文件到当前 Excel 阶段目录的运行目录中。

（3）Fill direction 填充方向指定历史值如何以垂直方向或水平方向写入 Excel。

如果 Execution Resources 中的 Global limit 全局限制设置为 1，则在 Excel stage setup 对话框中提供“Do not copy Excel file to job folder”（“不要将 Excel 文件复制到作业文件夹”）选项。如果选中该选项，那么将为每个样本分析修改原始 Excel 输入文件模板，这很大程度上避免了输入文件复制到每个运行目录。所有可能的输入定义组合如图 5-12 所示。具体如下：

1）图 5-12 中的第一个输入定义显示了在主 GUI 的 Setup 对话框中定义的参数 x1（也填充在 Value 选项下），在 Excel 文件 data.clsx 的 Sheet1 中分配了一个单元 A3。

2）类似地，如果用户在 Excel 中使用 name Manager 为单元格分配了一个名称，那么所有与工作表相关的单元格名称都将作为列表填充。在第二个输入定义中，Param2 是 Sheet1 中的一个单元格的名称，它使用 Value 选项赋值给参数 x2。

3）第三个输入定义在 Excel 文档 data.xlsx 的 respl 中将前一阶段获得的响应 stage_out resp 写入单元格 stage e2。

4）第四个输入定义将前一个阶段获得的 history stage e1_out_hist 写入 Excel 字段数组在 data.xlsx 垂直方向的 Sheet2 中使用 stage e2_in_hist 名称定义。

5）最后一个输入定义显示了从前一个阶段（其中响应）获得的响应。在 Sheet2 的 resp2 中，使用 User defined 选项将名称 stage e2 写入单元格。此选项可以将前一阶段的输出文件中的值写入 Excel 文档。

5.3.10 用户自定义程序

通过选择 LS-OPTui 中的 user-defined，可以指定用户定义的求解程序或前处理器。该命令可以执行命令，也可以执行脚本。替换的输入文件 UserOpt.inp 将自动附加到命令或脚本中。变量替换将在输入文件中执行（重命名为 UserOpt.inp）。输入文件的规范是可选的。以其最简单的形式，用户定义的程序可以与设计点文件 XPoint 结合使用，从运行目录中读取设计变量。

如果用户定义的程序没有向标准输出生成“正常”终止命令，则求解器命令必须执行一个脚本，该脚本的最后一条语句是命令 echo 'Normal'，该脚本在程序成功执行时发出该命令。该脚本可以检查程序终止后生成的文件是否存在，或者在输出文件中搜索特定的字符串，该字符串提供有关程序状态的信息。如果程序没有成功终止，脚本的输出应该是错误的。

5.3.11 Matlab

在 LS-OPTui 的 stage setup 对话框中选择 Matlab 作为包名，可以指定 Matlab stage（图 5-13）。

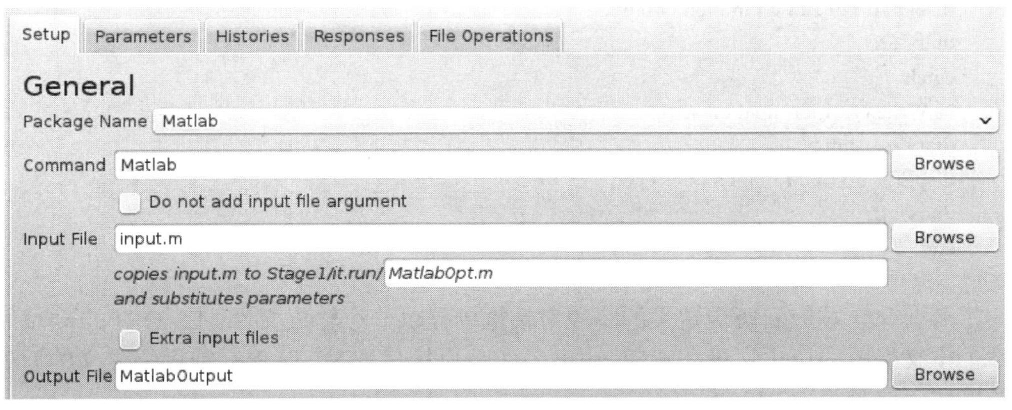

图 5-13　Matlab 平台界面

输入文件是一个 Matlab 脚本，包含使用 Matlab 中的 input 函数定义的变量（例如 variablel = input ('description of The variable');）。LS-OPT 解析输入文件并标识变量名。然后，在运行期间用一个值替换输入函数，然后将输入文件复制到 stage 目录下的子目录中。复制文件的默认名称是 MatlabOpt.m。应该注意，这个文件必须有后缀.m。Matlab 输入文件必须用第 5.3.13 节中描述的 METAPost 格式编写历史记录和响应。此外，Matlab 输入文件必须使用 try-catch 和 diary 写入终止状态，如下所示。

```
Try
% Definition of variables x1 and x2
x1 = input('x1-');
x2 =input('x2:');
% Computation of response(s) and histories
s = x1+x2;
h = [0 s;1 s+1;2 s+4;3 s+9];
% Write responses and histories to MatlabOutput file
fid = fopen('MatlabOutput','w');
fprintf(fid,'#\n');
fprintf(fid,'RESPONSES\n');
% response 1
fprintf(fid,'%d, %s, %f\n',0,'s',s);
fprintf(fid,'END\n');
fprintf(fid,'#\n');
% history 1
t=1:size(h,1);
fprintf(fid,'HISTORY 99: h\n');
for i=1:size(h,1)
        fprintf(fid,'%f, %f\n',t(i),h(i));
end
fprintf(fid,'END\n');fprintf(fid,'#\n');
ChkClose=fclose(fid);
% Write Normal termination status
diary matstatus;
disp('N o r m a l t e r m i n a t i o n');
diary off
catch
% Write error termination status
diary matstatus;
disp('E r r o r t e r m i n a t i o n');
diary off;
end
exit
```

还需要在包含响应和历史定义的阶段对话框中提供一个输出文件。LS-OPT 自动填写基于该文件中定义提取的历史记录和响应。输出文件必须具有与 METAPost 或用户定义的后处理器相同的格式（参见第 5.3.13 节）。

5.3.12 第三方求解器

在 User-defined 求解器类型下 LS-OPT 支持某些流行的有限元分析求解器。这些求解器类型都遵守与输入文件相关的语法规则（例如递归包含文件、参数关键字等），以便参数可以自动导入 LS-OPT 设置对话框。

LS-OPT 通过首先解析主输入文件的第一行来识别求解器类型。这一行应该是一个注释行，其中包含它所代表的包的名称。

没有特殊的响应接口，但响应和历史记录的提取可以通过以下接口支持：

- GenEx（参见第 7 章）；
- 用户定义的后处理器（参见第 5.3.13 节）；
- 由 LS-OPT 支持的商用后处理器（参见第 5.3.7 节）；
- 用户定义的历史记录或响应接口（参见第 6.13 节）。

5.3.13　用户定义的后处理器

后处理器可以从它支持的任何数据库中提取数据，因此使 LS-OPT 可以与任何其支持的求解程序进行接口。这可以允许后处理器从求解器数据库读取结果，并将它们放在一个或多个简单的文本文件中，以便单独提取结果。

对于用户定义的后处理器，需要提供完整的命令，因为 LS-OPT 不通过使用输入、数据库和结果文件在内部构造命令。输出文件需要以与 μETA 包相同的格式编写。格式如下：

```
#
RESPONSES
0, Weight, 0.591949043101576
1, StressL, 3.74281176328897
2, StressR, 1.99975762786926
END
#
HISTORY 99 : his1
0,0
0.0795849328001081,0.23516125192977
0.159169865600216,0.274354793918065
0.238754798400324,0.31354833590636
0.318339731200433,0.352741877894655
0.397924664000541,0.39193541988295
#
END
#
RESPONSES
END
#
HISTORY 100 : his2
0,0
0.0795849328001081,0.627096671812721
0.159169865600216,0.666290213801015
0.238754798400324,0.705483755789311
0.318339731200433,0.744677297777606
0.397924664000541,0.783870839765901
#
END
```

设置 LS-OPT 问题类似于 μETA，除了选择用户定义的后处理器作为包外，并且不需要提供会话文件和数据库路径，因为在命令中可获得相关信息。

还可以将 μETA 作为用户定义的后处理器运行。在本例中，“fullcommandscript” 中提供的命令是：

<metapost_executable> -b -s -foregr <path/sessionfile> "<database_path>" "<path/result_file>"

与 μETA 的情况不同，完整的命令不是由 LS-OPT 在内部构造的。因此，需要在 fullcommandscript 中提供 metapost_executable、path/sessionfile、database_path 和 path/result_file 文件。由于命令中提供了所有信息，因此在本例中不需要分别提供输入和数据库文件。

但是，必须指定输出文件名，原因是输出文件被解析为历史记录和响应名称，以便导入并显示在相关 GUI 页面中。这些可以用来完成优化问题设置，如定义组合、目标和约束等。

5.4 求解器执行

求解器执行选项及含义如图 5-14 和表 5-4 所示。

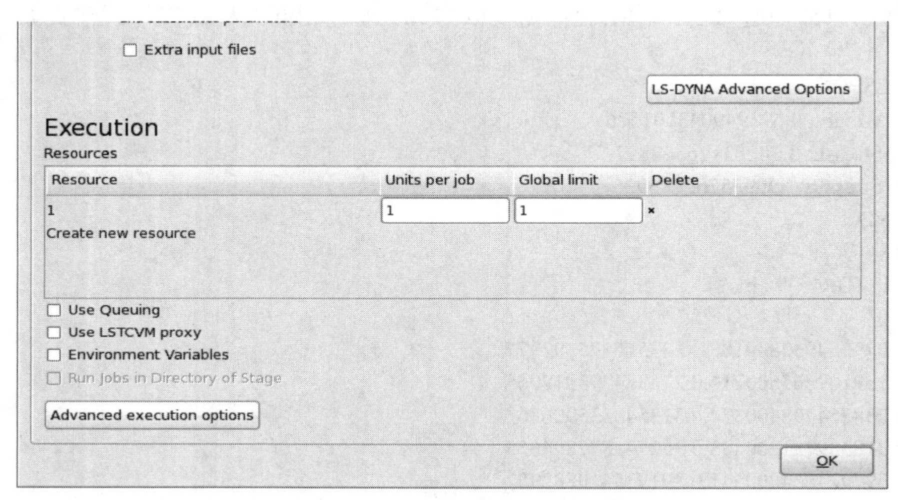

图 5-14 Stage 对话框设置选项：执行选项

表 5-4 Stage 对话框设置选项：执行选项

选项	描述
Resources	并发处理设置
Use Queuing	与负载共享设施接口，以支持跨网络运行模拟作业
Use LSTCVM proxy	启用 LSTCVM，以便跨计算机集群分发程序作业
Environment Variables	将在执行求解程序命令之前设置的环境变量
Run jobs in Directory of Stage	如果定义了多个阶段，则可以在另一个阶段的目录中执行该命令
Recover Files	要从远程计算机恢复的文件列表，只有在使用队列系统接口时才可用
Advanced execution options	异常终止，重试作业提交时的相关选项

5.4.1 为并发处理指定计算资源

可以为每个阶段定义多个资源限制。资源属性由每个作业的单元和全局限制组成（图

5-15）。该特性是无量纲的，因此用户可以指定对任何类型计算资源的限制，如处理器数量、磁盘空间、内存、可用许可证等。

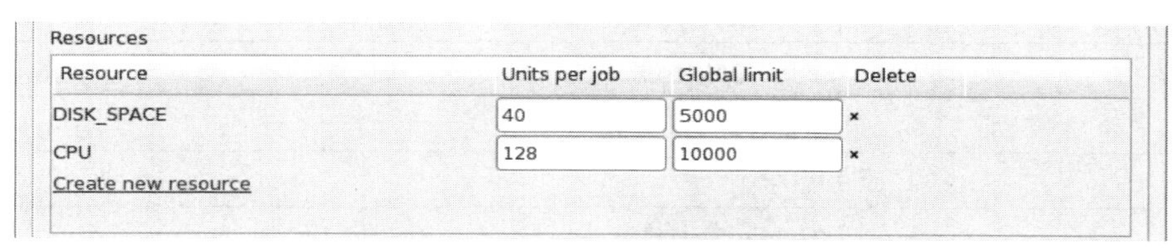

图 5-15 stage 资源的定义

案例

一个用户有 10000 个处理器可用，并希望使用 MPP 模拟执行优化运行，每个作业需要 128 个 CPU。因此，将每个作业的单位指定为 128，全局限制为 10000。或者同样的优化运行，用户有 5000 GB 磁盘空间可用，同时每个作业使用 40GB 磁盘空间（在每个作业完成后删除）。因此，必须使用每个作业 40 个单元的属性值和 5000 个全局限制来指定第二个资源。资源设置如图 5-15 所示。作业调度程序将启动不超过这两个限制中的任何一个作业。

资源必须在阶段级别定义，但是可以在 Setup 对话框的 Resource 选项卡中查看（参见第 8.4 节）。这些限制可以在 Stage 或 Setup 对话框中更改。

阶段可以共享资源。例如，作为 MDO 问题的一部分，可以为多个阶段定义相同的资源。

当使用多个计算机集群时，通常为每个集群定义独立的资源。然后在为每个集群定义的限制范围内，作业将在所有集群上并发运行。

在开始创建进程时，每个阶段都假定一个资源，默认值为每个作业 1 个单元，全局限制为 1，默认名称是求解器类型名称。这也意味着多个阶段使用相同的求解器类型，默认情况下只有一个资源定义，然后可以根据需要添加或删除资源。要更改资源名称时，必须添加新资源并删除旧资源。

注意：定义相关资源时，如用于模拟运行的处理器数量，不能用来作为一个命令行选项或命令脚本来替代处理器数量的规范，资源定义仅用来计算并发提交的作业数量。

5.4.2 排队系统接口

LS-OPT 排队接口具有负载共享功能（例如 LSF 或 LoadLeveler），支持跨网络运行模拟作业（表 5-5）。LS-OPT 将自动将仿真输入文件复制到每个远程节点，提取远程目录上的结果，并将提取的结果传输到本地目录。该接口可以通过 LS-OPTui 监控每次模拟运行的进度。

表 5-5 Queuing 队列选项

选项	描述
LSF	LSF 排队系统
PBS/TORQUE	PBS 和 TORQUE 排队系统
PBSPRO	PBS PRO 排队系统
SLURM	SLURM 排队系统
AQS	AQS 队列同步器

续表

选项	描述
LoadLeveler	LoadLeveler 作业排队系统
NQE	网络排队环境
NQS	网络排队系统
Black-Box	黑匣子
Honda	Honda 专用排队系统
SGE/UGE	Sun 网格引擎/Univa 网格引擎
User-Defined	用户自定义

5.4.3 使用 LSTCVM 安全代理服务器

LSTCVM 是一个安全代理服务器，用于在计算机集群中分配求解器作业，例如在 Windows 计算机上运行 LS-OPT 来控制 Linux 集群上的求解器作业。

5.4.4 环境变量

LS-OPT 提供了一种方法来定义环境变量，这些变量将在执行求解器命令之前设置。如果选中“环境变量”复选框，则可以在“阶段”对话框中指定所需的环境变量设置（图 5-16）。

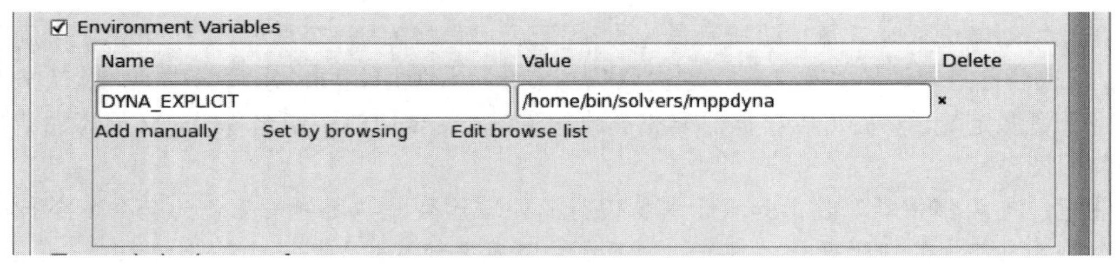

图 5-16 环境变量的定义

将环境变量传递给阶段命令是控制命令特性的一种简便方法。例如，命令可能是一个脚本，它在远程机器上对作业进行排队；脚本可以使用环境变量设置来选择各种排队选项。或者，环境变量设置可以通过排队系统传递，以便为远程执行的作业设置选项，例如口令服务器位置、输入文件名、是否运行 LS-DYNA 的 MPP 版本、是否运行单精度或双精度求解器，等等。

选择 Add manually（手动添加）按钮来定义单个环境变量。选择此选项后，环境变量列表中将出现新行，可以在其中输入变量名称和任意值。变量的名称不可以包含除大小写字母、数字和下划线（_）字符之外的任何内容。这保证了所有环境变量定义都可以在所有平台上使用。变量值没有这种限制。

Set by browsing 选项用于批量设置变量。这是通过运行用户提供的程序或导入用户提供的文件来实现的。通过“Set by browsing”按钮激活设置，以便从可用的可执行文件或文件中进行选择。将显示一个包含所有可用文件和程序的选择列表。

选择一个文件或可执行文件直接将所有指定的变量批量导入到环境变量列表中。除了这些浏览变量列表之外，还创建了一个不可编辑的特殊浏览变量。此变量记录用于创建浏览列表的程序名。

注意：出现在浏览行上面的环境变量列表中的字符串都是浏览列表的一部分，出现在浏览行下面的字符串从来不是浏览列表的一部分。用户定义的环境变量将始终跟随在浏览变量定义之后。

选择 Edit browse list 按钮没有任何作用，除非之前已经创建了一个 Browse 列表。如果环境变量列表中存在有效的浏览列表，那么选择此选项将运行创建浏览列表的原始程序，以及作为命令行参数传递的所有当前浏览列表选项，每个现有环境变量都有一个。

执行“Edit browse list”将导致重新读取原始文件，这对于测试目的很方便。

注意：浏览命令可以在标准输出中打印空行并立即终止替换操作。否则，当前浏览列表可能被删除。如果浏览命令异常终止，则会出现一个错误框，其中有一个标题栏，指示该命令失败。

LS-OPT 如何使用浏览列表

Browse List 浏览列表（实际上是 Environment Variables List 完整的环境变量列表）用于在运行 LS-OPT 指定的 solver 命令之前设置环境变量。但是，如果 browse 命令返回的第一个变量是 exe，那么在运行实际的求解器命令之前运行前处理命令。前处理命令是 exe 变量的值。前处理命令有一个命令行：

```
$exe var1=$var1, var2=$var2, ..., varN=$varN
```

也就是说，执行的命令是 exe 变量的值；附加的命令行参数由所有浏览列表字符串组成，每个中间字符串后面都附加一个逗号分隔符（最后一个参数后面没有逗号）。

注意：这样的前处理命令总是在当前 LS-OPT 作业目录中运行，因此，前处理命令引用的任何文件都必须由完全限定的路径指定，或者必须相对于当前 LS-OPT 作业目录进行解释。因此，LS-OPT 阶段目录将为“.”，LS-OPT 项目目录将为“..”。

5.4.5　恢复输出文件

此选项仅在使用排队系统接口时可用（参见第 5.4.2 节）。当分配仿真计算时，LS-OPT 所需要的信息被自动提取并以文件 response.n 和/或 history.n 的形式传输到本地节点。

如果用户想要将额外的数据恢复到本地机器来进行本地后处理（例如使用 LS PREPOST），可以使用 Recover Files 恢复文件选项（图 5-17）。

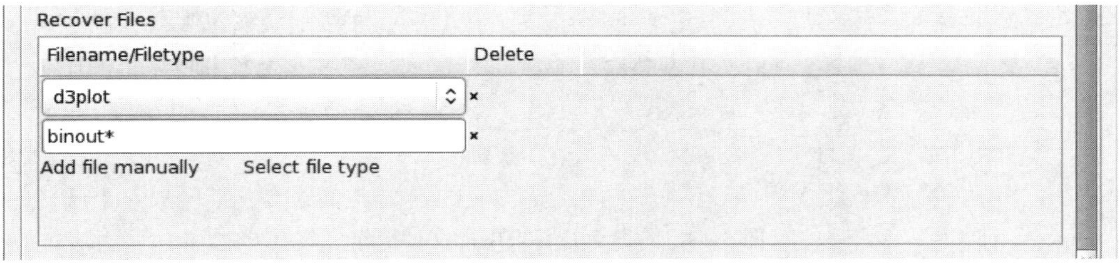

图 5-17　数据库恢复选项

对于 LS-DYNA，Select file type 选项可用于恢复 d3plot、d3hsp、binout、d3eigy 或 eigout 文件。每个名称都是一个前缀，例如 d3plot01、d3plot02，……将在指定 d3plot 时恢复。

任何数据库都可以通过使用 Add file manually 选项恢复。每个名称都是通配符。

请求的数据库文件将出现在本地运行目录中。恢复过程的详细信息将被记录下来，并在本地机器运行目录中的作业日志文件中可用。作业日志可以通过在运行期间或运行后双击 Stage LED 来查看（参见第 15.3 节）。

5.4.6 高级执行选项

对于某些类型的异常终止，重试作业提交可能是明智的。为此目的，用户可以为这种既没有报错也不是正常结果的终止指定一个反常的信号。以这种方式终止的作业可以由 LS-OPT 作业调度程序重试。相关选项见表 5-6。

表 5-6 高级执行选项

选项	描述
Abnormal retry timeout	提交脚本超时（秒）
Abnormal retry count	如果提交失败，则重试的次数
Queuer timeout	LS-OPT 将等待连接的时间，否则将设置异常终止状态

5.5 文件操作

LS-OPT 可以在阶段之间或阶段内执行文件操作。

请求的阶段文件操作针对所有与阶段（例如 CRASH/1.1、CRASH/1.2 等）相关的运行目录。在一个阶段运行目录中，可以对之前复制到运行目录的文件执行几个文件操作，或者在执行阶段命令之前或之后由阶段命令生成（图 5-18 和表 3-4）。

阶段之间的文件操作在第 3.2.2 节中讨论。

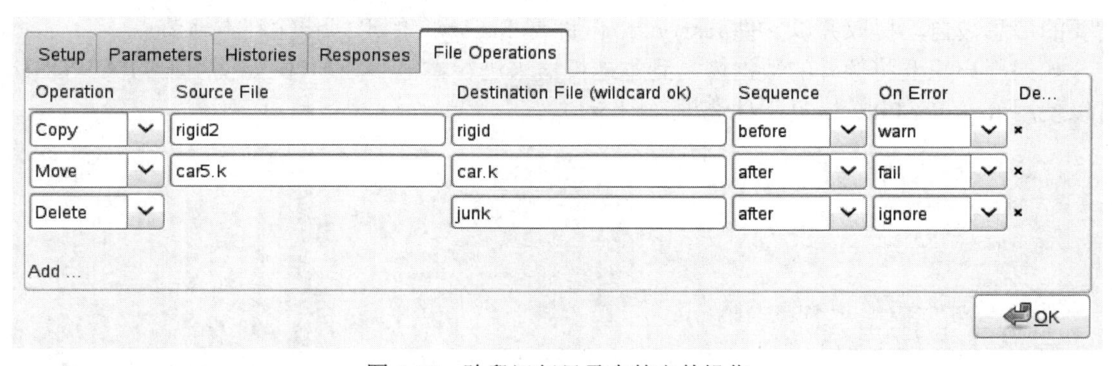

图 5-18 阶段运行目录中的文件操作

表 5-7 文件操作

选项	选择	描述
Operation	Copy	可选择的操作
	Move	
	Delete	
Source File		源文件名称
Destination File		目标文件的名称，支持通配符
Sequence	before	在执行 Stage 命令之前或之后执行操作
	after	
On Error	fail	如果操作失败怎么办
	warn	
	ignore	

5.6 “Normal”终止状态

LS-OPT 只能通过读取求解器打印到屏幕上的信息（也称为标准输出）来检测求解器的终止状态。LS-DYNA 求解器类型与 ANSA 新版本一样自动输出短语“Normal”，LS-OPT 将其检测为正常终止。如果'Normal'不存在，LS-OPT 假定错误终止状态，不会尝试从数据库中提取任何结果。对于所有其他求解器，用户有责任将状态写入标准输出。这可以通过将 solver 命令插入到一个脚本或程序中来实现，在这个脚本或程序中，'Normal'字符串在末尾使用 print 语句编写。

5.7 在运行时管理磁盘空间

由于在并行运行期间生成多个结果输出集，用户必须谨慎，不要生成不必要的输出。应考虑以下规则：

- 为了节省空间，只应请求绝对必要的输出文件。
- 通过明智地指定输出之间的时间间隔（DT），可以节省大量磁盘空间，例如，在许多情况下，可能只需要在最终事件时间内的输出。在这种情况下，DT 的值可以设置得比终止时间稍小。
- 每次模拟运行完成后，立即进行结果提取。在求解器运行之后，可以使用“Delete”文件操作在提取之后立即删除数据库文件（参见第 5.5 节）。
- 数据库文件也可以通过使用 Clean 文件删除（参见第 5.7.1 节）。
- 如果在远程节点上执行模拟运行，则在远程节点上提取每个模拟的响应，并将其传输到本地运行目录。

5.7.1 使用擦除文件删除求解器输出文件

在顺序逼近过程中，可以在每次运行后删除多余的数据，同时保留所有必要的数据和状态文件。为此，用户可以提供一个名为 Clean 的文件（在 Windows 上为 clean.bat），其中包含所需的擦除语句，例如在 Linux 中：

```
rm -rf d3*
rm -rf elout
rm -rf nodout
rm -rf rcforc
```

或在 Windows 中：

```
del d3*
del elout
del nodout
del rcforc
```

Clean 文件将在每次模拟之后立即执行，并将清除所有运行目录，除了基准（第一次或 1.1 次）和最佳（最后一次）运行之外。应该注意不要删除最低级别的目录或已启动、完成的日志文件 response.n 或 history.n（它们必须保留在最低级别的目录中）。这些目录和日志文件表示不同级别的完成状态，这对于有效重启非常重要。每个“response.response_number”文件包含为响应提取的值 response_number。因此，即使删除了所有求解器数据文件，也保留了基本数据。response_number 从 0 开始。

完整的历史记录也同样保存在 History.history_number 中。

确保正确重启的最小清单是：

```
XPoint
started
finished
response.0
response.1
.
.
history.0
history.1
.
.
```

注意：

（1）必须在工作目录中创建 Clean 清除文件。

（2）如果没有 Clean 清除文件，所有数据将在所有迭代中保存。

（3）对于远程模拟，Clean 清除将在远程机器上执行。

5.8 运行前处理器的其他设置

运行前处理程序的最简单方法是为前处理程序和求解器定义一个单独阶段，并使求解器阶段依赖于前处理程序阶段。由于前处理程序的输出文件必须用作求解程序的输入，因此设置非常重要。设置前处理器运行至少有三种方法：

（1）将前处理程序的输出文件指定为求解器的 Include 文件。

（2）将输出文件复制到求解器的基本文件。例如，如果 lsppout 是前处理程序的输出文件名，那么将 lsppout 复制到 DynaOpt.inp 文件，该文件是 LS-DYNA 求解器类型的标准基文件。为此目的使用阶段间或阶段内文件操作。

（3）将求解器的基本文件名重命名为前处理程序的输出文件名（参见第 5.2.1 节）。例如，如果前处理程序的输出文件名是 lsppout，那么将求解程序的基本文件（在本例中是 LS-DYNA 类型）从 DynaOpt.inp 重命名为 lsppout，然后 LS-DYNA 将 i=lsppout 作为求解器命令的一部分。

需要注意的是，通过在 Stage 对话框的 Setup 选项卡中选择“Run Job in Directory of Stage”选项，前处理程序和求解器都可以位于同一个目录中，它们都可以在前处理程序或求解器的目录中运行。

如果前处理程序和求解器都在前处理器目录中运行，则应在“文件操作”选项卡中指定复制文件操作（参见第 5.5 节），以便在前处理器阶段之后复制文件。

如果前处理程序和求解器都是运行在求解器目录，在求解器阶段之前，在 File Operations 选择卡中指定文件复制操作来复制文件（参见第 5.5 节）。

如果前处理程序和求解器运行在不同的目录（即自己的主目录），一个级间复制操作应该指定（参见第 3.2.2 节）。

第6章

历史及响应结果

本章描述了从阶段数据库中提取的历史、多点历史或响应结果的规范。历史记录是表示曲线数据的向量，而响应是标量值。多点历史记录还要考虑空间维度，因此由多个历史记录组成。响应可用于定义目标或约束（第12章）。历史和多点历史是中间实体，可以用来计算响应或复合（第10章）。有从LS-DYNA输出文件中提取结果的接口，还有数学表达式、文件导入、从ASCII数据库中提取值的接口、Excel接口和任何程序都可用于提取结果的用户自定义接口。响应对话框可以分别从Stage CRASH对话框的Histories、Multihistories和Responses选项卡中访问。

6.1 定义History、Multihistory和Response

可以使用Stage CRASH对话框的Histories、Multihistories和Responses选项卡中的接口分别定义History、Multihistory或Response，如图6-1所示。要添加新定义，可从右边的列表中选择Specialtive接口。表6-1解释了可用的接口。若要编辑已定义的（多个）历史记录或响应，请双击左边历史记录列表中的相应条目，可以使用相应定义右边的Delete图标删除它们。

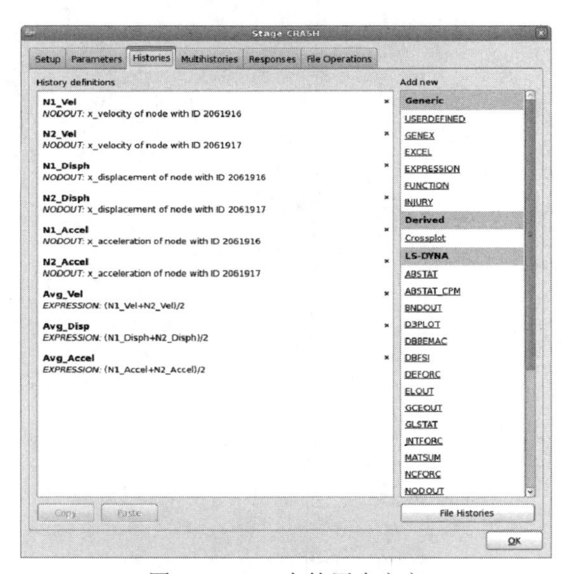

图6-1 GUI中的历史定义

表 6-1 用于响应和历史提取的接口

选项		描述
Generic	USERDEFINED	使用任何脚本或程序提取结果
	FILE	从文本文件中提取结果（仅响应）
	GENEX	用于从文本文件中提取结果的工具
	EXCEL	从 Excel 文档中提取结果
	EXPRESSION	使用以前定义的实体定义数学表达式
	FUNCTION	使用以前定义的历史记录的表达式
	INJURY	损伤的标准
	Curve Matching	比较两个多点 Curve 的指标（仅响应）
	MATRIX_EXPRESSION	（仅响应）
Derived	Crossplot	交绘图（仅历史）
LS-DYNA	ABSTAT	Binout 接口
	ABSTAT_CPM	Binout 接口
	BNDOUT	Binout 接口
	D3PLOT	D3Dlot 接口
	DBBEMAC	Binout 接口
	DBFSI	Binout 接口
	DEFORC	Binout 接口
	ELOUT	Binout 接口
	FLD	钣金成形结果（仅响应）
	FREQUENCY	D3eigv 接口（仅响应）
	GCEOUT	Binout 接口
	GLSTAT	Binout 接口
	JNTFORC	Binout 接口
	MASS	D3hsp 接口（仅响应）
	MATSUM	Binout 接口
	NCFORC	Binout 接口
	NODOUT	Binout 接口
	NODFOR	Binout 接口
	PSTRESS	钣金成形结果（仅响应）
	RBDOUT	Binout 接口
	RCFORC	Binout 接口
	RWFORC	Binout 接口
	SBTOUT	Binout 接口
	SECFORC	Binout 接口

续表

选项		描述
LS-DYNA	SPCFORC	Binout 接口
	SPHOUT	Binout 接口
	SWFORC	Binout 接口
	THICK	钣金成形结果（仅响应）
LS-OPT	LSOPT	优化内部变量。响应、复合、目标函数、约束、历史和可靠性统计
	LSOPT_STATISTICS	蒙特卡罗分析产生的统计值（仅响应）
File Histories		全局文件历史
File Multihistories		全局文件多历史
Copy		复制所选的历史记录/响应
Paste		粘贴之前复制的历史记录/响应，也可以在阶段之间粘贴。下一个空闲数字将自动附加到名称中

有五种类型的接口：

- 标准 LS-DYNA 或 LS-OPT 结果接口。这些接口分别提供对 LS-DYNA 二进制数据库（d3plot 或 binout、d3hsp 或 d3eigv）和 LS-OPT 数据库的访问。这些接口是 LS-OPT 的组成部分。
- 用户指定的接口程序，可以放在任何地方。用户指定完整路径。
- 数学表达式。
- GenEx，用户可以从文本文件中提取选定的字段值。
- Excel。

响应的提取由每个响应的定义和一个提取命令或数学表达式组成。响应通常是响应历史的数学运算结果，但可以直接使用标准 LS-DYNA 接口（参见第 6.1.1 节）或用户定义的接口提取。

每个提取的响应或（多个）历史记录都由一个名称（表 6-2）和使用相应接口指定的设置来标识。

表 6-2　所有接口的通用（多）历史记录和响应选项

选项	描述
Name	历史/响应的名称
Subcase	与 LS-DYNA 中的*CASE 参数关联的整数 CASE ID。对于在 LS-DYNA 输入文件中使用*CASE 参数的规程，此选项是强制性的，但对于其他情况则不是必需的。对于所有其他情况，应该使用 first/last 命令
MultiplierOffset	（仅响应）如果需要响应的缩放和/或偏移，最终的响应计算为（提取的响应×乘法器）+偏移量
Not metamodel linked	（仅响应）有时候，尽管任务是基于元模型的，但创建中间响应而不使用相关的元模型是有益的，这可以促进效率。没有元模型链接的响应不能直接包含在复合中，因为复合依赖于基于元模型的计算

续表

选项	描述
Dump formula file	（仅响应）将元模型公式转储到工作目录中的 Formula a_dump_responsename.iteration 文件中
DEFINE_CURVE	（仅历史）历史的定义（第 6.1.2 节）

6.1.1　结果提取

每次单独模拟运行之后，立即进行结果提取，为特定的设计点创建 History.n、Multihistory.n 和 Response.n 文件。对于分布式仿真运行，该提取过程在远程机器上执行，History.n、Multihistory.n 和 Response.n 文件随后被传输到本地运行目录。如果远程机器上提取不成功，而求解器数据库在本地可用，则在本地机器上重复该提取，因此，结果提取所需的程序和脚本不必从远程机器访问。这些结果存储在 AnalysisResults_n.lsox 和 AnalysisResults_n.lsox 数据库中。

6.1.2　使用 LS-DYNA 的*DEFINE_CURVE 关键字创建历史文件

DEFINE_CURVE 选项可以创建 LS-DYNA 的 include 文件（例如 his.k），其中包含*DEFINE_CURVE 关键字和历史数据。表示 LS-DYNA 所需的负载曲线 ID 的 LCID 应在适当的文本框中输入（图 6-2）。

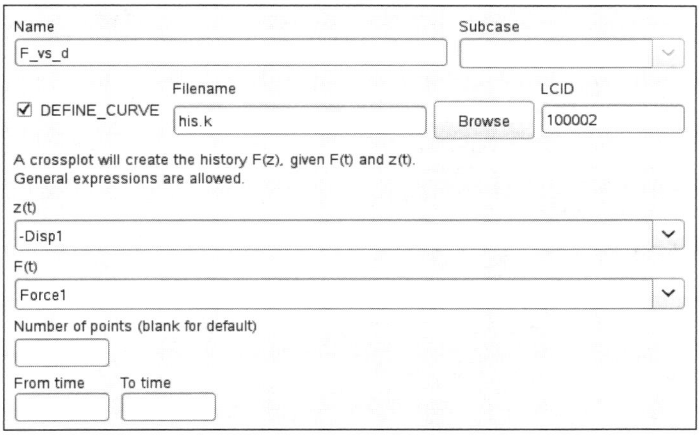

图 6-2　DEFINE_CURVE 创建文件 his.k

（其中包含*DEFINE_CURVE 关键字和 LCID 100002，以及生成的历史数据）

6.2　提取历史和响应量：LS-DYNA

LS-OPT 提供了从 binout、d3plot、d3hsp 和 d3eigv 中提取历史和响应结果的接口。从 d3plot 数据库中提取多历史记录。用户必须确保 LS-DYNA 将提供 LS-OPT 所需的输出文件，但是，默认情况下启用了一个检查丢失*DATABASE 卡的选项（参见第 5.3.1 节）。

除了 Select 选项，提取 LS-DYNA 响应和历史记录的选项是相同的。

除了用于从 LS-DYNA 数据库中提取任何数据项的标准接口之外，还提供了用于钣金成形的专门响应。第 6.3 节讨论了这些响应的计算和提取。

6.2.1 LS–DYNA binout 结果

除了 d3plot、Mass 和 Frequency 频率接口外，所有 LS-DYNA 历史和响应结果提取选项与 LS-DYNA binout 输出相关。必须在 LS-DYNA 输入文件中正确设置相应*DATABASE 选项卡中的 BINARY 标志和*DATABASE HISTORY_OPTION 选项卡中的所需实体 ID。注意，LS-OPT 将 LS-DYNA 可执行文件解释为单个进程（SMP），因此不支持缺省的二进制标志值 0（参见第 5.3.1 节）。

根据选择的接口，可以提取整个模型或有限元实体（如节点或单元）的结果。对于壳单元和梁单元，还可以指定厚度方向的积分点位置。

响应选项是历史选项的扩展——历史将作为响应提取的一部分。必须指定 Select 选项才能从曲线中提取标量值。在提取所请求的标量值之前，可以指定 From time 和 To time 的可选属性来对曲线进行切片（图 6-3）。默认值是 0 和历史记录的结束值。

历史记录和响应可以使用过滤和平均选项。

这些操作将按以下序贯应用：平均或过滤，以及切片。

第 6.2.2 节中详细描述了 NODOUT 部件的变形和位移结果。

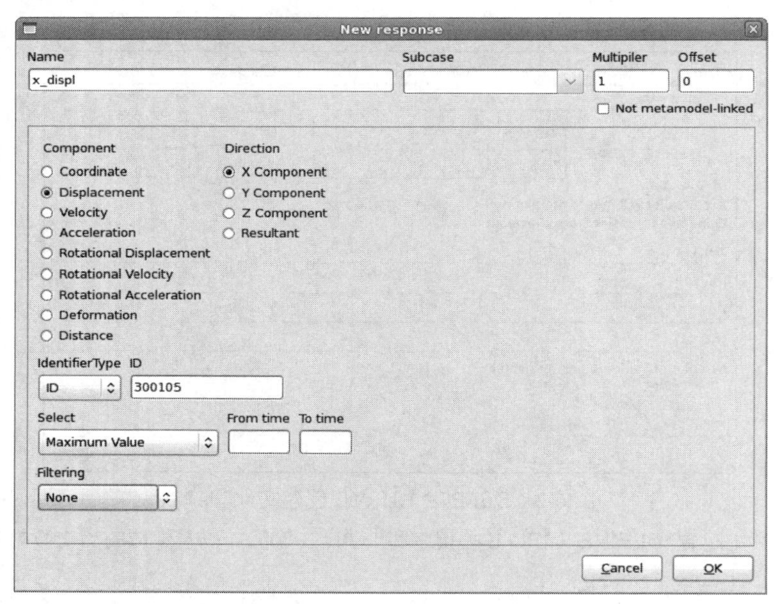

图 6-3　响应提取：LS-DYNA NODOUT 接口

6.2.2 运动学

通过在有限元网格上定义两个节点，利用 NODOUT 结果可以直接计算额外的运动学结果，如位移和变形。运动学由两个主要量组成：

- 利用两个节点坐标的差值计算位移矢量 q。

- 利用 t 时刻计算的位移向量与原始位移向量之差（t=0）求得的变形。

这些量可以在全局坐标系、局部坐标系或者引用全局参考系的局部坐标（t=0）中计算出来：

使用第 6.4.5 节定义的约定计算局部轴，以定义旋转矩阵 A，其中 A 是时间的函数。因此，这些数据定义见表 6-3。

表 6-3　刚体运动学定义

坐标系	位移	变形
全局坐标系	$d = q$	$u = q - q(0)$
局部坐标系	$d' = A(t)q(t)$	$u' = d' - A(0)q(0)$
局部参考坐标系	$d'' = A^T(0)A(t)q(t)$	$u'' = d'' - q(0)$

正交矩阵 $A(t)$ 由局部坐标系（见图 6-4 中的 $x'y'z'$）定义，该坐标系又由有限元网格上的三个节点定义，随着时间的推移，矩阵 $A(t)$ 发生位移。节点 2 和节点 3 表示局部 x 轴方向（图 6-4）。而节点 1 表示第三个节点。这与第 6.4.5 节中定义的约定相同。

第二类和第三类运动均表示为“局部”，因为纯刚体系统不存在变形。如果三角形 1-2-3 和 1'-2'-3'全等，即它们表示刚体，则在参照系中定义的局部量对于节点编号是不变的。例如(1,2,3)、(2,3,1)或(1,3,2)应产生相同的值。

为了监控一致性，在作业日志（运行目录）或 lsopt 输出文件中显示每个历史记录或响应的一致性比率 Congruence ratio。节点的比值定义为节点 i 在最终时刻对边长度除以未变形结构上的对边长度，因此输出如下式所示的 3 个值。理想的比例是 1，表示一个完美的刚体。

$$r_i = \frac{|\mathbf{x}_{i-1}(t) - \mathbf{x}_{i-2}(t)|}{|\mathbf{x}_{i-1}(0) - \mathbf{x}_{i-2}(0)|},\quad i = 1,2,3$$

运动学的量可用历史和响应两种形式表示。

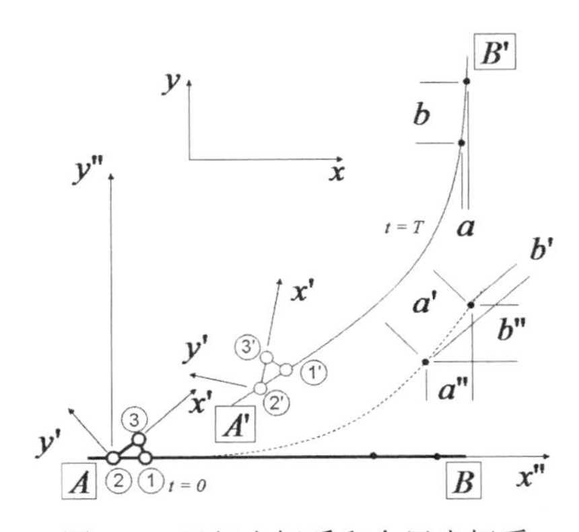

图 6-4　局部坐标系和全局坐标系

6.2.3　LS-DYNA d3plot 结果

d3plot 接口与 binout 接口相关。d3plot 结果不同于 binout 命令，因为可以为整个部件收集响应或历史记录。例如，最大应力可以在一个部件或整个模型上进行评估，还可以提取节点或单元等有限元实体的结果。对于壳单元和梁单元，可以指定厚度方向积分点位置（通常在 GUI

中不可用）。节点结果是对响应单元结果进行平均来获得，比如节点应力和单元应力。

如果提取位置由 *x*、*y*、*z* 坐标指定，则从参考状态时刻最接近 *x*、*y*、*z* 的单元中提取数据。只考虑*SET_SOLID_GENERAL 单元集合中包含的单元（只考虑 PART 和 ELEMENT 选项）。

对于响应，必须指定 Select in time 选项才能从 curve 中提取标量值。在提取所请求的标量值之前，可以指定可选的属性来对曲线进行切片（图 6-5）。默认值为 0 到历史记录的终值（d3plot 不可用）。

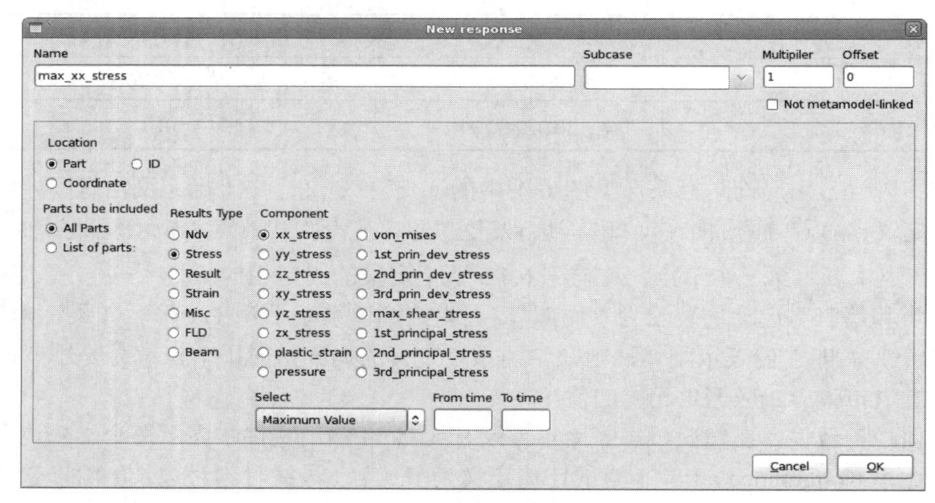

图 6-5　从 d3plot 中提取响应

如果必须对部件进行选择，则可以为部件选择最大值、最小值或平均值（Select in region），然后选择随时间变化的最大值、最小值或平均值。

LS-PrePost 条纹图显示功能可用于数据的图形化探索和故障排除。

1. d3plot FLD 结果

如果需要 FLD 结果，FLD 曲线可以使用以下方法指定：

（1）t 和 n 系数。

（2）LS-DYNA 输入面板中的曲线。

对 t 和 n 系数的解释与 LS-PrePost 相同。注意 THICK、FLD 和 PSTRESS 接口选项是另一种选择（参见第 6.3 节）。

2. d3plot 多历史（Multihistory）

多历史提供了在模型上多点提取历史的可能性，因此也考虑了空间维度。表 6-4 描述了可用的选项。

可以提取壳和实体单元的多历史记录。如果 Location 选项被选择为 Coordinate File。提取点的坐标必须使用包含*NODE 关键字的文件进行指定。用户应该确保使用的 IDs 与 LS-DYNA 模型中使用的 IDs 不同，并且数据以*END 结束。

多历史（Multihistory）还可以与数字成像系统相连接。如果定义了 Multihistory，以便与光学测量系统 ARAMIS 生成的测试结果进行比较，则可以在这里使用 ARAMIS 点位置（Source 选项 ARAMIS）。各自 ARAMIS 的 Multihistory 文件必须从 ARAMIS Multihistory 菜单中选择。LS-OPT 将自动从 Multihistory 文件定义的 ARAMIS 输出中提取这些点坐标。

表 6-4 d3plot 多历史选项

选项	描述
Source	ARAMIS 多历史或坐标文件。文件应该在 LS-DYNA *NODE 关键字格式中定义提取位置
ARAMIS Multihistory（Source option ARAMIS only）	定义坐标的多历史文件名称。从 ARAMIS 输出文件中提取坐标
File name（Source option Coordinate File only）	LS-DYNA 格式的文件，包含使用*NODE 关键字格式的提取点坐标
FE Interpolation（Element results only）	最近的节点：平均单元结果，最近单元：精确坐标，使用双线性插值的插值
Cluster source points to nodes	将点的数量减少到与源点集合区域内节点的数量相似。集群表示源点集合区域内最接近 FE 节点的点
Distance Tolerance	用于过滤源点的位移单位公差。如果超过公差，则这个点被舍弃
Align points and simulation geometry	校准点集和仿真数据的转换
New alignment	定义转换，用仿真数据来校准点集
Open in LSPP	创建一个 LS-PrePost 显示，来显示选择的点集合和有限元网格的校准

对于应力等单元结果，用户可以选择是使用最近节点还是最近单元的结果。当选择单元选项时，在单元内使用双线性插值，从插值的精确坐标处提取数据。为了创建节点结果，相邻近单元的结果将被平均。

提取点可以通过两种方法进行过滤：第一个方法是选择一个点集的最近邻点簇；第二个方法是指定点与节点之间的位移公差。如果在位移公差范围内没有找到节点，则丢弃该点进行提取。公差可以与集群一起应用，在这种情况下，集群点的数量可以进一步减少。应用集群和/或公差改进点集和有限元网格的空间匹配，从而提高了精度和效率。

由于试验和仿真几何位置可能不同，因此可以定义一个转换来对试验和仿真数据进行三维对齐。选择 New Alignment 按钮打开 Alignment 对话框（图 6-6 和表 6-5）。

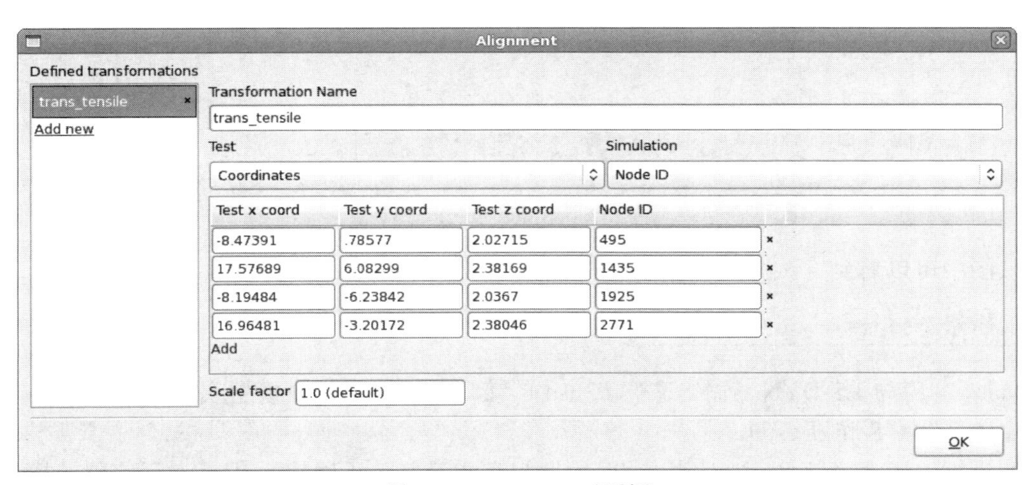

图 6-6 Ailgnment 对话框

至少需要指定三个点分别用于试验和仿真，以计算转换。试验点可以由坐标定义，或者对于 ARAMIS，可以使用 ARAMIS 的 IDs。对于仿真，还可以使用坐标或节点 IDs。此外，如果试验和仿真几何尺寸不相同，可以指定一个比例因子来将试验几何缩放到仿真几何。校准是使用最小二乘距离法完成的。

表 6-5 Ailgnment 选项

选项	描述
Transformation Name	转换的名字
Test	为试验数据规范定义的校准点格式。校准点可以由坐标或 ARAMIS 的 ID 指定
Simulation	为仿真模型规范定义的校准点格式。校准点可以由坐标或节点 ID 指定
Scale factor	如果试验和仿真几何尺寸不同而使用的缩放因子，试验坐标被缩放

Open in LSPP 使用 LS-DYNA 输入文件和为多历史位置指定的坐标文件启动 LS-PrePost（图 6-7）。考虑了试验几何与仿真几何的校准问题。

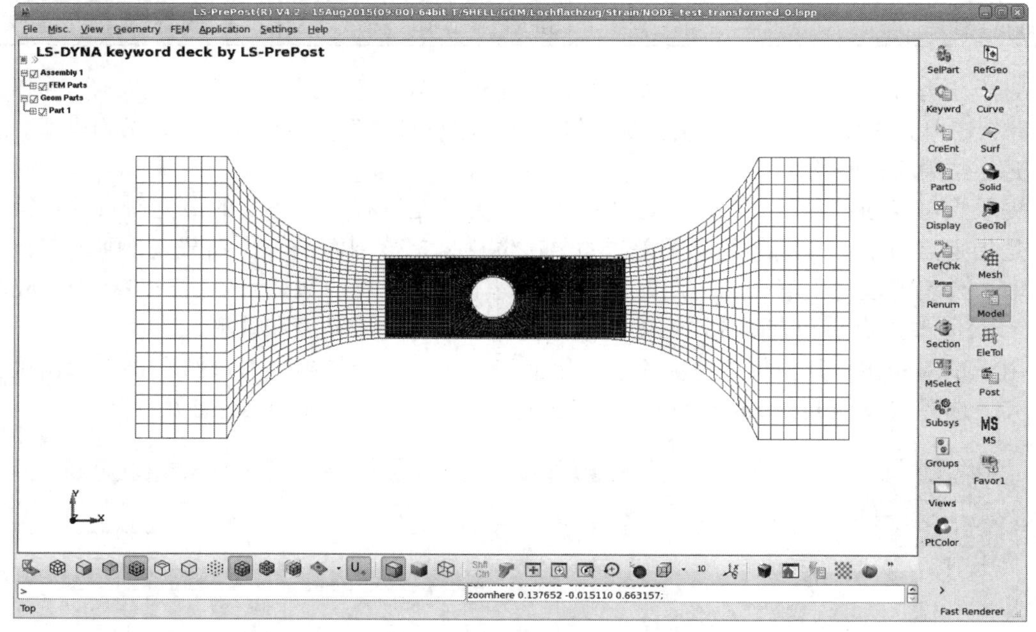

图 6-7 d3plot Multihistory

从图中可以看到，试验点叠加在 LS-DYNA 模型上。

6.2.4 质量（Mass）与 d3hsp 的接口

Mass 响应与 LS-DYNA 输出文件 d3hsp 的接口。可以为整个模型或部件列表提取质量和相关实体（图 6-8 和表 6-6）。

如果指定了多个部件，则对值求和（因此只有质量值是正确的）。但是对于完整的模型（省略了部件规范），给出了所有数量的正确值。

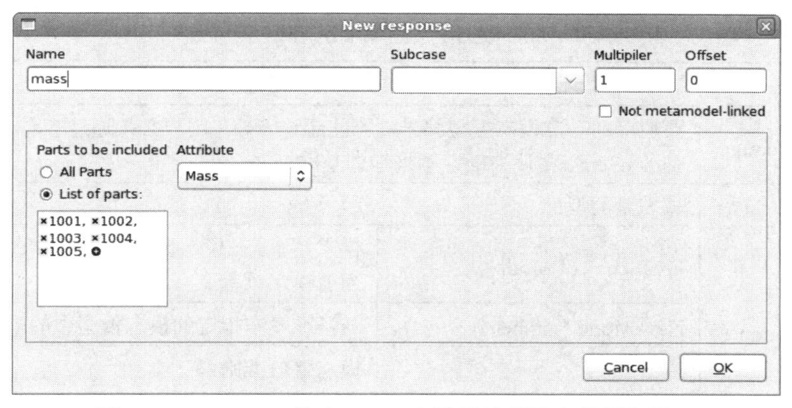

图 6-8 LS-DYNA 输出 d3hsp 中质量及相关实体提取接口

表 6-6 质量项目说明

项目	描述	
Parts to be included	为整个模型或列表中指定的部件 IDs 提取实体	
Attribute	质量类型：	
	Mass	质量
	Principal Inertias	主惯量：I11、I22、I33
	Inertia Tensor	惯性张量：IXX、IXY、IXZ、IYX、IYY、IYZ、IZX、IZY、IZZ
	Mass Center	质心的 x 坐标、y 坐标和 z 坐标

6.2.5 频率（Frequency）与 d3eigv 的接口

频率响应与 LS-DYNA 输出文件 d3eigv 的接口（图 6-9）。有关可用提取选项的说明参见表 6-7。

图 6-9 LS-DYNA 输出 d3eigv 频率提取接口

表 6-7 频率项说明

<table>
<tr><th>项目</th><th colspan="2">描述</th></tr>
<tr><td>Baseline Mode Number</td><td colspan="2">要追踪的基准模态振型编号，不能超过 999。用户必须通过查看 LS-PrePost 中的基准 d3eigv 文件来确定感兴趣的基准模态</td></tr>
<tr><td rowspan="4">Modal Output Option</td><td colspan="2">模态量类型：</td></tr>
<tr><td>Frequency of Mode</td><td>模态频率：在模态振型中与指定的基准模态对应的当前模态频率</td></tr>
<tr><td>New Mode Number</td><td>与基准模态指定的模态振型中的当前模态数</td></tr>
<tr><td>Modal Assurance Criterion</td><td>模态置信准则：
$\max\limits_{j} \frac{\{\varphi_0\}^H \{\varphi_j\} \{\varphi_j\}^H \{\varphi_0\}}{\{\varphi_0\}^H \{\varphi_0\} \{\varphi_j\}^H \{\varphi_j\}} = \max\limits_{j}[MAC_j]$</td></tr>
<tr><td>Mode Tracking Status</td><td colspan="2">模态追踪状态：启用或禁用模态追踪，参见如下理论</td></tr>
</table>

模态追踪理论

当优化器修改设计变量时，将模态分析作为模态切换（模态序贯的更改），在优化过程中需要模态追踪。为了提取指定模态的频率，LS-OPT 计算模态置信准则（MAC）。标量 *MAC* 值提供了基准模态振型与当前设计的每个模态振型之间的一致性程度。*MAC* 最大值表示模态在振型上与原始模态最相似。LS-OPT 从 d3eigv 文件中读取特征向量，用于计算 *MAC* 值。计算当前设计 φ_0 的参考模态第 j 个向量和 φ_j 模态向量的 *MAC* 值为：

$$MAC_j = \frac{\{\varphi_0\}^H \{\varphi_j\} \{\varphi_j\}^H \{\varphi_0\}}{\{\varphi_0\}^H \{\varphi_0\} \{\varphi_j\}^H \{\varphi_j\}} \tag{6-1}$$

式中，H 是厄米算符。可以使用各自的模态输出选项提取最相似模态对应的 *MAC* 值（表 6-7）。

在某些情况下，用户可能对对应于特定模态数的频率感兴趣。为了启用此选项，提供了关闭模态追踪的功能。默认情况下，该选项是打开的，但是关闭它可以提取对应于特定模态号的响应，而不管模态振型如何。

6.3 提取钣金成形响应量：LS-DYNA

用户可以提取与钣金成形直接相关的响应，即最终板厚（或减薄）、成形极限准则和主应力。所有数量都可以在 LS-DYNA 的输入面板中定义的部件基础上指定。网格自适应能力可以并入模拟运行。

用户必须确保通过 LS-DYNA 模拟生成 d3plot 文件。注意，d3plot 接口选项是另一种选择。

6.3.1 厚度和减薄

可以使用 THICK 接口指定厚度或厚度缩减，如图 6-10 所示，厚度选项说明见表 6-8。

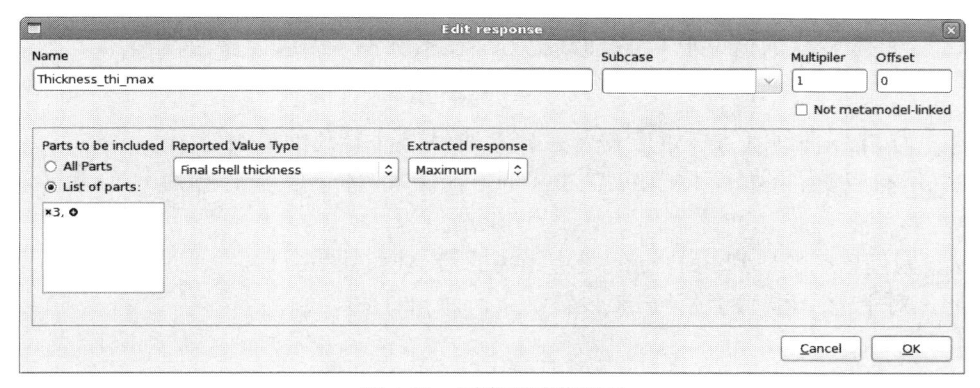

图 6-10　厚度或减薄界面

表 6-8　厚度选项说明

项目	描述
Parts to be included	为整个模型或列表中指定的部件 IDs 提取实体
Reported Value Type	最后壳厚度，厚度减薄率
Extracted response	对所选部件的所有单元计算最小值、最大值或平均值

6.3.2　FLD 约束

FLD 约束如图 6-11 所示，FLD 约束区分为两种情况：

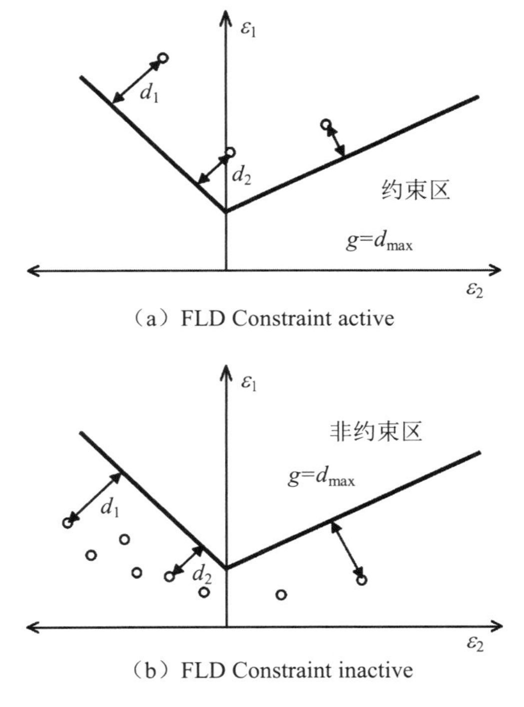

图 6-11　FLD 曲线约束定义

（1）一些应变点的值位于 FLD 曲线上方。在本例中，约束计算为

$$g = d_{max}$$

式中：d_{max} 为 FLD 曲线上方任意应变点到 FLD 曲线最小距离的最大值。

（2）所有应变点的值都位于 FLD 曲线下方。在本例中，约束计算为

$$g = -d_{min}$$

式中：d_{min} 为任意应变值到 FLD 曲线最小距离的最小值（图 6-11）。

因此，对于一个可行的设计应该设置约束，使 $g(x) < 0$。

1. 一般 FLD 约束

如果成形极限用一般曲线表示，则可以使用一般的 FLD 准则。这种准则可以将任何上、下或中壳体表面考虑在内（图 6-12）。

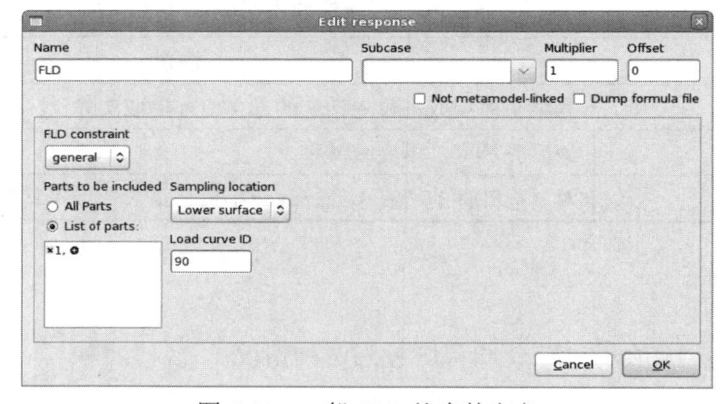

图 6-12　一般 FLD 约束的定义

注意：

（1）分段线性曲线是通过指定一组相互连接的点来定义的。连续点的横坐标ε_2必须增加，否则将发生错误终止，因此不可以重复点。

（2）曲线在ε_2的正负两个方向上可无限外推。

（3）约束值的计算如图 6-11 所示。

2. FLD 分数约束

此选项用于计算违反 FLD 约束的单元比例（图 6-13）。因此，它在容许一定比例失效的情况下是有用的。它还允许定义多个区域，每个区域由一条或两条曲线定义。这些曲线定义了允许主应变状态的上下界。这些区域之间可以相互重叠，并且计算出的分数代表着已定义准则下的失效。

模型和 FLD 曲线定义见表 6-9。

注意：

（1）该接口程序生成一个输出文件 FLD_curve，该文件的第一列和第二列中分别包含ε_1和ε_2的值。由于程序首先查找该文件，因此不用关键字规范来定义它。如果在关键字输入文件中更改了曲线规格，则用户应注意要删除旧版本的 FLD_curve 文件。如果使用结构化输入文件输入 LS-DYNA 数据，则必须由用户创建 FLD_curve 文件。

（2）不应使用*DEFINE_CURVE 关键字的比例因子和偏移量功能。

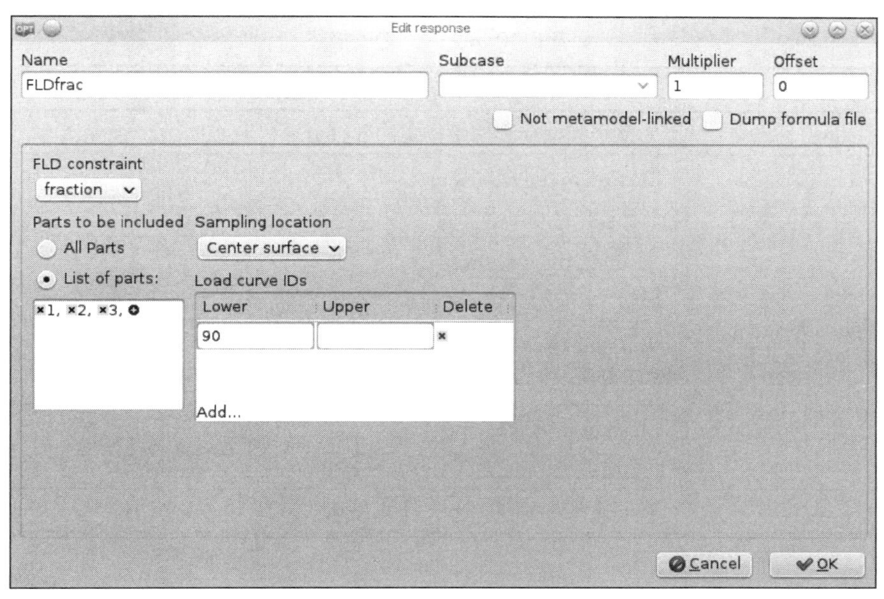

图 6-13　FLD 分数约束的定义

表 6-9　LS-DYNA 通用 FLD 约束选项说明

选项	描述
FLD constraint	一般约束或分数约束
Parts to be included	为整个模型或列表中指定的部件 IDs 提取实体
Sampling location	板件的下、中、上表面
Load curve ID(s)	在 LS-DYNA 输入文件中加载线索的标识号。必须使用*DEFINE_CURVE 关键字。有关此关键字的解释，请参阅 LS-DYNA 用户手册

6.3.3　主应力

任何一个主应力或平均应力都可以用主应力界面来计算（图 6-14 和表 6-10）。这些计算值是节点应力。

图 6-14　主应力界面

表 6-10　主应力选项描述

项目	描述	
Parts to be included	为整个模型或列表中指定的部件 IDs 提取实体	
Stress value to extract	Maximum principal stress（最大主应力）	σ_1
	Second principal stress（第二主应力）	σ_2
	Minimum principal stress（最小主应力）	σ_3
	Mean of principal stress（平均主应力）	$(\sigma_1+\sigma_2+\sigma_3)/3$
Extracted response	对所选部件的所有单元计算最小值、最大值或平均值	

6.4　用于历史记录、多历史记录和响应提取的通用接口

6.4.1　表达式

使用以前定义实体的数学表达式可以在这里定义。

6.4.2　交绘图历史

在给定 F(t)和 z(t)的情况下，给出了一个特殊的历史和多历史函数 Crossplot 来构造曲线 F(2)。还可以使用文件历史记录和文件多历史记录。对于多历史 Crossplot 交绘图，可以选择一个，历史或多个历史来表示 z(t)或 F(t)。

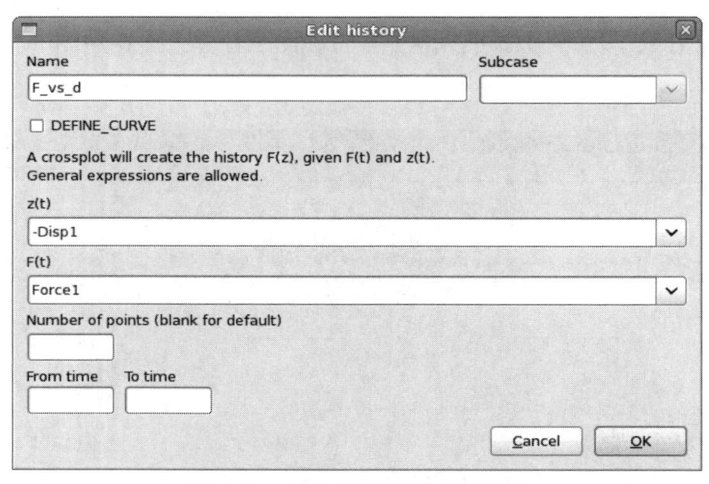

图 6-15　定义交绘图历史的接口

表 6-11 解释了这些选项。

表 6-11　交绘图参数的描述

选项	描述	默认
z(t)	横坐标的历史或多历史	--
F(t)	纵坐标的历史或多历史	--
Number of points	在交绘图中创建的点数量	定义 f 和 g 中点的个数中最小的
From time	开始时间	F 和 z 的最大 t_0 值
To time	结束时间	F 和 z 的最小 t_0 值

6.4.3　函数接口

历史和多历史函数功能描述如下。

1. 衍生历史记录

在给定 $f(t)$ 的情况下，用一个特殊的历史函数 Derivative 来构造曲线 $\mathrm{d}f(t)/\mathrm{d}t$ 。采用基于三点面板的有限差分权值法计算。参考历史的网格间距可以是任意的（图 6-16）。

图 6-16　定义衍生历史的接口

注意：

（1）由于导数近似是建立在多点格式的基础上，因此建议避免历史上的点太少。

（2）自动支持不规则的网格间距。

2. 过滤历史记录

通过特定的历史和多历史函数 Filter 来构造滤波曲线（图 6-17 和表 6-12）。

图 6-17　定义过滤历史的接口

表 6-12　滤波器参数描述

参数名称	描述
History	历史：预定义的历史
Filtering	滤波类型：SAE 滤波器，巴特沃斯滤波器或时间平均
Frequency	滤波频率（Hz）
Time unit	时间单位
Number of points	平均点数

3. 曲线截断

通过特定的多历史函数 TruncateMultihistory 来截断曲线，如图 6-18 所示，参数描述见表 6-13。

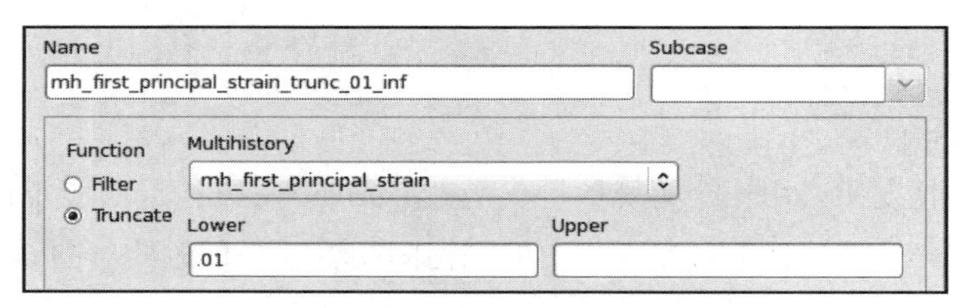

图 6-18　定义截断的多历史接口

表 6-13　TruncateMultihistory 参数描述

参数名称	描述
History	历史：预定义的历史
Lower limit	下限
Upper limit	上限
Omit point	如果尾部的时间状态在限制范围内，则约束处于活动状态，请忽略空间点（例如 DIC 点）

实验曲线的尾部可能不代表实际数据。在模拟方面，求解器可能会产生一些曲线，这些曲线的尾端代表了试样断裂后的振动行为。

可以指定曲线函数值的界限来截断曲线的尾部。如果函数的尾部位于边界内，则会被截断。该函数从尾部开始在曲线点上循环，并在发现超出界限的第一个点处停止。为了填补这个空白，使用相交的曲线段（边）在边界上构造一个附加点。

在数学上，区间[L,U]是封闭的，设定的界限被包含在内。因此，如果实验曲线有一个无效的尾部信号（精确的 0 到平直线尾部），[0,0]将截断尾部。

可以通过省略一段边界值从一边（[L,∞]或[∞,U]）来为曲线定界，即曲线分别保持在 L 以下或 U 以上。如果两个边界都被省略，则忽略该变换。

如果最后一个曲线点超出了规定的界限，则完全保留曲线。

6.4.4　曲线匹配响应

曲线匹配接口提供了目标曲线与仿真运行中提取曲线的比较指标（图 6-19）。历史和多点历史都可以使用。表 6-14 解释了这些选项。

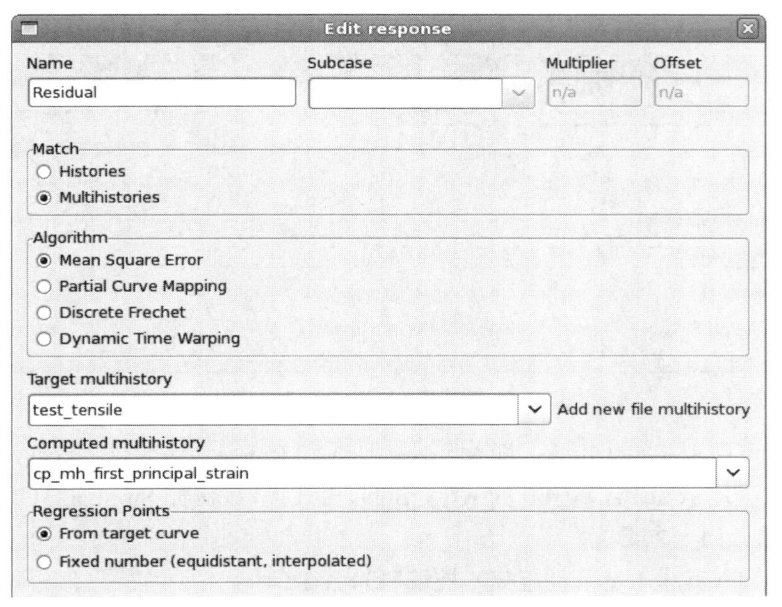

图 6-19　曲线匹配响应对话框

表 6-14　曲线匹配响应选项

选项	描述
Match	历史或多历史
Algorithm	计算目标与计算曲线“距离”的曲线匹配度
	均方误差
	部分曲线映射
	离散 Frechet
	动态时间扭曲
Target history Target multihistory	以前定义的历史、文件历史、多历史或包含目标值的文件多历史
Add new file history Add new file multihistory	如果还没有定义要用作目标曲线的文件历史记录或多历史文件，可以在这里完成
Computed history Computed multihistory	从提模拟结果提取的：以前定义的历史、多历史或交绘图
Regression Points	用于计算响应的回归点： 从目标曲线 固定数（等距、插值）

6.4.5　矩阵运算

矩阵运算可以通过初始化一个矩阵、执行多个矩阵运算以及将矩阵组件提取为响应函数或结果来执行。所有这些操作都是使用 MATRIX_EXPRESSION 接口来定义（图 6-20）。

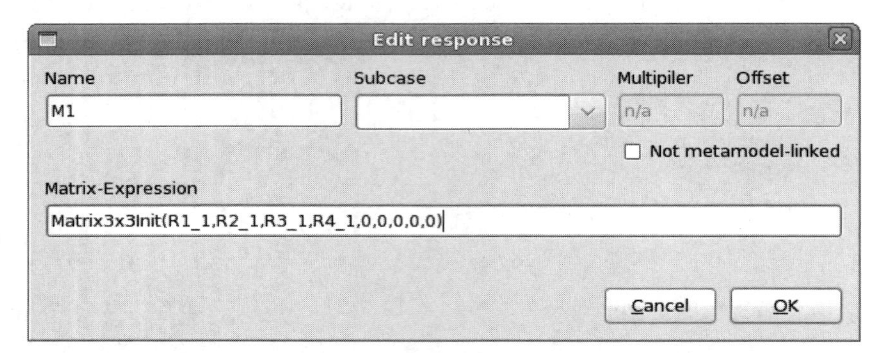

图 6-20 矩阵表达式：矩阵的初始化

有两个函数可用来初始化矩阵，即 Matrix3x3Init 和 Rotate。这两个函数创建 3×3 矩阵。

矩阵的分量采用 A.aij（或基于 0 的 A[i-1][j-1]）格式提取，例如 Strain.a23（或 Strain [1][2]），其中 i 和 j 被限制为 1、2 或 3。

矩阵运算 A- I（其中 I 是单位矩阵）被编码为 A-1。

1. *初始化矩阵*

初始化下列矩阵的命令是：Matrix3x3Init(a_{11},a_{12},a_{13}, a_{21},a_{22},a_{23}, a_{31},a_{32},a_{33})，其中，a_{ij} 是以前定义的任何变量（通常是响应或结果）。

$$\begin{bmatrix} a_{11} & a_{12} & a_{13} \\ a_{21} & a_{22} & a_{23} \\ a_{31} & a_{32} & a_{33} \end{bmatrix}$$

2. *使用指定的 3 个点创建旋转矩阵*

表达式为：Rotate(x1,y1,z1, x2,y2,z2, x3,y3,z3)，其中这三个单元分别代表三维空间中的点 1、2、3。

- 向量 v_{23} 连接点 2 和 3 形成局部 X 方向。
- $Z = v_{23} \times v_{21}$
- $Y = Z \times X$

向量 X、Y 和 Z 被归一化为 x、y 和 z，它们用来形成正交矩阵：

$$T = \begin{bmatrix} x_1 & x_2 & x_3 \\ y_1 & y_2 & y_3 \\ z_1 & z_2 & z_3 \end{bmatrix}$$

其中：$T^T = 1$。

6.5 损伤准则

所有的损伤准则都是根据相应规范制定的。

损伤准则必须定义为响应，对于某些准则，中间历史记录也可以提取。

6.6 头部损伤准则

头部损伤准则（head injury citerion，HIC）是目前较为广泛被接受的，用来衡量头部在外来荷载下安全性的一种损伤判断标准。

6.7 颈部准则

6.7.1 枕髁总力矩 *MOC*

MOC 是枕髁总力矩的缩写。总力矩准则计算总力矩与力矩测量点的关系（表 6-15）。

表 6-15 *MOC* 选项

选项	描述	符号
Neck Force x	颈轴合力	F
Neck Moment y	颈部 s-力矩合成	M
Dummy_type	假人类型	-
Length unit	长度单位	-
Force unit	力的单位	-

上部压力传感器的总力矩 *MOC* 值计算如下：

$$MOC = M - (D \cdot F)$$

式中：*MOC* 为总力矩，Nm；*F* 为轴合力极限，N；*M* 为 s-力矩合成极限，Nm；*D* 为力传感器轴与髁突轴之间的距离，m，取决于假人类型，见表 6-16。

表 6-16 各种假人类型的输入常量

假人类型	D/m
Hybrid III, male 95%	0.01778
Hybrid III, male 50%	0.01778
Hybrid III, female 5%	0.01778
Hybrid III, 10-year	0.01778
Hybrid III, 6-year	0.01778
Hybrid III, 3-year	0
Crabi 12, 18 month	0.00584
TNO P1,5	0.0247
Crabi 6 month	0.0102
TNO P 3/4, P3	0
ES-2	0

续表

假人类型	D/m
TNO Q series	0
SID-IIs	0.01778
BioRID	0.01778
WORLDSID	0.0195

6.7.2 颈部损伤准则 *NIC*（后碰）

NIC 是颈部损伤准则的缩写。LS-OPT 计算为后碰指定的 *NIC* 值（表 6-17）。*NIC* 值计算公式如下：

$$NIC = a_{relative} \cdot 0.2 + v_{relative}^2$$

式中：$a_{relative} = a_x^{TI} - a_x^{Head}$ 为相对 x 方向加速度，$v_{relative} = \int a_{relative}$。

表 6-17　颈部损伤准则 *NIC* 的选项

选项	描述	符号
Acceleration 1. thorax spine	第一胸椎 x 方向加速度	a_x^{TI}
Acceleration head	头部 c.o.g.高度的 x 方向加速度	a_x^{Head}
Time unit	时间单位	--
Length unit	长度单位	--

6.7.3 *Nij*（*Nce*，*Ncf*，*Nte*，*Ntf*）

Nij 是标准化颈损伤准则的缩写，是四项颈部损坏准则 *Nte*（拉伸表达）、*Ntf*（拉伸一屈曲）、*Nce*（压缩一伸展）和 *Ncf*（压缩一屈曲）（表 6-18）。

表 6-18　*Nij* 参数的选项

选项	描述	符号
Neck Force x	颈部力 x	参照 *MOC*
Neck Moment y	颈部弯矩 z	参照 *MOC*
Neck Force z	颈部力 z	*F*
Dummy type	假人类型	--
Length unit	长度单位	--
Force unit	力单位	--

Nij 值为 *Nte*、*Ntf*、*Nce*、*Ncf* 的最大值，计算公式如下：

$$NIJ = \frac{F}{F_c} + \frac{MOC}{M_c}$$

式中：F 为从头部到颈部过渡点的力（t-剪力合力）；F_c 为临界力（取决于假人类型）；*MOC*

为总弯矩（见第 6.7.1 节）；M_c 为临界力矩（取决于假人类型），具体见表 6-19。

表 6-19 各种假人类型的输入常量

假人类型	测试	F_C/N Tension	F_C/N Compression	M_C/Nm Flexion	M_C/Nm Extension
Hybrid III，male 50%	In position	6806	-6160	310	-135
Hybrid III，female 5%	In position	4287	-3880	155	-67
Hybrid III，female 5%	Out of position	3880	-3880	155	-61
Hybrid III，6-year	Out of position	2800	-2800	93	-37
Hybrid III，3-year	Out of position	2120	-2120	68	-27
Hybrid III，12 month	Out of position	1460	-1460	43	-17

6.7.4 *Nkm*（*Nfa*、*Nea*、*Nfp*、*Nep*）

Nkm 符合 *Nfa*（前屈）、*Nea*（前伸）、*Nfp*（后屈）、*Nep*（后伸）四项颈部标准。

Nkm 值的计算公式为：

$$Nkm(t) = \frac{f(t)}{F_{\text{int}}} + \frac{MOC(t)}{M_{\text{int}}}$$

式中：F 为从头部到颈部过渡点的力（轴向合力）；F_{int} 为临界力；MOC 为总力矩（见第 6.7.1 节）；M_{int} 为关键时刻。

表 6-20 Nkm 参数的选项

选项	描述	符号
Neck Force x	颈轴合力	F
Neck Moment y	颈部 s-力矩合成	参见 MOC
Dummy type	假人类型	--
Length unit	长度单位	--
Force unit	力单位	--
Criterion	Nfa、Nea、Nfp、Nep	--

表 6-21 输入常数

标准	描述	值
*_anterior	正剪切 F_{int}	845 N
*_posterior	负剪切 F_{int}	-845 N
flexion_*	弯曲 M_{int}	88.1 Nm
extension_*	伸展 M_{int}	-47.5 Nm

6.7.5 *LNL*

LNL 是下颈部负荷指数的缩写。*LNL* 参数选项的含义见表 6-22。LNL 值计算公式如下：

$$LNL = \frac{\sqrt{M_y^2 + M_x^2}}{C_{moment}} + \frac{\sqrt{F_y^2 + F_x^2}}{C_{shear}} + \left|\frac{F_z + off}{C_{temsion}}\right|$$

式中：M_y 为 s-弯曲合成；M_x 为扭转合成；C_{moment} 为关键时刻；F_x 为 s-剪切合成，F_y 为轴向力合成；C_{shear} 为临界力；F_z 为 t-剪切合成；$C_{tension}$ 为临界力；*off* 为偏移量，包括预加载，取决于假人位置（表 6-23）。

表 6-22　LNL 参数的选项

选项	描述	符号
y Force	轴向力合成	F_y
x Force	s-剪切合成	F_x
z Force	s-剪切合成	F_z
y Moment	s-弯矩合成	M_y
x Moment	扭转合成	M_x
Length unit	长度单位	--
Force unit	力单位	--

表 6-23　输入常数

力/弯矩	描述	值
C_{moment}	临界弯矩	15Nm
C_{shear}	临界力	250N
$C_{tension}$	临界力	900N

6.8　胸部准则

6.8.1　胸部压缩

胸部压缩通过胸部压缩值来测量，该值为最大相对旋转 $\max[\Theta(t)]$ 乘以一个常数 C_1，即 $C_1 \max_t[\Theta(t)]$，其中相关参数的选项见表 6-24 和表 6-25。

表 6-24　胸部压缩参数选项

选项	描述	符号
History	相对旋转历史	$\Theta(t)$
Dummy Type	假人类型	--

表 6-25 各种假人类型的输入常量

假人类型	比例因子 C_1
Hybrid III; male 95%	130.67
Hybrid III; male 50%	-139.0
Hybrid III; male 5%	-87.58

注意：用户负责输入历史记录所需要的任何滤波器。

6.8.2 黏性准则（VC）

VC 是胸部损伤的一个准则。VC 值（m/s）为胸腔变形速度与胸腔变形瞬时乘积的最大压溃量。这两个量都是通过测量肋骨挠度（侧面撞击）或胸部挠度（正面撞击）来确定的（表 6-26 和表 6-27）。公式如下：

$$-\min \frac{C_1}{C_2} Y(t) \frac{\mathrm{d}Y(t)}{\mathrm{d}t}$$

表 6-26 黏性准则参数的选项

参数名称	描述	符号
History	胸部变形（m）	$Y(t)$
Dummy type	假人类型	--
Time unit	时间单位	--
Length unit	长度单位	--

表 6-27 假人类型的输入常量

假人类型	比例因子 C_1	变形常数 C_2/m
Hybrid III，male 95%	1.3	0.254
Hybrid III，male 50%	1.3	0.229
Hybrid III，female 5%	1.3	0.187
BioSID	1.0	0.175
EuroSID-1	1.0	0.140
EuroSID-2	1.0	0.140
SID-IIs	1.0	0.138

注意：

（1）导数采用四阶（模板尺寸=5）有限差分近似计算：

$$\frac{\mathrm{d}f}{\mathrm{d}t} = \frac{f_{i-2} - 8f_{i-1} + 8f_{i+1} - f_{i+2}}{12h} + O(h^4)$$

式中：h 为单次测量之间的时间间隔。

（2）用户负责输入历史记录所需要的任何滤波器。

6.8.3 胸部损伤指数（*TTI*）

TTI 是胸部损伤指数（胸外伤指数）的缩写（表 6-28）。TTI 值的计算公式如下：

$$TTI = \frac{A(\max .rib) + A(lwr.spine)}{2}$$

$$A(\max .rib) = \max\{A(upr.rib), A(lwr.rib)\}$$

式中：$A(\max .rib)$ 上肋的最大 y 向加速度，$A(lwr.rib)$ 下肋的最大 y 向加速度，$A(lwr.spine)$ 下脊柱的最大 y 向加速度。

计算结果需要除以重力加速度 g（9810mm/s^2）。

表 6-28　*TTI* 参数的选项

选项	描述	符号
Acceleration upper rib	上肋的 y 向加速度	*A*(upr.rib)
Acceleration lower rib	下肋的 y 向加速度	*A*(lwr.rib)
Acceleration lower spine	下脊柱的 y 向加速度	*A*(lwr.spine)
Time unit	时间单位	--
Length unit	长度单位	--

6.9　下肢的准则

6.9.1 胫骨指数（*TI*）

TI 是胫骨指数的缩写。在此基础上计算 *TI* 值：

$$TI = \left|\frac{M}{M_c}\right| + \left|\frac{F}{F_c}\right|$$

$$M = \sqrt{(M_x)^2 + (M_y)^2}$$

式中：$M_{x/y}$ 为弯矩，Nm（扭转合力，s-弯矩合力）；M_c 为临界弯矩；F 为轴向压缩（t-剪切合力），kN；F_c 为临界压缩力。

表 6-29　*TI* 参数的选项

参数名称	描述	符号
Bending moment x	弯矩，扭转合力	M_x
Bending moment y	弯矩，合成 s 弯矩	M_y
Axial compression z	轴向压缩，t-剪切合力	*F*
Dummy type	假人类型	-
Length unit	长度单位	-
Force unit	力单位	-

表 6-30　各种假人类型的输入常量

假人类型	临界弯矩/Nm	临界压缩力/kN
Hybrid III, male 95%	307.0	44.2
Hybrid III, male 50%	225.0	35.9
Hybrid III, female 5%	115.0	22.9

6.10　额外准则

6.10.1　A3ms

最小的合成加速度水平维持 3ms。$r_{\Delta t}$ 计算为超过指定时间间隔 Δt（3ms）的 $r = \sqrt{\ddot{x}^2 + \ddot{y}^2 + \ddot{z}^2}$ 水平。由此产生的加速度水平除以重力加速度，$g = 9810\ \text{mm/s}^2$。

表 6-31　A3ms 参数的选项

参数名称	描述	符号
x History	x-加速度历史	$\ddot{x}$
y History	y-加速度历史	$\ddot{y}$
z History	z-加速度历史	$\ddot{z}$
Time unit	时间单位	--
Length unit	长度单位	--

注意：

（1）y History($\ddot{y}$) 和 z History($\ddot{z}$) 是可选的。

（2）用户负责输入历史记录所需要的任何滤波器。

6.11　LS-DYNA binout 损伤准则

对于 LS-DYNA，HIC、HIC（3 个节点）、胸部严重程度指数、CLIP3m、CLIP3m（3 个节点）等损伤准则只能计算。从 binout 中提取指定节点的加速度分量，计算大小，并根据加速度大小历史计算损伤准则。

请注意，应使用长度和时间单位，基于 9.81m/s^2 来计算重力值。

6.12　从文本文件中提取响应和历史的 GenEx 工具

第 7 章描述了 GenEx 工具。

6.13　提取结果的用户定义接口

用户可以提供自己的提取程序或任何程序，例如后处理程序，以获得响应或历史记录。对于响应，命令必须将单个浮点数输出到标准输出，对于历史记录，值必须输出到 LsoptHistory 文件。命令必须在 USERDEFINED 接口对话框中的 Definition 区域指定（图 6-21）。

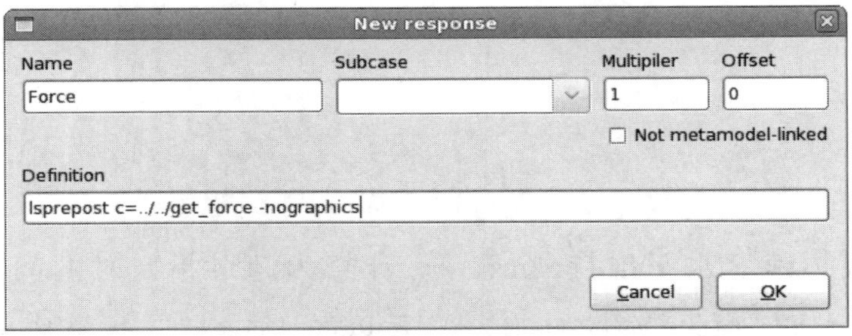

图 6-21　使用用户定义程序提取响应

响应提取的一个程序输出语句例子：

C 语言：

```
printf ("%lf\n", output_value);
```

或者

```
fprintf (stdout, "%lf\n", output_value);
```

FORTRAN 语言：

```
write (6,*) output_value
```

Perl Script 语言：

```
print "$output_value\n";
```

例子

用户有一个自己可执行程序“ExtractForce”，它保存在$HOME/own/bin 目录中。可执行文件从结果输出文件中提取数值。

相关的响应定义命令如下：

```
$ HOME /的/ bin / ExtractForce
```

如果使用 Perl 执行用户脚本 DynaFLD2，命令可能是：$LSOPT/perl $LSOPT/DynaFLD2 0.5 0.25 1.833。

在本例中，后处理器 LS-PREPOST 用于从 LS-DYNA 数据库生成历史文件。LS-PREPOST 命令文件 get_force：

```
open d3plot d3plot
ascii rcforc open rcforc 0
ascii rcforc plot 4 Ma-1
xyplot 1 savefile xypair LsoptHistory 1
deletewin 1
quit
```

生成 LsoptHistory 文件。有关 LS-PREPOST 命令参见图 6-21。

注：本例中的 rcforc 历史可以更容易地通过直接提取得到，见第 6.2.1 节。

注意：

（1）接口程序不能使用别名。

（2）程序应该以批处理模式运行。

（3）程序从运行目录中调用。如果使用相对路径，则必须考虑这一点。

（4）在用户定义的历史记录和响应命令中不能使用单引号。

6.14 响应文件

这也是一个用户定义的选项，通常与用户定义的求解器类型一起使用。可以指定输出文件名来提取单个响应输出值。在仿真期间，用户必须将计算出的响应值写入指定文件（图 6-22）。文件名的默认值是响应名称。

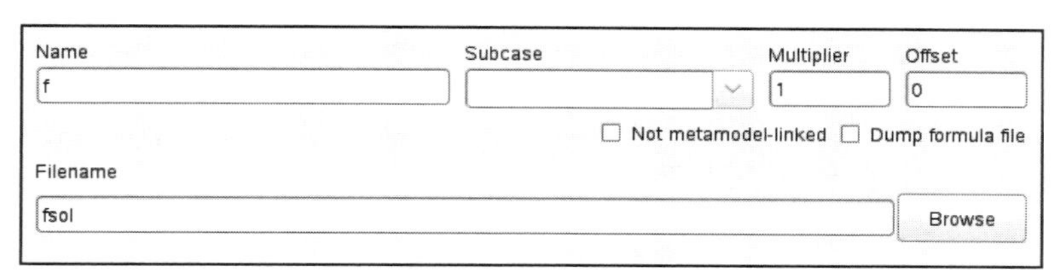

图 6-22 从文件中提取响应值的对话框

6.15 提取 LS-OPT 实体

6.15.1 LS-OPT 响应

LS-OPT 阶段用于多级优化的上下文中，其中包括在外部级别优化中运行内部级别优化。每一个外部层次的样本评价，即 LS-OPT 阶段的评价，都包含一个内部级别优化。这些评估的结果由相对于内部级别变量进行优化的实体组成，用户可以将这些实体定义为外部级别 LS-OPT 设置的响应。

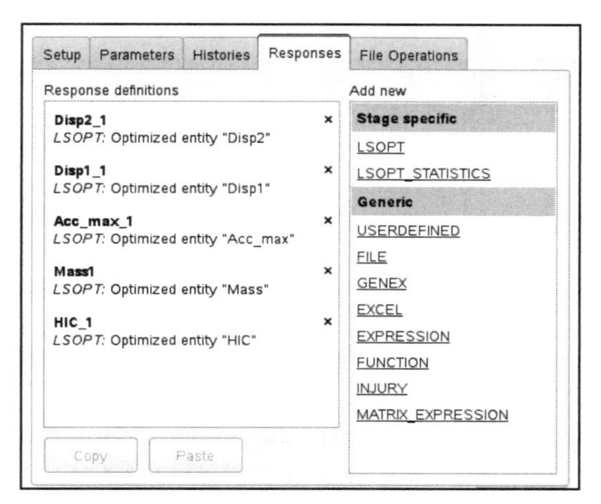

图 6-23 提取 LS-OPT 阶段响应的主对话框

LS-OPT 阶段类型的响应对话框提供了定义 LSOPT 响应的选项，该选项列出了在内部级别优化的可用实体。这些实体可以是优化的内部变量或相应的优化响应、组合、目标函数或约束（图 6-24）。还可以通过单击 Iteration 的单选按钮并提供所需的迭代号来提取任何特定内部级别迭代的响应。

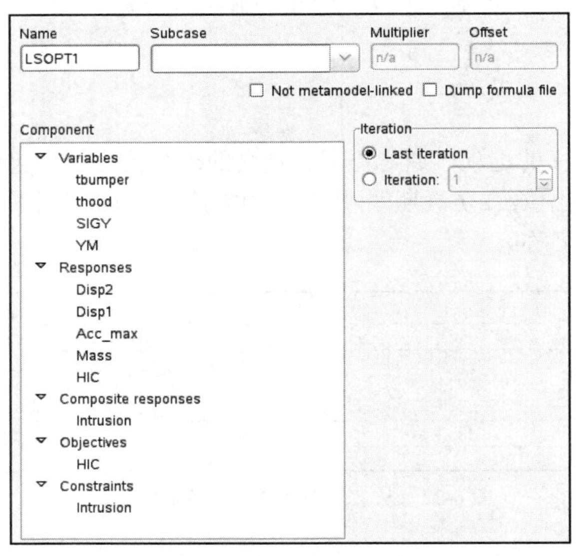

图 6-24　LS-OPT 最优响应结果提取对话框

由于内部层次也可以是蒙特卡罗分析，所以在 LS-OPT 统计接口中可以使用标准差、均值和故障概率等统计值。

一个特殊的类别（LSOPT STATISTICS）可用于蒙特卡罗分析产生的统计结果。

6.15.2　LS–OPT 历史

图 6-25 描述了定义 LS-OPT 历史记录的对话框。优化运行产生的最优历史记录可以提取并转换为 LS-DYNA *DEFINE_CURVE 关键字文件（参见第 6.1.2 节），然后将此文件作为 include 文件插入后续阶段分析。多个*DEFINE_CURVE 数据集可以转储到同一个文件中。

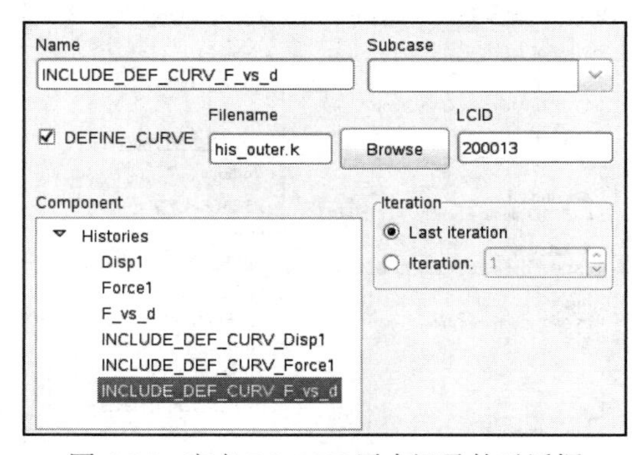

图 6-25　定义 LS-OPT 历史记录的对话框

DEFINE_CURVE 选项被选中来生成 LS-DYNA 关键字文件。

6.15.3　LS-OPT 可靠性统计数据

可靠性统计是 LS-OPT 求解器类型响应的一个特殊类别，表示蒙特卡罗分析（直接或基于元模型）产生的统计值。可靠性统计可以提取全局统计信息（图 6-26）或单个实体的值，如约束（图 6-27）、变量、依赖项、响应和组合。

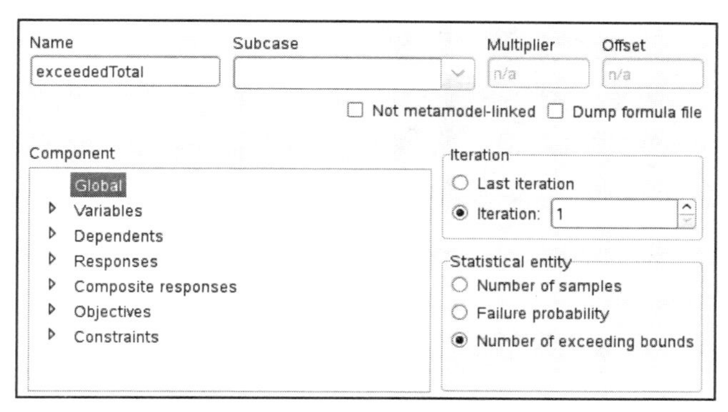

图 6-26　蒙特卡罗分析生成的全局统计信息的提取对话框

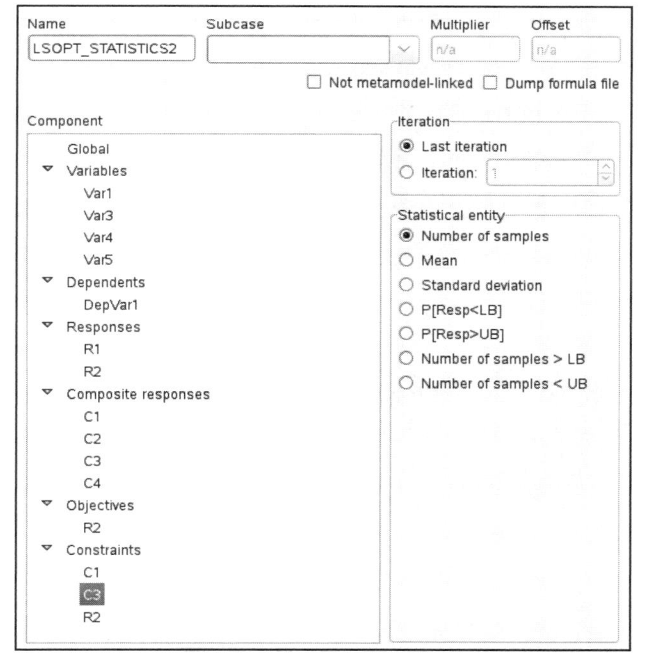

图 6-27　蒙特卡罗分析生成的约束统计信息提取对话框

6.16　Excel

Microsoft Excel 的历史记录和响应可以使用 Generic 历史记录和响应界面下列出的 Excel 选项来定义。Excel 文档的单元格和/或单元格数组可以定义为 LS-OPT 历史记录或响应，因此，

Excel 也可以用作基于分析任务的设计目标/约束。

图 6-28 显示了用于定义 Excel 历史记录和响应的界面，表 6-32 描述了这些选项。

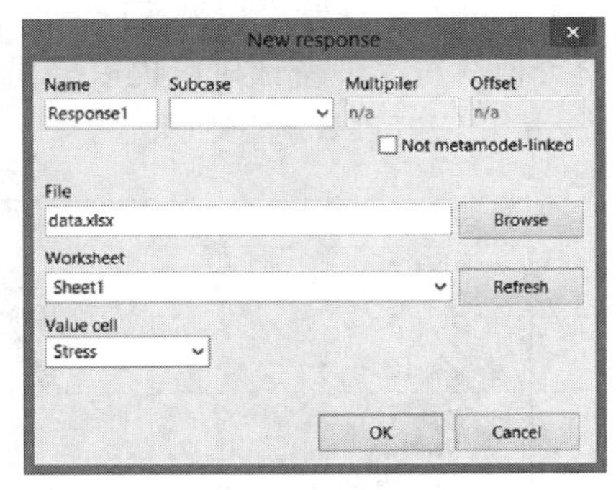

图 6-28 Microsoft Excel History（左）和 Response（右）界面

表 6-32 Excel 历史记录和响应选项的描述

选项	描述
File	用于提取的 Excel 文档
Worksheet	列出 Excel 文档的工作表
X/time range	此字段列出为单元格和单元格数组定义的所有 Excel 名称。应该选择与历史横坐标值（通常是时间）对应的名称。如果使用自动增量，则从 1（1，2，3.... .）开始使用长度等于 Y 值的正整数序贯
Y/value range	列出分配给用于历史坐标值的单元格数组的所有单元格名称
Value cell	指定响应值的 Excel 单元格

6.17 Matlab

Matlab 阶段的历史和响应（参见第 5.3.11 节）在阶段设置对话框中指定的输出文件中定义。输出文件的格式与 METAPost 或用户定义的阶段（参见第 5.3.13 节）相同。在指定适当的文件后，LS-OPT 自动填充历史记录和响应对话框。不能手动编辑响应/历史名称，因为只可以在 Matlab 输入文件中定义响应和历史（图 6-29）。因此，在避免错误的同时，也避免了与手工定义相关的工作。

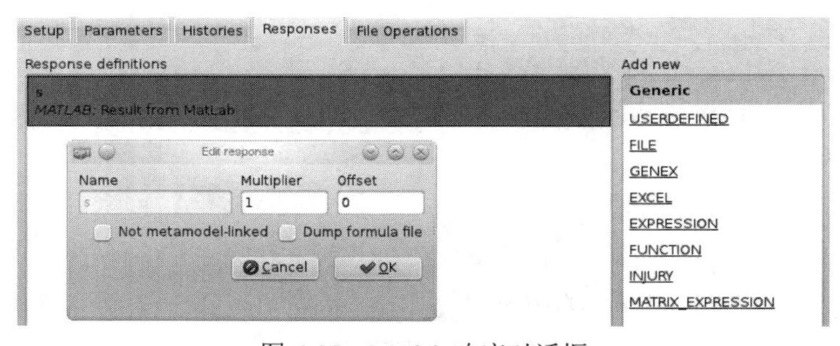

图 6-29 Matlab 响应对话框

6.18　文件历史

历史记录可以以任意格式的文本文件提供。通过假设一行中的任意一对数字都是合法的，就可以找到坐标对。历史文件通常用于导入参数识别问题的测试数据文件（图 6-30）。

文件历史是全局曲线。它们既不依赖于采样，也不依赖于阶段。因此，它们不在阶段对话历史列表中列出。

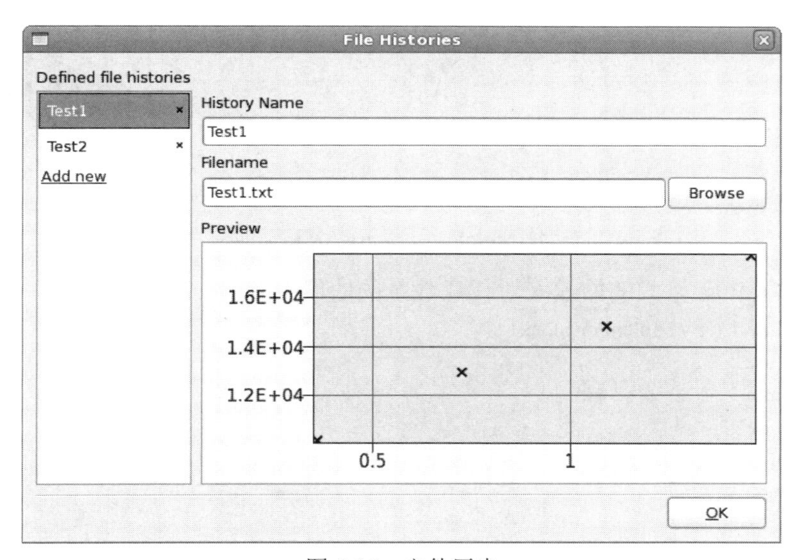

图 6-30　文件历史

文件历史文本文件示例如下：

Time Displacement
1.2, 143.97
1.4, 156.1
1.7, 923.77

6.19　文件多历史

文件多历史记录可用于从一组包含多条曲线的文本文件中提取数据，例如从全场测量中提取。文件多历史记录通常用于导入用于参数识别问题的测试数据（表 6-33）。

文件多历史有以下三种类型：

（1）从光学测量系统 ARAMIS 生成文件中提取数据的接口，如图 6-31 所示。

（2）GenEx 还可以用来从多个文本文件中提取曲线（参见第 7 章）。

（3）对于使用 LS-PrePost 固定格式的单个文本文件中的曲线，还可以使用 file 选项。下面给出了一个例子。

注意： 在（1）和（2）中，使用 LS-PrePost 格式创建中间文件。这种格式还用于为文件（以及其他类型历史记录和多历史记录）创建 History.n 和 Multihistory.n 文件。

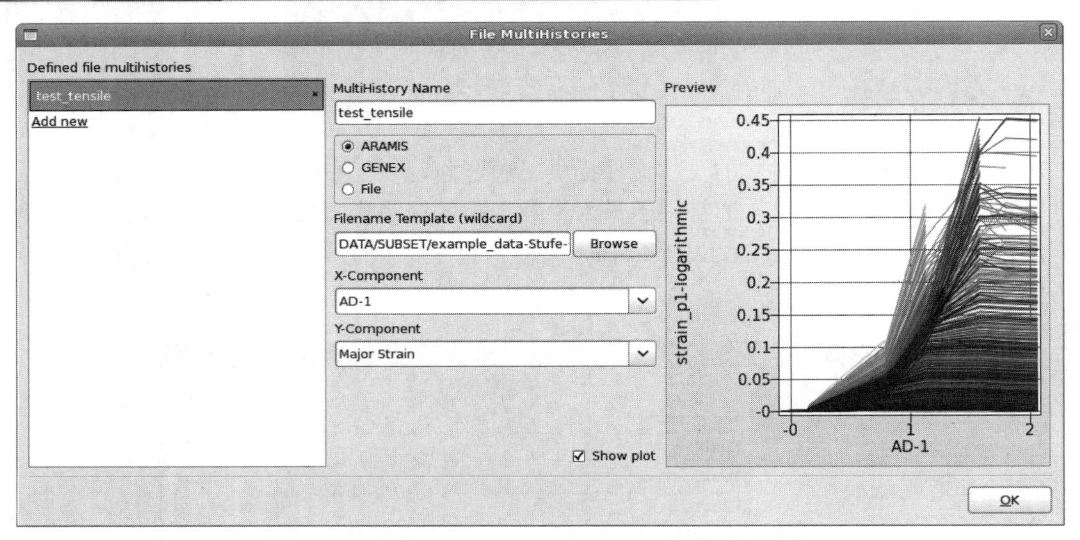

图 6-31　文件 Multihistory：ARAMIS 界面显示预览

例如，LS-PrePost 格式的曲线（对任意数量的曲线重复）：

```
header line 1 (any content or blank)
header line 2
header line 3
header line 4
header line 5
m #pts=n
x0 y0
x1 y1
.
.
.
xn yn
endcurve
```

表 6-33　文件多历史记录选项

选项	描述
MultiHistory Name	多历史名称
ARAMIS	与光学测量系统 ARAMIS 生成的数据接口
GENEX	GenEx 接口（第 7 章）
File	选项以 LS-PrePost 格式指定单个文件中的数据
Filename Template (wildcard)	用于提取数据文件的名称（通配符形式）。每个时间步一个文件
X-Component (only ARAMIS)	多历史文件的 X 分量（标量或向量）。至少有一个分量是向量
Y-Component (only ARAMIS)	多历史文件的 Y 分量（向量标量）。至少有一个分量是向量
Input GenEx	GenEx 文件（.g6）
Input data files (wildcard)	数据文件模板，假设每个阶段/时间步有一个文件。支持通配符
Preview	预览多点数据

续表

选项	描述
X/time	文件多历史记录的 X 个实体（标量或向量）
Y/value vector	文件多历史记录的 Y 实体（标量或向量）
Filename	包含 LS-PrePost 格式曲线的文件名称

文件多历史是全局曲线。它们既不依赖于采样，也不依赖于阶段，因此它们不在阶段对话框多历史记录列表中显示。

第7章

GenEx：从文本文件中提取响应和历史

用户可以选择使用一个非LS-DYNA求解器做分析，在这种情况下，除非使用商业提取工具（参见第5.3.7节），唯一的方法是使用一种特殊图形工具，从包含分析结果的一个输出文本文件中来识别和提取响应值和历史向量。本章描述了使用GenEx工具从文本文件中提取响应（标量）和历史（向量），GenEx作为可执行文件genex包含在LS-OPT发行版中，可以从响应、历史或文件多历史对话框中激活。

7.1 主窗口

GenEx可以从命令行开始，输入GenEx <filename>，或者在响应或历史记录页面上选择GenEx后选择Create/Edit按钮，或者从File multihistory对话框中选择。

当第一次启动GenEx时，左侧的数型导航中将有两个预定义的锚：Start of File和End of File，如图7-1所示。对话框中选项的含义见表7-1。

不能更改或移除这两个锚。窗口的中间部分显示数据文件，带有锚和实体的符号。

当前实体/锚将突出显示，或者在其周围有一个细细的黑色边框。右边是用于为当前选中的锚/实体指定选项的对话框。

1. 锚

锚描述如何在数据文件中找到某个位置。这可以通过搜索关键字或绝对位置来实现。

2. 实体

实体是用户想从LS-OPT中提取的一个量。实体描述了数字应该是什么样子的，以及相对于父类，在哪里可以找到它。有三种类型的实体：标量、列和重复锚向量。

3. 选项

当选择锚点或实体时，可以更改对话框中显示的选项。当需要更改某个选项时，将执行新的搜索。唯一的例外是如果要搜索文件（Text to search for），这要求用户按回车键开始新的搜索。

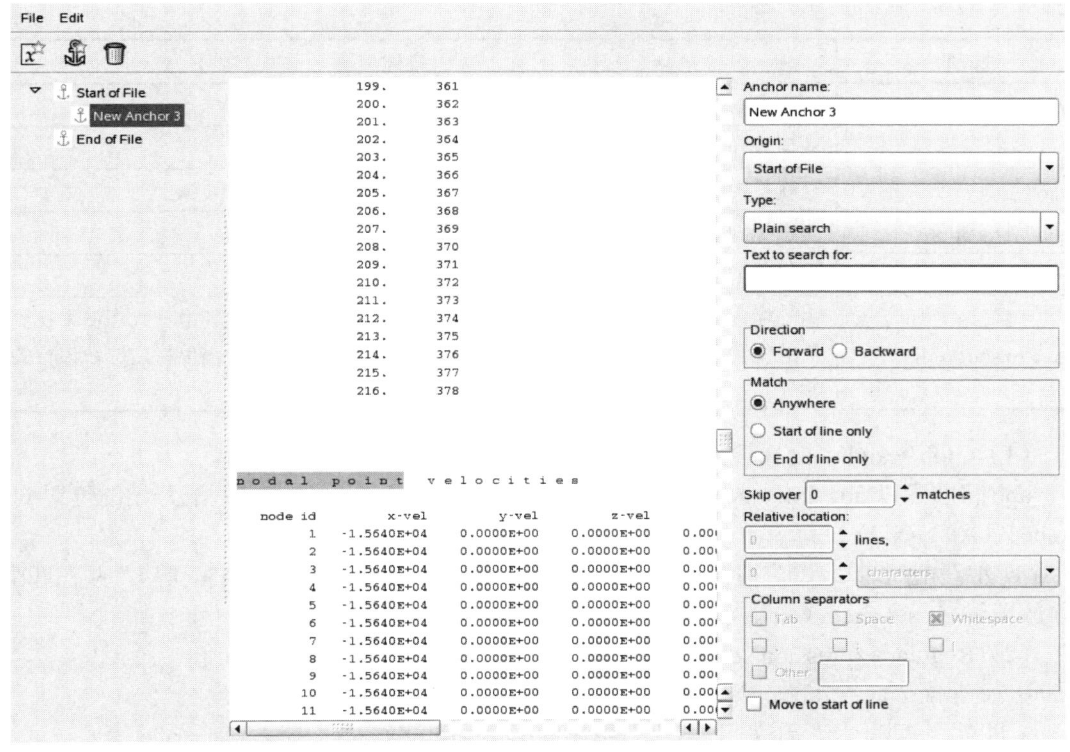

图 7-1　GenEx 对话框

表 7-1　选择

选项	描述
Origin	这是锚/实体的父锚
Column separators	如果在相对位置选择列，则可以更改输入文件中分隔列的内容

4. 锚的特定选项

锚的特定选项含义见表 7-2。

表 7-2　锚的特定选项

选项	描述
Type	有四种类型的搜索，其中三个是基于关键字（基于搜索短语）的。 Plain text（纯文本）：这是最基本的搜索。搜索在文件中查找给定的文本，并将锚放在匹配项的前面。 Glob search（全局搜索）：Glob 搜索的主要目标是能够在通配符“*”和“?”的帮助下匹配字符串。星号匹配任意字符任意次数，问号匹配任意字符一次。 Regular expression search（规则表达式搜索）：星号“*”匹配前面的单元 0 次或更多次，以及点“.”匹配一次任何字符。如果把字母放在括号内，它将匹配括号内的任何单个字符。如果把'^'放在括号内，这意味着匹配不在括号内的任何字符。 Absolute search（绝对搜索）：在这个搜索中，用户只需指定文件中应该定位锚的行和列，就可以定位锚

续表

选项	描述
Text to search for	这是要 text/regular expression/glob 的搜索
Direction	从原点开始，这是搜索的方向
Match	这就是在线搜索文本必须匹配的地方
Relative location	当选择绝对搜索时，将启用此部分
Skip over	如果知道锚的绝对位置，则可以在这里输入
Move to start of line	由于输入文件可以包含搜索项的多个实例，因此可以跳过其中一些实例来找到所需的位置。当选中此选项时，即使在其他位置找到了锚，锚也将定位在该行的开始处

（1）Glob search（全局搜索）。

*abc 将匹配以 abc（xxxabc、yyyabc 等）结尾的任何单词，锚将放在匹配开始的位置（(A) xxxabc、(A) yyyabc）。

a?c 将匹配所有以“a”开头、以“c”结尾的三个字母单词（axc、a5c 等），并在匹配开始前放置锚（(a) axc、(a) a5c）。

（2）Regular expression search（规则表达式搜索）。

ab * c 匹配“ac”“abc”“abbbc”等。

a.c 匹配所有以“a”开头、以“c”结尾的三个字母字符串（ahc、a8c、ahc 等）。

[csad] bc 匹配所有以 c、s、a 或 d 开头，后跟“bc”（cbc、sbc、abc 和 dbc）的字符串。

[^ csad] bc 匹配所有不以 c、s、a 或 d 开头，后跟“bc”（xbc、5bc、kbc 等）的字符串。

这些都可以组合成一个更大的规则表达式。“[skjfrdzh]*esp[ohjd]n.e”将匹配“response”（例如“espdnle”）。

纯文本、全局和规则表达式搜索为特定的文本字符串搜索。绝对搜索定位锚相对于父节点的位置。全局和正则表达式搜索与 Perl 语言或 UNIX/Linux 脚本语言中的搜索功能非常相似。

5. 特定于实体的选项

特定于实体的选项含义见表 7-3。

表 7-3　特定于实体的选项

选项	描述
Relative Location	实体相对于父锚的位置
Type of entity	有三个选项，即标量、列向量和重复锚向量
Scalar	标量实体用于提取响应，它提取一个结果
Column vector	列向量提取数据列
Repeated anchor vector	重复的锚向量重复搜索所选锚，以提取输入文件中不同位置的多个实体
Number format	指定一个数字的格式
Maximum length	默认是实体从指定位置开始，以空格结束。 通常可以指定实体的长度

续表

选项	描述
Maximum number of components	当使用 GenEx 提取历史记录时，默认的特性是一直提取直到没有找到匹配，这个选项限制了提取结果的数量
Stopping anchor	如果列向量的分量数未知，则可以将锚定义为停止条件
Anchor to repeat	如果实体类型是“重复锚向量”，将显示一个带有有效锚的菜单。文件的开始和结束不可用，因为它们不能重复

7.2　为 LS-OPT 创建.g6 文件

首先，必须选择要搜索的输入文件。这是在 File 菜单中完成的：Select input File。该文件将显示在应用程序的中间窗口。

1. 创建锚或实体

有三种方法可以创建锚或实体。第一种方法是选择用作父类的锚，然后根据需要单击菜单中的锚或实体按钮。这将创建一个新的未初始化的子锚。通过在左侧的树视图中选择新的锚点或实体，这些选项将在右侧面板中可见。

第二种方法是在文本文件中进行选择，右击并选择 Create Anchor Here 或 Create Entity Here。这将在该位置创建一个新的子锚，当前选择的锚作为父节点。也可以从文本文件中选择一列数字来创建列向量。列实体使用空白作为分隔符。

第三种方法是在文本中进行选择，并将该选择拖到树视图中我们希望用作父节点的锚上。

2. 没有输入文件的情况下创建.g6 文件

在不访问需要提取数据文件的情况下，可以创建.g6 文件。然而，这需要一些文件格式和语法的知识。

3. 编辑.g6 文件

从 File 菜单中选择 Open GenEx file。

7.3　如何使用 GenEx 从 LS-OPT 中提取响应

从 Responses 面板中选择 GenEx 作为响应。这将打开一个对话框，如图 7-2 所示，显示一些与 GenEx 相关的选项。

首先需要选择使用哪个.g6 文件。此选项提供可供选择的实体列表。实体是“标量”类型。还可以通过单击 Create/Edit 按钮来编辑文件。如果没有指定文件名，默认操作是创建一个新的.g6 文件。

其次，输入提取响应的输入数据文件的名称。LS-OPT 将在每个运行目录中查找这个文件。

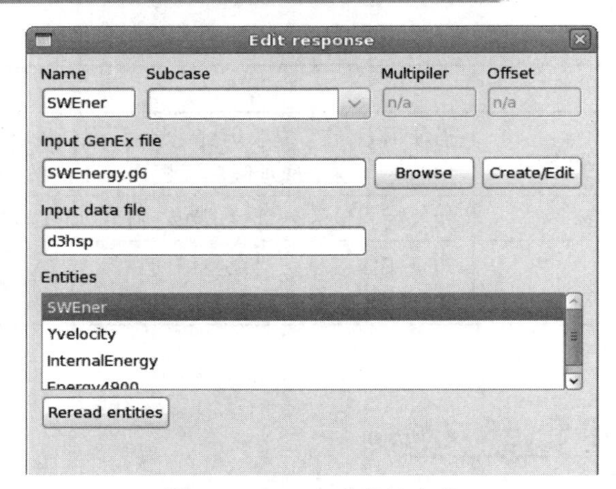

图 7-2　GenEx 响应的定义

7.3.1　一个使用 GenEx 提取响应的例子

这个例子说明了如何从 LS-DYNA d3hsp 文件中提取许多响应。使用不同的搜索选项来演示各种选项（图 7-3）。

- 通过选择 Create/Edit 打开 GenEx GUI，然后使用 File→Select input file 选择 d3hsp 作为输入文件。d3hsp 文件显示在中间。通常我们关心不同周期的 3 个响应和文件中的最后周期的第 4 个响应。

定义锚：

- 通过单击锚点图标或使用 Edit 选项，定义一个名为 Cycle4800_Plain 的锚点。
- 使用纯搜索来搜索字符串"dt of cycle 4800"。如果要更改文本框中的字符串，请注意按键盘上的 Enter 键。锚点显示为与搜索字符串匹配的行上最左边列中的一个小锚点图标。下一步是找到与此锚相关的所需字段。

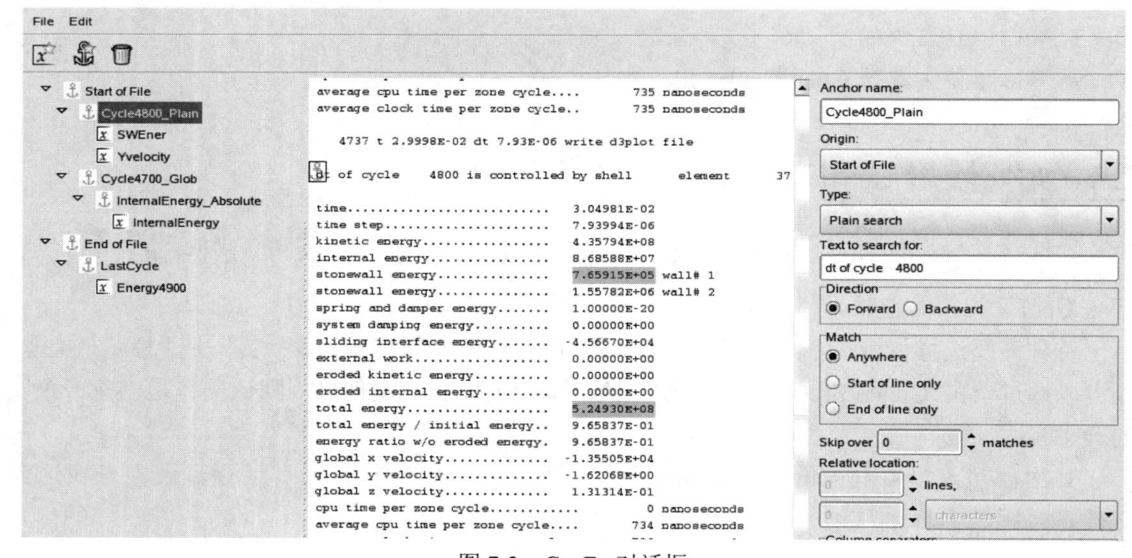

图 7-3　GenEx 对话框

定义一个实体：

- 使用最左边的 x-图标或 Edit 选项定义一个新的实体 SWEner。
- 选择前面定义的锚作为原点。
- 搜寻锚点下方 6 行、2 列，找出所需的字段。所需的字段以黄色高亮显示，并带有黑色边框，如图 7-4 所示。

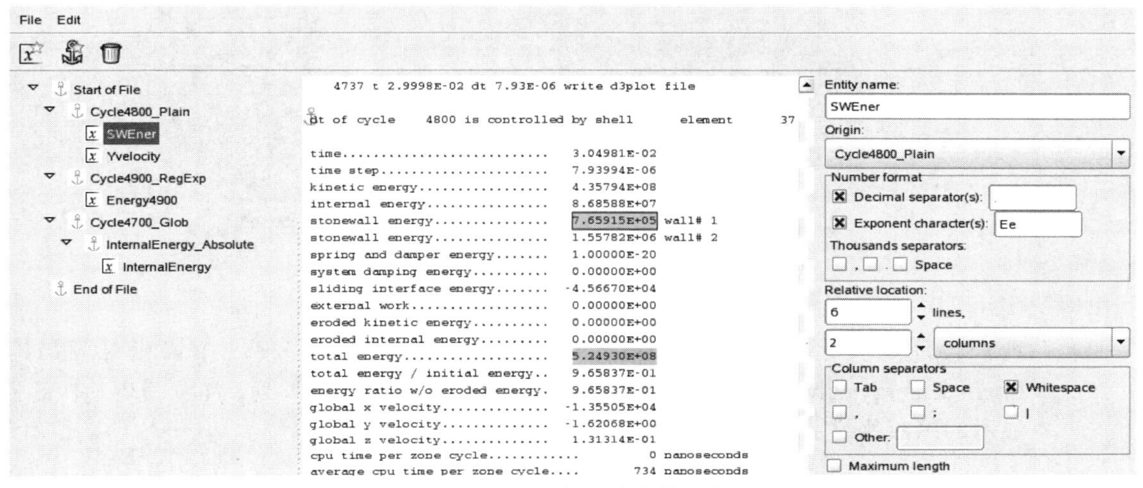

图 7-4　GenEx 对话框：实体的定义（1）

- 现在定义一个引用相同锚 Cycle4800_Plain 的新实体。该实体位于锚点下方 18 行，横坐标为 3 列，如图 7-5 中的相对位置所示。

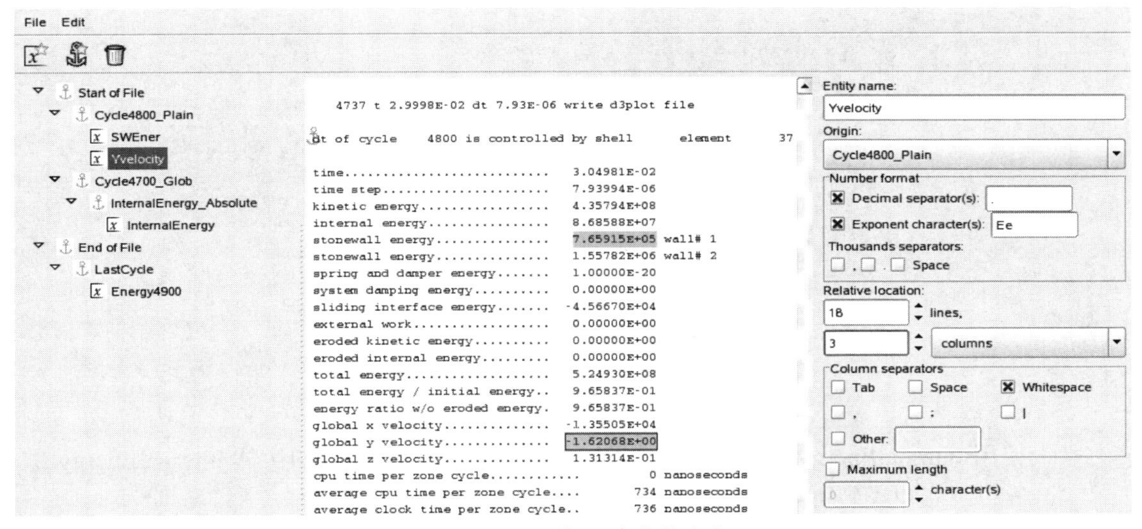

图 7-5　GenEx 对话框：实体的定义（2）

- 使用"4700 is controlled"字符串的全局搜索来定义第二个锚。这个锚的原点也是文件的开始，搜索从该点开始。请注意，就在图 7-6 中，在字符串"4700 is controlled"之前的锚点位置。

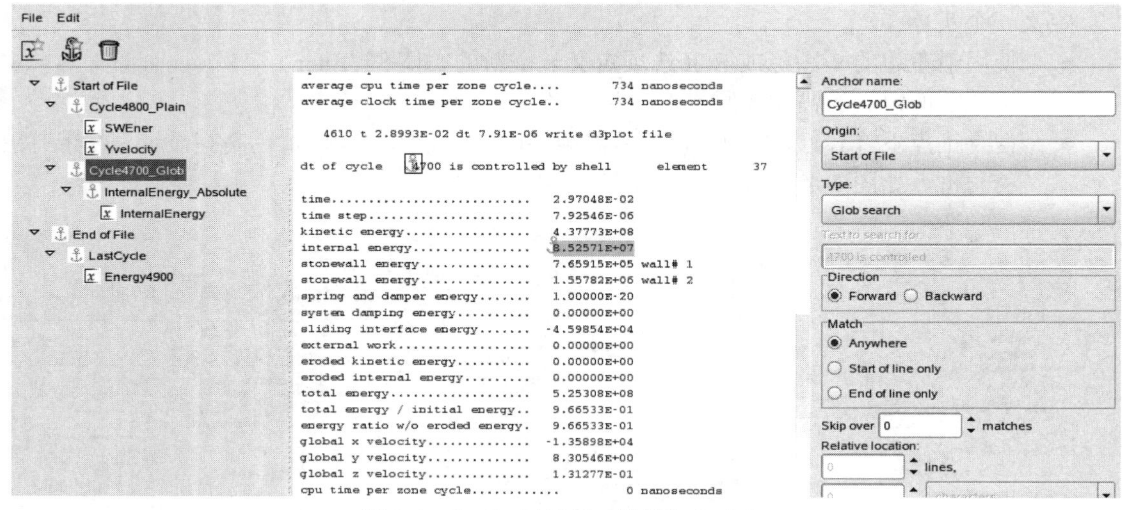

图 7-6 GenEx 对话框：锚的定义（1）

- 现在，通过将原点设置为 Cycle4700_Glob 来定义一个与前一个锚相对应锚的 InternalEnergy_Absolute，然后向下搜索 5 行，并在其中搜索一列。注意图 7-7 中突出显示的深灰色数字前面的锚图标。

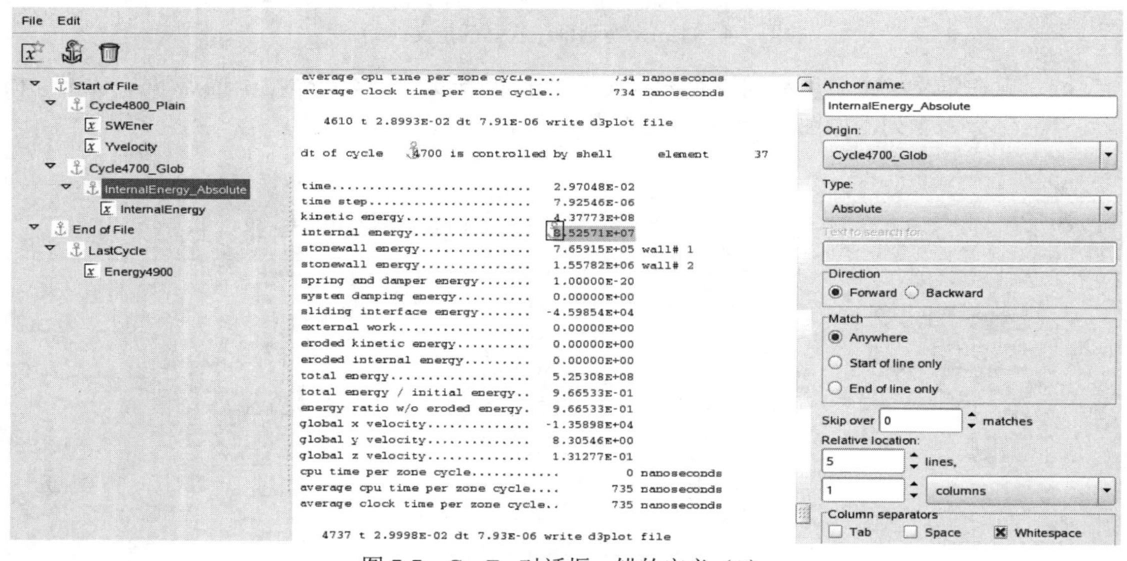

图 7-7 GenEx 对话框：锚的定义（2）

- 使用 InternalEnergy_Absolute 锚点作为参考点，定义一个新的实体 InternalEnergy（图 7-8）。立即找到所需字段，因为锚已经位于所需位置。
- 下一个需要的实体是最终的总能量比（即文件中最后一个循环中的能量比）。在本例中，将把名为 LastCycle 的参考锚设置为文件的末尾（原点）并向回搜索（方向）。
- 搜索字符串为“total energy”，使用规则表达式搜索类型。查找锚点的设置如图 7-9 所示。

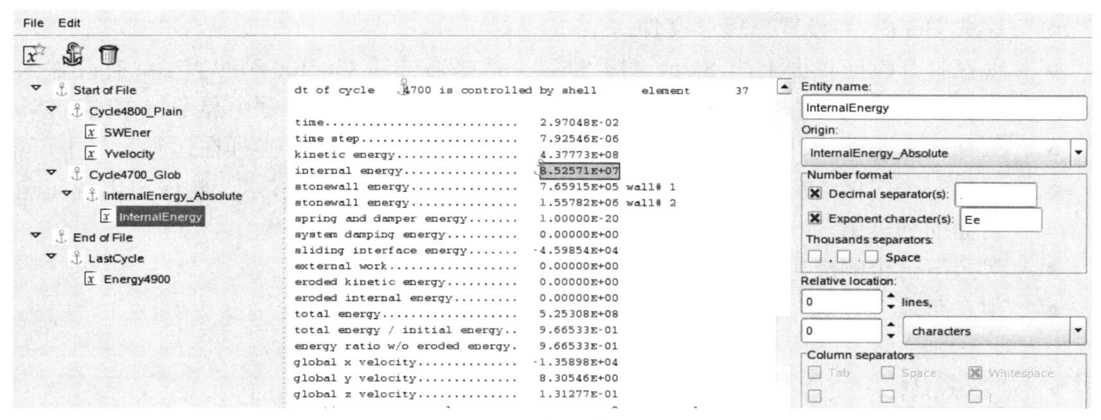

图 7-8　GenEx 对话框：实体的定义（3）

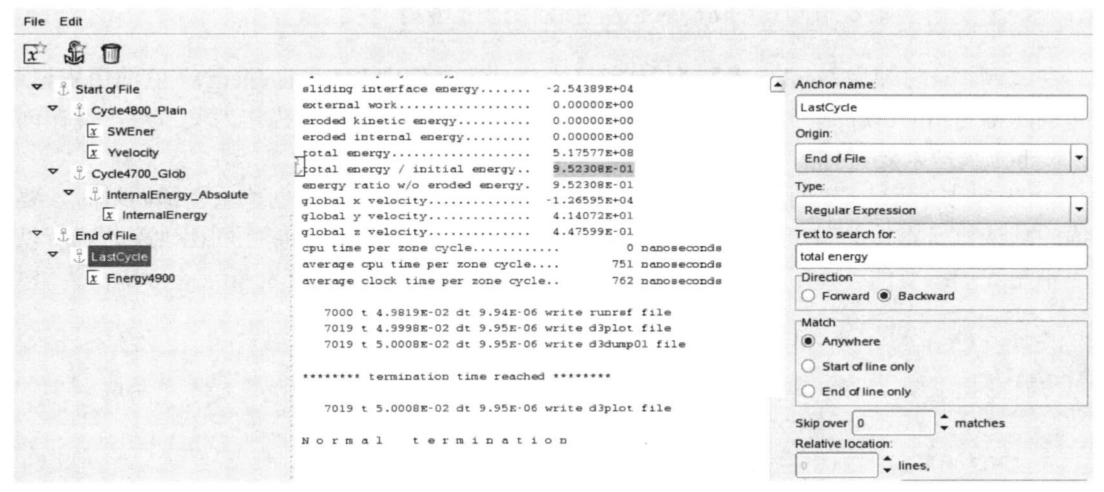

图 7-9　GenEx 对话框：锚的定义（3）

- 以 LastCycle 为锚点，在第六列中搜索，找到实体。参见下面的“相对位置”对话框，如图 7-10 所示。

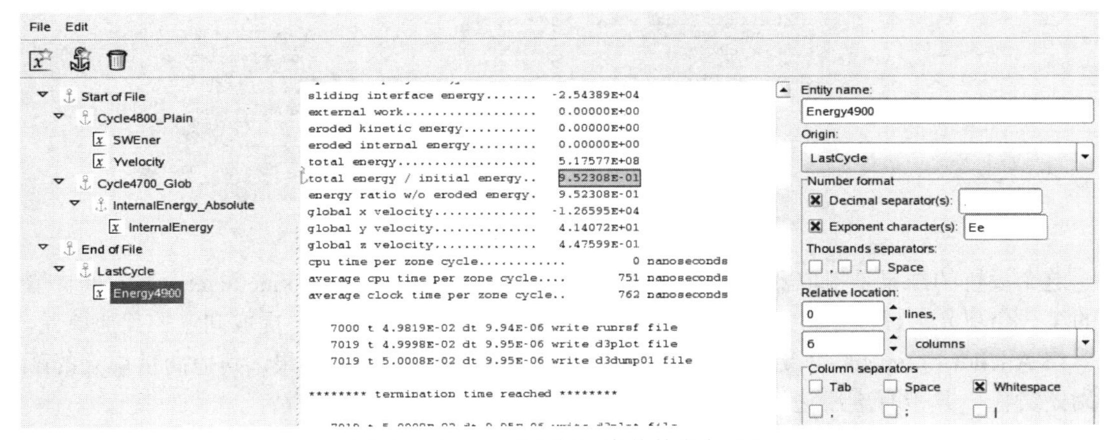

图 7-10　GenEx 对话框：实体的定义（4）

- 完成 GenEx 的设置，保存文件。
- 现在打开响应页面上的 Stage 对话框，并选择右侧的 GenEx 响应类型。打开输入的 GenEx 文件，可以使用 browse 选项，导入文件将在 Entities 框中显示选中的实体。
- 选择输入数据文件，即 d3hsp。在 LS-OPT 运行期间，此文件必须在运行目录中可用。
- 选择一个实体，在对话框顶部定义一个响应名称，然后点击 OK，响应将出现在响应页面的列表中。
- 对余下三个响应实体重复上述过程。
- 现在可以运行 LS-OPT，并为每次仿真运行提取响应实体。

7.4 提取历史

7.4.1 一个使用“Repeated anchor vector”提取历史的例子

在本例中，将使用 GenEx 提取 LS-DYNA“glstat”文件中“kinetic energy”值的历史记录。首先创建锚 dt_of_cycles。这个锚将作为下一个锚的基础。有了这个锚作为父节点，现在创建 KE_anchor 来搜索要查找的字符串，在本例中是“kinetic energy”。

如图 7-11 所示，该实体为标量类型，需要更改为重复锚向量。创建重复锚向量时，要重复锚的默认值是实体的父值。因为“kinetic energy”在每个 dt_of_cycle 之间出现两次，所以结果还不是我们想要的。为了跳过“Eroded kinetic entity”，选择祖父母 dt_of_cycle 锚作为重复。

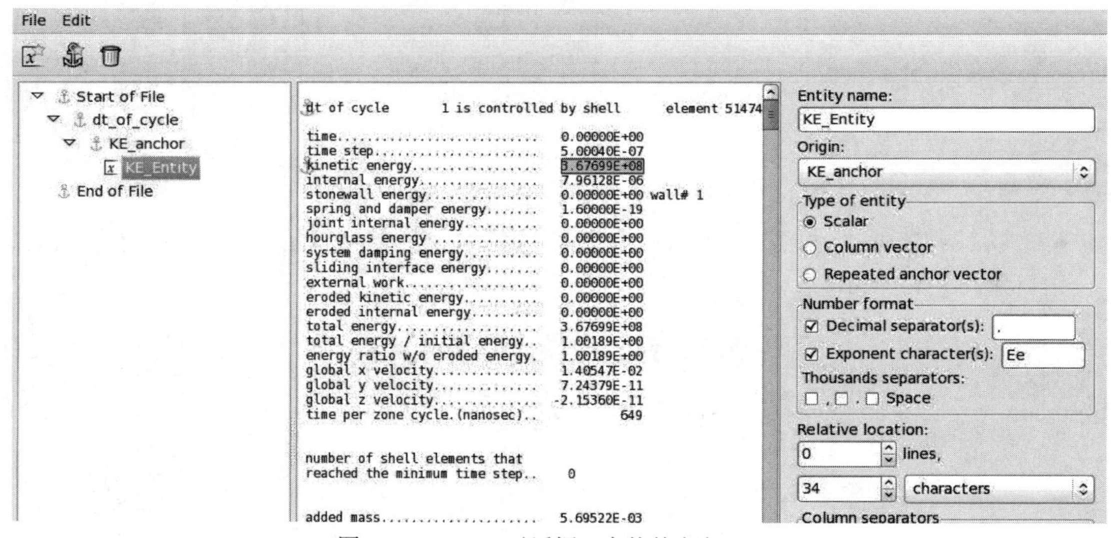

图 7-11 GenEx 对话框：实体的定义（5）

这个设置的结果是提取器将找到“dt_of_cycle”，然后向前搜索“kinetic energy”并提取向量的第一个单元。提取器将找到下一个出现的“dt_of_cycle”并重复，提取向量的其他单元。

将 Anchor to repeat 更改到 dt_of_cycle 之后，可以得到正确的结果。其他向量单元的颜色将为淡黄色，并带有虚线边框，如图 7-12 所示。

以上已经完成了 GenEx 部分，可以保存文件。

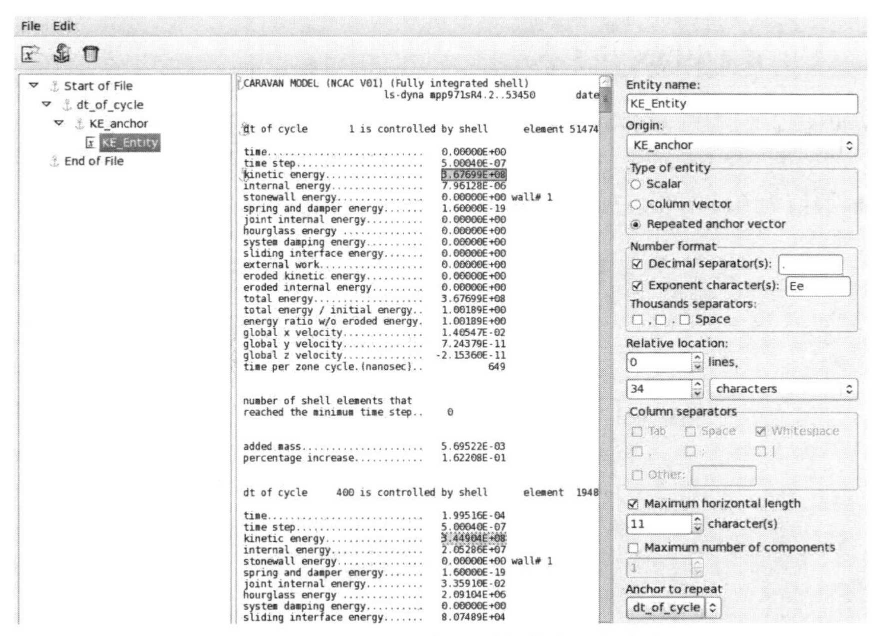

图 7-12　GenEx 对话框：重复锚向量的定义

7.4.2　一个使用“列向量”提取历史的例子

列向量对于提取表中的向量很有用。在本例中，我们提取了一个由虚拟求解器生成的位置向量。正如在前面的示例中一样，首先创建一个实体，然后将类型更改为列向量（图 7-13）。

可以通过在 GenEx 中选择一列并右击以选择 New Entity 来创建向量。

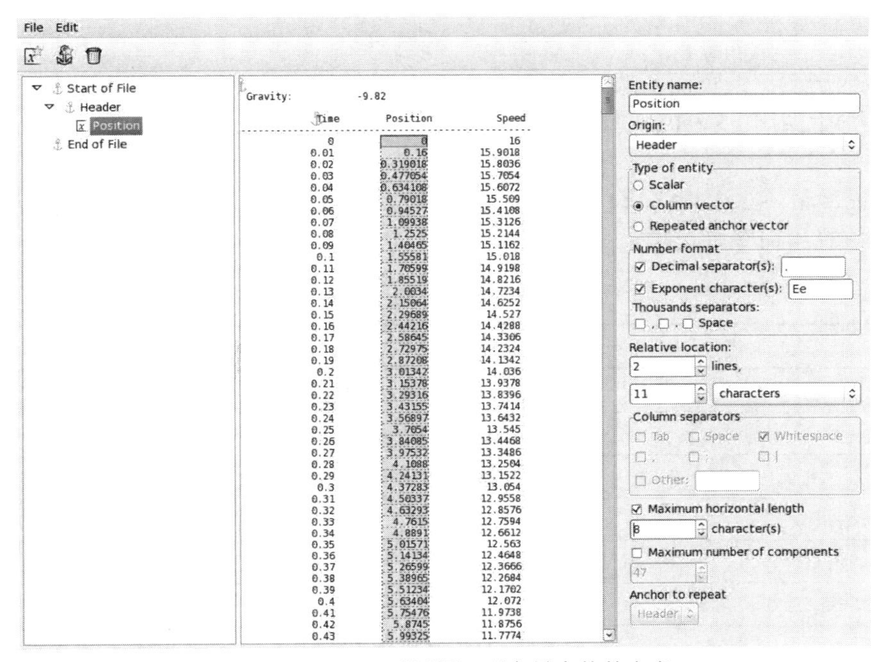

图 7-13　GenEx 对话框：列向量实体的定义

7.4.3 如何从 LS-OPT 中提取历史

使用 GenEx 提取历史与使用它提取响应非常相似（图 7-14）。主要的区别是，必须选择两个实体来定义历史，一个用于 x 轴，另一个用于 y 轴。可以使用“自动增量”的 x 轴，在这种情况下，x 轴的值为 0，1，2，3…。

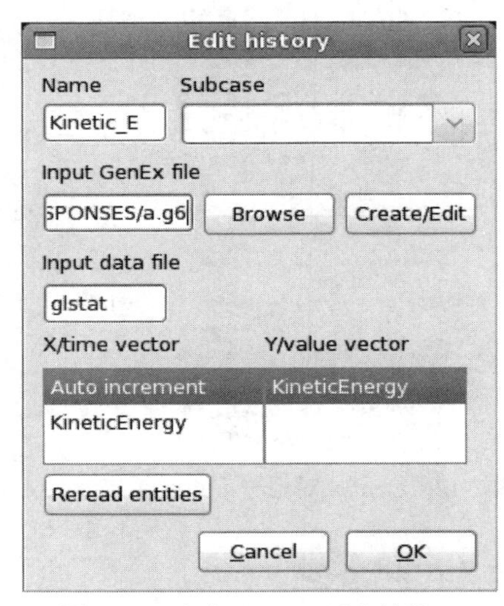

图 7-14 定义 GenEx 历史的接口

在 GenEx 中创建实体时，需要使用列向量或重复锚向量来提取历史。

7.5 命令行选项

在响应或历史记录页面上选择 GenEx 之后，或者在文件多历史记录对话框中选择 GenEx，或者在命令行中调用 LS-OPT 安装目录中的可执行 GenEx，可以通过选择 Create/Edit 按钮启动 GenEx。

```
genex [-h] [-x] [-d] [-g <str>] [-i <str>] [-f <str>] [-v <str>] [-e1 <str>] [-e2 <str>] [-c <str>] [file]
```

表 7-4 解释了命令行选项。

表 7-4 GenEx 命令行选项

选项	描述
-h, --help	显示帮助信息
-x, --extract	提取
-d, --delete	程序退出时删除文件（谨慎操作）
-g, --g6file=<str>	用于实体的 g6 文件
-i, --datafile=<str>	包含数据的数据文件
-f, --filename=<str>	输出“文件名”
-v, --view=<str>	查看文本文件

续表

选项	描述
-e1, --entity1=<str>	历史上第一个实体
-e2, --entity2=<str>	历史上第二个实体
-c, --create=<str>	创建或编辑一个 GenEx 文件

7.6 使用 GenEx

从数据文件中提取历史记录/响应的小型汽车耐撞性示例。

有关 GenEx 示例请参阅第 20.9 节。

第 8 章

设置对话框——定义变量

本章主要讨论输入文件中定义的参数转换，来设计不同类型的变量。图形特性可以让用户查看参数的文件源，以及所选采样变量的激活或取消激活。这个对话框中还提供了资源定义和其他全局特性。

8.1 参数设置

在各阶段输入文件中定义的参数将自动显示在 Parameter Setup 面板中，如图 8-1 所示。这些参数的名称是不可编辑的，并且不能根据 Delete 列中显示的锁符号来删除它们。如果在阶段输入文件中只指定了名称和值，则默认情况下参数类型设置为常量。默认的初始值是 0。

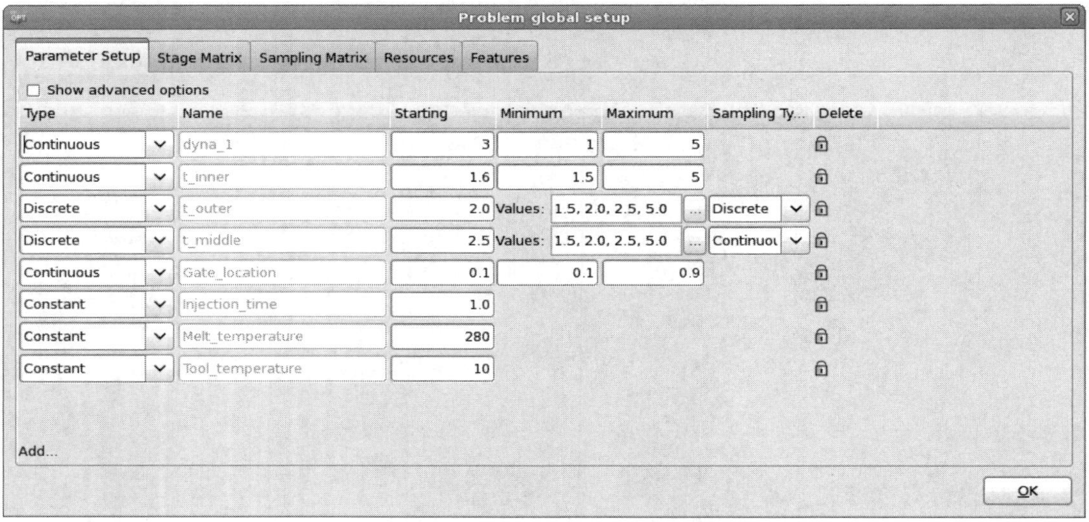

图 8-1　安装对话框－LS-OPTui 中的参数设置面板

其他属性，如在输入文件中定义的参数值或离散集，也显示在这里，但可以重写。还可以指定所需的参数类型和其他适当的选项，见表 8-1。

表 8-1 为每个参数指定的参数设置选项

选项	描述	
Type	Continuous	连续变量
	Constant	恒定值
	Dependent	取决于其他参数的参数
	Discrete	离散变量
	String	使用字符串值的离散变量
	String Constant	使用字符串值的常量
	Transfer Variable	上层作为变量，下层作为常数的参数（多级优化）
	Transfer String Variable	使用字符串值传递变量
	Response Variable	变量，该变量继承响应的值
	Noise	用统计分布描述的概率变量
Name	参数名称。如果参数是从阶段输入文件导入的，则该名称不可编辑	
Starting	变量的初值，用于基准运行	
Minimum	设计空间的下界	
Maximum	设计空间的上界	
Values	离散变量和字符串变量的可允许值列表	
Definition	指定相关参数的数学表达式	
Distribution	用于定义概率变量的统计分布	
Sampling Type	离散变量的采样类型：连续型或离散型	
Edit Input Parameter References	设置传递变量与另一个变量之间的关系	
Variable Correlation	对话框来定义变量之间的相关性。只适用于概率任务	

高级选项，如初始范围，可以通过选择 Show Advanced options 复选框（表 8-2）来指定。其他（非文件）参数，虽然不常见，但可以使用面板底部的 Add 按钮定义。

表 8-2 参数设置高级选项

选项	描述
Init. Range	第一次迭代中使用的设计空间分区大小
Saddle Direction	用于最坏情况下设计的鞍座方向规范

表 8-3 参数设置选项

选项	描述
Show Advanced Options	显示每个参数最初分区大小和马鞍座方向选项
Noise Variable Subregion Size（in Standard Deviations）	噪声变量需要边界来构造元模型。边界来自许多偏离平均值的标准差；默认值是分布的两个标准差。一般来说，噪声变量受指定的分布限制，没有类似于控制变量的上界和下界
Enforce Variable Bounds	将分布分配给控制值可能会导致设计超出控制变量的边界。默认情况下不强制执行边界

8.1.1 常量

上面的每个变量都可以修改为常量。常量可以是数字或字符串。下面几种情况使用常量：

（1）在输入文件中定义常数值，如π、e 或任何其他可能与优化问题相关的常数值，例如初始速度、事件时间、集成限制等。

（2）如果在输入文件中定义的本地参数不用作优化参数。

（3）将变量转换为常数。这只需要将命令文件中的指定变量更改为常量，而不需要修改输入模板。因此，在不影响模板文件的情况下减少了优化变量的数量。也可以通过在采样矩阵中取消选中变量来消除变量（参见第 8.3 节）。

8.1.2 因变量

因变量是基本变量的函数，需要定义数量，且必须在输入模板文件中进行替换，但依赖于优化变量。因此，它们不会影响优化问题的大小。因变可以是因变的函数。

因变量使用数学表达式指定。因变量可以在输入模板中指定，因此将由它们的实际值替换。

8.1.3 离散变量和字符串变量

对于离散变量，必须指定可允许值的列表。这可以在 Parameter Setup 对话框中完成，使用各自参数的 Values 文本区右侧的…按钮，如图 8-2 所示。打开的一个列表显示已定义的值，通过选择 Add new value 按钮或使用 return 键，将出现一个用于输入新值的文本区。

对于字符串变量，以相同的方式定义可允许的字符串值。在 LS-OPT 中，字符串值在内部被视为整数。这些整数值和实际字符串的映射存储在工作目录中的 StringVar.lsox 数据库中。

除了值列表之外，还必须为离散变量指定采样类型。默认情况下，离散变量被当作连续变量来生成实验设计。最优值将采用允许值。如果选择离散采样，所有的实验设计点都使用可允许值。如果可能的话，建议使用连续采样，因为它通常会在设计空间中得到更好的点分布，从而获得更好的元模型质量。

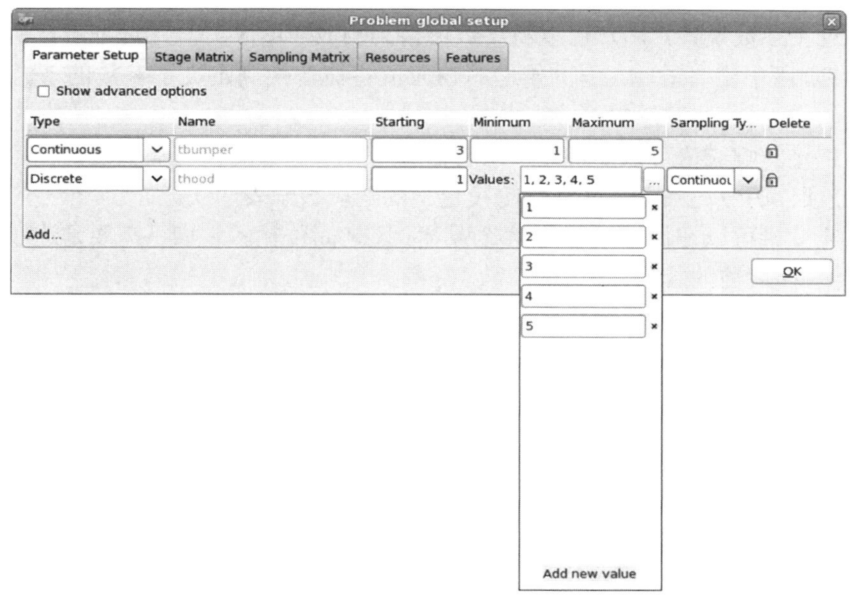

图 8-2　离散值的定义

8.1.4　传递变量

传递变量用于多级优化（参见第 5.3.8 节）。这些变量在其中一个级别上采样，但是这些采样值被传递到更低的级别，在那里这些值被当作常量处理。传递变量可以由前面更高级别来引用，也可以由同一级别的其他变量引用。在同一级别内，传递变量可以是另一个变量的起始值或上下限值（图 8-3）。定义参数引用的对话框可以从参数设置对话框中访问。

Input Parameter References

Name	Starting	Minimum	Maximum
t1	Set	Set	Set
t2	Set	Set	Set
t3	× t73	Set	Set
t4	Set	Set	Set
t5	Set	Set	Set
t6	Set	Set	Set
t10	Set	Set	Set
t64	Set	Set	Set

OK

图 8-3　输入参数引用

在该图中，将传递变量 t73 设置为 t3 的起始值。

8.1.5　响应变量

响应变量用于定义继承响应值的变量。主要目的是替换输入文件中的响应值。如果要在某一阶段替换响应值，则响应的计算必须在该阶段的上游阶段完成。

（1）通过主参数设置，用户可以将参数链接到响应（图 8-5）。此选项将使所选的参数值替换为在上游阶段中定义的响应值。传递的响应值将被替换到定义了参数的下游阶段输入文件中。

（2）要链接的响应值可以是直接从求解器数据库中提取的任何响应值，也可以是包含任何变量、依赖项、历史记录或在任何父阶段定义的响应数学表达式。

（3）响应变量可以在特定线程的任意两个阶段之间传输。它们不需要是连续的，只要响应定义在执行替换之前的阶段。

（4）一个特定的响应可以链接到任意数量参数。

（5）响应变量不是独立的设计变量，对采样没有影响。

例子

下面的一系列图表解释了这个例子。优化过程包括三个阶段的外环：第一阶段也是一个优化循环，校准了一个参数 YMod 来生成 YMOD_OPT；第二阶段使用优化的 YMod_OPT 作为一个常量参数，但是优化第二个变量 Yield 来生成 YIELD_OPT。

在前两个阶段之后，对于车辆仿真阶段，利用数学表达式将 YMOD_OPT 和 YIELD_OPT 转换为材料常数，然后外环优化车辆设计变量 tbumper 和 thoodt。

图 8-4～图 8-10 显示了问题设置的各个部分。

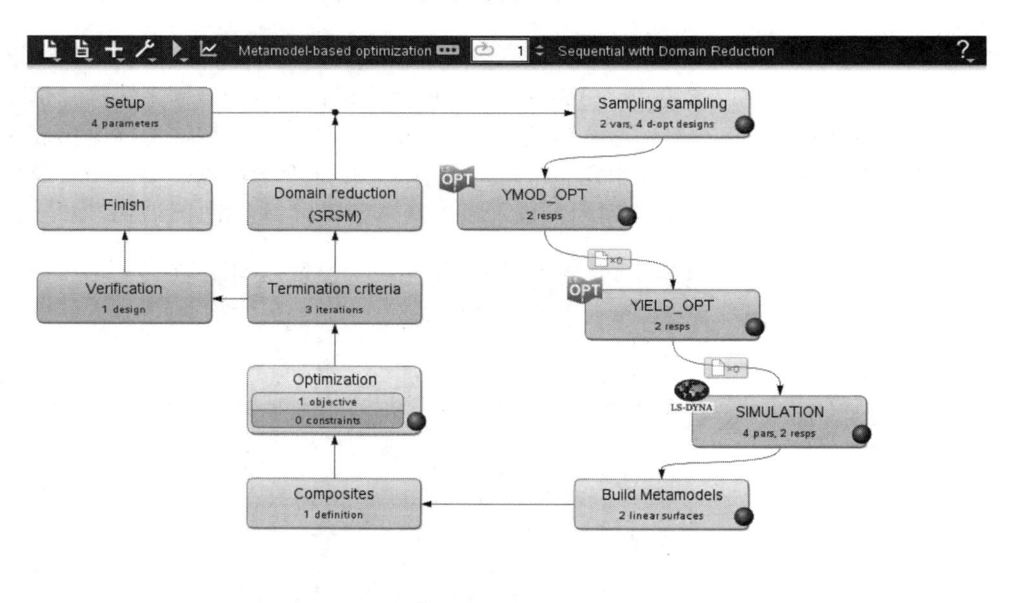

图 8-4　LS-OPT 问题的多级设置

在图 8-4 中，前两个阶段（YMOD_OPT）和（YIELD_OPT）是子级优化阶段。

YMOD_OPT 生成一个最优的材质参数 YMOD_OPT，并使用表达式将其转换为 YMod_OPT_EXPR。该值被传递到参数 YModRV，该参数定义为 YIELD_OPT 阶段的输入参数。因此，YIELD_OPT 阶段使用这个值作为常量，但是优化第二个变量 Yield 来生成 YIELD_OPT，然后将其转换为 Yield_OPT_EXPR。再将 YMod_OPT_EXPR 和 Yield_OPT_EXPR

作为输入参数转移到仿真阶段。这里描述的外环优化设计变量 tbumper 和 thoodt，以最大程度地减少车辆的侵入。

图 8-5　主参数设置中定义两个响应变量 YModRV 和 YieldRV

在图 8-5 中，两个响应变量分别链接到父优化阶段生成的 YMod_OPT_EXPR 和 Yield_OPT_EXPR。参数 tbumper 和是外部循环中使用的优化变量。

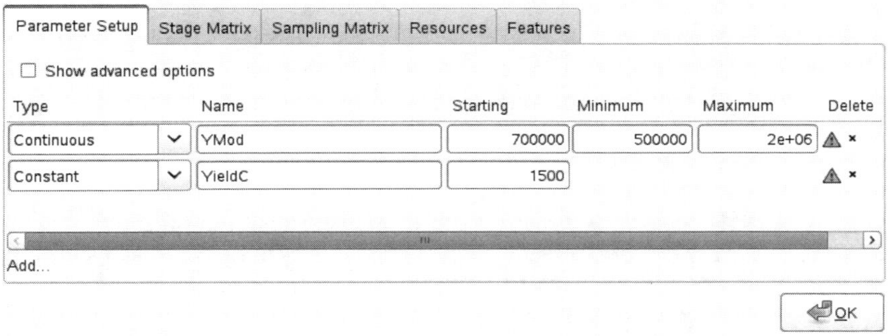

图 8-6　YMOD_OPT 阶段的输入参数

YMod 为该阶段定义的优化变量，YieldC 为常数。

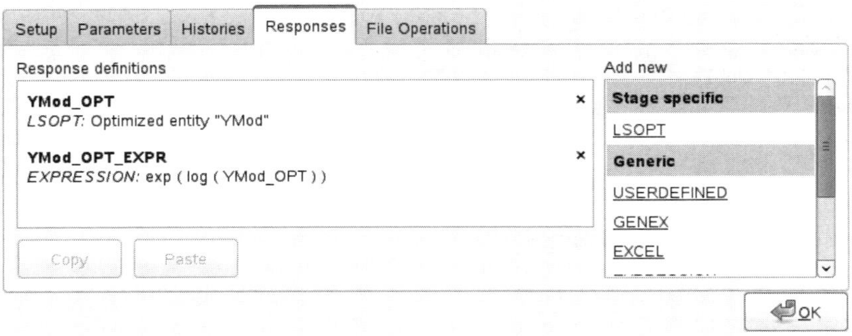

图 8-7　阶段 YMOD_OPT 的响应输出定义

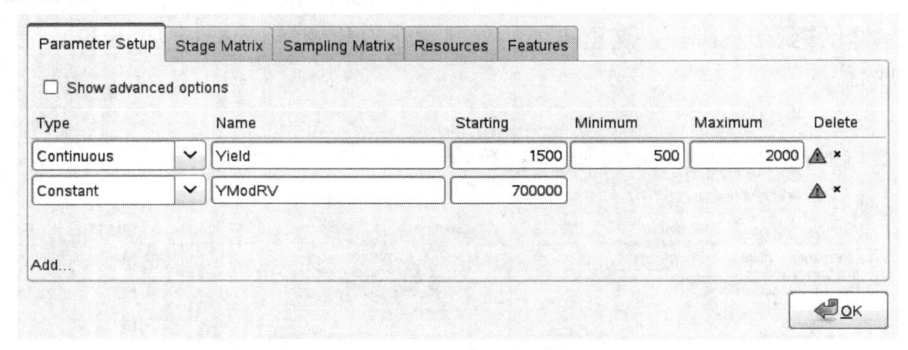

图 8-8 YIELD_OPT 阶段的输入参数

Yield 是本阶段定义的优化变量。YModRV 是一个由 YMod_OPT_EXPR 替换的响应变量（定义见图 8-5）。

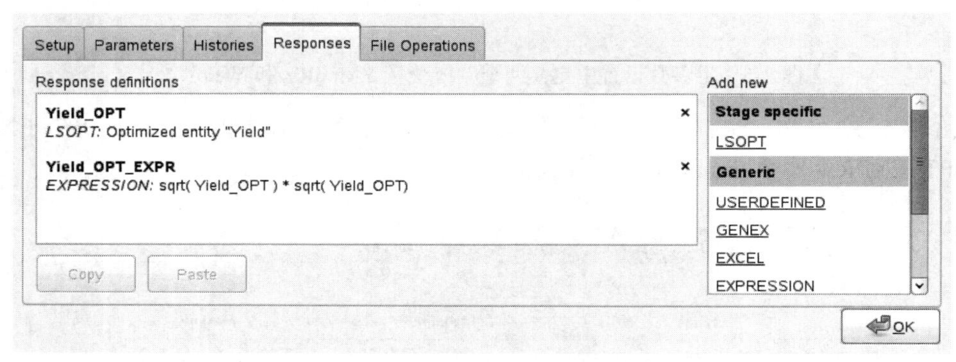

图 8-9 阶段 YIELD_OPT 的响应输出定义

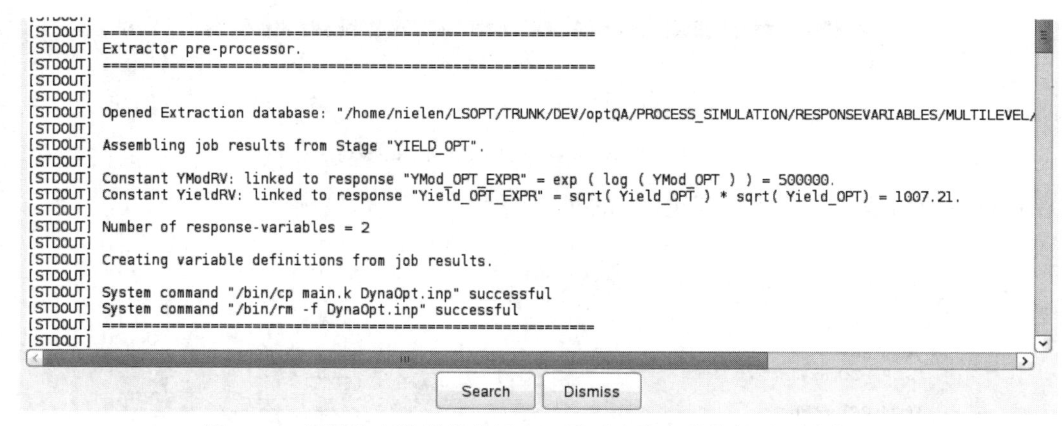

图 8-10 示例仿真阶段作业日志（显示为仿真前的前处理阶段）

如图 8-10 所示，注意两个参数与响应的连接。

8.1.6 概率变量——噪声和控制变量

概率变量值与确定性变量不同，不能绝对可靠地表述。换句话说，这些变量之间存在着不确定性，因此只能说，概率变量值将在一定的区间内，具有一定的置信度。这种差异使得概率分析和优化比确定性分析和优化更加复杂。因此，第 14 章将专门讨论概率任务和问题设置。

概率变量既可以是控制变量，它的价值是在优化过程中进行修改以便获得更合适的设计；也可以在优化过程中不加以控制，如噪声变量仅用于在问题中引入不确定性。可以在参数设置面板中选择变量类型（图 8-11）。

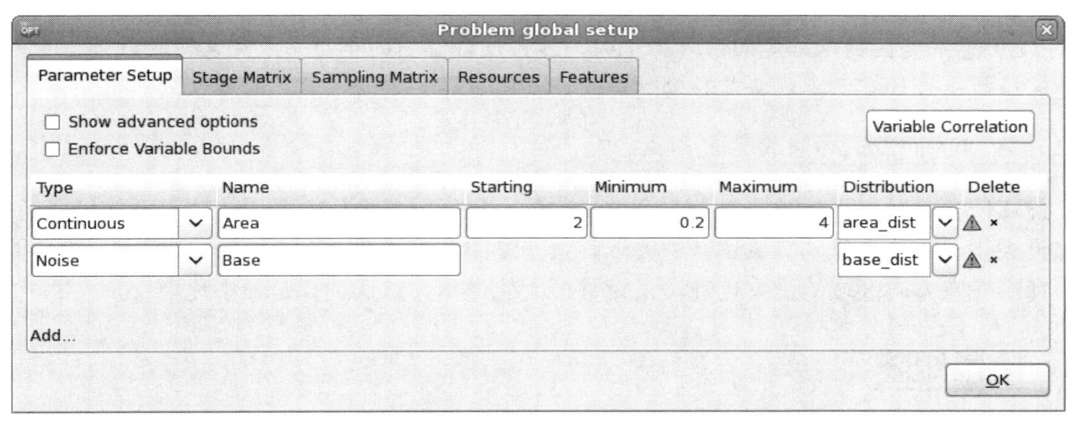

图 8-11　概率任务的参数设置面板

8.1.7　概率分布

为了表示可变的不确定性，概率变量与概率分布相关联，当所选任务是概率时，概率分布也是参数设置面板的一部分（图 8-11）。LS-OPT 中有几种类型的分布。关于如何设置概率变量和分布的更多细节将在第 14 章中提供。

8.1.8　变量的相关性

对于概率任务，可以指定变量之间的相关性，如图 8-12 所示。变量相关对话框可从参数设置面板访问。这种相关性将分别在蒙特卡罗仿真（包括基于元模型的仿真）以及基于可靠性的设计优化和鲁棒参数设计中得到考虑。只允许正态分布变量之间的相关性。

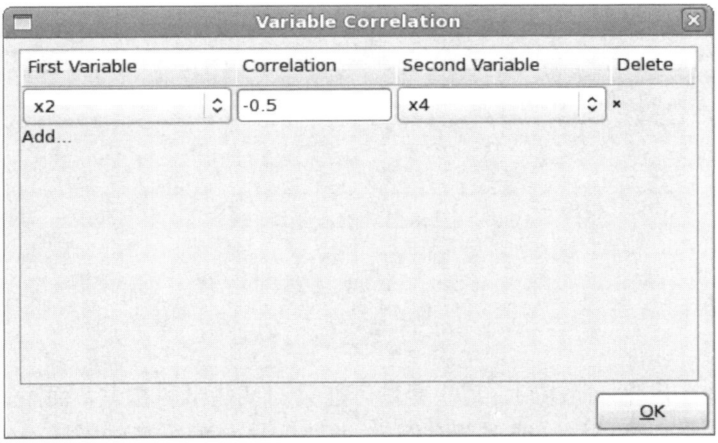

图 8-12　变量相关对话框（可从参数设置面板访问）

8.1.9 初始感兴趣区域（范围）的大小和位置

如果指定了初始范围，则初始子区域定义为[start - range/2, start + range/2]。

注意：

（1）如果省略范围，则使用整个设计空间。

（2）感兴趣区域以给定的设计为中心，作为设计空间的子空间来定义实验设计。如果感兴趣区域超出设计空间，则将其移动到与设计空间边界齐平的位置，而不收缩。

8.1.10 鞍座方向：最坏情况设计

最坏情况或鞍点设计被定义为一个方法来最小化（或最大化）关于一些变量的目标函数，同时最大化（或最小化）变量集合中关于其余变量的目标函数。在 Parameter Setup 设置面板中，使用鞍座方向区域的最大化选项来设置最大化变量。默认选择是最小化。

8.2 阶段矩阵

阶段矩阵（图 8-13）提供了每个阶段中定义的参数概述。如果参数在级输入文件中定义、手动添加到级中或在上游级中定义，则该参数将影响阶段的定义。将鼠标悬停在文件图标上显示定义了相应参数的文件列表。

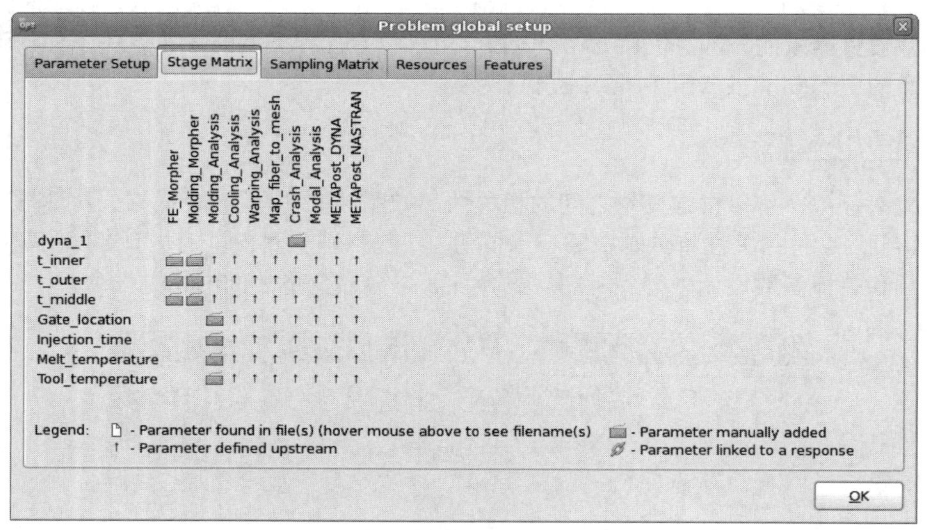

图 8-13 阶段矩阵

8.3 采样矩阵

对于多学科设计优化（MDO），某些变量可能只与某些学科相关，而不是所有学科。在这些示例中，可以定义几个采样（或多个案例），并将变量分配给某些采样（但不是所有采样）。在采样矩阵中可以选择变量对采样的赋值（图 8-14）。如果在一个特定的采样中缺少一个变量，它将假定当前的全局值是由上一个迭代生成的，以便在下一个迭代的输入文件中进行替换。采样选择变量的数量直接影响采样所需的采样点数量（因此也影响计算量）。每一列都耦合到各自 Sampling Dialog 对话框的 Active Variables 选项卡（参见第 9.4 节）。

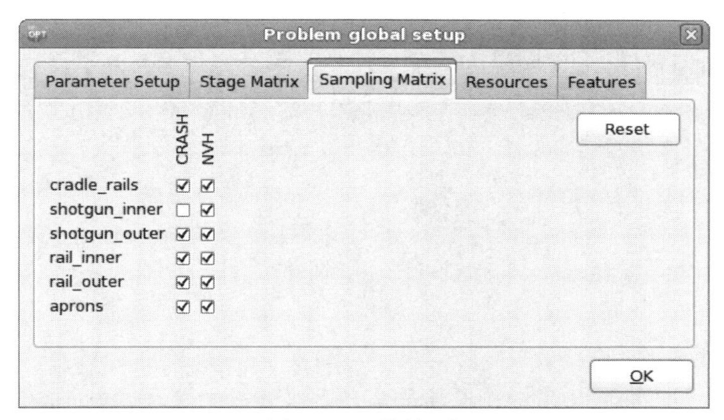

图 8-14　采样矩阵

在图 8-14 中，单击 Reset 按钮将变量重新分配到输入文件定义的采样中。

如果对所有采样都取消了变量选择，则将其视为常量。因此，在整个优化过程中将假定基准值。可以选择此选项，而不是明显地将参数定义为常量。采样矩阵可以在迭代之间改变。

在第一次迭代或任何其他迭代中检测到不敏感变量可以在接下来的迭代中关闭。有关 MDO 示例请参见第 20.5 节。

8.4　资源

资源在阶段对话框中定义，但是为了方便，可以在 Setup 对话框中编辑全局限制。Resources 选项卡显示了为所有阶段定义所有资源的摘要（参见第 5.4.1 节），如图 8-15 所示。

Problem global setup

Parameter Setup | Stage Matrix | Sampling Matrix | Resources | Features

Resource	Global limit
LSO_EXTRACTOR	12
USERPOST	12
USERDEFINED	1
METAPOST	1
LSDYNA_IMPLICIT	50
MOLDFLOW_LICENSE	33
ANSA_LICENSE	22
NASTRAN_LICENSE	66
LSTC_LICENSE	99

The above list is the union of the resources defined in stages

OK

图 8-15　设置一资源

资源 LSO_EXTRACTOR 由 LS-OPT 自动生成，用于本地机器上的结果提取。默认的全局限制是本地计算机上可用逻辑 CPU 数量。

8.5 特性

在 Setup 对话框的 Features 选项卡（图 8-16）中可以找到采样独立特性。

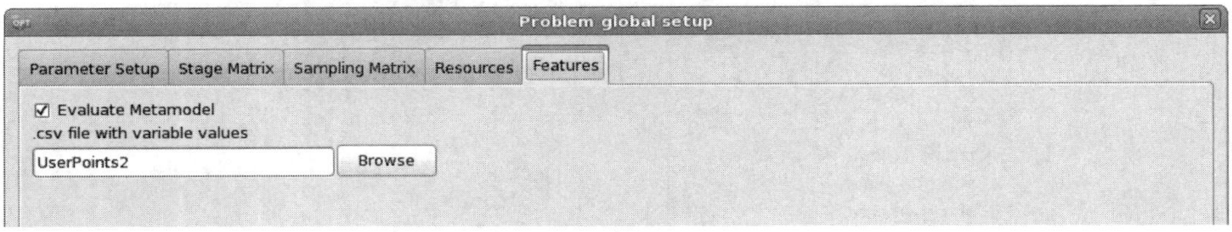

图 8-16 特性设置

8.5.1 评估元模型

任意数量点的响应值都可以使用现有的元模型计算并写入.csv 文件（包含逗号分隔变量的文件，大多数电子表格程序都可以读取这些变量）。输入数据是独立于采样的。

获取包含响应数据的表有以下两个简单步骤：

（1）使用 Setup 对话框的 Features 选项卡中的 Evaluate Metamodel 选项浏览带有采样点信息的文件。虽然空格、逗号或制表符可以作为分隔符，但文件必须是.csv 格式，只支持 ASCII 字符的文件。该文件必须包含两个标题行，头行包含变量名。第二标题行包含变量类型，在这种情况下，“dv”（设计变量）就足够了。变量类型“nv”（噪声变量）、“dc”（离散变量）或“st”（字符串变量）也可以使用，并将获得相同的结果。应该注意，字符串变量的条目是可以在 StringVar.lsox 文件中找到对应映射整数值。每行为每个设计点指定变量坐标值。请参见下面的例子。

.csv 文件示例：

```
x1 x2 x3
dv dv dv
1.0 2.0 3.0
2.0 3.0 4.0
4.1 6.2 3.3
```

（2）使用 Setup 对话框中的 Repair 选项 Evaluate metamodels。

- Input（输入）：每个采样点文件必须表示所有变量。LS-OPT 检查文件中定义的所有变量是否都表示在 LS-OPT 输入中。可变序贯并不重要。
- Output（输出）：ExtendedResults 输出可以在主工作目录中作为元文件找到，例如 ExtendedResultsMETAMaster_3.csv。ExtendedResults 文件具有变量、依赖项、响应、组合、目标、约束、多目标和违反约束值。
- 如果在优化运行开始前定义了采样点，那么每次迭代都会自动计算元文件。

第 9 章

采样和元模型对话框

本章描述采样设置的规范，即元模型类型、点选择方案（实验设计或 DOE），以及采样对话框中可用的相关选项，如图 9-1 所示。Pointselection 和 Experimental design 可以互换使用。

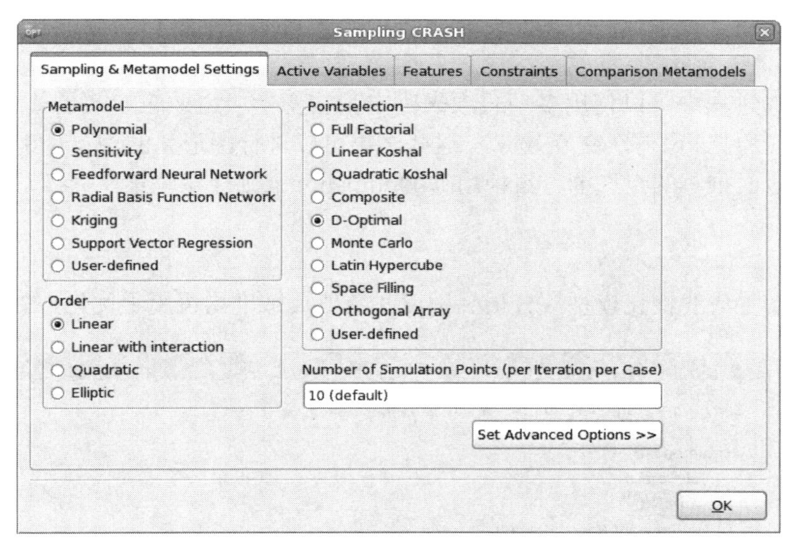

图 9-1　采样对话框：元模型和点选择设置

9.1　元模型类型

用户可以分别选择图 9-1 和表 9-1 中所示的元模型类型。元模型类型和点选择方案的默认选择取决于任务和优化策略的选择（参见第 4 章）。对于序贯响应面方法（SRSM）策略，默认的选择是多项式响应面方法（RSM），其中响应面使用多项式对数据点上的结果进行拟合。对于单次迭代和序贯策略拟合的全局逼近，将径向基函数网络作为默认逼近模型。前馈神经网络、Kriging、支持向量回归和用户定义的近似模型对所有策略都适用。灵敏度数据（解析或数值）也可用于优化，该方法更适合于线性分析求解。有关详细信息请参阅表 9-1。

表 9-1　采样对话框选项：元模型类型

元模型类型	描述
Polynomial	多项式二阶逼近
Sensitivity	使用梯度来确定线性元模型
Feedforward Neural Network	一种具有 Sigmoid 基函数的人工神经网络
Radial Basis Function Network	具有径向基函数的神经网络
Kriging	一个高斯过程，贝叶斯推理的形式
Support Vector Regression	支持向量回归
User-defined	用于用户定义的动态链接元模型的接口

9.1.1　多项式

当构造多项式响应面时，用户可以从不同近似阶中选择。可用的选项有线性、线性相互作用（线性和非对角项）、椭圆项（线性和对角项）和二次项。在采样对话框中，Order 区域中设置了逼近阶（图 9-1）。增加多项式的阶数会得到多项式中更多的项，因此需要确定更多系数和进行更多模拟运行。对于多项式类型，会自动更新模拟运行的默认数量（参见第 9.3.1 节）。

在变量筛选过程中可以使用多项式项来确定某些变量（主效应）的显著性，以及在确定响应时变量之间的交叉影响（交互效应）。这些结果可以进行图形化的查看（参见第 16.3.4 节）。

多项式响应面推荐的点选择方案使用 D-Optimality 准则（参见第 9.3.2 节）。

9.1.2　灵敏度

灵敏度用于生成线性元模型。分析灵敏度和数值灵敏度均可用于优化，如图 9-2 所示。

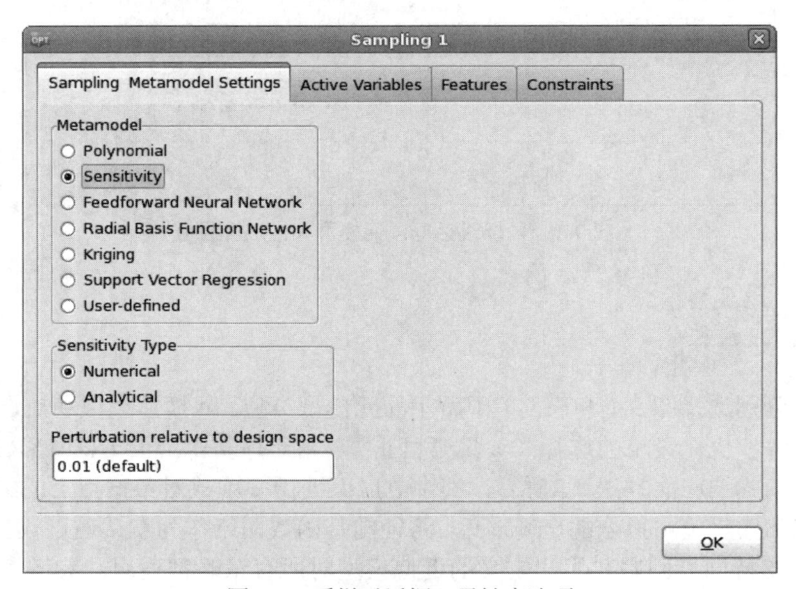

图 9-2　采样对话框：灵敏度选项

1. 分析灵敏度

如果要使用分析灵敏度，则必须在其名为 Gradient（梯度）的文件中为每个响应提供灵敏度。梯度中的值（每个变量一个值）应该放在一行上，用空格隔开。

在采样对话框中，必须将灵敏度类型设置为 Analytical。第 20.7 节给出了一个完整的例子。

2. 数值灵敏度

如果要使用数值灵敏度，请在采样对话框的灵敏度类型字段中选择 Numerical，并将扰动指定为设计空间的一部分，如图 9-2 所示。

数值灵敏度由相对于当前设计点 x^0 的 n 个摄动点计算，其中第 j 个摄动点为：

$$x_i^j = x_i^0 + \delta_{ij}\varepsilon\left(x_{iU} - x_{iL}\right)$$

式中，$\delta_{ij} = \begin{cases} 0 & i \neq j \\ 1 & i = j \end{cases}$；扰动常数 ε 与设计空间大小有关，假设 ε 的值为 0.001。同样的值适用于所有变量。

9.1.3 前馈神经网络和径向基函数网络

要应用前馈神经网络或径向基函数网络，请在采样对话框的 Metamodel 字段中选择适当选项（比如 FFNN 效率选项），分别如图 9-3 和图 9-6 所示。前馈神经网络和径向基函数网络的推荐点选择方案为空间填充法（默认值）（参见第 9.3.4 节）。

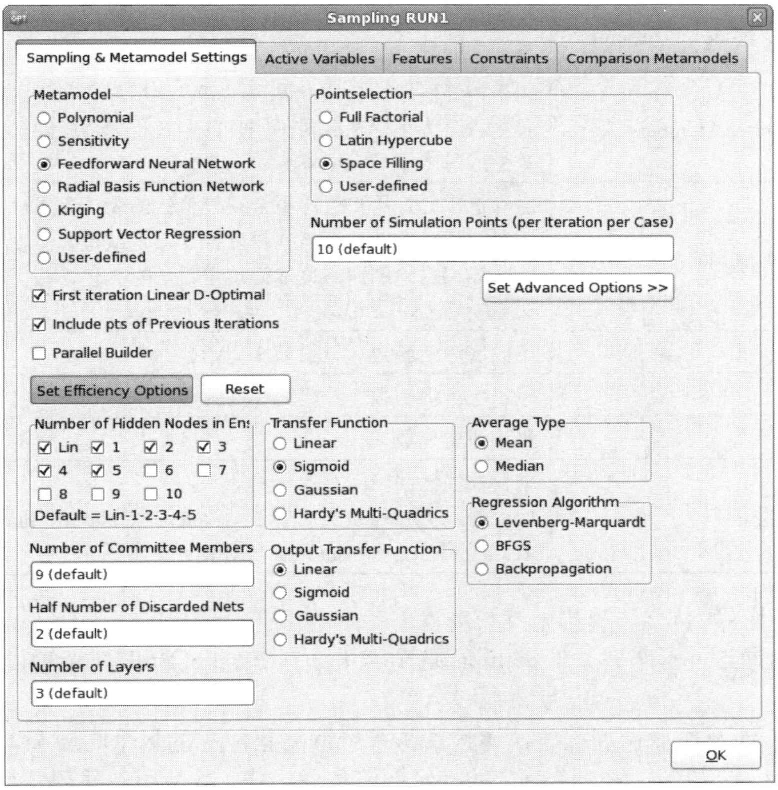

图 9-3 前馈神经网络效率选项

由于以下原因，神经网络构建计算可能比较耗时：①Committee 规模很大；②Ensemble 规模很大。

1. Committee 规模

Committee 规模是一种训练多个不同的神经网络，取其平均值作为最终预测值的组合方法，本书将这些神经网络的集合直译为委员会。如上所述，默认委员会成员数量很多，因为进行迭代优化过程时的默认点数很少，由于神经网络在提供点数较少的情况下具有较大的变异性，因此需要训练大量不同的神经网络并取平均值来稳定近似值。但是当模拟了大量的点时，可以将 Number of Committee Members 设置为 1 来将委员会成员缩小为单个神经网络。

2. Ensemble 规模

Ensemble 规模可以通过以下两种方式减小规模：

（1）精确指定 Ensemble 的体系结构。

（2）为 RMS 训练误差提供一个阈值。

Ensemble 体系结构可以在 Numebr of Hidden Nodes in Ensemble 选项中设定。高阶神经网络的计算成本更高，如果单击 Set Efficiency Options 按钮，在采样对话框中可使用 FFNN 效率选项，并且可以使用 Reset 按钮重置为默认设置（图 9-3）。表 9-2 解释了可用的选项。

表 9-2　前馈神经网络效率选项

选项	描述
Number of Hidden Nodes in Ensemble	根据整个 Ensemble 的最小广义交叉验证（GCV）值选择一个 Ensemble 大小。默认值是 Lin-1-2-3-4-5
Number of Committee Members	由于神经网络的自然变异性，可以让用户选择神经网络委员会的成员数目。为了确保成员不同，回归过程使用新随机选择的初始权重来生成每个委员会组件
Half Number of Discarded Nets	丢弃选项允许用户丢弃拟合误差最低的委员会成员和 MSE 最高的委员会成员。此选项旨在排除拟合不足或拟合过度的神经网络。因此，如果排除的网络总数为指定数量的 2 倍，在回归过程中将激活丢弃功能
Transfer Function	中间层激活函数（一般为 S 型函数）
Output Transfer Function	输出层激活函数（一般为线性函数）
Average Type	平均或中位数
Regression Algorithm	求解非线性回归问题的算法：Levenberg-Marquardt, Broyden-Fletcher-Goldfarb-Shanno（BFGS）或 Resilient Backpropagation （RPROP）算法

3. FFNN 计算的执行选项（并行构建器）

FFNN 可以通过并行求解。在 Settings 选项卡中选择 Parallel Builder 选项以启用 Execution 选项卡。

并行构建器涉及作业调度程序，该程序将神经网络集成中的每个响应和每个组件视为要并行运行的作业。委员会（由一个特定的神经网络集成组成，并使用一系列蒙特卡罗分析来求解）是连续求解的。对话框如图 9-4 所示。主要特点如下：

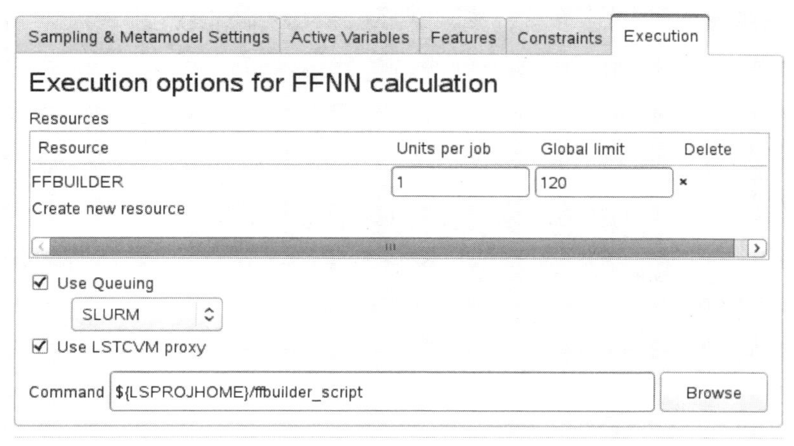

图 9-4　用于并行 FFNN 构建器的对话框

（1）通过单击主对话框的“元模型”框上的 LED，可以进行作业监视，如图 9-5 所示。应用于监控仿真的所有特性（LS-PrePost 除外），也同样可用于 FFNN 计算。

Show status for: Metamodel Case1　　Tools

Job ID/PID	Component	Iter	RespID	Nodes	Status
27620	Case1	1	0	1	Normal Termination
27622	Case1	1	0	2	Normal Termination
27624	Case1	1	0	3	Normal Termination
27626	Case1	1	0	4	Normal Termination
27628	Case1	1	0	5	Normal Termination
27630	Case1	1	0	6	Normal Termination
27632	Case1	1	0	7	Normal Termination
27634	Case1	1	0	8	Normal Termination
27637	Case1	1	0	9	Normal Termination
27640	Case1	1	0	10	Running...
27643	Case1	1	1	1	Normal Termination
27647	Case1	1	1	2	Normal Termination
27650	Case1	1	1	3	Normal Termination
27654	Case1	1	1	4	Normal Termination
27657	Case1	1	1	5	Normal Termination
27660	Case1	1	1	6	Normal Termination
27663	Case1	1	1	7	Normal Termination
27666	Case1	1	1	8	Running

View log　Open folder　LS-PREPOST　Kill　Accelerated kill　Show plot

图 9-5　并行 FFNN 的作业进度显示

（2）支持远程计算，因此，如果集群设置可用于 LS-DYNA 作业，那么 FFNN 解决方案设置只需涉及一些特殊设置。

4. 高级 RBF 选项：RBF 的基本函数和优化准则

RBF 的性能由于基函数和优化准则的选择不同而有较大变化。可供选择的两个基函数是 Hardy 's Multi-Quadrics（HMQ）和高斯 RBF。HMQ 通常是首选的，因此被设置为默认值。用户还可以选择优化准则为广义交叉验证误差或广义交叉验证误差的点态比，如图 9-6 所示。

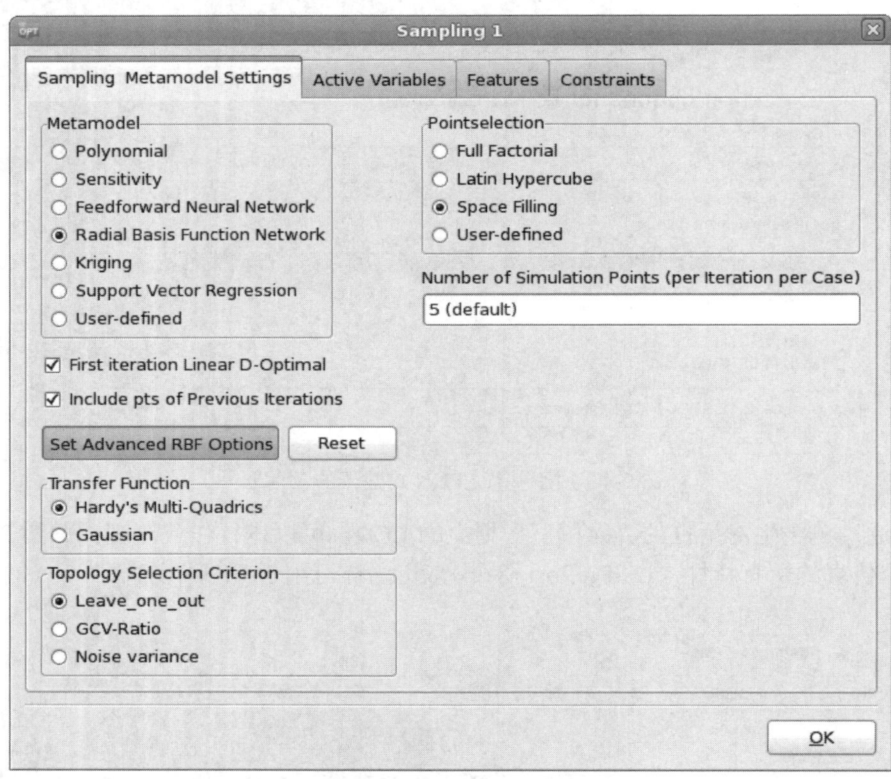

图 9-6　径向基函数网络超前选项

如果单击 Set Advanced RBF Options 按钮，这些选项在采样对话框中可用，并且可以使用 Reset 按钮将其重置为默认设置（图 9-6）。可用选项见表 9-3。

表 9-3　RBF 高级选项

选项	描述	选项	描述
Transfer Function	基本函数	Hardy's Multi-Quadrics	$g_h(x_1,\ldots,x_k)=\sqrt{1+\left(r^2/\sigma_h^2\right)}$
		Gaussian	$g_h(x_1,\ldots,x_k)=\exp\left[-r^2/2\sigma_h^2\right]$
Topology Selection Criterion	优化准则	Leave_one_out	广义交叉验证误差（PRESS）
		GCV-Ratio	广义交叉验证误差的点态比
		Noise variance	拟合误差的方差

9.1.4　Kriging 参数

Kriging 拟合依赖于选择合适相关函数和趋势模型。可供选择的两个相关函数是高斯函数和指数函数。用户还可以选择常数、线性或二次趋势模型，如图 9-7 所示。可用选项见表 9-4。

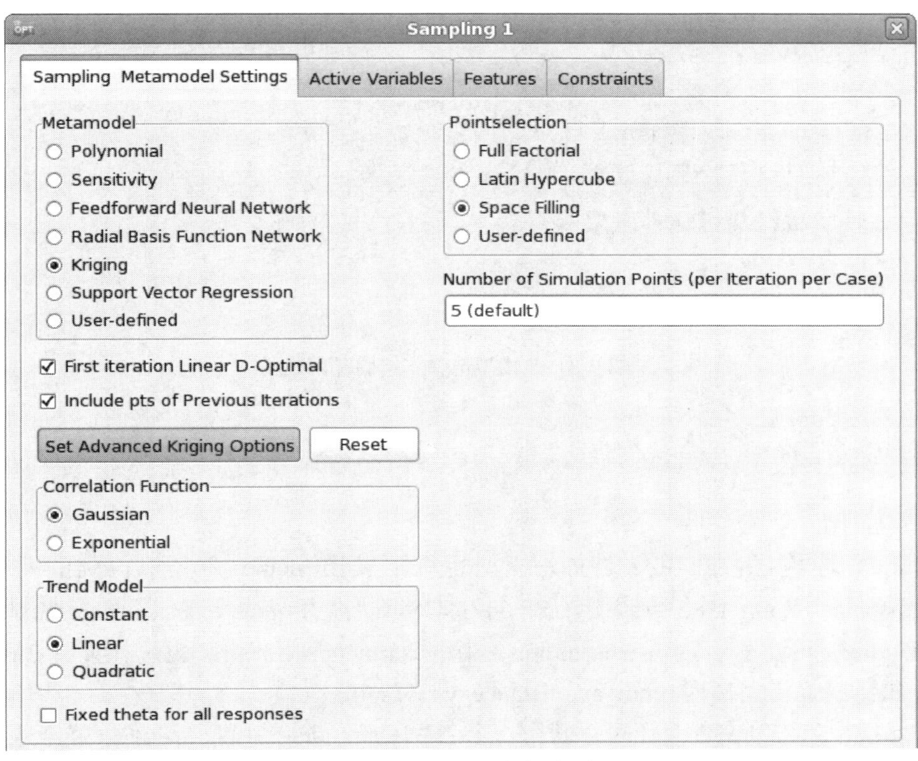

图 9-7　Kriging 高级选项

表 9-4　Kriging 高级选项

选项		描述
Correlation Function	Gaussian，Exponential	元模型函数随机分量中使用的相关函数
Trend Model	Constant，Linear，Quadratic	元模型函数的多项式分量。线性趋势模型至少需要 $(n+2)$ 设计点，至少需要二次趋势模型 $(n+1)*(n+2)/2+1$ 的设计点，其中 n 是变量的数量
Fixed theta for all responses		默认情况下，一组 theta 值适合所有响应，但是用户也可以通过选择此选项为每个响应匹配一组相关函数参数（theta）

9.1.5　支持向量回归

支持向量回归依赖于选择合适的核函数（类似于相关函数）。两个可供选择的核函数是高斯函数和多项式函数。可用选项如表 9-5 和图 9-8 所示。

表 9-5　高级支持向量回归选项

选项		描述
Kernel Type	Gaussian，Polynomial	在 SVR 展开中使用的基函数，将输入变量空间映射到高维特征空间

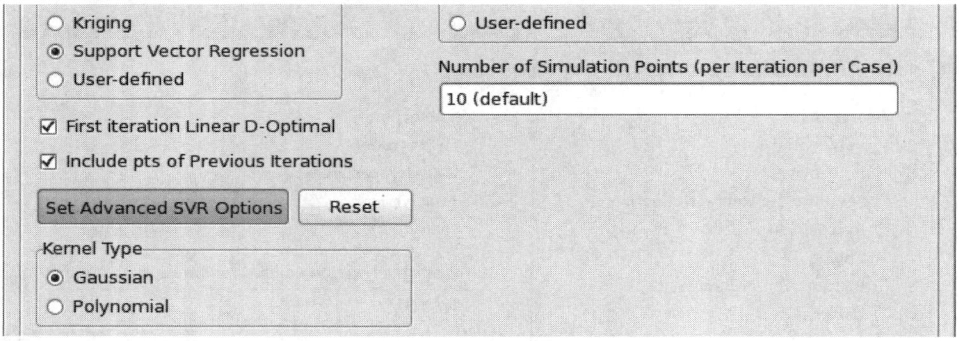

图 9-8　元模型选择支持向量回归

9.1.6　用户定义元模型

1．创建例子

在 Linux 环境下，在用户定义元模型目录下发出 make 命令，得到的元模型称为 umm_avgdistance_ linux_i386（如果运行在 64 位 OS 下，称为 umm_avgdistance_linux_x86_64）。

在 Windows 环境下，在 Visual Studio 中打开 usermetamodel.sln，再选择菜单 Build→Build solution，得到的元模型称为 umm_avgdistance_win32.dll。

除了元模型二进制文件，还可以获得一个名为 testmodel 的可执行文件。这个程序可以用于对元模型进行简单的验证。只需将元模型的名称作为参数，即 testmodel avgdistance。

注意：不应提供完整的.dll/.so 文件名作为参数。

2．使用示例作为模板

如果希望使用该示例作为自己的元模型模板，请执行以下步骤（在本例中，用户的元模型称为 mymetamodel）：

（1）拷贝 avgdistance.*到 mymetamodel.*。

（2）将以下文件中出现的字符串"avgdistance"替换为"mymetamodel"：makefile、mymetamodel.def、mymetamodel.vcproj、vcproj usermetamodel.sln。

3．可分配的元模型

编译后，用户的元模型二进制文件将被调用：

umm_mymetamodel_win32.dll

或

umm_mymetamodel_linux_i386.dll

4．在采样对话框中引用用户定义的元模型

为了使用用户定义的元模型进行特定采样，在 sampling 对话框的元模型选择中选择 User-defined 选项，并将元模型名称添加到 Name 文本区域（例如 umm_mymetamodel_linux_i386.so）（图 9-9）。注意，该名称不应该包含"umm_"前缀或平台相关的后缀。LS-OPT 将根据当前平台查找正确的文件，这样可以进行跨平台操作。

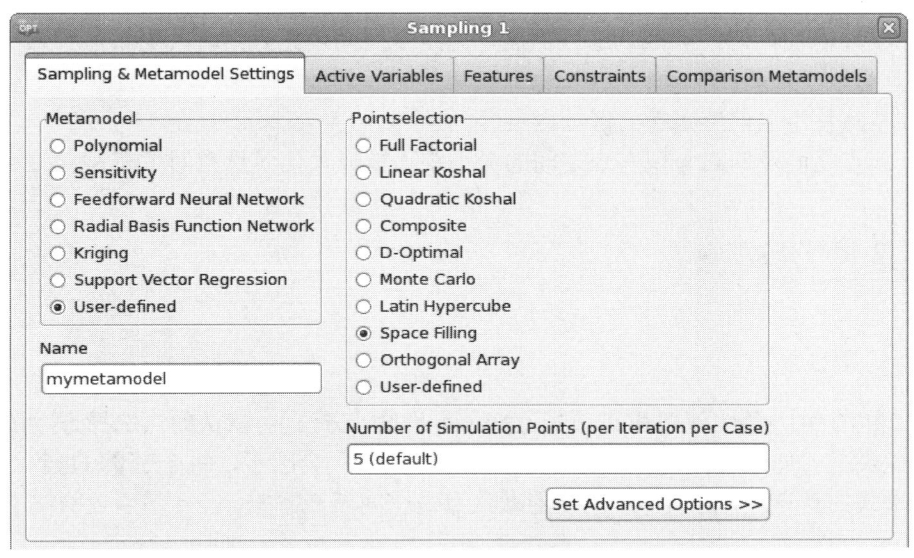

图 9-9　用户定义的元模型选项

9.2　非多项式元模型的一般选项

前馈神经网络、径向基函数、Kriging 法和支持向量回归的附加选项见表 9-6。

表 9-6　FFNN、RBF、Kriging 和 SVR 选项

选项	描述
First iteration Linear D-Optimal	第一次迭代使用线性元模型和 D-Optimality 点选择准则来替换所选类型
Include pts of Previous Iterations	每次迭代的新点都选择在新的子区域内，同时考虑以前迭代中点的位置。元模型是由新点以及以前所有迭代中的点所构造
Parallel Builder	仅仅针对前馈神经网络（FFNN），并行方式计算元模型

9.2.1　第一次迭代线性 D-Optimal

对于前馈神经网络、径向基函数、Kriging 和支持向量回归，使用 First iteration Linear D-Optimal 选项，在第一次迭代中通过线性多项式 D-Optimal 点选择来代替主方案，原因如下：

（1）D-Optimality 能最小化置信区间大小，以确保最精确的变量筛选，通常在第一次迭代中完成。

（2）在迭代过程的早期，特别是在第一次迭代（具有最低的点密度）中，它解决了由于点的稀疏性（或位置不佳）而导致的神经网络可变性。

9.2.2　用新点来扩展现有设计

更新实验设计包括用新的点来扩展现有设计。只有当响应面（例如神经网络、径向基函

数网络或 Kriging 曲面等）能成功适应扩展点并结合空间填充方案时，更新才有意义。

新点具有以下性质：

（1）新点位于当前感兴趣的区域内。

（2）新点之间及新点与现有点之间的最小距离被最大化（只空间填充）。

9.3 点选择方案

9.3.1 概述

表 9-7 和图 9-10 给出了可用点选择方案（实验设计方法）。默认的点选择方案依赖于所选择的元模型类型，如 D-Optimal 点选择方案［基本类型：全因子，每个变量 11 个点（n=2）］是线性多项式的默认点，前馈神经网络的默认点是空间填充方案。径向基函数网络支持向量回归和 Kriging 方法。

表 9-7　点选择方案

点选择方案	描述
Full Factorial	-
Linear Koshal	一阶多项式的饱和设计
Quadratic Koshal	二次多项式的饱和设计
Composite	中心复合设计
D-Optimal	通过最小化矩量矩阵的行列式得到的设计
Latin Hypercube	分层随机设计
Monte Carlo	随机设计
Space Filling	通过使两点之间的最小距离最大化而得到的设计
Space Filling of Pareto Frontier	对于帕累托最优边界，抽取任意两点之间的最小距离，通过最大化最小距离而得到设计
Orthogonal Array	部分因子设计
User-defined	-

9.3.2 D–Optimal 点选择

D-Optimal 设计准则适用于多项式和用户定义的元模型，可用于从给定的点集中为响应面选择最佳（最优）点集。基集可以使用任何其他点选择方案来确定。如图 9-11 所示，D-Optimal 设计的默认基实验是基于变量 n 的个数，对于小 n，采用全因子设计，而对于大 n，采用空间填充法进行基实验。拉丁超立方体设计也有助于为大量变量的 D-Optimal 设计建立一个基础实验设计，其中使用全因子设计的成本过高。例如，对于 15 个设计变量，3 级设计的基点数量超过 1400 万个。

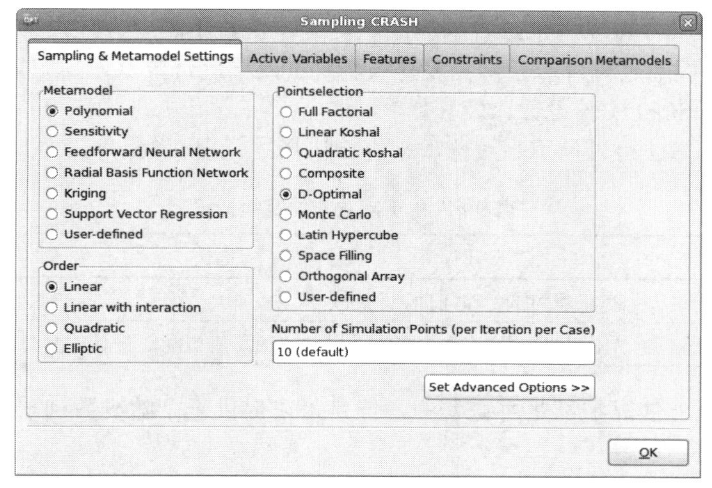

图 9-10　点选择方案

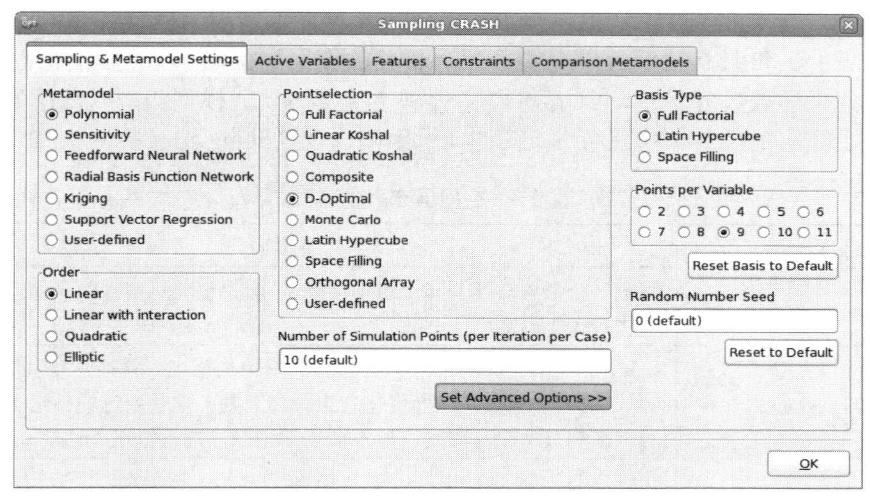

图 9-11　D-Optimal 点选择：高级选项

可以使用采样对话框中的 set advanced options 覆盖基本实验属性。

所使用的元模型类型和阶次对优化实验设计的分布会有影响。D-optimal 设计默认选择点数为：int(1.5(n+1))+1（线性），int(1.5(2n+1))+1（椭圆型），int(0.75(n^2+n+2))+1（交互），int(0.75(n+1)(n+2))+1（二次型）。最终结果生成的点数比最低要求多 50%左右。如果用户想覆盖这个实验数量，可以使用采样对话框中的相应文本区域来完成输入。

D-Optimal 方案是多项式响应曲面的推荐点选择方案。

D-Optimal 方案是可重复的，但是可以提供随机数种子来创建不同的随机点集（参见第 9.3.8 节）。

9.3.3　拉丁超立方体采样

拉丁超立方体点选择方案通常用于概率分析。与蒙特卡罗和空间填充点选择方案一样，它需要用户指定的实验次数。

拉丁超立方体采样可以用来拟合响应面，但是即使拉丁超立方体设计有足够的点来拟合响应面，在回归过程中也有可能获得较差的预测质量或接近奇异点（当拟合多项式时）。因此，对 RSM 采用 D-Optimal 实验设计比较好。

拉丁超立方体算法可以使用高级选项来进行选择，见表 9-8。

表 9-8 拉丁超立方体高级选项

选项	描述
Generalized	随机配对的广义 LHS 设计
Central Point	“中心点”拉丁超立方体采样（LHS）随机配对设计

所有拉丁超立方体算法都是可重复的，但是可以提供一个随机数种子来创建不同的随机点集（参见第 9.3.8 节）。

9.3.4 空间填充

默认空间填充算法是在给定数量点上最大化实验设计点之间的最小距离。其他空间填充方法可以如表 9-9 和图 9-12 所示来选择。唯一需要的数据是在采样对话框的仿真点数量文本区域中指定的采样点数量。默认点的数量取决于变量的数量、元模型类型以及任务和策略。空间填充适用于径向基函数、神经网络、支持向量回归以及 Kriging 法（参见 9.1.3 节）。

表 9-9 空间填充高级选项

选项	描述
Maximin distance	给定一个任意设计（和一组不动点），随机移动这些点，利用模拟退火方法优化最大距离准则
Maximin LHD permute	给定一个 LHS 设计，对 LHS 矩阵的每一列值进行置换，考虑到一组现有的（固定的）设计点，从而优化最大距离准则。这是通过模拟退火完成的。不动点影响最大距离准则，但不动点不可以通过模拟退火移动来改变
Maximin LHD subinterval	在给定的 LHS 设计中，在每个 LHS 子区间内移动点，保持初始 LHS 结构，优化最大距离准则，并考虑一组不动点

所有的空间填充算法都是可重复的，但是可以提供一个随机数种子来创建不同的随机点集（参见第 9.3.8 节）。

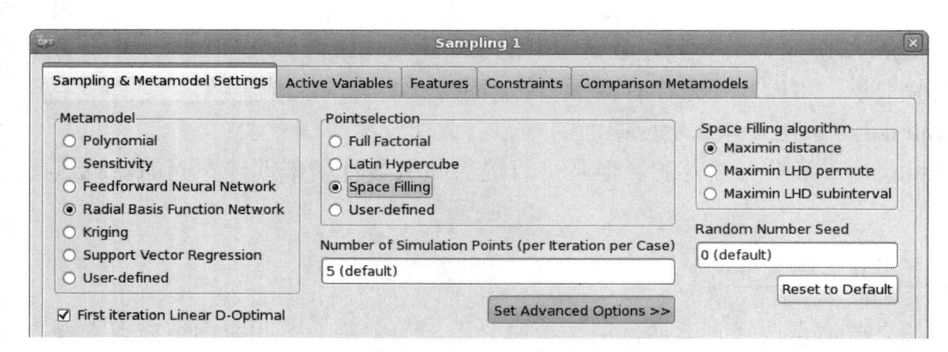

图 9-12 空间填充和空间填充高级选项

9.3.5 帕累托最优边界的空间填充

通过选择建立帕累托最优边界（POF）作为策略，提出了一种应用 POF 离散空间填充采样的空间填充算法。该采样方法使用前一次迭代中创建的 POF 作为设计基点集，通过选择增加设计点，使各设计点之间的距离最大化，也可以是相对于前一次仿真点的距离最大化。用户可以指定所需的点数。

如何利用帕累托最优边界作为采样的基集，可以按照以下步骤基于 POF 进行仿真。假设用户进行了一个或多个基于元模型的迭代，并且 POF 是基于元模型创建的：

（1）Task（任务）：如果尚未选中，请在 Task Selection 对话框中选择任何 Sequential 策略。

（2）Sampling（采样）：

1）选择对 Space Filling of Pareto Frontier 作为采样选项。

2）选择之前的仿真点是否考虑在空间填充算法中（勾选“Include pts of Previous Iterations”）。

3）使用 Number of Simulation Points 文本区域选择所需仿真点数。如果 POF 基集过小，仿真将自动停止。

4）如果所需的模拟次数与当前设置不同，请在采样对话框的 Features 选项卡中选择 Do not augment sampling before iteration，并设置要重新启动的迭代次数。例如，如果一个迭代已经可用，将开始迭代设置为 2（参见第 9.5.4 节）。

5）Constraints（约束）：可以调整约束值来过滤 POF 点。在 Sampling Constraints 选项卡（参见第 9.6 节）中，选择那些作为采样滤波器应用的约束作为采样约束。可以在最后一次运行之前立即添加或更改约束，因此不必从一开始就很精确。

（3）Termination Criteria（终止条件）：将迭代限制增加 1，假设只需要再执行一次迭代。

（4）Run（运行）：要删除当前迭代中可能存在的任何现有运行（如以前的验证运行），请从 Tools 菜单中选择“Clean from current iteration [it]”，并在顶部菜单栏中设置当前迭代。

9.3.6 正交阵列

在 LS-OPT 中可用正交阵列采样方法，适用于多项式或用户定义的基于元模型优化或 DOE 任务，或直接田口任务（见表 9-10 和图 9-13），以下情况都有可能：

- 为每个参数定义级别数（对于离散变量级别数是固定的，等于定义的离散值个数）。
- 在只有两个级别的变量之间添加交互。两个互动表可用：L_8（2^7）和 L_{16}（2^{15}）。
- 手动选择正交阵列。默认情况下，LS-OPT 自动选择最佳兼容正交阵列。

表 9-10　正交阵列选项

选项	描述
Variable interactions	使用交互正交表（给定正交阵列设计，定义 2 级变量之间的交互作用）
Automatic Table Choice	给定正交阵列设计，自动选择正交阵列表。如果没有，则显示所有可能正交阵列表的列表

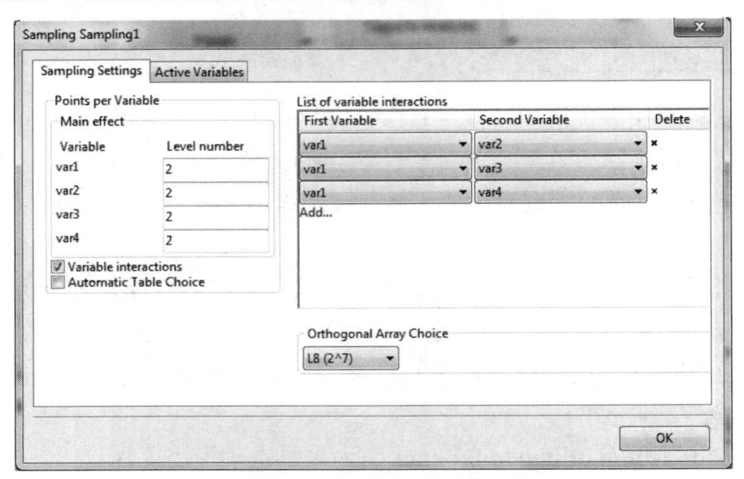

图 9-13　直接田口任务采样对话框：正交阵列点选择

9.3.7　用户定义的点选择

用户定义的点选择选项可以让用户指定自己的采样点。当 LS-OPT 用作流程管理器时，这将是很有用的。如图 9-14 所示，支持两种格式来导入数据：.csv（逗号分隔的变量）格式和自由格式。只支持 ASCII 字符的文件。

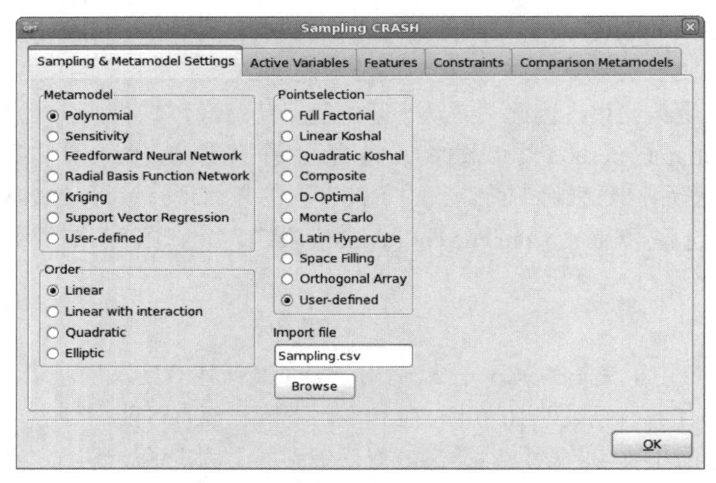

图 9-14　采样对话框：用户定义的点选择

1. 逗号分隔的变量格式

用户定义的实验设计可以使用.csv（逗号分隔变量）格式在文本文件中指定。这可以让用户从文本文件中导入一个表，文本文件的格式如下：

```
"Point","tbumper","thood",
"sk","dv","dv",
1,3.0000000000000000e+00,1.0000000000000000e+00,
2,5.0000000000000000e+00,1.0000000000000000e+00,
3,1.0000000000000000e+00,1.0000000000000000e+00,
```

4,1.0000000000000000e+00,5.0000000000000000e+00,
5,5.0000000000000000e+00,5.0000000000000000e+00,

需要两个标题行。变量类型分别为设计变量（dv）、噪声变量（nv）、离散变量（dc）或字符串变量（st）。变量名确保每一列都绑定到一个特定的名称，并作为变量显示在安装对话框的 Parameter Setup 选项卡中。用户文件中定义的变量类型将优先于同一变量其他类型定义（例如，来自输入文件）。

sk 变量类型可用于筛选变量。因此，在导入文件时，sk 变量类型不会出现在参数设置页面上。

这种格式便于与 Microsoft Excel 一起使用，Microsoft Excel 可以导出.csv 文本文件。指定输入文件的浏览器有一个.csv 文件过滤器，对于使用导出 Pareto 最优点文件来设置一个 LS-OPT 运行，这个特性设置也非常理想。可以使用查看器生成这样的文件。

2. 自由格式

用户定义的实验设计也可以在文本文件中指定使用以下基于关键字的自由格式：

```
lso_numvar 2
lso_numpoints 3
lso_varname                          t_bumper     t_hood
lso_vartype                          dv           nv
This is a comment     lso_point      1.0          2.0
lso_point             lso_point      2.0          1.0
lso_point             lso_point      1.0          1.0
```

除了 lso_vartype 之外，其他关键字（例如 lso_numvar）是必需的，但是可以放在任何其他文本或注释的前面或后面。变量类型分别为设计变量（dv）和噪声变量（nv）。变量名确保每一列都绑定一个特定名称，并将其作为变量显示在安装对话框 Parameter Setup 选项卡中。用户文件中定义的变量类型将优先于同一变量的其他类型定义（例如，来自输入文件）。

这种格式便于与 Microsoft Excel 一起使用，它可以导出.txt 文本文件。用于指定输入文件的浏览器有一个.txt 文件过滤器。

9.3.8 高级点选择选项

随机数种子

所有的点选择方案都是可重复的，但是可以提供一个随机数种子来为使用随机性方法创建不同的随机点集。该特性对于蒙特卡罗或拉丁超立方体点的选择特别有用，这两者都直接使用随机数。由于 D-Optimal 和空间填充设计也使用随机数，虽然不那么直接，但由于各自优化过程中局部极小值的出现，它们可能仅显示出很小的差异。

9.3.9 复制试验点

对于直接蒙特卡罗分析，当使用随机场时，任何特定的设计点都可以使用不同的随机场进行重新分析。这些是对相同设计的重复评估。复制模拟的数量可以在采样对话框的高级选项中指定（图 9-15）。随机场由 LS-DYNA 的*PERTURBATION 和*PARAMETER 关键字卡片控制。注意，可以将卡片的 RND（随机数种子）字段设置为 0，从而让字段自由变化，或者设置为正数以获得特定的随机字段。

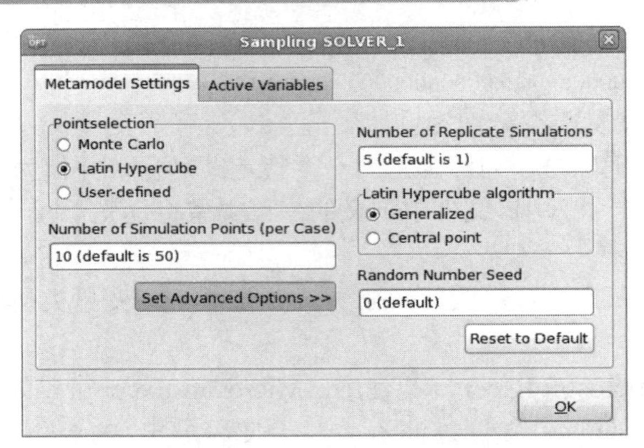

图 9-15　直接蒙特卡罗分析的采样对话框选项

综上所述，原试验设计为 10 点，复制仿真 5 次，因此将进行 50 次有限元计算。请参见第 21.1 节中的示例。

9.3.10　备注

（1）数据库文件 Experimental s_n.csv、AnalysisResults_n.lsda 和 AnalysisResults_n.csv 是同步的，即它们在提取结果后总是会有相同的实验。这些文件对一个指定的迭代进行镜像结果目录。

（2）在采样阶段复制起始点的设计点被忽略。

9.4　活跃变量

Active Variables 选项卡显示了之前定义的所有变量列表，如图 9-16 所示。每个变量都有一个复选框，可以让用户为各自采样选择或取消变量。将未选择变量设置成常量，该常量为前一次迭代的最优值。Active Variables 选项卡中的选择与安装对话框中 Sampling Matrix 的相应列进行耦合（参见第 8.3 节）。

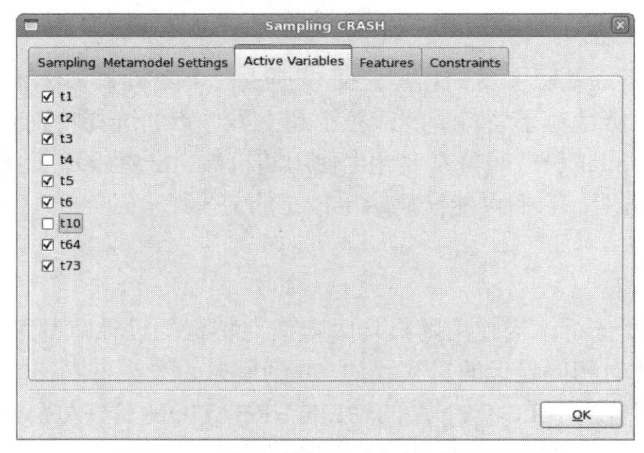

图 9-16　采样对话框：活动变量选项卡

如果一个变量在所有可用的采样中被取消选择，它将在所有迭代中假定基准值。因此，该变量将被假定为一个常量。

活动变量的选择也可以在迭代之间进行更改。

9.5　采样特性

9.5.1　近似历史

每个历史曲线都可以用元模型（在每个采样的时间步长上）进行点逼近。这些全历史曲线在时域上的近似称为近似历史。这些近似历史用于研究变量变化的影响以及参数识别问题。通过在采样对话框的 Features 选项卡（表 9-11）中设置 Approximate Histories 标志，可以实现历史记录的近似，如图 9-17 所示。用户可以使用线性或二次多项式或径向基函数逼近数据，对用于响应近似的采样点进行近似。虽然历史和响应的近似模型可以是不同的，但采样点的数量和位置保持不变，这样历史近似的所有选项可能不是合适的，取决于可用的数据点数量，例如，如果响应采样是线性多项式及采样点数的数量不足，则历史近似应避免用二次多项式选项。同样重要的是，历史近似可能需要数千个时间步长近似。

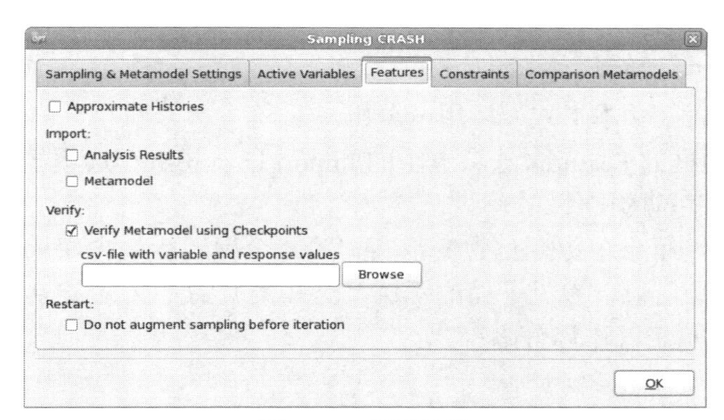

图 9-17　采样特性

表 9-11　采样特征

功能	描述
Approximate Histories	元模型概念到曲线的扩展
Import Analysis Results	设计点导入表（变量和响应值）
Import Metamodel	导入之前生成的元模型
Verify Metamodel using Checkpoints	使用给定的元模型和检查点集（变量和响应值）计算元模型的错误度量
Restart: Do not augment sampling before iteration	从指定的迭代中使用更多的采样点

注意：

（1）假设每个历史曲线对所有点的时间步长相同。

（2）对于序贯策略，到目前为止所有采样点都将用于创建 RBF 近似，然而只有当前迭代中采样点用于多项式近似。

9.5.2 使用检查点验证元模型

对于任意数量设计（检查点）的错误度量，可以使用现有元模型进行评估。获取错误数据表有两个简单的步骤。

步骤 1：使用 Sample 或 Metamodeling 对话框的 Features 选项卡中的“Verify Metamodel using Checkpoints”选项浏览带有检查点信息的文件。虽然空格、逗号或制表符可以作为分隔符，但文件必须是.csv 格式，只支持 ASCII 字符的文件。该文件必须包含两个标题行。第一个头行包含变量名和响应名。第二个标题行包含变量和响应类型，变量用“dv”“nv”“dc”和“st”表示，响应用“rs”表示。对于字符串变量（"st"），需要提供相应的映射整数值。映射存储在 StringVar.lsox 文件中，然后将变量坐标指定为每个设计点的一行。请参见下面的例子。

步骤 2：使用 Tools 菜单 Repair 选项中的 Evaluate Metamodels 选项来运行（参见第 3.5 节）。没有检查点文件的工况将被忽略。结果可以在 lsopt_report 中找到。检查点文件的例子如下：

```
x1, x2, x3, Disp, Acc
dv, dv, dv, rs, rs
1.0, 1.3, 1.2, 123.6, 1278654.7
2.1, 2.2, 639.2, 2444588.1
```

9.5.3 导入用户定义的分析结果

已有分析结果的表（文本形式）可用于分析。

使用 Sample 对话框的 Features 选项卡中的 Import User results 选项导入分析结果文件并浏览它。只支持 ASCII 字符的文件。

需要两行标题行，第一个头行包含变量名，第二个标题行包含变量类型。下面的行包含每个设计点的变量和响应值，参见下面的示例。这些类型的定义见表 9-12。解析代码将双引号、逗号、空格和/或制表符作为分隔符。

表 9-12 变量类型

符号	解释
dv	设计变量
nv	噪声变量
rs	响应
dc	离散变量
sk	忽略

分析结果文件（含 2 个仿真点）的例子如下：

```
"var1","var2","var3","Displacement","Intrusion","Acceleration"
"dv", "dv", "nv", "rs", "rs", "rs"
1.23 2.445 3.456 125.448 897.2 223.0
0.01,2.44,1.1,133.24,244,89,446.6
```

导入用户自定义分析结果文件的步骤如下：

（1）Sampling panel, Features tab：在 Import User Results 文本区域中浏览文本文件。浏览

器偏爱.csv 和.txt 文件。变量和响应被自动导入 GUI，响应被添加到各自采样的第一阶段。

（2）Sampling panel：检查采样对话框中定义的点数是否与用户提供的文件中的点数相同。如果文件中可用的点更少，LS-OPT 将增加采样点并尝试运行模拟。

（3）Sampling pane, right mouse menu：选择“Repair”“Import results”。这是将.csv 格式转换为 LS-OPT 数据库格式以便进行分析的关键步骤。

（4）用户现在可以在 Task 对话框中选择分析类型。

1）DOE 研究：切换到 Metamodel-based DOE Study 任务并运行。将创建元模型，并且可以使用查看器研究元模型结果。

2）优化：定义目标和/或约束。对于 RBDO，定义输入变量的分布以及失败的概率。

切换到 Metamodel-based Optimization 或 Metamodel-based RBDO 任务，选择单阶段策略并运行。一个优化历史记录将被创建。

9.5.4 导入元模型

可以导入元模型，以便执行基于元模型的任务，如优化或可靠性分析。只有 LS-OPT 设计函数中 x 格式（xml 格式）文件能被导入。图 9-18 显示了浏览输入文件的特性。要导入文件，请在菜单栏中的全局 Repair 选项中选择 Import Metamodels 选项。右击元模型对话框，选择 Repair→Import 命令，也可以找到导入修复特性。

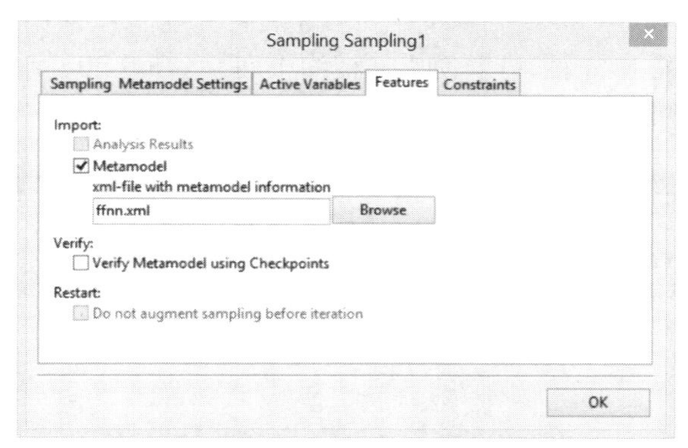

图 9-18 采样对话框：元模型导入特性选择

可以在 Task 设置（Import Metamodel）中选择自动导入特性。此功能可用于在执行其他任务（如优化或可靠性分析）之前自动激活元模型导入功能，将其作为前处理任务。在基于现有元模型的多级优化中执行内部级任务时，此特性非常有用。在这种情况下，不可能为每个内部级别的运行手动导入元模型文件。

9.5.5 更改重启时的点数

要分析的点数量可以从任何迭代开始进行更改。当用户希望用不同的（通常更大的）点重新启动流程时，此功能非常有用。该选项在迭代之前不增加采样，避免在指定迭代之前的迭代中添加点。该特性是采样相关的，因此必须添加到所有采样定义中。

示例 1：

在第一次分析中，我们指定了以下采样方案：执行一个包含 5 个 D-Optimal 点的单次迭代。

默认情况下，一个验证运行在迭代 2 中完成。

在第一次分析之后，用户希望重新启动，每次迭代使用 10 个点，总共使用 3 个迭代。在迭代设置为 2 之前不要增加采样。然后迭代 2 和 3 将以 10 个点进行，而迭代 1 将保持不变。

示例 2：

从 5 个 D-Optimal 点的单次迭代开始并从 10 个 D-Optimal 点重新开始，但是现在，在将迭代设置为 1 之前不要增加采样。重启的迭代 1 将增加 5 个点（总共 10 个），然后在后续迭代中继续增加 10 个点。

注意：在重新启动运行之前，用户必须删除第一次分析中生成的单个验证点。对于本例，可以通过使用 Run with clean start from current iteration Run 选项，并将当前迭代设置为 2 来完成。重新启动将为迭代 2 生成一个新的起点，总共进行 10 次模拟。

9.6 采样约束

采样约束用于指定不规则的设计空间。不规则（合理的）设计空间是指一个感兴趣的区域，该区域除了对变量有指定的边界外，还受到任意约束的约束。这可能会导致设计空间的不规则形状。因此，这个感兴趣的区域由约束边界和变量边界定义。不规则设计空间的目的是避免那些可能被证明是无法分析的设计。

可在采样对话框的 Constraints 选项卡中进行采样约束定义，如图 9-19 所示。在 Add new 列表中可以选择以前定义的约束，可以使用采样约束向导（图 9-20）定义新的约束，单击 Create sampling constraint 按钮可以访问该向导。

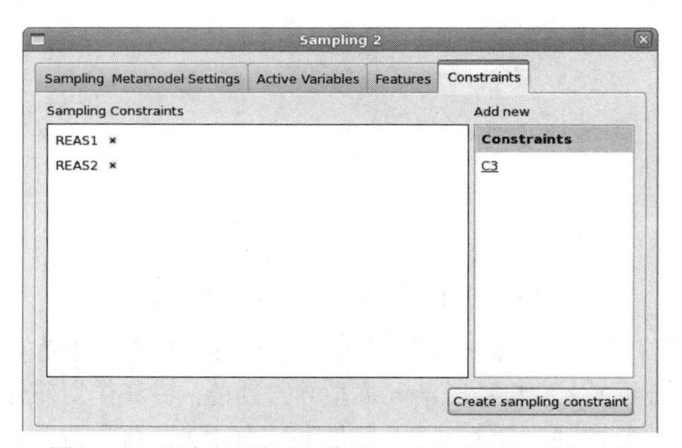

图 9-19 通过从列表或新创建中选择来定义采样约束

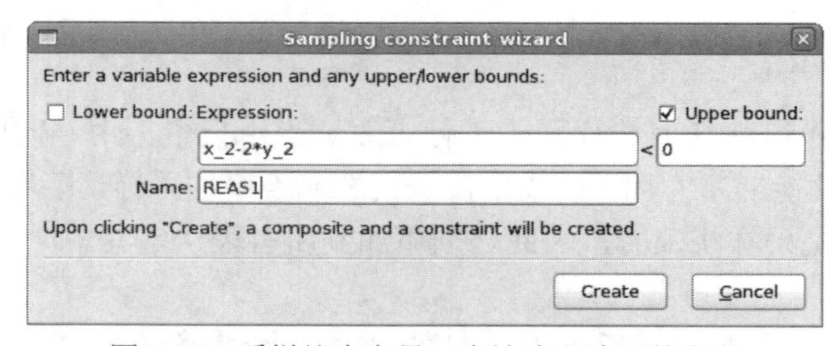

图 9-20 采样约束向导：表达式和边界的定义

对于合理的设计空间而言，需要指定明确的约束（比如不需要仿真的约束）。一个典型的明确约束可以是两个设计变量的差值，具有指定的数值上限或下限。这将表示设计变量之间的一个简单不等式关系。

采样约束这种规范确保选择的点不会违反边界。

注意：通过 D-Optimal 实验设计和空间填充实验设计，可以创建合理的设计空间。对于多项式、径向基函数网络、神经网络或 Kriging 作为元模型而言，这些是最常用的选项。

9.7　比较元模型

可以创建其他元模型，但不是用于优化或基于元模型的蒙特卡罗分析。这些元模型基于与主元模型相同的分析结果集，可以用于比较，如图 9-21 所示。在所有迭代中计算比较元模型。

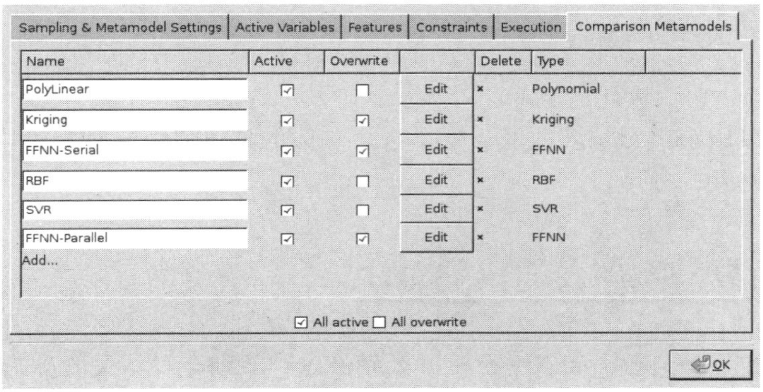

Sampling & Metamodel Settings | Active Variables | Features | Constraints | Execution | Comparison Metamodels

Name	Active	Overwrite		Delete	Type
PolyLinear	☑	☐	Edit	×	Polynomial
Kriging	☑	☑	Edit	×	Kriging
FFNN-Serial	☑	☑	Edit	×	FFNN
RBF	☑	☐	Edit	×	RBF
SVR	☑	☐	Edit	×	SVR
FFNN-Parallel	☑	☑	Edit	×	FFNN

Add...

☑ All active ☐ All overwrite

OK

图 9-21　比较元模型的定义

比较元模型由用户提供的名称进行标识，可以停用或覆盖。比较元模型的属性可以编辑，如图 9-22 所示，如前馈神经网络。

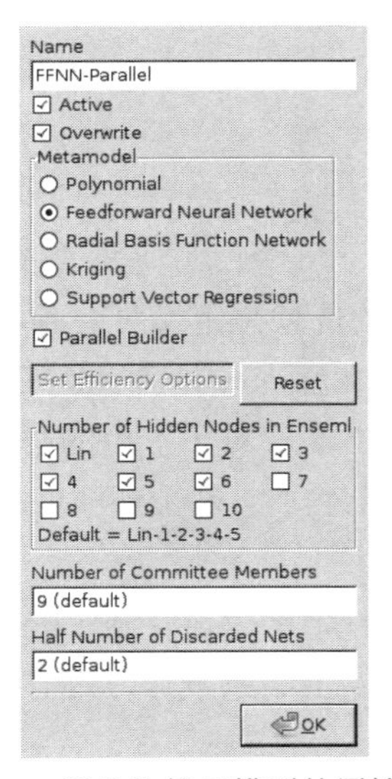

图 9-22　所选比较元模型的属性定义

第 10 章 复合函数对话框

复合函数可以用来组合响应曲面、变量等。响应的项可以属于任何阶段，可以使用复合函数构造目标和约束。

10.1 复合函数与响应表达式的对比

响应表达式和复合函数之间有一个重要差别，这种差别会对结果的准确性产生重大影响。将响应表达式应用于设计空间中每个采样点的结果后，响应表达式将转换为响应曲面。另一方面，复合函数是通过结合响应曲面结果来计算的。因此，响应表达式将始终与所选择的响应面阶次相同，而复合函数的复杂程度则根据复合指定的公式（可能是任意的）来确定。

例如，如果响应函数定义为 $f(x,y)=xy$，并使用线性响应曲面，则响应表达式将是一个简单的线性近似 $ax+by$，而复合函数的表达式则是准确的 xy。

10.2 定义复合函数

可以使用 Composites 对话框中的选项来定义复合函数，如图 10-1 所示。要添加第一个复合函数，请从主 GUI 控制栏 Add（**+**）菜单中选择 Add Composite 选项。要添加新定义，请从右边的列表中选择相应的界面。表 10-1 解释了可用的类型。要编辑已定义的复合函数，请双击左边列表中的相应条目。可以使用各自定义右侧的 Delete 图标来删除复合函数。

注意：

（1）涉及多个响应或变量的目标定义需要使用复合函数功能。

（2）除了为每个目标指定一个以上的函数外，还可以定义多个目标（参见第 12.2 节）。

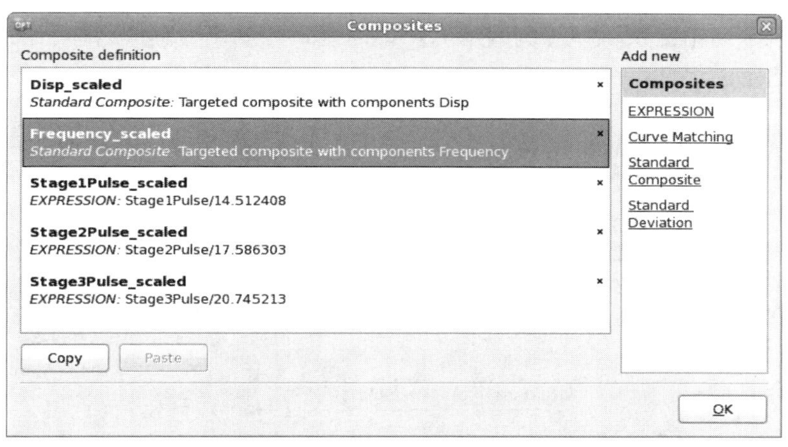

图 10-1　复合函数对话框

表 10-1　复合函数类型

复合函数类型	描述
EXPRESSION	使用以前定义实体的数学表达式
Curve Matching	曲线匹配的指标
Standard Composite	加权或定向复合
Standard Deviation	另一响应或复合的标准偏差
Copy	复制选定的复合
Paste	粘贴之前复制的复合

10.3　表达式复合

可以为复合函数指定数学表达式，如图 10-2 所示。因此，这个复合函数可以由以前定义的常量、变量、因变量、响应和其他复合组成。

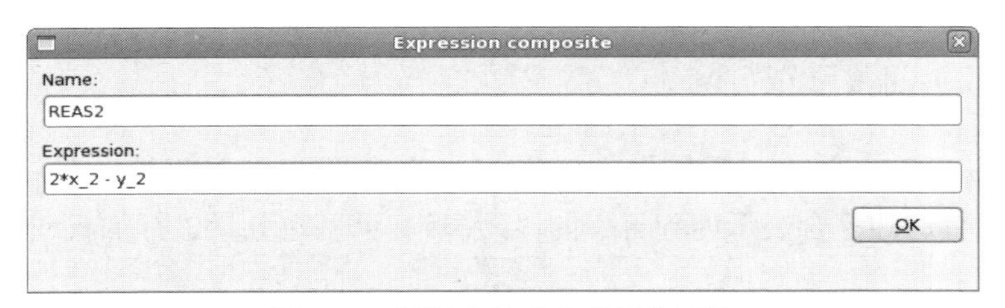

图 10-2　通过表达式定义复合函数

10.4　标准复合方法

图 10-3 显示了 Standard Composite 对话框。首先必须选择复合的类型，见表 10-2。然后从右边的列表中选择用于计算复合函数的响应或变量的项。所选的项出现在左边的列表中，并

带有文本字段，分别指定权重和比例因子以及目标值。可以使用实体名称左侧的 Delete 图标从列表中删除选定的组件。

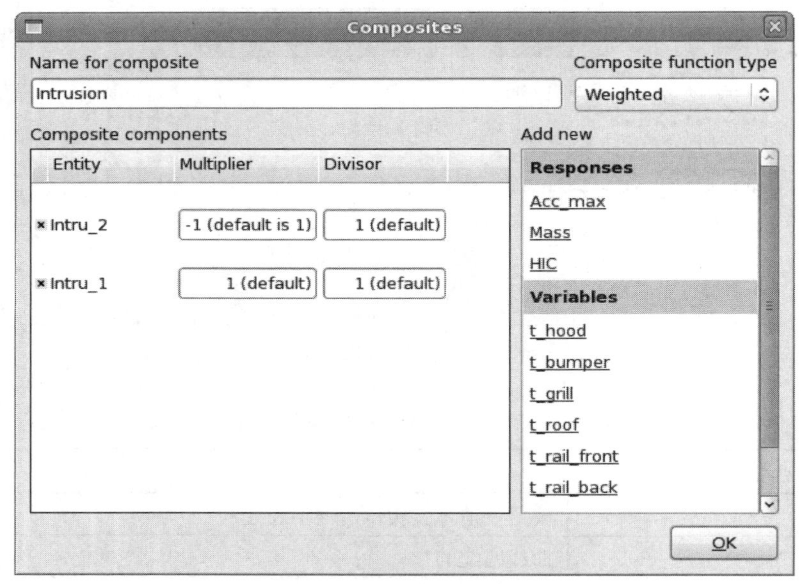

图 10-3　标准复合接口

复合函数类型将在接下来的章节（表 10-2）中详细解释。

表 10-2　标准复合函数类型

复合方法	参考章节
Weighted	第 10.4.3 节 加权复合
MSE	第 10.4.2 节 均方误差
Sqrt MSE	第 10.4.1 节 目标复合

注意：每个公式都可以被定义为复合表达式，下面几节给出了示例。在许多情况下，使用 Standard Composite 界面非常方便。

10.4.1　目标复合（MSE 的平方根）

这是一种标准复合方法，在 Target 文本字段为每个响应或变量指定了一个目标。使用欧几里得范数公式将这种复合表示为到目标的“距离”。可以对分量进行加权或作归一化处理。

$$F=\sqrt{\sum_{j=1}^{m}W_j\left[\frac{f_j(x)-F_j}{\sigma_j}\right]^2+\sum_{i=1}^{n}\omega_i\left[\frac{x_i-X_i}{\chi_i}\right]^2}$$

式中：σ 和 χ 是比例因子（在 Divisor 文本字段中指定）；W 和 ω 是权重因子（在 Multiplier 文本字段中指定）。这些通常用于多目标优化问题，其中 F 是到设计和响应变量目标值的距离。

在 GUI 中，这种复合的名称为 Sqrt MSE。

这种方法适用于参数识别，其中目标值 F_j 是实验结果，必须用数值模型尽可能精确地再现。比例因子 σ_i 和 χ_i 被用来规范响应。第二个组件使用变量，并且只能使用自变量，可以用来规范参数识别问题。有关目标复合响应定义的示例参见图 10-4。

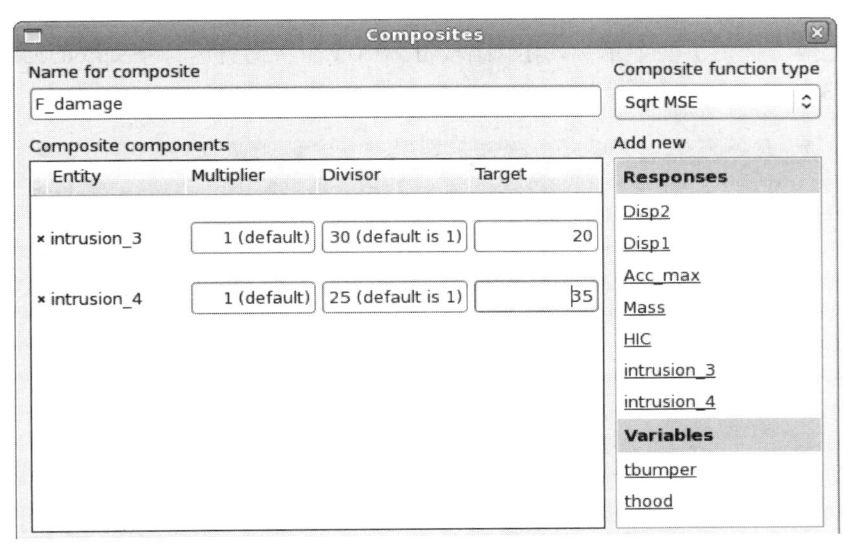

图 10-4　LS-OPTui 中目标（MSE 的根）复合响应的定义

这里，F_{damage} 计算为

$$F_{damage} = \sqrt{\left[\frac{intrusion_3 - 20}{30}\right]^2 + \left[\frac{intrusion_3 - 35}{25}\right]^2}$$

等效表达式组合为：

sqrt(((intrusion_3 - 20)/30)**2 + ((intrusion_4 − 35)/25)**2)

10.4.2　均方误差

这个标准复合方法与目标复合相同，只是省略了计算平方根的操作。可以内嵌复合函数，生成更大的复合函数（与第 10.5.1 节中的基于向量坐标的均方误差复合相似）。

10.4.3　加权复合

这个复合方法对加权响应函数和自变量求和。每个函数的项或变量都经过比例缩放（在 Divisor 文本字段中指定）和加权（在 Multiplier 文本字段中指定）。

$$F = \sum_{j=1}^{m} W_j \frac{f_j(x)}{\sigma_j} + \sum_{i=1}^{n} \omega_j \frac{x_i}{\chi_i}$$

这些通常用于构造那些响应和变量以线性组合形式出现的目标或约束。图 10-3 给出了一个示例。

该复合方式的等价表达式为 Intru_1 – Intru_2。

毫无疑问，加权复合是定义标准复合的首选方法。

10.5 历史匹配复合方法

历史匹配接口提供了两个指标，用于比较目标曲线和从仿真运行中提取的曲线，如图 10-5 所示。表 10-3 解释了这些选项。

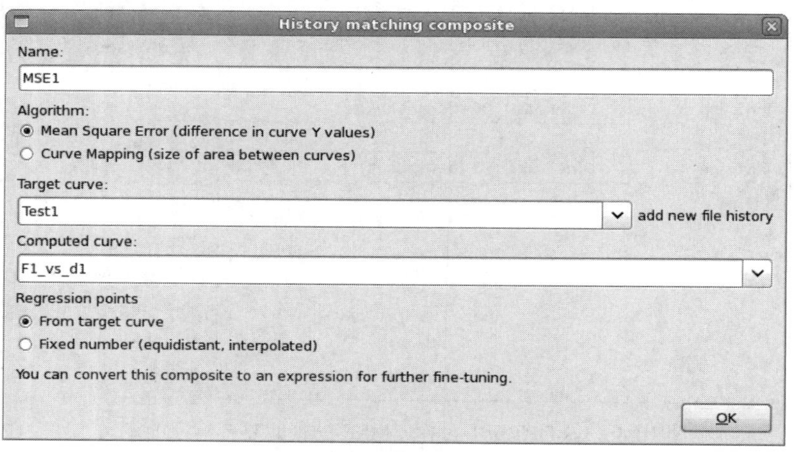

图 10-5 历史匹配复合对话框

表 10-3 历史匹配复合选项

选项	描述
Algorithm	计算目标与计算曲线“距离”的曲线匹配度： • 均方误差（基于坐标） • 曲线映射
Target curve	先前定义的包含目标值的文件历史记录
add new file history	如果还没有定义要用作目标曲线的文件历史记录，可以在这里定义
Computed curve	以前定义的历史或从模拟结果中提取的交绘图
Regression points	用于计算综合的回归点： • 从目标曲线 • 固定数（等距，插值）
convert this composite to an expression	使用复合表达式定义曲线匹配度量，以便能够添加更多参数

为了评估这些复合函数，使用了预测历史（由元模型近似的历史），详情请参见 9.5.1 节。

10.5.1 基于纵坐标的曲线匹配

提供了一个复合函数（如式 10-1 所示）来计算均方误差ε（即两条曲线之间的差异），从而进行基于纵坐标的曲线匹配。

$$\varepsilon = \frac{1}{P}\sum_{p-1}^{P} W_p \left[\frac{f_p(x)-G_p}{s_p}\right]^2 = \frac{I}{P}\sum_{p-1}^{P} W_p \left[\frac{e_p(x)}{s_p}\right]^2 \tag{10-1}$$

构造得到 G_p，p=1,…,P 为目标曲线 G 上的值，$f_p(x)$ 为计算得到曲线 f 的相应分量。x 是设计向量。$s_p = \max|G_p|$，$p = 1,\ldots,P$。通过使用默认值，用户应获得无量纲误差 ε。

注意：

（1）式（10-1）中只包含两条曲线范围内的点，如果缺失点，则在计算过程中 P 值会自动降低。在警告消息中发出警告。

（2）均方误差复合利用响应面来避免平方误差泛函的非线性（二次性质）。因此，如果响应曲线 $f(x)$ 与设计变量 x 呈线性关系，则复合函数将得到精确的表示。

（3）均方误差复合可以添加在一起，组成一个更大的 MSE 复合（例如，多个测试用例）。

（4）可以定义的最简单目标曲线只有一个点。

（5）基于坐标的曲线匹配不应用于目标曲线的非单调横坐标（如在迟滞特性中发现）。为此目的，可获得曲线映射（参见第 10.5.2 节和第 8.2.4 节）。

10.5.2 曲线映射

与第 10.5.1 节中描述的均方误差曲线匹配度相比，将一条曲线的纵坐标和横坐标映射到曲线匹配度度量点上，再映射到第二条曲线上，计算两条曲线之间的体积（面积）。因此，它非常适合于匹配滞后曲线。这两条曲线内部归一化，可以分别调整纵坐标和横坐标的大小。由于这些曲线的长度可能有显著差异，因此只进行部分映射。

注意：建议在匹配前对两条曲线进行滤波，得到尽可能无噪声的曲线。这避免了会影响结果的曲线长度差异。

10.6 标准差复合

可以将另一个响应或复合的标准偏差指定为复合，如图 10-6 所示。对话框显示了一个列表，其中包含前面定义的所有响应和复合。必须选择计算标准差的那一项。

图 10-6 标准偏差组合的定义

根据 LS-OPT 随机贡献度分析文档，用响应面近似计算响应的变化。对于神经网络和复合，在设计过程中局部建立二次响应面近似，并利用二次响应面计算鲁棒性。注意，复合函数的递归（复合函数对复合函数的标准偏差）可能会导致较长的计算时间，特别是与使用神经网络相结合时。如果计算时间过多，则必须改变问题的公式，以考虑响应面标准差。

第11章 分类器对话框

分类器可以将设计配置分为不同的类，例如可行性与不可行性。因此，它们可以用于在优化或可靠性评估期间定义约束。分类器定义主要由两个部分组成：定义实验设计点分类标准的分类器组件和预测任意设计期望分类的机器学习技术。用于定义分类器的分类标准可以结合基于响应、变量、依赖项、复合以及其他分类器的标准。该组件可以属于具有相同采样的任何阶段。

11.1 分类器和元模型介绍

元模型和分类器之间有一个重要的区别。元模型预测特定设计的响应值，而分类器预测设计的类或类别。因此，元模型可以用来定义目标函数或约束，但是通常使用分类器来定义约束。在训练过程中，元模型需要目标的响应值，而分类器只需要实验设计点的类别。因此基于分类器的方法在某些问题上具有一些优势，也可以节省计算量。以下列出一些分类器的优点。

11.2 定义分类器

分类器可以通过使用 Classifiers 对话框中的选项来定义，如图 11-1 和表 11-1 所示。添加第一个分类器，从主 GUI 控件栏 Add（+）菜单中选择 Add Classifier 选项。添加新定义，从右边的列表中选择基础实体，然后指定它们的可行性标准。分类器系统类型指定是否满足所有组件实体上的可行性条件（串联），或者指定一个就行（并行）。每个组件的标签类型指定其可行性是基于阈值还是基于集群。除了定义系统可行性条件外，还定义了分类器类型，用来指定用于构造决策边界的机器学习技术。要编辑已经定义的分类器，双击左边列表中的相应条目。可以使用相应定义右侧的 Delete 图标来删除分类器。

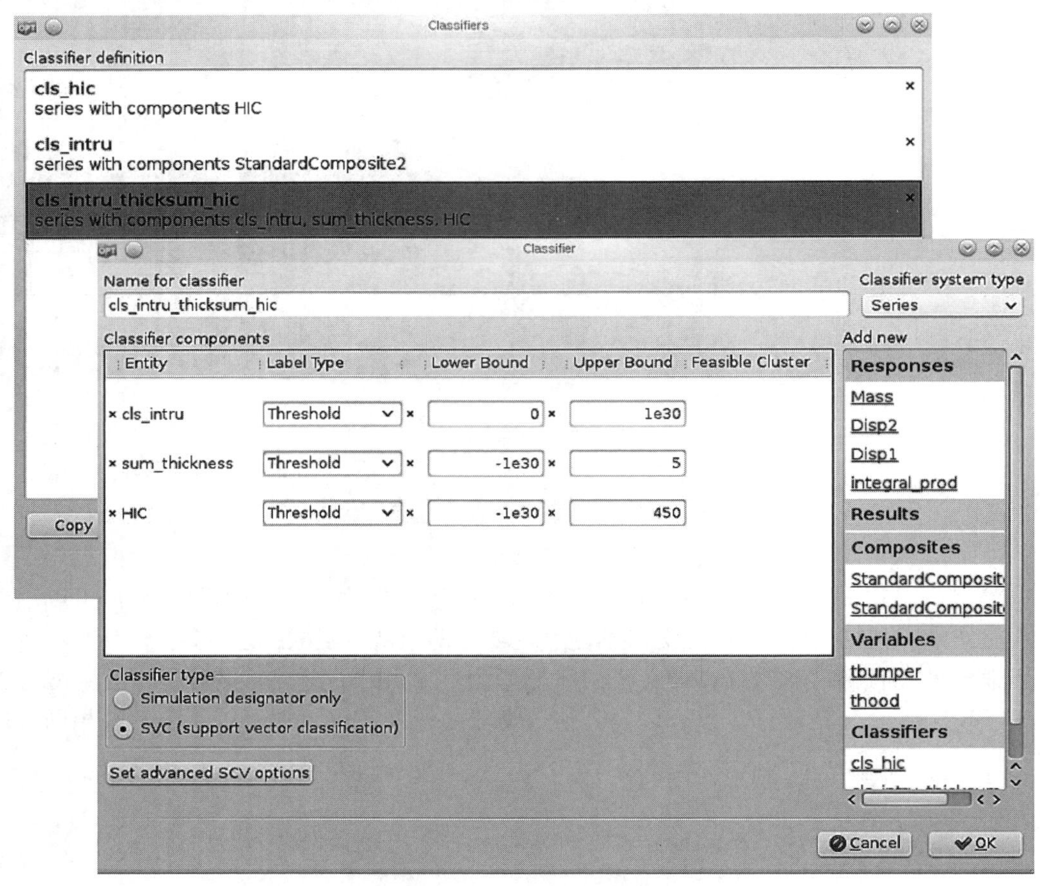

图 11-1 分类器对话框

表 11-1 分类器类型

分类器类型	描述
Designator only	将实验设计点标注为两个类别（无监督预测）
Support vector classification（SVC）	利用结构风险最小化原则构造最优决策边界，这一原则可以是非线性的
Copy	复制所选分类器
Paste	粘贴之前复制的分类器，下一个空闲数字将自动附加到名称中

11.3 为实验设计点分配类别标签

LS-OPT 中的分类算法（即 SVM）是一种半监督的机器学习算法。因此，在 SVM 算法构建分离不同设计类的决策边界之前，需要为训练集（即实验设计点）分配类标签。这可以使用阈值来完成，或者在阈值未知的情况下使用训练集来完成。阈值限制可以应用于下界或上界，也可以应用于两者，就像在约束的情况下一样。LS-OPT 将满足这些界限的样本标记为+1，而违反其中任何一个界限的样本标记为-1。在基于训练集的方法中，用户可以指定想要舍弃的是较高的值还是较低的值。LS-OPT 执行一个二分类无监督集群来分配相应的标签，如图 11-2 所示。如果定义了多个分类器组件，则单个组件的可行性和系统类型（串并联）都将决定样本的类别。需要注意的是，混合串并行系统也可以使用嵌套分类器的方法来定义（即一个分类器以另一个分类器作为其组成部分）。另一点需要注意的是，当使用训练集时，样本的类标签也取决于其他样本。因此，一些示例的类标签可能在迭代之间发生变化。

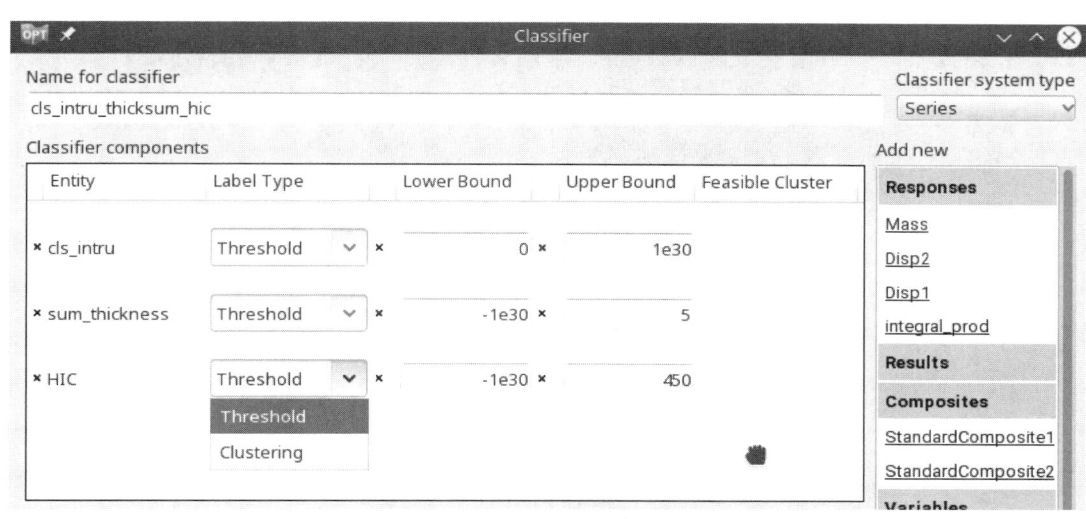

图 11-2　类标签定义

11.4　分类器类型

分类器的类型决定了在任意样本进行类预测的算法。SVC 是 LS-OPT 中唯一支持的方法。分类器也可以只定义为指示器，在这种情况下没有预测。

11.4.1　模拟指示器

"Designator only"（"仅使用指示器"）分类器不能用作约束，因为不能预测类。分类器只使用第 11.3 节中的方法将类标签分配给现有的评估样本。

11.4.2　支持向量分类（SVC）

支持向量分类（SVC）是 LS-OPT 中默认的分类算法，如图 11-3 所示。它属于一类更广泛的机器学习算法，称为支持向量机（SVM），可用于分类或回归。一个 SVC 分类器，一旦使用评估的样本进行训练，就可以预测任意设计的类别。因此，可以很容易地将其作为预测可行性的约束条件。SVC 分类器的属性作为高级选项，在图 10-3 中显示。指定内核，类似于指定元模型的基函数。SVC 决策边界还取决于其他参数 C 和 ε，这些参数可能由用户指定（固定）或内部优化。还有一个包含失败点的选项，在这种情况下，失败的样本被认为是不可行的（通常是-1 类标签），并包含在分类器的训练集中。

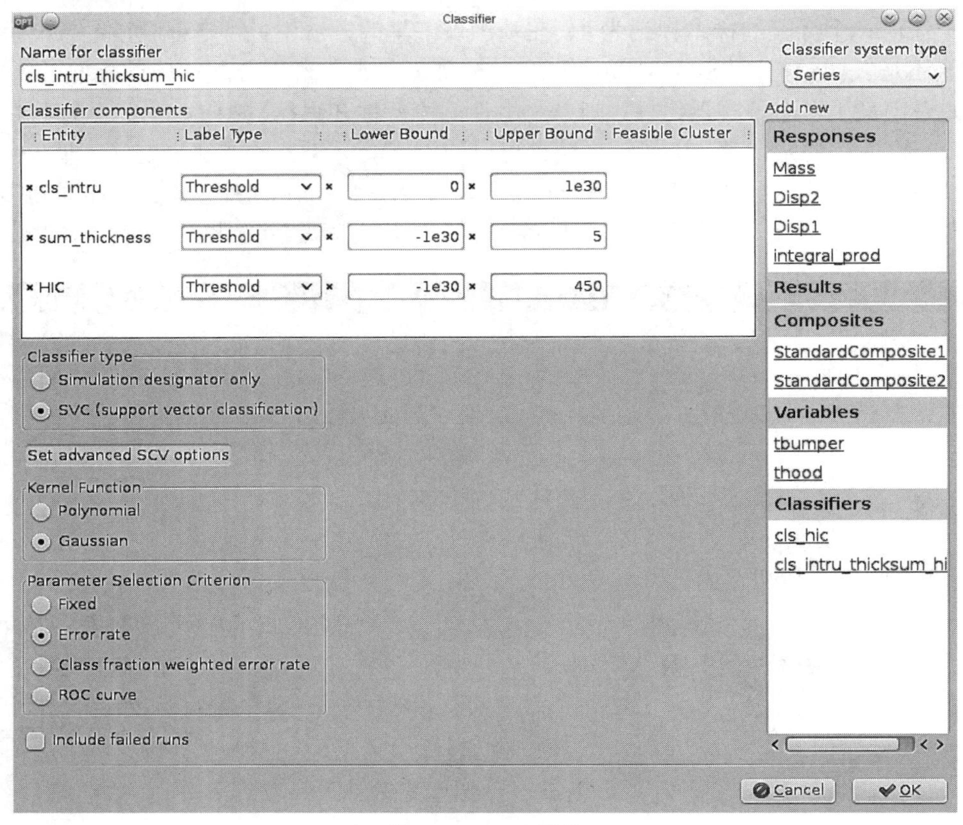

图 11-3　SVC 属性

注意：

（1）由于分类器只需要在实验设计点上的分类信息（相对于元模型的响应值），所以可以很容易地应用于二进制问题或响应不连续的问题，而不需要增加复杂性。

（2）多个响应，包括来自不同阶段的响应，可以用一个分类器表示。因此，没有必要计算所有阶段。例如，对于车辆设计结构，如果一个相对简单的 NVH 分析失败，那么就不必运行较昂贵的碰撞模拟。

（3）LS-OPT 现支持二分类或二进制分类：目前支持向量分类（SVC）。分类器也可以只指定为实验设计类设计器，但不能作为优化或可靠性约束。

（4）支持向量机（SVM）以 0 为界限划分类别。因此，当使用 SVM 作为定义可行与不可行设计边界的约束时，约束范围之一将设置为 0（通常为下界，而可行性类为+1）。

第 12 章

优化对话框——目标、约束和算法

本章描述了设计的目标和约束规范，以及用于元模型优化的优化算法。

12.1 优化问题的表达

多目标优化设计问题通常包括以下内容：

（1）多目标（多目标制定）。

（2）多约束。

数学上，多目标优化设计定义如下：

$$
\begin{aligned}
&\text{Minimize} \quad F(\Phi_1,\Phi_2,\ldots,\Phi_N) \\
&\text{subject to} \\
&\quad L_1 \leqslant g_1 \leqslant U_1 \\
&\quad L_2 \leqslant g_2 \leqslant U_2 \\
&\quad \vdots \\
&\quad L_m \leqslant g_m \leqslant U_m
\end{aligned}
$$

其中，F 表示多目标函数，$\Phi_i = \Phi_i(x_1,x_2,\ldots,x_n)$ 代表各种函数，$g_i = g_i(x_1,x_2,\ldots,x_n)$ 代表约束函数，符号 x_i 表示 n 个设计变量。

为了生成包含目标函数的折中设计曲线，必须指定多个目标 Φ_i，以便实现多目标优化。

$$
F = \sum_{k=1}^{N} \omega_k \Phi_k
$$

必须为每个目标函数分配一个组件函数，其中组件函数可以定义为复合函数 F（参见第 10 章）或响应函数 f（参见第 6 章）。

12.2 定义目标函数

目标函数在 Optimization 对话框的 Objectives 选项卡中定义，如图 12-1 所示。定义目标函数需要从右边的列表中选择一个响应或复合函数，该列表包含前面定义的所有响应和复合函数。所选实体将出现在左边的列表中。对于每个目标，必须使用 Weight 文本字段指定权重。如果定义了多个目标，LS-OPT 使用权重构建一个多目标函数，如第 12.1 节所述。权重应用于各目标，如上式中的ω_k所示。注意，优化结果取决于指定的权值。

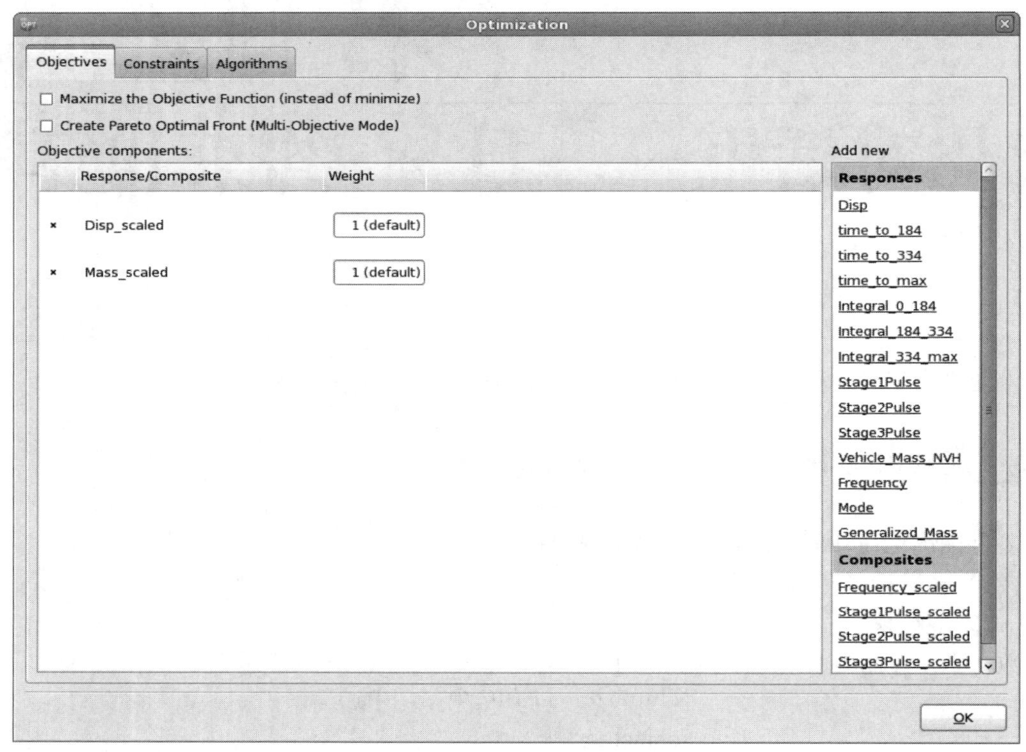

图 12-1　LS-OPT 优化对话框中的目标面板

除了记录多目标标量值外，多目标优化中不使用权重。其他选项见表 12-1。

表 12-1　目标选择

选项	描述
Maximize Objective Function（instead of minimize）	默认值是最小化目标函数，然而，程序可以设置为最大化目标函数
Create Pareto Optimal Front（Multi-Objective Mode）	计算帕累托最优解而不是单个最优解，此选项仅在定义多个目标时可用（参见第 4.10 节）

12.3　定义约束

约束在 Optimization 对话框的 Constraints 选项卡中进行定义，如图 12-2 所示。定义约束需要从右边的列表中选择一个响应或复合函数，该列表包含前面定义的所有响应、复合函数和分类器。选中的实体将显示在左边的列表中。要指定下界或上界，请选择相应的超链接并在文本字段中输入所需的值。对于基于分类器的约束，通常将其中一个界限（通常是下界）设置为 0，以定义可行性。

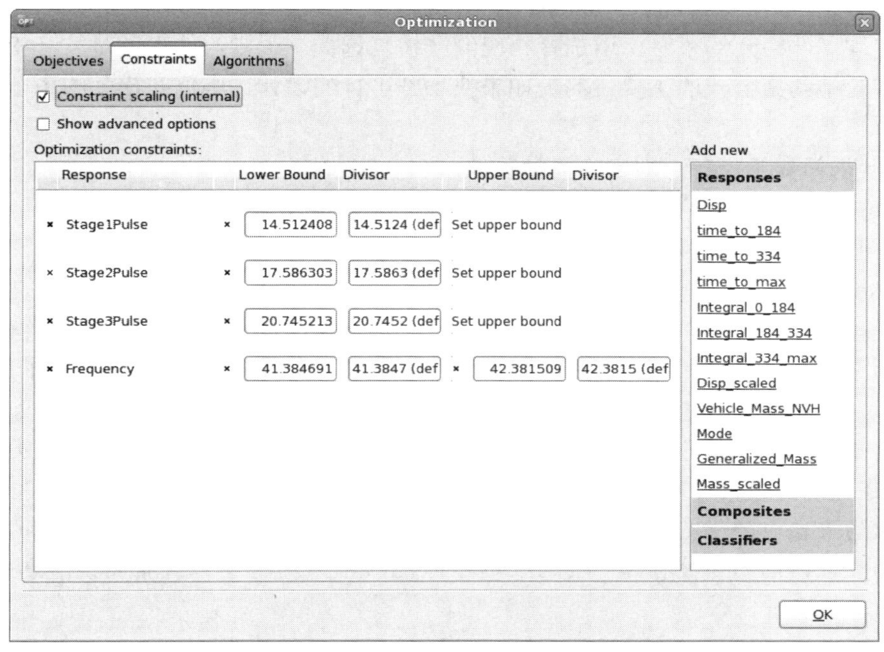

图 12-2　LS-OPT 中的约束面板

此外，对于基于可靠性的设计优化，可以设置超出约束范围的概率。

可以通过选择 Constraint scaling 选项并在 Divisor 文本字段中定义相应的比例因子来定义内部约束比例。

若要删除约束定义或绑定，请使用相应的 Delete 图标。

如果选择了 Show advanced options 选项，则可以使用 Strict 选项。详情见第 12.3.2 节。

12.3.1　约束的内部缩放

约束可以在内部进行缩放，以确保标准化的约束冲突。这一点很重要，当存在多个约束和不可行的解，且对于定义的最大约束冲突最小化时，比较过程与约束条件度量量纲的选择无关。将尺度因子 s_j（在各自的 Divisor 文本字段中指定）应用于约束 j，如下：

$$\frac{-g_j(x)+L_j}{s_j^L}\leqslant 0;\quad \frac{g_j(x)-U_j}{s_j^U}\leqslant 0$$

s 的逻辑选择是 $s_j^L=L_j$，$s_j^U=U_j$，所以上面的不等式变成：

$$\frac{-g_j(x)}{L_j}+1\leqslant 0;\quad \frac{g_j(x)}{U_j}-1\leqslant 0$$

对于内部及不可行阶段：

$$\frac{-g_j(x)}{L_j}+1\leqslant e;\quad \frac{g_j(x)}{U_j}-1\leqslant e;\quad e\geqslant 0$$

12.3.2　最小化最大响应或约束冲突

如果选择了 Show advanced options 选项，则会在约束列表中出现附加列，以选择严格约束。要指定硬（严格）约束时，请选择相应的严格复选框。否则，约束就是软（松弛）约束。使用严格和松弛约束公式的主要目的是如果找不到可行的设计，则仅在松弛约束上进行折中。

注意：

（1）如果问题不可行，则忽略目标函数。

（2）感兴趣区域和设计空间的可变边界总是很难确定。

（3）如果设计可行，则严格满足软约束条件。

（4）如果一个可行性设计是不可能的，将计算最可行性设计。

（5）如果必须折中可行性（没有可行性设计），求解器将自动利用软约束的松弛度来尝试实现硬约束。然而，仍然有可能违反硬约束（即使可以软约束）。在这种情况下，可能会违反变量边界，这是非常不可取的，因为解决方案将超出目标区域，甚至可能超出设计空间。这可能会导致响应面外推，或者更糟的是，问题将不可求解，例如，尺寸变量可能变为零或负值。

（6）还可以为搜索方法指定软约束和严格约束。如果存在对硬约束可行的设计，但不存在对包括软约束在内的所有约束可行的设计，则将从中选择可行性最高的方案。如果没有对硬约束可行的设计，则问题被称作"硬约束不可行的"，优化过程会以一条错误消息结束。

12.4　算法

基于元模型的优化算法可以在 Optimization 对话框的 Algorithms 选项卡中选择，如图 12-3 所示。

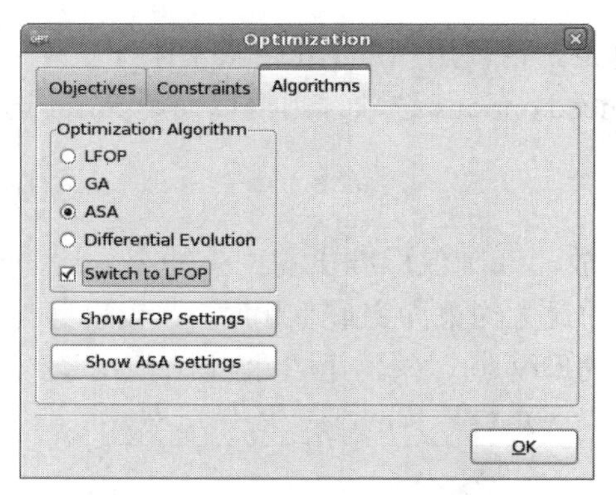

图 12-3　选择用于元模型优化的优化算法

如表 12-2 所示，可用于元模型优化的核心求解器有 LFOP、遗传算法（GA）、自适应模拟退火（ASA）和差分进化算法。也可以通过选择 Switch to LFOP 来选择混合算法，即 Hybrid GA 和 Hybrid ASA。该混合算法从 GA 和 ASA 开始，以找到一个近似的全局最优解，然后利用 LFOP 来优化计算结果。混合算法的解至少与全局优化器（GA 和 ASA）提供的解决方案一样好。混合模拟退火是默认的选项。

对于每种算法，都可以使用相应的 Show Settings 按钮进行高级设置。

表 12-2　算法选项

选项	描述
LFOP	Leapfrog 优化器
GA	遗传算法
ASA	自适应模拟退火
Differential Evolution	差分进化，只有在没有离散变量和字符串变量以及约束时才可用
Switch to LFOP	混合算法

12.4.1　在 LFOP 算法中设置参数

响应的值与初始设计时的值成比例。因此，LFOP 中的默认参数已足够。如果用户有更严格的要求，可以在 LFOPC 中设置相应参数。如果选择了 Show LFOP Setting，则可以在 GUI 中设置这些参数，如图 12-4 和表 12-3 所示。

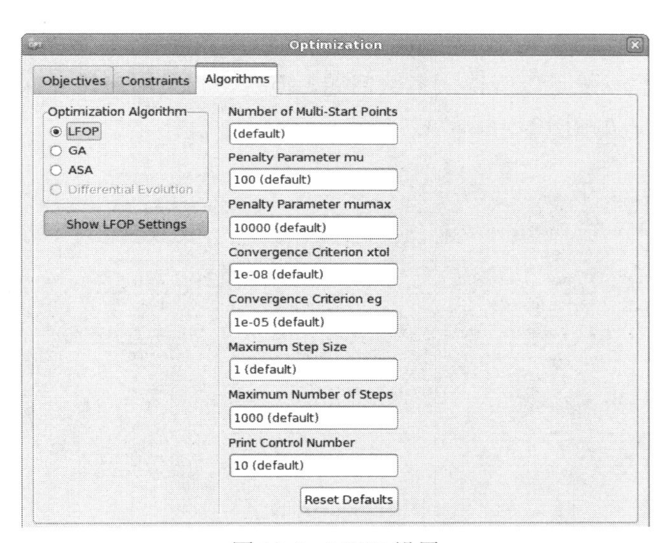

图 12-4　LFOP 设置

表 12-3　LFOP 参数

选项	参数	备注
Number of Multi-Start Points	多个起始点的数目	-
Penalty Parameter mu	初始惩罚值μ	-
Penalty Parameter mumax	最高惩罚值μ_{max}	1
Convergence Criterion xtol	步进的收敛公差ε_x	2
Convergence Criterion eg	梯度范数的收敛公差ε_f	2
Maximum Step Size	最大步长δ	3
Maximum Number of Steps	每个阶段的最大迭代步数	1
Print Control Number	输出间隔时间	4

注意：

（1）为了获得更高的精度，如果以牺牲经济性为代价，可以增加$\mu_{\max}$值。由于优化是在近似函数上进行，所以经济性通常不重要，但是之后必须增加最大步数。

（2）满足任何一个收敛准则时，优化终止：

$$\|\Delta(x)\|<\varepsilon_x\| \text{ 或者 } \|\nabla f(x)\|<\varepsilon_f$$

（3）建议最大步长δ与“感兴趣区域的直径”具有相同的数量级。为了使序贯逼近方案的步长更小，最大步长默认为$0.05\sqrt{\sum_{i=1}^{n}(range)}$。

（4）如果输出控制数等于最大步骤数+1，则输出在步骤0上完成并退出。如果输出控制数小于0，则在中间步骤上抑制设计变量的值。

在不可行的优化问题中，求解器将在以简单上限和下限为边界的给定感兴趣区域内找到最可行的设计。如果选择LFOP作为非混合优化器，则从一组随机点的多个起点尝试全局解决方案。

12.4.2 遗传算法设置参数

GA中的默认参数一般足以解决大多数问题。但是，如果用户需要探索不同方法，可以在GUI中设置以下参数，如图12-5和表12-4所示。

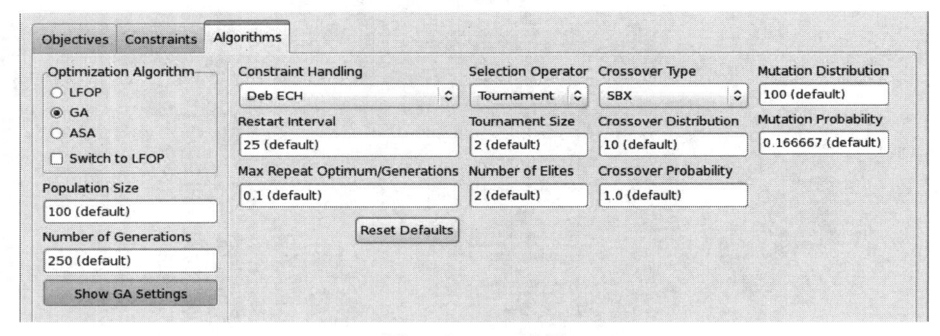

图12-5 GA设置

表12-4 GA参数

选项	参数
Population Size	样本个数（总是均匀的）
Number of Generations	遗传算法的世代数
Selection Operator	选择算子：锦标赛选择方法，轮盘赌选择方法，随机通用采样
Tournament Size	锦标赛的规模
Elitism	切换单目标遗传算法的精英主义：开/关
Number of Elites	传递给下一代的精英数量
Encoding variable	变量的编码类型：Binary=1，Real=2
Numbits variable	分配给二进制变量的位数
Crossover Type	实交叉类型：SBX，BLX

续表

选项	参数
Crossover Probability	实交叉概率
Alpha value for BLX	BLX 算子的 α 值
Crossover Distribution	SBX 交叉算子的分布指数
Mutation Probability	实空间中的突变概率
Mutation Distribution	变异算子分布指数
Algorithm Subtype	多目标优化算法：NSGA2，SPEA2
Restart Interval	写入重启文件的频率。对于多目标问题，该参数控制写权衡文件的频率
Max Repeat Optimum/Generations	可以重复的最大代数作为总代数的一部分
Constraint Handling	约束处理类型：Deb 高效约束处理和惩罚

12.4.3 模拟退火算法设置参数

自适应模拟退火参数可以在 GUI 中修改，如图 12-6 所示，选项说明见表 12-5。

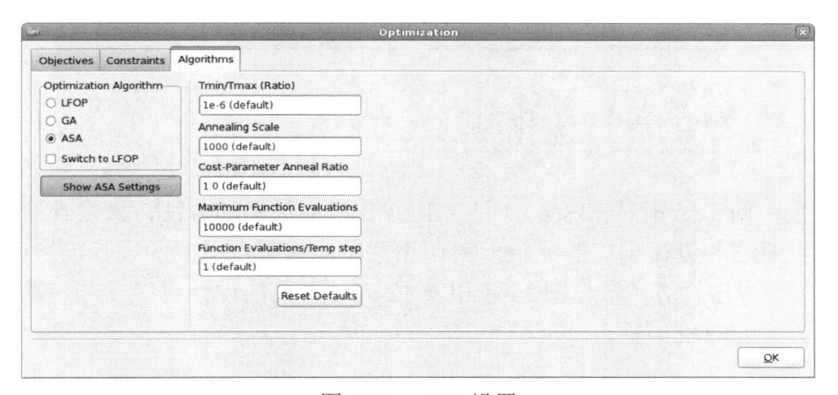

图 12-6　ASA 设置

表 12-5　选项参数说明

选项	参数
Tmin/Tmax（Ratio）	最低温度与最高温度之比
Annealing Scale	退火规模
Cost-Parameter Anneal Ratio	成本参数退火比
Maximum Function Evaluations	函数评估的最大次数
Function Evaluations/Temp step	温度步长下函数

12.5 基于蒙特卡罗分析的元模型算法

基于蒙特卡罗分析的元模型算法选项及相应选项的描述如图 12-7 和表 12-6 所示。

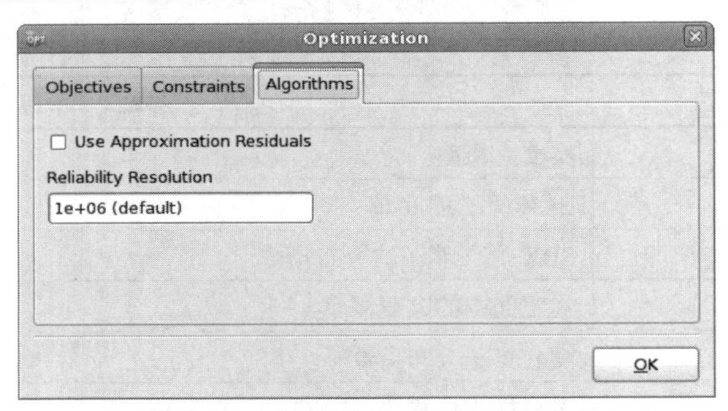

图 12-7　基于元模型蒙特卡罗分析的算法选项

表 12-6　基于元模型蒙特卡罗分析的算法选项

选项	描述
Use Approximation Residuals	如果在元模型创建时发现了噪声，并将元模型用于可靠性计算，则可能会复制该噪声。这仅适用于响应面和神经网络。噪声为正态分布，平均值为零，标准偏差由最小二乘拟合的残差计算得出
Reliability Resolution	需要分析的蒙特卡罗样本数量可以由用户设置。这些样本是基于元模型进行评估的，而不是使用实际的求解器

12.6　基于可靠性的设计优化算法（RBDO）

RBDO 使用一阶二阶矩（FOSM），是 LS-OPT 目前使用的方法，涉及计算变量对响应的随机贡献。随机贡献与设计响应的灵敏度密切相关，根据用户设置的设计灵敏度分析（DSA）选项，可以用两种方法计算（参见图 12-8 和表 12-7）。较高的设计灵敏度和较高的可变不确定性，都会导致较高的随机贡献。

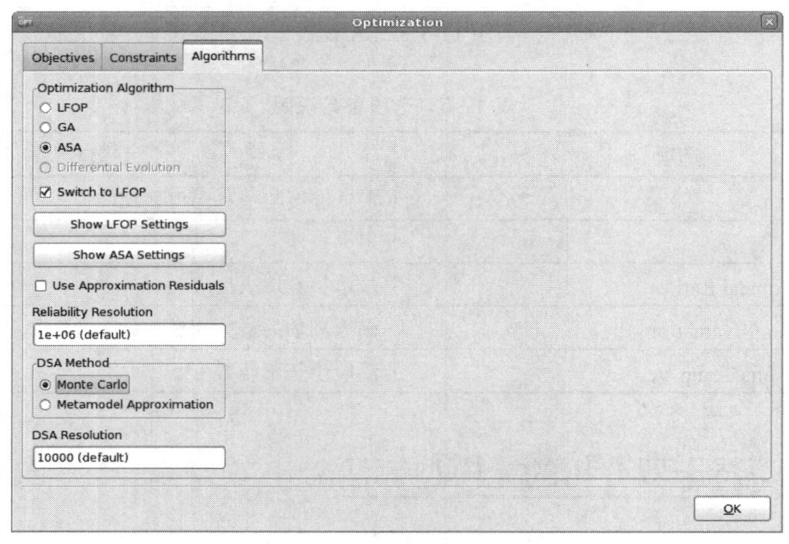

图 12-8　RBDO 的算法选项

表 12-7 RBDO 的算法选项

选项	描述
DSA Method	蒙特卡罗：随机贡献是用 MC 采样计算的。 元模型近似：使用二次近似计算随机贡献
DSA Resolution	如果 DSA 方法是蒙特卡罗方法，则为样本值数目

第13章 终止准则

本章介绍迭代任务的终止准则。可用的准则根据优化任务、策略和目标数量不同而不同。

13.1　基于元模型的方法

根据优化任务和策略，用户可以指定设计变更的公差（Δx_i）。目标函数变化（Δf）或元模型的精确性。如果满足这些准则中的任何一个（或条件），或者所有（和条件），用户就可以指定是否已达到终止。图 13-1 所示的选项描述可见表 13-1。响应精度和最大迭代次数是多目标优化唯一可用的终止准则。

其中，域缩减单目标序贯或有效全局优化终止准则如图 13-1（a）所示，单目标序贯终止准则如图 13-1（b）所示，多目标序贯终止准则如图 13-1（c）所示。

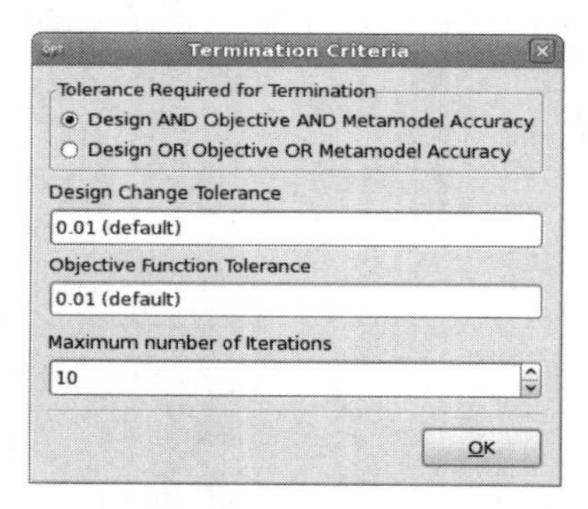

（a）有效全局优化终止准则

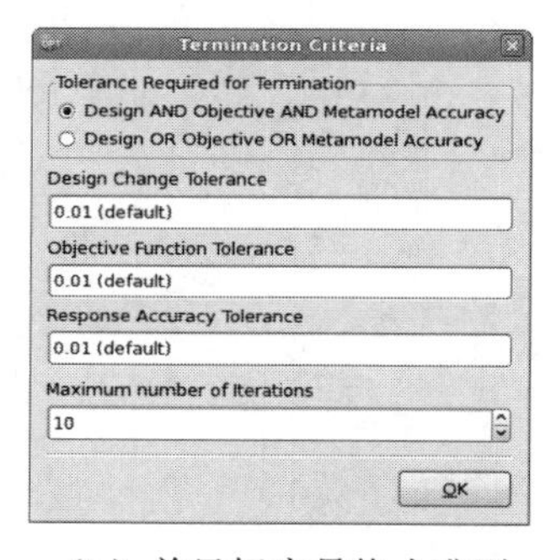

（b）单目标序贯终止准则

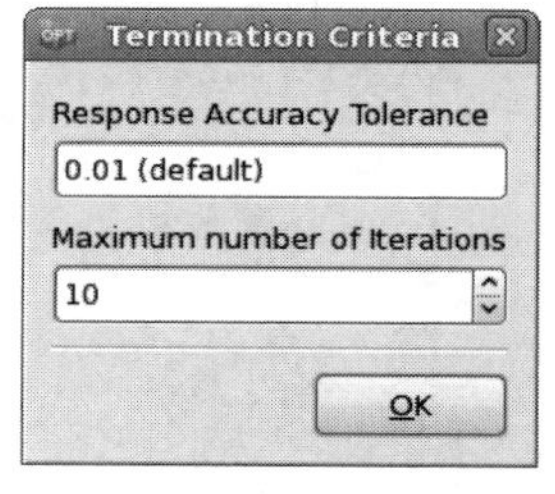

（c）多目标序贯终止准则

图 13-1　基于元模型不同方法的终止准则对话框

表 13-1　基于元模型优化的终止准则选项

选项	参数
Tolerance Required for Termination	设计和目标和元模型精度 设计或目标或元模型精度
Design Change Tolerance	设计精度公差ε_x

续表

选项	参数
Objective Function Tolerance	目标函数精度公差ε_f
Response Accuracy Tolerance	响应面精度公差ε_r
Maximum number of Iterations	最大迭代次数

13.1.1 设计变更公差和目标函数公差

在不计算帕累托最优解的情况下，对于具有域缩减的策略序贯和序贯策略，分别给出了设计变化终止准则和目标函数终止准则。

设计变张量终止准则在下述条件下激活：

$$\frac{\left\|x^{(k)}-x^{(k-1)}\right\|}{\|d\|}<\varepsilon_x$$

式中：x 为设计变量的向量；d 为设计空间的大小。

目标函数终止准则在下述条件下激活：

$$\left|\frac{f^{(k)}-f^{(k-1)}}{f^{(k-1)}}\right|<\varepsilon_f$$

式中：f 为目标函数值；（k）和（k-1）为两个连续的迭代数。

建议将这些终止条件用于带域缩减策略序贯基于元模型的优化。

13.1.2 响应精度公差

序贯策略可用响应精度容限准则。元模型精度的公差是基于预测精度测量值的变化（PRESS 误差的平方根）。如果该平均值不为零，测量值将除以用于构造响应面模拟值的该平均值。

响应精度公差终止准则在以下条件下激活：

$$\left|s_i^{(k)}-s_i^{(k-1)}\right|<\varepsilon_r$$

式中：s_i 为第 i 个响应的近似误差，其特征为平方根 PRESS 统计量（预测残差平方和）与响应均值之比；（k）和（k-1）为两个连续的迭代数。

如果使用迭代过程来提高元模型质量，则推荐在序贯策略中使用该准则。确保使用 OR 选项，并将其他公差设置为 0。

13.1.3 最大迭代次数

优化的最大迭代次数在 Termination Criteria 对话框的适当字段中指定。如果之前的结果存在，LS-OPT 将在运行目录中识别结果文件的存在，不会重新运行这些模拟。如果首先达到上述终止准则，LS-OPT 将终止并不执行最大迭代次数。

13.2 直接优化

直接优化的终止准则选项与基于元模型的优化不同，因为这些条件是为核心优化器定义的。单目标优化（图 13-2）和多目标优化（图 13-3）的终止准则也不同。虽然多目标优化的默认选择是函数评估/世代比的最大数量，但是也可以使用合并比或基于超体积的度量来终止搜索。表 13-2 列出了单目标和多目标优化的终止准则。

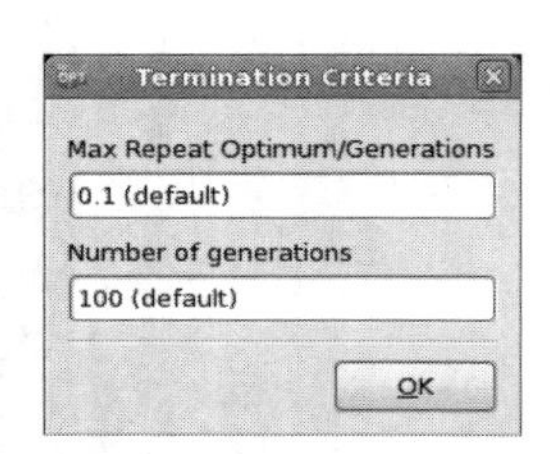

图 13-2 单目标直接优化的终止准则对话框

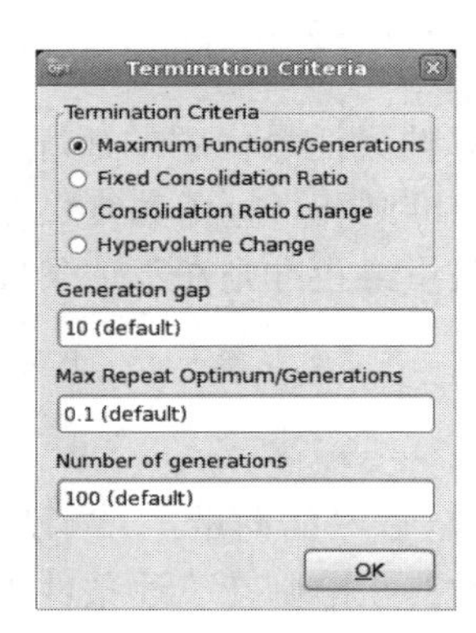

图 13-3 多目标直接优化的终止准则对话框

表 13-2 直接优化的终止条件选项

项目	参数
Termination Criteria	MOO 性能指标*：固结比|可变固结比|超体积 *不需要任何信息的最大函数准则
Generation gap	计算 MOO 性能指标的时间间隔
Normalized hypervolume change threshold	归一化超体积变化的阈值
Utility fraction cutoff	参数 F 定义固结比变化的界限（CRi/F）
Consolidation ratio threshold	固结比阈值
Max Repeat Optimum/Generations	整个世代数的限制分数。这个分数作为重复解的数量限制
Number of generations	最大世代数。如果首先达到上述终止准则，LS-OPT 将终止并不执行最大世代数

第 14 章 概率建模和任务

本章描述了概率问题的规范，如任务、变量设置、约束定义等，还提供了这些定义的概率任务特定细节。概率评估调查系统参数不确定性对响应的影响。基于不确定性模型和问题规范，可以计算系统响应的变化统计量，如响应的名义值、可靠性和极值。

结果可以使用查看器查看（参见第 16 章）。模拟统计工具、散点、平行坐标和相关矩阵图与历史图统计选项一样，是和纯蒙特卡罗（MC）分析相关的。对于基于元模型的蒙特卡罗评估，除了统计工具、散点、历史和相关矩阵图外，也与精度、灵敏度和随机贡献图相关。LS-DYNA 结果可以用第 18 章描述的 DYNAStats 来研究可能的分岔。

14.1 概率问题建模

与确定性问题相比，概率问题的定义有几个不同之处，并具有额外的特征。引入概率效应的规范如下：

（1）不确定性建模：变化的来源可以是设计变量（控制变量）的变化，也可以是噪声变量的变化，其值不受分析人员控制，如负荷的变化。系统参数的变化描述为：

- 定义统计分布。
- 根据第 14.2 节，将统计分布分配给设计变量。

（2）概率任务的定义：可选择的任务选项有直接蒙特卡罗分析、基于元模型的蒙特卡罗分析和 RBDO/鲁棒参数设计。

（3）附加的任务相关问题规范：

- 实验设计：蒙特卡罗分析需要一种基于变量统计分布的合适采样策略。在基于元模型的任务中则不需要。
- 目标和约束：使用约束边界作为可靠性计算的失效限制。在 RBDO 情况下，还需要目标失效概率。

14.2 概率分布

描述输入随机性或不确定性最常见的方法是通过与随机变量相关的概率分布来描述。使用 LS-OPT GUI 中参数设置选项卡的分布菜单定义概率分布，如图 14-1 所示。可以使用“添加新分布”来定义分布，不需要将分布与变量关联。许多设计变量可以引用单个分布，可以添加新的分布定义，并使用可以从 Parameter Setup 选项卡 Distribution 菜单中访问 Statistics Distribution 对话框来编辑已经定义的分布（如图 14-1 所示）。Distribution 菜单还用于将分布分配给参数。对于每个分布，必须指定名称和选择类型。下面将为每种分布类型描述要指定的其他参数。

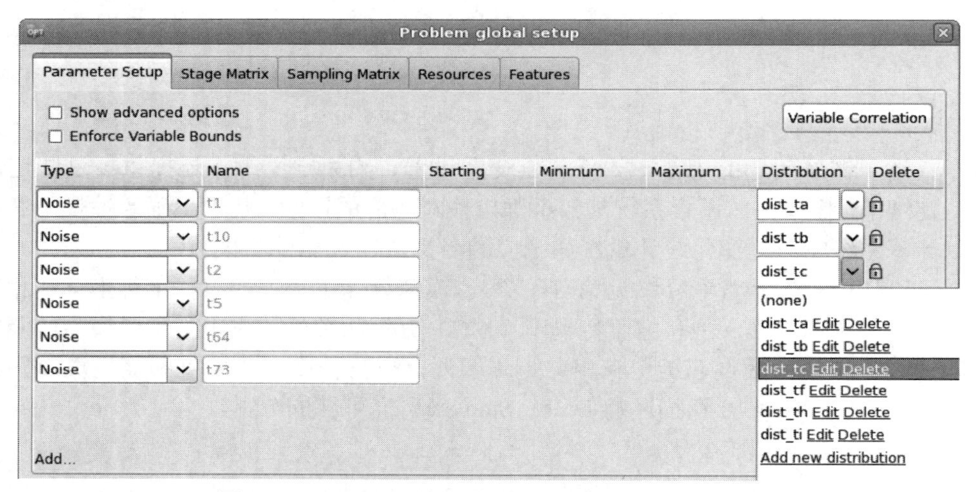

图 14-1　Setup 对话框一参数设置：概率分布的定义

1. Beta 分布

Beta 分布非常通用，并且有两个限制。分布形状由 q 和 r 两个参数描述，如图 14-2 和表 14-1 所示。交换 q 和 r 的值可以得到分布的镜像。

表 14-1　定义 Beta 分布的参数

参数	描述
Lower	下界
Upper	上界
Q	形状参数 q
R	形状参数 r

2. 二项分布

二项分布是一个离散分布，描述了一个概率为 p 的事件在 n 个轨迹上的期望事件数，如图 12-3 和表 14-2 所示。对于 n=1，它是成功概率为 p 的伯努利分布（实验有两种可能结果，即成功或失败）。

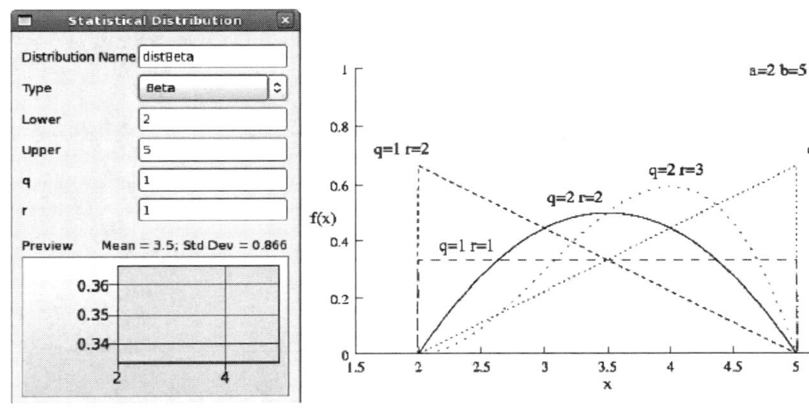

图 14-2　Beta 分布

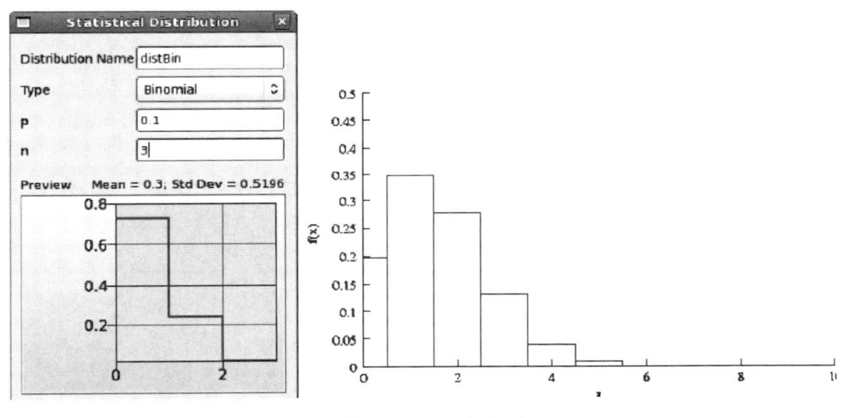

图 14-3　二项分布

表 14-2　二项分布的参数

参数	描述
P	事件概率（成功）
N	试验的数量

3. 对数正态分布

如果 X 是参数为 μ 和 σ 的对数正态随机变量，如图 14-4 和表 14-3 所示，则 X 中的随机变量 $Y=\ln X$ 为正态分布，均值 μ 和方差 σ^2 为正态分布。

表 14-3　定义对数正态分布的参数

参数	描述
Mean	对数域的平均值
Standard Dev	对数域的标准差

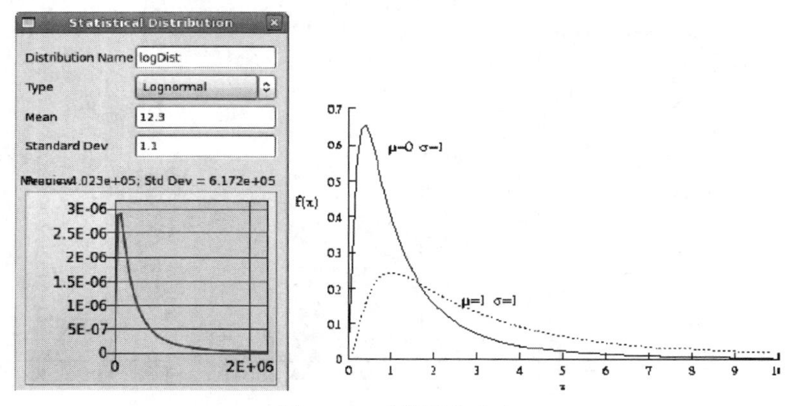

图 14-4　对数正态分布

4. 正态分布

正态分布是对称的，如图 14-5 和表 14-4 所示，以均值 μ 为中心，标准差为 σ 。

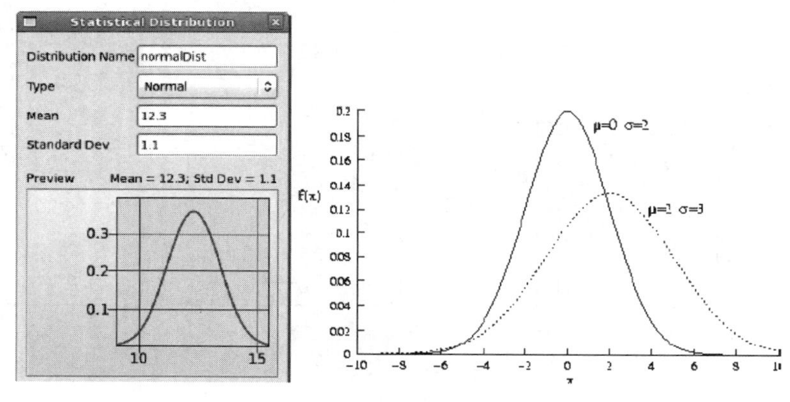

图 14-5　正态分布

表 14-4　定义正态分布的参数

参数	描述
Mean	平均值
Standard Dev	标准偏差

5. 截断正态分布

截断正态分布是一种正态分布，其值限制在一个下界和一个上界之内，如图 14-6 和表 14-5 所示。这种分布发生在分布尾部经过审查时，比如质量控制。

表 14-5　定义截断正态分布的参数

参数	描述
Mean	平均值
Standard Dev	标准偏差

续表

参数	描述
Lower	值的下界
Upper	值的上界

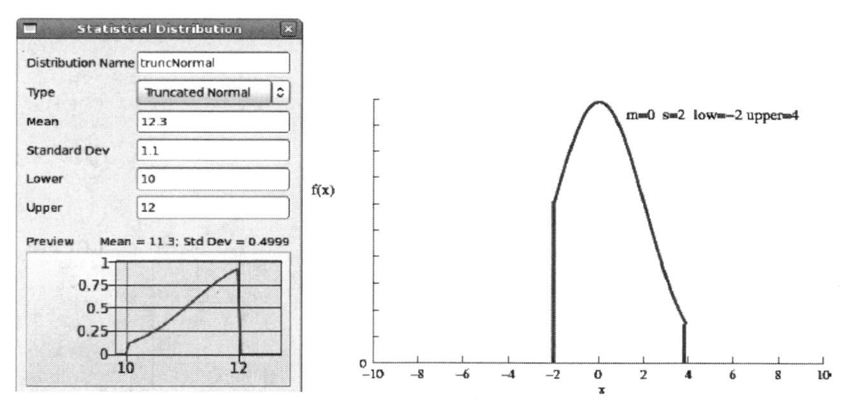

图 14-6 截断正态分布

6. 均匀分布

均匀分布在给定的范围内有一个常数值，如图 14-7 和表 14-6 所示。

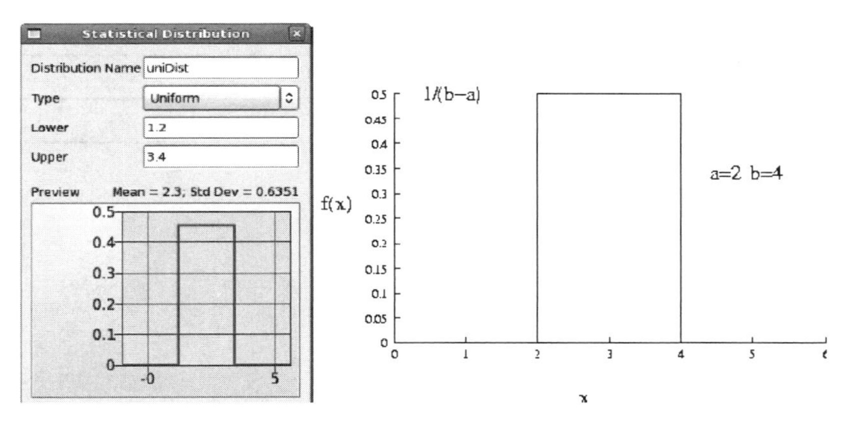

图 14-7 均匀分布

表 14-6 定义均匀分布的参数

参数	描述
Lower	下界
Upper	上界

7. 用户定义的分布

用户定义的分布是通过引用包含分布数据的文件来指定的。假设概率密度分段均匀，累积分布分段线性，参见图 14-8 和表 14-7。可以提供 PDF 或 CDF 数据：

- PDF 分布：分布值和该值处的概率必须为沿着分布的点提供。假设概率密度在这个值到下一个值的一半处是分段均匀的；第一个和最后一个概率都必须为零。
- CDF 分布：分布值和该值处的累积概率必须为沿着分布的点提供。假设它是分段线性变化的。文件中的第一个值和最后一个值必须分别是 0.0 和 1.0。

用户文件中以“$”开头的数据文件中的行将被忽略。

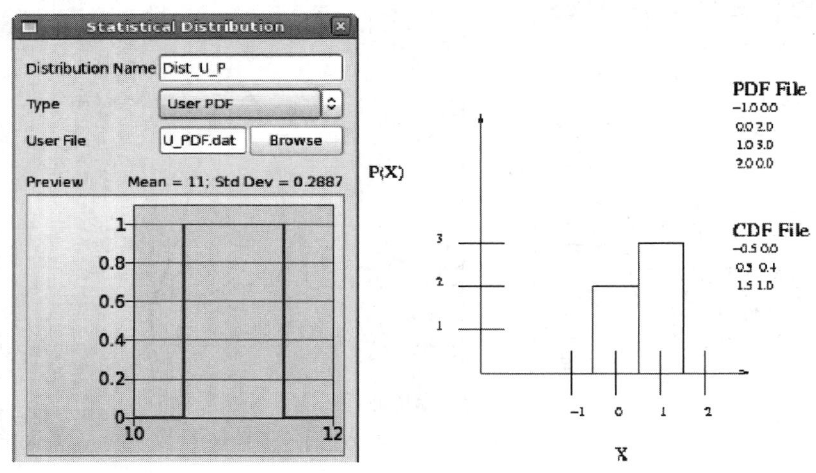

图 14-8 用户定义的分布

表 14-7 用户定义分布的参数

参数	描述
User File	用户文件：包含分布数据的文件名称

例如，用户 PDF 文件：

```
$ Demonstration of user defined distribution with
$ piecewise uniform PDF values
$ x PDF
$ First PDF value must be 0
-5 0.00000
-2.5 0.11594
0 0.14493
2.5 0.11594
$ Last PDF value must be 0
5 0.00000
```

例如，用户 CDF 文件：

```
$ Demonstration of user defined distribution with
$ piecewise linear CDF values
$ x CDF
$ First CDF value must be 0
-5 0.00000
-4.5 0.02174
```

-3.5 0.09420
-2.5 0.20290
-1.5 0.32609
-0.5 0.46377
0.5 0.60870
1.5 0.73913
2.5 0.85507
3.5 0.94928
$ Last CDF value must be 1
1.00000

8. 用户定义的离散分布

可以使用用户定义的 CDF 或 PDF 选项定义离散分布，并在文本文件中指定分布数据。噪声变量完全由文件中给出的分布来定义，但是对于控制变量（连续或离散）要重点注意，相关的分布只提供名义值周围的变化。因此，蒙特卡罗分析要遵循用户定义的离散分布，可以使用数据集均值的起始值。即使平均值不是用来定义分布值的一部分，它也必须添加到一组离散值中，作为控制变量的起始值。

如图 14-9 所示是离散分布的一个例子。厚度变量“T1”定义为使用离散均匀分布的控制变量，如文件 cdf.txt 所示。变量值分别为 0.5、1、1.5、2 和 2.5。初始值定义为 1.5，因为 1.5 是数据集的平均值。

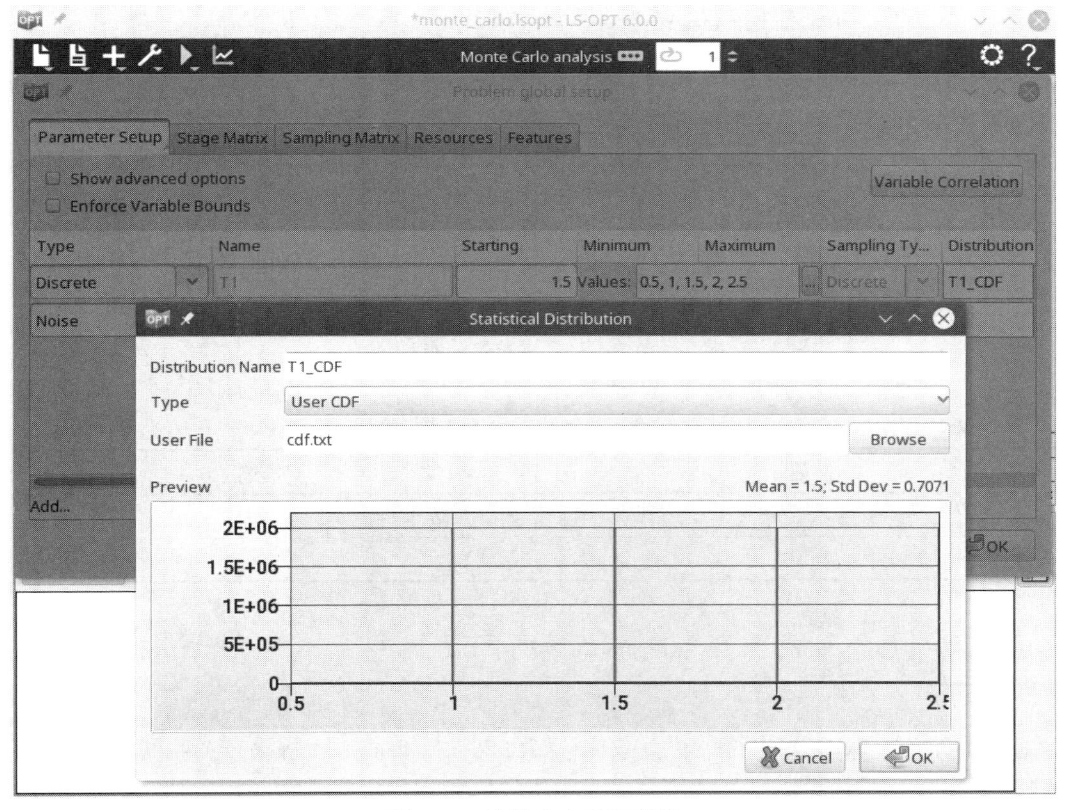

图 14-9 离散分布示例设置

此示例的用户定义 PDF 和 CDF 文件如图 14-10 所示。

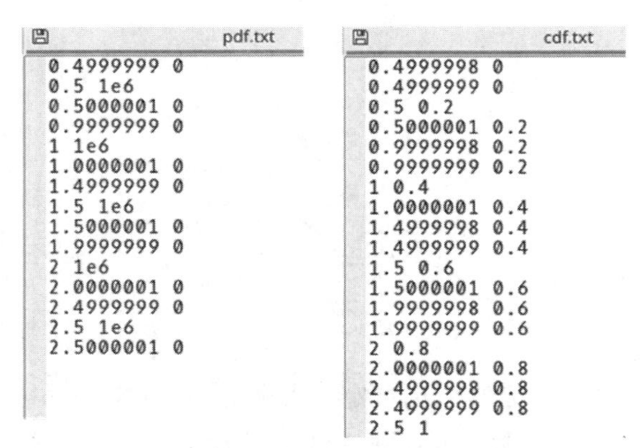

pdf.txt

```
0.4999999 0
0.5 1e6
0.5000001 0
0.9999999 0
1 1e6
1.0000001 0
1.4999999 0
1.5 1e6
1.5000001 0
1.9999999 0
2 1e6
2.0000001 0
2.4999999 0
2.5 1e6
2.5000001 0
```

cdf.txt

```
0.4999998 0
0.4999999 0
0.5 0.2
0.5000001 0.2
0.9999998 0.2
0.9999999 0.2
1 0.4
1.0000001 0.4
1.4999998 0.4
1.4999999 0.4
1.5 0.6
1.5000001 0.6
1.9999998 0.6
1.9999999 0.6
2 0.8
2.0000001 0.8
2.4999998 0.8
2.4999999 0.8
2.5 1
```

图 14-10　用户定义的离散 PDF 和 CDF

9. Weibull 分布

Weibull 分布是非常通用的，参见图 14-11 和表 14-8，它能力呈现各种形状。概率密度函数向右倾斜，特别是形状参数值较低时。

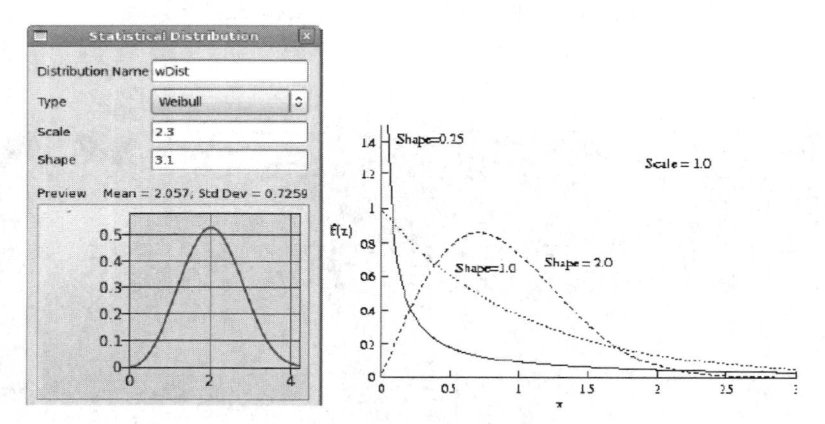

图 14-11　威布尔分布

表 14-8　定义威布尔分布的参数

参数	描述
Scale	尺度参数
Shape	形状参数

14.3　分布参数化

分布可以使用“&”操作符进行参数化。这可以让分布参数在解决方案期间变化，而不是固定的数字。分布参数可以定义为常量、传递变量或传递变量和常量的相关项。这在多级公差优化中有应用，其中分布边界可能不是预先确定的（参见第 22.5 节）。

14.4 概率变量

概率变量的不确定性是通过将其与统计分布联系起来描述的。在 LS-OPT GUI 中，这是在参数设置选项卡（参见第 14.2 节）中完成的。统计分布定义了平均值或名义值以及围绕该名义值的变化。在 LS-OPT 运行过程中，名义值和确定性变量的概率对应物可能变化，也可能不变化。这取决于任务和变量类型。两种主要的概率变量类型（图 14-12）如下：

（1）噪声变量：这些变量完全由相关的概率分布描述。这些变量不受设计和生产级别的控制，而只受分析级别的控制。概率变量可以定义为噪声变量，这要么是因为用户选择研究固定平均值周围的不确定性影响，要么是因为可能无法控制该变量。后者的一个例子是风速，风速的统计分布可以通过测量来定义，但不能设计或控制它。噪声变量的名义值是由分布所指定的，即它完全服从分布。

（2）控制变量：定义为可在设计、分析和生产层面进行控制的变量，如壳厚度。在设计优化阶段可以对名义值进行调整，使设计更加合理。相关的分布只提供了围绕这个名义值的变化。概率控制变量可以是连续的，也可以是离散的。离散变量是控制变量的一种特殊情况，其中名义值只能在指定的值列表中。然而，由于离散名义值的不确定性，变量实际上可以有一个不属于列表的值。换句话说，名义值是离散的，但变量值是连续的。

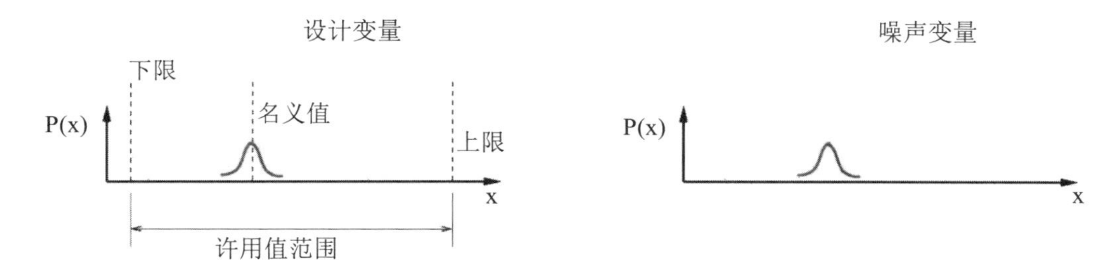

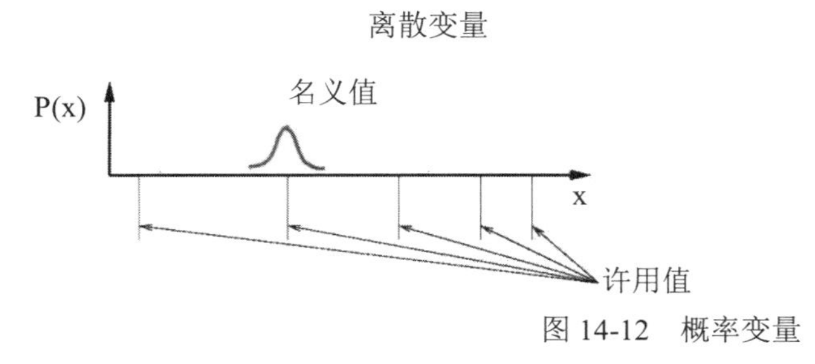

图 14-12 概率变量

控制变量的名义值可以通过上下界之间的优化算法进行调整；设计变量的概率变化在这个名义值附近。噪声变量完全由统计分布来描述。离散变量，如设计变量，其名义值由优化算法选择；离散变量的概率变化则在这个名义值附近。

声明变量为概率的方法如下：

- 将其创建为噪声变量。
- 为控制变量分配分布。

概率变量之间有三种关联：

- 名义值相同，但分布不同。
- 名义值和分布是相同的。
- 名义值不同，具有相同的分布。

14.4.1 设置概率变量的名义值

指定的名义值用于控制变量；相关分布将用于描述围绕这个名义值的变化。例如，一个名义值为 7 的变量被赋以一个正态分布 μ=0，σ=2；变量的值将在名义值 7 附近正态分布，标准差为 2。

此特性仅适用于控制变量；噪声变量将始终严格遵循指定的分布，即它们具有与相关分布相同的名义值和变化。

14.4.2 概率变量的边界

控制变量的边界（如最小值和最大值）由用户定义，类似于确定性变量。但是，需要注意的是，如果一个变量的名义值接近一个边界值，那么由于不确定性，可能会超出这个边界（图 14-13）。默认情况下会出现这种情况，除非在参数设置选项卡中使用“强制变量界限”指定其他情况。

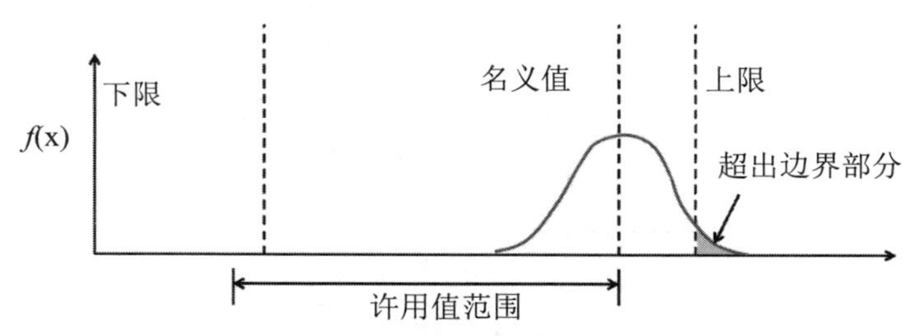

图 14-13 由于变量的不确定性而超出界限

噪声变量完全由其分布定义；除非在关联分布中指定，否则它们没有边界。因此，直接蒙特卡罗分析不需要边界。然而，在基于元模型的分析或优化中，甚至在噪声变量选择用于元模型构建的样本时也需要边界。在这些任务中，噪声变量边界定义为标准差的倍数（“噪声变量子区域大小”，参见表 8-3）。默认情况下，在名义值的两侧使用两个标准差。

14.5 蒙特卡罗分析

通过使用基于相关分布的随机样本，采用蒙特卡罗分析方法来模拟变量的不确定性。蒙特卡罗评估将进行如下操作：

- 根据用户指定的策略和分配给变量的统计分布，来选取随机样本点。
- 评估每一点的结构行为。
- 收集响应统计。

必须指定用于蒙特卡罗评估的实验设计策略（采样策略），可用的有蒙特卡罗、拉丁超立方体和空间填充实验设计。实验设计首先在一个归一化的、均匀分布的设计空间中进行计算，然后转换为设计变量指定的分布。

只有具有统计分布的变量才会受到扰动；所有其他变量将按其名义值考虑。所有响应的计算结果如下：

- 统计数字，例如所有响应及约束的平均值及标准差。
- 有关所有约束的可靠性资料。
- 在模拟过程中违反特定约束的次数。
- 违反边界的概率和概率的置信区间。
- 假设响应服从正态分布，对每个约束进行可靠性分析。

使用每个点的确切值。蒙特卡罗分析不可以定义多个样本；多个规程必须共享相同样本。

14.6　使用元模型进行蒙特卡罗分析

根据用户的设定，将使用元模型－响应面、神经网络、Kriging 或 SVR 算法进行蒙特卡罗分析，与直接蒙特卡罗方法不同（直接蒙特卡罗方法使用实际的阶段求解器对蒙特卡罗样本进行评估），它是一个两步过程（图 14-14）：

（1）在使用实际阶段求解器评估几个样本的基础上构建元模型。这些样本不需要（通常不会）遵循变量统计分布。

（2）根据变量统计分布随机生成蒙特卡罗样本（通常是大量样本）。这些样本使用元模型进行评估。蒙特卡罗点的数量可以由用户使用 Reliability Resolution 选项来设置（参见第 12.5 节）。默认值是 10^6。样本数量越多，表示底层分布越接近，并且在元模型近似准确的情况下，给出的结果越准确。注意，设计/控制变量的元模型是考虑变量的上界和下界情况下构建的，不考虑统计分布。对于噪声变量的元模型构建，考虑上下界和统计分布。

基于元模型的概率分析或优化伴随着变量随机贡献计算。了解每个设计变量的变化如何影响响应变化是非常有用的。这些计算也被称为随机敏感性分析或 Sobol 分析。在基于元模型的过程中，分析将输出所有响应的随机贡献。如果没有元模型可用，则可以研究响应与变量的协方差。变量的随机贡献也可以在 GUI 的 Viewer 组件中检查（参见第 16.6.2 节）。由噪声或拟合程序残差引起的变量值将被指出，对于复合函数，这一项被视为零，因为它们没有关联的元模型和相应残差。

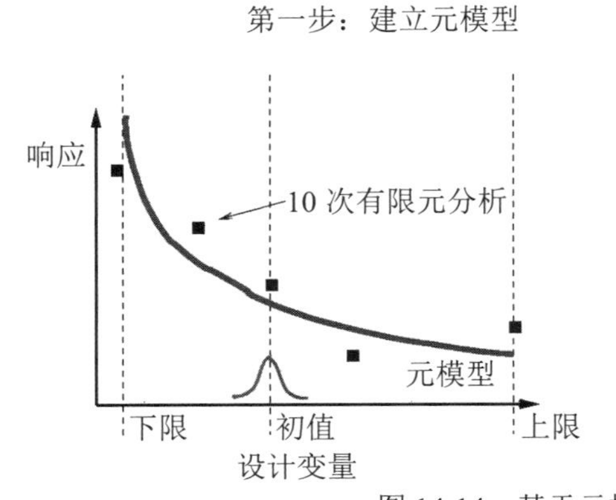

图 14-14　基于元模型的蒙特卡罗分析

以下信息将被收集：

- 统计数据，例如所有响应、约束和变量的平均值和标准差。
- 每个约束的可靠性信息。
- 在模拟过程中违反特定约束的次数。
- 违反边界的概率和概率的置信区间。
- 变量的随机贡献。

14.7 RBDO/鲁棒参数设计

使用任务 RBDO/Robust parameter design 和 Sequential with Domain Reduction 策略（参见第 4.8.3 节）来寻找一个鲁棒参数设计。

基于对任何响应的标准偏差计算，LS-OPT 具有基于可靠性/鲁棒性的设计能力。响应的标准偏差可以作为一个复合（参见第 10.6 节）来使用，因此可以用于约束、目标或其他复合中。

与使用一次二阶矩法（FOSM）求解确定性优化部分相同，该方法使用一样的元模型来计算响应的标准偏差，因此，概率计算不需要额外的有限元运行。

除了确定性优化所需的信息外，该方法只需要很少的信息。需要指定以下事项：

- 与设计变量有关的统计分布。
- 约束的概率边界，参见图 14-15。

设计变量统计分布指定与使用元模型蒙特卡罗分析一样的方式来进行指定。

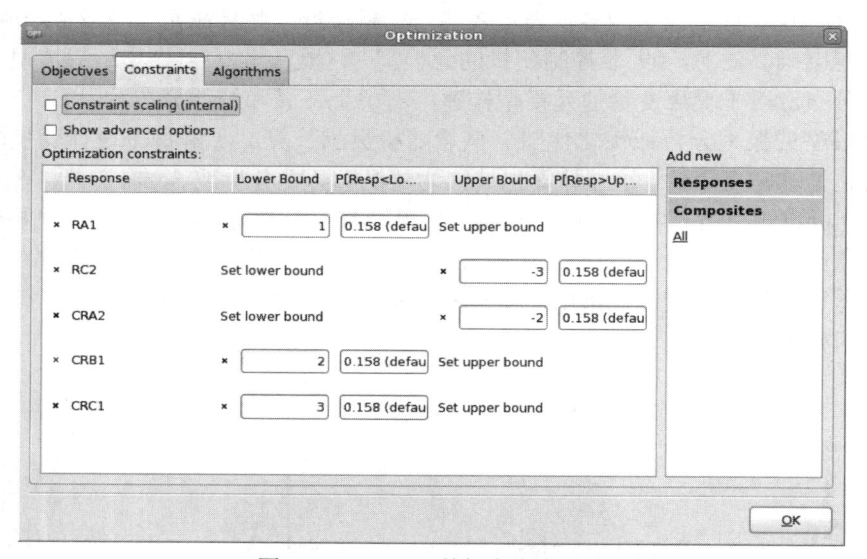

图 14-15　RBDO 的概率约束定义

RBDO 与鲁棒性设计的区别在于优化问题的表达方式，因此，这两种功能都是在同一任务下提供的。在 RBDO 中，设计的“安全性”由约束的概率边界（目标失效概率）来保证，而目标的定义则提供了更好的“确定性”设计目标（例如，在设计的可变手段下计算出最低成本或重量）。在鲁棒设计中，目标是提供对设计细微变化最不敏感的设计，这可以通过最小化响应标准偏差来实现，标准偏差定义为该情况下的目标（图 14-16）。

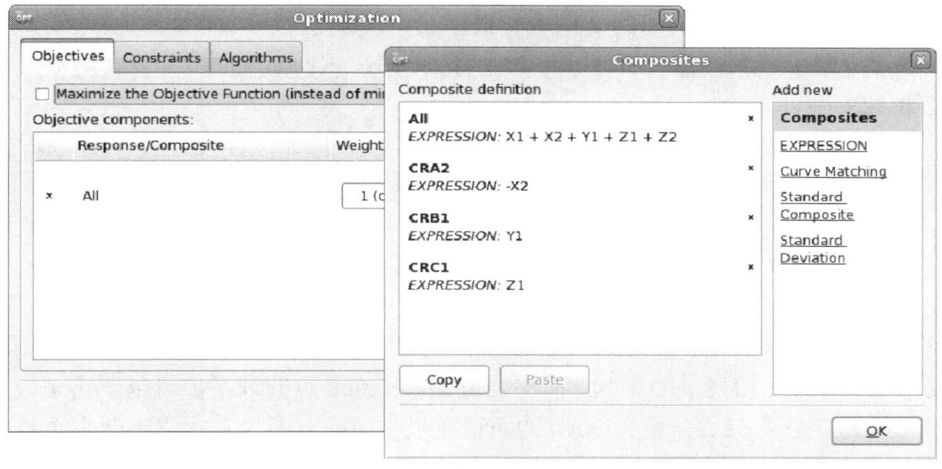

（a）目标函数示例

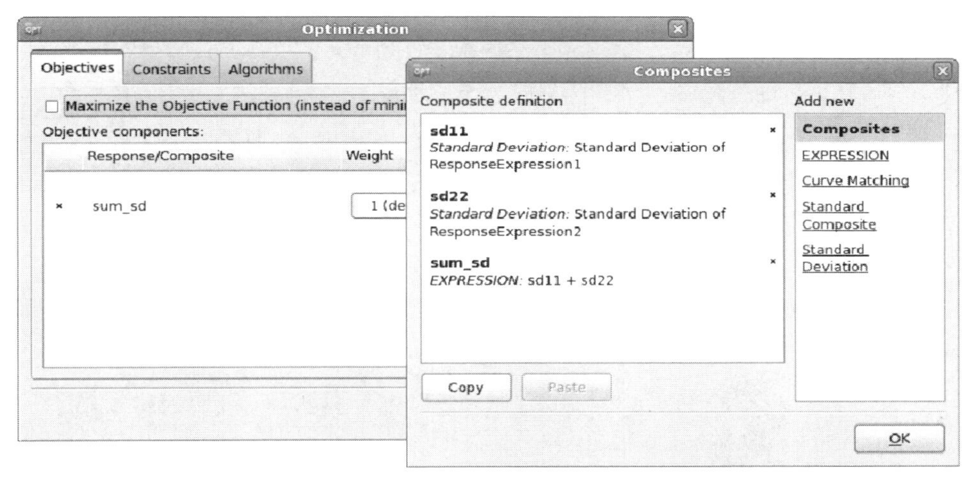

（b）鲁棒设计示例

图 14-16 RBDO 目标函数示例和鲁棒设计示例

在选择用于鲁棒分析的实验设计时，还需要考虑一个额外的因素：必须对噪声和控制变量之间的相互作用进行研究。要找到一个健壮设计，需要实验设计考虑 $x_i x_j$ 交叉项（考虑变量 x_i 和 x_j），因此不可以使用线性元模型。因此，当使用多项式近似时，阶次至少是交互项线性。可以包含 x_i^2 和 x_j^2 项，以获得更精确的方差计算。也可以使用 RBF、FF、Kriging、SVR 等非多项式元模型。第 22.4 节给出了一个鲁棒性设计的例子。

14.7.1 随机贡献分析

了解每个设计变量变化如何影响到响应变化是很有用的。这些计算也被称为随机敏感性分析或 Sobol 分析。在基于元模型的过程中，将输出所有响应的随机贡献。如果没有元模型可用，则可以研究响应与变量的协方差。变量的随机贡献也可以在查看器（参见第 16.6.2 节）中查看。

由噪声或拟合程序残差引起的变量值将被指出。对于复合函数，这一项为零。对于多项式响应曲面，进行了随机贡献分析计算。对于神经网络、Kriging 模型和复合函数，有两种选择（参见第 12.6 节）：

（1）利用二阶响应面近似。响应面使用响应面项数的三倍来构建，响应面使用中心点拉丁超立方体实验设计，在均值上下两个标准差的范围内构建。

（2）使用蒙特卡罗法。使用的点数将与基于元模型的蒙特卡罗分析使用的点数相同。需要大量的点数（10,000 个或更多）。10,000 点的默认值可以给出比较变量效果所需的 1 位精度。此选项使用 10,000 个点，是默认方法。

注意，如果使用蒙特卡罗方法计算，方差可能出现负值，特别是使用少量蒙特卡罗点时。一般来说，分析应该比较变量的影响，而不是方差。10,000 点的缺省值可以给出 1 位精度，这意味着如果最大方差是 3e12，那么-3e10 的负值可以被忽略，因为 0 比它小两个数量级。检查变量的影响输出值可以澄清这种情况，因为影响值是按比例缩放的值。

第 15 章 运行设计任务

本章介绍与仿真工作相关的信息，以及如何从图形用户界面执行设计任务，以及监控任务的状态和从 GUI 进行仿真运行。

15.1 运行设计任务

任务设置后，在主 GUI 的控制栏中，点击 Run 菜单（▶）中的 Normal run 或 Baseline run，如第 3.3 节所述。如果需要，可以使用 Tools 菜单（🔧）中的 Clean 选项删除以前的结果，参见第 3.4 节。

15.2 分析监控

在运行 LS-OPT 时，任务的状态和进度可以在主 GUI 中进行可视化，如图 15-1 所示。

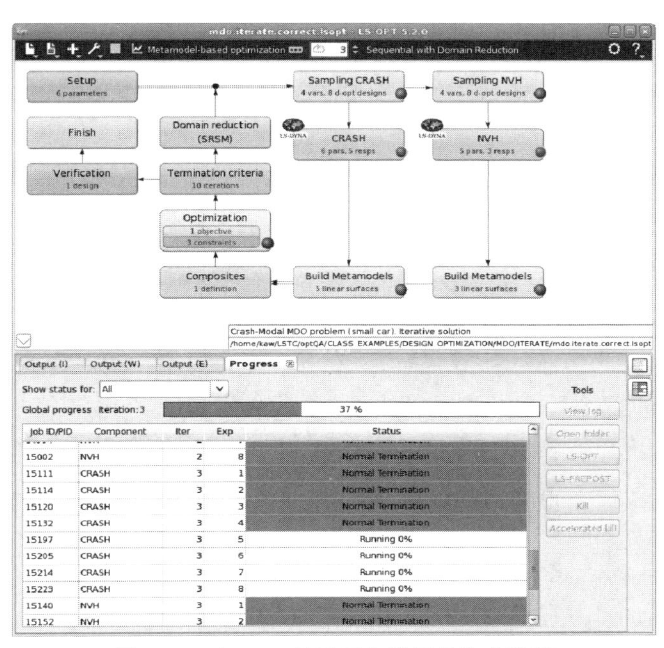

图 15-1 主 GUI 显示正在进行的作业进程

当前运行的迭代显示在顶部（ 1 ）的控制栏中。当前正在运行任务流程的阶段 LED 指示灯外缘会发出黄光，而 LED 内部的绿色饼状图显示的是求解器进度。对于阶段的 LED 指示灯，绿色和红色分别代表 Normal 终止和 Error 终止。双击阶段的 LED 指示灯将启动在第 15.3 节中描述的进度对话框。各个作业的状态也显示在集成输出窗口的 Progress 选项卡中（参见第 15.3.2 节）。

15.3 作业监控——进度对话框

可以显示所选阶段或所有阶段的模拟作业进度。如果从列表中选择作业，则启用表 15-1 中描述的工具。

表 15-1 所选运行的工具

工具	描述
View log	打开所选运行的 job_log 文件
Open folder	打开所选作业的运行目录
LS-OPT	如果求解程序类型为 LS-OPT，则打开 LS-OPT GUI
LS-PREPOST/ Postprocessor	在 LS-PREPOST（仅 LS-DYNA）或选定的用户定义后处理器中打开选定的运行。打开所选运行目录的文件选择器对话框，让用户决定在所选后处理器中打开哪个文件
Kill	删除选择的作业
Accelerated kill	加速删除选择的作业
Show plot	显示时间历史图

当使用 LS-DYNA 时，用户还可以从绘图 plot 列表中选择一个可用的量（时间步长、动能、内能等）查看分析的进度（时间历史），如图 15-2 所示。

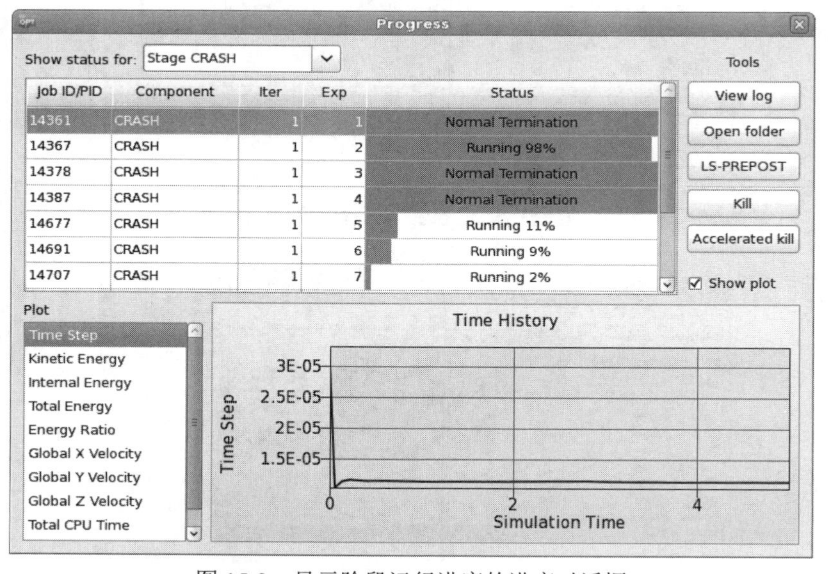

图 15-2 显示阶段运行进度的进度对话框

Progress 对话框可以使用绿色横杠以图形方式来指示作业进度，横杠与估计的完成时间相链接，如图 15-2 所示。此进度仅适用于 LS-DYNA 显式分析。当通过作业分发（排队）系统远程运行时，作业监控也是可见的。将定期自动报告作业状态。

在运行批处理和图形版本以及集成的输出窗口（参见第 15.3.2 节）时，文本屏幕输出的状态报告如下：

```
JobID Status           PID                  Remaining
----- ------ ----- ---------
1 N o r m a l termination!
2 Running          8427 00:01:38        (91% complete)
3 Running          8428 00:01:16        (93% complete)
4 Running          8429 00:00:21        (97% complete)
5 Running          8430 00:01:13        (93% complete)
6 Running          8452 00:21:59        (0% complete)
7 Waiting ...
8 Waiting ...
```

在批量版本中，用户也可以输入 control-C，得到如下响应：

```
Jobs started
Got control C. Trying to pause scheduler
Enter the type of sense switch:
sw1: Terminate all running jobs
sw2: Get a current job status report for all jobs
t: Set the report interval
v: Toggle the reporting status level to verbose
stop: Suspend all jobs
cont: Continue all jobs
c: Continue the program without taking any action
Program will resume in 15 seconds if you do not enter a choice switch:
```

如果选择 v，则提供更详细的作业信息，即事件时间、时间步长、内能、总内能比、动能、总速度。

15.3.1　求解运行的错误终止

作业调度程序将标记一个错误终止的作业，以避免 LS-OPT 终止。对于错误终止的求解器作业，GUI 中的进度条将显示为红色。异常终止作业的结果将被忽略，不会用于优化，例如构造元模型。但如果没有足够的结果可以继续，例如构造近似的设计曲面，LS-OPT 将以适当的错误消息结束。

15.3.2　集成输出和显示窗口

还有一个集成窗口，可以显示作业进度，如图 15-3 所示，以及输出标签（comprehensive [I]、warnings[W]和 errors [E]），可以输出综合、警告及错误信息，如图 15-4 所示。通过使用进度窗口左上角的☑按钮，可以调整窗口大小或隐藏窗口。全局进度显示在顶部。工具功能（除了 Show plot 之外）与图 15-2 中显示的基于阶段进度窗口中的工具功能相同（表 15-1）。

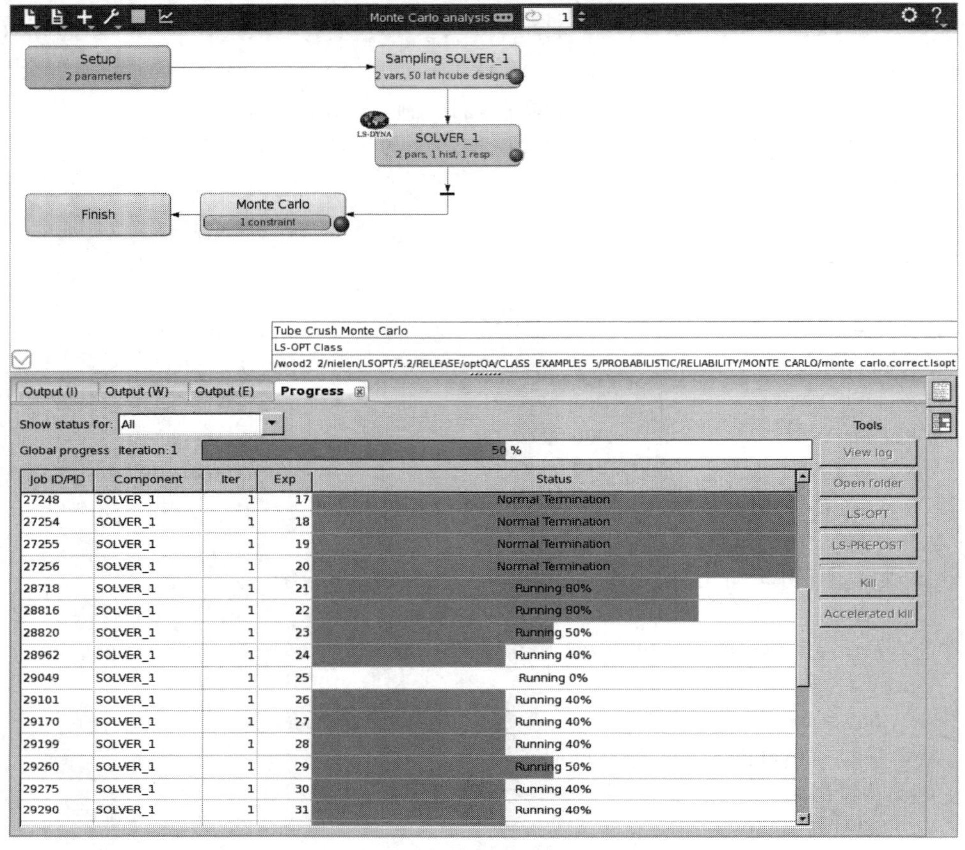

图 15-3　进度对话框

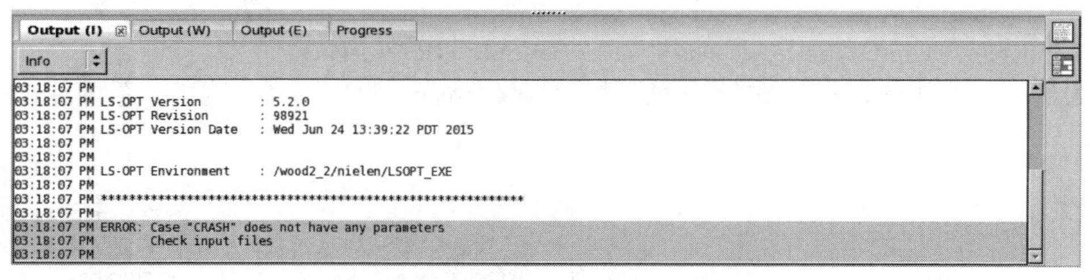

图 15-4　LS-OPT 输出显示错误诊断

15.4　重启动

在 LS-OPT 控制栏面板上 Run 菜单（▶）中选择合适的选项来运行重启动。

完成的仿真运行将不再运行，而半完成的运行将自动重新启动。但是，通过指定其名称和存储频率，用户必须确保生成合适的重启动文件。

重启动设计运行时必须遵循以下步骤：

（1）一般来说，不删除 run 目录结构。原因是，在重启动时，LS-OPT 将根据目录中的状态和输出文件确定上一次运行期间的进度状态。重要数据，如响应值（response.n 文件）、响应历史记录（history.n 文件）只保存在运行目录中，其他地方可能不可用（采样目录中的 AnalysisResults_n.lsox 数据库除外）。

（2）在大多数情况下，在运行失败之后，可以重新启动优化运行，就像从头开始一样。有几个例外：

- 进行了一次迭代，但设计公式不正确，必须更改。在这种情况下，在重新优化第 1 次迭代前，必须使用 Tools（🔧）菜单（参见第 3.5 节）中优化修复函数对设计公式进行校正。如果添加历史记录或响应，必须用 Tools 菜单中的 Extract Results 修复功能来重新提取数据。
- 提取了不正确的数据，例如错误的节点或错误的方向。在这种情况下，在纠正响应定义之后，用户必须使用 Tools 菜单中的 Extract Results 修复功能重新提取结果。
- 用户希望改变响应面类型，但保留原有的实验设计。在这种情况下，用户必须在纠正元模型类型之后，在 Tools 菜单中使用 Build Metamodels 修复功能来构建元模型。

完成上述修复功能后，便可重新启动（▶）。

注意：只有在完成一个以上的迭代时，重启动才能保留第一个迭代的数据。其他更高迭代的目录必须全部删除。这可以通过使用 Tools 菜单中的 Clean from current iteration [iter]选项来实现。除非数据库被删除（例如使用 clean 文件或 Delete 文件操作，请参见第 5.6 节），否则不会进行不必要的重复模拟，优化过程将继续进行。

（3）通过从 Tools 菜单中选择 Clean from current iteration [iter]选项（参见第 3.4 节）并选择迭代号，可以从任何特定的迭代中重新启动。在确认之后，表示此迭代和所有编号更高的迭代的目录将被删除，然后选择 Run 选项重新启动。

（4）可以更改重新启动的点数（请参阅 9.5.4 节）。

15.5 输出和结果文件

所有输出和结果文件请参考其他相应文档。

第 16 章 查看结果

本章介绍了查看器，对 LS-OPT 结果数据进行后处理。

16.1 查看器概述

16.1.1 绘图选择器

从主 GUI 的控制栏中选择相应的图标（），或者启动位于 LS-OPT 安装目录中的可执行查看器（参见第 16.1.7 节）来启动查看器。这些图标分为五类（图 16-1）：

- 模拟。
- 元模型。
- 优化。
- 帕累托最优解。
- 随机分析。

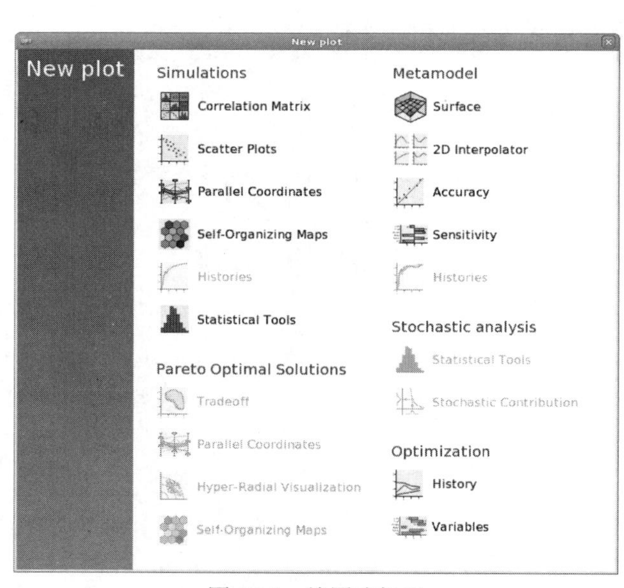

图 16-1　绘图选择器

根据优化任务、选择方式和数据库的可用性，可以启用或禁用特定的绘图类型。例如，在图 16-1 中，由于缺少历史定义，历史图被禁用，还禁用了帕累托最优解和随机贡献图。将鼠标悬停在特定的绘图类型上可以提供关于该绘图的附加信息，如图 16-2 所示。

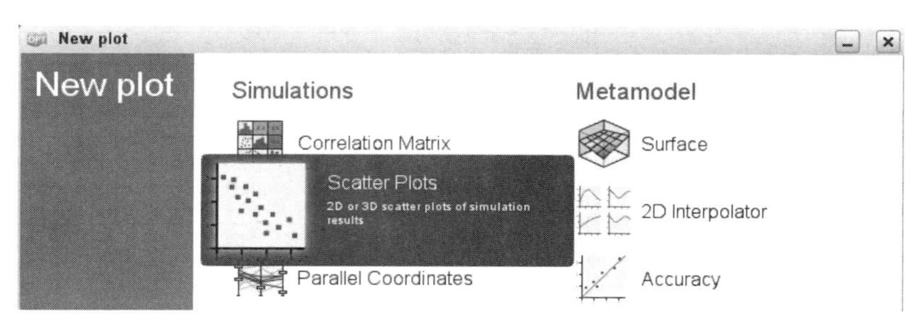

图 16-2　带有附加信息的绘图选择器

如果绘图已经存在，则可以在绘图选择器中指定新绘图的位置，如图 16-3 所示。默认情况下是创建一个新图表。表 16-1 解释了所有可用选项。详情参见第 16.1.5 节。

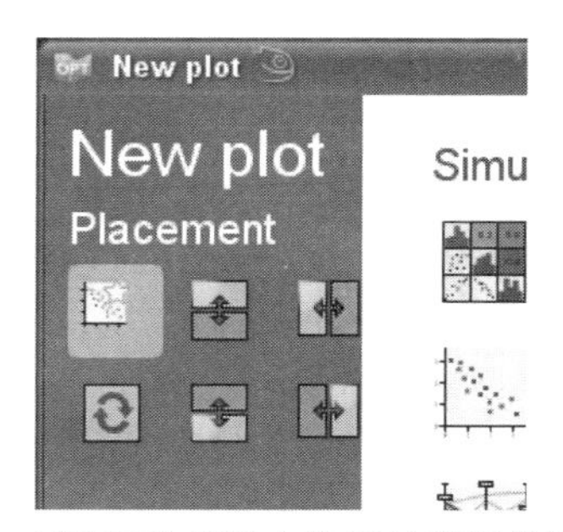

图 16-3　在绘图选择器中选择放置新绘图的位置

表 16-1　绘图布局选项

选项	描述
	创建一个新绘图窗口
	替换当前绘图
	分割窗口，并将新绘图放在突出显示位置

16.1.2　通用绘图选项

在绘图窗口顶部的工具栏上有通用的绘图选项，如图 16-4 所示。表 16-2 和图 16-5 解释了这些选项。

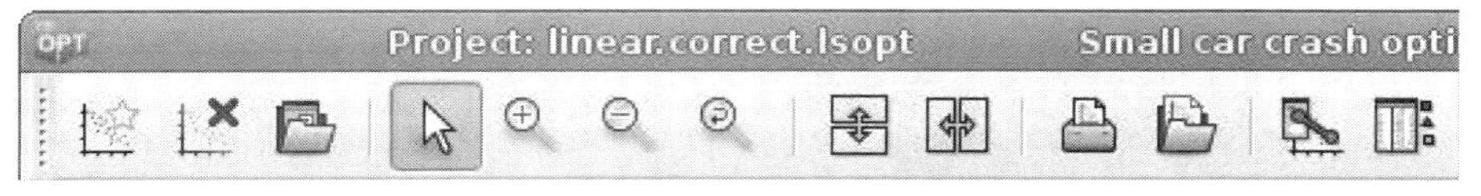

图 16-4　通用选项

表 16-2　通用绘图选项

选项		描述
	New plot	打开带有新绘图位置选择的绘图选择器，参见第 16.1.1 节
	Delete plot	删除当前绘图
	Save plot setup	保存当前绘图设置，以便稍后重用，参见第 16.1.6 节
	Pointer tool [F1]	矩形选择（橡皮条选择）在绘图或单击标记点或曲线，打开点选择窗口，参见第 16.2 节
	Zoom in tool [F2]	绘图中矩形选择指定缩放区域
	Zoom out [F3]	点击绘图缩小
	Reset zoom	将绘图重置为初始范围
	Split vertical	垂直分割绘图窗口，参见第 16.1.5 节
	Split horizontal	水平分割绘图窗口，参见第 16.1.5 节
	Print	输出当前图，选项参见图 16-5（b）
	Save image	保存当前的图，选项参见图 16-5（a）
	Visualize relations between controls and plots	如果在同一绘图窗口中显示多个绘图，此选项有助于找到每个绘图的控制面板
	Point selection table	显示/隐藏一个窗口，显示表中所有点的实体值，参见第 16 章。如果点选择发生变化，此窗口将自动显示
Output		选择要用于绘图的表，参见第 16.1.3 节
	Switch to selected table	控制面板可见性和表选项，参见第 16.1.3 节。只有在同一窗口中显示多个绘图时才激活
		在点选择窗口中，所有绘图都将切换到显示活动表中的点数据

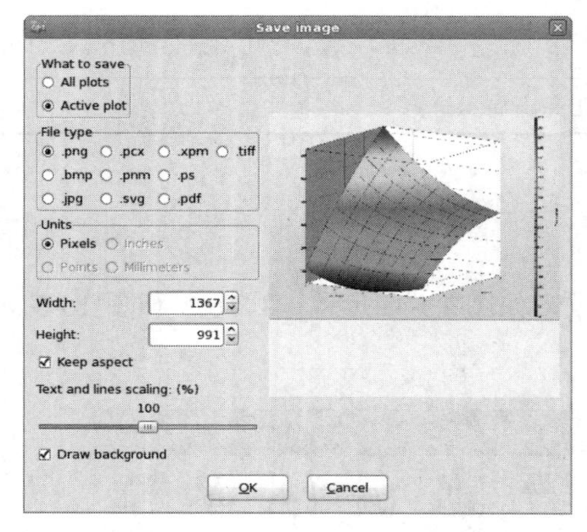

（a）保存图像

（b）输出图像

图 16-5　输出和保存图像的选项

16.1.3 绘图面板可视性和表选项

图 16-6 和图 16-7 中的工具栏可以用来控制绘图和后备数据表的面板特性。

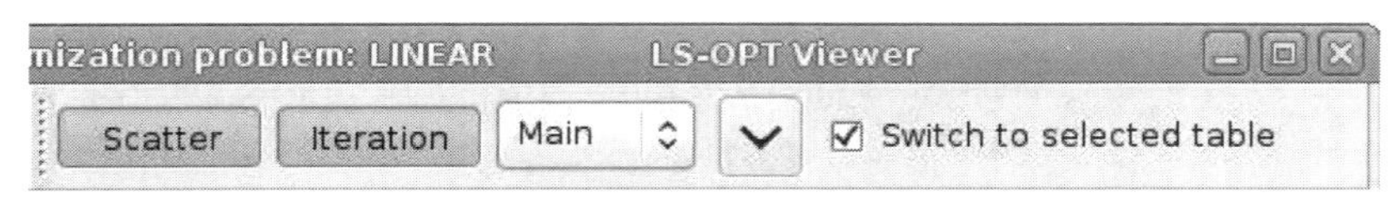

图 16-6 绘图面板和数据表的选项

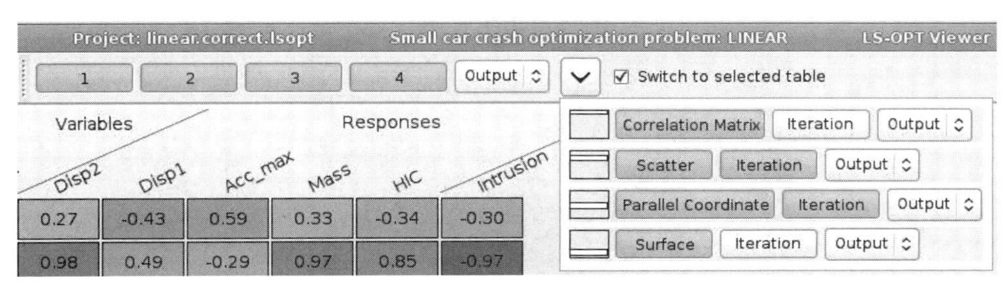

图 16-7 显示多个绘图时的绘图面板选项

图 16-6 中的按钮控制当前绘图选项面板的可视性。最左边的按钮标签对应于所示的绘图类型。最左边的两个按钮是切换按钮。第一个按钮切换绑定到特定绘图类型面板的可视性，第二个按钮切换迭代面板的可视性。下拉框选择图表表示可以使用的数据表（在第 17.1.2 节中进一步描述）。当勾选“切换到所选表”时，绘图自动切换到使用点选择窗口中显示的表（参见第 17.1.1 节）。如果使用下拉菜单手动更改备份表，复选框将变为未选中。

在同一绘图窗口中显示多个绘图的情况下，图 16-6 中的工具栏将更改为图 16-7 中工具栏。现在，编号按钮显示在其中，每个按钮切换与某个绘图关联所有面板的可视性。表的选择将更改所有绘图的数据表。在用例图显示来自不同表的数据时，表的选择将显示“混合”。每个绘图面板和数据表都可以通过下拉按钮单独控制。每个图的界面类似于图 16-6，其中添加了一个可视的图标识符，显示在屏幕上绘制图的位置。

16.1.4 绘图旋转

对于所有 3D 图形，在移动鼠标时按住 Ctrl 键来执行图像旋转（与 LS-PREPOST 相同）。

16.1.5 分屏窗口

并排显示几块绘图，有两个基本选择可用来分屏绘图窗口：①在绘图窗口的顶部工具栏中，选择对窗口进行水平或垂直分屏的方式或；②在绘图选择器中，选择新绘图同时选择新绘图的位置选项。

如果使用分屏窗口选项，则使用相同的设置重复绘制该图，这对于并排显示不同响应的 3D 曲面图非常有用，如图 16-8 所示。

如果多次使用分屏窗口选项，绘图可能会变得太小，为了获得良好的视图，屏幕上需要尽可能多的空间。因此，所有控制面板都是可分离的，甚至可以通过按绘图窗口顶部工具栏中的相应按钮进行隐藏，如图 16-9 所示。

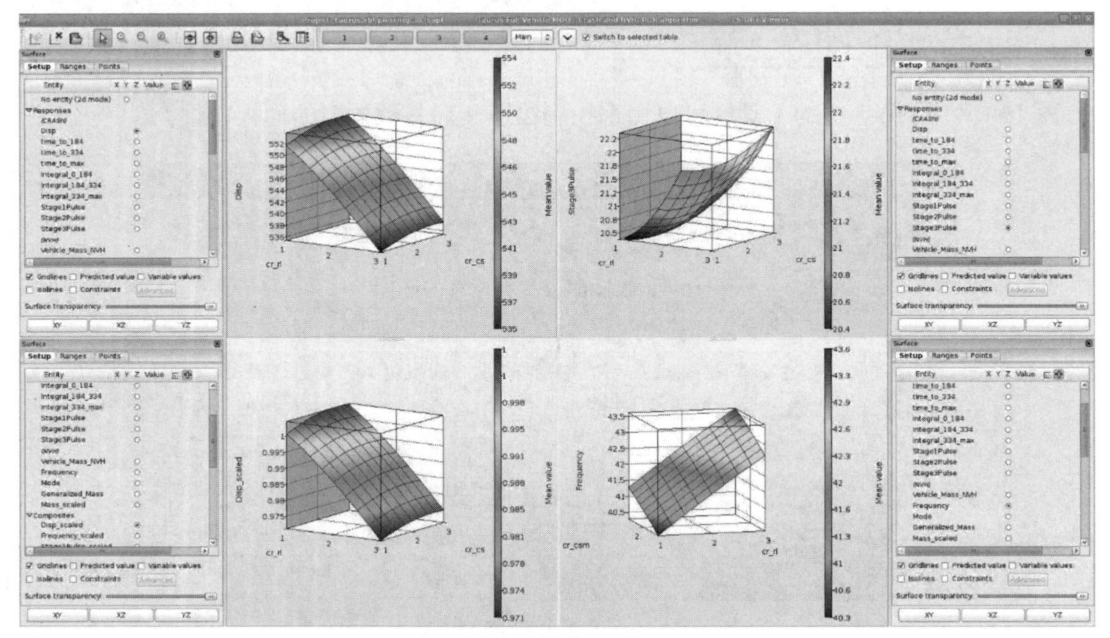

图 16-8　分屏选项的例子

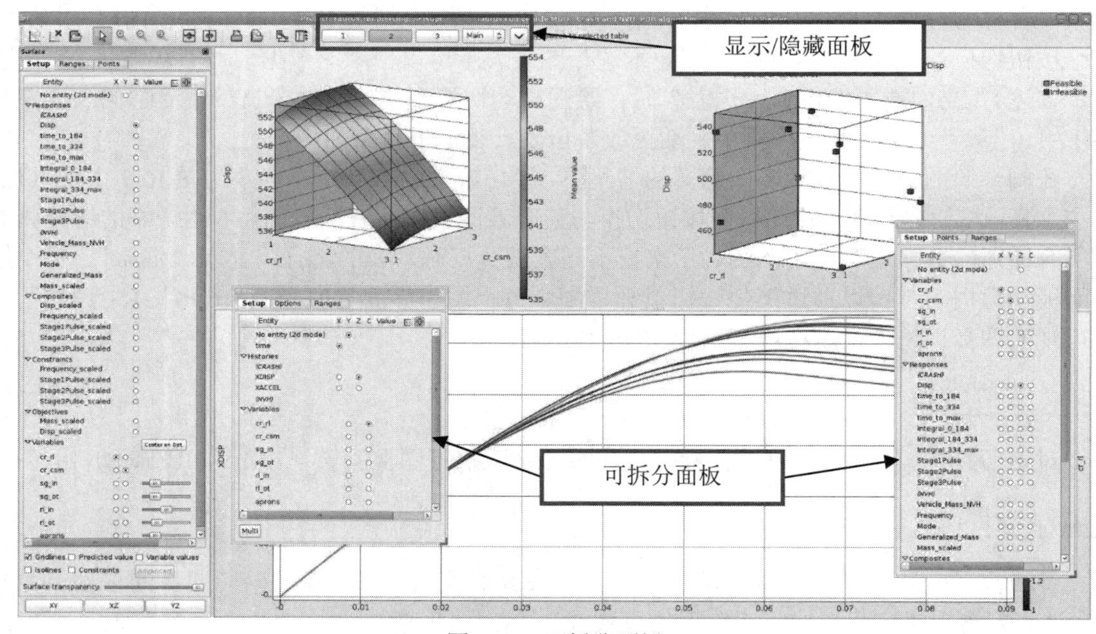

图 16-9　可拆分面板

16.1.6　保存绘图设置

窗口分屏和新绘图的位置选择可以进行复杂的绘图设置。为了多次重用一个绘图设置，甚至跨问题重用，可以保存它，稍后可以通过单击图 16-10 中绘图选择器的 Preview 将该绘图状态恢复回来。

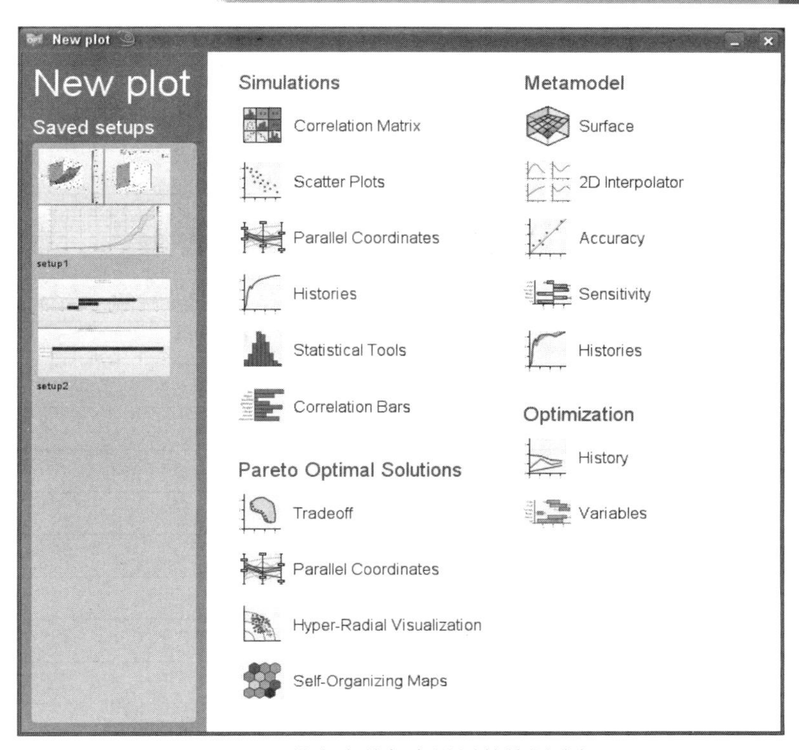

图 16-10 带有先前保存设置的绘图选择器

绘图设置以 XML 格式存储在 Linux 机器上的~/.LSOPT/<version>/viewerstate/plotname.plot 中。在 Windows 上，绘图设置存储在%appdata%\LSOPT\<version>\viewerstate 中。完整路径取决于 Windows 版本和设置，比如 C:\Users\user\AppData\Roaming\LSOPT\6.0\viewerstate。

命令行选项“-l”使查看器立即从文件加载绘图设置，而不显示绘图选择器。这使得编写脚本生成绘图状态 XML 文件，然后调用查看器显示绘图成为可能。有关命令行选项的详细信息，请参见第 16.1.7 节。

16.1.7 命令行选项

LS-OPT 的后处理工具可以从 LS-OPT 中的 Viewer 面板启动，或者从命令行调用 LS-OPT 安装目录中的可执行查看器，命令行如下：

viewer [-p <str>] [-l <str>] [-f <str>] [-n <str>] [-h] [--verbose] [.lsopt file]

表 16-3 解释了命令行选项。

表 16-3 命令行选项

选项	描述	
-p <str>, --show-plot=<str>	打开给定的图，有效的图类型如下：	
	Accuracy	准确性
	correlation	相关性
	cormatrix	相关矩阵
	history	历史一元模型

续表

选项	描述	
-p <str>, --show-plot=<str>	history_ar	历史一模拟
	hrv	超径向可视化
	interpol	2D 插值器
	opthist	优化历史
	parallelcoord	平行坐标-帕累托最优解
	parallelcoord_ar	平行坐标模拟
	scatter	散布图
	sensitivities	灵敏度
	som	自组织映射一帕累托最优解
	statistics	统计工具
	stoch	随机贡献
	surface	表面
	tradeoff	折中
	variable	变量
-l <str>, --load-setup=<str>	从文件中加载绘图设置	
-f <str>, --format=<str>	从文件中加载绘图设置	
-n <str>, --filename=<str>	图像格式导出到（png、bmp、jpg、svg、tiff、pdf、ps）	
-h, --help	命令行选项显示帮助消息	
--verbose	概括详细的日志消息	
.lsopt file	命令文件，默认情况下，查看器加载名为 Isopt db 的 LS-OPT 数据库	

16.1.8 迭代面板

除了显示迭代历史的优化历史绘图外，所有的历史绘图都可以显示指定的迭代数据。可用的选项取决于绘图类型（图 16-11）。

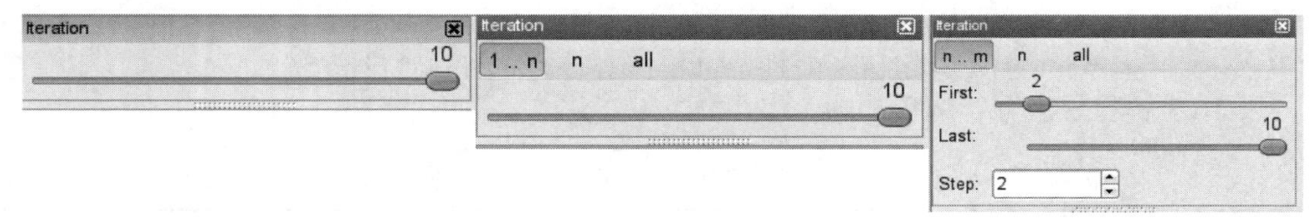

图 16-11　迭代面板

如图 16-11 所示，有三个图，分别显示仅当前迭代（左边图）、所有以前/所有迭代（中间图）、迭代范围和步长（右边图）。一个滑块可用来选择要绘制当前迭代的历史绘图。有些图可以绘制所有以前的迭代或所有迭代，而散点和取舍图也可以指定范围和步骤大小，例如图 16-11 中的右边迭代面板中的选择图 2、4、6、8 和 10。

16.1.9　范围和轴选项

大多数绘图可以指定所有绘制实体的范围（图 16-12）。用户可以使用 Manual 选项提供下界和上界，从而手动指定任何所需的绘图范围。使用复选框，可以分别为每个实体打开和关闭手动范围指定。不过，还有一个选项可以让 Viewer 根据数据自动选择范围，如果使用 Auto 选项（默认值），则根据数据将范围设置为包含最小值和最大值。

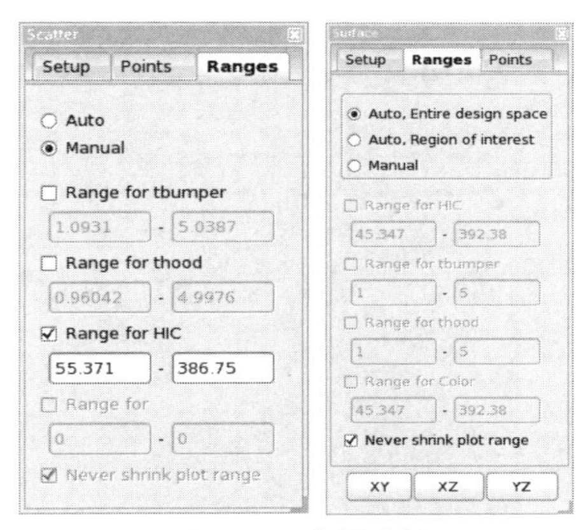

图 16-12　范围选择

对于表面绘图，在选择自动范围时，绘图范围类型有三个选项：第一个选项（Auto, Entire design space）绘制整个设计空间的表面；第二个选项（Auto, Region of interest）只使用所选迭代的样本选择子区域；第三个选项（Manual）手工选定子区域。对于散点图，只有第一和第三个选项可用。对于表面图和散点图，只有在使用计算全局灵敏度的分区域时，才可以使用感兴趣的 GSA 区域。对于曲面图，使用 xy 平面上的矩形（两个变量轴）或直线（一个变量轴）显示所选感兴趣的 GSA 区域。对于具有变轴的散点图，使用不同的颜色表示变轴相关部分的 GSA 子区域间隔。

如果选择 Never shrink plot range（图 16-12）复选框，则新绘图的范围不能小于前一个绘图。如果新绘图中的所有值都位于这些范围内，则使用前面的范围；在这种情况下，新绘图可能有一些空白。如果新绘图的值超出了以前的任何范围，则将扩展这些范围以容纳新值。如果用户选择不同的数量，则收缩选项和绘图范围类型选项的选择保持不变。但是，新实体的范围与前一个实体无关。因此，即使选择 Never shrink plot range，用于不同实体的新绘图范围通常也与旧绘图范围不同。

对于直方图绘图（统计工具），除了手动范围选择外，还可以指定标记的手动步长。步长决定了相应轴上的网格线和刻度线的数量。

16.2　仿真结果可视化

16.2.1　相关矩阵

相关矩阵显示了选取的变量、依赖项、响应和复合的二维散点图、直方图和由所选荷载工况仿真结果计算得到的线性相关系数，如图 16-13 所示。

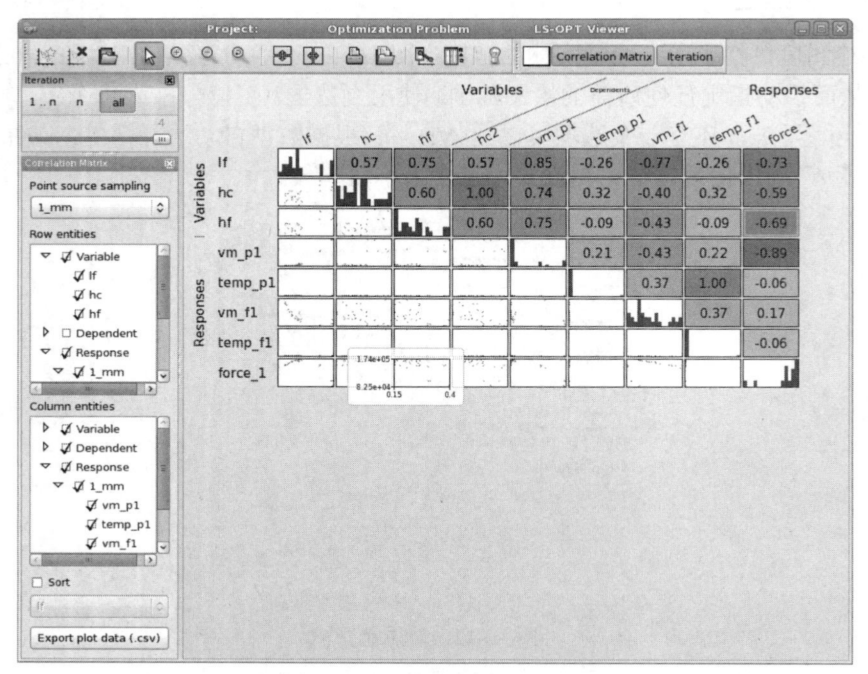

图 16-13　具有散点图、直方图和线性相关系数的相关矩阵

在散点图上，移动鼠标将显示其范围，并用黄色边框标记相关系数，反之亦然。行实体和列实体可以单独选择。因此，也可以只显示相关系数（图 16-14）。

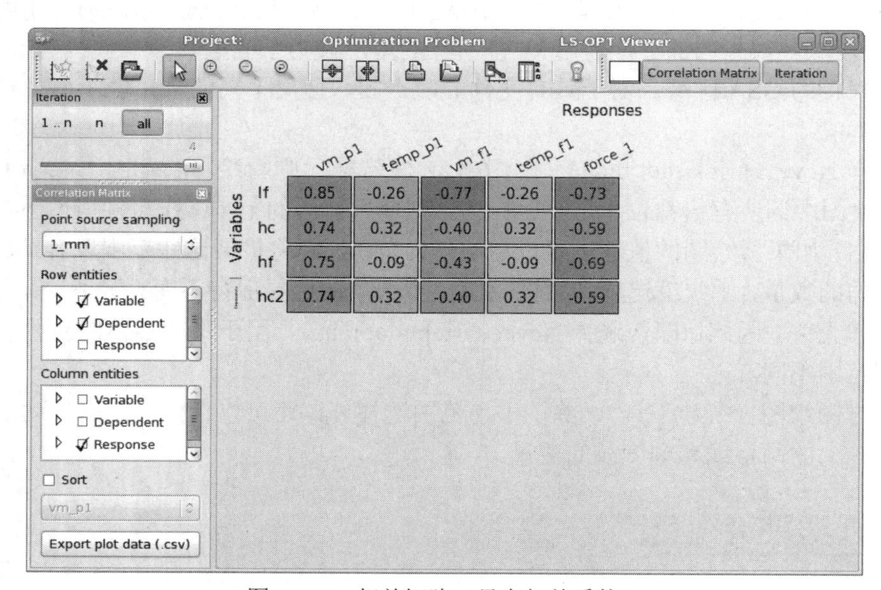

图 16-14　相关矩阵（只有相关系数）

双击散点图或直方图，可以得到各自的图，分别参见第 16.2.2 节或第 16.2.6 节。

相关系数由颜色编码，从蓝色到红色。蓝色表示强负相关，红色表示强正相关，而灰色表示几乎没有相关性。使用 Sort 选项，关联矩阵中的行按照所选列实体值的序贯排序。在排序后的相关矩阵中，只显示相关值。

按钮 Export plot data 将相关值存储在工作目录中的.csv 文件中。

16.2.2　散点图

所选迭代所有模拟点的结果都显示为散点图上的点。该特性可以允许任意三实体的三维绘图，如图 16-15 所示。第四个实体可以使用点的颜色显示。下面将解释其他着色选项。可以通过对 z 轴选择 No 来获得二维图。对于三维图，在移动鼠标时按住 Ctrl 键来执行图像旋转（与 LS-PREPOST 相同）。

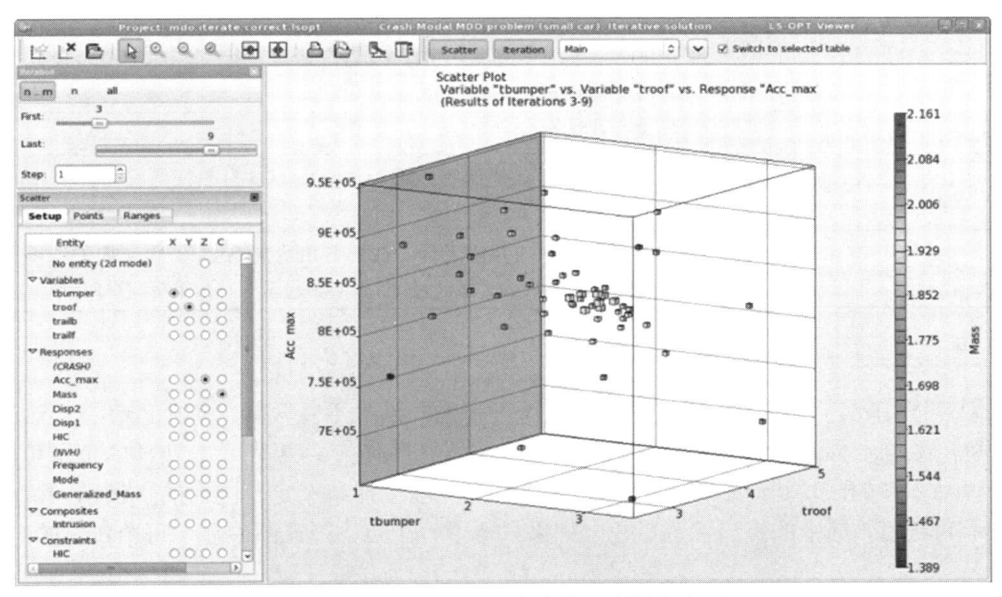

图 16-15　散点图（第四个维度用点颜色表示）

为了能够查看跨越两个或多个规程或阶段的复合函数结果，必须在开始分析之前选择相同的采样。这也意味着对于所有涉及的学科，变量的数量必须是相同的，并且产生与实验设计相一致的结果。

颜色实体- 3D 绘图选项见表 16-4。

表 16-4　颜色实体选项

选择	描述
Feasibility	可行性点用绿色表示，不可行性点用红色表示
with previous in b/w	当前迭代的点用绿色（可行）或红色（不可行）表示 以前的点为浅灰色（可行）或深灰色（不可行）
Iterations	迭代序贯使用从蓝色到红色的颜色进程来显示
Neutral	所有的点都用蓝色表示
User-defined	用户定义的颜色和形状，只有在定义点类别时才可用（参见第 17.1.5 节）

点选项见表 16-5。

表 16-5　点选项

选择	描述
Experiments	实验绘图（如果没有可用的模拟结果，默认情况）
Analysis Results	模拟结果绘图（散点图默认情况）
Feasible	可行模拟结果绘图（散点图默认情况）
Infeasible	不可行模拟结果绘图（散点图默认情况）
Pareto Optimal Solutions	帕累托最优解绘图（折中图的默认情况，参见第 16.5.1 节）
Use reduced set of points	只对帕累托最优解有效，绘制从帕累托最优解中选取的 100 个均匀分布点
Best computed	用最小的多目标值绘制运行图，或者在所有运行都表示不可行设计的情况下，用最小的约束冲突绘制运行图
Only show last optimum	省略前面迭代的最佳计算点
User-defined	分配给选定类别和其他选定点选项的绘图点，只有在定义了点类别时才可用，参见第 17.1.5 节
Only in GSA subregion	满足其他选定点选项并位于范围选项卡中选定 GSA 子区域内的绘图点。只有在为 GSA 定义了子区域时才可用（参见第 4.11.1 和第 16.1.9 节）

16.2.3　平行坐标图

与散点图相比，使用平行坐标图可以使得可视化的维数不受限制。每个维度都显示在垂直轴上，每个数据点显示为连接垂直轴上各个值的多线，如图 16-16 所示。实体的范围可以使用每个垂直轴末端的滑块进行更改，使范围之外的点无法选择。选定范围内的点显示为蓝色，其余点显示为灰色。选中的点显示为紫色，如果只选中一个点，则在图中显示每个实体的对应值。

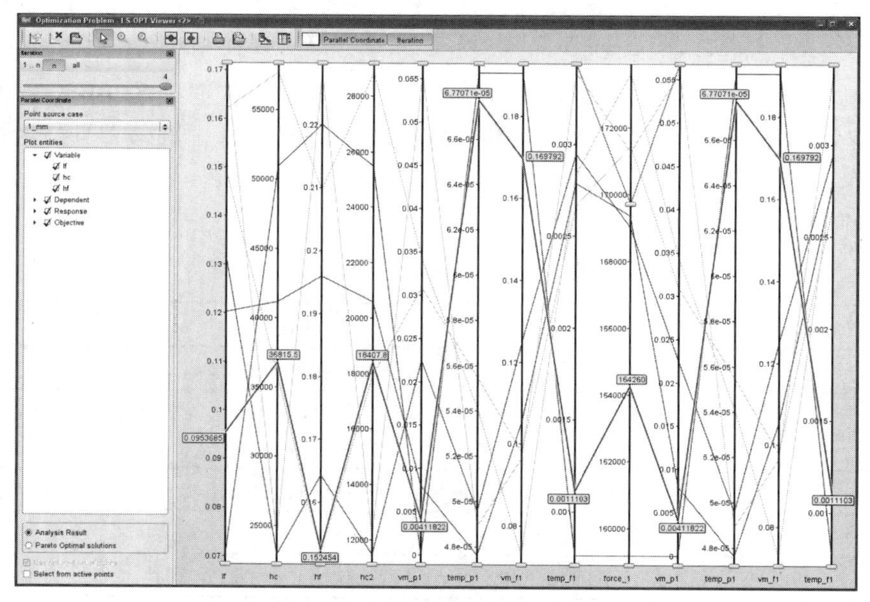

图 16-16　与所选点平行坐标图

平行坐标绘图的选项见表 16-6。

表 16-6　平行坐标绘图选项

选择	描述
Analysis Results	模拟结果绘图（默认）
Pareto Optimal Solutions	帕累托最优解绘图（参见第 16.5.2 节）
Use reduced set of points	只对帕累托最优解有效；从帕累托最优解中选出 100 个点
Show virtual points	绘制所选表中生成的虚拟点（参见第 17.1.3 节）
Select from active points	选择所有不在句柄设置约束之外的点（参见第 16.2 节），有助于在另一个图中可视化这组点
Only selected	只选择运行绘图（参见第 16.2 节）
User-defined colors	用户定义的颜色，只有在定义了点类别时才可用（参见第 17.1.5 节）
User-defined points	分配给选定类别的绘图点，只有在定义了点类别时才可用（参见第 17.1.5 节）

16.2.4　自组织映射

仿真类函数中的自组织映射图类似于第 16.5.4 节中描述的自组织映射图，但是在这里，默认设置是可视化分析结果。

16.2.5　历史绘图

图 16-17 是基于时间数据或模拟得到的交绘图来可视化历史曲线。如果选择一个变量作为 y 实体，将显示一个 3D 绘图。着色选项与点着色选项相同，参见第 16.2.2 节。如果在优化问题中定义了文件的历史记录，除了仿真曲线外，还可以将其可视化，如图 16-18 所示。Multi 选项支持在同一个图中绘制多个历史记录。

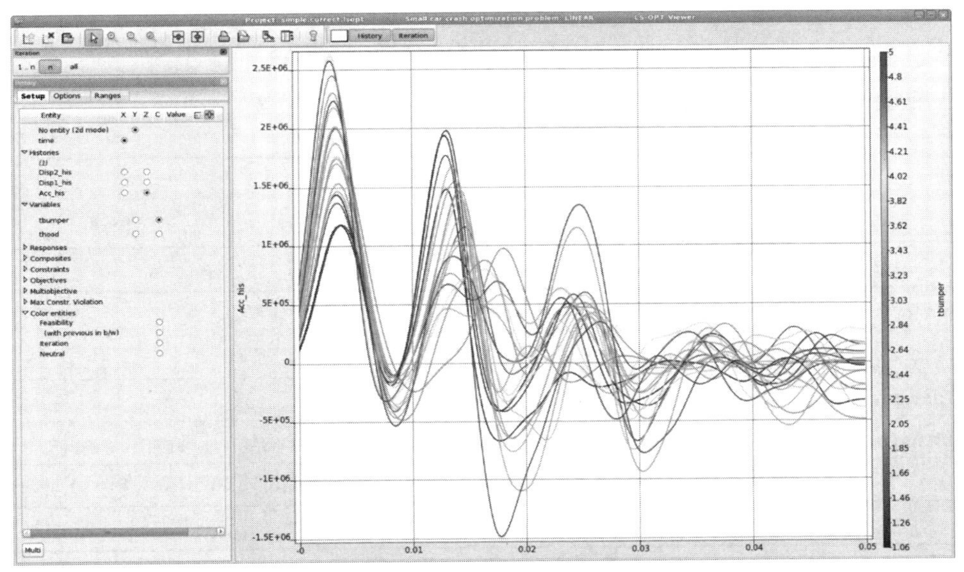

图 16-17　历史曲线图（不同变量具有不同着色）

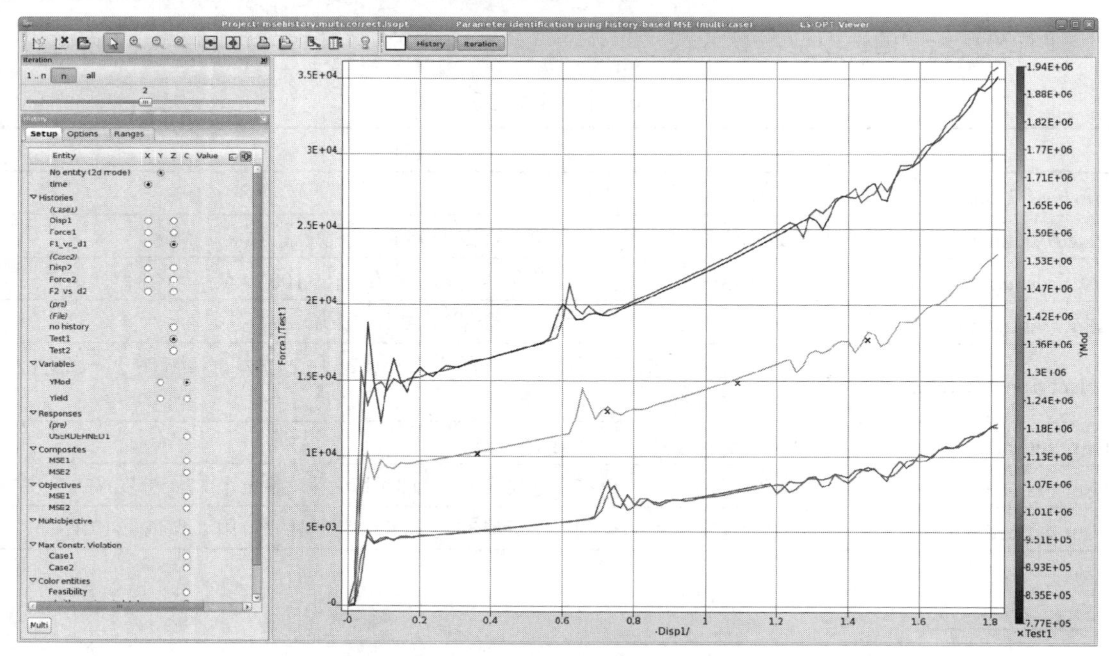

图 16-18　由目标曲线变量着色的仿真历史（文件历史）

表 16-7 解释了其他历史选项。表 16-8 和表 16-9 及图 16-19 还可以显示历史统计数据。第 16.3.5 节解释了预测历史选项和残差统计。

表 16-7　历史图表选项：实验历史

选项	描述
Feasible	可行性运行绘图
Infeasible	不可行性运行绘图
Only optimal	所选迭代的最优运行绘图
Only selected	只绘制选定运行绘图，请参见第 17.1.1 节，选中的曲线没有突出显示
Only best computed	分别用最小的多目标冲突和约束冲突绘制运行图
Points	绘制除插值线外的离散历史点

表 16-8　历史图表选项-统计

选项	描述
Use Metamodels and Distributions	使用元模型和输入变量的统计分布构造统计量
Mean	历史值的平均值
Standard deviation	历史值的标准偏差
Mean +- Standard deviation	历史值的（平均值+标准差）和（平均值−标准差）
Max	历史值的最大值（使用元模型和分布时，平均值+两个标准差）
Min	历史值的最小值（使用元模型和分布时，平均值−两个标准差）

表 16-9　历史图表选项：高级统计

选项	描述
Range	历史值的范围（最大值减去最小值；使用元模型和分布时的四个标准差）
Sample index of Min	发生最大值模拟作业的 ID。这可以用来识别可能包含不同分支的作业
Sample index of Max	发生最小值模拟作业的 ID。这可以用来识别可能包含不同分支的作业
Safety margin	安全裕度（约束裕度），考虑响应的给定范围和响应的变化，采用蒙特卡罗分析计算时
Lower/Upper bound	约束边界
Value	安全裕度值
Scaled with standard deviation	安全裕度值与标准偏差成比例
Probability of failure	失败的概率
N-th% confidence interval	失败概率的置信区间。默认是 95%

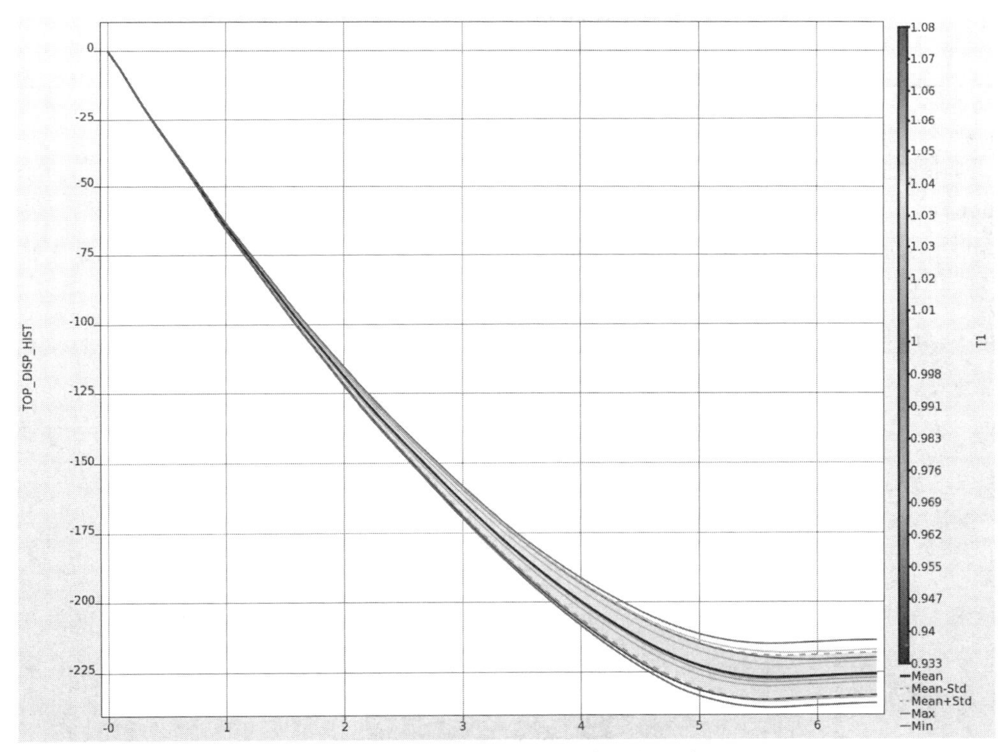

图 16-19　实验和所选统计数据的历史

16.2.6　统计工具

统计工具选项提供多种类型的图，如直方图、总结图、违反约束边界的概率图、相关性图和协方差图。对于采样型正交阵，可以得到主效应图和相互作用效应图。

该特性支持直接基于仿真结果或基于元模型近似来显示统计度量。仿真结果从相关采样的 Extended Results 文件中读取。如果选择使用元模型，则执行蒙特卡罗模拟（MCS）来计算统计量。MCS 点的生成采用拉丁超立方体实验设计，是基于变量的统计分布。用户可以在查看器中控制蒙特卡罗模拟中的点数，见表 16-10。可以使用大量的 MCS 点，因为只有在这些地方才可以进行廉价的元模型计算。如果需要，可以将元模型拟合的残差作为正态分布添加到蒙特卡罗模拟的结果中。

对于优化结果，可以选择迭代，而对于概率计算，将自动选择默认的第 1 步迭代。

表 16-10　通用选项

选项	描述
Use Metamodels and Distributions	使用元模型和输入变量的统计分布构造统计量
Metamodel Points	用蒙特卡罗方法对元模型进行数值模拟，构造统计量
Add Residuals	将元模型拟合的残差（“噪声”）作为正态分布添加到蒙特卡罗模拟的结果中
Use Opt. Iter. Start Design	使用所选迭代的起始设计作为平均值显示统计信息。如果不勾选，默认为迭代的最优解，即使用下一个迭代的起点

1．直方图

可绘制变量、依赖项、响应、复合、约束和目标的直方图。有三种类型的直方图：频率（Frequency）、相对频率（Probability）和每单位类别间隔宽度的相对频率（PDF）。表 16-11 描述了可用的选项。直方图窗口如图 16-20 所示，可行性信息使用不同的背景颜色显示（绿色表示可行，红色表示不可行）。

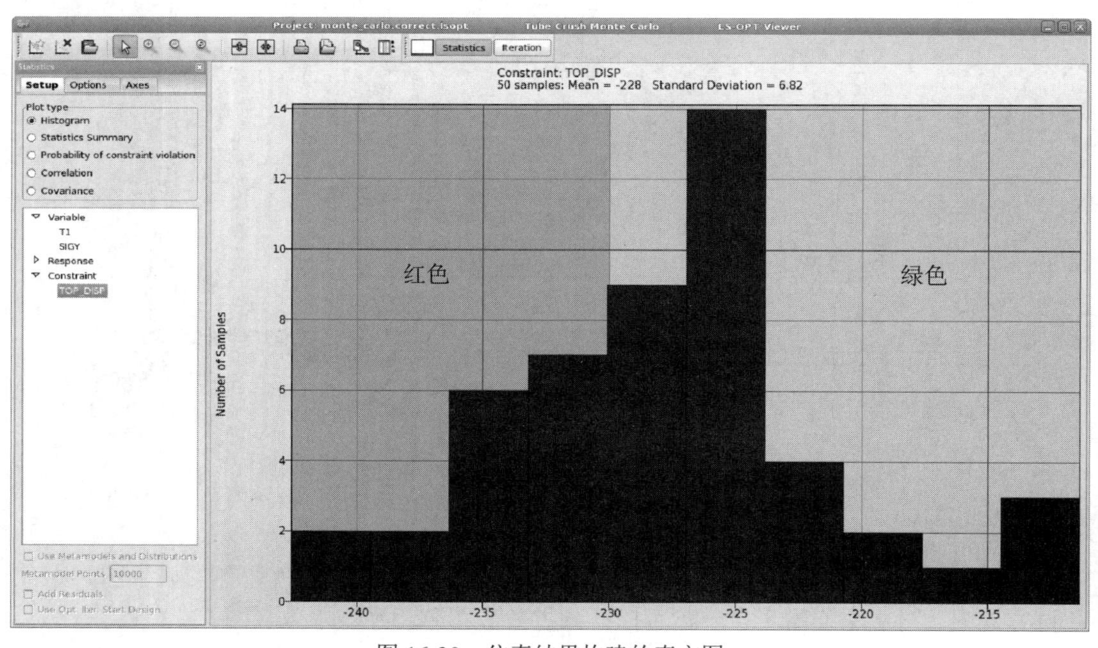

图 16-20　仿真结果构建的直方图

表 16-11　直方图可用选项

选项	描述	
Y-axis scaling	Frequency	样本的数量
	Probability	相对频率：（样本数量）/（样本总数）
	PDF	单位类别间隔宽度的相对频率：（样本数量）/（样本总数）/（类别宽度）
Number of Bars	直方图条数可以由用户指定	
Mean value	平均值显示为粗线	
Standard deviation	标准差用两条线表示（平均值±std）	
Median	中位数显示为粗线	
Kernel density estimation	仅 y 轴缩放 PDF。显示对绘制实体概率密度函数的估计	
Constraints	Feasibility	通过可行性为绘图背景上色
	Value	将约束边界显示为行
	Upper Bound	为实体定义上界
	Lower Bound	为实体定义下界
Box plot	箱线图：显示直方图下方的方框图，方框的左右端分别为第一和第三个四分位。工具提示或单击绘图可以可视化中位数、第一和第三个四分位数的值。有几种分支类型：	
	min/max	所有数据的最小值和最大值
	Interquartile range	最低基准面仍在上四分位的 1.5IQR 范围内，最高基准面仍在上四分位的 1.5IQR 范围内
	Standard deviation	平均±标准差
	9%/91%	第 9 百分位和第 91 百分位

2. 总结图

用条形图显示所选变量、依赖项、响应或复合的标准差和平均值。95%置信区间用红色表示，如图 16-21 所示。

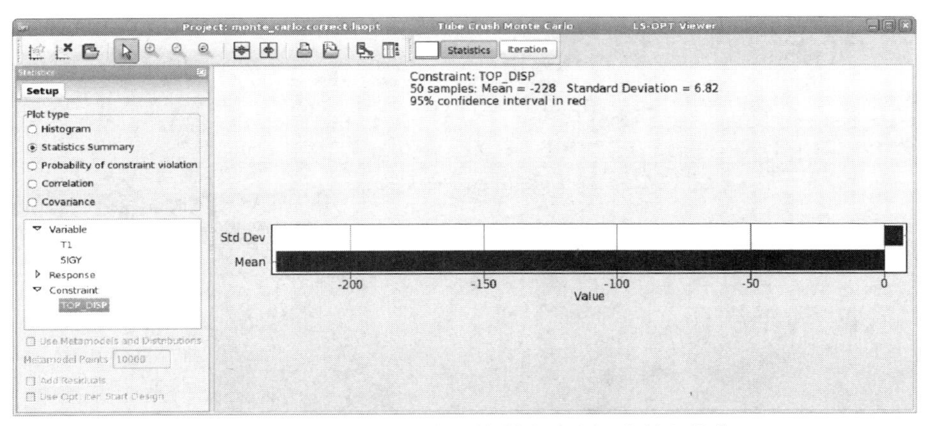

图 16-21　由仿真结果构建的所选响应标准差和均值

3. 违反约束边界的概率图

可以在 Options 选项卡中为所选变量、依赖项、响应或复合分别指定下界和上界。实体违反边界的概率用条形图表示。95%置信区间用红色表示，如图 16-22 所示。

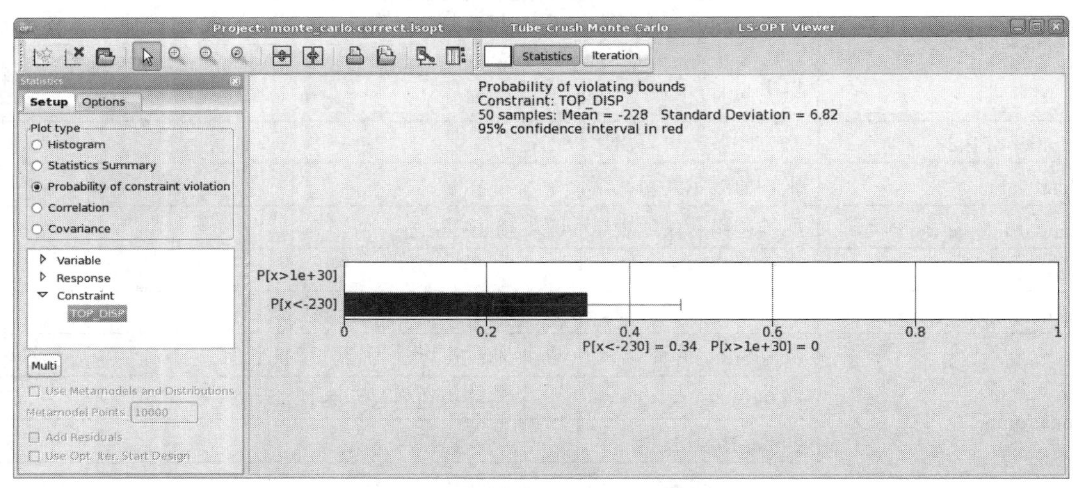

图 16-22 TOP_DISP <-230 的概率

由仿真结果构建的 95%置信区间内，TOP_DISP < -230 的概率为红色，为 95%置信区间。

通过单击 Multi 按钮，可以在实体选择列表中直接指定下界和上界值，并且可以选择多个实体。图中显示了所有选定实体分别违反下界和上界的概率。此外，还显示了多个约束的组合效果：违反任何下界、任何上界和任何约束的概率。

4. 相关性图

可以显示响应和复合函数相对于设计变量的相关系数，以及它们的置信极限（图 16-23）。可以使用模拟点或元模型，以及变量的统计分布。如果使用元模型，则使用拉丁超立方体实验设计进行蒙特卡罗模拟，并对元模型进行变量的统计分布，以获得期望的结果。生成的图可以用来评估没有元模型分析的随机贡献。

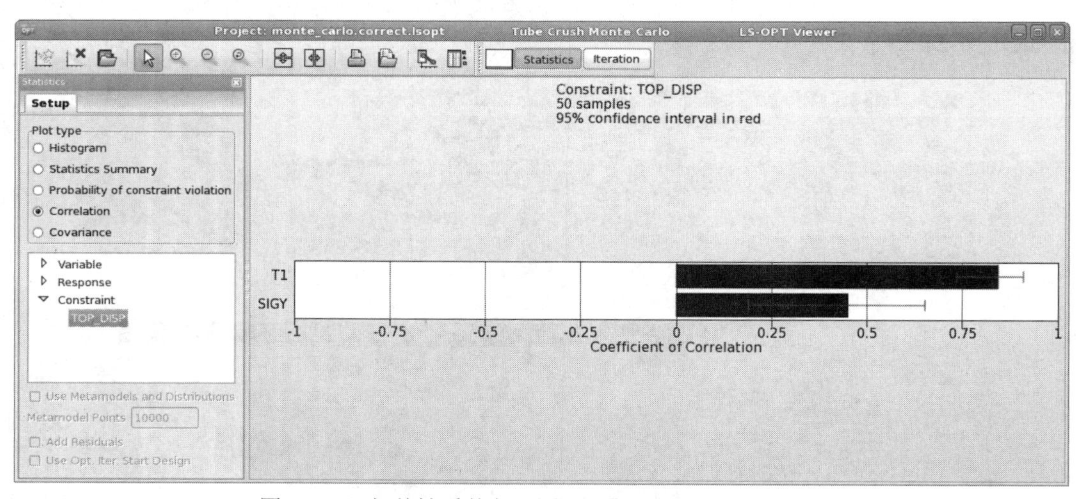

图 16-23 相关性系数条形图（红色为 95%置信区间）

5. 协方差图

对于设计变量而言，可以显示响应和复合的协方差（图 16-24）。该图与相关性图非常相似，可以在没有元模型的情况下，用于评估分析的随机贡献。

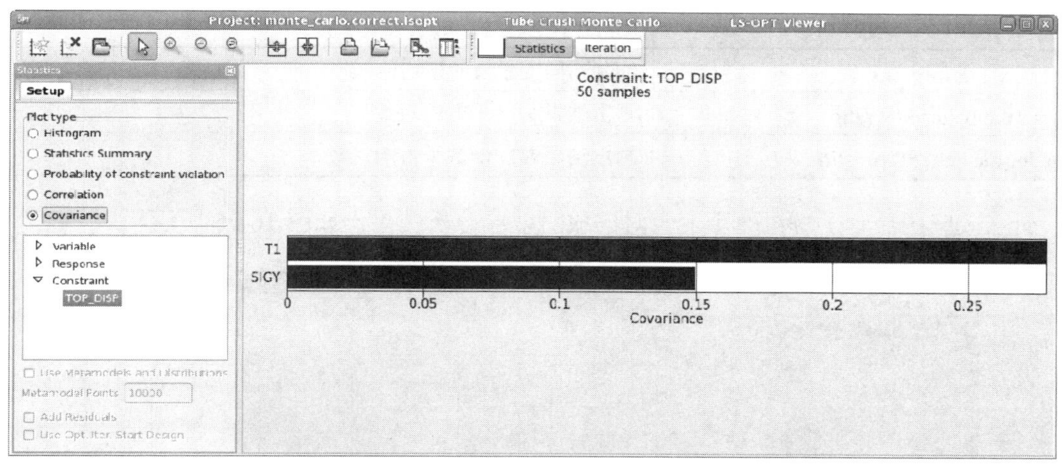

图 16-24　协方差图

6. 正交阵：主阵与交互作用

当采用正交阵列采样时，可以观察到变量主效应和相互作用对结果的影响。这些图可以在模拟绘图的统计工具中找到。

主效应图显示每个变量值的效果分析结果，可以观察几个变量和几个响应的效果，如图 16-25 所示。

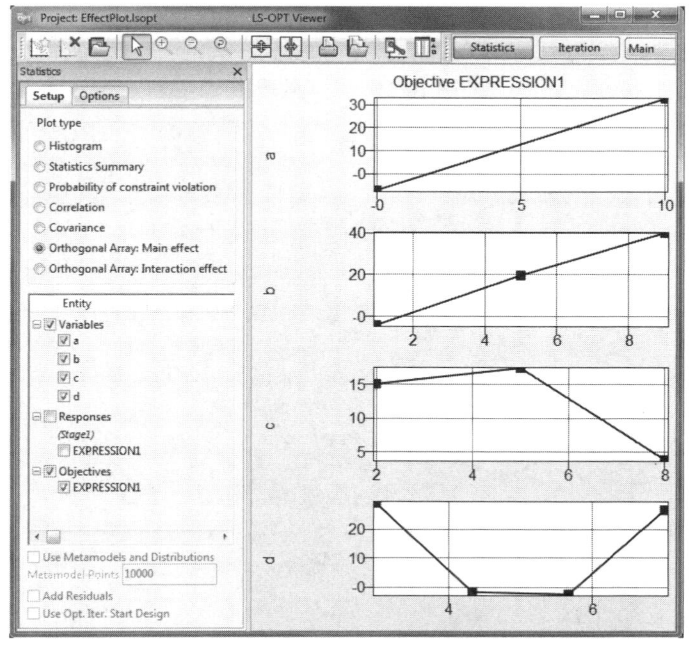

图 16-25　主效应图

对于主效应图或交互效应图，可以选择绘制响应的均值，也可以选择 S/N 比值越小越好，也可以选择 S/N 比值越大越好，相关选项见表 16-12。

表 16-12　主效应和交互效应图选项

选项	描述
Plot of Mean Responses	绘制不同变量值的平均值
Larger the better S/N ratio	画出结果 S/N 平方的对数
Smaller the better S/N ratio	画出结果 S/N 倒数平方的对数

交互效应图显示了每组两个变量对的成对效应分析结果，如图 16-26 所示。

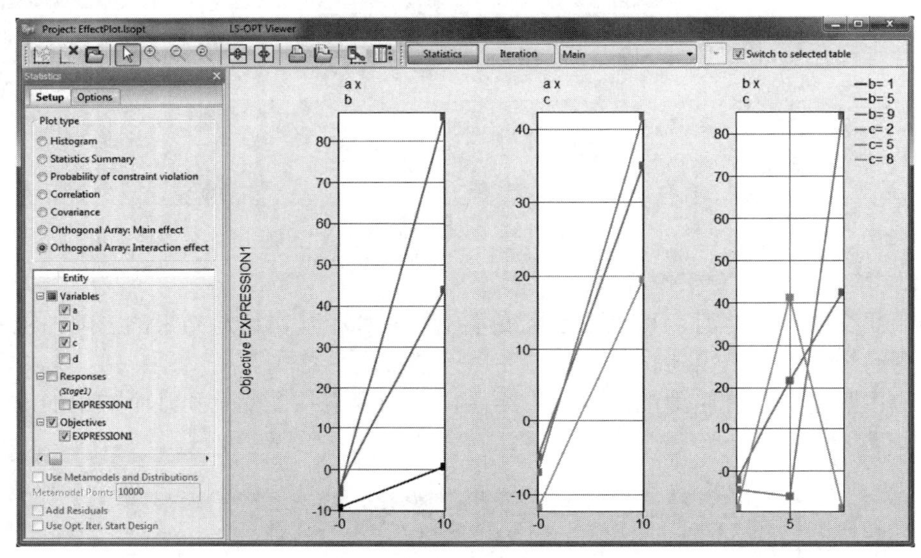

图 16-26　交互效应图

16.3　元模型结果可视化

元模型的选项如图 16-27 所示。

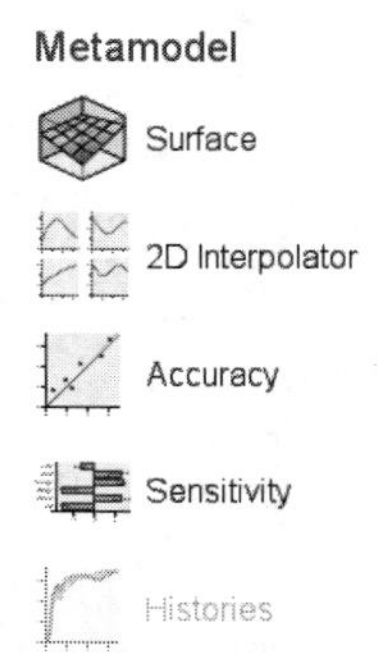

图 16-27　元模型选项

16.3.1 曲面图

元模型曲面和仿真点的二维或三维截面可以从任意角度绘制和观察。图像旋转是通过按住 Ctrl 键同时移动鼠标来执行的（与 LS-PREPOST 相同）。面板底部的 XY、XZ 和 YZ 按钮将绘图旋转到各自的坐标平面。以下选项可供选择。

1. 设置

这里选择一个或两个变量以及响应或复合函数。滑块和文本字段分别可以为未选择变量（未绘制变量）来更改变量值。可以使用列标题中的图标从滑块切换到文本字段。通过选择 Predicted value 选项，可以激活活动变量的滑块或文本字段，曲面绘图设置选项见表 16-13。

表 16-13 曲面绘图设置选项

选项	描述
Gridlines	网格线显示在曲面上（图 16-28）
Isolines	等值线显示在曲面上（图 16-29）
Predicted value	所选变量值的预测值显示在曲面，变量和响应值显示在左上角（图 16-30）
Variable values	图中分别显示固定变量和所有变量的值，如果选择预测值，则显示所有变量的值
Constraints	约束显示在曲面上，如图 16-31 所示。可行性区域用绿色表示，红色阴影表示不可行性程度（违反约束的数量），3D 中的彩色线条和 2D 中的“+”标记分别表示精确满足约束的位置。工具提示显示约束名称和边界。Advanced 按钮为每个约束显示一个复选框，以选择要显示哪些约束
Classifiers	分类器边界显示在曲面上。工具提示显示分类器名称
Surface transparency	表面透明度设置
Center variable sliders on Optimum	变量滑块设置为所选迭代的最优值

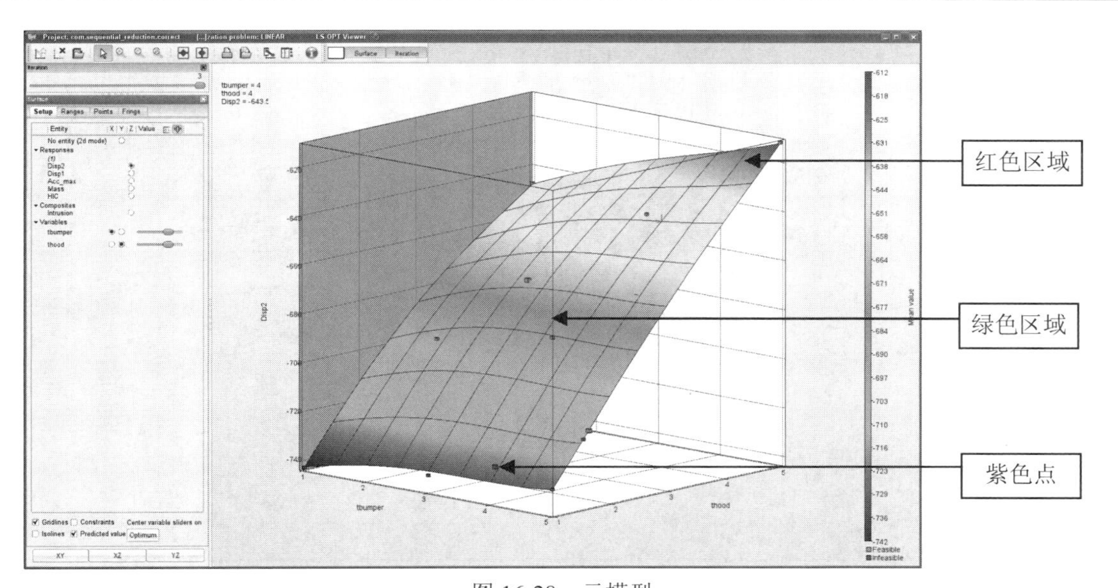

图 16-28 元模型

图 16-28 中显示可行性点（绿色）和不可行性点（红色）。预测点以紫色显示（thood = 4，tbumper = 4），值显示在左上角。

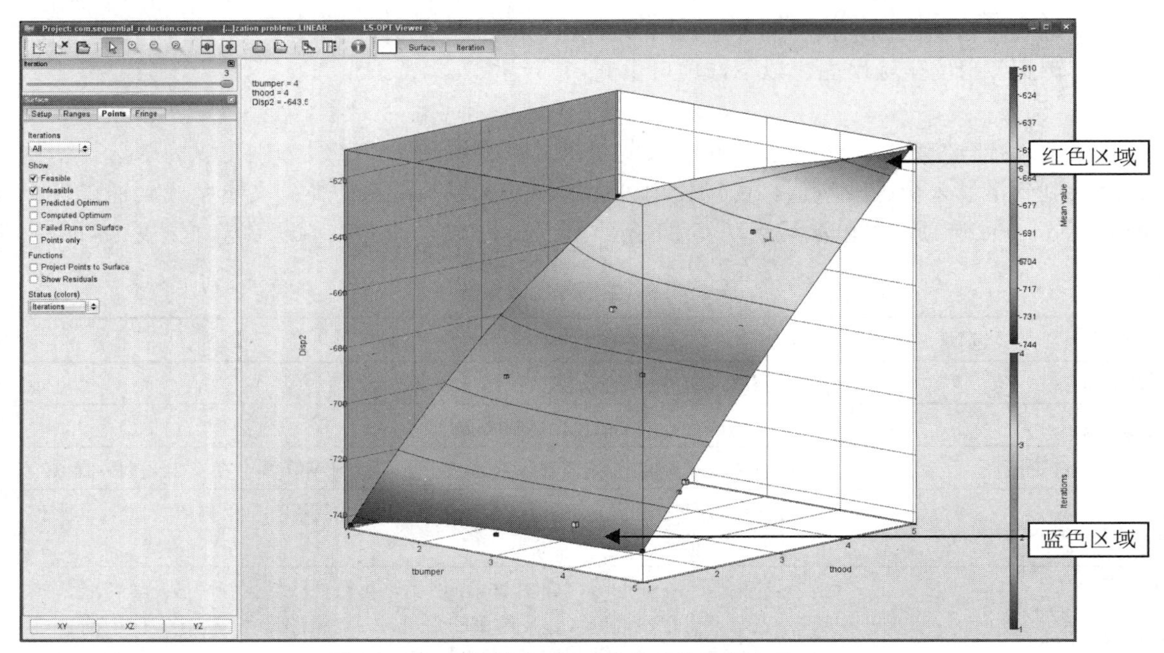

图 16-29　元模型图（显示迭代数的点颜色编码）

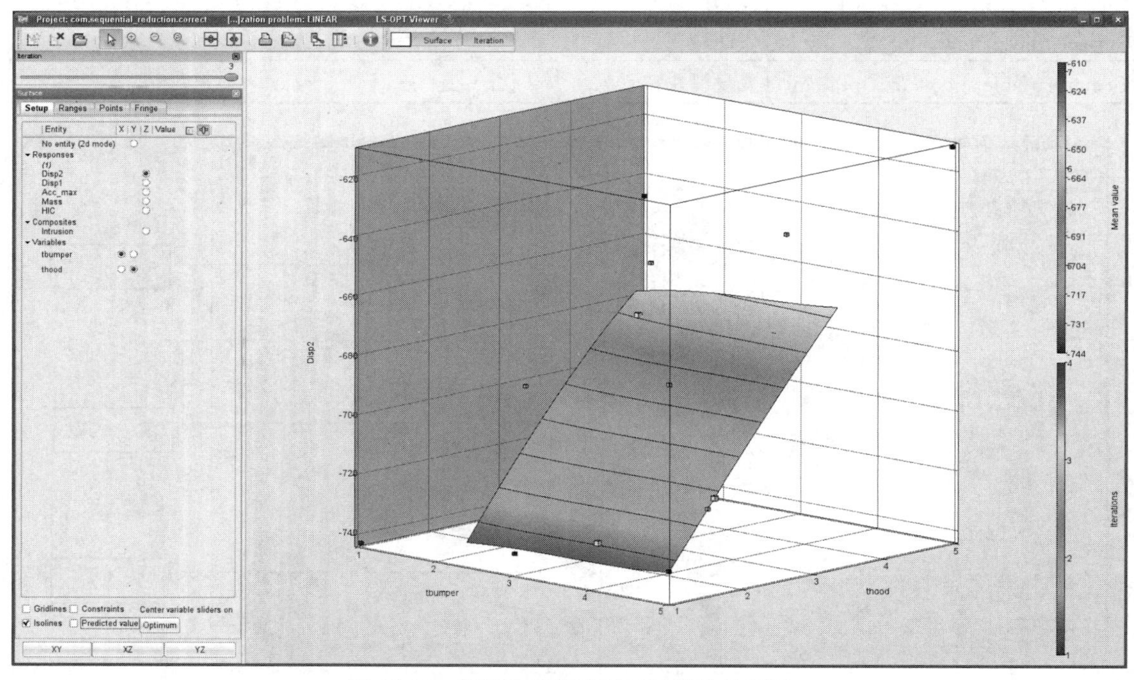

图 16-30　第四次迭代感兴趣区域的曲面图

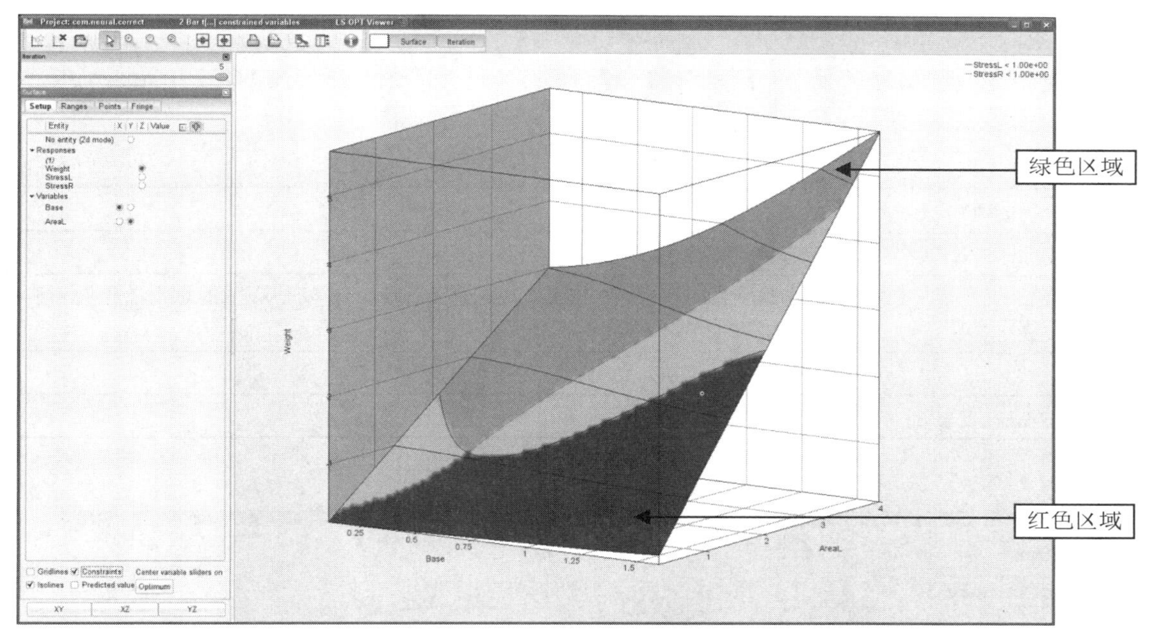

图 16-31 等值线图显示了目标函数上的等值线以及约束轮廓和可行性

如图 16-31 所示，可行区域用绿色表示。红色表示不可行的程度（违反约束的数量）。注意右上角描述约束的图例。显示约束名称和边界的工具提示也可用于约束行。

2. 散点图

曲面散点图绘图选项见表 16-14。

表 16-14 曲面散点绘图选项

选项	描述
Feasible	只显示可行性运行
Infeasible	只显示不可行性运行
Predicted Optimum	显示预测最优
Computed Optimum	显示计算最优
Best Computed	分别用最小的多目标冲突和约束冲突绘制运行图
Only show last optimum	忽略最佳计算点，并预测和计算之前迭代的最优值
Pareto Optimal Solutions	显示帕累托最优解
Use reduced set of points	只对帕累托最优解有效，绘制从帕累托最优解中选取的 100 个均匀分布点
Failed Runs on Surface	失败的运行，如错误终止，将以灰色投影到曲面
Points only	只显示没有曲面的点
Show virtual points	绘制所选表中生成的虚拟点（参见第 17.1.3 节）
Only in GSA subregion	满足其他选定点选项并位于范围选项卡中选定 GSA 子区域内的绘图点。只有在为 GSA 定义了子区域时才可用（参见第 4.11.1 节）
Project Points to Surface	这些点被投射在曲面以提高能见度。未来的版本将有一个透明选项
Show Residuals	显示连接计算值和预测值的黑色竖线

3. 点状态

点是根据所选状态（颜色）菜单选项（表 16-15）进行着色的，如图 16-32 所示。

表 16-15　曲面散点状态选项

选项	描述
Feasibility	可行性点用绿色表示，不可行性点用红色表示
Previous b/w	当前迭代的点用绿色（可行）或红色（不可行）表示。以前的点为浅灰色（可行）或深灰色（不可行）
Iterations	迭代序贯使用从蓝色到红色的颜色进度来显示，参见图 16-29
Optimum runs	最优点用绿色/红色表示，其他所有点用白色表示

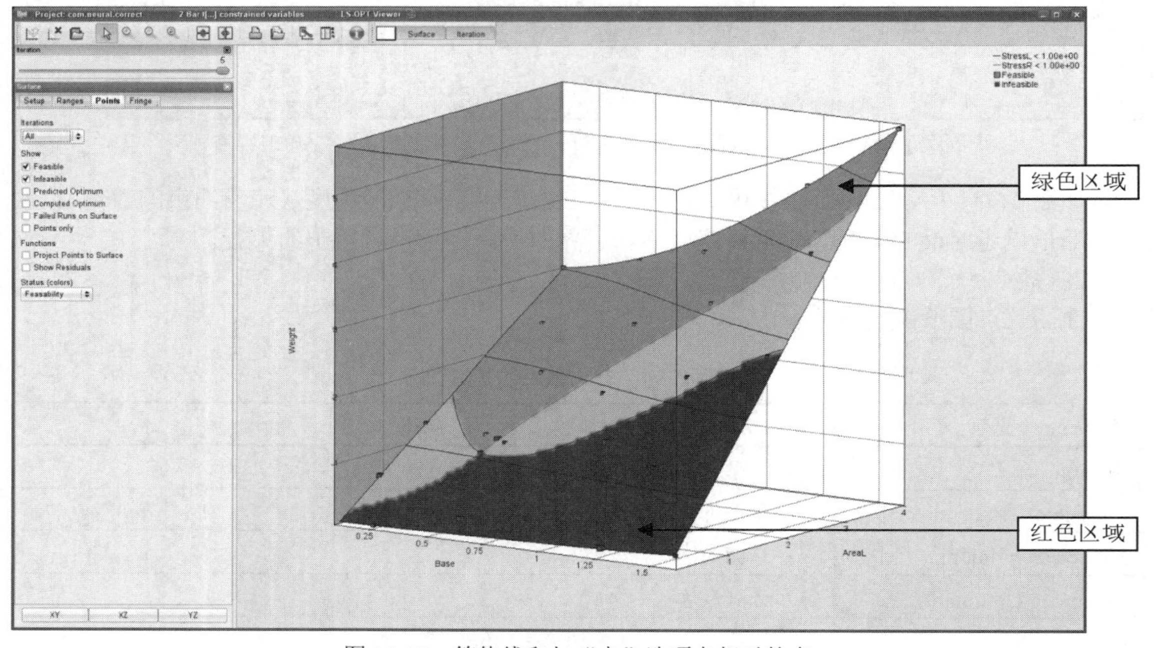

图 16-32　等值线和与“点”选项卡相对的点

4. 神经网络的边缘图选项

这个选项是函数值或神经网络集成值的标准差，并且仅在元模型类型为前馈神经网络时才可用，如图 16-33 所示。

5. 比较元模型

如果已经定义了比较元模型，则可以通过顶部的曲面显示控制面板来选择它们，如图 16-34 所示。在顶部列表中总是可以选择主元模型。

单独的元模型是在 Setup 选项卡最上面对话框中选择的。

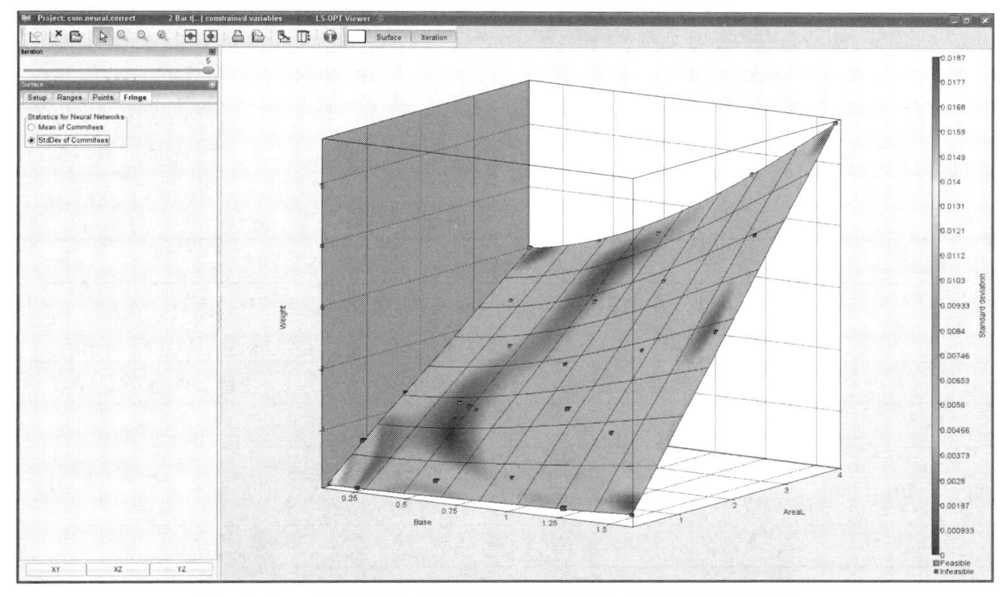

图 16-33　元模型图（显示了神经网络集成值的标准偏差）

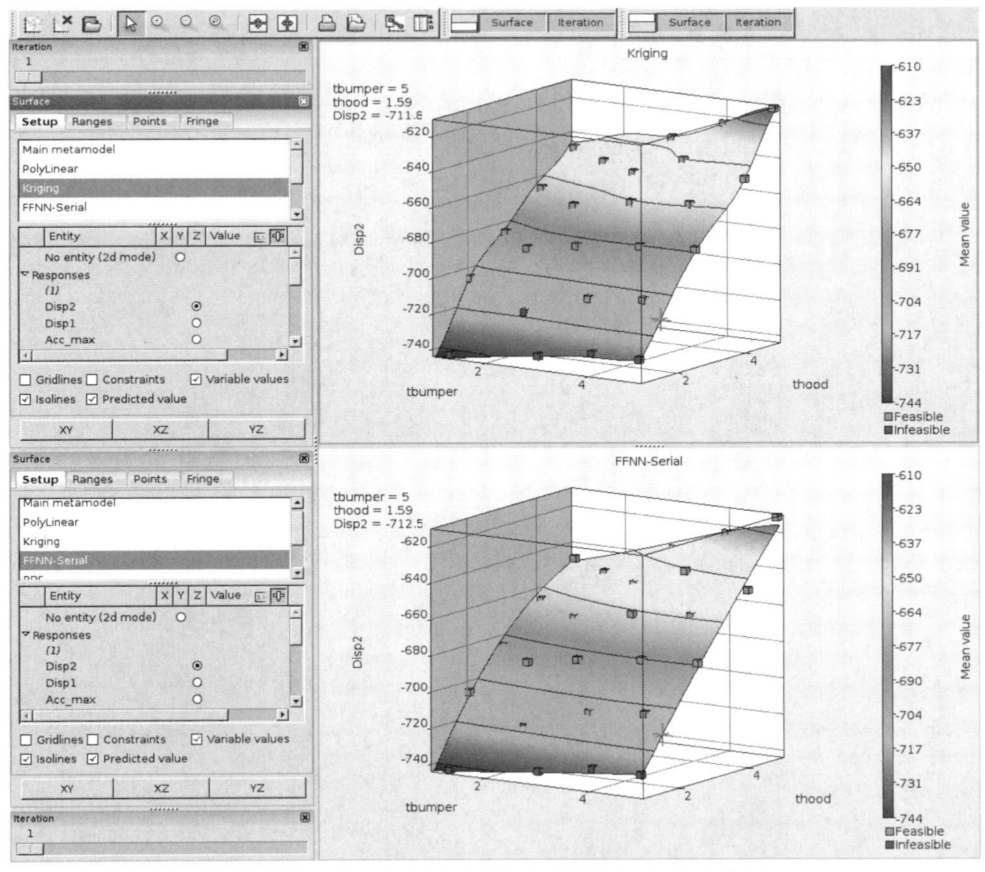

图 16-34　基于相同仿真结果选择的两个比较元模型

16.3.2 二维插值绘图

插值图是一种显示多个二维曲面图的工具。所有选择的响应和复合都根据所有选择变量来绘制。默认值是在一行中显示所有变量的每个响应。二维插值绘图的选项见表 16-16。

表 16-16 二维插值绘图选项

选项	描述
Constraints	约束显示在曲面上。可行区域为绿色，红色阴影表示不可行程度（违反约束的数量），2D 中的彩色+标记表示精确满足约束的位置
Predicted value	所选变量值的预测值显示在曲面（紫色线）上，变量和响应值显示在面板中
Transpose	可以对列中的所有变量显示每个响应
Link ranges col/row	如果选择转置，则对列和行中的所有绘图分别使用相同的 y 值范围。这是默认值
Link all ranges	所有的图都使用相同的 y 值范围
Center on Opt.	变量滑块设置为所选迭代的最优值
Automatically apply	默认情况下，任何新的选择都会自动重新生成该图。因为这需要时间，所以可以关闭它。可以在面板中执行多个选项更改，并且只有在单击 Apply 按钮时才会重新生成绘图

有关 Points 选项的说明见表 16-14 和表 16-15。

带约束的插值绘图如图 16-35 所示，其中可行区域为绿色，红色阴影为不可行性程度（违反约束的个数），预测值为紫色线。

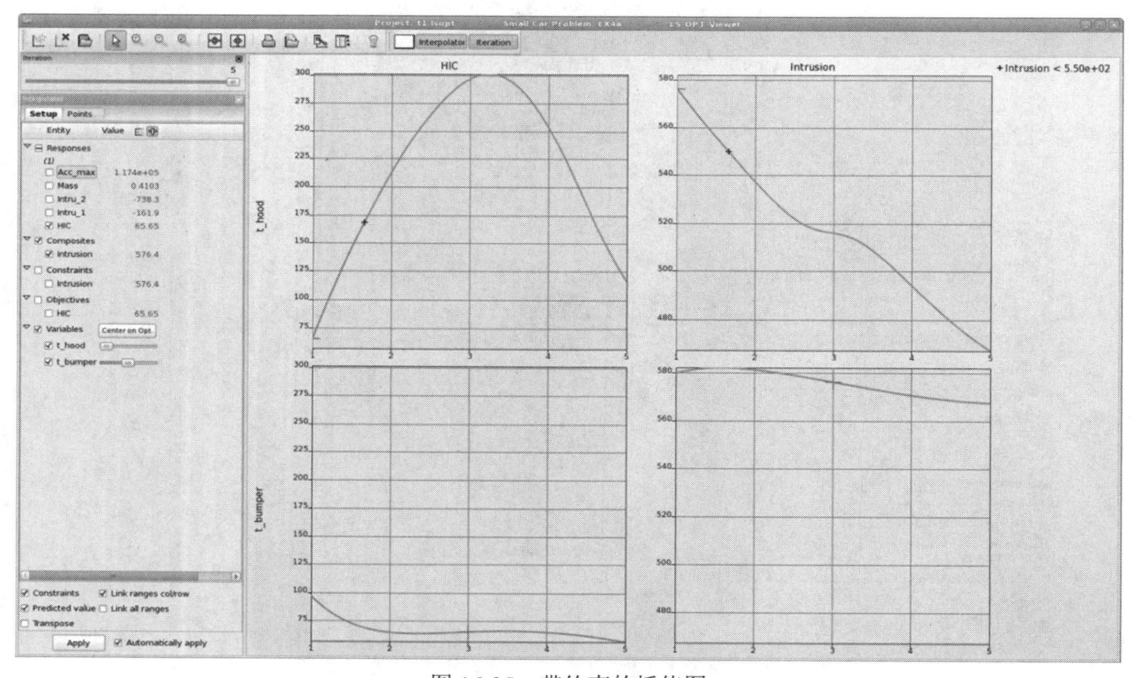

图 16-35 带约束的插值图

16.3.3 精度绘图

元模型精度适用于所选响应或复合，在预测与计算对比图中得到了说明，如图 16-36 所示。每个迭代的元模型结果使用滑块单独显示。所有用于近似元模型的点都显示出来，即对于线性元模型，显示当前迭代的点，而对于所有其他元模型，则也显示以前所有迭代的点，如图 16-36 所示。错误度量显示在标题中。精度绘图选项见表 16-17。

表 16-17 精度绘图选项

选项	描述
Feasible	可行性运行绘图
Infeasible	不可行性运行绘图
PRESS Statistics	根据计算值绘制的 PRESS 残差
Status (colors)	点的着色选项见第 16.2.2 节

图 16-36 中这些点用颜色编码来表示可行性。最大的点表示最近的迭代。

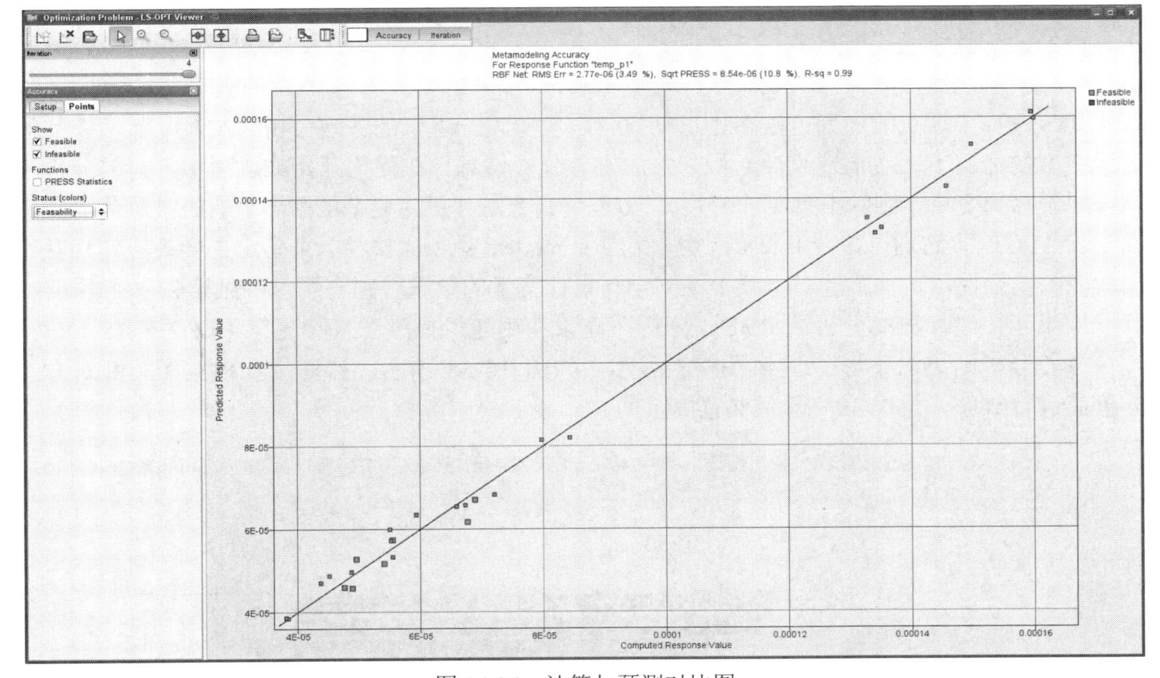

图 16-36 计算与预测对比图

比较元模型

如果已经定义了比较元模型，则可以通过顶部的精度显示控制面板来选择它们，如图 16-37 所示。在顶部列表中总是可以选择主元模型。

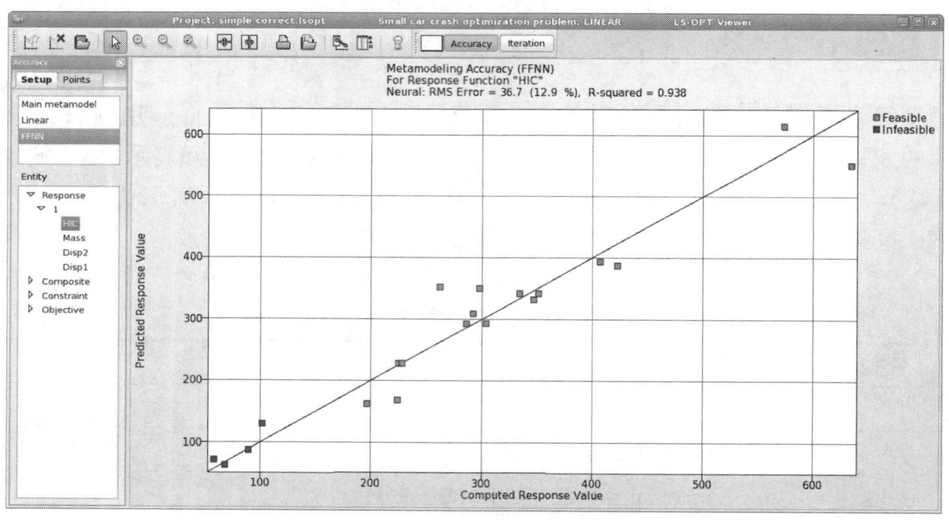

图 16-37 用于比较元模型的 FFNN 计算和预测对比图

16.3.4 敏感性绘图

敏感性绘图提供了方差分析和全局敏感性分析（GSA）结果的可视化（这些分析都是基于方差的敏感性指数进行的）。

1. 线性方差分析

如果选择多项式响应面方法，则自动执行与实验设计近似的方差分析（ANOVA）。在其他近似类型的情况下，也构造线性近似来生成方差分析信息。在优化开始或过程中，方差分析信息可用于筛选变量（删除不重要的变量）。方差分析方法（更为复杂的版本）有时被称为“敏感性”或“DOE”，它通过部分 F-test 检验（相当于 Student’s t-test 检验）来确定主要效应和相互作用效应的重要性。这种筛选对于减少不同学科设计变量的数量特别有用，参见第 20.5 节示例。

如果正在进行概率分析或 RBDO 分析，建议使用随机贡献图（参见第 16.6.2 节）。

方差分析结果以条形图/飓风图格式显示，如图 16-38 所示。排序选项根据相关性对方差分析值进行排序，排序不考虑 95%置信区间。

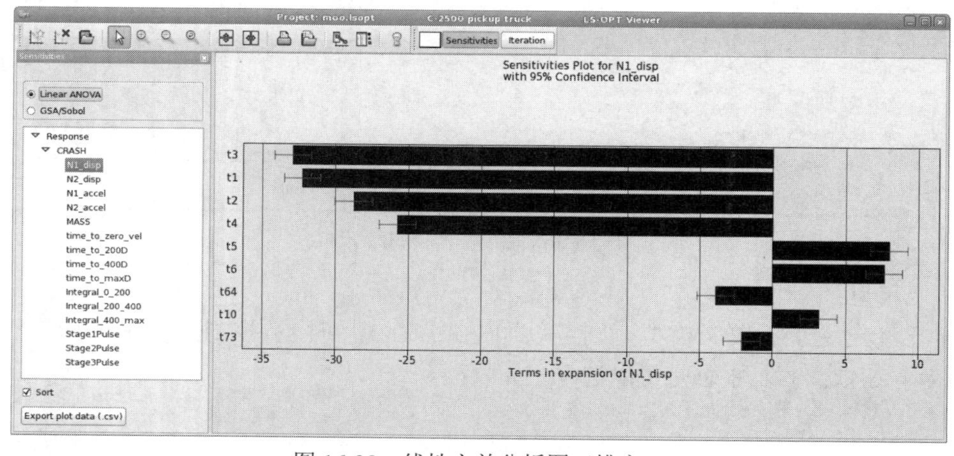

图 16-38 线性方差分析图（排序）

使用 Export plot data（.csv）选项，可以将所选响应的 ANOVA 结果存储在.csv 文件中。

单击图表将显示图中各自的导数值（按可变范围缩放）和置信区间界限。

2. GSA/Sobol

只有在任务对话框中选择 Global Sensitivities 选项或从主 GUI 窗口的 Add 菜单中选择全局灵敏度时，才会执行全局灵敏度分析，参见第 4.11 节。

图 16-39 显示了全局灵敏度图的一个示例。每条表示一个变量对各自响应方差（总灵敏度指数）的贡献。这些值被归一化，以便所有显示值的和为 100%。这些值显示在标签中。

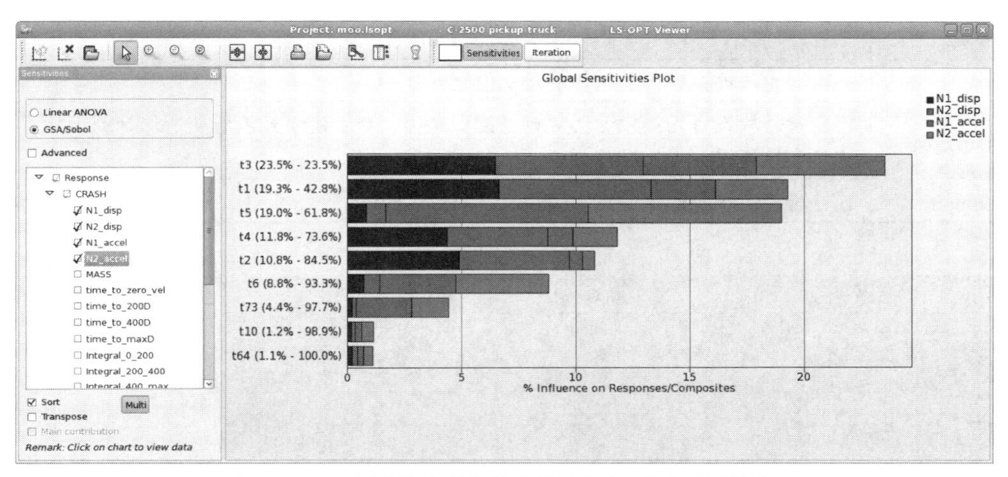

图 16-39　对所有响应和复合的全局敏感性进行排序

对于已排序的图，按降序排列所有值的累积灵敏度指数也显示在标签中。单击图表将显示图表中各自的灵敏度值和方差。GSA/Sobol 绘图选项见表 16-18。

表 16-18　GSA/Sobol 绘图选项

选项	描述
Sort	按相关性对数据排序
Transpose	敏感性值按响应/复合进行分组
Main contribution	除总贡献外，还显示主要贡献
Multi	可以选择多个响应/复合
Advanced	显示 GSA 值的加权和。 可以使用实体右侧的滑块或在文本字段中输入一个值来选择每个实体的权重（使用实体列表顶部的图标切换到文本字段）
GSA Subregion	在选定子区域计算的灵敏度显示，参见第 4.11.1 节。 每个变量的范围显示在标签中

16.3.5　历史绘图

如果在 LS-OPT 用户界面的 Sampling dialog Features 选项卡中设置了 Approximate History 选项卡，则对于使用元模型的任何设计点，会提供一个近似历史数据库，参见第 9.5.1 节。如果在 Options 选项卡中选择了预测值历史记录，则对在元模型上为所选设计点评估的历史记录进行绘图，如图 16-41 所示。使用底部的 Setup 选项卡的 Value to plot 选项，可以绘制错误度量来判断元模型的质量。如果预测的历史被变量着色，则在所选变量的范围内等距值绘制多条曲线，这显示了所选参数对历史曲线的影响，如图 16-40 所示。也可以选择一个变量作为 y 值实体来获得 3D 历史绘图。

变量右边的 Center on...选项将变量滑块设置为特定值，这些值可以通过单击按钮（表 16-19）从出现的列表中选择。

表 16-19　用变量值 Center on ...选项进行历史绘图

选择	描述
Optimum	将可变滑块设置为当前迭代的最优值
Nearest history	将变量滑块设置为最接近历史记录的变量值，对于用于预测历史所选择的设计点而言，这是最接近设计点的计算历史
Selected point	设置可变滑块到选定的点，例如，一个帕累托最优解。仅在只有一个选定的点时才激活

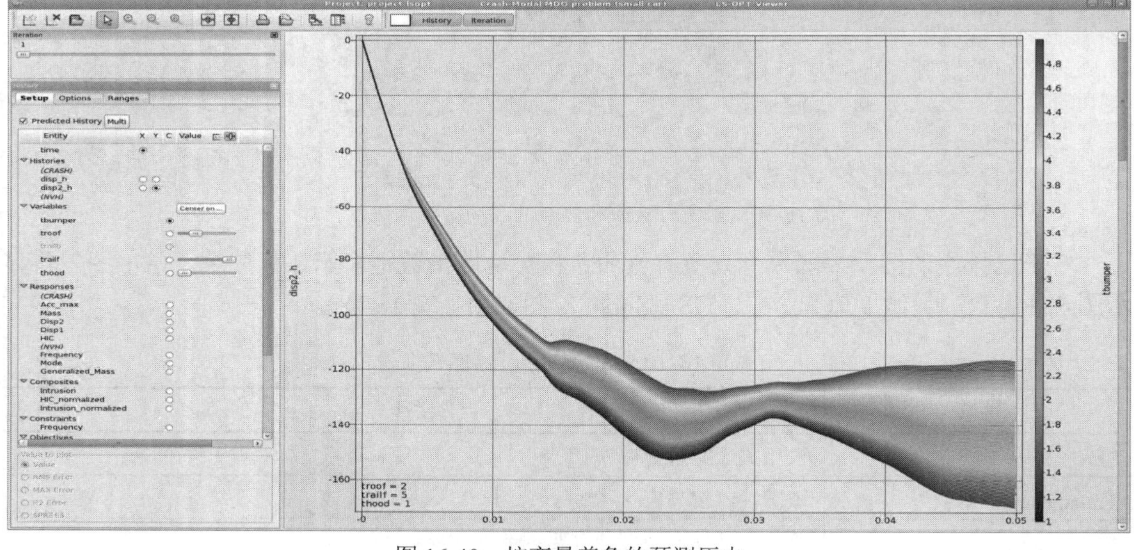

图 16-40　按变量着色的预测历史

预测历史的选项见表 16-20，残差统计的历史图表选项见表 16-21，高级统计的历史图表选项见表 16-22。

表 16-20　预测历史选项

选项	描述
Nearest	显示与所选设计点最近设计点的计算历史
History ± Residual standard deviation	显示历史预测元模型残差的标准差
History ± Max/Min Residual	显示历史预测元模型的最大和最小残差
Number of predicted curves	如果历史被变量着色，绘制曲线的数量
Variable values	图中显示固定变量的值

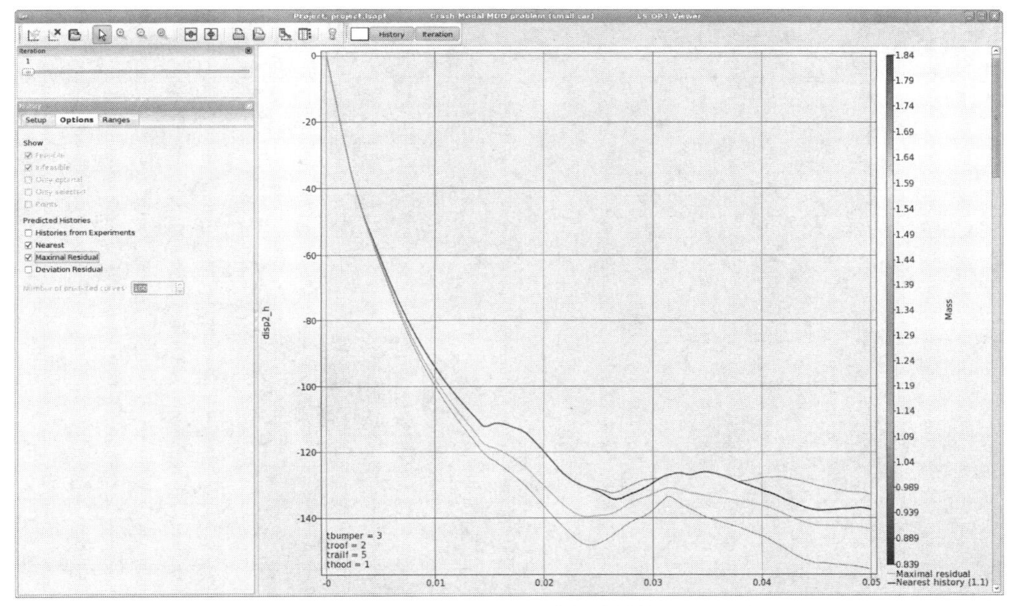

图 16-41　具有最近历史和最大残差的预测历史

表 16-21　历史图表选项－残差统计

选项	描述
Mean	残差值的平均值
Standard deviation	残差值的标准差
Max	残差值的最大值
Min	残差值的最小值

表 16-22　历史图表选项－高级统计

选项	描述
Range	残差值范围（最大值减去最小值）
Sample index of Min	这可以用来识别可能包含不同分支的作业
Sample index of Max	最小残差模拟作业的 ID。这可以用来识别可能包含不同分支的作业

16.4　优化结果可视化

16.4.1　优化历史

变量、依赖项、响应项、约束项、目标项、多目标项或纯响应（非复合或表达式）近似误差参数的优化历史表明最优值基于迭代的各自变化情况。对于变量，也显示上下界（子区域），如图 16-42 所示。对于所有依赖项、响应、目标、约束和最大冲突，黑色实线表示预测值，红色方块表示每次迭代开始时的计算值（图 16-43）。对于约束（下界和上界）分别用蓝线和红线显示。

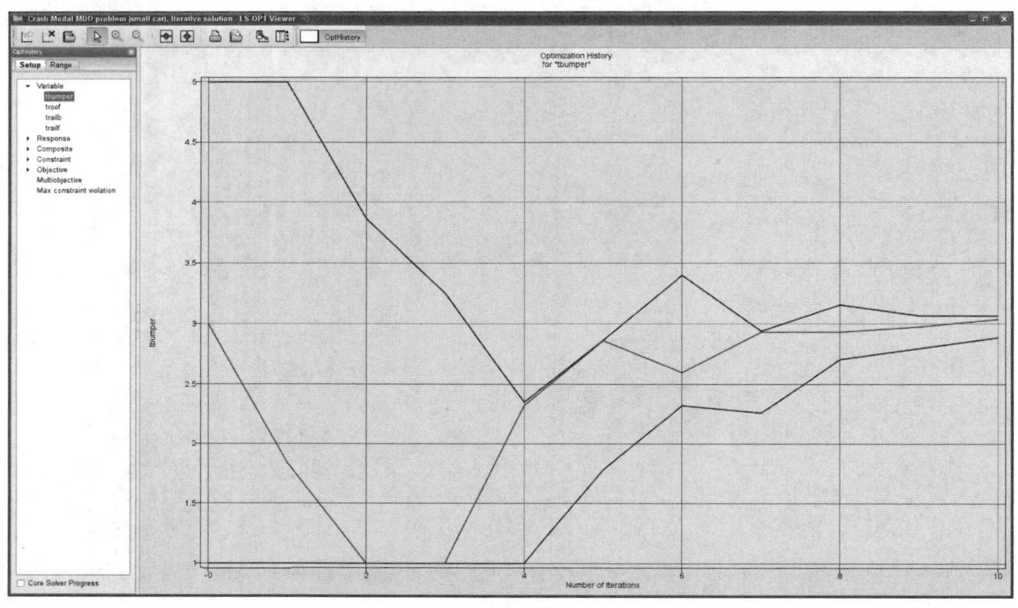

图 16-42 一个变量的优化历史图

图 16-42 中，变量值为红色，子区域为蓝色。

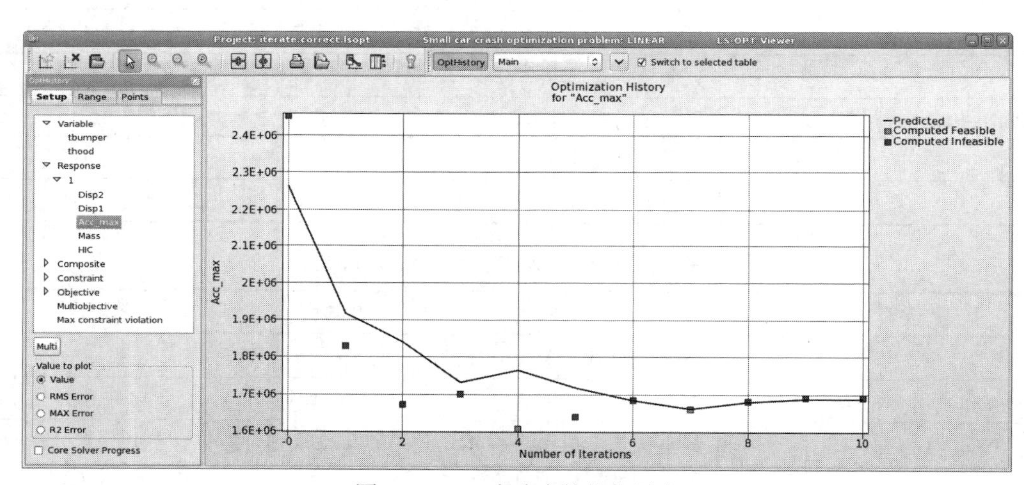

图 16-43 一个响应的优化历史

图 16-43 中，计算值为红点和绿点，预测值为黑线。

对于误差参数，只绘制优化历史的一条实红线，也可用 RMS、Maximum 和 R^2 错误指示器。对于多目标优化，可以显示 MOO 性能指标。

表 16-23 解释了优化历史图的其他选项。

表 16-23 优化历史图的选项

选项	描述
Multi	同一绘图中所有选定实体的优化历史绘图
Omit computed values	只绘制预测值

续表

选项	描述
Omit predicted values	只绘制计算值
Omit variable bounds	不为变量绘制变量边界
Omit constraint bounds	不为约束绘制约束边界
Scale variable values	将变量值缩放到[0,1]
Core Solver Progress	绘制核心求解器进程

点的选择

优化历史点的选项见表 16-24。

表 16-24 优化历史点选项

选项	描述
Optimum	计算和预测的最优绘图
Best Computed	绘制每次迭代的最佳计算点。它分别是多目标和约束冲突最小的运行。当所有点都不可行时，显示出最可行点

16.4.2 变量图

变量图显示了所选迭代的*.1 次运行的变量值和置信区间，范围为[0,1]，如图 16-44 所示。单击图表将显示图表上的实际值和边界。

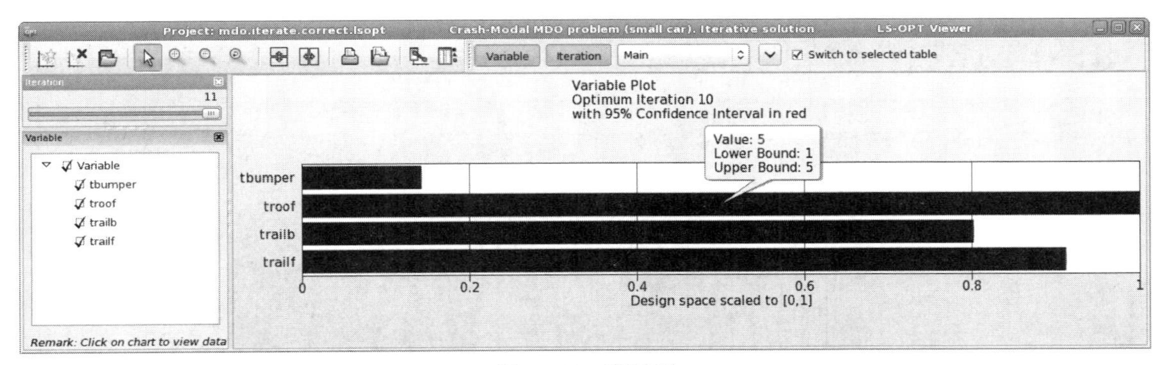

图 16-44 变量图

16.5 帕累托最优解可视化

16.5.1 取舍图

取舍图的功能类似于散点图（参见第 16.2.2 节），但这里的默认设置是绘制帕累托最优解数据，而不是分析结果数据，如图 16-45 所示。

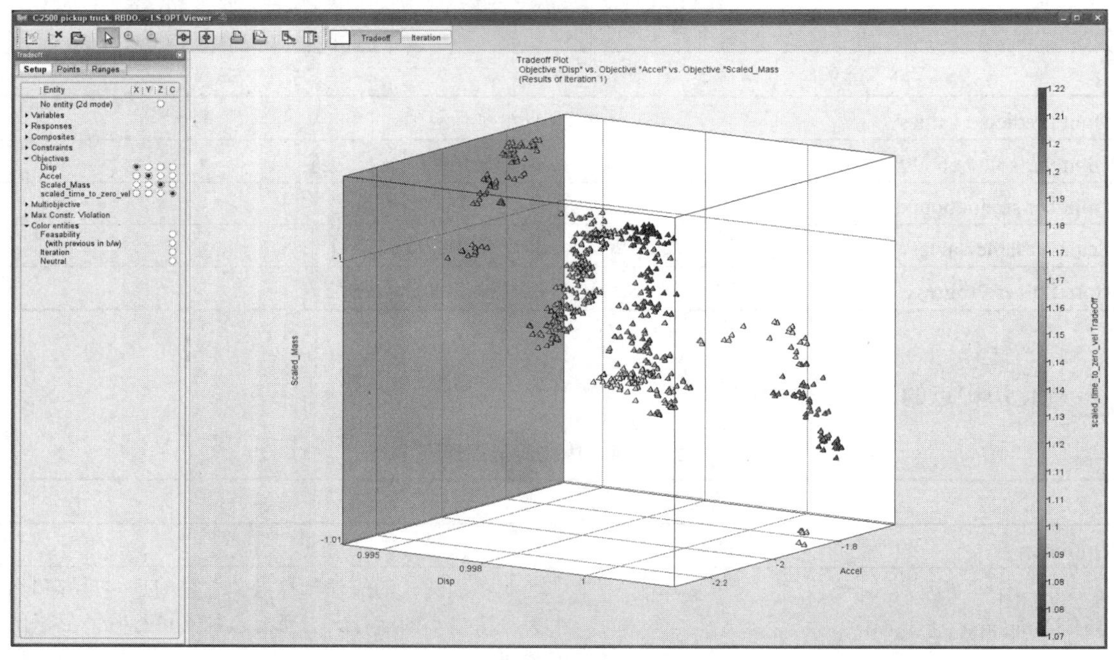

图 16-45　取舍图

16.5.2　平行坐标图

帕累托最优解分类函数中的平行坐标图类似于第 16.2.3 节中描述的平行坐标图，但在这里，默认设置是可视化帕累托数据，如图 16-46 所示。

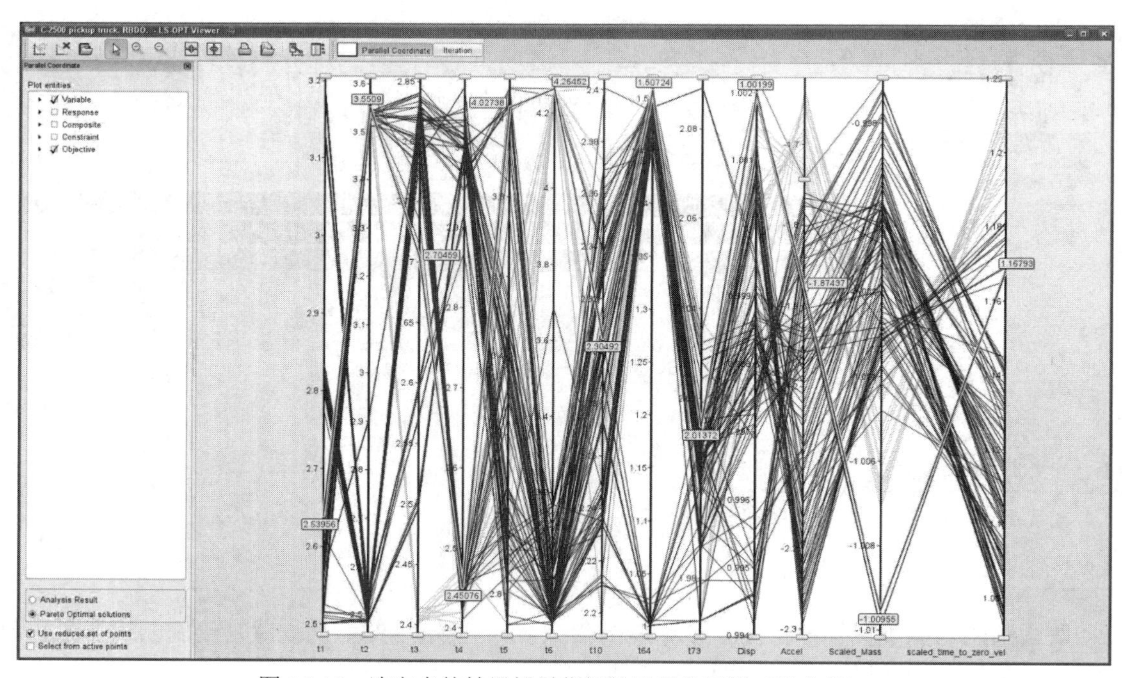

图 16-46　选定点的帕累托最优解的平行坐标图（紫色线）

16.5.3　超径向可视化

超径向可视化通过对目标进行分组并计算每个组的加权和，将多维数据简化为二维图形。这些值在两个维度中显示。设计师可以通过选择权重来结合他的偏好。与所选权重相关的最佳点如图 16-47 中紫色所示。

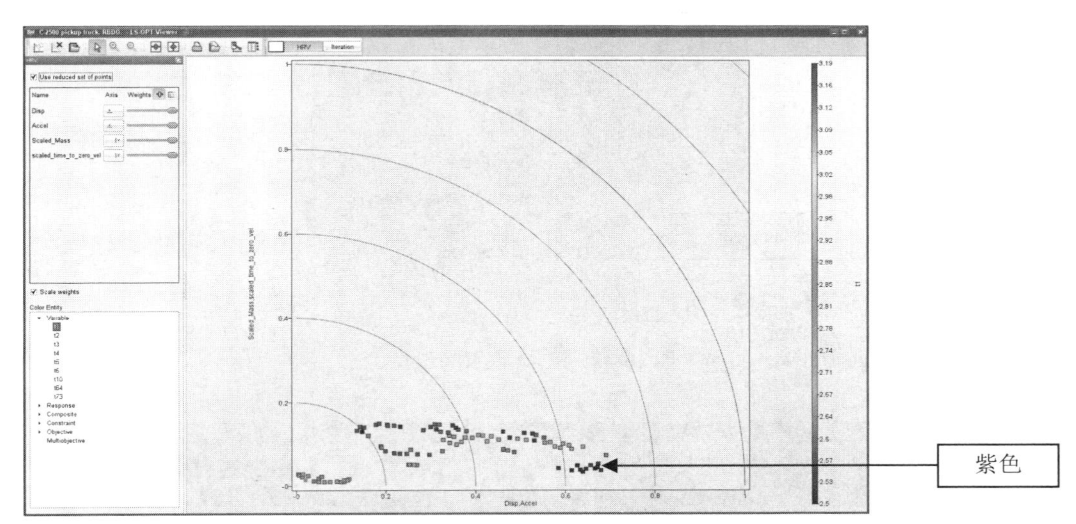

图 16-47　超径向可视化（权重相等，点按变量着色）

1. 分组

可以使用 Axis 列中的 3 个状态按钮对目标进行分组，见表 16-25。

表 16-25　超径向可视化分组选项

选项	描述
	将目标添加到 x 轴上显示的组中
	将目标添加到 y 轴上显示的组中
	忽略目标

2. 权重选择

权重可以使用 Weights 列中的滑块或文本字段来选择。所选值表示权重的比例，并在内部缩放，使权重之和为 1。

3. 选项

超径向可视化选项见表 16-26。

表 16-26　超径向可视化选项

选项	描述
Use reduced set of points	帕累托最优解简化集绘图
Scale weights	按目标范围划分权重
Color Entity	HRV 点的颜色实体

16.5.4 自组织映射网络

自组织映射网络（SOM）默认情况下是可视化帕累托最优解。

1. 组件选择

默认情况下，将显示所有目标的组件映射。要修改此图，请选择动态网格中的位置（图16-48）和相应的插入内容（图16-49）。

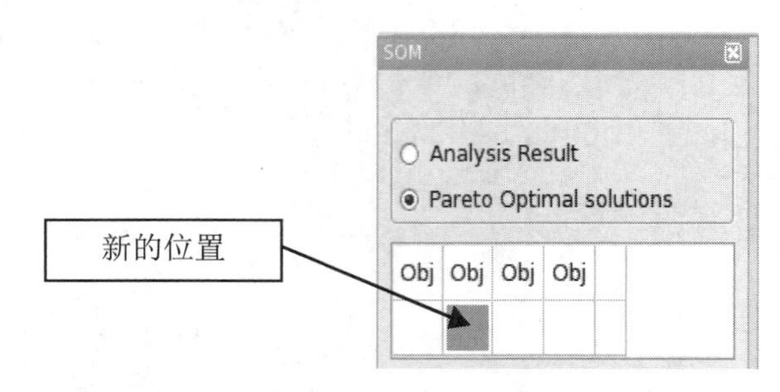

图 16-48 SOM 位置的选择

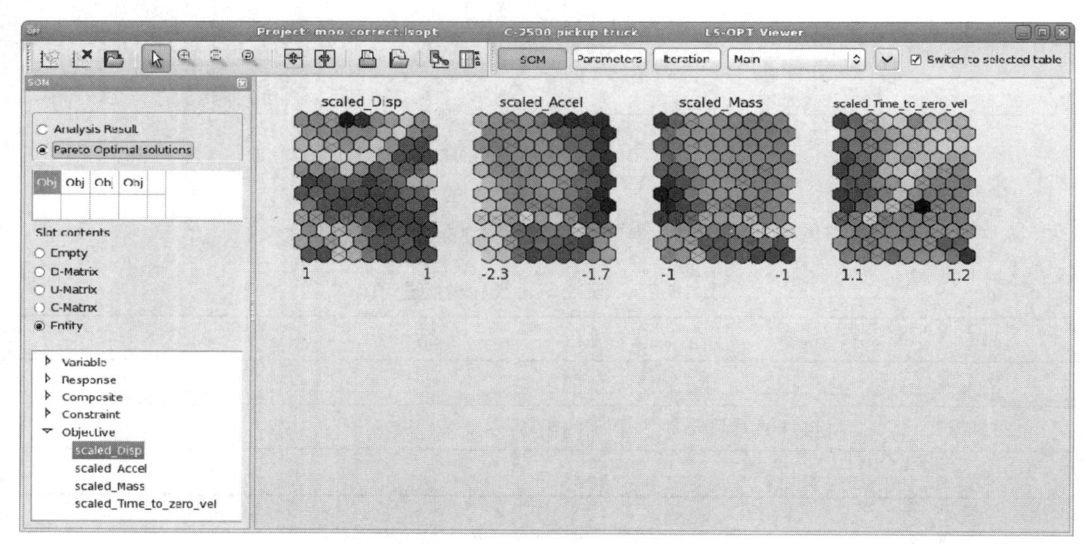

图 16-49 自组织图（目标的组成图）

2. 参数面板

高级用户可能需要修改 SOM 的一些训练参数。这些选项在 Parameters 参数面板中进行选择。参数面板的修改会影响 SOM 的再训练。自组织映射参数见表 16-27。

表 16-27 自组织映射参数

选项	描述
Training Iterations	为 SOM 训练执行的迭代次数，默认取决于蜂窝尺寸和数据点的数量
Initial Radius	用于 SOM 训练的初始半径，默认值取决于蜂窝尺寸
Honeycomb dimensions	蜂窝尺寸，默认值为 12×9

16.6　随机分析

在随机分析中有两种类型的绘图，分别为 Statistical Tools（统计工具）和 Stochastic Contribution（随机贡献）。这些结果是基于元模型近似和变量分布来计算的。

16.6.1　统计工具

这些图类似于基于模拟结果的绘图（参见第 16.2.6 节），但在这里元模型是用于计算统计数据的。创建 LHS 实验设计，用于基于元模型的蒙特卡罗分析来进行统计计算。用户可以修改蒙特卡罗样本的数量，也可以使用大量的样本，因为基于元模型的计算相对廉价。统计工具下可用的绘图类型有直方图、统计摘要、违反约束的概率、相关性和协方差。在使用元模型计算统计数据时，可以添加残差的影响。下面显示了各种绘图类型，可将它们与 16.2.6 节中相应的绘图进行比较。

1. 直方图

图 16-50 中背景代表可行性状态。

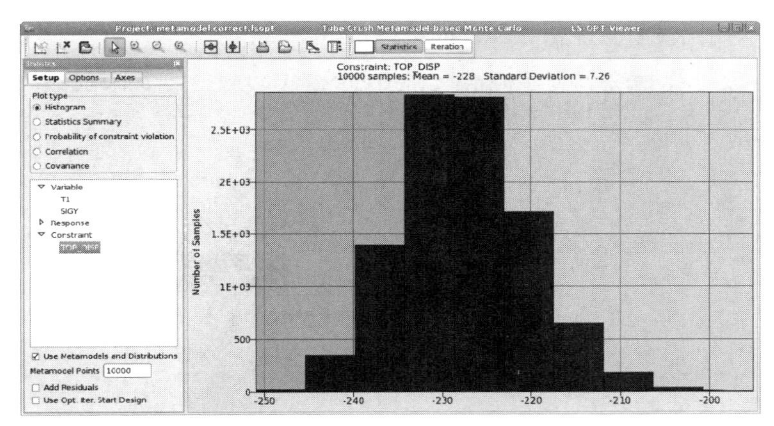

图 16-50　使用元模型构建的直方图及变量的统计分布

2. 总结图

图 16-51 表示使用元模型构造的均值和标准差及变量的统计分布总结图。

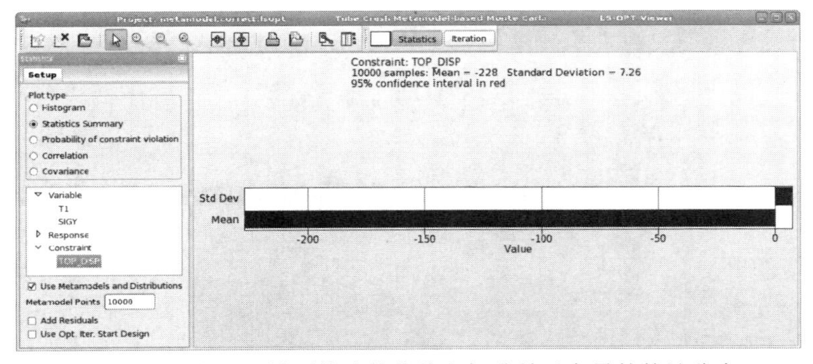

图 16-51　使用元模型构造的均值和标准差及变量的统计分布

3. 违反约束边界的概率图

图 16-52 表示违反约束边界的概率绘图。

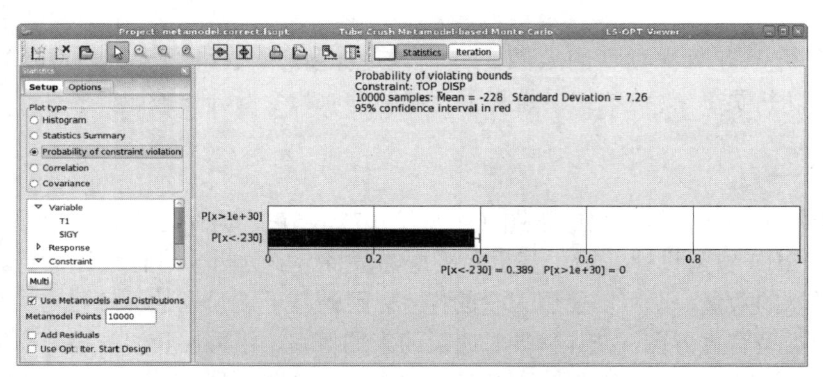

图 16-52 TOP_DISP < -230 响应概率

图 16-52 表示 TOP_DISP < -230 响应概率图（95%置信区间为红色，采用元模型构建，结合变量的统计分布）。

4. 相关性图

图 16-53 表示在元模型上评估相关性的绘图。

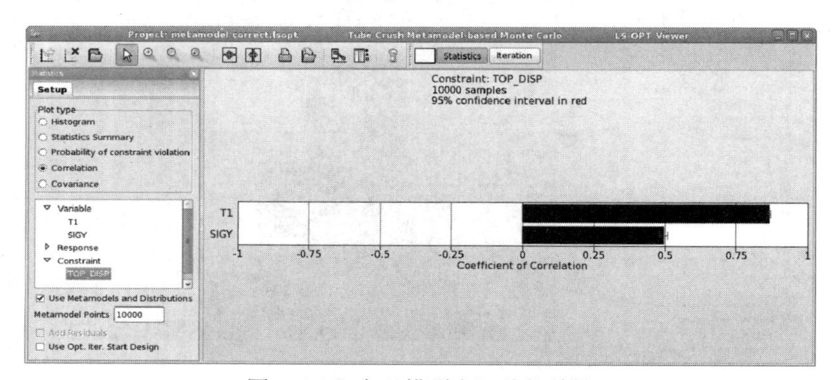

图 16-53 在元模型上评估相关性

5. 协方差图

图 16-54 表示使用元模型评估协方差的绘图。

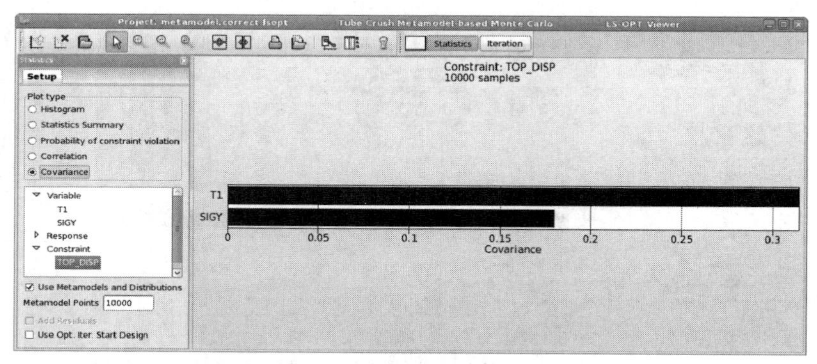

图 16-54 使用元模型评估协方差

16.6.2 随机贡献

变量对响应和复合方差的随机贡献可以用条形图表示。

可以选择显示来自元模型拟合残差的影响以及汇总在一起所有变量的影响。对比这两个值，可以看出特定响应的因果关系得到了很好的解决。如果同时请求残差和残差之和，则显示一个总和，它是所有变量和残差之和。残差影响计算为残差在样本上的标准差。残差和响应方差之和的平方根给出了总的贡献。

计算是使用元模型完成的，并存储在数据库中以实现可视化。如果有更高阶的效果，则包含在绘制的结果中。

对于优化问题，采用最优设计方法计算随机贡献。随机贡献图如图 16-55 所示。

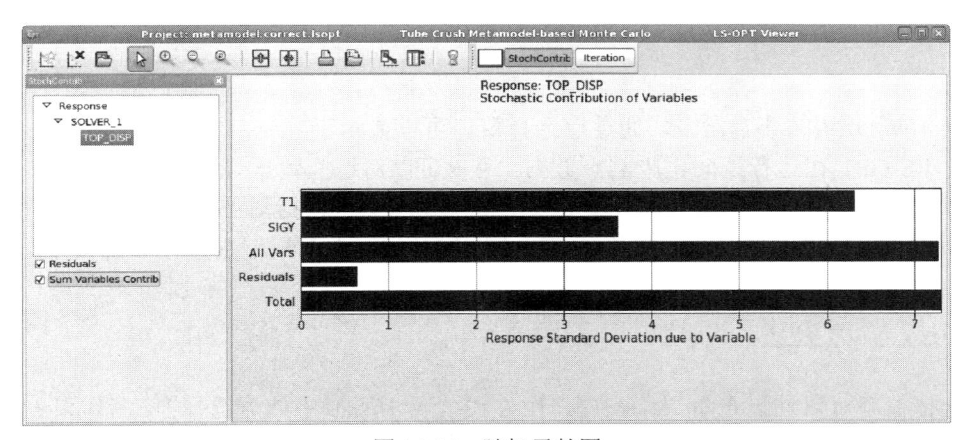

图 16-55 随机贡献图

第17章

交互表

在第16章介绍的查看器中，通过点选择窗口可以显示交互表，本章将介绍该交互表。交互表包含LS-OPT在运行期间生成的点数据，用户可以对这些数据进行本章所述操作。交互表可以让设计数据表在有些方面像电子表格一样进行处理。这包括与查看器中图的自动交互，如散点图、曲面图和平行坐标图。交互表可以作为工具从已有元模型来进行插值操作。

17.1 点选择窗口

点选择窗口可以通过查看器绘图窗口控件栏（表16-2）中的点选择窗口图标来访问，并通过在绘图中标记点来访问，见表17-1。以图形的形式显示设计点数据，即使显示的图表不支持显示任何点，也是可用的，例如柱状图。交互表可以在不同模态下运行（所有点、标记、绘制和过滤）。

表17-1 点选择和表选项

选项	描述
Open selected run in Postprocessor	在第3.8.1节“设置”中定义的LS-PrePost或任何其他用户定义的后处理器中打开选定的运行。还可以查看标记运行的作业日志。LS-PrePost条纹图可用于曲率响应。可以打开标记为run的文件夹（仅在只标记一个点时才启用）
Add to set of selected points	在绘图中选择新点的选项。点数可以累积或减去
Subtract from set of selected points	
Replace set of selected points	
Toggle set of selected points (within rectangle)	
Deselect all points	
Undo	撤销最后的动作
Redo	重做上次未执行的操作

续表

选项	描述
Export table data	以不同格式导出表数据，如逗号分隔的文件、以制表符分隔的文本文件等
All points mode	显示表格中的所有点
Marked mode	只显示绘制的标记点
Plotted points mode	显示所有绘制的点
Filtered points mode	只显示满足当前滤波器的点，参见第 17.1.7 节
Show colors	切换时显示可行性着色
Show statistics	切换时在表上显示统计属性，当前显示的点用于计算统计数据
Manage categories	为用户定义的点着色或绘图来定义和管理点类别，参见第 17.1.5 节
Manae constraints	仅为后处理设置自定义约束，参见第 17.1.6 节，仅在用户表上启用
Quick filters	显示快速过滤菜单，参见第 17.1.7 节
Manage filters	显示高级滤波器对话框
Show or hide columns	参见第 17.1.8 节
Generate virtual points	使用选定的采样方法生成新的（虚拟的）点，响应数据从元模型中插入
Run virtual points	在标记的虚拟点上启动新的 LS-OPT 仿真
Create new tab	通过复制当前选项卡创建一个新选项卡
Emove current tab	删除当前选项卡
Clear table from virtual rows	从虚拟行中清空表
Add new row	添加新的虚拟行
Remove selected row(s)	删除虚拟行。仅当所有选定行都为虚拟时才启用
Adjust column width to fit contents	调整列的宽度来适应内容
Unlock the table	表是受保护的，不受编辑值和行操作的影响。点击解锁
Lock the table	该表是完全可编辑的。单击锁定

全点模式（All points mode）显示所有的点，无论点在图中被标记还是是否应用了任何过滤，如图 17-1 所示。从工具栏打开点选择窗口时，该选项是默认设置。

标记模式（Marked mode）只显示通过单击一个设计点（图 17-2）或使用矩形选择（橡皮带）选择多个点在图中标记的点。这是打开标记点选择时的默认模式。

绘图模式（Plotted points mode）显示绘图中所有可见点。它由特定绘图选项进行过滤（如迭代）。

筛选模式（Filtered points mode）只显示同一表中设置的任何筛选器所满足的点。

如图 17-1 和图 17-2 所示，点选择窗口在标记模式下为单点标记，在全点模式下为点选择窗口。在点选择窗口中对点进行操作有两种方式：标记和选择。

红色

Points	Sampling	Iteration	Experiment	Marked	Category	Type	Variables tbumper	Variables thood	Responses Mass	Responses HIC	Composites Intrusion	Constraints Intrusion	Constraints Mass	Objectives HIC	Multi-Objective	Max Constr. Violation	Successful run	Simulation Location
1.1	1	1	1	☐		Analysis	3	1	0.410311	68.06	575.694	575.694	0.410311	68.06	68.06	25.6945	☑	
1.2	1	1	2	☑	■ Data1	Analysis	5	5	1.44187	386.1	450.809	450.809	1.44187	386.1	386.1	0.0418723	☑	
1.3	1	1	3	☑	■ Data1	Analysis	4.6	5	1.41748	370.7	451.881	451.881	1.41748	370.7	370.7	0.017485	☑	
1.4	1	1	4	☐	■ Data1	Analysis	1	4.6	1.10704	773.6	499.197	499.197	1.10704	773.6	773.6	0	☑	
1.5	1	1	5	☐	■ ◆	Analysis	1	1.4	0.379337	150.5	564.556	564.556	0.379337	150.5	150.5	14.5559	☑	
1.6	1	1	6	☑	◆ Data2	Analysis	5	4.6	1.35091	387.5	465.017	465.017	1.35091	387.5	387.5	0	☑	
1.7	1	1	7	☐	◆ Data2	Analysis	4.6	1	0.507861	52.17	571.08	571.08	0.507861	52.17	52.17	21.0805	☑	
1.8	1	1	8	☐	◆ Data2	Analysis	1	5	1.198	768.8	493.339	493.339	1.198	768.8	768.8	0	☑	
1.9	1	1	9	☐		Analysis	1	1	0.288374	98.16	582.507	582.507	0.288374	98.16	98.16	32.5074	☑	
1.10	1	1	10	☐		Analysis	5	1	0.532248	57.54	573.648	573.648	0.532248	57.54	57.54	23.6483	☑	
2.1	1	2	1	☐		Analysis	5	1.492	0.644132	121	552.414	552.414	0.644132	121	121	2.41429	☑	
o0.1		0	1	☐		Optimum	3	1	0.410311	68.06	575.694	575.694	0.410311	68.06	68.06	25.6945	☐	1.1
o1.1		1	1	☐		Optimum	5	1.492	0.644132	121	552.414	552.414	0.644132	121	121	2.41429	☐	2.1

Main Table1

图 17-1　多点选择的全点模式下的点选择窗口

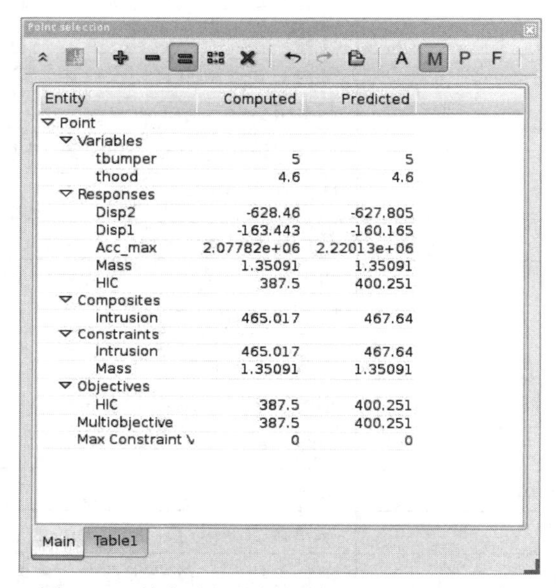

图 17-2　单点选择的标记模式下的点选择窗口

散点、折中、曲面、精度、优化历史点和 HRV 绘图上的点，以及平行坐标图（PCP）和历史图上的线，都可以在图上标记点。标记是通过单击图中的一个点或曲线，或者用矩形框按住鼠标向下标记几个点来完成的。SOM 图（参见第 16.5.4 节）也支持标记。如果选中一个单元格，则在点选择窗口中显示映射到所选单元格的所有点。图中突出显示标记的点，在点选择窗口的标记列中显示一个复选标记，如图 17-1 所示。

选择是通过单击点选择窗口中的电子表格来完成的，即单击左侧的行标签来选择整行，单击列标签来选择整列，单击单元格来选择单元格。

可以使用 Ctrl 和 Shift 键选择几个单元格和行。可以使用工具栏或右击菜单对点选择窗口中选定的点进行操作。当需要对一行进行操作时，选择一个单元格就足够了。

点选择是集成的，因此在使用相同表的所有图中都高亮突出显示点，如图 17-3 所示。

图 17-1 中，不可行设计用红色标出。图中突出显示的点将在标记的列中选中。图 17-3 显示了图中突出显示的点。

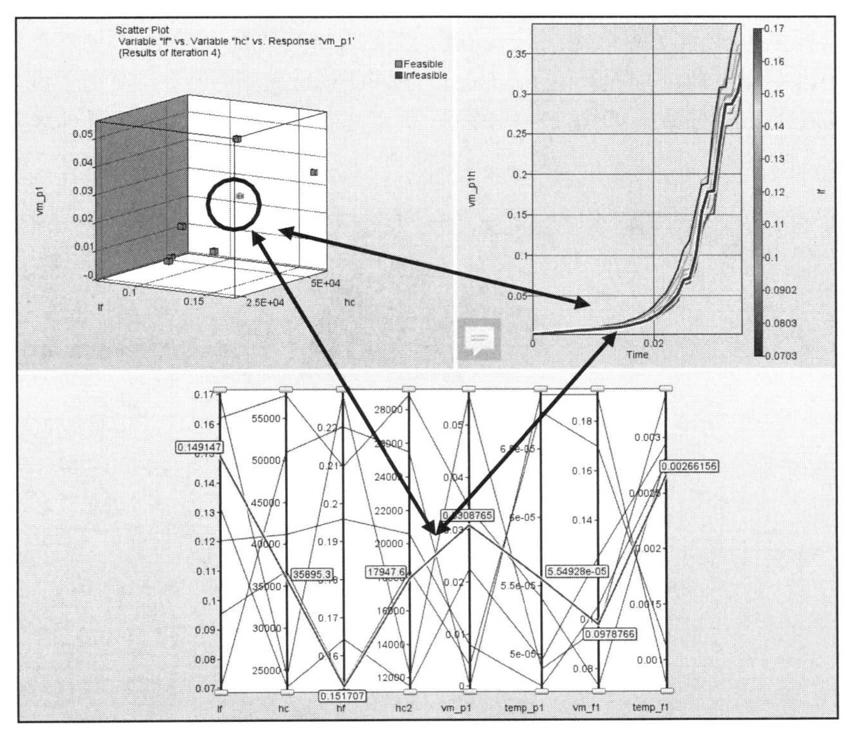

图 17-3　突出显示点的交叉显示

17.2　数据表

数据表保存点数据，以便在绘制点或以点数据格式提取元模型信息时使用。有两种类型的表：Main（主表）和 User（用户表）。

主表总是可用的，它由来自求解器分析运行的点数据组成。用户表可以通过单击工具栏的“创建新选项卡”按钮为用户添加定义的表，并使用“删除当前选项卡”按钮来删除。当前表集在点选择窗口的底部显示为选项卡，如图 17-2 所示。任何附加表都可以通过双击相应的选项卡来重命名。通过单击相应的选项卡来选择当前表。如果在一个图表的主工具栏（图 16-6）中选中 Switch to selected table 选项，那么所有的图表都会自动切换以显示该表中的点数据。如第 17.1.5 节所介绍，一个表维护它自己的一组分类点，以及它自己的一组滤波器。但是类别定义在所有表中都是共享的。

17.3　虚拟点和点生成

可以使用控件栏中的 Add new row 图标在附加表中添加虚拟点。虚拟点是一个用户可自定义的点条目，它可以为自定义后处理场景保存任何一组值。要向一个单元格添加数值，必须使用菜单栏中的 Unlocked 命令解锁用户表。双击单元格分别显示文本字段和菜单，从而修改点数据。只有用户表可以解锁，主表始终保持锁定，因此不能修改单元格。

还可以通过单击工具栏的 Generate Virtual Points()按钮从元模型生成虚拟点。

要使用元模型生成点，应该定义采样和所需虚拟点的数量。默认情况下，这些点通过跨变量原始设计边界来生成。但是，也可以通过 Define subregion 复选框使用子区域来生成点。Generate Virtual Points 对话框如图 17-4 所示。新点总是做专有标记，以便对这些点进行操作处理。

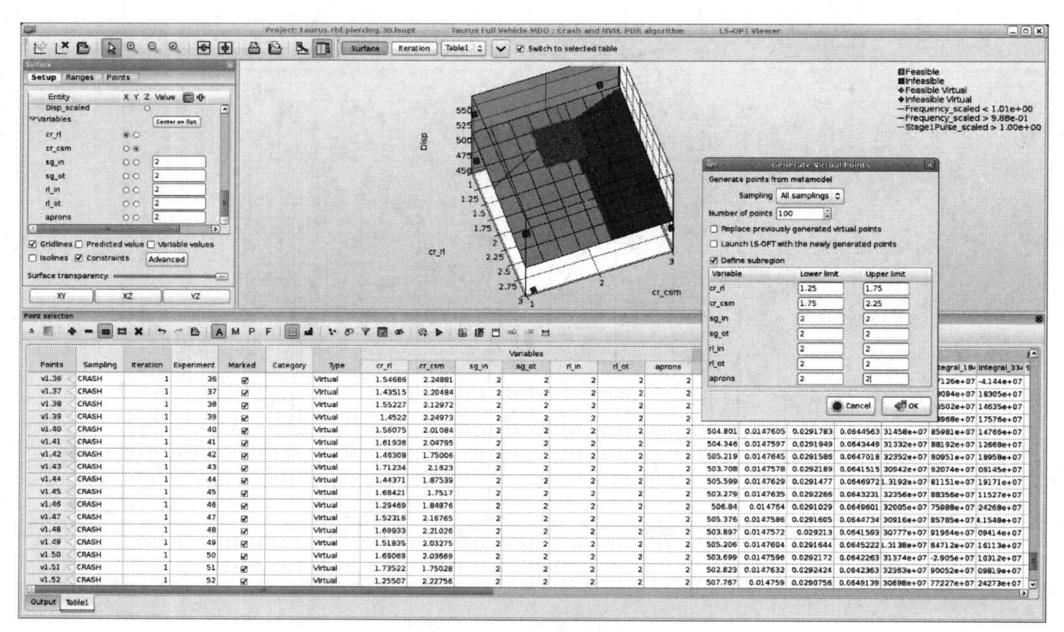

图 17-4　生成虚拟点

图 17-4 显示了生成这些点的对话框，图中显示了在元模型表面生成的点。

17.4　运行虚拟点

虚拟点可用于扩展当前的 LS-OPT 运行。当标记虚拟行中的点时，可使用工具栏的 Run virtual points 按钮▶。单击此按钮启动主 GUI，其中将显示操作的确认，随后扩展当前项目，以便每次迭代的点数通过虚拟点数来递增。运行 LS-OPT 引擎来为新点执行求解器作业，并提取相应的历史记录、响应值等。LS-OPT 任务的整个周期是通过使用新生成的虚拟点来扩展设计并执行的。当在 LS-OPT 输出文件中检测到虚拟点时，查看器将自动用分析点替换它们。也可以直接从 Generate Virtual Points 对话框中运行虚拟点，方法是检查 Launch LS-OPT with the newly generated points 选项。

17.5　用户定义的点分类

点可以在点分类对话框中进行分类，如图 17-5 所示，该对话框用于定义和管理用户定义点着色和绘图。注意，设计点可以属于多个类别。点类别可用于散点图（参见第 16.2.2 节）和平行坐标图（参见第 16.2.3 节）中用户定义的点着色和绘图。对话框可从第 16.2 节的点选择窗口来进行访问。

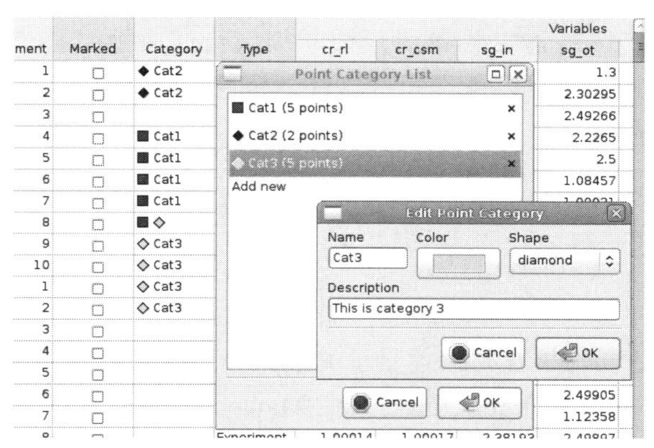
图 17-5 点分类对话框

在工具栏按钮 Manage Categories中，将显示点分类列表。单击 Add new 选项可以添加新类别，双击类别可以修改现有类别。单击✖图标删除一个类别。

在 Edit Point Category 对话框中，可以修改属性的 Name、Color、Shape 和 Description。Name 中可以有空格。单击 OK 按钮保存对类别和类别列表的更改，或单击 Cancel 按钮以中止任何更改。可以通过双击表中的一个类别单元格（在其中进行下拉选择），或者通过选择多行，右击表并在显示的菜单中选择 Assign category，将点分配给一个类别。

如果类别没有预定义，也可以使用右键菜单中的 New category 选项直接分配点数，将在右键菜单中显示 Edit Point Category 对话框。任何点都可以分配多个类别，表中的类别列表示用于多个类别的相应标记。类别定义会以 XML 格式存储在 CategorizedPoints.lsox 文件中。已分类的点存储在项目文件夹的 LSDA 二进制格式（viewerstate.bin）文件中。

在散点图和平行坐标图中，可以使用 User-defined 的选择（见表 16-5 和表 16-6）来进行点分类的显示和/或使用 User-defined 的选择（见表 16-4 和表 16-6）来进行点分类的颜色编码。

17.6 可定制约束

在另一个表中，单击 Manage Constraints工具栏按钮，将打开 Manage Table Constraints 对话框，如图 17-6 所示。此对话框与主 GUI 中项目设置类似的方式一样，来重新定义约束。目前，项目设置中，仅响应和/或作为约束的复合集可以进行此类操作。

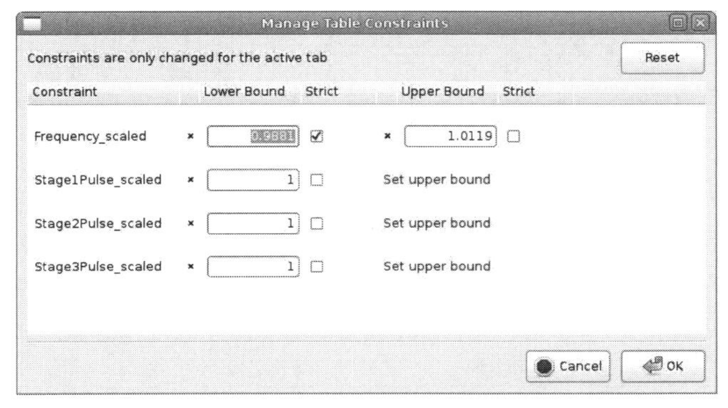
图 17-6 后处理场景的可定制约束

由于修改后的约束会影响最大约束违反值，因此会相应地更新当前表的可行性计算。任何显示来自同一数据表数据的图表也将根据这些自定义值显示约束和可行性。Reset 选项可用于将约束边界切换回项目运行时使用的原始边界。

17.7 点过滤

点选择窗口有三个过滤工具栏按钮。第一个是 Show filtered rows（“显示滤波的行”）模式 F，用于切换到只有满足当前滤波的行才显示的模式，如果没有预定义的滤波器，则切换到所有行。其他两个工具栏按钮是 Quick filters 和 Manage filters 操作当前滤波器集合。Quick filters 显示一个菜单，可以快速切换常见的单滤波器，如可行点和不可行点、特定采样点、迭代点或类别点等。当前选择的滤波器将显示一个复选标记。

更高级的滤波器可以使用 Manage filters 工具栏按钮或 Quick filters 菜单下的“Advanced...”选项来定义。Quick filters 菜单下显示的选项可以使用单个特定准则来筛选点，而高级筛选器可以方便地使用多个准则。使用 Table Filters 对话框中的 Add new 选项，可以根据采样、类别、特定列值等对数据集应用多个滤波器来筛选点，如图 17-7 所示，该对话框中定义了三个滤波器，并选择了新的滤波器选项。

如果在 Table Filters 对话框中指定多个筛选器，则所有这些筛选器都将用于筛选行。例如，要在响应值的特定范围内筛选可行点，可以通过选择响应并指定范围上下边界来定义可行性滤波器和 Column value 滤波器。不过，请注意，Quick filters 菜单中的一个选项将替换 Table Filters 对话框中的所有定义。

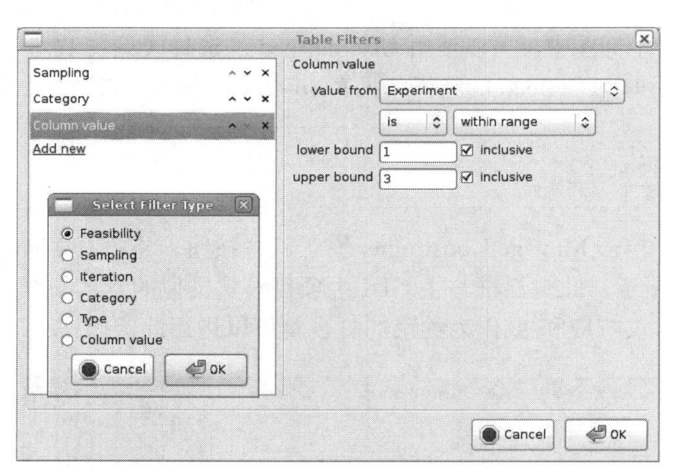

图 17-7　管理滤波器对话框

表 17-2 描述了可用的点滤波器类型。

表 17-2　可用的点滤波器

选项	描述
Feasibility	显示可行点或不可行点
Sampling	显示没有采样点或在选定采样集中的点

续表

选项	描述
Iteration	显示所选迭代中的点
Type	在一组可能的类型中显示点（分析、权衡等）
Category	根据选定的点类别显示点
Column value	显示某个行值满足某些选定条件的点。例如，如果值等于或不等于、大于、在某范围内等

17.8　显示或隐藏列

单击工具栏按钮 Show or hide columns 将显示如图 17-8 所示的对话框。此对话框可用于操作点选择窗口中显示的列。在点选择窗口中已经显示的列将显示在左侧列表中，隐藏的列显示在右侧列表中，以特定类型（例如变量）分组的列显示在组名称下。

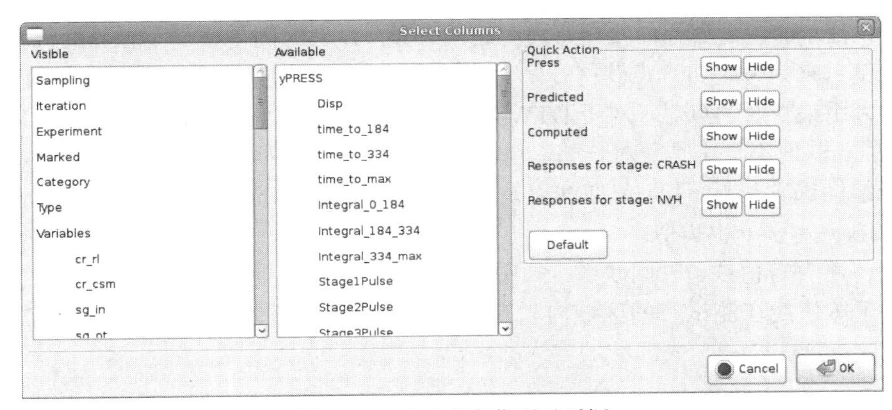

图 17-8　显示或隐藏列对话框

通过双击列名或组名，可以将列或组从可见或隐藏列表切换到另一个列表。还有 Quick Action 选项，可以在最右侧快速显示或隐藏所有的 Press 数据、预测的、计算的和某些阶段的响应。

可以使用对话框中显示的 Default 选项重置可见行。

17.9　复制和粘贴

除了复制和粘贴表中的行或单元格，或从一个表复制和粘贴到另一个表，还可以与 Excel 或 Libreoffice 等程序进行交互处理。

可以在任何表中选择单行或单元格，使用鼠标右键菜单复制选项或 Ctrl+C 来进行复制，然后粘贴到 Excel/Libreoffice 中。

也可以从 Excel/Libreoffice 到一个表进行同样操作。若要将一个范围粘贴到表中，请创建一个新选项卡或使用已存在的用户表并将其解锁。创建任意多的虚拟行来粘贴数据。从 Excel/Libreoffice 中复制数据，选择可以粘贴数据的左上角，使用 Ctrl+C 或从鼠标右键菜单中选择 Paste 选项。

注意：

（1）粘贴到表中的范围必须简单，没有漏洞，数据类型必须匹配。

（2）当将行类型粘贴回表时，将忽略该行类型，它总是作为虚拟行添加。

（3）采样和行类型被复制为文本。

（4）布尔数据被复制为值 true 或 false。

（5）类别复制为整数。

（5）其他所有内容都按原样复制（double 或 int）。

17.10 LS-PREPOST 条纹绘图

利用 LS-PREPOST 等值线图可以直观显示有限元模型上叠加的仿真值与目标值之间的差异。x 和 y 组件可用于等值线显示。

仿真曲线通常使用 $x(t)$和 $y(t)$组件构造交绘图来获得 $y(x)$。这个 t 值作为 time 值用来映射仿真曲线到测试曲线。由于目标曲线通常没有时间分量（或者时间是在一个独立的尺度上），所以使用相似性度量来为每个仿真点获得一个对应的测试点。映射规则取决于相似性度量的路径。路径被定义为用来映射的点对（对于 DTW 映射，显示为红色连接线，参见图 17-9）。注意，对于 DTW 映射，映射不一定是一对一的，也可以是一对多或多对一。均方误差映射是一对一的。

等值线绘图选项包括 x 和 y 值曲线以及不同 Δx 和 Δy 之间的曲线。这些选项分别标记 testx，compx 和 diffx，对于 y 也类似。

为了获得所有等值线，时间映射（如图 17-9 所示使用 t）使用最近的测试点在每个节点进行映射。由于等值线在测试点的区域内只有非零的绘图值，所以 FE 网格的其余部分可以有统一的颜色。

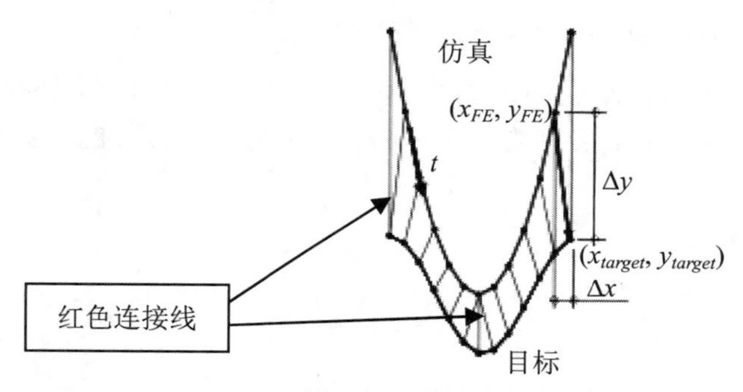

图 17-9　等值线映射（动态时间扭曲示例）

17.11 生成虚拟点来增强设计

下面示例概述了在点选择窗口数据表中可用的一个后处理特性。该示例设置包括一个简单的汽车碰撞优化问题，包含 2 个厚度变量和 5 个设计响应，以头部损伤准则（HIC）为目标，以侵入量为设计约束。使用空间填充采样技术选择 10 个采样点，运行基于元模型的单次迭代优化。步骤如下：

（1）点选择窗口可以通过从散点、曲面或平行坐标图中点击设计点来访问。在生成虚拟点之前，可以使用 Create new tab 按钮创建一个新的用户表。在本例中，为了演示目的，在原始设计空间的一个子区域中生成了 10 个新点。通过按钮访问 Generate Virtual Points 对话框，如图 17-10 所示。

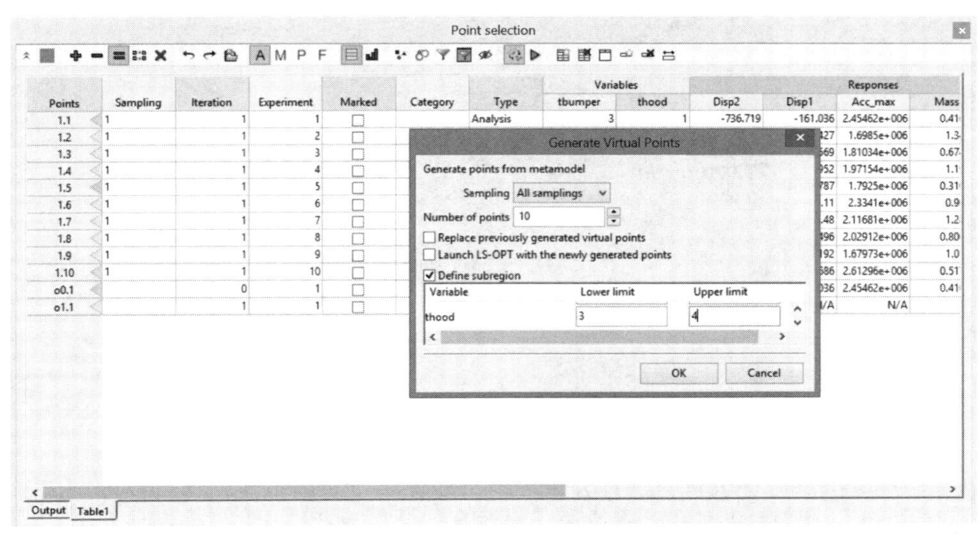

图 17-10 Generate Virtual Points 对话框

（2）带有新用户表和新生成虚拟点的点选择窗口如图 17-11 所示。使用空间填充采样对虚拟点进行采样，并使用原始运行中生成的元模型评估响应和复合值。

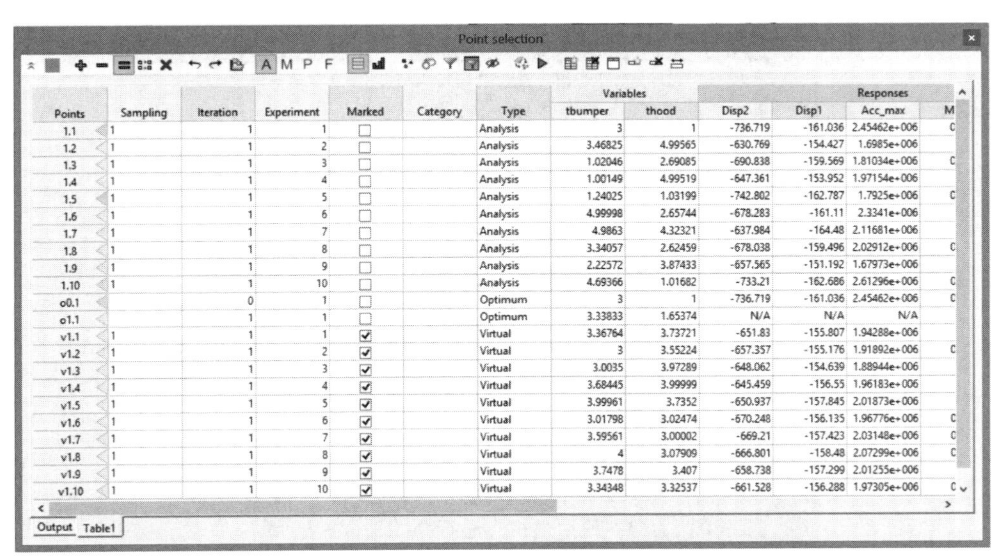

图 17-11 点选择窗口

（3）生成的虚拟点可以绘制在曲面图上，如图 17-12 所示。由于虚拟点是使用元模型计算的，所以这些点位于图的表面。采用方形标记表示 LS-DYNA 分析的采样点，用菱形标记表示虚拟点。

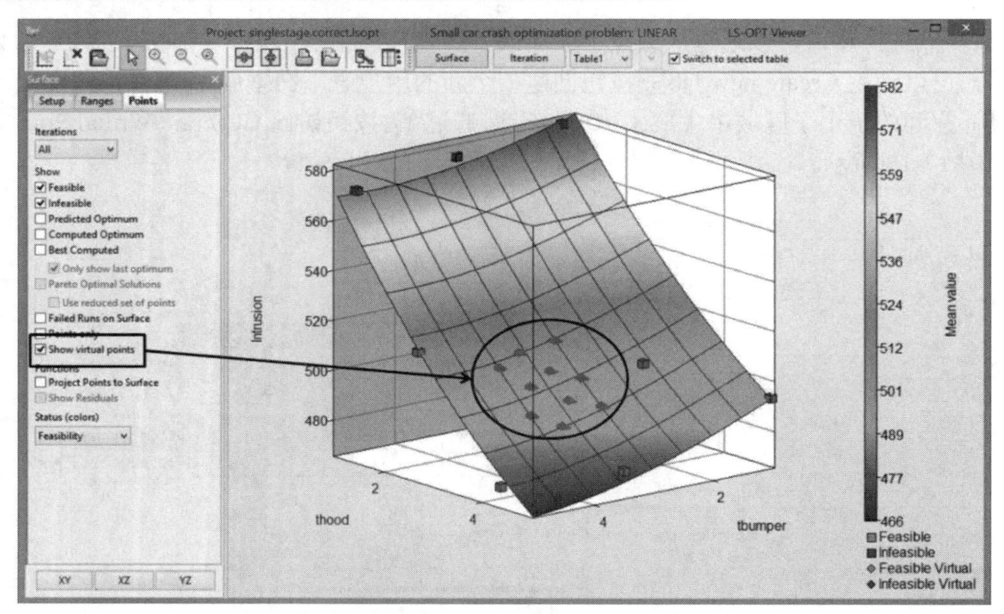

图 17-12　曲面图上的虚拟点

（4）要对虚拟点运行求解器进行分析，请“标记”所有虚拟点。这可以通过选择所有的虚拟点（使用 Shift 键），然后从右键菜单中选择 Mark→Add 来实现。请注意，点也可以直接从散点图、曲面图或平行坐标图中标记出来，可以单击一个点，也可以使用矩形库框选择标记多个点。标记好这些点之后，使用 Run virtual points 按钮▶确认并运行虚拟点的求解器作业。原始采样将使用虚拟点进行扩展，如图 17-13 所示。

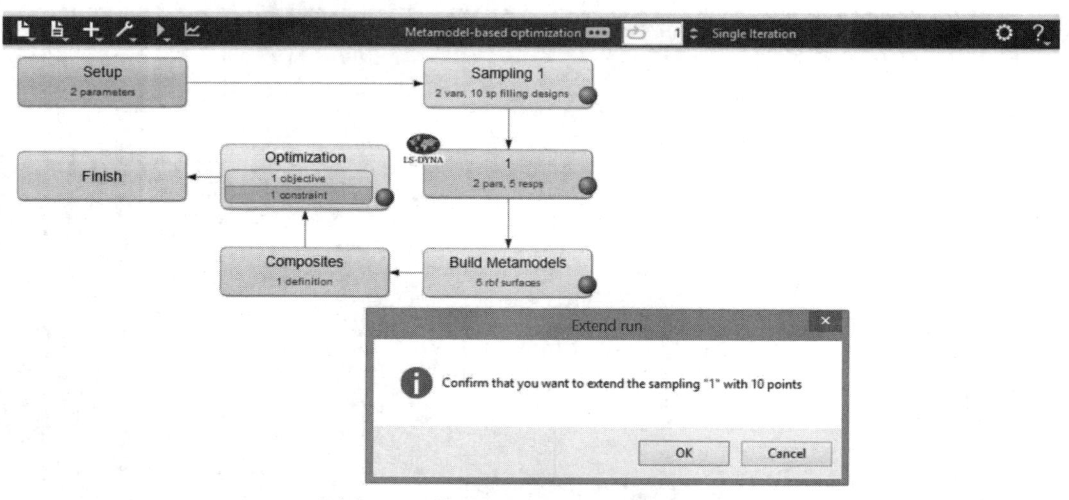

图 17-13　使用虚拟点进行原始采样扩展

（5）如果确认了上述操作，LS-OPT 将使用新生成的虚拟点来增强设计，并为新点提交求解器作业。一旦所有新作业完成，LS-OPT 将自动完成任务周期的其余部分，即提取新作业的结果，使用更新的 20 个设计点构建元模型，并使用新的元模型运行优化。

当再次打开点选择窗口时，用户表中的“虚拟点”被“分析点”自动替换，如图 17-14 所示。

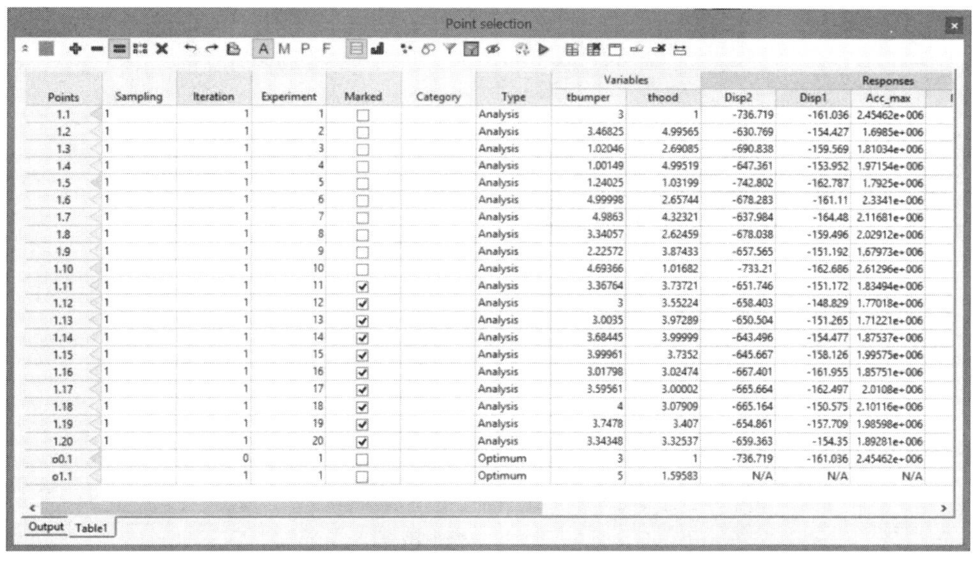
Point selection

Points	Sampling	Iteration	Experiment	Marked	Category	Type	Variables		Responses		
							tbumper	thood	Disp2	Disp1	Acc_max
1.1	1	1	1	☐		Analysis	3	1	-736.719	-161.036	2.45462e+006
1.2	1	1	2	☐		Analysis	3.46825	4.99565	-630.769	-154.427	1.6985e+006
1.3	1	1	3	☐		Analysis	1.02046	2.69085	-690.838	-159.569	1.81034e+006
1.4	1	1	4	☐		Analysis	1.00149	4.99519	-647.361	-153.952	1.97154e+006
1.5	1	1	5	☐		Analysis	1.24025	1.03199	-742.802	-162.787	1.7925e+006
1.6	1	1	6	☐		Analysis	4.99998	2.65744	-678.283	-161.11	2.3341e+006
1.7	1	1	7	☐		Analysis	4.9863	4.32321	-637.984	-164.48	2.11681e+006
1.8	1	1	8	☐		Analysis	3.34057	2.62459	-678.038	-159.496	2.02912e+006
1.9	1	1	9	☐		Analysis	2.22572	3.87433	-657.565	-151.192	1.67973e+006
1.10	1	1	10	☐		Analysis	4.69366	1.01682	-733.21	-162.686	2.61296e+006
1.11	1	1	11	☑		Analysis	3.36764	3.73721	-651.746	-151.172	1.83494e+006
1.12	1	1	12	☑		Analysis	3	3.55224	-658.403	-148.829	1.77018e+006
1.13	1	1	13	☑		Analysis	3.0035	3.97289	-650.504	-151.265	1.71221e+006
1.14	1	1	14	☑		Analysis	3.68445	3.99999	-643.496	-154.477	1.87537e+006
1.15	1	1	15	☑		Analysis	3.99961	3.7352	-645.667	-158.126	1.99575e+006
1.16	1	1	16	☑		Analysis	3.01798	3.02474	-667.401	-161.955	1.85751e+006
1.17	1	1	17	☑		Analysis	3.59561	3.00002	-665.664	-162.497	2.0108e+006
1.18	1	1	18	☑		Analysis	4	3.07909	-665.164	-150.575	2.10116e+006
1.19	1	1	19	☑		Analysis	3.7478	3.407	-654.861	-157.709	1.98598e+006
1.20	1	1	20	☑		Analysis	3.34348	3.32537	-659.363	-154.35	1.89281e+006
o0.1		0	1	☐		Optimum	3	1	-736.719	-161.036	2.45462e+006
o1.1		1	1	☐		Optimum	5	1.59583	N/A	N/A	N/A

Output　Table1

图 17-14　“虚拟点”被“分析点”自动替换

（6）图 17-15 突出显示了使用增强设计生成的元模型表面上的新分析点。通过 LS-DYNA 的运行，将虚拟点替换为分析点的响应值。

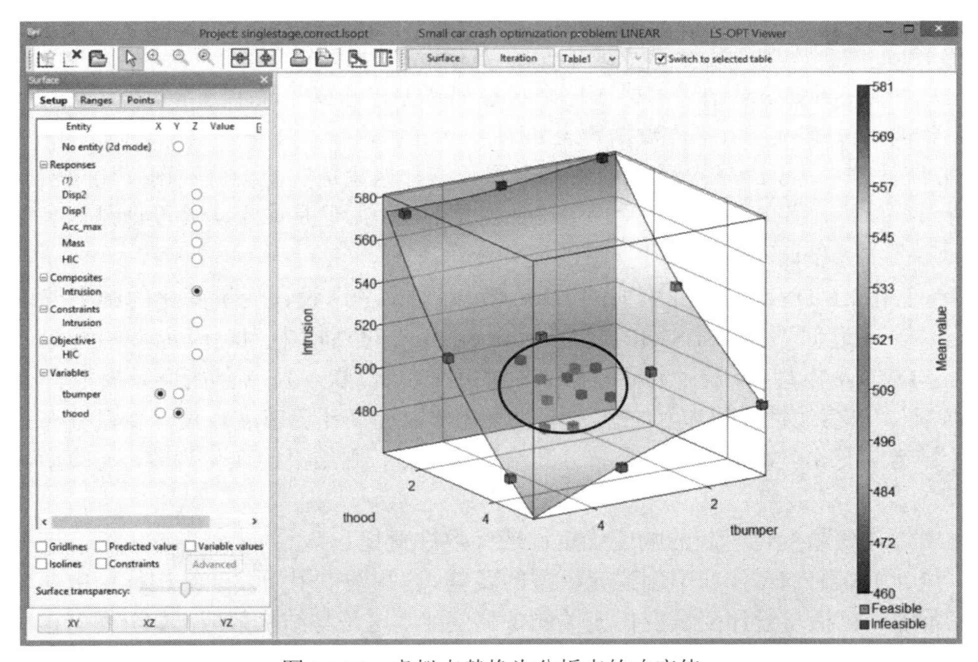

图 17-15　虚拟点替换为分析点的响应值

第18章

LS-DYNA 结果统计

LS-DYNA 结果统计可以通过 DynaStats 在 FE 模型上显示。针对 LS-DYNA D3Plot（或 D3Eigv）结果和 LS-OPT 历史数据，LS-OPT 计算统计数据并在 LS-PREPOST 中查看。这些统计数据表明：

- LS-DYNA 结果随设计参数的变化而变化。
- LS-DYNA 结果因分岔和其他随机过程事件而发生变化。

在 D3Plot 数据库中，每个节点或单元的 D3Plot 结果在每个状态都被计算和显示，而在 history.x 文件中，历史记录结果同样在每个状态都被进行计算和显示。

更完整的可计算和显示统计数据列表如下：

（1）统计来自 LS-DYNA 作业的蒙特卡罗数据。这些是实验设计数据。如果实验设计是为了蒙特卡罗分析，那么实验设计反映了设计变量的变化，但是如果实验设计是为了创建一个元模型，那么实验设计不反映设计变量的统计变化。

（2）使用 LS-DYNA 作业生成的近似（元模型）考虑设计变量变化的结果统计。需要注意的是，这些近似不同于 LS-OPT 的 Metamodeling 对话框中为响应定义的近似。为了显示整个 LS-DYNA 模型的统计数据，需要（对每个单元/节点）拟合几个元模型。因此，在 DynaStats 下，只有线性元模型和二次元模型可选，以提高计算速度。设计变量分布和元模型被用于计算响应变化。如果没有将分布分配给设计变量，则结果的变化为零。元模型可以计算以下内容：

- 由设计变量变化引起的响应确定性或参数性变化。
- 统计 LS-DYNA 作业中创建元模型的残差。这些残差用于发现结构行为中的分岔－异常值，包括与设计变量变化无关的位移变化。这是与结构效应（如分岔）相关的过程变化，而不是与设计变量值的变化相关。
- 可以研究变量的随机贡献。
- 可以绘制关于 LS-DYNA 响应边界的概率安全裕度。
- 所有 LS-DYNA 运行的 LS-OPT 历史记录以及历史统计数据都可以绘制出来。

（3）可以显示 D3Plot 结果或历史记录与 LS-OPT 响应的相关性。例如，这可以用来识别 LS-OPT 响应中与噪声相关的位移变化。

18.1　绘图

从主 GUI 控制栏的 Tools 菜单中选择 DynaStats 选项。如图 18-1 所示的对话框将被打开以便处理这些绘图：

- Create：创建了一个新绘图。注意，这只创建了图的定义，图的数据必须生成后才能显示，相关选项将在第 18.2 节中描述。
- Generate：生成一个绘图数据。每个图只执行一次，可以选择多个图来生成——不需要一个一个地生成。
- Display：可以显示以前创建和生成的绘图。
- Edit：绘图可以编辑或复制。这可能需要重新生成数据。
- Bifurcation：可以对分岔进行研究，并绘制出分岔图。
- Delete：可以删除绘图。

绘图定义存储在一个名为 Dynastatplot.xml 的文件中，该文件可以在不同研究中重复使用（参见第 18.12 节）。使用向导创建绘图后，必须生成绘图数据，然后可以在 LS-PREPOST 中显示该绘图。现有绘图可以被编辑、删除或为一个分岔做调查。

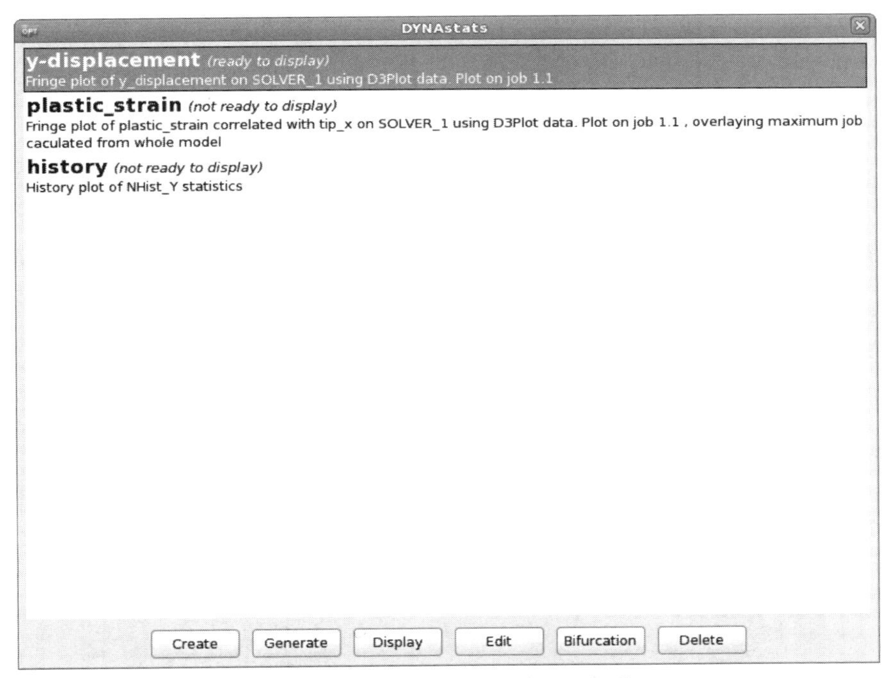

图 18-1　LS-DYNA 结果统计可视化

18.2　创建绘图

创建一个绘图需要以下四个步骤。

18.2.1　步骤 1：条纹图或历史图

在第一步中，用户必须选择是创建条纹图还是历史图，如图 18-2 所示。选择相应图片进入下一步。

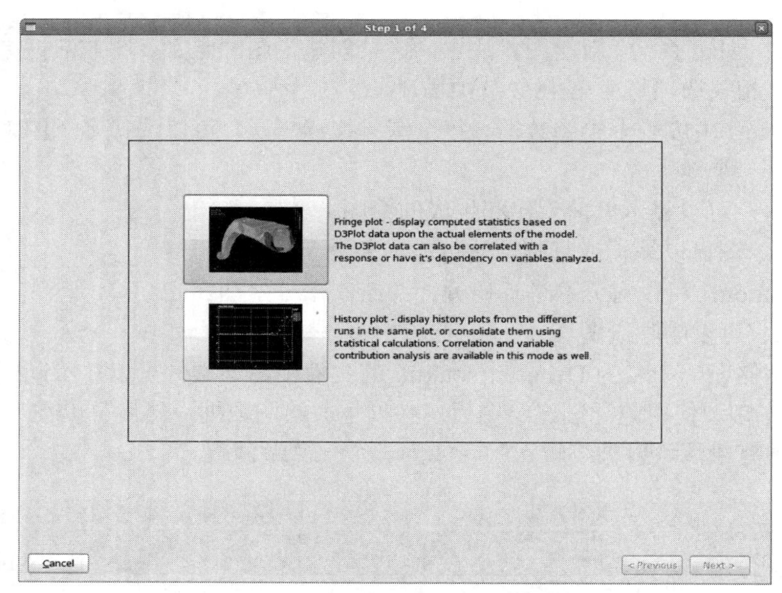

图 18-2　DynaStats 创建绘图的第一步：绘图类型选择

18.2.2　步骤 2：D3Plot 组件或历史

DynaStats 创建绘图的第二步为选择 D3Plot 组件或历史，如图 18-3 所示，更多选项见表 18-1。

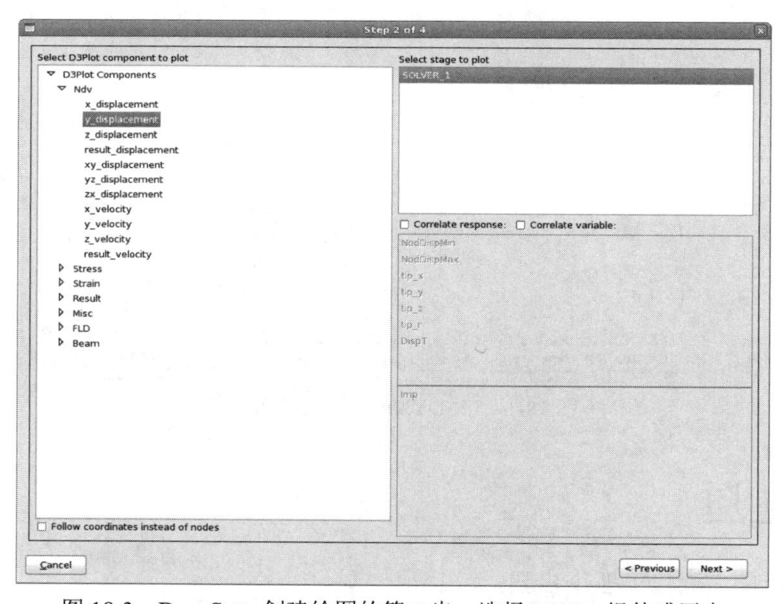

图 18-3　DynaStats 创建绘图的第二步：选择 D3Plot 组件或历史

表 18-1　DynaStats 第二步选项

选项	描述
Select D3Plot component to plot	使用所选组件的值计算统计量
Select history to plot	统计数据是使用所选历史值计算的
Select stage to plot	阶段的名称
Subcase	选择要使用的子案例，只有在 LS-DYNA 输入文件中使用 *CASE 时才可用
Follow coordinates instead of nodes	必须指定要映射部分的 ID
FLC curve	FLC 曲线规范（针对 FLD 组件，金属成形） 参数化 FLD 曲线的 t 和 n 系数 已提供的曲线 FLD 曲线 ID
Correlate response	LS-OPT 响应和 D3Plot 组件在所有状态下的相关性
Correlate variable	LS-OPT 变量和 D3Plot 组件在所有状态下的相关性

18.2.3　步骤 3：统计

DynaStats 创建绘图的第三步为统计，如图 18-4 所示，更多选项见表 18-2。

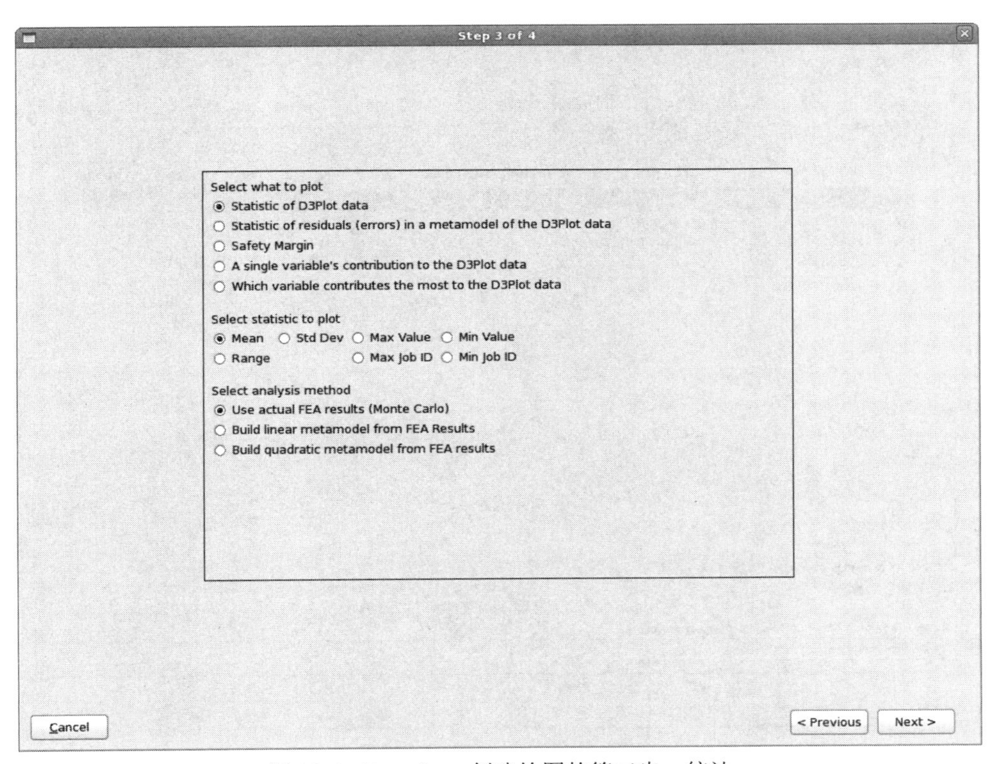

图 18-4　DynaStats 创建绘图的第三步：统计

表 18-2　DynaStats 第三步选项

选项	描述
Select what to plot	D3Plot 的数据统计
	D3Plot 数据元模型中的残差（错误）统计
	安全裕度
	单个变量对 D3Plot 数据的贡献
	对 D3Plot 数据贡献最大的变量
Select statistics to plot	-
Select analysis method	使用实际的 FEA 结果（蒙特卡罗）
	从 FEA 结果构建线性元模型
	从 FEA 结果构建二次元模型

18.2.4　步骤 4：LS-PREPOST 中实现可视化

用户可以在 LS-OPT 中选择 LS-PREPOST 对细节绘图进行可视化（图 18-5），更多选项见表 18-3。GUI 选项将反映是否调查条纹图组件的响应或历史数据。

统计数据将在 LS-PREPOST 中显示，使用作业字段指定的 LS-DYNA 作业 FE 模型。包含最大值和最小值的作业 FE 模型可以被覆盖，以便识别如第 18.8 节所述的分岔。

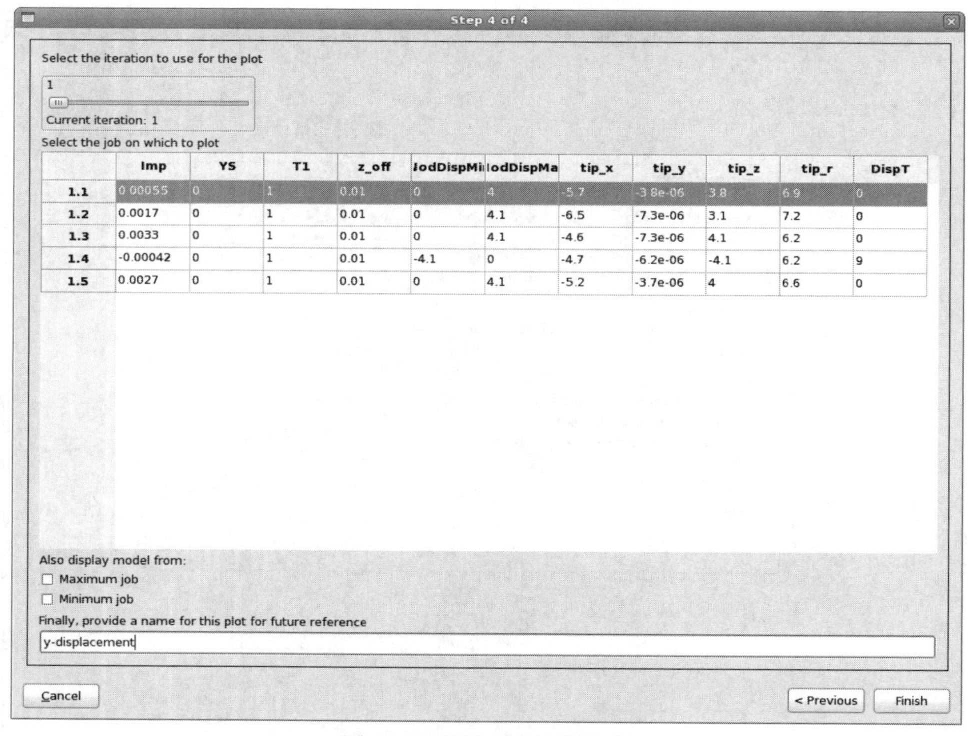

图 18-5　统计信息查看选项

表 18-3　LS-PREPOST 选项中的 DynaStats 可视化

选项	描述
Select the iteration to use for the plot	迭代数
Select the job on which to plot	指定用于显示所选 D3Plot 数据绘图结果的 FE 模型，这些数据将在 LS-PREPOST 中显示
Also display model from	分岔调查：此外，对于所选择的模型，可以对包含最大和最小结果的 FE 模型进行叠加，以便发现分岔
Name for this plot	在 DynaStats 主 GUI 的绘图列表中使用这个绘图的名称

18.3　蒙特卡罗和元模型分析

基于 LS-DYNA 系列计算结果，针对蒙特卡罗或基于元模型的统计计算，本节给出了统计计算所需的选项。无论是 LS-DYNA D3Plot 结果还是 LS-OPT 历史结果都可以进行分析。结果输出可以在 LS-PREPOST 中查看。结果将被存储在扩展名为.statdb 和.history 的阶段目录中。统计数据是为单个阶段和单个迭代计算的。

18.3.1　蒙特卡罗

计算从蒙特卡罗程序得到响应统计。将计算以下任务：

（1）响应统计值。

- 响应的平均值。
- 响应的标准偏差。
- 响应范围（最大值减去最小值）。
- 响应的最大值。
- 响应的最小值。
- 发生最大值的 LS-DYNA 作业 ID。这可以用来识别可能包含不同分岔的作业。
- 发生最小值的 LS-DYNA 作业 ID。这可以用来识别可能包含不同分岔的作业。

（2）安全裕度（约束裕度），考虑响应的给定边界和响应的变化，将采用蒙特卡罗分析计算（参见第 18.6 节）。

18.3.2　元模型和残差

元模型（近似）可以用来预测响应的统计数据。这些元模型将为所有时间步骤、所有节点和单元的所有结果进行计算。

元模型还有助于分离确定性变化，该变化是由来自过程变化的设计变量变化导致的。两种类型的变化如图 18-6 所示。

使用元模型预测的确定性变化是由于设计变量值的变化造成的。过程变化（与设计变量值的更改无关）显示在元模型的残差中。

元模型能够区分过程变化，如图 18-7 所示，元模型只能预测设计变量的效果。由设计变量无法预测的过程变化则成为残差。

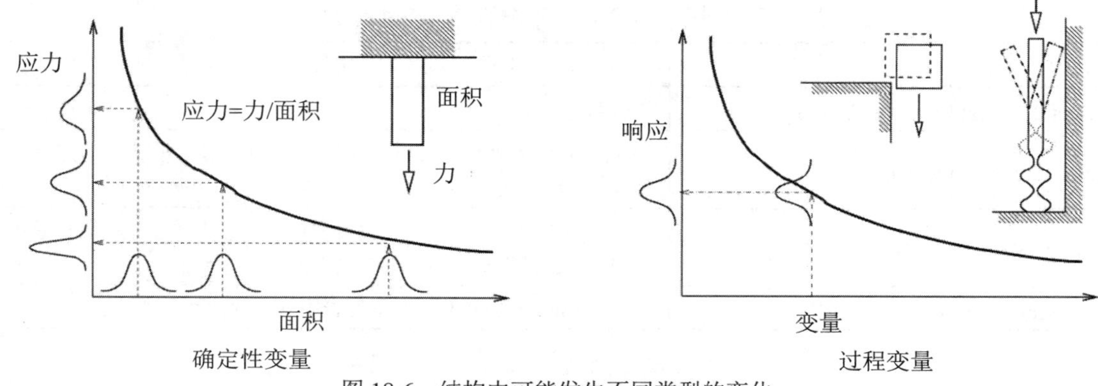

图 18-6　结构中可能发生不同类型的变化

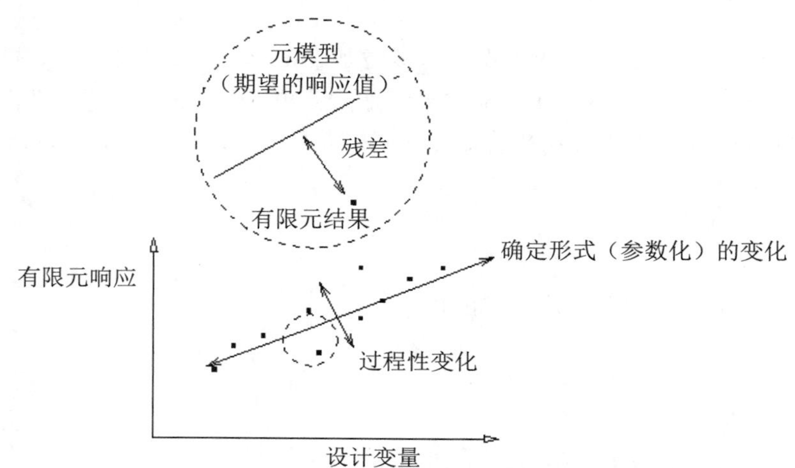

图 18-7　元模型可以用来区分设计变量变化导致的结果变化和分岔导致的结果变化

将计算以下元模型任务：

（1）由使用元模型所有变量引起的响应统计。

- 响应的平均值。
- 响应的标准偏差。
- 范围（四个标准差）。
- 最大值（均值+两个标准差）。
- 最小值（平均值减去两个标准差）。

（2）残差统计。

- 残差均值（始终为零）。
- 残差的标准差。
- 残差范围（最大值减去最小值）。
- 残差的最大值。
- 残差的最小值。
- 最大残差发生的 LS-DYNA 作业 ID。这可以用来识别可能包含不同分岔的作业。
- 最小残差发生的 LS-DYNA 作业 ID。这可以用来识别可能包含不同分岔的作业。

（3）每个个体变量的随机贡献和对数据变化贡献最大的相应变量。

（4）考虑响应的给定边界和使用元模型计算响应变化的安全裕度（约束裕度）（参见第 18.6 节）。

（5）为蒙特卡罗程序指定的所有计算。此计算所需的数据被读入元模型计算，因此计算这些结果所花费的时间非常少。

由设计变量引起变化的标准偏差使用元模型计算。最大值、最小值和范围使用平均值加/减两个标准差来计算。Max Job ID 和 Min Job ID 对元模型结果没有意义。

残差计算为使用 FEA 计算值与使用元模型预测值之间的差值。

可以使用线性或二次响应面。元模型的处理速度大约是每秒 105～106 个有限元节点，其中要处理的节点总数是模型中的节点数乘以状态数乘以作业数。FLD 计算需要计算主应变，比使用节点位移计算慢五倍。总体速度由从磁盘读取 D3Plot 文件所需的时间决定的；通过网络访问文件将会很慢。

18.4 相关性

18.4.1 条纹图或历史与响应的相关性

可以计算 LS-DYNA 结果或 LS-OPT 历史记录与响应的相关性。这个数量表示响应中的变化是否与条纹图或历史中的变化相关联。图 18-8 显示了正相关、负相关和零相关的示例，其中，不同的响应 Y 分别为正、负、无相关性。

如果没有进行足够的有限元分析，得到的条纹图可能会产生噪声。可能需要进行 30 次或更多的 FE 评估。注意，历史的相关性是关于单个时间实例的响应。

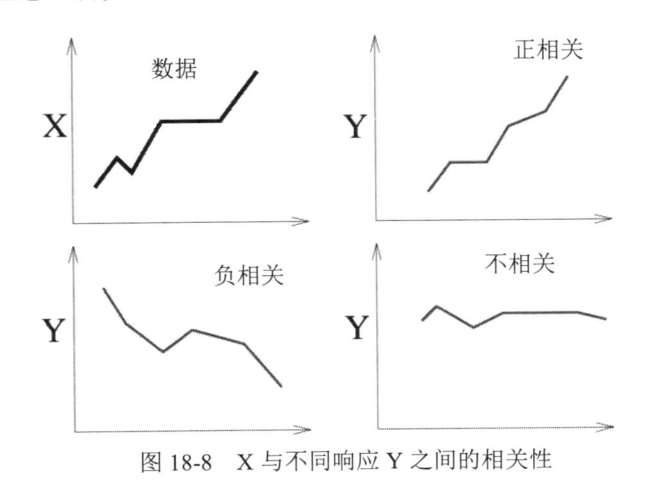

图 18-8　X 与不同响应 Y 之间的相关性

18.4.2 条纹图或历史与变量的相关性

计算 LS-DYNA 结果或 LS-OPT 历史记录与变量之间的相关性，如图 18-9 所示，此外，还可以查看 LS-OPT 历史记录和 LS-OPT 响应或变量之间的相关性。此数量表示所有时间状态，即特定变量中的更改是否与 D3Plot 组件或历史中的更改相关联。相关性并不一定代表变量的不确定性或随机性。例如，即使对于确定性问题，如没有随机变量的简单参数或 DOE 研究，变量与 LS-DYNA 响应分量之间也可能存在非零相关。

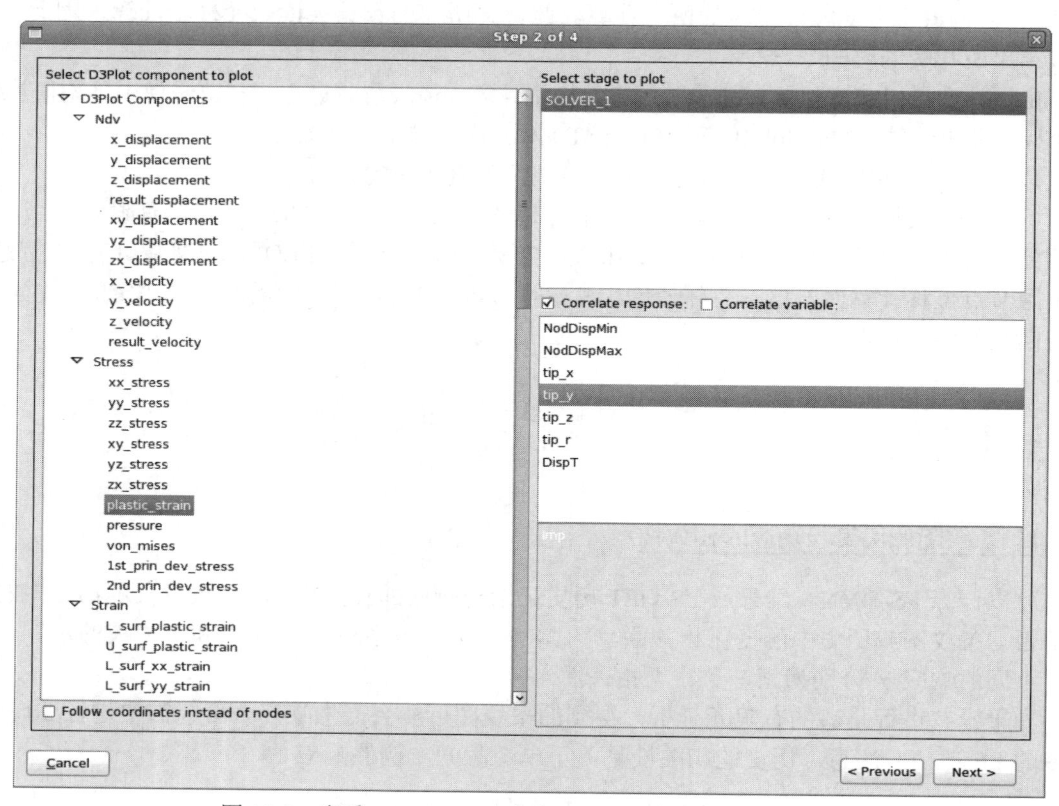

图 18-9　查看 LS-DYNA 响应和 LS-OPT 响应之间的相关性

18.5　变量的随机贡献

如图 18-10 所示，通过选择 A single variable's contribution to the D3Plot data 和列表中一个变量，每个设计变量对节点响应变化的随机贡献也可以绘制在模型上。请注意，随机贡献虽然密切相关，但并不等同于敏感性或相关性。虽然对于随机和确定性问题，灵敏度和相关性都可以是非零的，但确定性变量的随机贡献总是零。随机贡献提供了响应随变量随机性的变化。因此，它不仅取决于响应与变量之间的关系（也可使用敏感性或相关性进行研究），而且还取决于变量的不确定性程度。变量的随机性越高，其随机贡献越大（假设非零敏感性）。

通过选择 Which variable contributes the most to the D3Plot data 选项，可以在模型上绘制出基于随机贡献的最重要变量，或者更确切地说，是响应变化最多的变量。实际上，模型上只显示变量的索引。此索引与 LS-DYNA 结果统计 GUI 中所示的变量列表中的索引相同。从不确定性或概率分析的角度来看，随机贡献分析的重要性更大。基于随机贡献分析的最重要变量不一定是基于敏感性分析最重要的变量，因为敏感性分析没有考虑变量的实际概率分布。

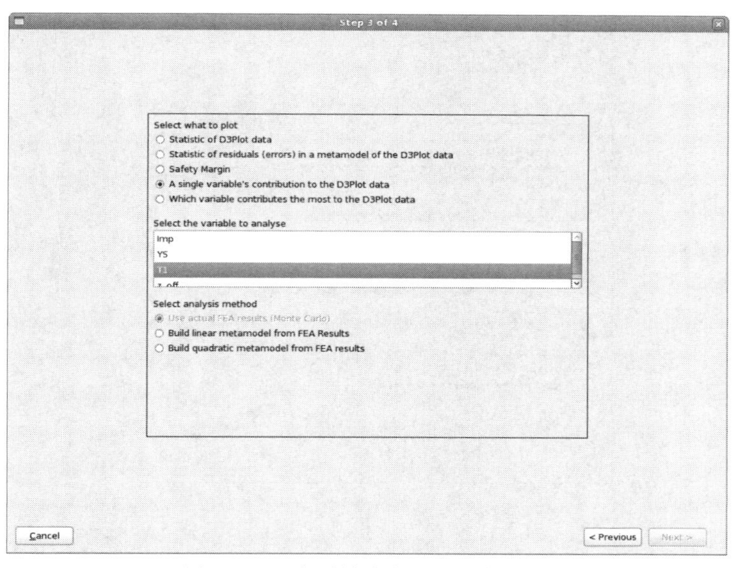

图 18-10 查看单个变量的随机贡献

18.6 安全裕度图

图 18-11 所示的安全裕度可以通过三种方式显示：

（1）安全裕度：边界值与平均值之间的差值。

（2）安全裕度以标准差（sigma）表示。

（3）超过界限的概率（失效的概率）。

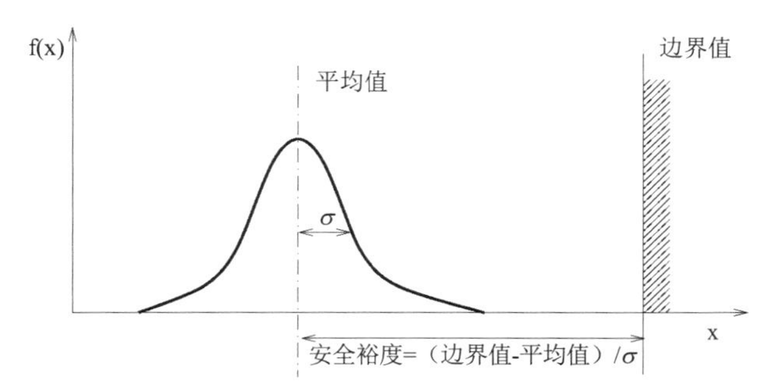

图 18-11 安全裕度是响应均值与响应约束边界之间的差值（以标准差表示）

因此，在计算统计数据时，必须指定边界，如图 18-12 所示。要获得不同边界的安全裕度，需要生成一个新图。

超过界限的概率是使用 FOSM 方法计算的，是使用正态分布和以标准差（sigma）衡量的安全裕度。因此，计算是以 6 sigma 方法完成的——sigma（标准差）是度量单位。如果需要对失效概率进行蒙特卡罗计算，则必须使用统计工具图中的响应计算（参见第 12.2.6 节）。如果这个响应最初没有定义，那么它必须从 Binout 或 D3Plot 数据库中提取：首先定义一个 Binout 或 D3Plot 响应，执行 Repair/Extract Results 命令（参见第 3.5 节），并将统计工具图和使用违反约束的概率图一起使用。

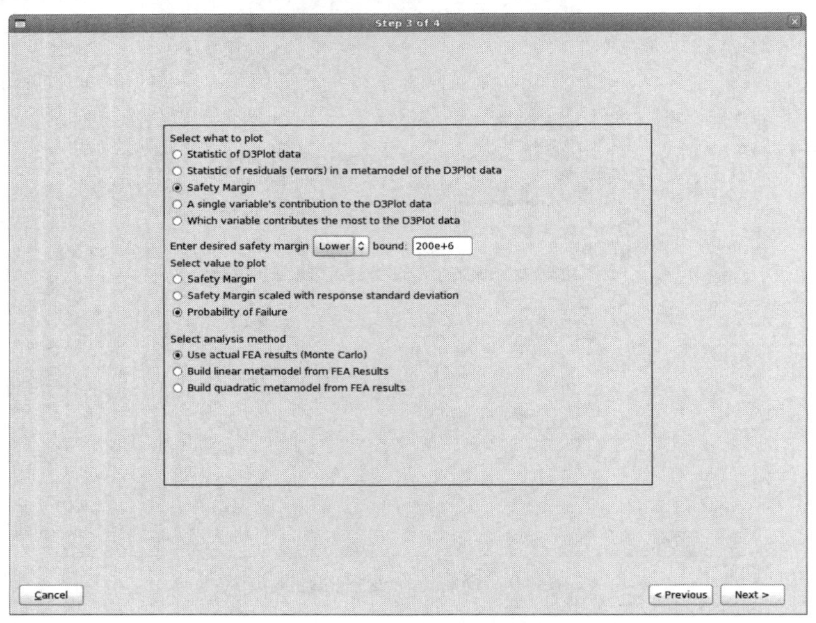

图 18-12　绘制安全裕度或故障概率要求必须指定边界

18.7　查看 LS-OPT 历史

可以同时查看所有 LS-DYNA 运行的 LS-OPT 历史记录，如图 18-13 和图 18-15 所示。此外，还可以查看所有时间状态下 LS-OPT 历史记录的各种统计数据，如图 18-14 所示。还可以查看所有时间状态下的安全裕度或故障概率。

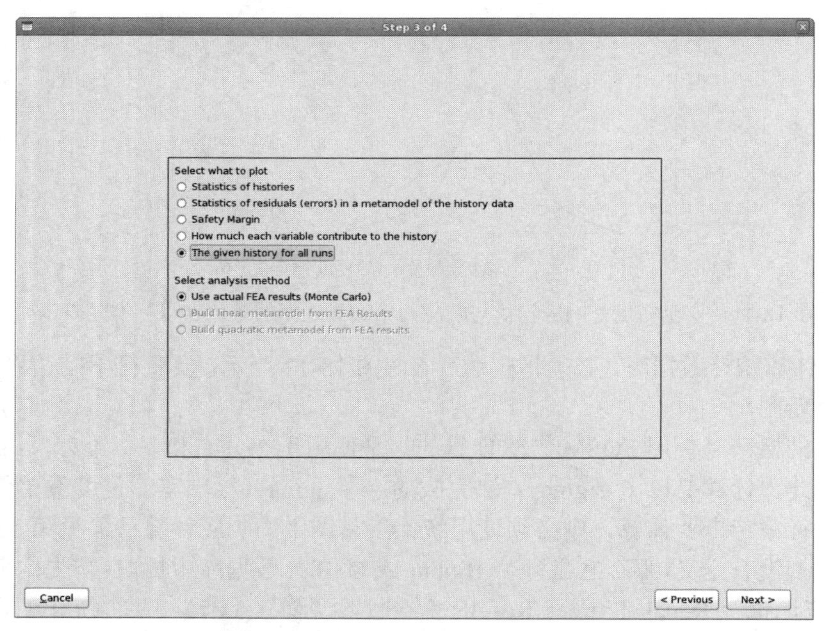

图 18-13　查看所有 LS-OPT 历史记录

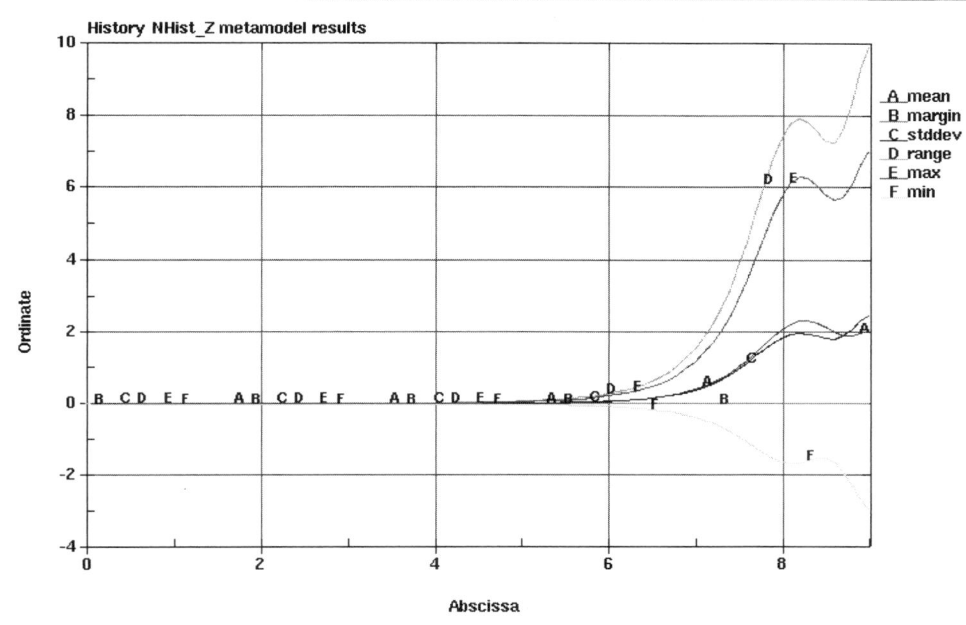

图 18-14　LS-OPT 历史的统计数据

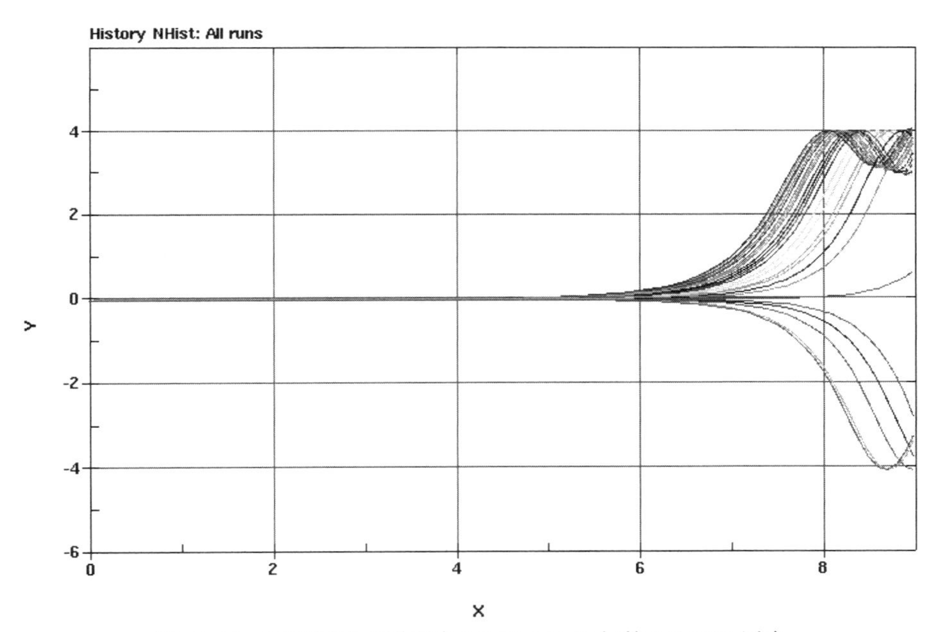

图 18-15　可以同时查看所有 LS-DYNA 运行的 LS-OPT 历史

18.8　分岔调查

残差图可以用于寻找分岔。残差的标准差（或范围）表示位移变化是不能用设计变量值的变化来解释的区域，因此它是一个意外位移或“意外因素”的绘图。蒙特卡罗分析的绘图也可以用来发现类似于基于元模型蒙特卡罗分析的残差分岔。

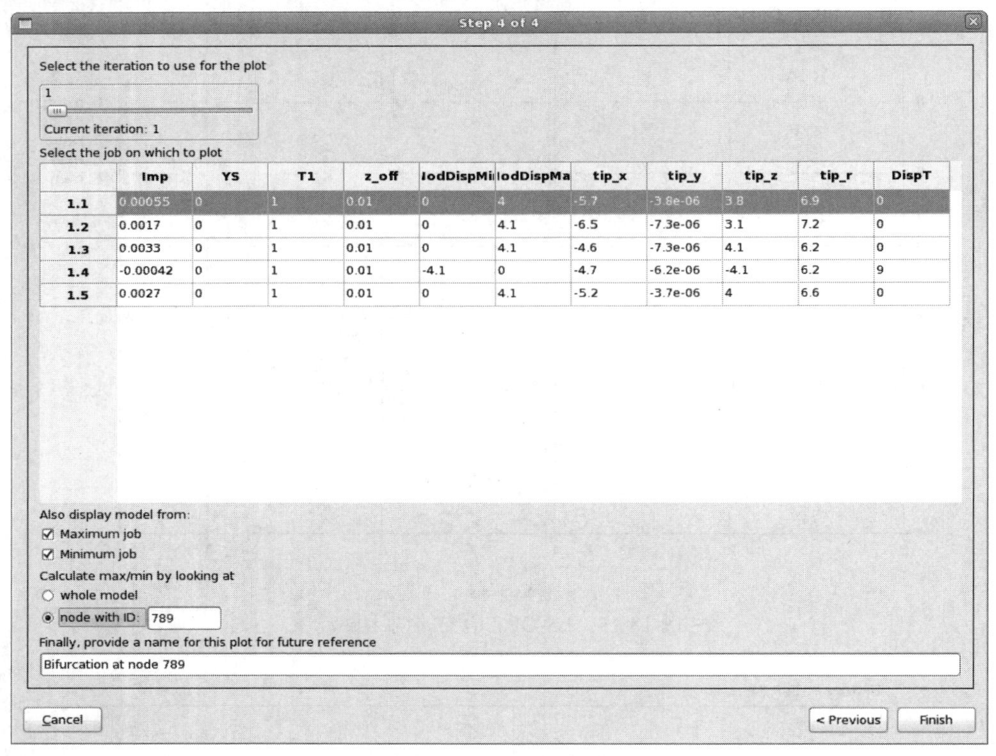

图 18-16　分岔选项

如图 18-16 所示，通过将包含最大和最小结果的 FE 模型叠加来发现分岔。如果模型中的极值不是由分岔引起的，则可能需要指定与分岔关联的节点 ID。为现有绘图创建分岔图选项如图 18-17 所示。

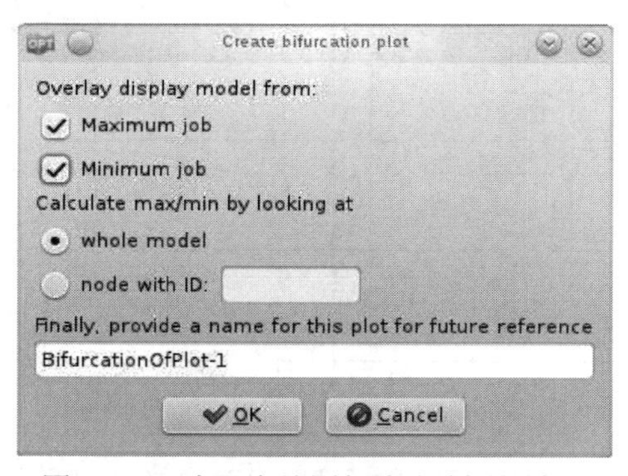

图 18-17　为现有绘图创建分岔图的选项

18.8.1　自动检测

包含最小和最大离群值的 LS-DYNA 作业可进行自动检测，如图 18-16 和图 18-17 所示。在 GUI 中，用户必须选择覆盖包含最大和最小结果的 FE 模型，以及必须使用全局最小值或者特定节点上的最小值。同时查看最大和最小作业，可以识别分岔。有关生成 LS-PREPOST 结果图的示例，如图 18-18 所示。

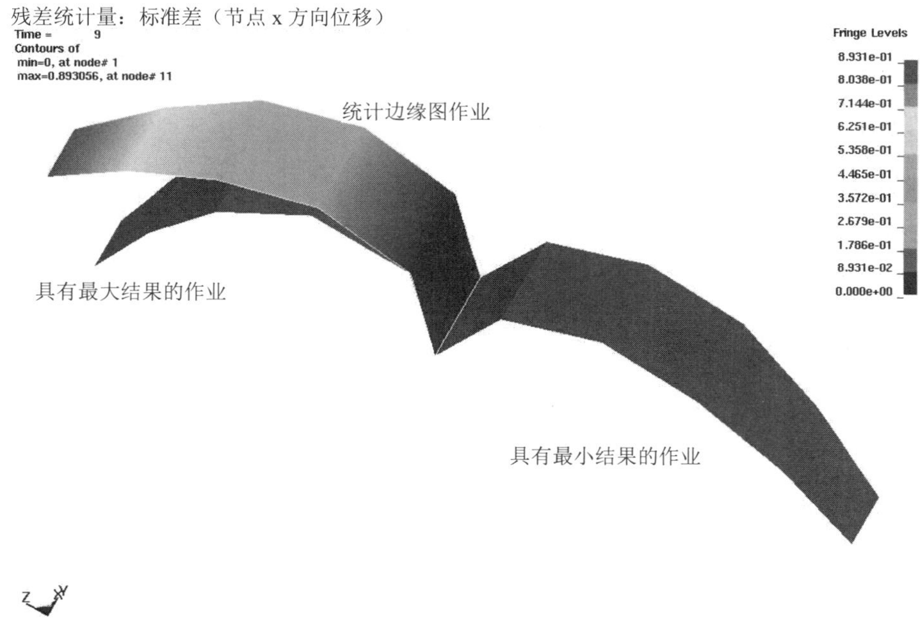

图 18-18 查看一个分岔

该图中的平板结构可向左或向右屈曲。图中给出了三种有限元模型，两种不同的求解模式，可在 LS-OPT 中自动创建和显示。

18.8.2 手动检测

手动检测步骤如下：

（1）绘制位移幅度的异常范围，以确定在 FE 模型中发生分岔的位置。

（2）使用 Max Job ID 绘图标识最大值发生的作业。

（3）使用 Min Job ID 绘图标识最小值发生的作业。

（4）查看具有最小值和最大值的作业在模型中的位置。

建议：

- 结构的工程知识很重要。
- 观察 x、y 和 z 分量，除了位移大小外，还要了解分岔发生的方向；考虑到位移分量，通常能够很好地识别分岔。
- 历史结果有助于找出分岔发生的时间。
- 响应与位移（或位移历史）之间的相关性表明位移的变化是否与响应的变化有关。
- 查看 D3Plot 数据库中的所有状态；在更早的分析时间阶段，分岔可能会更加明显。

18.9 位移幅值问题

总位移幅值的近似引入了一些特殊情况。平方和的平方根是很难在原点附近近似的，特别是使用线性近似，如图 18-19 所示。但是，x、y 和 z 的位移分量则没有这个问题。位移量总是大于零，如果某些位移分量可以取负值，则无法精确地逼近原点。

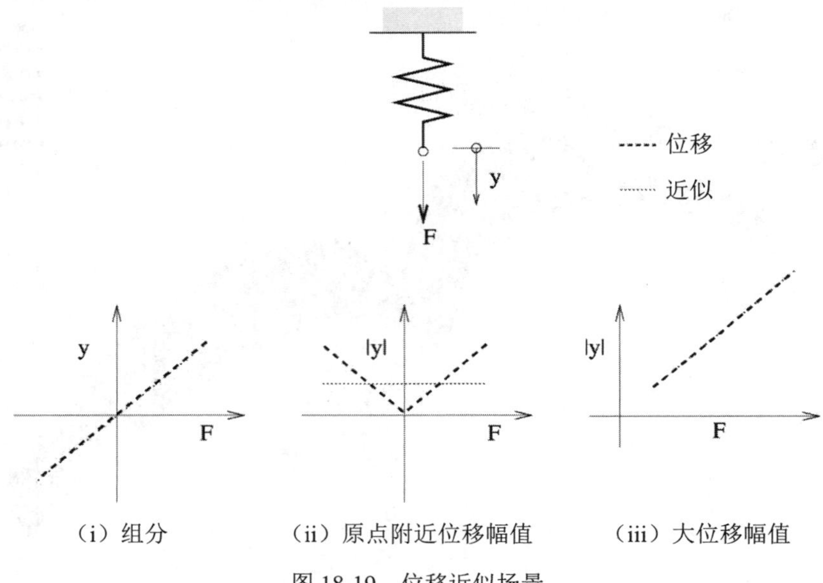

（i）组分　　（ii）原点附近位移幅值　　（iii）大位移幅值

图 18-19　位移近似场景

即使正确地估计位移量，也可能出现意想不到的结果。位移量始终为正值，除了拟合问题外，在计算与响应量相关系数时也会出现问题。图 18-20 展示了在空间中两个位置评估法兰的两种屈曲模式。虽然两处的屈曲模式相似，但两处的位移量差异较大。因此，位移量的方差将小于考虑各分量后的结果。考虑位移分量可以解决这个问题，但与所需方向对齐的位移分量可能并不总是存在。

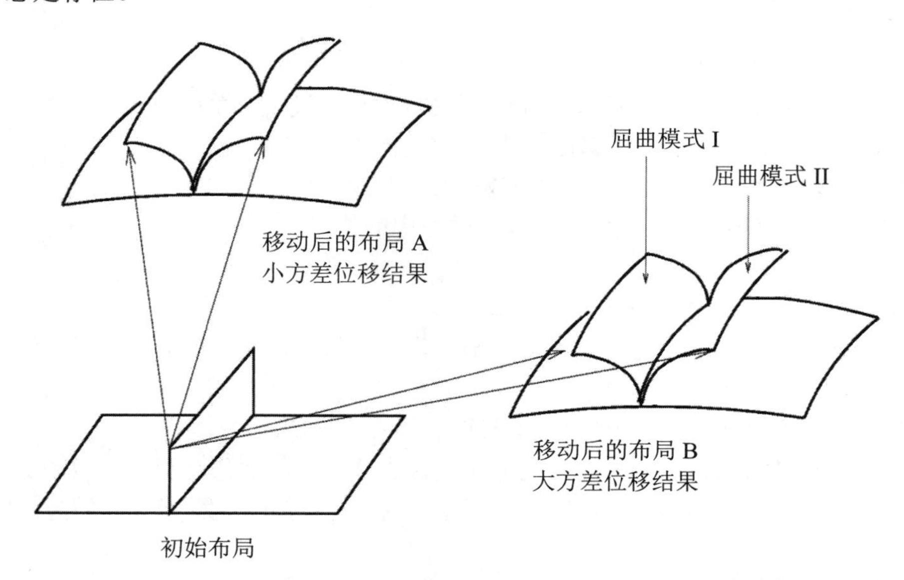

图 18-20　位移大小可根据法兰与轴线的对齐情况而定

如果弯曲与轴的位置一致，就很难发现屈曲。对于构型 A，这两个向量的长度几乎相同，而对于构型 B，它们的长度显然不同。

建议：使用 x、y 和 z 位移分量。

18.10 钣金成形选项

钣金成形有一些特殊的要求，具体如下：

（1）将每个示例的结果映射到基础设计网格，结果将在特定的空间位置而不是节点（欧拉系统）计算。这在钣金成形中是必需的，因为：

- 自适应性会导致不同的迭代具有不同的网格。
- 在钣金成形中，在特定的几何位置考虑结果比在特定的节点考虑结果更自然。

这部分只是对板料做的。因此，这部分必须在 LS-OPT 输入中指定。更多细节如图 18-21、图 18-22 和图 18-23 所示。

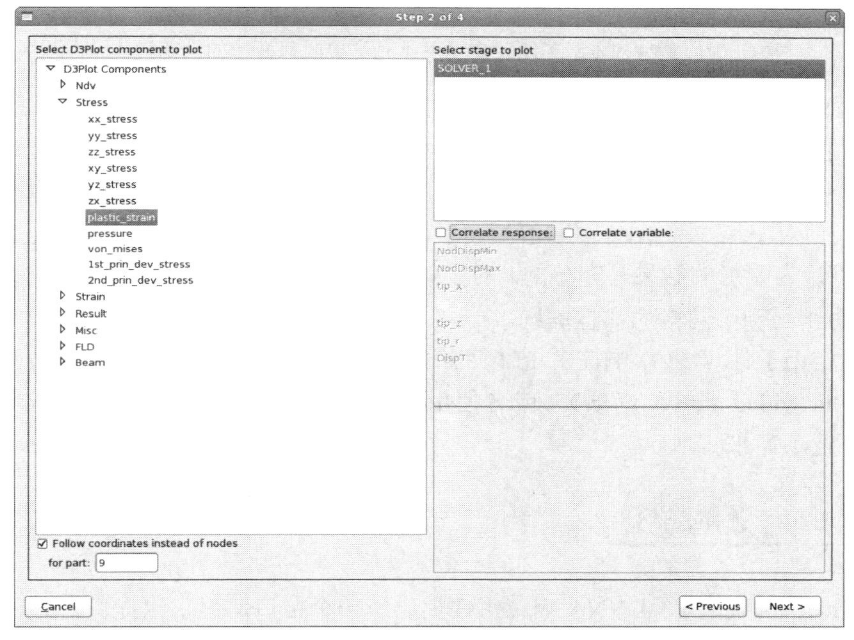

图 18-21 在钣金成形优化中必须勾选 Follow coordinate instead of nodes 选项

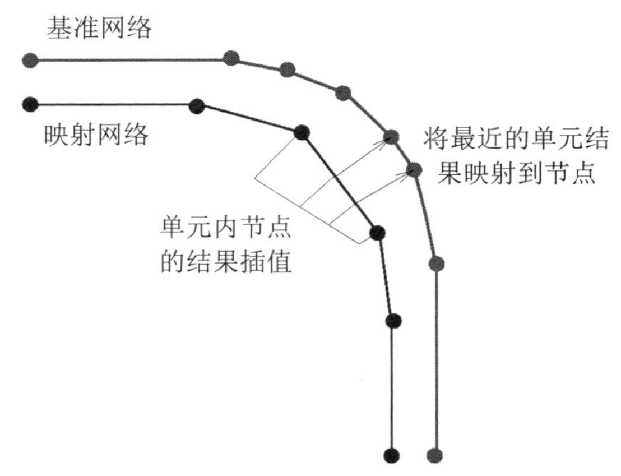

图 18-22 钣金成形结果插值

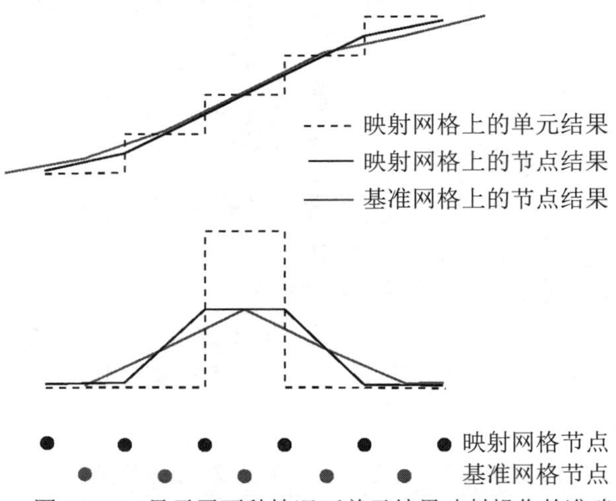

图 18-23 显示了两种情况下单元结果映射操作的准确性

对于图 18-23 中的两种情况，结果显示的是原始映射网格的单元质心结果，原始映射网格的单元结果在节点处取平均值，结果映射到基本网格的节点。对于第一种情况，可以看出，如果网格足够细，可以考虑平滑变化的结果，映射精度很高。第二种情况出现在单个单元中，表示信息丢失。但对于第二种情况，原始结果的精确数值被认为不是很精确，只要保留了对破坏的预测，可以认为映射的结果是充分的。对于第二种情况，数值结果与网格相关，因此失效预测是应该映射到另一个网格的数量问题。

（2）指定用于计算 FLD 响应的 FLC 曲线。这可以通过指定 LS-DYNA 输入面板中定义的曲线 ID（Provided curve 选项），或者使用与 LS-PREPOST 中使用参数类似的两个参数（Parametric 选项）来实现。

18.11 用户定义的统计

尽管 DynaStats 仅为 LS-DYNA 响应组件提供了一个接口，但它也提供了一种可视化统计方法来统计用户定义的结果。这需要一个由 LS-OPT 在每个运行目录中运行用户脚本来计算该子目录的用户定义结果，并最终计算所有运行的统计数据。所涉及的步骤如下：

（1）在 DynaStats 创建向导（参见第 18.2.2 节），选择 Misc, user 作为 D3Plot 组件，以定义所需的统计信息。

（2）用户需要提供一个名为 dstats_user 的脚本。在每个子目录中，LS-OPT 将运行程序 dstats_user -state n，n 的值从 1 到状态总数不等。脚本 dstats_user 必须转储为一个名为 dstats 的文件，用于正在运行的特定状态。

（3）LS-OPT 将为每个状态打开文件 dstats.lspp。文件格式必须与 LS-PrePost output 命令转储的格式相同。数据必须以%10d%10f 格式写入节点结果。如果结果为单元结果，必须首先使用 LS-PrePost 中的节点平均将其转换为节点结果。

下面给出了一个 dstats_user python 示例程序来转储 LS-PrePost 中的节点结果。通常，用户可以将任何程序的结果转储到文件 dstats.lspp 中。

```
import sys, os
cmp = 9 # Von Mises
state = 1
print "state", state
print "argv", sys.argv
if len(sys.argv) > 2 :state = eval( sys.argv[2] )
print "state", state
ff = open( "lspp.cmd", 'w' )
ff.write( "openc d3plot \"d3plot\"\n" )
ff.write( "state %d;\n"%state )
ff.write( "fringe %d\n"%cmp )
ff.write( "pfringe\n" )
ff.write( "output dstats.lspp %d 1 0 1 0 0 0 0 0 1 0 0 0 0 0\n"%state )
ff.write( "exit\n" )
ff.close( )
os.system( "lsprepost c=lspp.cmd" )
```

如果单元结果可用，则必须先由 dstats_user 转储它们，然后运行其他 LS-PrePost 命令来读取这些结果，将它们转换为节点输出，并转储新结果。如果将单元结果写入 dstats_e.lspp，则 dstats_user 脚本应该修改为如下所示。

```
import sys, os
cmp = 9 # von mises
state = 1
print "state", state
print "argv", sys.argv
if len(sys.argv) > 2 :state = eval( sys.argv[2] )
print "state", state
ff = open( "lspp.cmd", 'w' )
ff.write( "openc d3plot \"d3plot\"\n" )
ff.write( "state %d;\n"%state )
ff.write( "fringe %d\n"%cmp )
ff.write( "pfringe\n" )
ff.write( "range avgfrng none\n" )
ff.write( "output dstats_e.lspp %d 1 0 1 0 0 0 0 1 0 0 0 0 0 0\n"%state )
# read the file with element data
ff.write( "open userfringe dstats_e.lspp 1\n")
ff.write( "fringe 5001\n")
ff.write( "pfringe\n" )
# write the corresponding file with nodal data
ff.write( "range avgfrng node\n" )
ff.write( "output dstats.lspp %d 1 0 1 0 0 0 0 0 1 0 0 0 0 0\n"%state )
ff.write( "exit\n" )
ff.close()
os.system( "lsprepost c=lspp.cmd" )
```

18.12 重复或持续使用某些评估方法

这些绘图的定义保存在一个名为 dynastatplot.xml 的文件中。将此文件复制到要重使用定义的目录。当重新启动 LS-OPT GUI 时，可以使用这些绘图。不过，这些绘图必须重新创作；需要注意的是，可以在生成绘图时选择所有的绘图，不需要一个一个地生成绘图。使用 File 菜单 Export 和 Import 特性，所有定义的绘图块都可以导出到.xml 文件中，同时所选的绘图块也可以导入进来。

第19章 优化应用

本章简要介绍了一些 LS-OPT 优化应用，可以与示例章节一起阅读（其中将通过实际示例来说明应用）。

19.1 参数识别

参数识别问题是非线性的逆问题，可以用数学优化方法来求解。系统参数识别是 LS-OPT 应用的一个常用特性，尤其应用于材料模型的标定。

该过程包括目标值与相应求解器输出值的最小化或两条曲线之间不匹配的最小化。在后一种情况下，这两条曲线通常由二维实验目标曲线和计算曲线组成。计算的曲线是一个可变响应，取决于系统参数，如材料常数。也可以是一个 crossplot，由两个时间历史（如 strain 和 stress）联合构建（参见第 6.4.2 节）。

系统识别算法的两个主要组成部分如下：

- 优化算法。
- 曲线匹配度。

19.1.1 优化算法

用于参数识别问题的推荐优化算法是 Metamodel-based Optimization（基于元模型的优化）和 Sequential with Domain Reduction（SRSM）（域缩减策略序贯）策略（参见第 4.8.3 节）。使用线性多项式元模型和 D-optimal 点选择，这是所选任务和策略的默认值（参见第 9.3.2 节）。SRSM 是最有效的优化方法，但其结果可能是局部最优的。如果需要全局最优，并且仿真时间足够短，建议使用直接遗传算法（参见第 4.4 节）。直接遗传算法可能会带来更好的优化结果，但成本大约是其他算法的 20 倍。

19.1.2 匹配标量值

从求解器输出中提取相应的响应匹配标量值。指定 MSE 或 Sqrt MSE 类型的 Standard

Composite，使用这些响应作为与各目标值（参见第 10.4 节）相关联的组件，将此复合定义为目标函数。

19.1.3　曲线匹配度量

要计算目标和计算曲线之间的不匹配，需要定义一个 Curve Matching 的复合或响应（参见第 10.5 节）。有四种可用的曲线匹配度量，即 Euclidean 欧几里德（以前称为均方误差）、Curve Matching 曲线映射、Dynamic Time Warping 动态时间规整和 Discrete Fréchet 离散弗雷歇度量。

- Euclidean 欧几里德度量是一种基于坐标的曲线匹配度量。如果部分曲线陡峭，或者纵坐标值不是唯一的（例如，曲线是滞后曲线），不选择欧氏度量。
- Curve Matching 曲线映射使用曲线的长度来计算不匹配。在有噪声的曲线中，由于可能的长度差异，这会导致曲线的人为失配。在这种情况下，建议过滤部件的历史曲线。由于滤波可能不是鲁棒的，Dynamic Time Warping 动态时间规整更适用于噪声曲线。
- Dynamic Time Warping 动态时间规整（DTW）是通过其对应的规整路径来计算两个数据集（曲线）之间的距离。这条路径是通过曲线上所有点所需要的最小累积距离的结果。匹配是端到端的。欧几里德度量是严格的一对一映射，而 DTW 也可以一对多的映射。
- Discrete Fréchet 离散弗雷歇距离（DFD）度量测量曲线之间的相似性，它在考虑点的位置和序贯的同时，在连接所有给定数据点的路径上，取所有可能的边长最大值的最小值。匹配是端到端的。如果点不是均匀分布的，特别是在两点间隙较大的情况下，DFD 会关注间隙。

当使用 DTW 或 DFD 时，建议截断一条或两条曲线，便于近似于相同的长度。可以通过确保两条曲线的最后纵坐标值相同来近似，这是为了防止由于凸出线段而引起的误差放大，产生误导的值。Lookup 响应函数可用于截断曲线。

19.1.4　使用全局测量进行参数识别

进行参数识别，如果提供光学测量系统产生的全局测试结果，则应使用 d3plot multihistory（参见第 6.2.3 节）和 file multihistory（参见第 6.19 节）进行全局校准。曲线匹配措施适用于多历史（参见第 19.1.3 节）。

19.1.5　采样约束

对于参数识别问题，设计变量的限制往往比每个参数的上界和下界更多，例如可能需要获得单调递增的求解器输入曲线。这些约束可以定义为 LS-OPT 第 9.6 节中描述的采样约束 Sampling Constraints。

19.1.6　求解器输入曲线参数化

求解器输入曲线参数化的一种常用方法是使用表示曲线特征的参数化分析函数。使用程序或脚本作为前处理阶段的求解程序，根据参数计算求解程序的输入曲线。

19.1.7　查看器

本节描述一些通常用于参数识别问题的后处理选项。第 16 章对选项更多细节做了描述。

1. 优化历史图

优化历史图可以用来检查变量值的收敛性，以及目标在迭代过程中的递减性，如图 19-1 所示。响应优化历史显示计算值和预测值，因此，优化历史图可以用来检验预测的质量。有关优化历史图的进一步信息参见第 16.4.1 节。

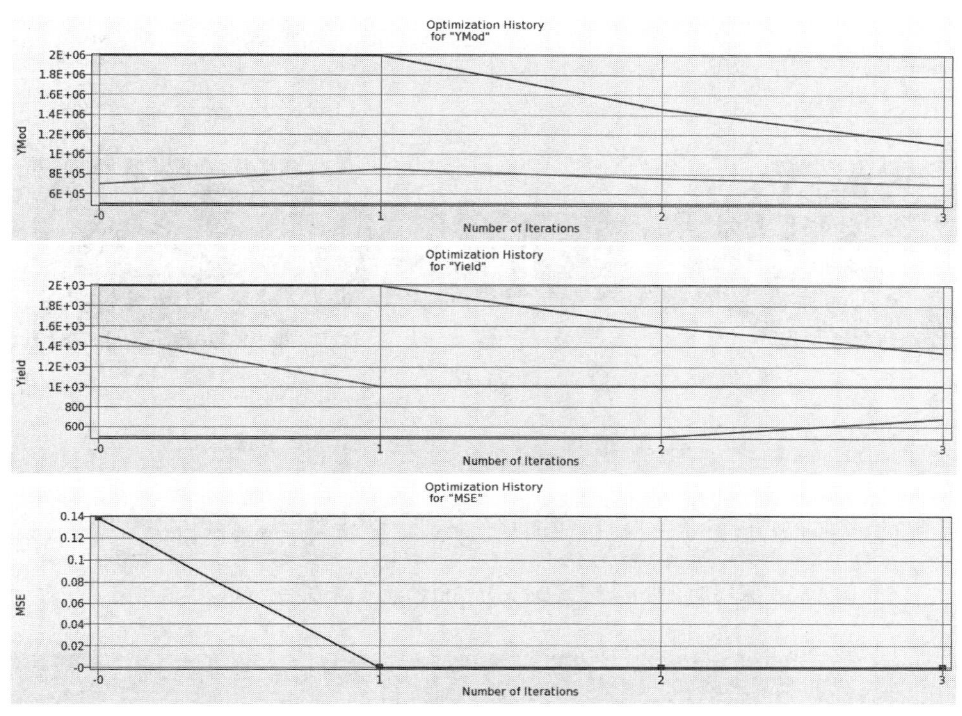

图 19-1　变量和目标的优化历史

2. 灵敏度图

如果存在不收敛的参数，可以使用灵敏度图来判断这些参数是否不敏感，如图 19-2 所示，更多细节参见第 16.3.4 节。

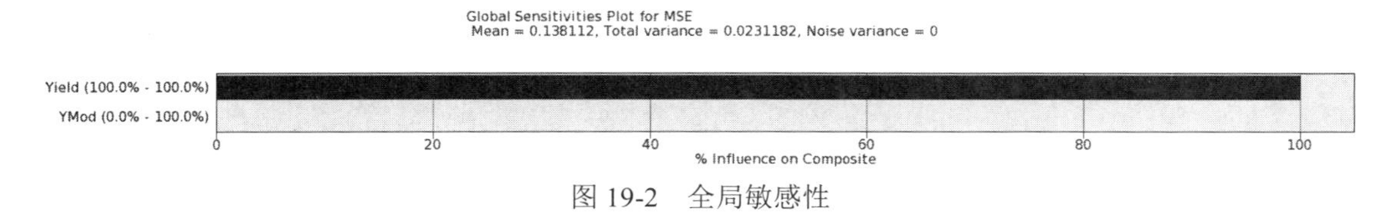

图 19-2　全局敏感性

3. LS-PrePost 条纹图

针对全局校准，可以从查看器表或绘图（参见第 17.1.9 节）中选择条纹图选项，可以将仿真或实验等值线或者差别等值线可视化，并叠加在有限元模型上。用于分析的相似性度量被选择用于映射。图 19-3 显示了一个示例。

4. 历史图

历史图（参见第 16.2.4 节）可用于同一绘图中显示计算曲线和试验曲线，如图 19-4 所示。计算出的曲线有几种着色选项，例如，可以使用目标值（曲线匹配度）对曲线进行着色，以查看曲线匹配度是否如预期的那样工作。

在所有迭代的曲线中，只选择最优选项显示最优迭代曲线，并通过迭代着色曲线，可以直观地看到最优曲线在迭代过程中的改进。

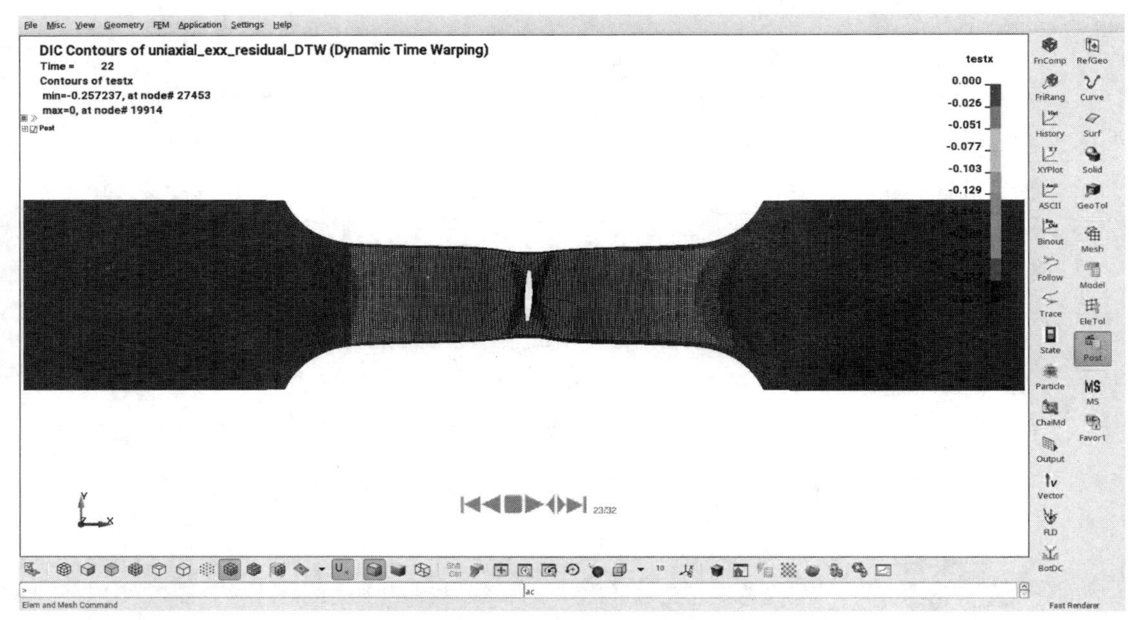

图 19-3 采用动态时间规整（DTW）映射的源（测试）ε_{xx} 分量等值线图

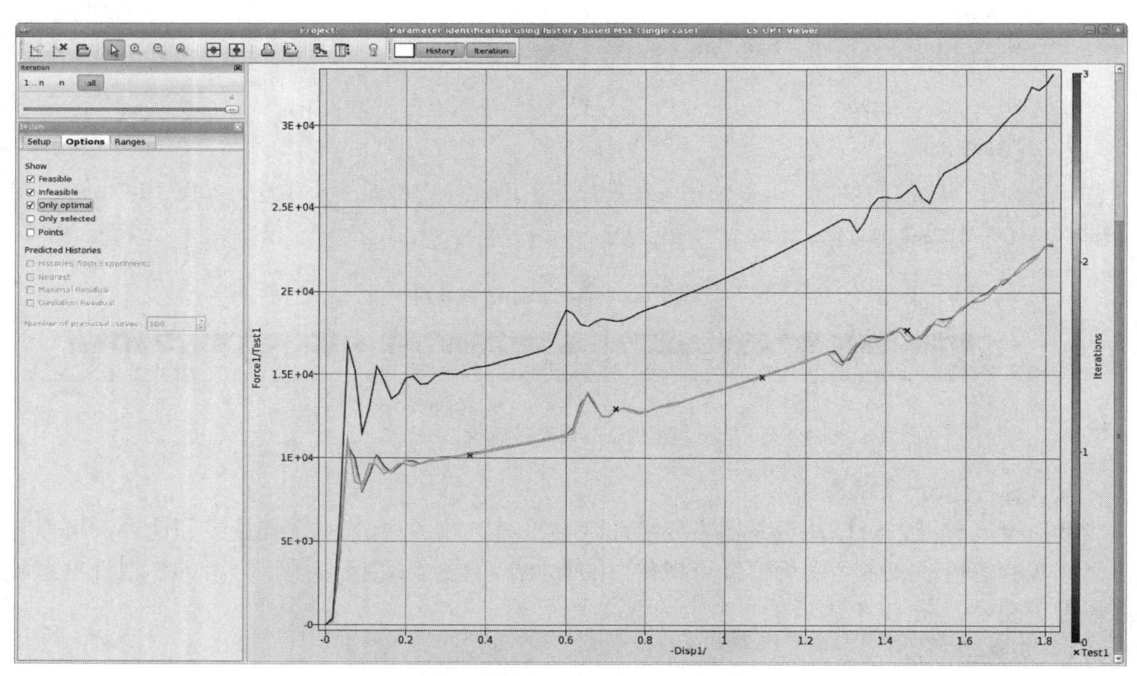

图 19-4 目标曲线和计算曲线（所有迭代只显示最优曲线）

19.2 敏感性分析

响应取决于许多变量，而优化的计算量很大程度上取决于变量的数量。在大多数情况下，只有几个变量是重要的。

用户可以通过敏感性分析，从而在计算所选响应时确定各种设计变量的重要性。这有助于理解仿真模型并减少优化中使用的设计变量。可以取消最不重要的选项，减少计算工作量。

LS-OPT 中提供了两种方法：基于元模型的敏感性分析和直接敏感性分析（田口法）。

19.2.1 基于元模型的敏感性分析

在 LS-OPT 中实现了两种敏感性测量：线性方差分析 ANOVA 和 GSA/Sobol。

这两种敏感性度量本质上都是全局的，并使用元模型进行评估。因此，元模型的质量对于获得合理的灵敏度结果至关重要。

ANOVA 方差分析是一种线性敏感性指标，而 GSA/Sobol 是非线性的。因此，对于线性元模型，方差分析结果是可比较的。方差分析描述了积极或消极的影响，而 GSA/Sobol 只显示绝对值。GSA/Sobol 的一个优点是，值是标准化的。因此，可以对它们进行总结，来确定参数对多个响应、整个工况或整个优化问题的影响。

如果元模型可用，可以自动评估方差分析。如果要获得 GSA/Sobol 值，可以在任务对话框（参见第 4.11 节）或 Add 菜单（参见第 3.2 节）中选择 Global Sensitivities 全局灵敏度选项。

敏感性分析应该使用全局元模型近似，有以下两种方法。

（1）DOE 任务。可以通过选择任务 DOE（参见第 4.3 节）来实现全局近似。为了得到合理的结果，将 Number of Simulation Points (per Iteration per Case)增加到至少 $2*(n+1)$，其中 n 是变量数量。响应函数的非线性越大，表示非线性所需的点就越多。因此，点的数量总是精度和计算量之间的折中。

（2）序贯。生成具有指定预测精度元模型的一种方法（使用 PRESS 度量），该方法使用迭代方法。

为主要任务和序贯策略选择 Metamodel based Optimization（基于元模型的优化），参见第 4.8.2 节。因为点数是按序贯添加的，可以使用默认的 Number of Points per Iteration（每次迭代的点数）。一种非线性元模型也是建议的，比如径向基函数和空间填充点选择方案（参见第 9.3.4 节）。

序贯方法的适当终止标准是 Response Accuracy Tolerance（参见第 13.1.2 节）。要确保使用 OR 选项，并将不精确性公差设置为 0。要执行的迭代数是精度和计算工作量之间的折中。

1. 查看器

查看器描述一些通常用于敏感性分析的后处理选项。第 16 章对选项更多细节做了描述。

2. 精确度

使用精确度图（参见第 16.3.3 节）和误差度量来判断元模型质量，如图 19-5 所示，图中显示了计算值与预测值，在标题中显示了误差。

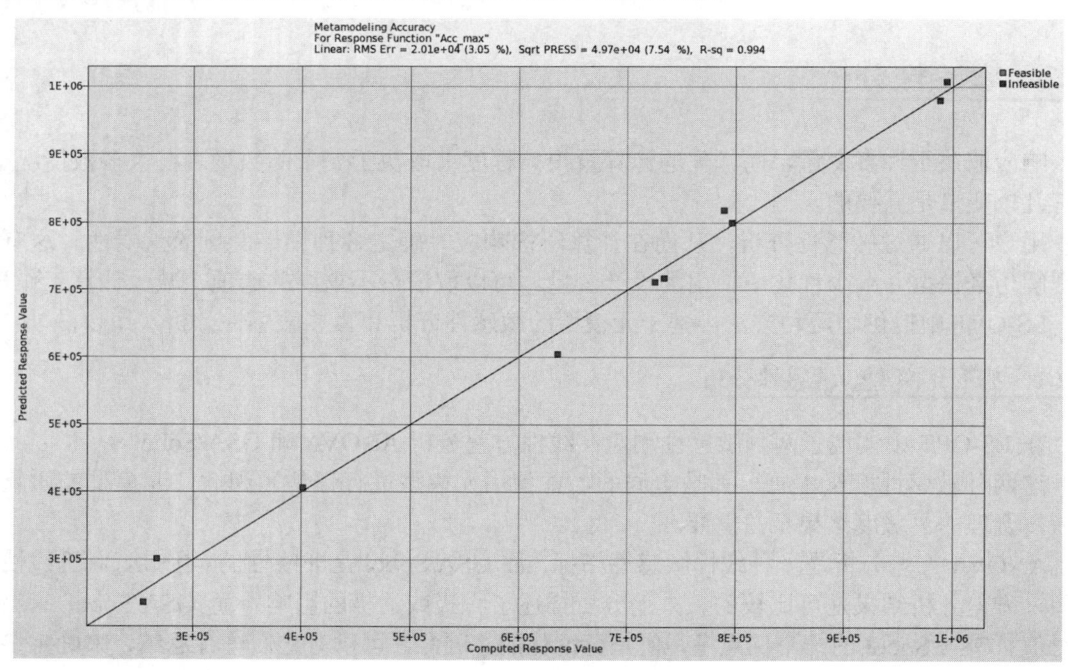

图 19-5　精确度图

3. 敏感性

LS-OPT 计算的敏感度测量，线性 ANOVA 和 GSA/Sobol 可以在敏感性绘图中进行可视化，参见 16.3.4 节。默认情况下，这些值是按重要性排序的，因此参数的排序可以直接按照图中的序贯进行，如图 19-6 所示。

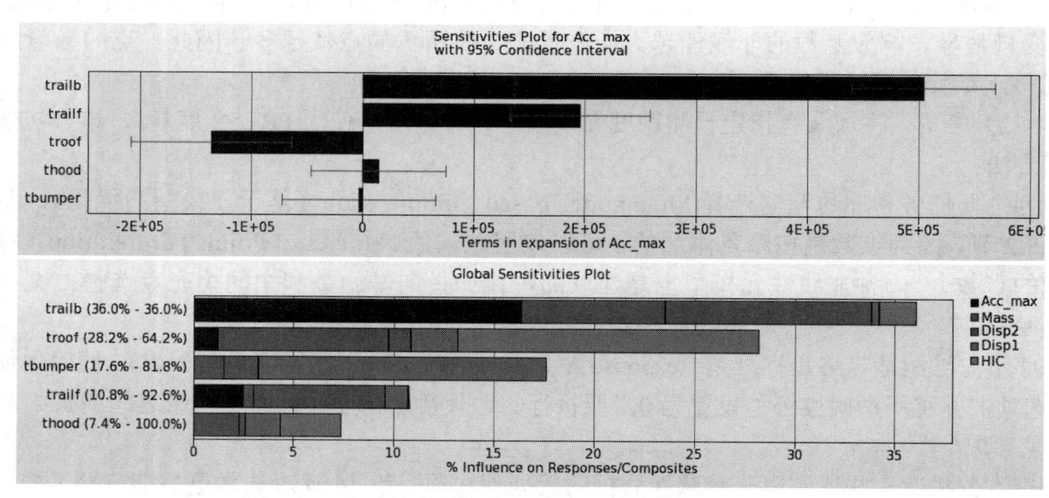

图 19-6　单个响应的方差分析值及多个响应的 Sobol 值

4. 插值

插值图（参见第 16.3.2 节）在矩阵中显示所选响应和变量的元模型二维截面。所选参数组合的约束和预测值可以在元模型上可视化，如图 19-7 所示，该图显示元模型上的约束和所选参数组合的预测值。

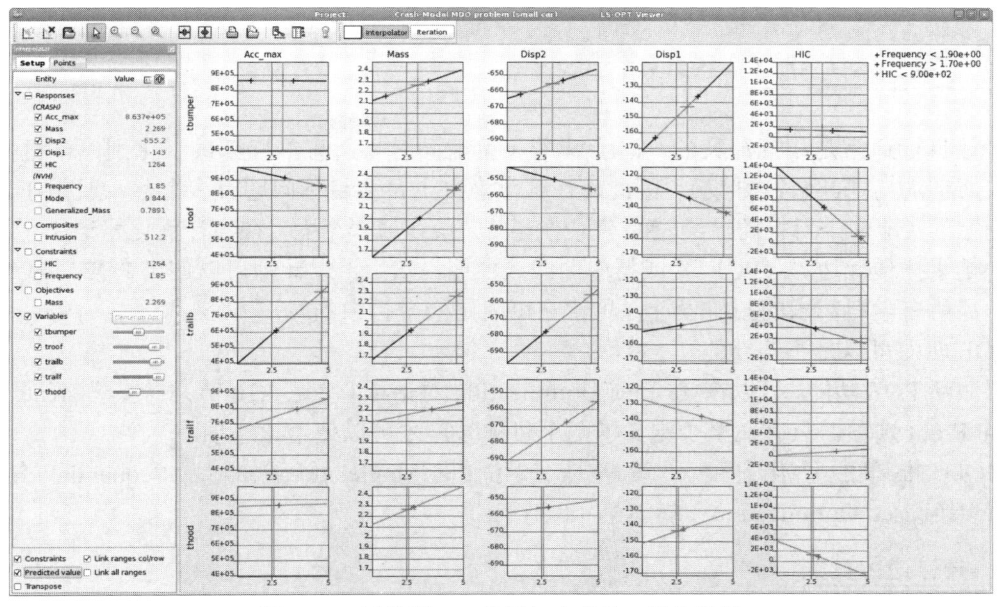

图 19-7　插值图——变量与响应的二维曲线图

19.2.2　田口法分析

田口法是一种直接单次迭代优化方法，采用正交阵实验设计（参见第 9.3.6 节），应用于直接敏感性分析。

田口法是利用正交排列法对流程参数进行精心选择，以获得流程的最佳结果。该方法的思想是分析各变量对结果的影响，从而选择最优设计或了解噪声参数对系统鲁棒性的影响。然而，除非明确指定交互的性质，否则变量相关性不能与主要影响分析分离。

田口法的主要步骤包括：

（1）确定问题目标、变量和可能的值。

（2）选择合适的正交阵。

（3）运行实验。

（4）分析变量对结果的影响，如果需要，预测最优。

主效应图和交互效应图用于变量影响可视化（参见第 16.2.6 节）。

19.3　多学科设计优化（MDO）

在工业界经常使用多学科设计优化（MDO），因为在行业中，每个领域设计组通常都有自己的仿真工具、设计准则（约束）和工况。因此，需要为每个领域使用一组不同的变量、约束和目标。

LS-OPT 的 MDO 功能可以让用户为不同工况或领域分配不同的变量、采样类型和作业规范信息。每种工况都必须用独有采样来定义（参见 3.2.1 节）。

变量可以在 Sampling Matrix 选项卡（Setup 对话框，参见第 8.3 节）中激活采样方式。每次迭代之后，从特定采样中忽略的变量将假定为全局值。可以在所有采样中消除一组变量，在优化过程中，这些变量将保持不变。示例参见第 20.5 节。

19.4 多目标优化（MOO）

设计目标通常是相互冲突的。这意味着不可能同时将所有目标都最小化到单一目标的最小值（所谓的乌托邦解决方案）。因此，在数学意义上，多目标问题有多个解，通常在目标所定义的空间（即两个目标的二维空间等）中定义一条线或一个面。在设计优化术语中，这种解被称为帕累托最优边界（POF），或折中曲线或曲面。然后，设计师可以使用 POF 曲线来选择一个满足所有学科需求的独特设计，尽管它可能是一个折中的解决方案。

POF 曲面可以是不连续的。

要激活 POF 功能，可以在 Task 或 Optimization 对话框（参见 4.10 节）中选择 Create Pareto Optimal Front 选项。只有在至少定义了两个目标时，才可以使用该选项。

MOO 推荐的优化任务和策略是使用 the Single Iteration 或 Sequential 策略的 Metamodel-based Optimization（参见第 4.8 节）。

19.4.1 直接遗传算法

为了使用直接遗传算法计算帕累托最优解，选择 Direct simulation Optimization 作为主要任务（参见章节 4.4）。使用直接遗传算法的优点是，只使用仿真结果来寻找最优值，没有近似误差。缺点是寻找最优值所需的模拟运行次数可能很高。因此，直接遗传算法只能用于小型模型，或者有足够的计算资源可用。

19.4.2 基于元模型遗传算法

为了利用基于元模型的遗传算法计算帕累托最优解，研究人员提出了一种全局逼近方法。选择 Direct simulation Optimization 作为主要任务，采用单次迭代或序贯策略，结合非线性元模型，如径向基函数或前馈神经网络。

由于帕累托解决方案通常是全局的（跨越设计空间的重要部分），因此通常需要全局元模型的准确性。使用大量的设计变量可能很难实现这一点。在这种情况下，Direct GA（这也是昂贵的）是剩下的唯一选择。

19.4.3 查看器

如第 16.5 节中所描述，帕累托最优解可视化可以通过各种绘图显示来探索那些解，并选择最合适的相应最优解。

19.5 形状优化

为了在 LS-OPT 中实现几何参数导入，必须使用前处理器接口。第 5 章描述了可用的接口，其中包括一个用户定义的选项。要优化的流程链至少是一个两阶段流程，包括前处理器和求解器，如图 19-8 所示。可以在求解器输入文件中定义其他参数，前处理器输出用作求解器输入。对于 LS-DYNA，输出可以用作 Include 文件，在主输入文件中指定。

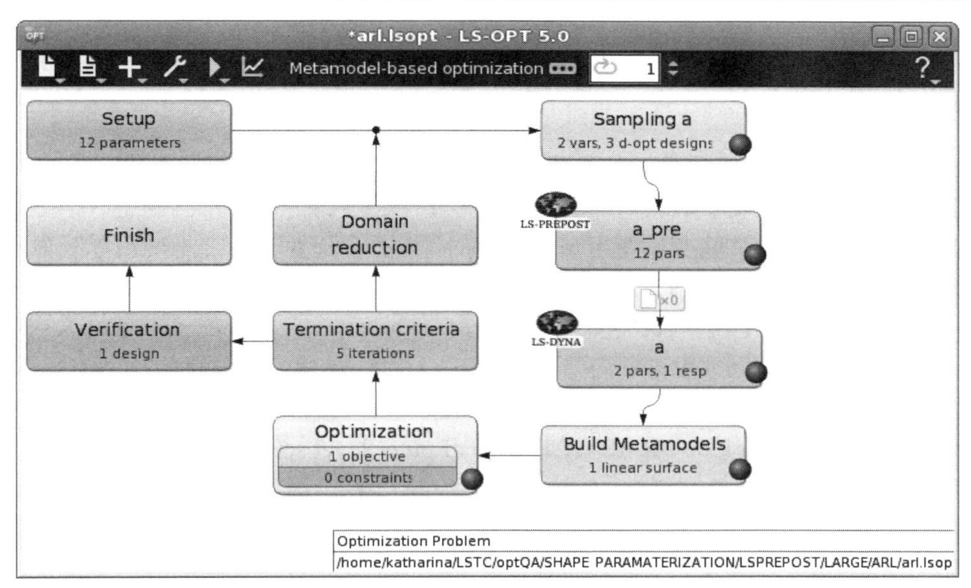

图 19-8　形状优化的设置示例

一些前处理器可以生成多个输出文件，这些文件可以在多个并行仿真阶段中使用，方法是在各个阶段之间使用文件操作函数（参见第 3.2.2 节）复制所选的前处理器输出文件。

单目标优化的推荐任务和策略是 Metamodel based Optimization 和 Sequential with Domain Reduction（参见第 4.8.3 节）。

图 19-8 中显示了优化流程与前处理器接口，前处理器根据参数生成模型几何。

19.6　最坏情况设计

LS-OPT 中的默认设置是将所有设计变量都视为最小化变量。这意味着目标函数相对于所有变量是最小化（或最大化）的。通过在 Saddle Direction 菜单中将所需变量从“最小化”切换到“最大化”，可以在 Parameter Setup 面板的 Setup 对话框中选择最大化变量（图 19-9）。此选项仅在选择 Show advanced options 选项时可用（参见第 8.1.10 节）。

Problem global setup

Parameter Setup | Stage Matrix | Sampling Matrix | Resources | Features

☑ Show advanced options

Type	Name	Starting	Init. Range	Minimum	Maximum	Saddle Dire...	Delete
Continuous	Rib_Height	6	10	5	20	Minimize	
Continuous	Number_Ribs	3	6	3	15	Minimize	
Continuous	Span	180	40	130	180	Minimize	×
Continuous	Horizontal_Angle	30	15	0	30	Maximize	
Dependent	Beginning	Definition:	-250 - (Span/2)				
Dependent	End	Definition:	-250 + (Span/2)				

Add...

OK

图 19-9　最坏情况设计优化的参数定义

19.7　多级优化

在多级优化中，优化问题通常分为两级或两级以上求解。每个子层优化变量集的一个子集，同时保持属于前一层变量的常量。多级优化可用于将变量分组到不同的层次，使得问题更容易解决。例如，可以对某些变量使用基于梯度的优化器，而对其他变量使用零阶方法。类似地，元模型可以用一些变量构造，而其他变量则使用直接方法进行优化。在 LS-OPT 中，这是通过 LS-OPT 阶段和指定一些内部变量作为 Transfer Variables 来执行的（参见第 5.3.8 节）。

LS-OPT 中的多级优化过程可以简单概括如下：为简单起见，本书为包含两级的案例提供简要说明。

（1）Input File preparation for LS-OPT stage of outer level setup（LS-OPT 外层阶段设置的输入文件准备）：LS-OPT 阶段的输入文件本身是.lsopt 文件。因此，准备这个文件的步骤与任何单一级别的问题设置完全相同。虽然这个文件是外层级别的输入文件，但它也是用于解决内层级别问题的 LS-OPT 设置文件。如前所述，内层级别优化是针对变量的一个子集执行的，而其余的优化是在外层级别进行的。因此，这些其他参数是内层级别的常量。使用 LS-OPT GUI 编写.lsopt 文件；内层自由变量被设置为连续变量或离散变量，但其余的被设置为传递变量，并在这个级别上处理为常量。

（2）Stage setup for outer level（外层级别的阶段设置）：参见第 5.3.8 节。

（3）Response definitions for outer level（外层级别的响应定义）：参见第 5.3.8 节。

（4）Global Setup for outer level（外层的全局设置）：一旦传输变量参数化的.lsopt 文件被指定为外层的 LS-OPT 阶段输入文件，LS-OPT 外层阶段将自动检测这些参数，并将它们作为常量添加到全局设置中。然后，可以将这些变量设置为连续变量或离散变量，从而使它们成为外层变量（参见第 5.3.8 节）。

（5）Running the optimization（运行优化）：通过 GUI 中的 Run 按钮或从命令行执行外层优化，从而为外层变量创建实验设计。为每个外层样本创建一个运行目录。LS-OPT 阶段输入文件（即内层级别.lsopt 设置）被复制到每个目录中，默认状态下被命名为 LsoOpt.inp。特定运行目录中的传输变量值被设置为对应外层级别样本的变量值。一旦设置了传递变量值，它们将被视为运行目录中的常量，并对自由内层变量执行内层优化。然后将优化的内层实体提取为外层样本响应，从而提供每个外层样本的响应值，然后对其余变量进行外层优化。

第 20 章 优化案例

20.1　双杆桁架（3 个变量）

本例有以下特点：

- 使用用户定义的求解器。
- 使用用户定义的脚本执行结果提取。
- 比较了一阶响应面近似和二阶响应面近似。
- 研究了子区域大小的影响。
- 设计优化过程是自动化的。

20.1.1　问题描述

如图 20-1 所示，这个示例问题有一个几何变量和两个单元尺寸变量。

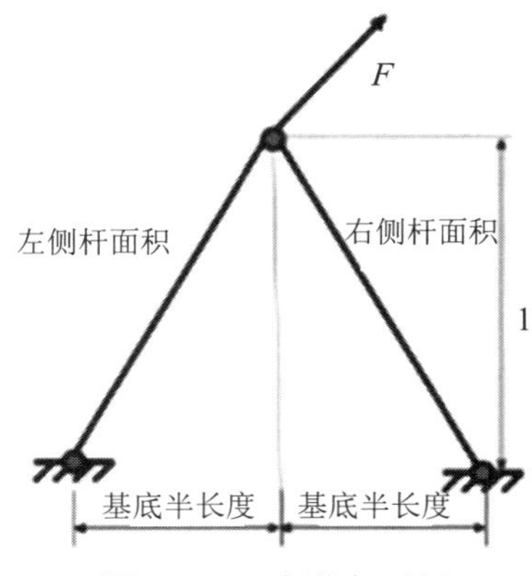

图 20-1　双杆桁架示例

该问题是静定的。构件上的力只取决于几何变量。此处只考虑一种荷载情况：

$$F = (F_x, F_y) = (24.8\text{kN}, 198.4\text{kN})$$

设计变量有三个：左、右两杆的长度，杆的横截面积，以及基本长度（支承点之间距离的一半（m））。变量的下界分别为 0.2cm^2 和 0.1m。变量的上界分别为 4.0cm^2 和 1.6m。目标函数是结构的重量。

$$f(x)=\frac{1}{2}(AreaL+AreaR)\sqrt{1+Base^2}$$

构件内应力的绝对值限制在 100MPa 以下：

$$-1\leqslant\sigma_1(x)=0.124\cdot\sqrt{1+Base^2\left(\frac{8}{AreaL}+\frac{1}{Base\cdot AreaL}\right)}\leqslant 1$$

$$-1\leqslant\sigma_2(x)=0.124\cdot\sqrt{1+Base^2\left(\frac{8}{AreaR}+\frac{1}{Base\cdot AreaR}\right)}\leqslant 1$$

下面名为 2bar 的 Perl 计算程序作为求解器分别模拟了重量响应和应力响应。注意字符串"Normal"的输出，用于识别程序运行的完成状态。

2bar 程序：

```
#!/usr/bin/perl
#
# 2BAR truss
#
# Open output files (database)
# Each response is placed in its own file
#
open(WEIGHT,">Weight");
open(STRESSL,">StressL");
open(STRESSR,">StressR");
#
#--Compute the responses
#
$length = sqrt(1 + <<Base>>*<<Base>>);
$cos = <<Base>>/$length;
$sin = 1/$length;
$Weight = (<<AreaL>> + <<AreaR>>) * sqrt(1 + <<Base>>*<<Base>>) /2;
$StressL = ( 24.8/$cos + 198.4/$sin)/<<AreaL>>/200;
$StressR = (-24.8/$cos + 198.4/$sin)/<<AreaR>>/200;
#
#--Write results to database
#
print WEIGHT $Weight,"\n";
print STRESSL $StressL,"\n";
print STRESSR $StressR,"\n";
#*****************************************
#--Signal normal termination
#*****************************************
print "N o r m a l\n";
```

由于在 2bar 程序中用 LS-OPT 参数格式<< >>定义了参数，因此该脚本被定义为求解器输入文件，而求解器命令是 perl，如图 20-2 所示。响应值被写入文件，这些文件用于定义 LS-OPT 中用户定义的响应，如图 20-3 所示。

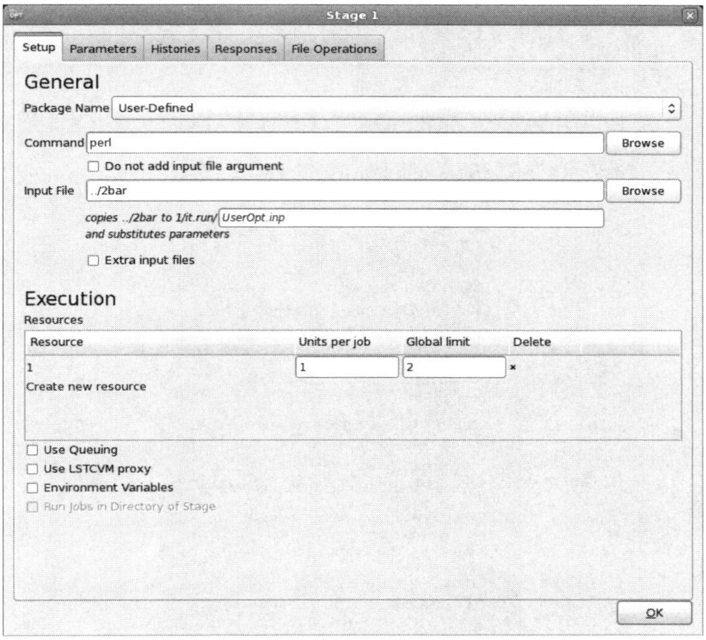

图 20-2　用户定义求解程序的阶段对话框设置

参数在输入文件中使用 LS-OPT 参数格式<< >>指定。

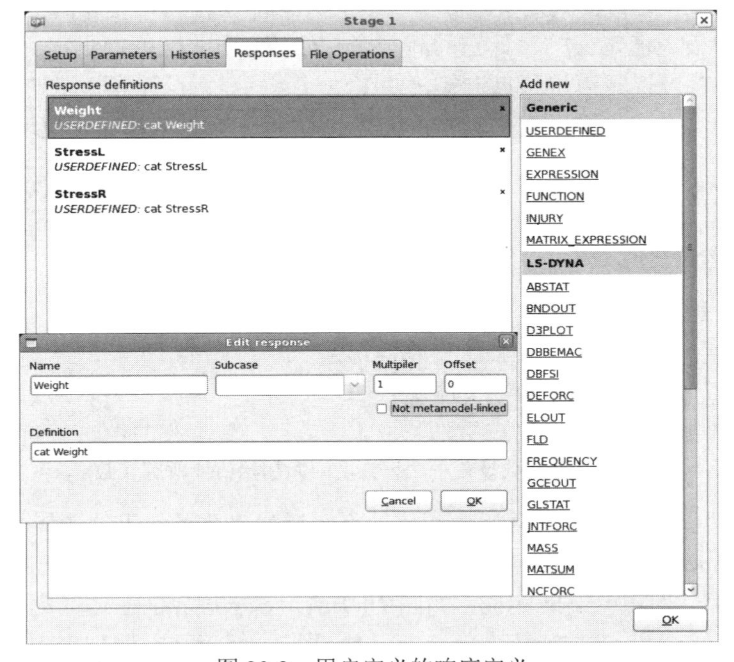

图 20-3　用户定义的响应定义

使用基于元模型优化解决了上述问题，如图 20-4 所示。在第 20.1.2 至 20.1.4 节中，说明了一个典型的半自动优化过程。最后一个小节（20.1.5 节）展示了如何为这个示例问题指定一个自动化过程。

20.1.2 利用线性响应曲面的第一个近似

要得到问题的第一个粗略近似，需要运行一个单一迭代，如图 20-4 所示。

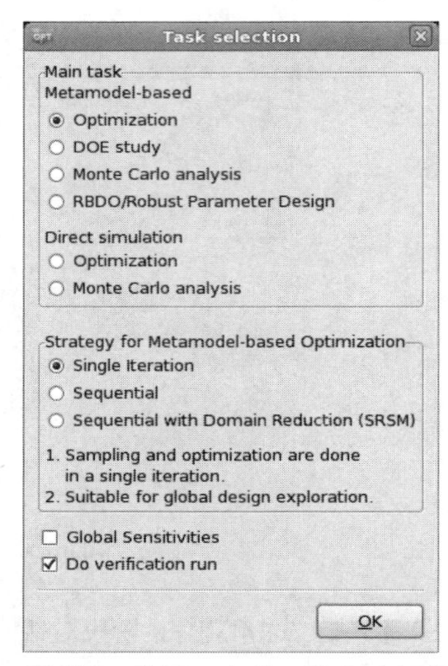

图 20-4 任务对话框：使用一个单一迭代选择基于元模型优化

参数设置在 Setup 对话框中定义。每个参数的类型都设置为可连续的，然后为每个参数指定一个由最小值和最大值定义的设计空间和一个初始值，如图 20-5 所示。初始值用于初始设计。采样对话框可以设置元模型和点选择，如图 20-6 所示。为了得到问题的第一个粗略近似，元模型类型选择为一个线性多项式。默认的点数自动适应于变量数和元模型类型。

Problem global setup

Parameter Setup | Stage Matrix | Sampling Matrix | Resources | Features

Show advanced options

Type	Name	Starting	Minimum	Maximum	Delete
Continuous	Base	0.8	0.1	1.6	
Continuous	AreaL	2	0.2	4	
Continuous	AreaR	2	0.2	4	

Add...

OK

图 20-5 参数设置——设计空间和初始值或所有参数

在图 20-6 中选择线性元模型类型多项式；点选择和点数量使用默认值。

打开 Optimization 对话框来定义优化问题。要指定目标函数，请从 Objectives 选项卡的左边列表中选择前面定义的 Weight 响应，如图 20-7 所示，从该界面右边的列表中选择前面定义的响应重量。要定义约束，切换到 Constraints 选项卡，然后从左侧列表中选择先前定义的响应 StressL 和 StressR，然后分别输入上下边界，如图 20-8 所示。

Sampling 1
Sampling Metamodel Settings
Active Variables
Features
Constraints
Metamodel
Polynomial
Sensitivity
Feedforward Neural Network
Radial Basis Function Network
Kriging
Support Vector Regression
User-defined
Order
Linear
Linear with interaction
Quadratic
Elliptic
Point Selection
Full Factorial
Linear Koshal
Quadratic Koshal
Composite
D-Optimal
Monte Carlo
Latin Hypercube
Space Filling
User-defined
Number of Simulation Points (per Iteration per Case)
7 (default)
Set Advanced D-Optimal Options >>
OK

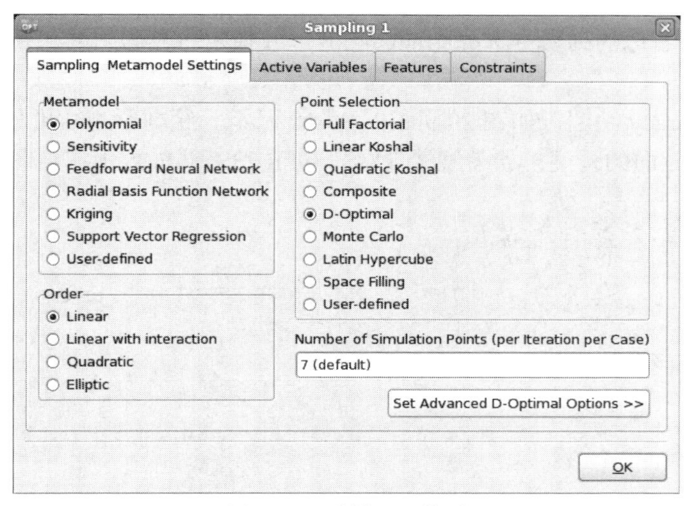

图 20-6　采样和元模型

Optimization
Objectives
Constraints
Algorithms
Maximize the Objective Function (instead of minimize)
Objective components:
Response/Composite
Weight
Weight
1 (default)
Add new
Responses
StressL
StressR
Composites
OK

图 20-7　目标函数

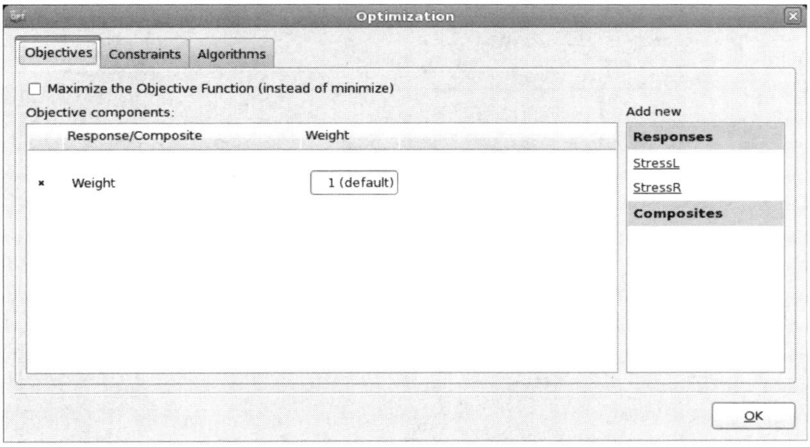

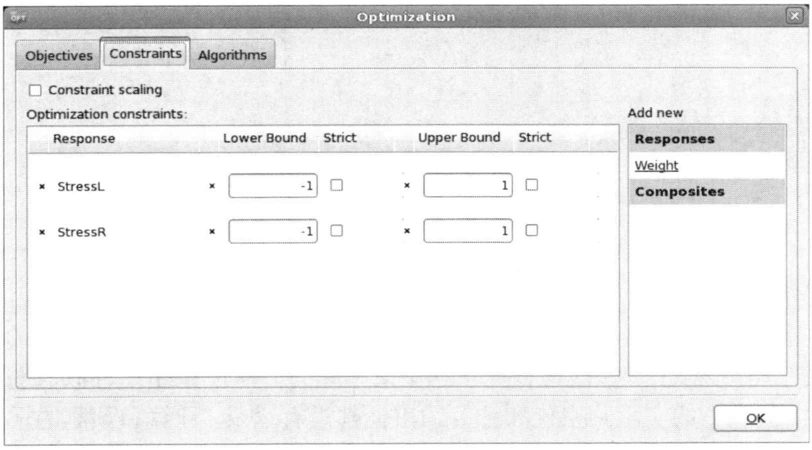

Optimization
Objectives
Constraints
Algorithms
Constraint scaling
Optimization constraints:
Response
Lower Bound
Strict
Upper Bound
Strict
StressL
-1
1
StressR
-1
1
Add new
Responses
Weight
Composites
OK

图 20-8　约束

从图 20-8 界面右边的列表中选择相应的响应，并指定下界和上界。

结果

通过使用 Accuracy 绘图，如图 20-9 和图 20-10 所示，绘制预测结果与计算结果的对比，可以用图表说明响应面的精度。误差度量 RMS、SPRESS 和 R^2显示在绘图的标题中。

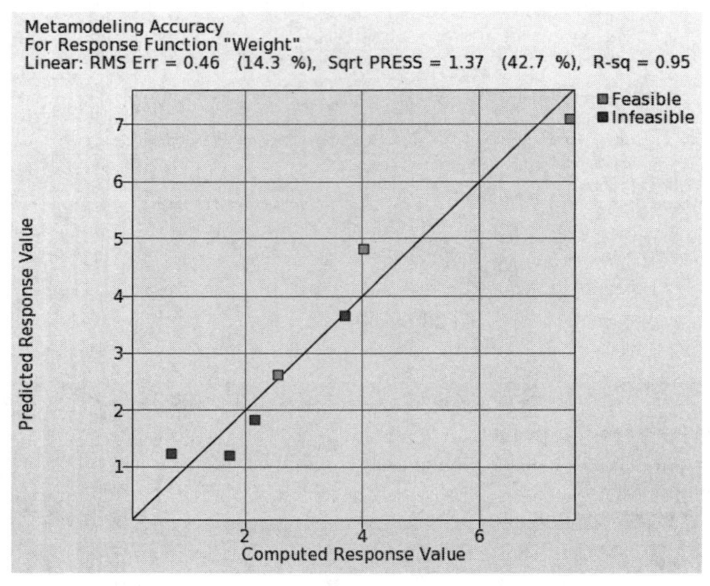

图 20-9　响应“重量”的线性元模型精度

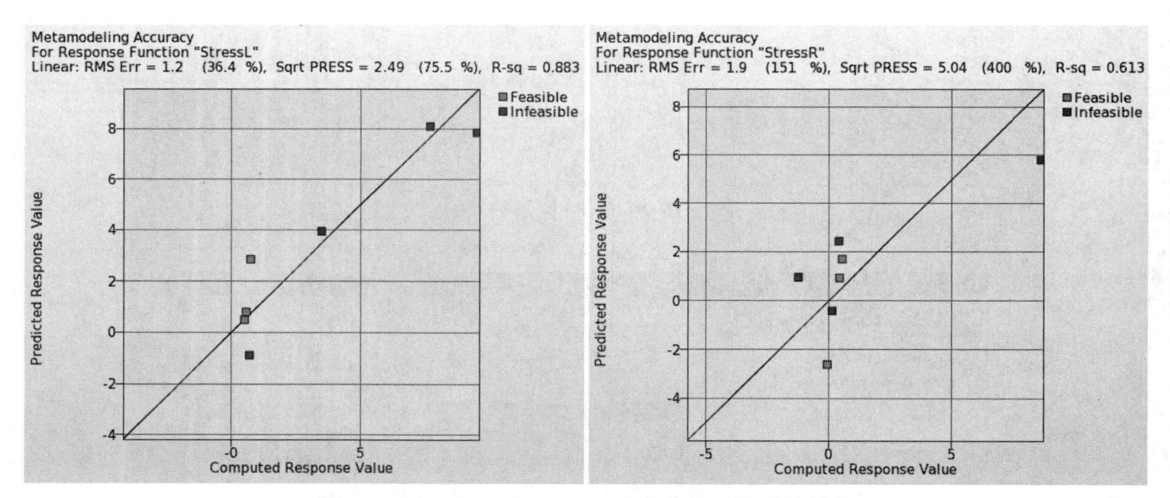

图 20-10　StressL 和 StressR 响应线性元模型的精度

R^2 值很大，尤其是对于应力而言，预测精度（Sqrt PRESS）似乎很差，因此将需要更高阶的逼近或更小的关注区域。

但是，表 20-1 预测了一个改进设计，约束值（应力）从严重违反近似值变为主动约束。由于不准确性，最优差的实际约束值和计算约束值都没有违反，计算和预测的重量值都得到了改进。设计空间的可行区域和不可行区域以及计算和预测的最优值如图 20-11 所示。

表 20-1　基准运行与优化比较（单次迭代，线性元模型）

选项	基准（计算）	基准（预测）	最优（计算）	最优（预测）
Weight	2.56	2.62	1.53	0.85
StressL	0.73	2.85	0.92	0.99
StressR	0.53	1.70	-0.41	1.00

从图 20-11 中可以看到约束显示在元模型上。

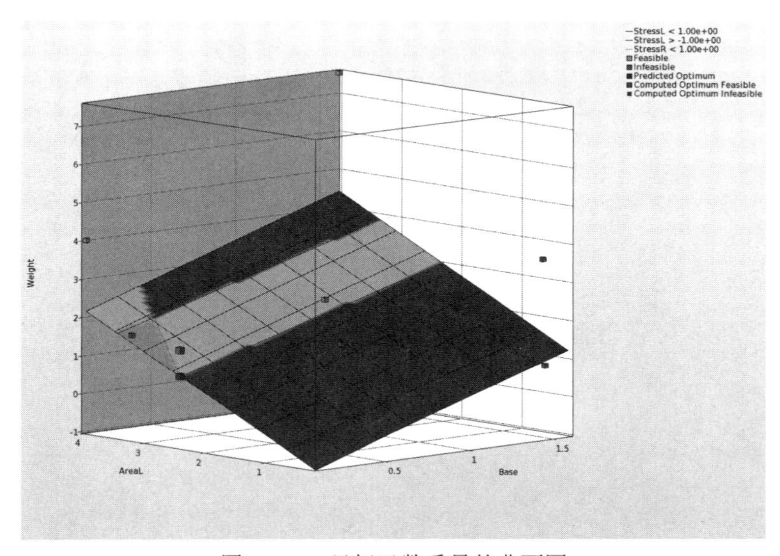

图 20-11　目标函数重量的曲面图

20.1.3　更新近似到二阶

为了提高元模型的精度，采用二次逼近的方法进行第二次优化。将 Sampling 对话框中的元模型阶次切换为二次的，如图 20-12 所示。点数量将自动更新。

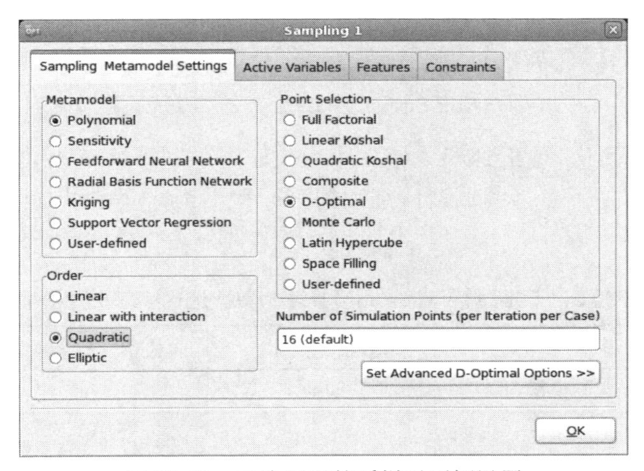

图 20-12　二次逼近的采样对话框设置

结果

近似结果有了较大的改进，但应力近似仍然较差。图 20-13 和图 20-14 显示了匹配度。

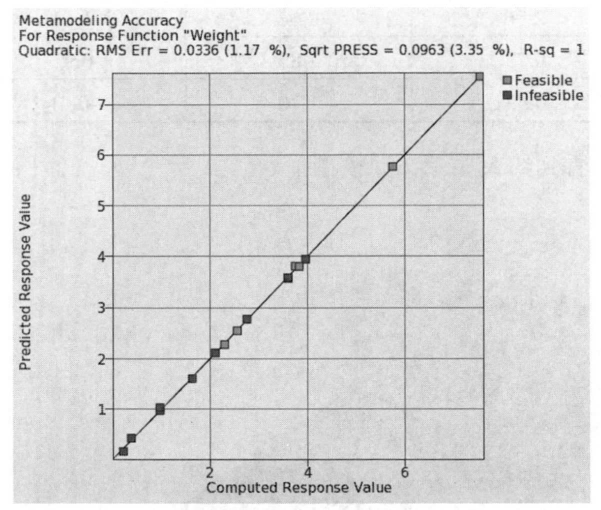

图 20-13　响应“重量”的二次元模型精度

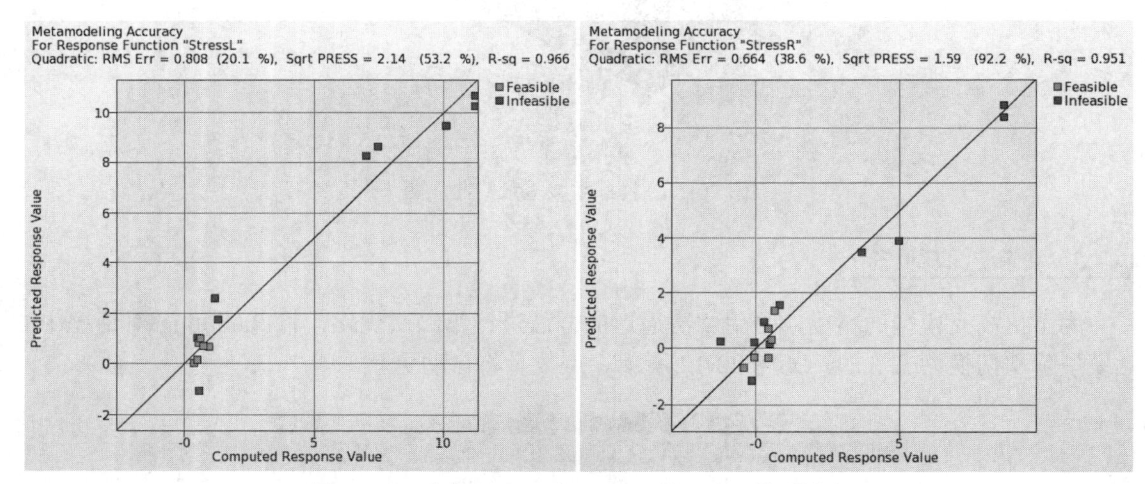

图 20-14　响应 StressL 和 StressR 的二次元模型精度

预测了一种改进设计，使近似约束值（应力）变得主动，见表 20-2。由于计算不精确性，实际 StressR 值的优化是不可行的。设计空间的可行和不可行区域以及计算和预测的最优值如图 20-15 所示。

表 20-2　基准运行与优化运行比较（单次迭代、二次元模型）

选项	基准（计算）	基准（预测）	最优（计算）	最优（预测）
Weight	2.56	2.54	1.05	1.09
StressL	0.73	0.69	0.86	1.00
StressR	0.53	0.30	2.12	1.00

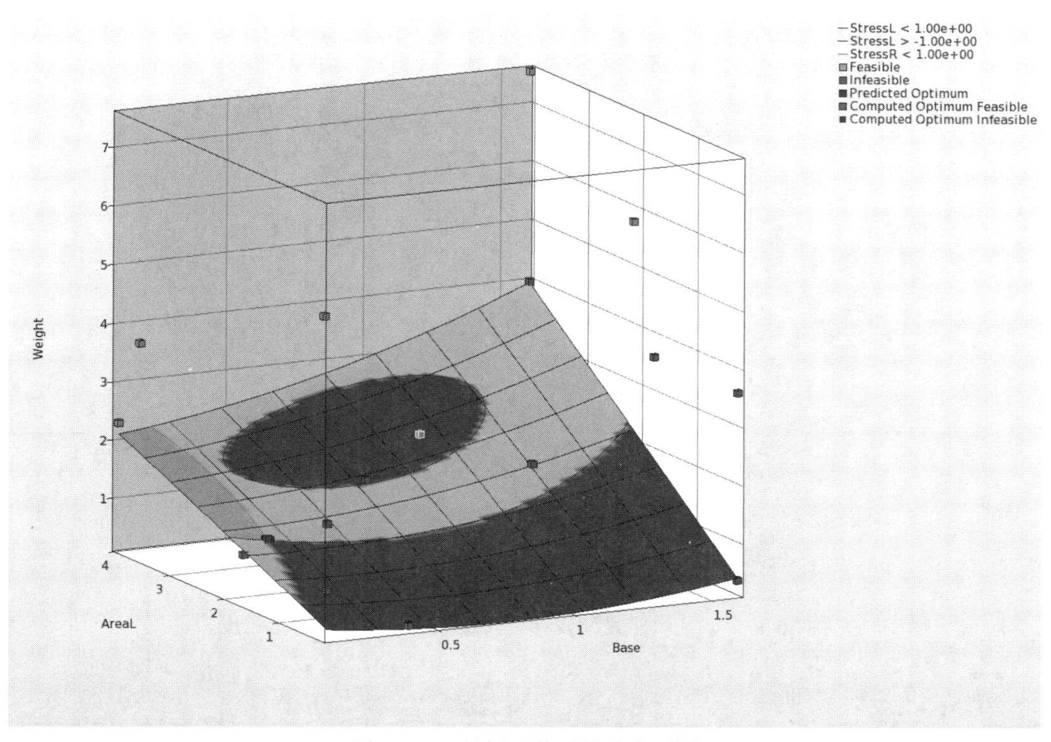

图 20-15　目标函数重量的曲面图

20.1.4　为进一步改进缩减感兴趣区域

根据上面的分析，进一步精确只能通过缩小分区的尺寸来实现。在接下来的分析中，以当前的最优值(0.22,1.86,0.2)为起点，将感兴趣的区域减半。近似的阶数是二次的。所需的修改如图 20-16 所示。

Problem global setup

Parameter Setup | Stage Matrix | Sampling Matrix | Resources | Features

☑ Show advanced options

Type	Name	Starting	Init. Range	Minimum	Maximum	Saddle Dire...	Delete
Continuous	Base	0.22	0.8	0.1	1.6	Minimize	
Continuous	AreaL	1.86	2	0.2	4	Minimize	
Continuous	AreaR	0.2	2	0.2	4	Minimize	

Add...

OK

图 20-16　通过指定初始范围来减少设计空间

其中，初始值是前一种方法中找到的最优值。

结果如图 20-17 和图 20-18 所示，近似得到了明显的改善。

表 20-3 预测了一种改进的设计，使近似约束值（应力）变得活跃。由于精度不高，实际约束值的优化是可行的。这个值现在更接近于模拟结果的值。对于最优权值，计算和预测结果是一致的。

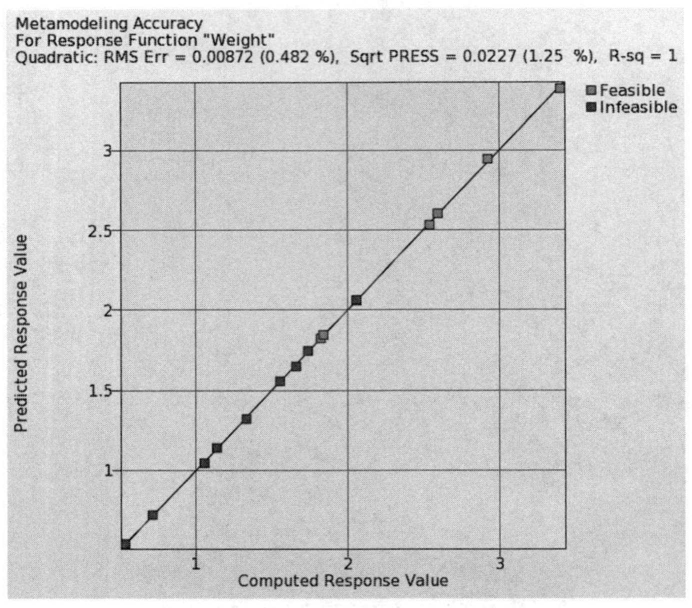

图 20-17 响应"重量"设计空间缩减后的二次元模型精度

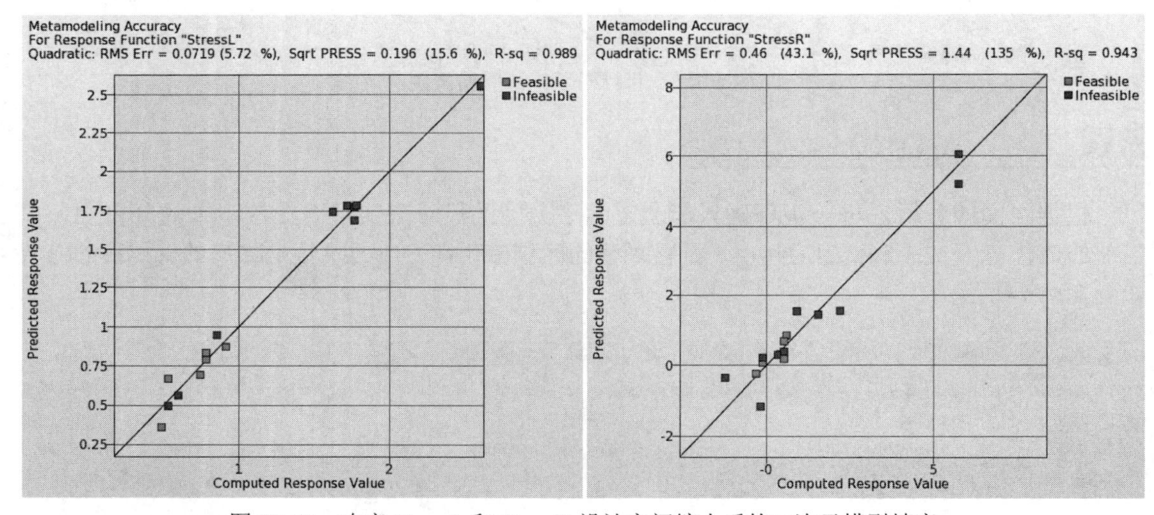

图 20-18 响应 StressL 和 StressR 设计空间缩小后的二次元模型精度

表 20-3 基准运行与优化运行的比较（单次迭代、二次元模型、缩减的设计空间）

	基准（计算）	基准（预测）	最优（计算）	最优（预测）
Weight	1.05	1.04	1.12	1.12
StressL	0.86	0.95	0.96	1.00
StressR	2.19	1.55	0.38	1.00

设计空间的可行和不可行区域以及计算和预测的最优值如图 20-19 所示。约束显示在元模型上。

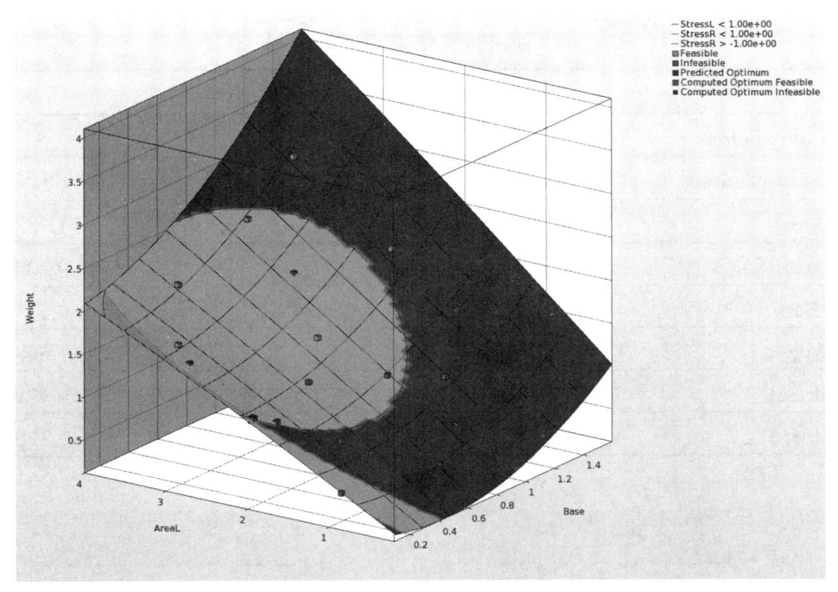

图 20-19　目标函数重量的曲面图

20.1.5　自动化设计过程

本节介绍设计过程自动化，使用域缩减的序贯策略，如图 20-20 所示，减少线性和二次响应面近似阶次的设计空间，从而改善元模型精度。线性逼近执行了 10 次迭代，如图 20-21 所示，更昂贵的二次逼近只执行了 5 次迭代。

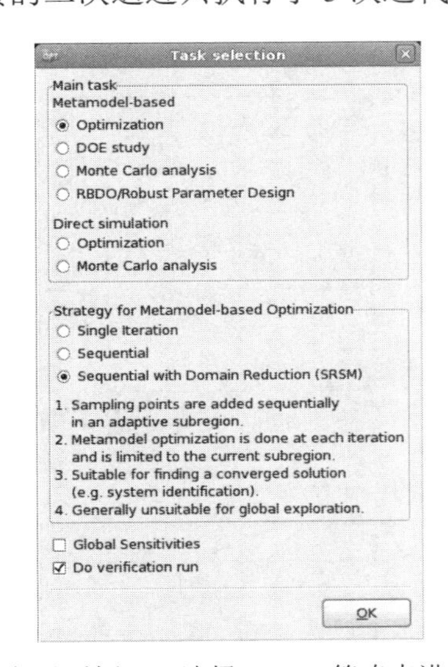

图 20-20　任务对话框——选择 SRSM 策略来进行过程自动化

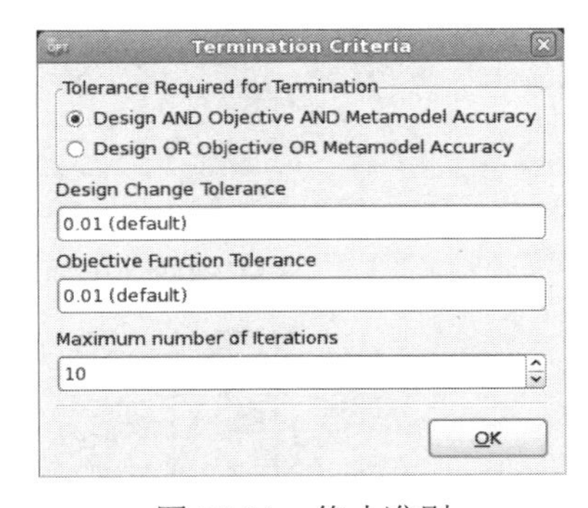

图 20-21　终止准则

结果

两种近似的最终结果见表 20-4。优化过程如图 20-22 和图 20-23 所示。注意，更精确但更昂贵的二次逼近收敛于大约 3 次设计迭代（48 次模拟），而线性情况的目标收敛需要大约 7 次迭代（49 次模拟）。一般情况下，近似的阶数越低，需要进行越多的迭代来优化最优解。

表 20-4 最终计算结果汇总（2 杆桁架）

	线性	二次
Number of iterations	10	5
Number of simulations	71	81
AreaL	1.719	1.788
AreaR	0.304	0.200
Base	0.177	0.173
Weight	1.027	1.008
StressL	1.000	0.971
StressR	0.976	1.386

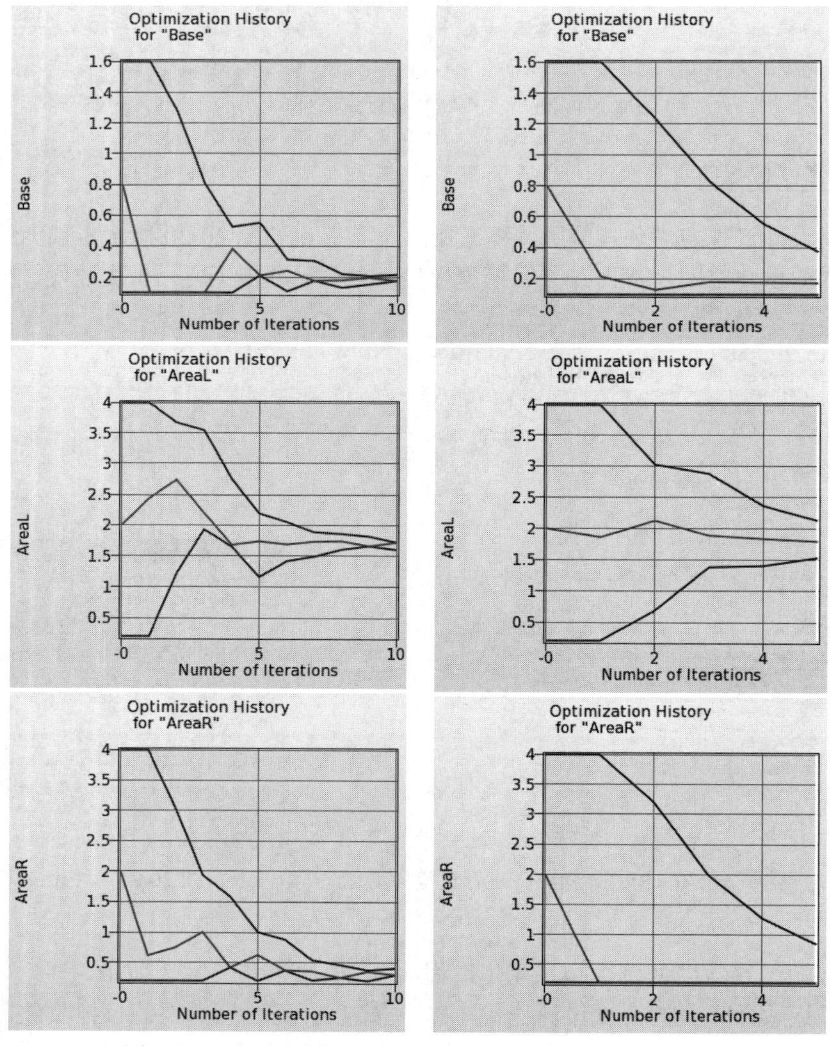

图 20-22 设计变量优化历史：线性（左）和二次（右）

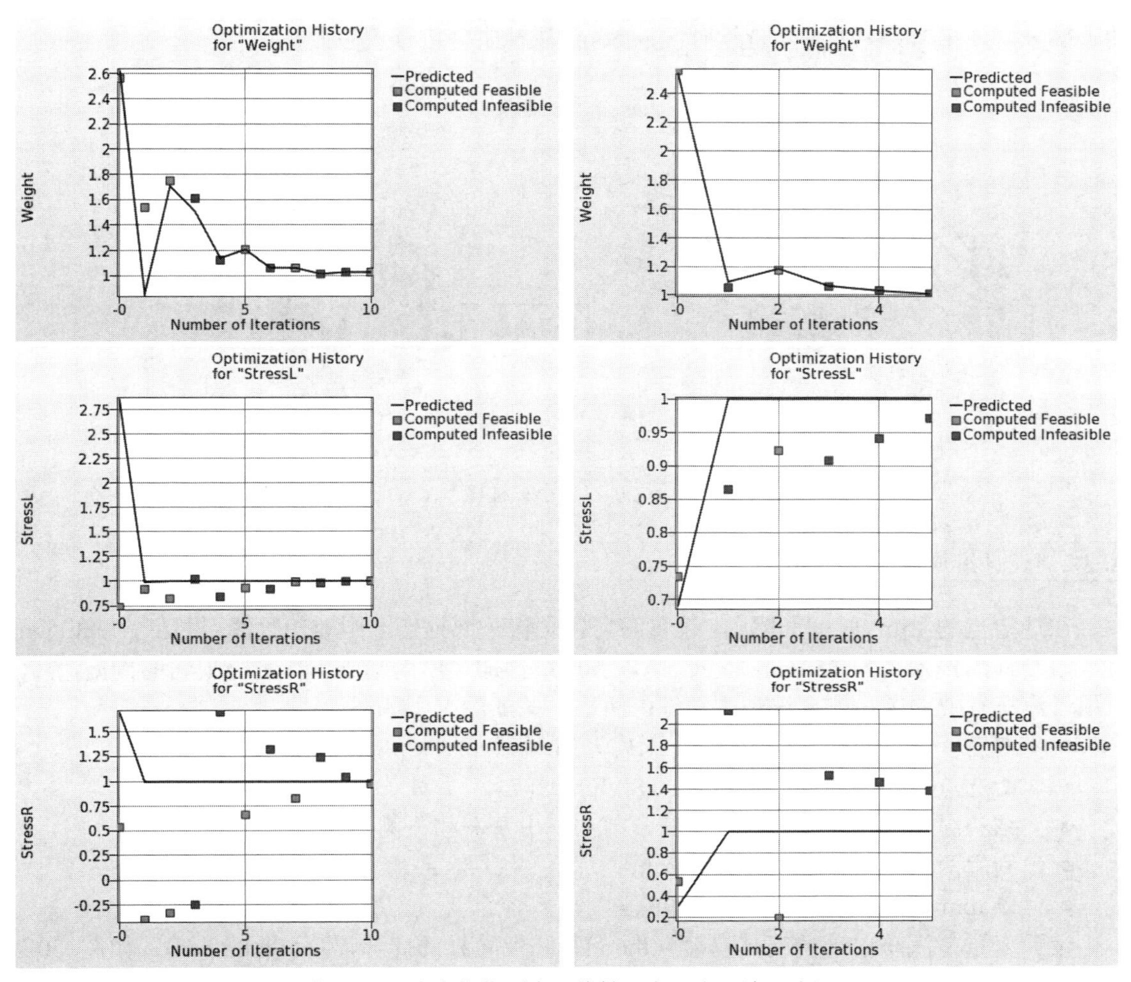

图 20-23 响应优化历史：线性（左）和二次（右）

20.2 小型汽车碰撞（2 个变量）

本例有以下特点：

- 进行 LS-DYNA 显式碰撞分析。
- 使用标准 LS-DYNA 接口进行结果数据提取。
- 采用径向基函数网络进行单次迭代优化。
- 设计优化过程是自动化的。
- 进行混合离散优化。
- 采用直接遗传算法进行优化。

20.2.1 基本介绍

该例子考虑一个简化小型汽车模型的耐撞性。一辆以恒定速度 15.64m/s（35 英里/每小时）行驶的简化车辆撞上了一根刚性柱，如图 20-24 所示。保险杠上方的前鼻厚度被指定为引擎盖的一部分。使用 LS-DYNA 对持续时间为 50ms 碰撞事件进行模拟分析。

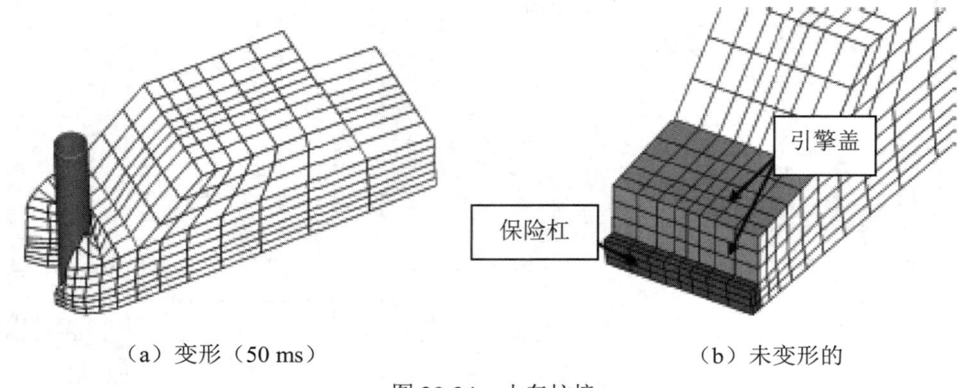

（a）变形（50 ms）　　（b）未变形的

图 20-24　小车柱撞

20.2.2　设计准则和设计变量

在选定点的 15ms 时间间隔内，设置的目标是将头部损伤准则（HIC）降至最低，并在 50ms 时，限制杆的侵入量为 550mm。HIC 是以头部线性加速度为基础，作为脑损伤的判据，广泛应用于汽车行业的乘员安全法规中。综上所述，关注的准则如下：

- 选定一个点的头部损伤准则（HIC）（15ms）。
- 所选点的峰值加速度以 60Hz（SAE）滤波。
- 结构组件的组件质量（保险杠、前部、引擎盖和下侧面）。
- 利用两点的相对运动计算侵入量。
- 以 mm（毫米）和 s（秒）为单位。

设计变量是汽车前部的壳体厚度（thood）和保险杠的壳体厚度（tbumper），如图 20-24 所示。

20.2.3　设计公式

设计公式如下：

约束：Intrusion (50ms) < 550mm。

目标函数：最小化 HIC(15ms)。

$$HIC = \max\left((t_2 - t_1)\left[\frac{1}{t_2 - t_1}\int_1^2 a(t)\mathrm{d}t\right]^{2.5}\right) \tag{20-1}$$

HIC 值（公式 20-1）是使用 INJURY 界面定义的。

以节点 167 和节点 432 的位移差来度量侵入量。位移曲线采用 LS-DYNA NODOUT 界面提取，如图 20-25 所示。这些曲线在 t=50ms 时使用响应表达式求值。侵入量是使用一个复合表达式定义的，如图 20-27 所示。

质量计算使用 LS-DYNA MASS 接口，如图 20-26 所示，但不受约束。这对于监测质量变化是有用的。

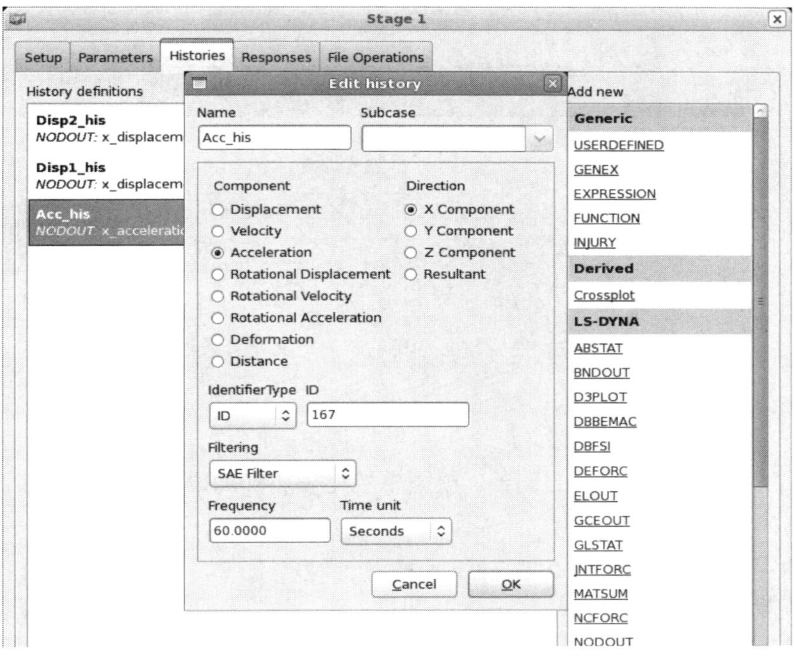

图 20-25 使用标准 LS-DYNA 接口定义响应历史

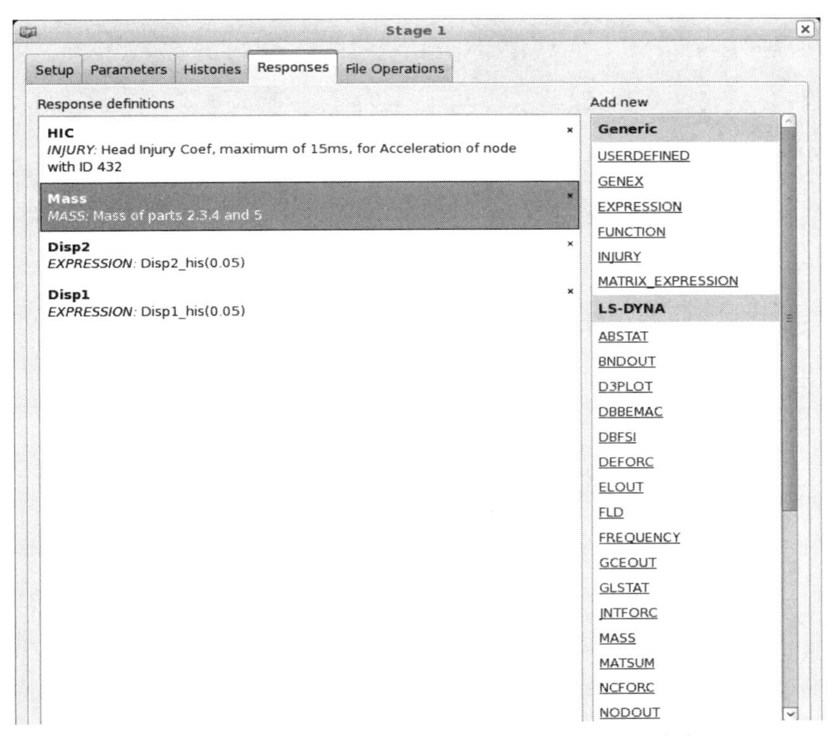

图 20-26 使用标准 LS-DYNA 接口和表达式定义响应

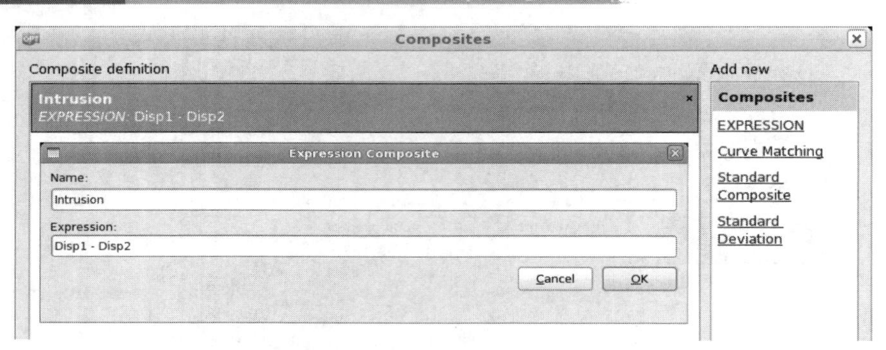

图 20-27 使用前面定义的响应定义复合表达式

20.2.4 建模

下面显示了参数化输入面板的例子。模型参数化使用*PARAMETER 关键字完成。圆柱被建模为刚性体。

*KEYWORD

*PARAMETER

rtbumper,3.0,rthood,1.0

设计空间[1,5]应用于两个设计变量，如图 20-28 所示。

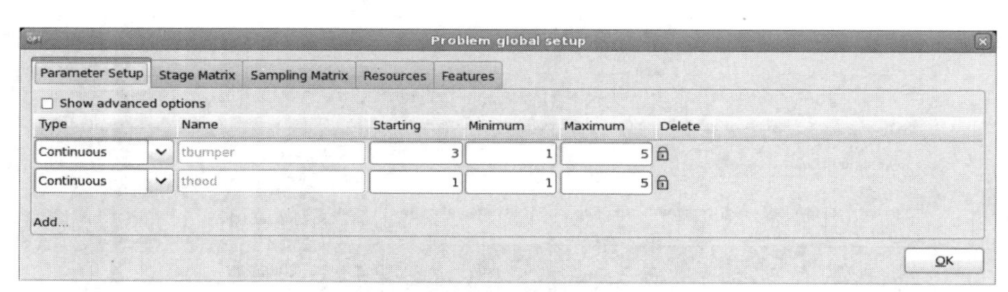

图 20-28 参数设置

20.2.5 使用径向基函数进行单次迭代

首先，利用径向基函数网络（RBF）进行单次迭代。通过这种方式，在整个设计空间中创建了一个非线性近似。该近似可用于敏感度分析或优化。

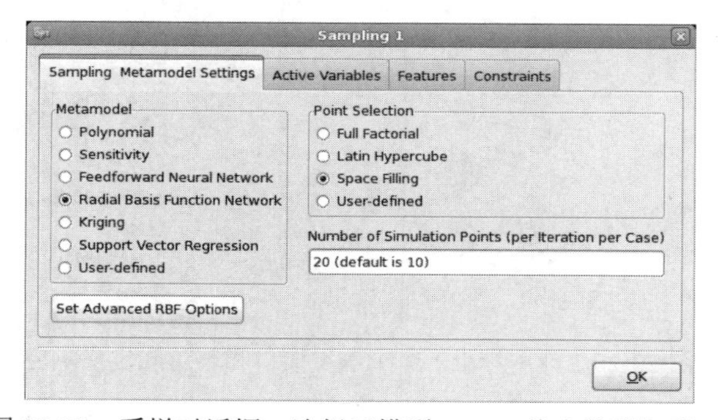

图 20-29 采样对话框：选择元模型 RBF，将点数增加到 20

结果

计算与预测的 HIC 和 Disp2 响应如图 20-30 所示。HIC 对应的 R^2 值为 0.998，RMS 误差为 4.61%。对于 Disp2，R^2 值为 0.994，而 RMS 误差为 0.353%。基准运行与优化运行的比较见表 20-5。

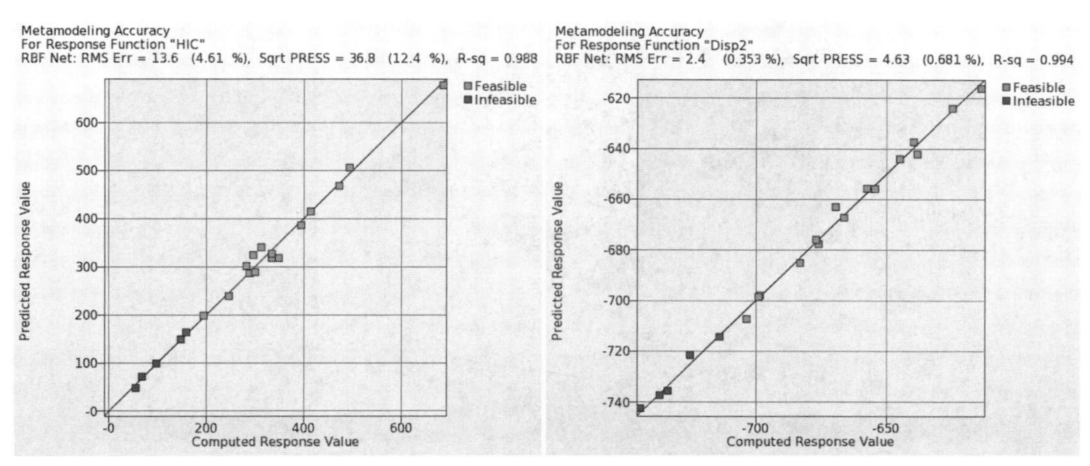

图 20-30 计算响应与预测响应- RBF 近似

表 20-5 基准运行与优化运行的比较（单次迭代，RBF 元模型）

	基准（计算）	基准（预测）	最优（计算）	最优（预测）
thood	1	-	1.60	-
tbumper	3	-	5	-
HIC	68.03	71.51	130.2	134.08
Intrusion	575.68	573.90	548.67	550
Mass	0.41	0.41	0.67	0.67

敏感度如图 20-31 所示，包括 95%置信区间方差分析（上）和 GSA（下）。

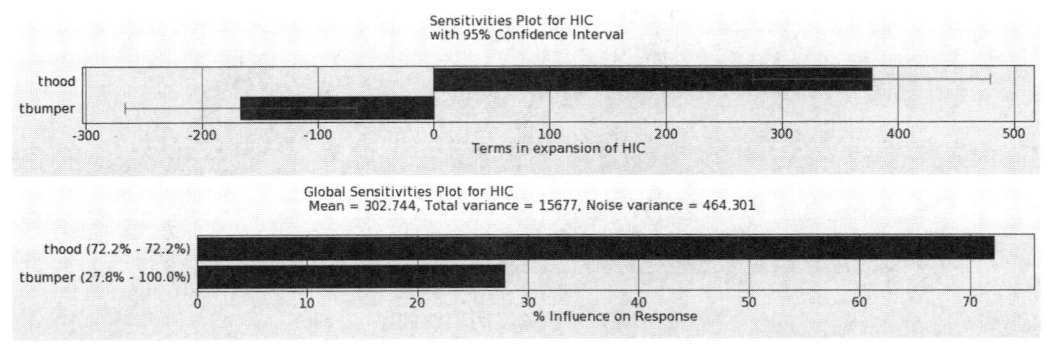

图 20-31 敏感度图

目标函数 HIC 的曲面如图 20-32 所示，包括预测和计算的最优、仿真点和残差；约束显示在表面上。

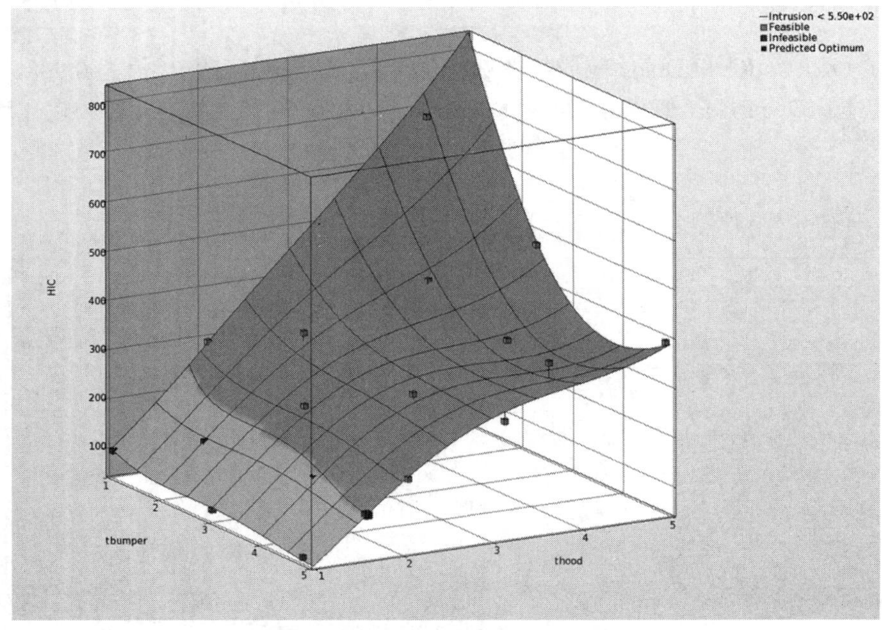

图 20-32 目标函数 HIC 的曲面图

加速度历史曲线如图 20-33 所示，这些曲线使用变量 thood 的值进行颜色编码。

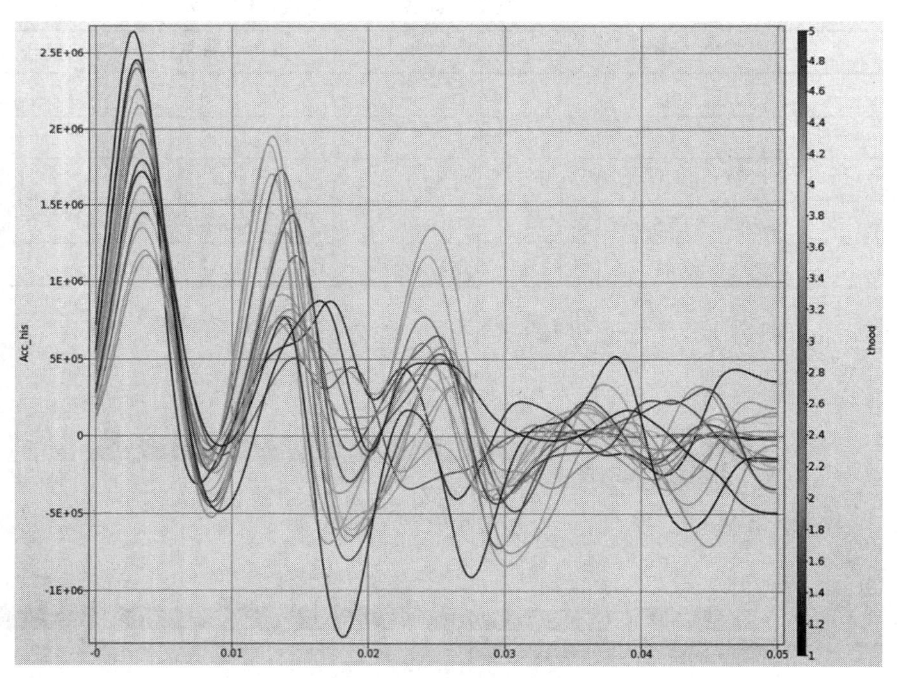

图 20-33 加速度历史曲线图

20.2.6 使用线性元模型的自动优化

采用线性逼近的方法进行自动优化。选择 Sequential with Domain Reduction 策略，如图

20-34 所示，切换到元模型类型为 Polynomial linear，如图 20-35 所示。每个案例的每次迭代都使用默认点数。

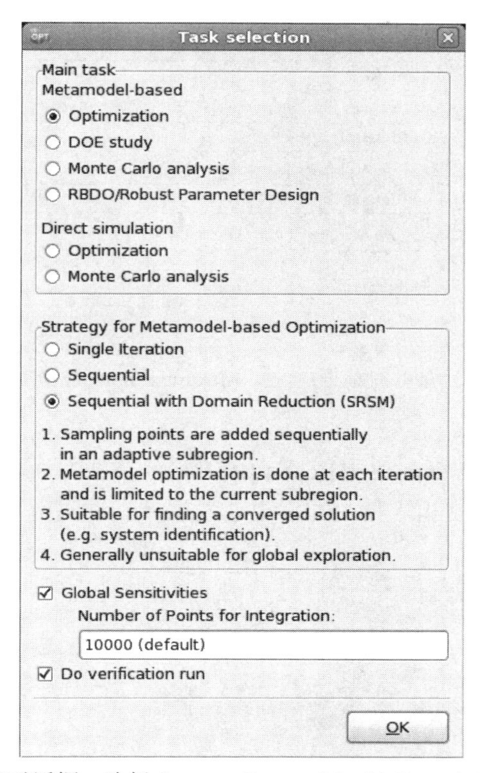

图 20-34　任务对话框：选择 Strategy Sequential with Domain Reduction 策略

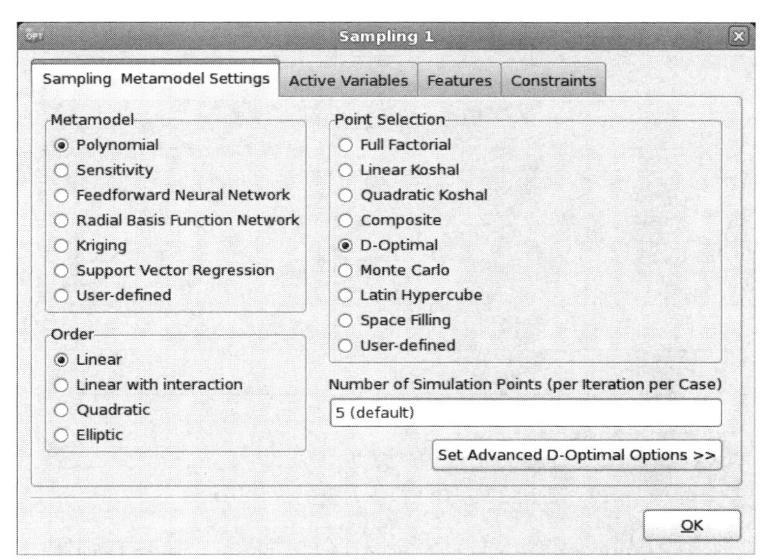

图 20-35　采样对话框：对元模型类型和阶次、点选择方案和点数量使用 SRSM 的默认设置

在 Termination Criteria 对话框中，将最大迭代次数设置为 8，如图 20-36 所示。

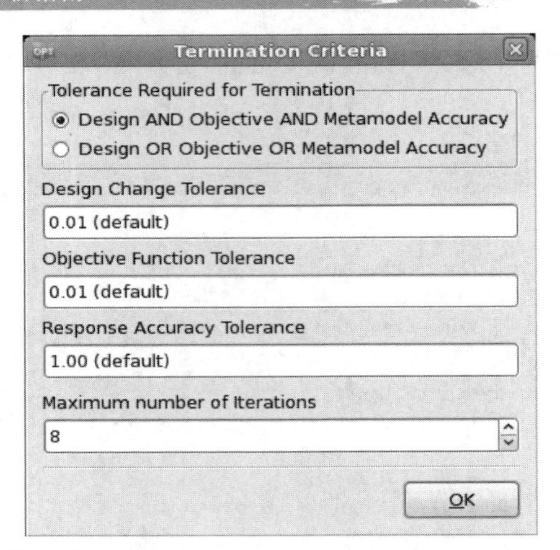

图 20-36 终止条件对话框：选择 Maximum number of Iterations 选项

结果

从图 20-37 可以看出，目标函数（HIC）和侵入量约束在第 7 次迭代时近似优化。近似（实线）和计算（方符号）HIC 值相一致大约需要 8 次迭代。通过缩小子区域，近似得到了改进。

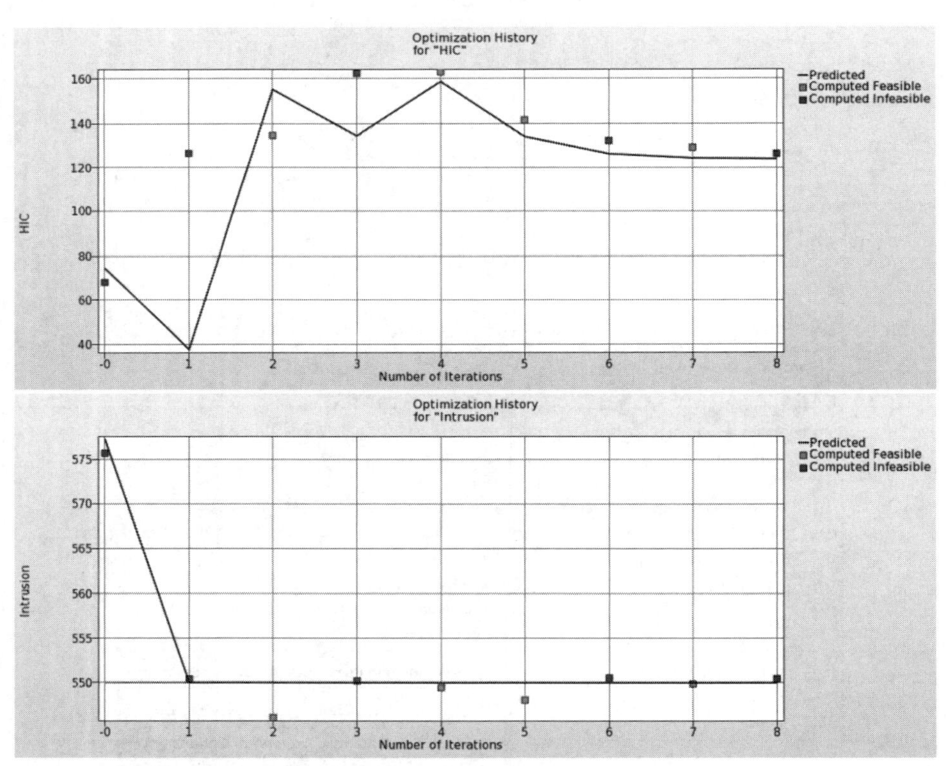

图 20-37 HIC 和侵入量的优化历史

由于在优化过程中 thood 变量从未移动到子区域边界，LS-OPT 强制执行纯缩放，如图 20-38 所示。对于 tbumper 变量，平移也会发生，因为线性近似预测了子区域边界上的一个变量。

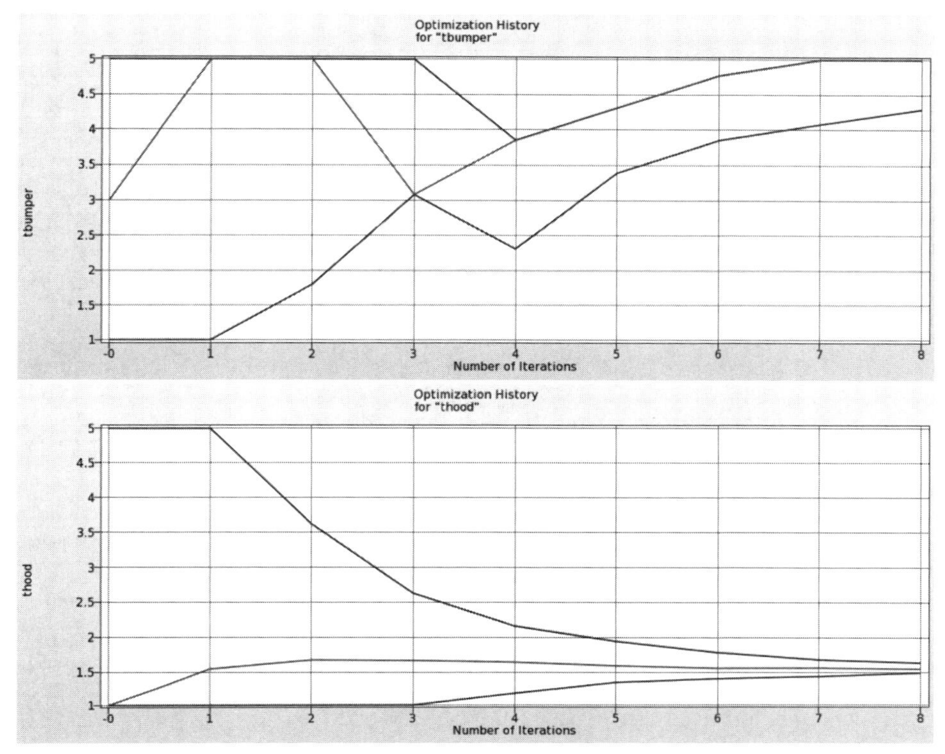

图 20-38 设计变量的优化历史

20.2.7 混合离散优化

混合离散优化是通过简单地将变量设置为离散的，可能的值为 1.0、2.0、3.0、4.0 和 5.0。离散变量的定义如图 20-39 所示。

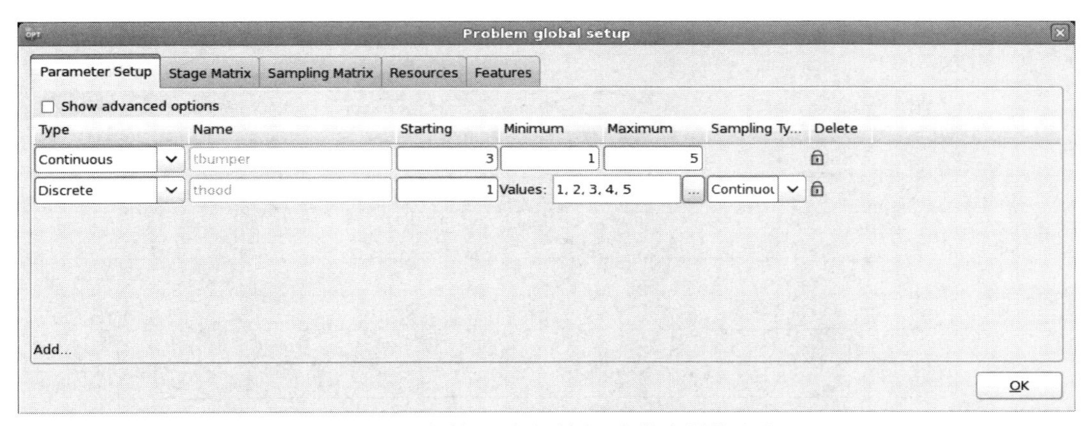

图 20-39 参数设置对话框：离散变量的定义

结果

目标 HIC 值的优化历史如图 20-40 所示，约束侵入量的优化历史如图 20-40 所示，设计变量历史如图 20-41 所示。

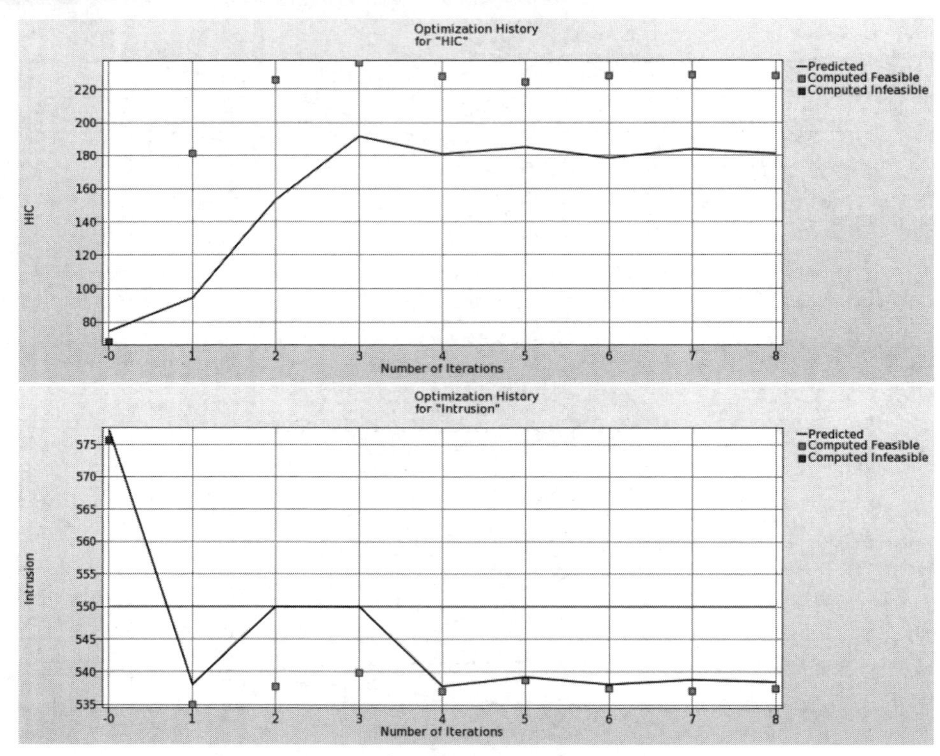

图 20-40　混合离散优化的 HIC 和侵入距离优化历史

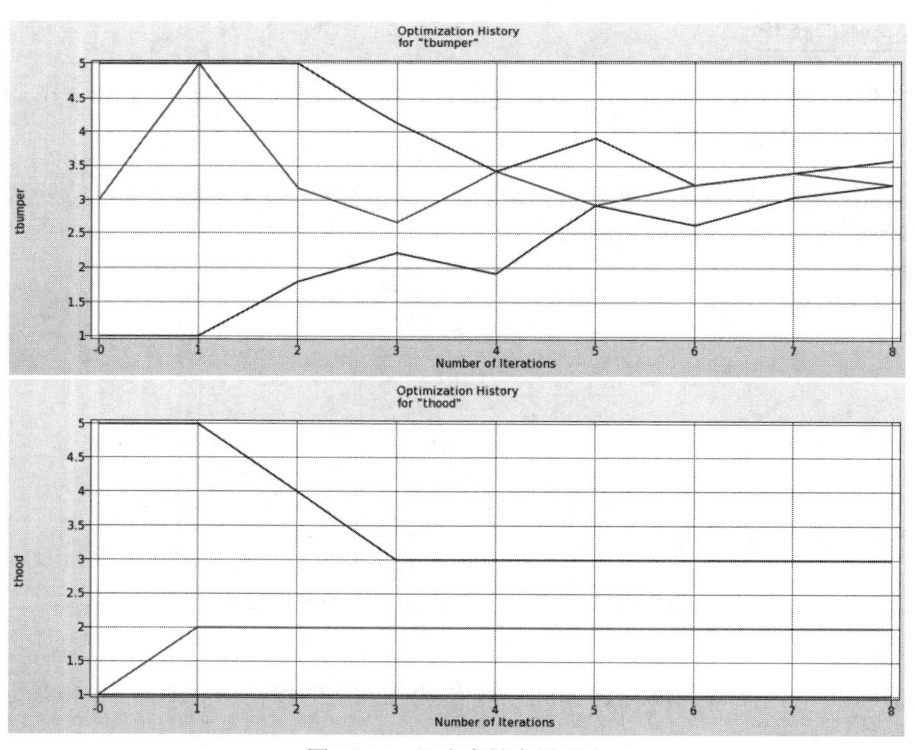

图 20-41　混合离散变量历史

20.2.8 采用直接遗传算法进行优化

同样的问题也通过 Direct GA 模拟得到了解决，如图 20-42 所示。可以在优化对话框中选择 GA 特定的设置和高级选项，如图 20-43 所示。为了说明这一点，将种群大小设为 10，代数限制为 15。选择算子采用随机通用采样法。每一代使用两个精英成员（Number of Elites）。对于实际的交叉，使用 SBX 算子（Crossover Type），其分布指数为 5（Crossover Distribution），交叉概率为 0.99（Crossover Probability）。实际突变概率（Mutation Probability）为 1.0。

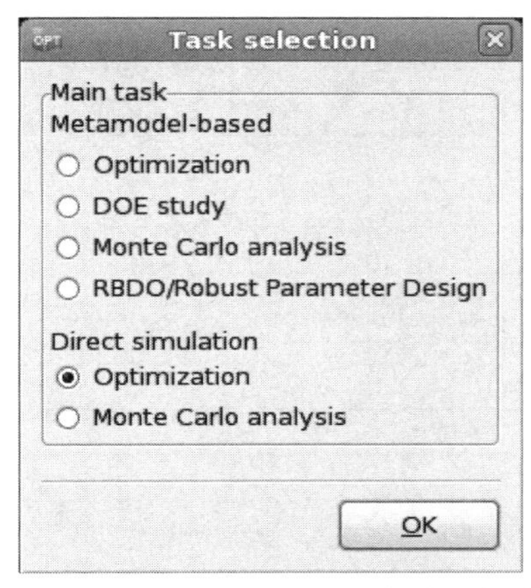

图 20-42 任务对话框：直接遗传算法

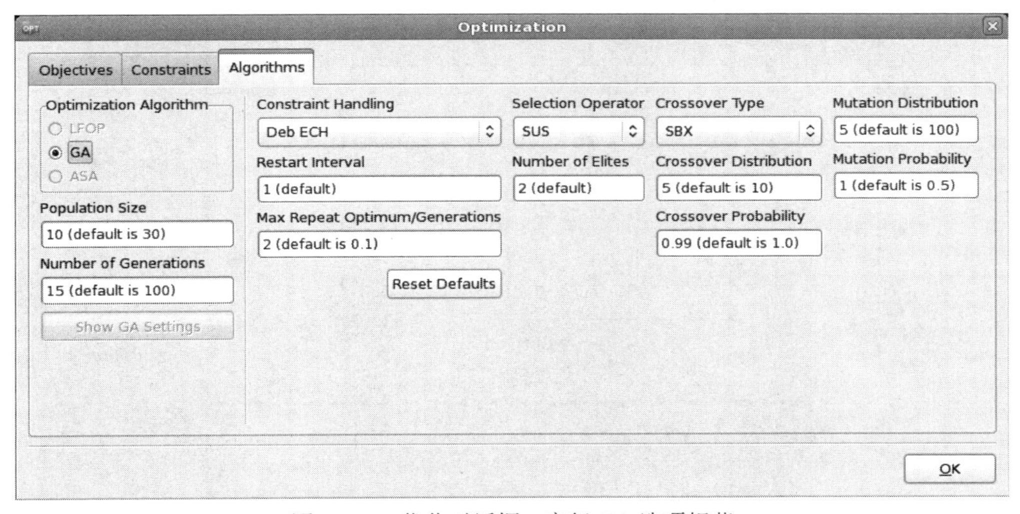

图 20-43 优化对话框：高级 GA 选项规范

结果

优化结果如图 20-44 和图 20-45 所示。离散变量固定在 2 个单位。如果从一个迭代到下一个迭代的最优结果不变，则直接遗传算法不会终止，因为值仍然可能改进。请注意，优化历史将 generation 视为 iteration 来显示结果。

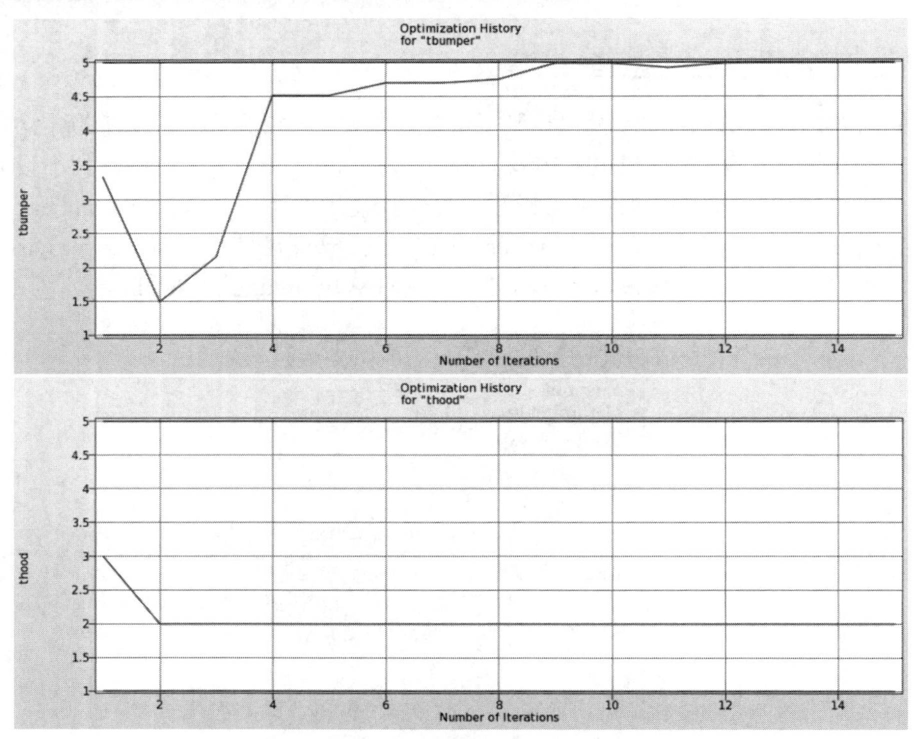

图 20-44 采用直接遗传算法进行混合离散变量优化的优化历史

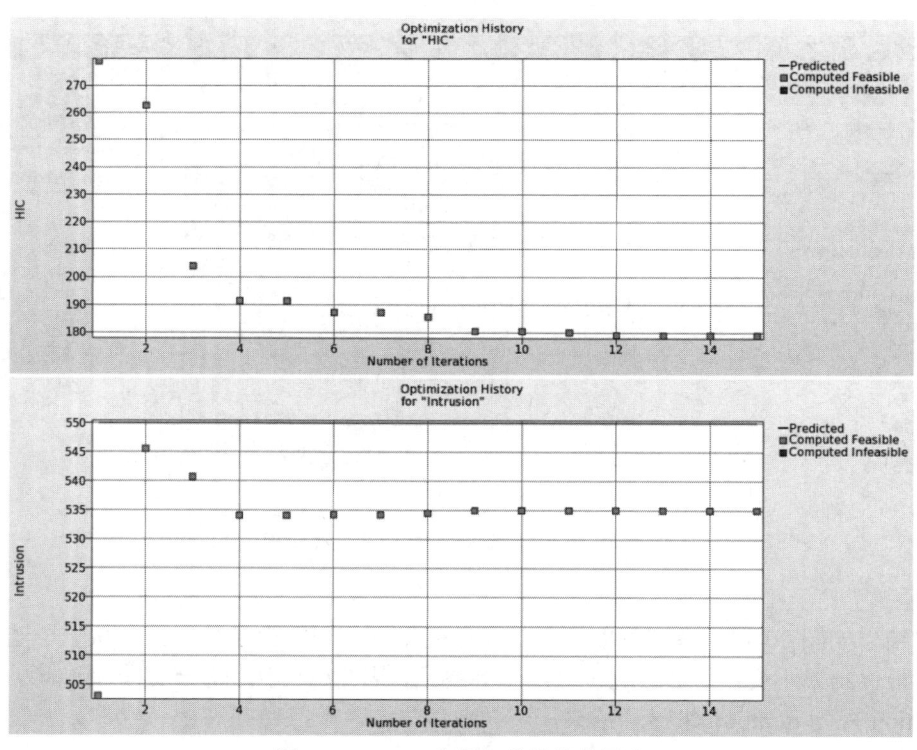

图 20-45 HIC 和侵入量的优化历史

20.2.9 使用直接方法和元模型进行多级优化

本例使用相同的有限元模型，但优化问题被修改为多包含两个变量。这些变量是材料的杨氏模量 YM 和屈服应力 SIGY。优化问题如式（20-2）所示。然而，优化是在两个层次解决——外层使用一个单一迭代元模型为基础的方法优化 SIGY 和 YM 值（式（20-3））和内层使用 Direct GA 方法优化 thood 和 tbumper 厚度值（式（20-4））。

$$\min_{\text{thood,tbumper,SIGY,YM}} HIC\ (15\text{ms}) \tag{20-2}$$

$$\text{s.t.}Intrusion\ (50\text{ms}) < 550\text{mm}$$

外层优化问题为：

$$\min_{\text{SIGY,YM}} HIC_{\text{opt\_thood\_tbumper}}\ (15\text{ms}) \tag{20-3}$$

$$\text{s.t.}Intrusion_{\text{opt\_thood\_tbumper}}\ (50\text{ms}) < 550\text{mm}$$

其中 $HIC_{\text{opt\_thood\_tbumper}}$ 和 $Intrusion_{\text{opt\_thood\_tbumper}}$ 是式（20-4）给出的变量 *thood* 和 *tbumper* 的内层优化问题得到的结果 *HIC* 和侵入量值。$HIC_{\text{opt\_thood\_tbumper}}$ 和 $Intrusion_{\text{opt\_thood\_tbumper}}$ 是通过对每个样本运行内层级别优化而为每个外层级别样本（SIGY-YM 对）所获得。

第 j 个外层样本的内层优化问题为：

$$\min_{\text{thood,tbumper}} HIC(thood, tbumper \mid YMj, SIGYj)\ (15\text{ms}) \tag{20-4}$$

$$\text{s.t.}Intrusion(thood, tbumper \mid YMj, SIGYj)\ (50\text{ms}) < 550\text{mm}$$

用于外层问题设置的 LS-OPT GUI 如图 20-46 所示。优化问题设置如图 20-47 所示，HIC_1 和 Intru 是在内层计算的优化响应。

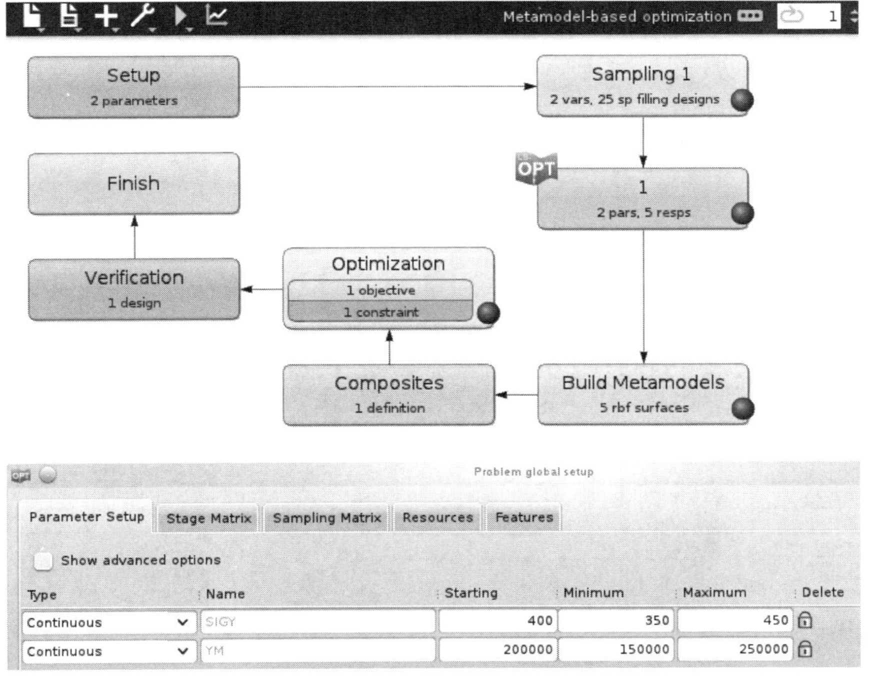

图 20-46 多级优化外层设置

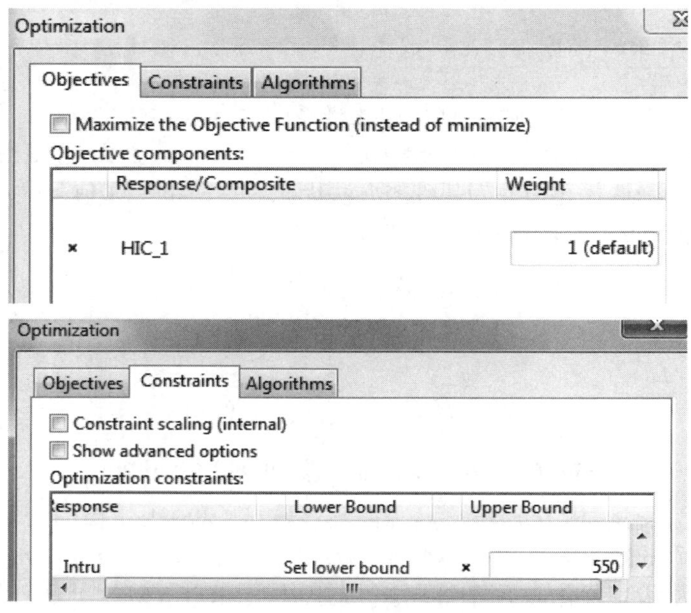

图 20-47　多级优化外层优化问题

用于内层问题设置的 LS-OPT GUI 如图 20-48 所示。优化问题设置如图 20-49 所示。需要注意的是，外层变量是内层的 Transfer Variables（传递变量），并处理为优化的常数。

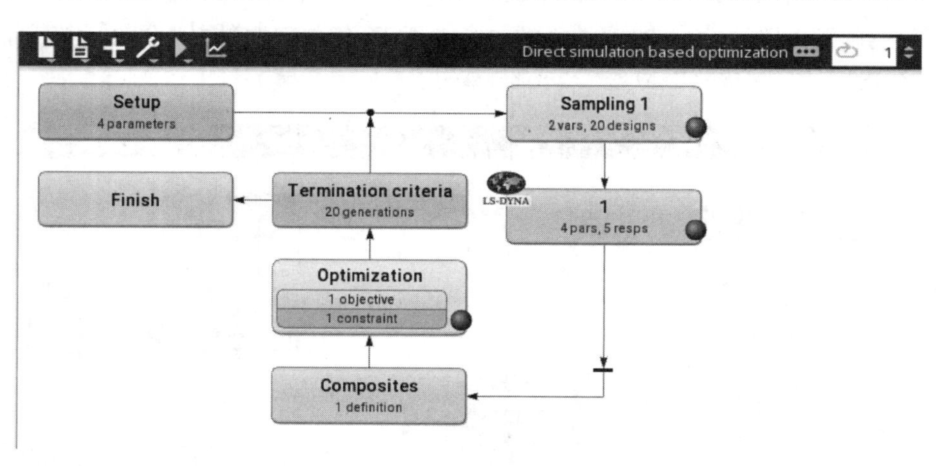

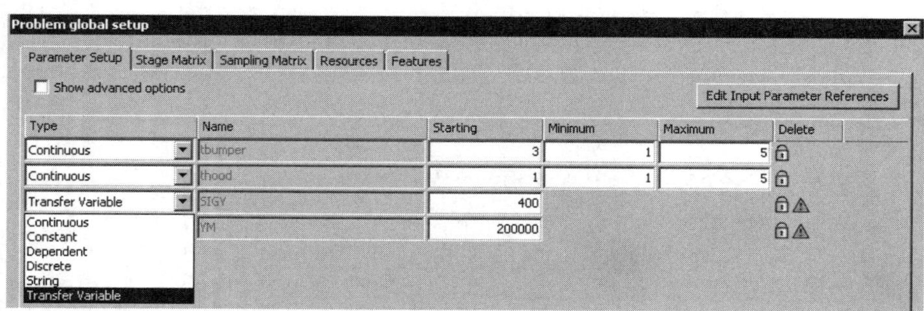

图 20-48　多级优化内层设置

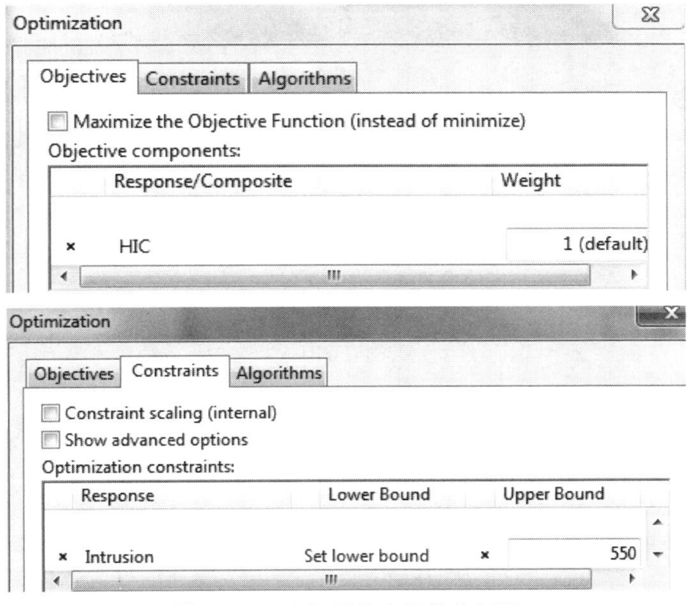

图 20-49 多级优化内层优化问题

结果

在 *SIGY*=353.2、*YM*=2.4E5、*tbumper*=4.91、*thood*=1.72 处得到最优解。对应的 *HIC* 值为 80.47，在最优解处没有违反约束。值得注意的是，该解决方案的 *HIC* 值低于第 20.2.5 节中得到的 *HIC* 值。这是因为引入了额外的变量，从而增加了设计选项。

关于外层变量 *YM* 和 *SIGY* 的 HIC 元模型如图 20-50 所示。最优解也绘制在图（紫色立方体）上。图 20-51 描述了外层样本 2.1（即具有优化的 *YM* 和 *SIGY* 值的样本）的内层优化历史。

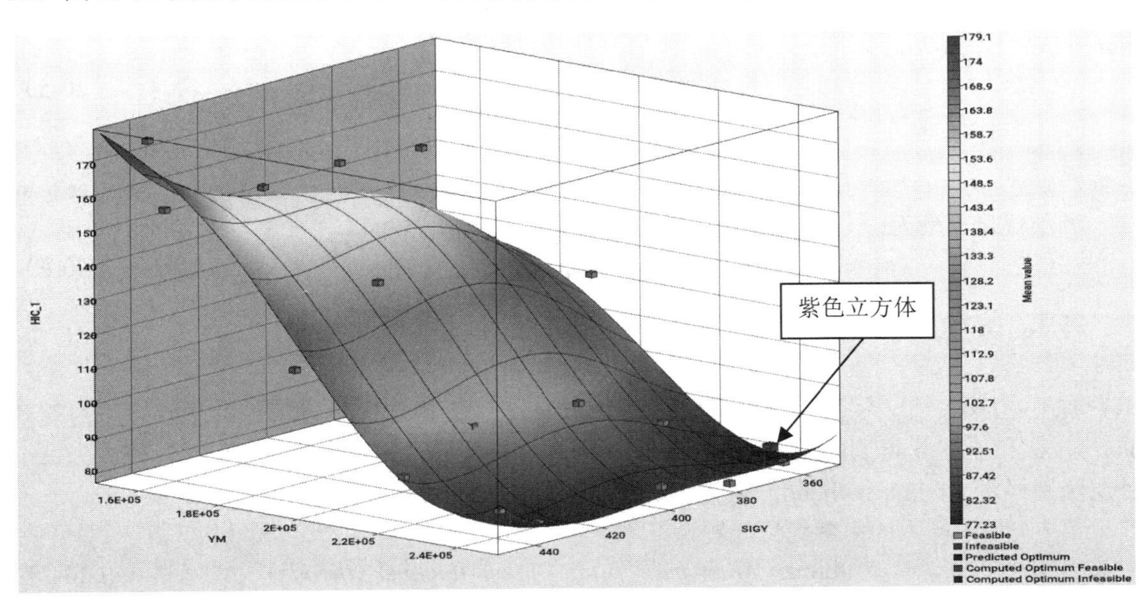

图 20-50 多级优化，目标函数（HIC）元模型

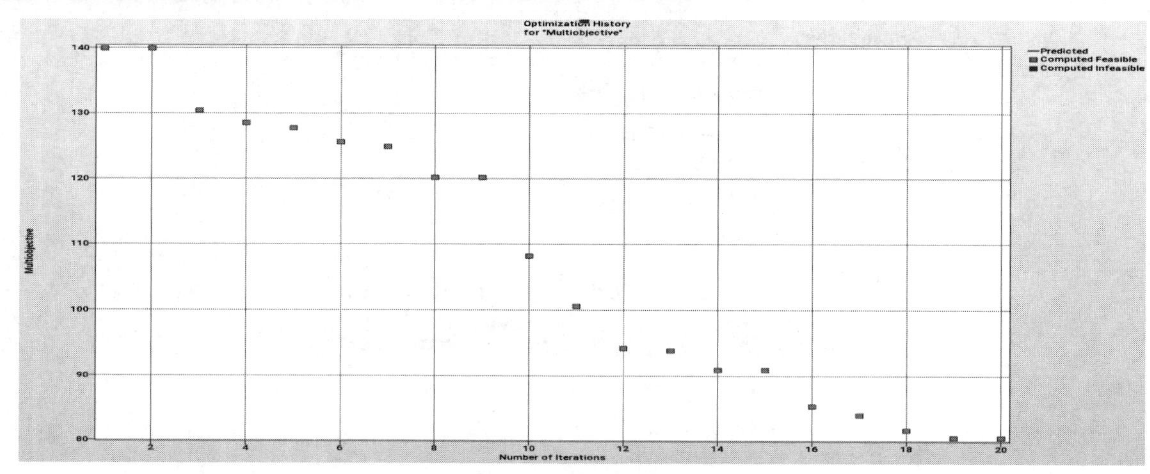

图 20-51　最后一个（最优）外层样本的内层优化历史

20.2.10　使用连续变量和字符串变量进行多级优化

多级优化可以用不同的方法对不同的变量集进行优化。例如，字符串或分类变量通常首选直接优化，而基于元模型的方法通常用于其他变量。在这个例子中，两个变量是连续的，而另外两个变量是字符串。连续变量表示组件厚度 *thood* 和 *tbumper*，字符串变量 *mat_b* 和 *mat_hood* 表示具有不同材料属性的 Include 文件名称。示例中还使用了两个字符串常量 m1 和 material3。通过这个例子演示了参数化字符串变量和常量的不同方法（LS-DYNA 本地参数化和用户自定义方法）。

优化问题如式（20-5）所示。然而，优化是在两个层次上解决的——外层使用基于域缩减元模型方法优化 *thood* 和 *tbumper* 值（式 20-6），而内层使用 Direct GA 方法优化 *mat_hood* 和 *mat_b* 值（式 20-7）。

$$\underset{\text{thood,tbumper,mat\_b,mat\_hood}}{\text{Minimize}} \quad Mass \tag{20-5}$$

约束：

$$Intrusion\ (50\text{ms}) < 550\text{mm}$$

外层优化问题为：

$$\underset{\text{tbumper,thood}}{\text{Minimize}}\, Mass_{\text{opt\_mat\_b\_mat\_hood}} \tag{20-6}$$

约束：

$$Intrusion_{\text{opt\_mat\_b\_mat\_hood}}\ (50\text{ms}) < 550\text{mm}$$

其中 $Mass_{\text{opt\_mat\_b\_mat\_hood}}$ 和 $Intrusion_{\text{opt\_mat\_b\_mat\_hood}}$ 为内部优化问题（式（20-7））对变量 *mat_hood* 和 *mat_b* 得到的质量和侵入量值。通过对每个样本运行内部级别优化，可以为每个外层级别样本（tbumper-thood）获得 $Mass_{\text{opt\_mat\_b\_mat\_hood}}$ 和 $Intrusion_{\text{opt\_mat\_b\_mat\_hood}}$。

第 j 个外部样本的内部优化问题为：

$$\underset{\text{mat\_b,mat\_hood}}{\text{Minimize}}\ Mass(mat\_b, nat\_hooh \mid tbumper_j, thood_j) \tag{20-7}$$

约束：

$$Intrusion\ (mat\_b,nat\_hooh|tbumperj,thoodj)\ (50\text{ms}) < 550\text{mm}$$

外层 LS-OPT 设置由一个 LS-OPT 阶段参数化组成，使用两个传递变量。这些变量 *tbumper* 和 *thood* 是外层的连续变量，如图 20-52 所示。

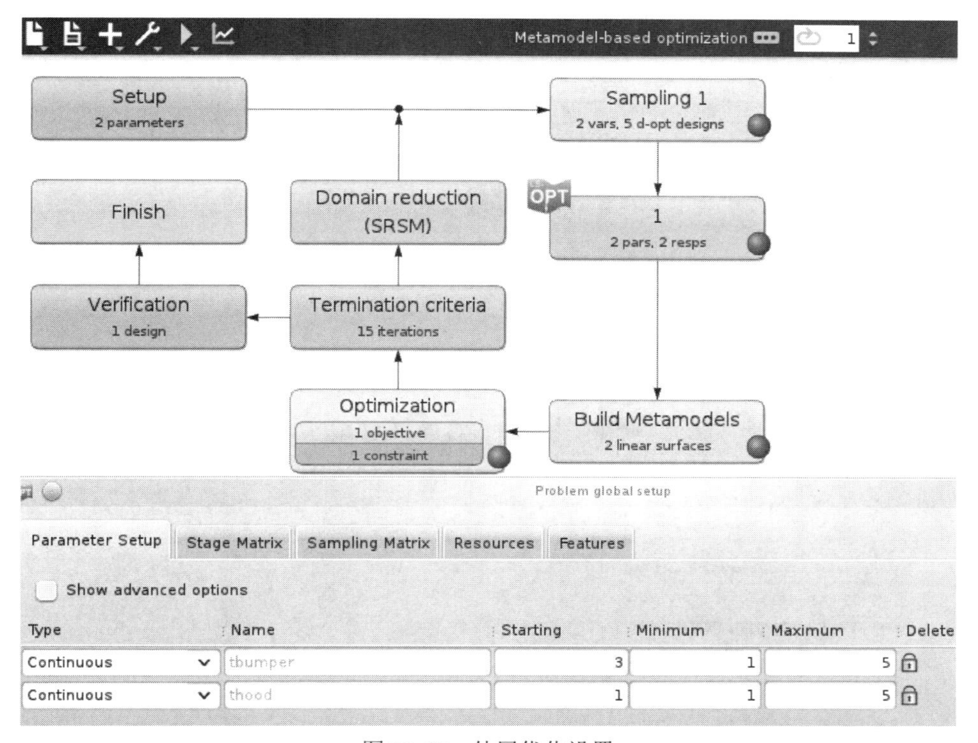

图 20-52　外层优化设置

内层由两个字符串变量和两个字符串常量组成，另外还有两个传递变量，其值从外层向下传递。LS-DYNA 输入面板参数化如下。使用*PARAMETER 参数卡来参数化 *tbumper*、*thood*、*m*1 和 *mat_b*。字符串参数在变量名之前使用“c”表示。

    *PARAMETER
    rthood rtbumper, 3.0, 1.0, cm1, mat1, cmat_b mat_b_o

另外两个字符串参数使用用户定义的格式定义。参数 *thood* 出现在 LS-DYNA 面板的两个位置：

    *include
    <<mat_hood:0>>
    *include
    <<mat_hood:30>>

<<:0>>表示整个替换字符串将被输出出来，没有任何额外的空格。<<:30>>表示如果 *mat_hood* 替换字符串的长度大于 30，那么它将被截断。此外，如果 *mat_hood* 的替换字符串小于 30，那么它将在输出时填充空格。

定义参数 material3 时没有冒号，其含义与<<:0>>相同。

    *include
    <<material3>>

内层级别 LS-OPT GUI 设置如图 20-53 所示。

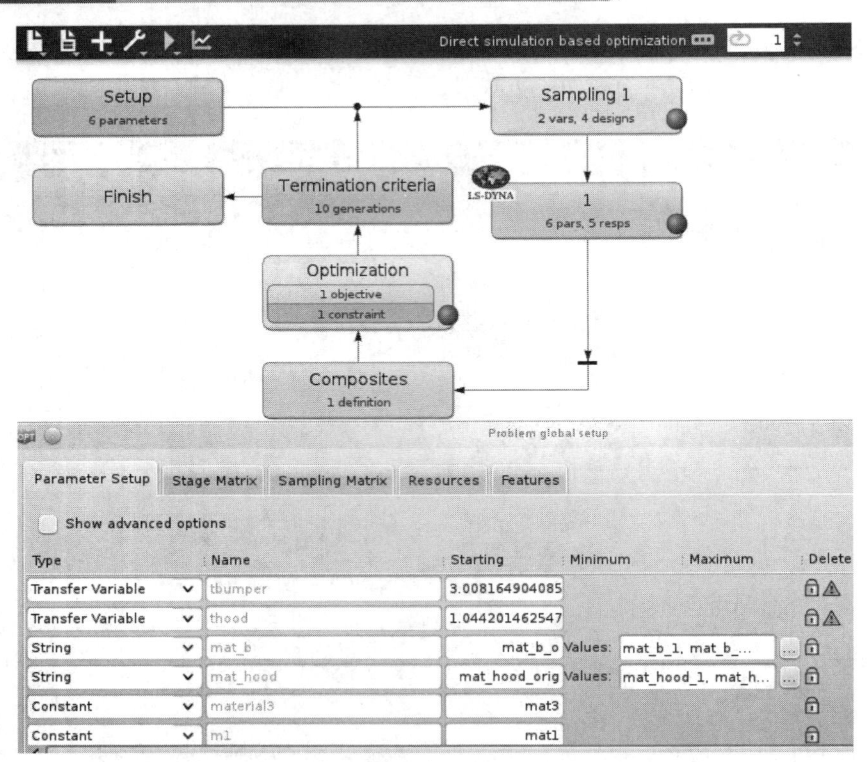

图 20-53　包含字符串和传递变量的内层优化设置

结果

在 *tbumper*=3.01、*thood*=1.04、*mat_b* ="mat_b_3"、*mat_hood* ="mat_hood_3"处得到最优解。对应的 *Mass* 值为 0.42，在最优解处没有违反约束。SRSM 方法的外层优化历史如图 20-54 所示。

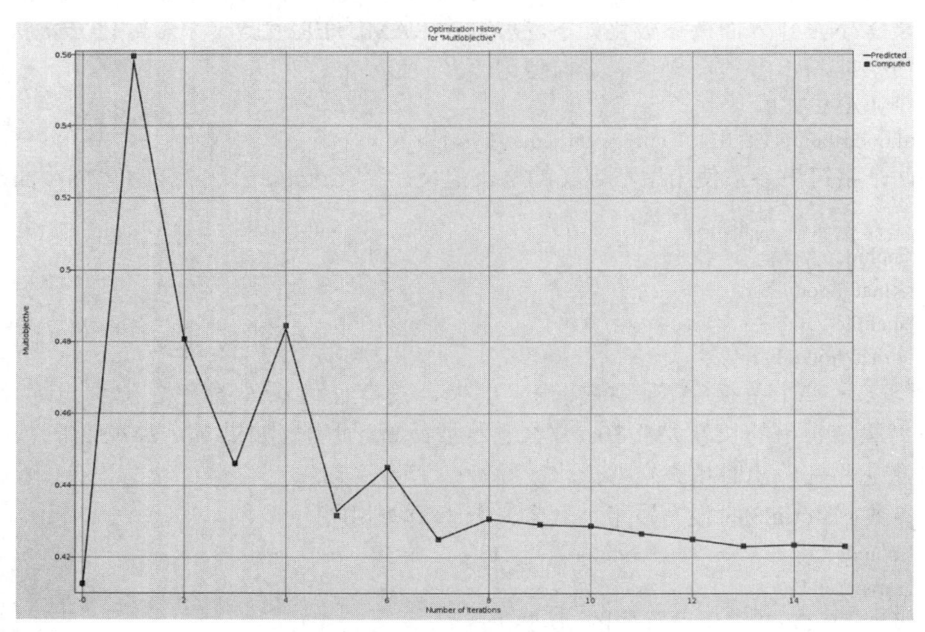

图 20-54　外层优化历史

20.3 圆管冲击（2 个变量）

本例有以下特点：

- 使用 LS-PREPOST 进行形状优化。
- 使用 LS-DYNA 关键字*PERTURBATION 来包含几何缺陷。
- 使用 LS-DYNA 进行显式冲击分析。
- 使用标准 LS-DYNA 接口进行结果提取。
- 使用 Yamazaki 的示例模型。

20.3.1 问题描述

如图 20-55 所示，该问题由一圆管撞击刚性墙组成。在刚性墙冲击力的约束下，吸收的能量最大。圆管体质量为 0.52kg，设计变量为平均半径和管壁厚度。由于质量约束，圆管长度取决于设计变量。一个 500 倍于圆管重量的集中质量附着在圆管的末端。对于典型设计，20ms 处的变形形状如图 20-56 所示。

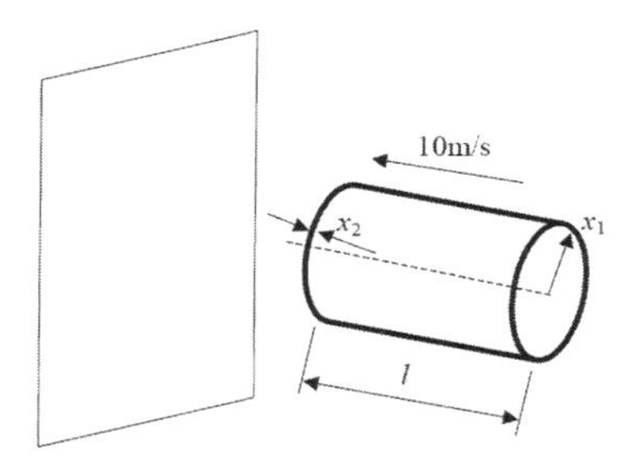

图 20-55 冲击圆管

图 20-56 变形的有限元模型（时间= 20ms）

优化问题表示为：

$$\text{Maximize } E_{\text{internal}}(x_1,x_2)|_{t=0.02}$$

约束：

$$\max\left(F_{normal}^{wall}(x_1,x_2)\right)\leqslant 80$$

$$l(x_1,x_2)=\frac{0.52}{2\pi\rho x_1 x_2}$$

其中，设计变量 x_1 和 x_2 分别为圆管的半径和厚度。内能 $E_{\text{internal}}(x)\big|_{t=0.02}$ 是目标函数，约束函数 $\max\left(F_{normal}^{wall}(x_1,x_2)\right)$ 和 $l(x)$分别为刚性墙上的最大法向力和圆管长度。对刚性墙冲击力进行滤波，剔除超过 300Hz 的频率。

利用 LS-DYNA 对该问题进行了仿真。采用 LS-PREPOST 作为前处理器，实现了几何参数的并入。

20.3.2 解决方案

采用基于元模型的线性元模型优化方法，采用 D-optimal 点选择和域缩减策略序贯。

图 20-57 显示流程的 LS-OPT GUI 窗口。LS-PREPOST 根据参数值生成圆管有限元模型，如图 20-58 所示。由于 LS-PREPOST 输出作为 LS-DYNA 输入中的 include 文件，因此需要将该文件复制到 LS-DYNA 运行目录，如图 20-59 所示。另一种方式是在 RUN_DYNA 阶段的目录中运行 LS-PREPOST。

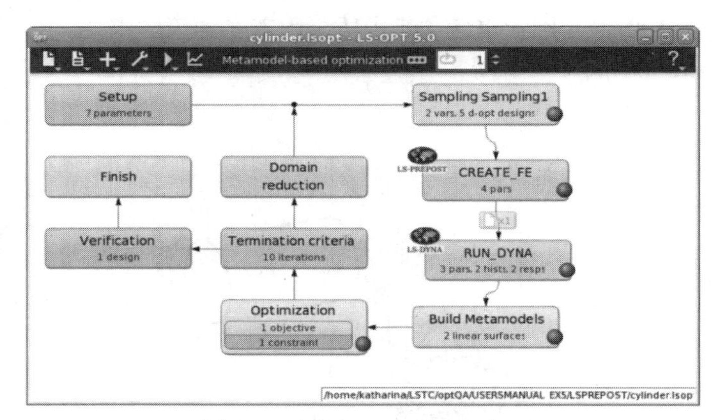

图 20-57　主 LS-OPT GUI 窗口

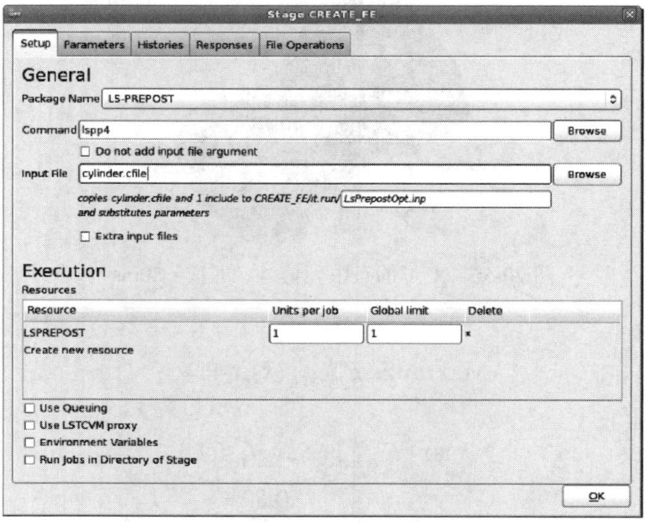

Stage CREATE_FE
Setup | Parameters | Histories | Responses | File Operations
General
Package Name LS-PREPOST
Command lspp4 Browse
Do not add input file argument
Input File cylinder.cfile Browse
copies cylinder.cfile and 1 include to CREATE_FE/it.run/ LsPrepostOpt.inp
and substitutes parameters
Extra input files
Execution
Resources
Resource | Units per job | Global limit | Delete
LSPREPOST | 1 | 1 | x
Create new resource
Use Queuing
Use LSTCVM proxy
Environment Variables
Run Jobs in Directory of Stage
OK

图 20-58　与 LS-PREPOST 接口的阶段对话框

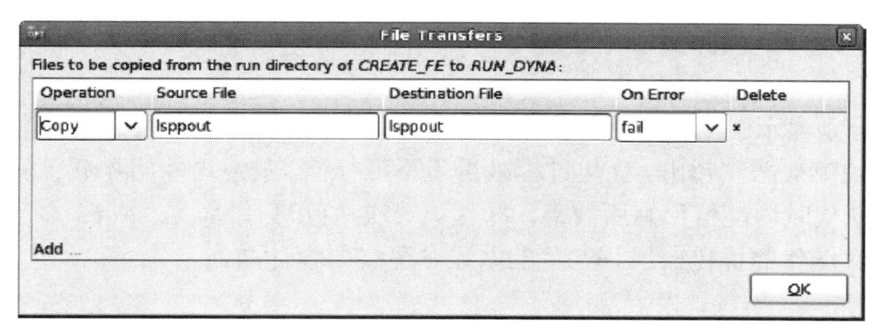

图 20-59　文件交换对话框

图 20-59 对话框可将 LS-PREPOST 的输出文件复制到 LS-DYNA 运行目录。

为了提取刚性墙冲击力和内能，分别使用 LS-DYNA 标准接口 RCFORC 和 GLSTAT，如图 20-60 所示。圆管的长度定义为半径和厚度的依赖项，与单元大小有关的参数和用于*PERTURBATION 的值被定义为依赖关系，如图 20-61 所示。

Edit response
Name: Internal_Energy_20　Subcase
Component
Internal Energy　Sprint and Damper Energy
Kinetic Energy　Sliding Interface Energy
Total Energy　External Work
Energy Ratio　Global X-Velocity
Stonewall Energy　Global Y-Velocity
Hourglass Energy　Global Z-Velocity
Select: Value at a Specific Time　Time of evaluation: 20.0000
Filtering: None

Edit response
Name: max_Rigid_Wall_Force　Subcase　Multip 1
Interface ID: 2
Component
X master force　X slave force
Y master force　Y slave force
Z master force　Z slave force
Resultant master force　Resultant slave force
Select: Maximum Value　From time　To time
Filtering: SAE Filter
Frequency: 300.0000　Time unit: Milliseconds

图 20-60　使用 LS-DYNA 接口 GLSTAT 和 RCFORC 提取结果

Problem global setup
Parameter Setup | Stage Matrix | Sampling Matrix | Resources | Features
Show advanced options

Type	Name	Starting	Init. Range	Minimum	Maximum	Saddle Dire...	Delete
Dependent	elerad	Definition:	(2*pi*radius)/4.0			Minimize	
Constant	pi	3.1415926535					
Continuous	radius	75	50	20	100	Minimize	
Continuous	thick	3.0	2	2.0	6.0	Minimize	
Dependent	c_length	Definition:	0.52/(2*pi*0.00000282*radius*thick)			Minimize	
Dependent	elelength	Definition:	c_length/4.0			Minimize	
Dependent	wave_le	Definition:	(pi*57.3/(pi*(radius*radius*thick*thick/(12*(1-0.33			Minimize	

Add...
OK

图 20-61　参数设置：圆管长度取决于半径和厚度，定义为满足质量约束的依赖项

20.3.3 结果

图 20-62 分别显示了变量、约束和目标函数的最优值在迭代过程中的进展情况。下面的初始设计表明该约束被严重超出。优化过程减少了不可行性。最终内能明显低于满足约束条件的初值，第四次迭代时内能值已有所改善，并且第一次达到可行性。图 20-63 显示了约束（刚性墙冲击力）所有迭代的优化曲线，红色的曲线是最终的设计曲线。

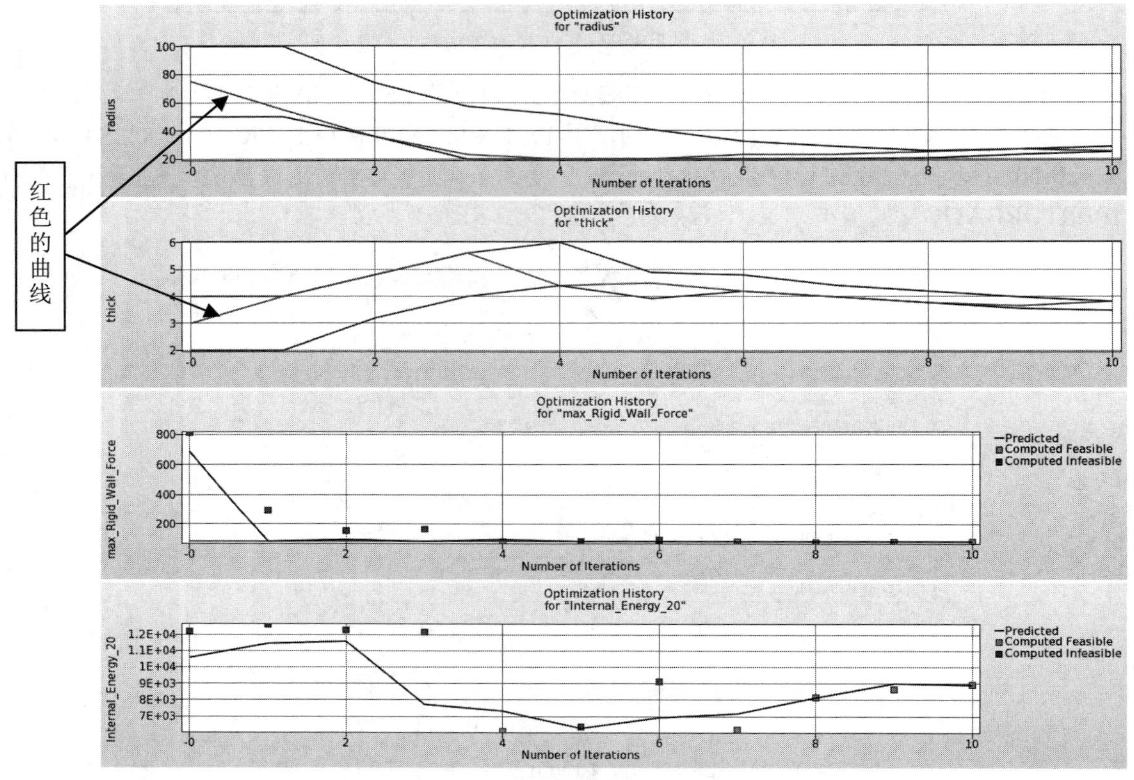

图 20-62　参数、约束和目标函数的优化历史

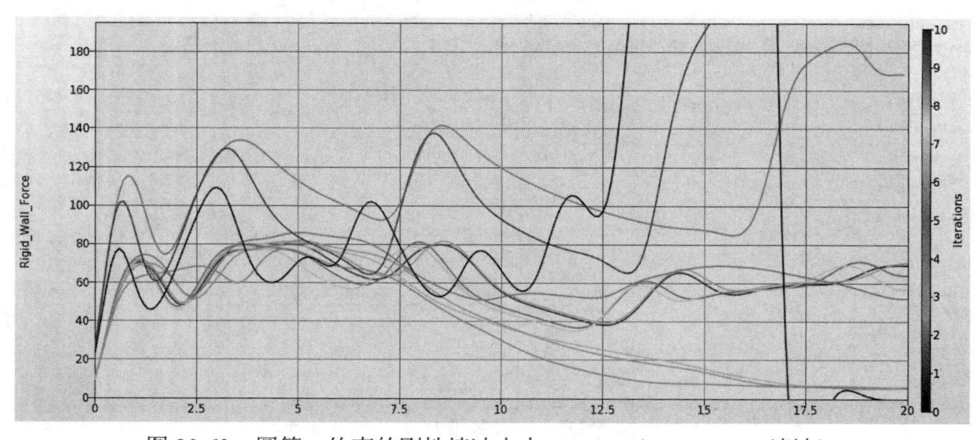

图 20-63　圆管：约束的刚性墙冲击力 $F(t)$<80（SAE 300Hz 滤波）

20.4 钣金成形（3 个变量）

本例为一个薄板钣金成形的例子，其中设计涉及减薄和 FLD 准则。本例有以下特点：

- 使用 LS-PREPOST 作为前处理器。
- *DEFINE_CURVE_TRIM 用于定义板料的半径。
- 采用自适应网格划分。
- 使用钣金成形接口工具提取结果。

20.4.1 问题描述

设计变量为冲压模具的半径和板料的半径，如图 20-64 所示。设计问题是最小化冲压模具的半径，同时指定 FLD 约束和最大厚度减薄 25%。因此，半径同时是变量和目标。自适应网格划分作为仿真的分析特征。有限元模型如图 20-65 所示。

图 20-64 截面参数化

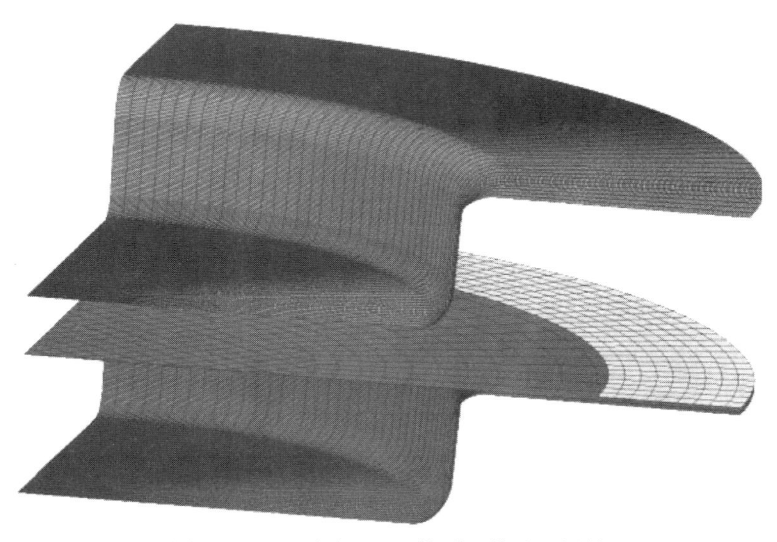

图 20-65 四分之一 FE 模型：模具和板料

20.4.2 解决方案

使用 LS-PREPOST 作为并入几何参数的前处理程序，如图 20-66 所示。在第二阶段，利用 LS-DYNA 仿真裁剪过程，利用 FLD 和 THICK 响应接口从成形仿真结果中提取减薄量和 FLD 约束，如图 20-67 所示。对于每个半径，将生成一个复合函数作为目标函数，如图 20-68 和图 20-69 所示。

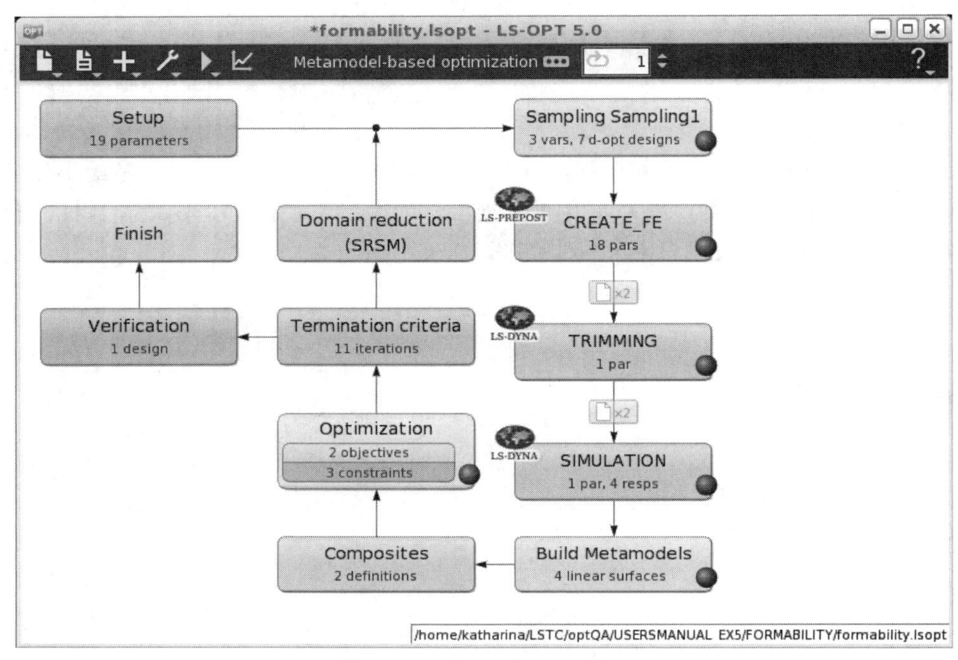

图 20-66 LS-OPT GUI 窗口

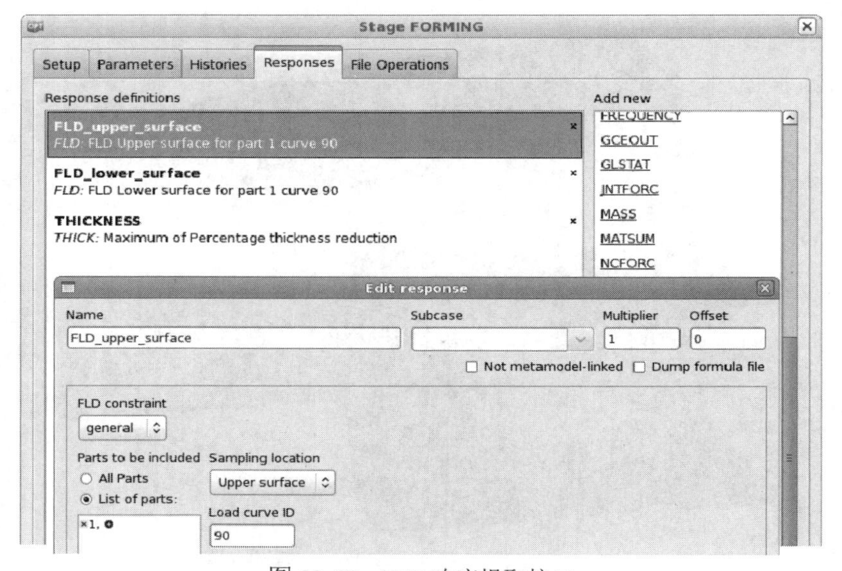

图 20-67 FLD 响应提取接口

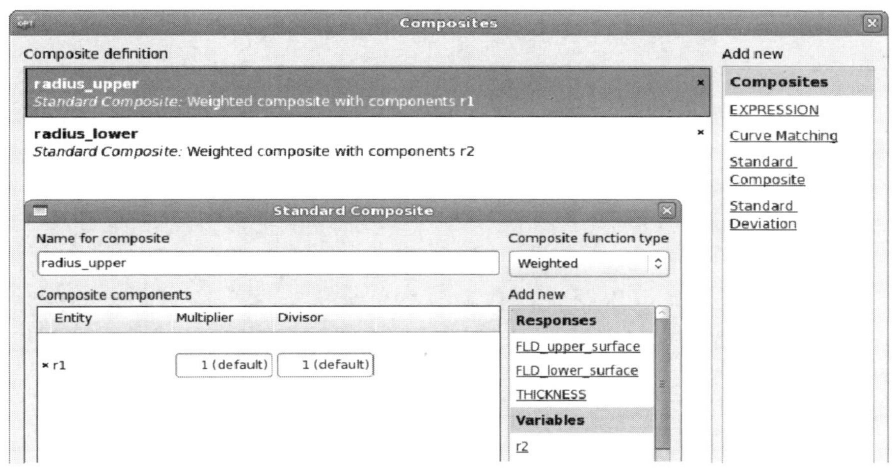

图 20-68　复合函数的定义

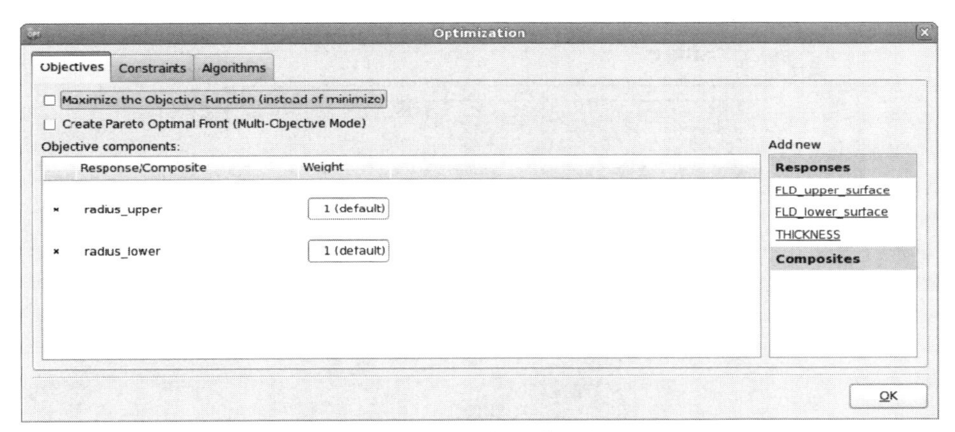

图 20-69　目标函数定义

FLD 和减薄约束的定义如图 20-70 所示。

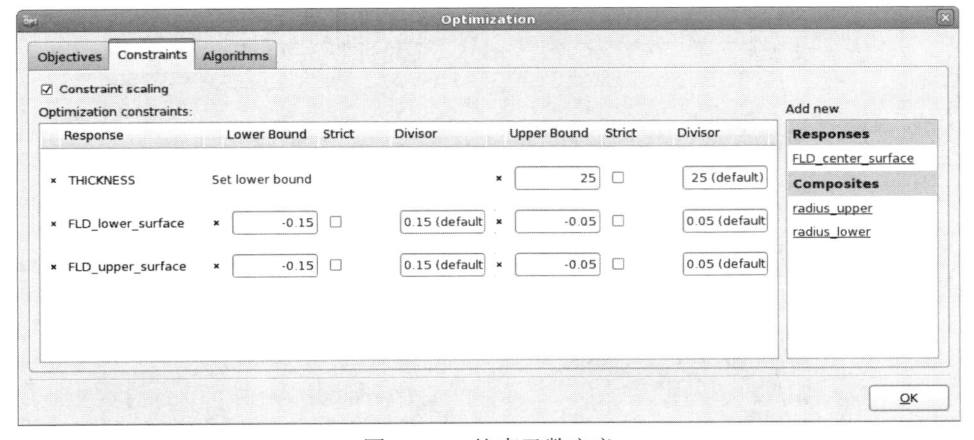

图 20-70　约束函数定义

20.4.3 结果

目标和约束的优化历史如图 20-71 和图 20-72 所示。起始值和最终值的比较见表 20-6。基准设计和优化 FLD 图（参见图 20-73 和图 20-74）说明了 FLD 可行性的改进。典型的变形状态如图 20-75 所示。

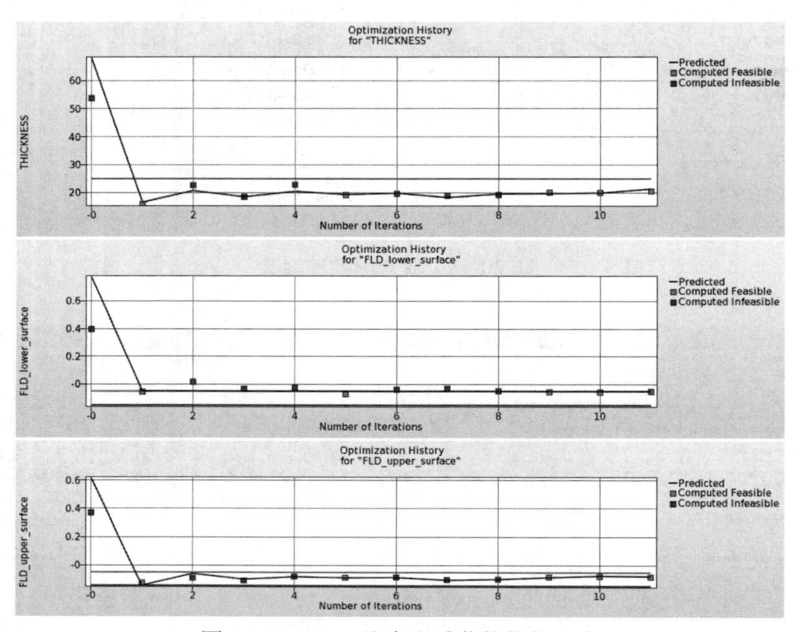

图 20-71 FLD 约束和减薄的优化历史

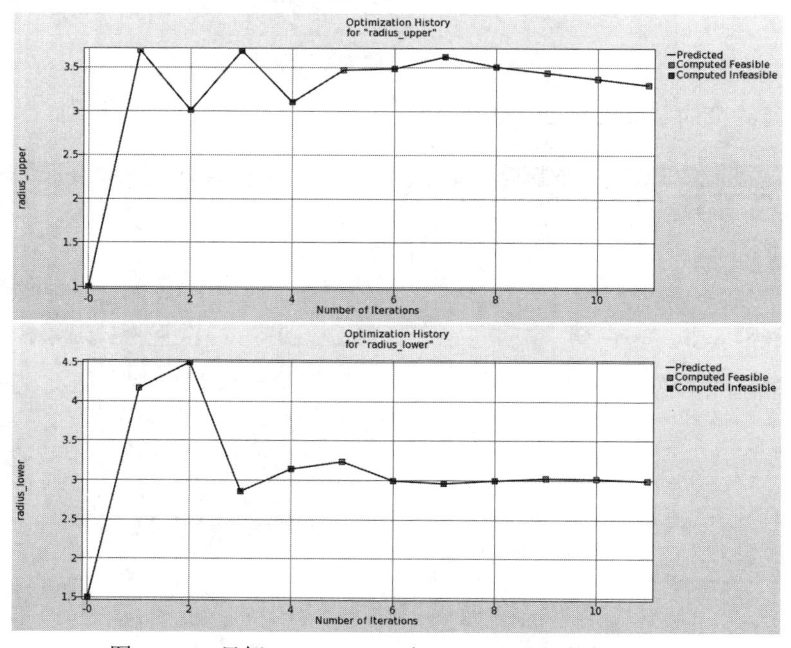

图 20-72 目标 radius_upper 和 radius_lower 的优化历史

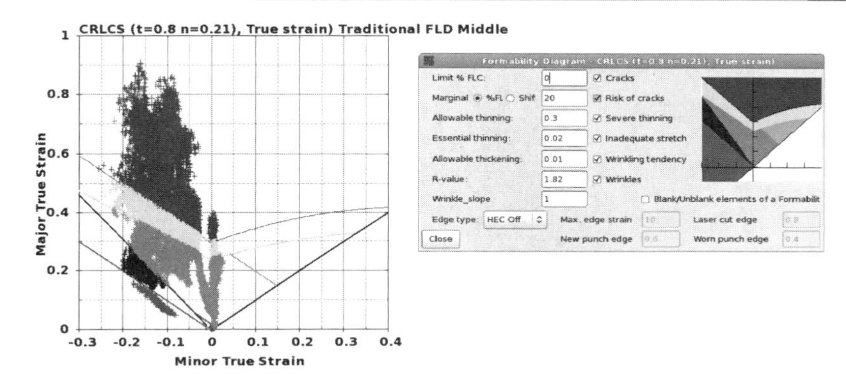

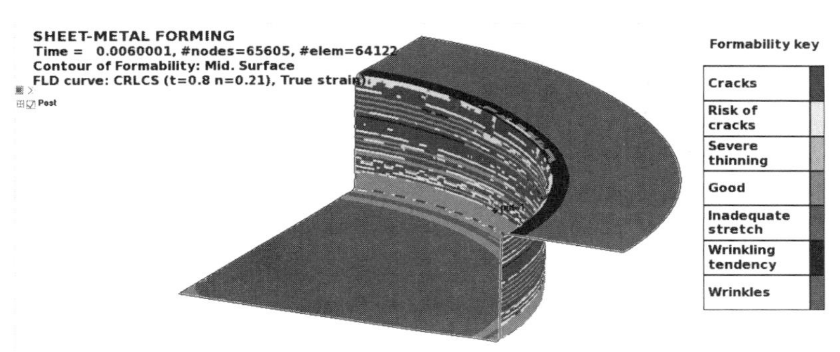

图 20-73　基准模型运行的 FLD 图

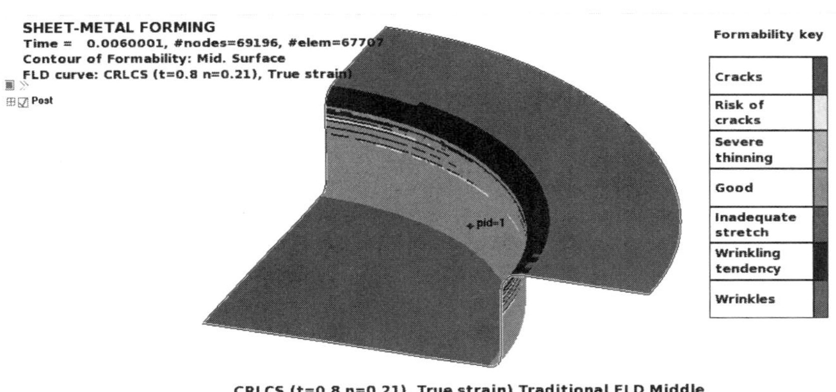

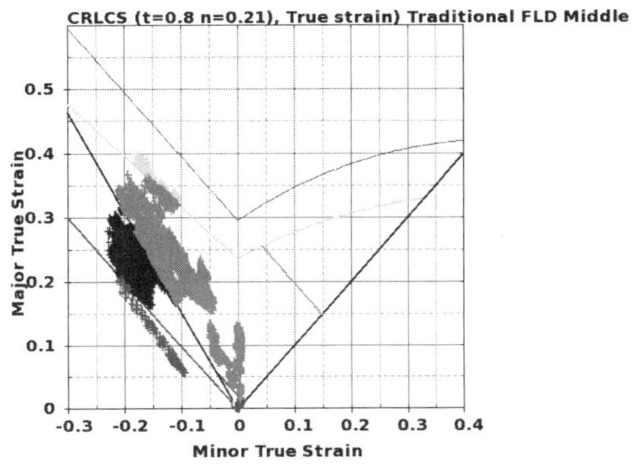

图 20-74　最优运行 FLD 图

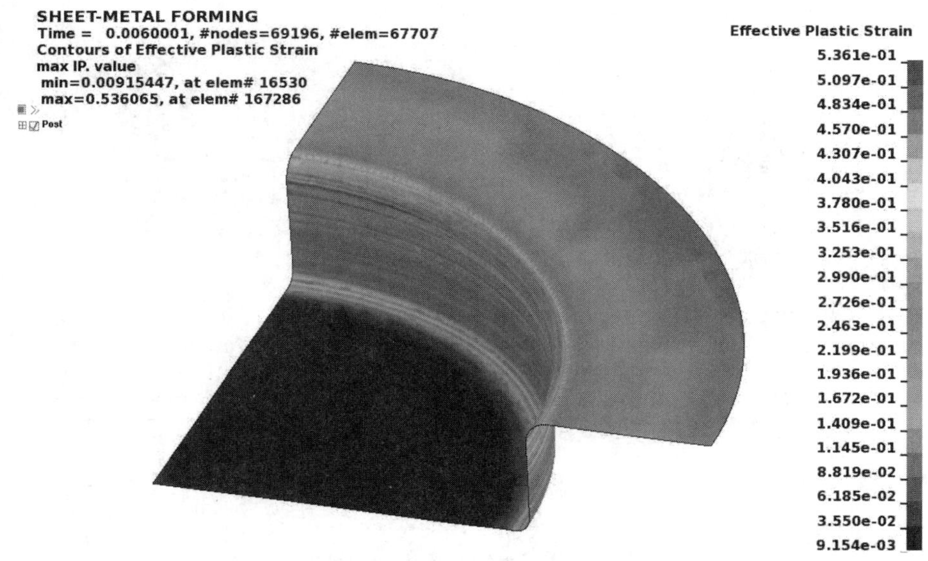

图 20-75 变形状态（优化运行），塑性应变条纹图

表 20-6 结果对比（钣金成形）

变量	初始（计算）	最优（预测）	最优（计算）
THICKNESS	53.67	21.38	20.54
FLD_upper_surface	0.369	-0.078	-0.083
FLD_lower_surface	0.396	.-0.050	-0.052
radius_upper	1	3.30	-
radius_lower	1.5	2.99	-

20.5 大型车辆碰撞与振动（MDO/MOO）（7 个变量）

本例有以下特点：

- LS-DYNA 用于显式正面碰撞和隐式 NVH 仿真。
- 以一个实际整车为例，说明多学科设计优化（MDO）和多目标优化（MOO）。
- 使用标准 LS-DYNA 接口进行结果提取。
- 使用复杂的数学响应表达式。

本例说明了多学科设计优化（MDO）的实际应用，MDO 关注的是大型车辆的碰撞性能与其噪声振动和声振粗糙度（NVH）标准（即扭转模态频率）之间的耦合。

20.5.1 有限元建模

耐撞性仿真考虑了一个大约 30000 个单元的模型，该模型是美国国家公路运输和安全协会（NHTSA）发布的车辆模型。该车辆进行正面刚性墙碰撞。模态分析是对“白车身”模型进行的，其中包含大约 18000 个单元。整车的碰撞模型如图 20-76 所示（碰撞模型分为未变形状态和变形状态（时间=78ms）），如图 20-77 所示，只考虑结构构件受设计变量的影响，为未变形状态和变形状态（时间=72ms）。如图 20-78 所示，NVH 模型为第一阶扭转模态。在这个模型中只保留了对振动模态形状至关重要的主体部分。设计变量都是发动机舱（图 20-77）结构部件的厚度，直接在 LS-DYNA 输入文件中参数化。受影响的部件有 12 个，包括悬挂护板、导轨、副驾驶、车架导轨和车架横梁（图 20-77）。应用 LS-DYNA 的显式和隐式功能分别进行碰撞和 NVH 分析。

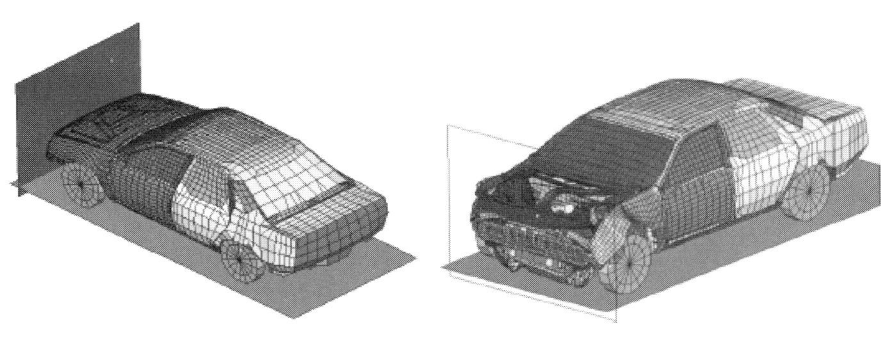

（a）未变形　　（b）变形（时间=78ms）

图 20-76　显示路面和刚性墙的车辆碰撞模型

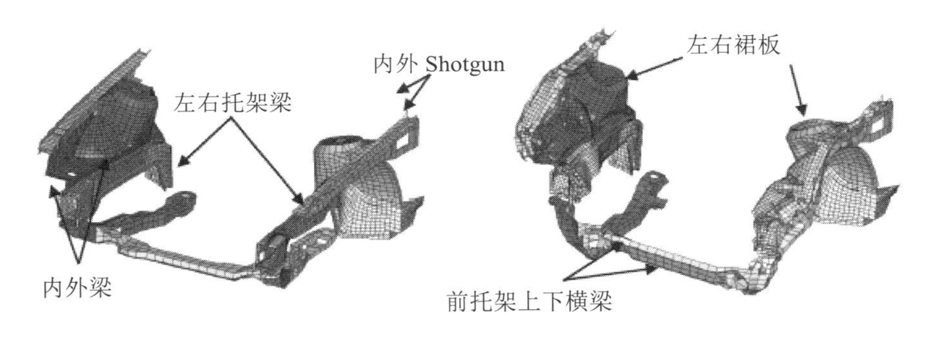

（a）未变形　　（b）变形（时间=72ms）

图 20-77　受设计变量影响的结构构件

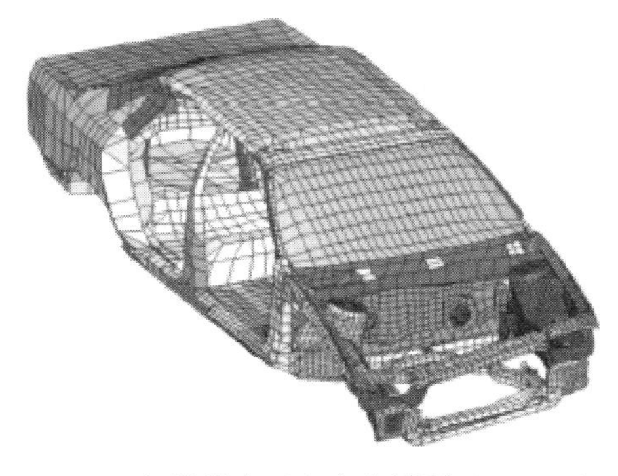

图 20-78　扭转模态下白车身模型（38.7Hz）

20.5.2 设计公式

设计公式如下：

最小化：Mass质量

最大化：Maximum intrusion 最大侵入量

约束：

Stage 1 pulse($\boldsymbol{x}_{\text{crash}}$) > 14.51g

Stage 2 pulse($\boldsymbol{x}_{\text{crash}}$) > 17.59g

Stage 3 pulse($\boldsymbol{x}_{\text{crash}}$) > 20.75g

41.38Hz < Torsional mode frequency($\boldsymbol{x}_{\text{NVH}}$) < 42.38Hz

由左后门槛节点的加速度和位移 SAE 滤波（60Hz）计算三个阶段脉冲，计算方法如下：

$$\text{Stage } i \text{ pulse} = \frac{-k}{d_2 - d_1}\int_{d_1}^{d_2} a\mathrm{d}x$$

式中：当 i=1 时，$k = 2.0$，其他情况下 $k = 1.0$。

极限[d_1;d_2]=[0;184];[184;334];[334;Max(dispalcement)]，i=1,2,3，所有位移单位以 mm 为单位，用减号将加速度转换为减速度。阶段 1 脉冲由一个三角形表示，其峰值为所使用值。

20.5.3 基于元模型的多目标优化

MDO 和 MOO 特性如下：

- MDO：分别处理碰撞和 NVH。
- MOO：提出了两个设计目标（侵入量和质量）。必须选择 GA 算法（在优化对话框的算法面板或在任务对话框中）作为元模型优化器，以便获得帕累托最优前沿。

图 20-79 显示了使用元模型进行多学科优化的 LS-OPT GUI 主窗口。

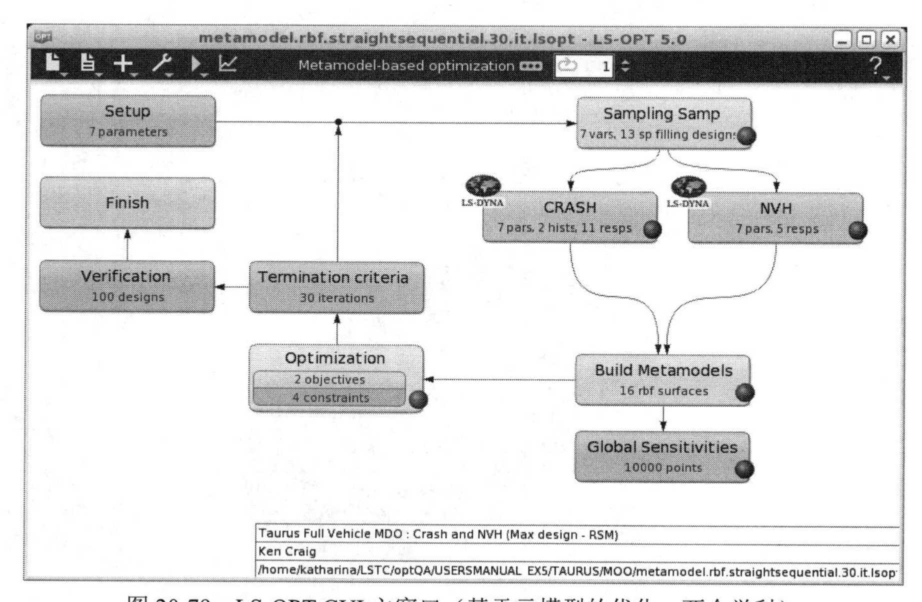

图 20-79 LS-OPT GUI 主窗口（基于元模型的优化：两个学科）

对于主任务，选择一个基于元模型的优化，如图 20-80 所示。由于产生了帕累托最优解，必须使用全局策略。为了得到整个设计空间的良好近似，选择非线性元模型类型，如径向基函数，如图 20-81 所示。由于使用的是序贯策略，所以每种情况下每次迭代的默认点数是合适的。

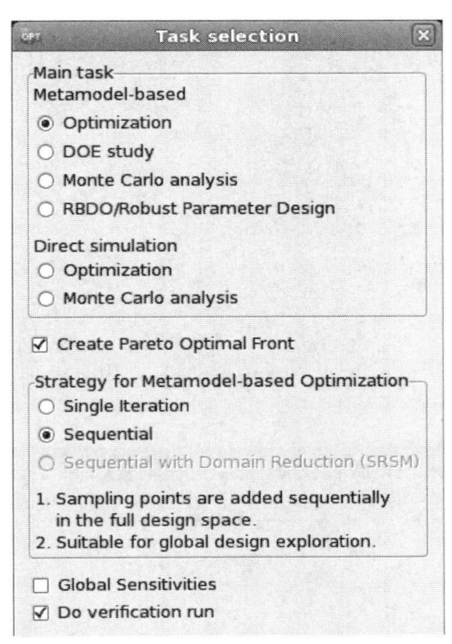

图 20-80　任务对话框（采用基于元模型方法，采用序贯策略计算帕累托最优解）

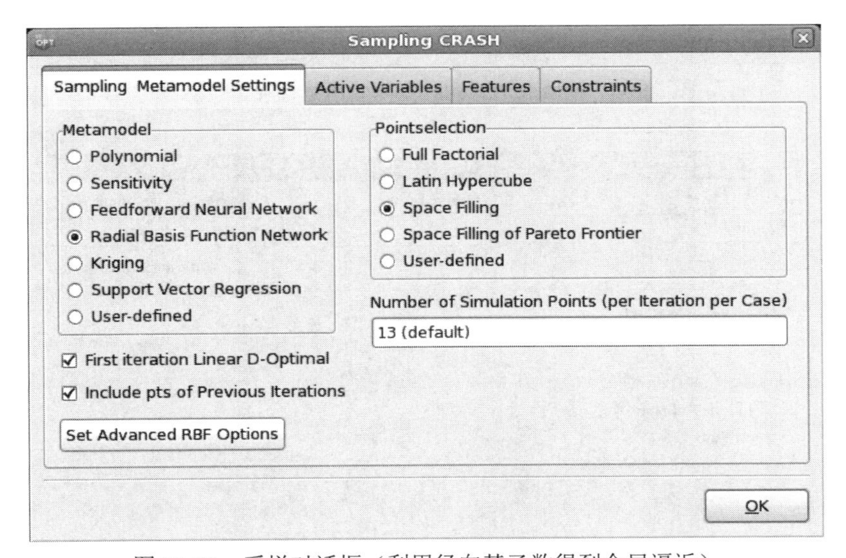

图 20-81　采样对话框（利用径向基函数得到全局逼近）

对于碰撞荷载情况，位移和加速度可以用标准的 LS-DYNA 接口计算，而计算阶段脉冲则需要更复杂的表达式。用查找函数获取所选历史函数指定的 t 值，如图 20-82 所示。利用积分函数计算阶段脉冲，如图 20-83 所示。

对于 NVH 荷载情况，可以使用 FREQUENCY 接口提取频率和相关响应，如图 20-84 所示，必须使用模态追踪。

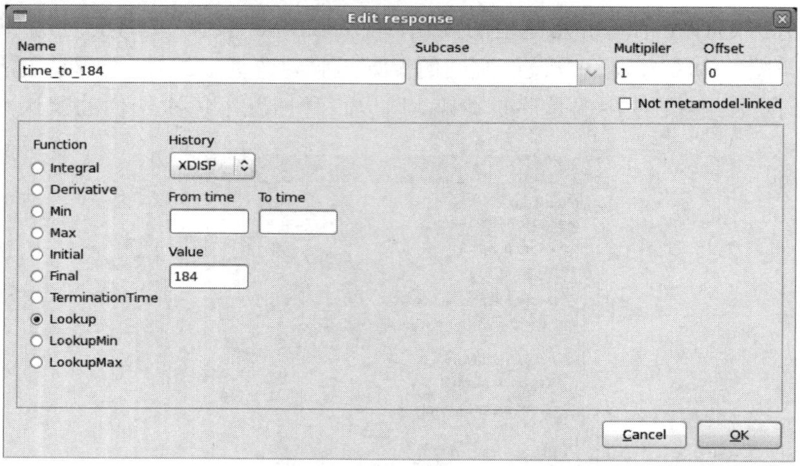

Edit response

Name: time_to_184
Subcase
Multipiler: 1
Offset: 0
Not metamodel-linked

Function
- Integral
- Derivative
- Min
- Max
- Initial
- Final
- TerminationTime
- Lookup
- LookupMin
- LookupMax

History: XDISP
From time
To time
Value: 184

Cancel
OK

图 20-82　查找函数：评估 XDISP 历史函数指定的 t 值

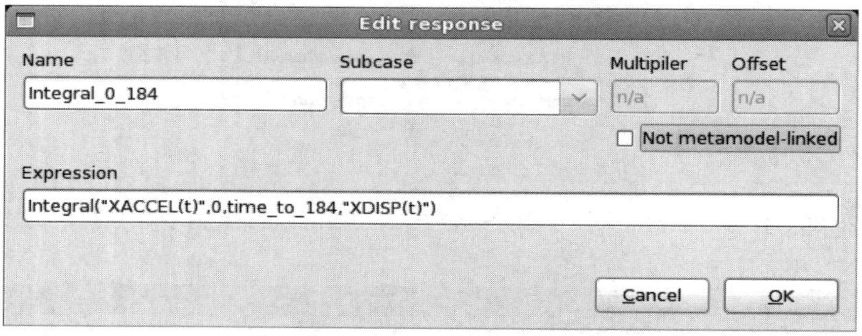

Edit response

Name: Integral_0_184
Subcase
Multipiler: n/a
Offset: n/a
Not metamodel-linked

Expression
Integral("XACCEL(t)",0,time_to_184,"XDISP(t)")

Cancel
OK

图 20-83　响应表达式：利用积分函数计算阶段脉冲

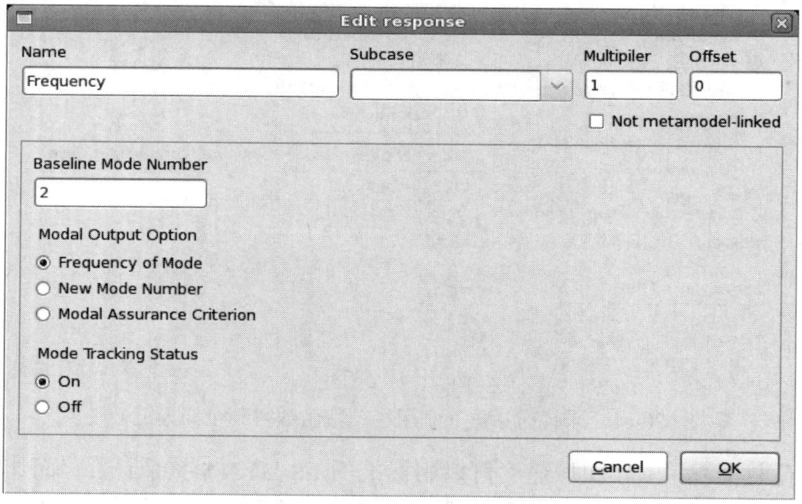

Edit response

Name: Frequency
Subcase
Multipiler: 1
Offset: 0
Not metamodel-linked

Baseline Mode Number: 2

Modal Output Option
- Frequency of Mode
- New Mode Number
- Modal Assurance Criterion

Mode Tracking Status
- On
- Off

Cancel
OK

图 20-84　带模态追踪的频率提取

在优化对话框中定义目标和约束函数。对于目标，确保选择了多目标模式，如图 20-85 所示。

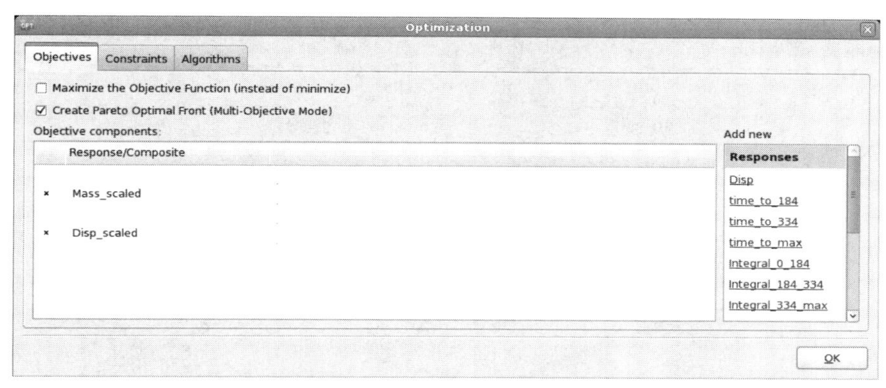

图 20-85　目标选项卡：选择多目标模式创建帕累托最优解

使用目标值对约束进行缩放，以平衡不同约束的违反，如图 20-86 所示。此缩放是使用单个复选框激活的，仅在当前问题违反多个约束的情况下才重要。然而，将约束的缩放作为规则应用是一个好方法。

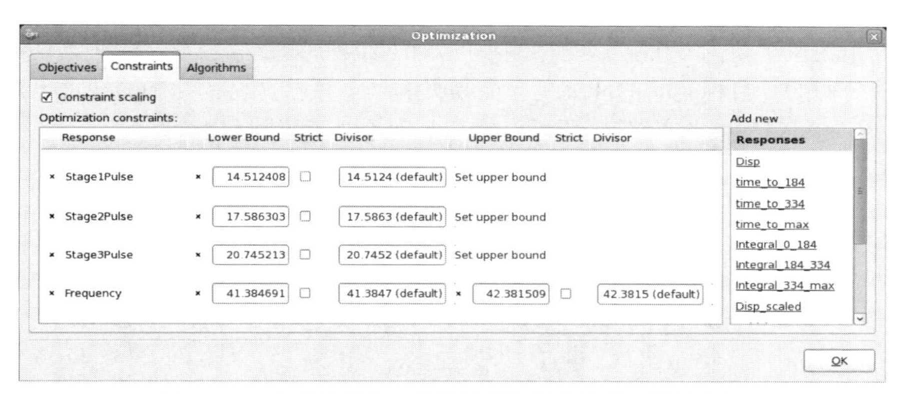

图 20-86　约束选项卡：使用目标值缩放约束（默认值）

由于帕累托最优解是在元模型上计算的，因此在最后一次迭代之后执行 100 次验证运行，以检查结果的质量，如图 20-87 所示。

Verification Run

Number of Verification Runs

100 (default is 1)

OK

图 20-87　验证运行

结果

LS-OPT 查看器提供了几个工具来可视化帕累托最优解。由于本例有两个目标函数，因此可以使用权衡图（参见图 20-88）显示两种情况下得到的帕累托最优解。左图显示了从元模型中获得的帕累托最优解，而右图则显示了验证运行情况。由于元模型的逼近误差，一些验证运行是不可行的。

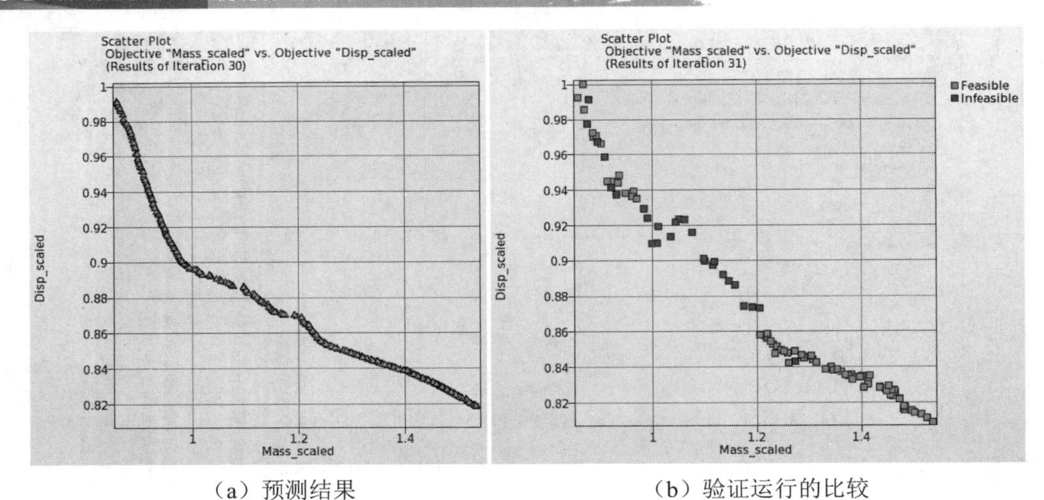

（a）预测结果　　　　（b）验证运行的比较

图 20-88　帕累托最优解

图 20-89 显示以最大约束违反来颜色编码的验证运行。在大多数模拟中，违反次数几乎为 0，最高的约束违反次数为 0.03，这是相当小的。图 20-90 为目标函数、约束条件和变量的自组织映射图（预测）。目标之间的冲突是显而易见的（蓝色单元格的 Mass_scaled 对应于红色单元格的 Disp_scaled，反之亦然），还可以检查变量的对应范围和影响。

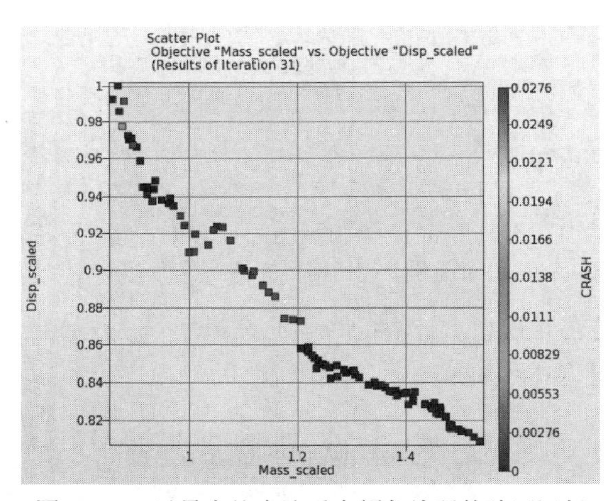

图 20-89　以最大约束违反来颜色编码的验证运行

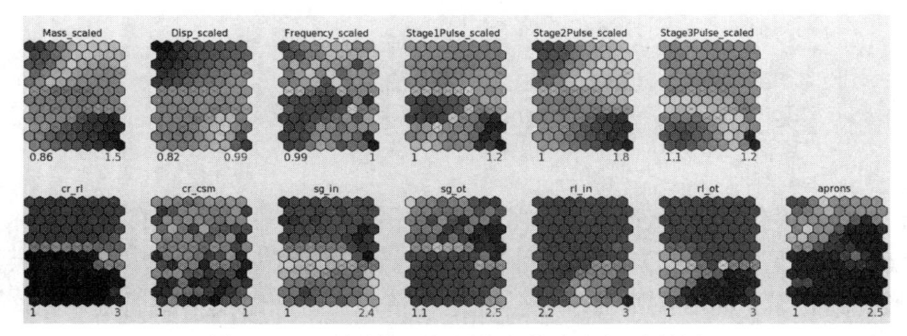

图 20-90　预测帕累托最优解的自组织映射图

图 20-91 显示了预测的帕累托最优解与验证运行的并行坐标图。对于从各种最适合应用需求的帕累托最优解决方案中选择一个运行来说，这个图非常有用。使用位于每个垂直轴顶部和底部的滑块，可以交互式地修改约束边界和所有实体范围，从而缩小合适的解决方案集。

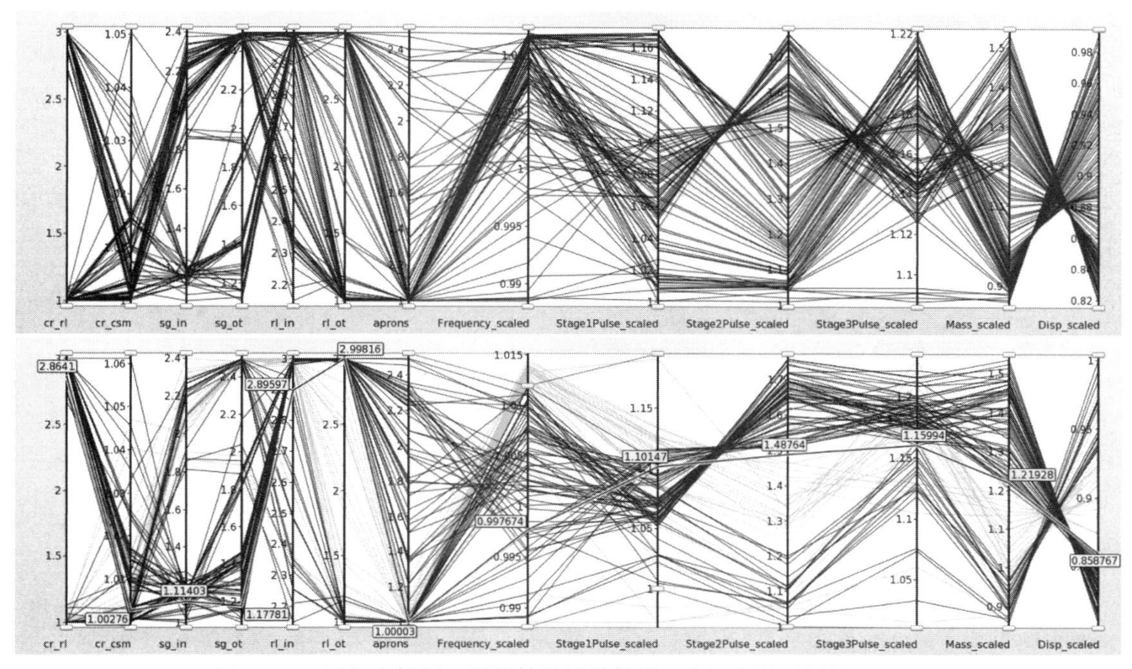

图 20-91 平行坐标图：预测帕累托最优解（上）和验证运行（下）

20.5.4 采用直接遗传（Direct GA）算法进行多目标优化

使用直接遗传算法模拟解决该问题，如图 20-92 所示。使用的 GA 选项如图 20-93 所示。采用 NSGA-II 算法（MOEA）。联赛选择操作符（Selection Operator），联赛大小为 4（Tournament Size），用于删除适应度值较低的个体。使用模拟的二进制交叉（Crossover Type）和变异算子来创建子种群。在每一代生成取舍（Trade-off）文件（Restart Interval）。

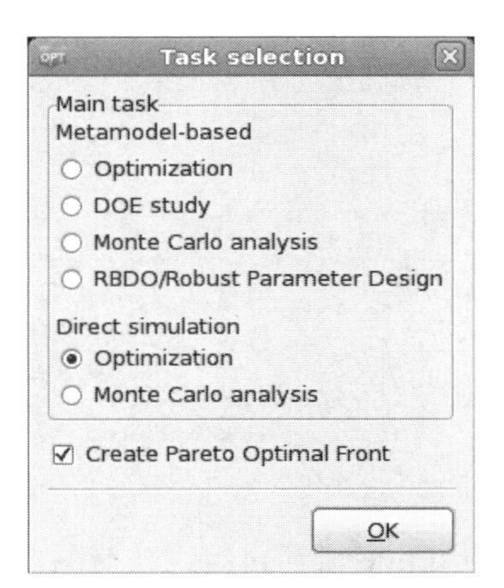

图 20-92 任务对话框（直接遗传算法）

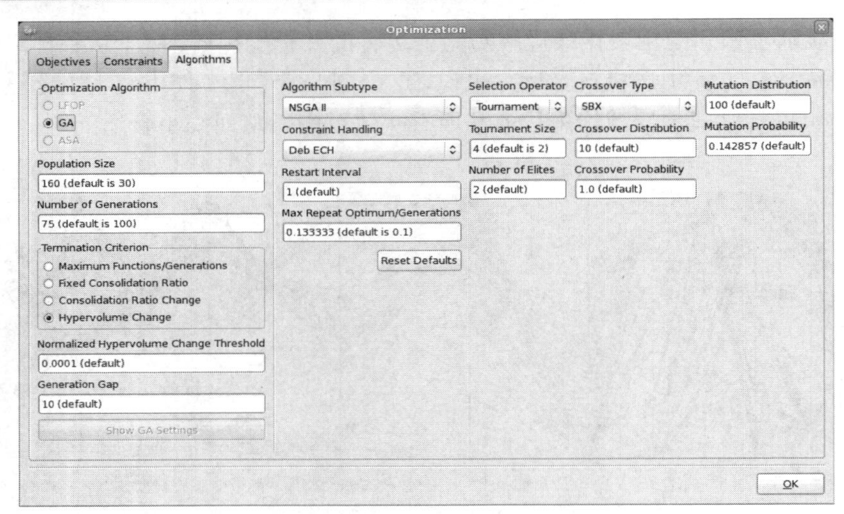

图 20-93　遗传算法的选项

结果

优化结果如图 20-94 所示。

由于本例有两个目标函数，因此可以使用取舍（Trade-off）图显示两种情况下得到的帕累托最优解。

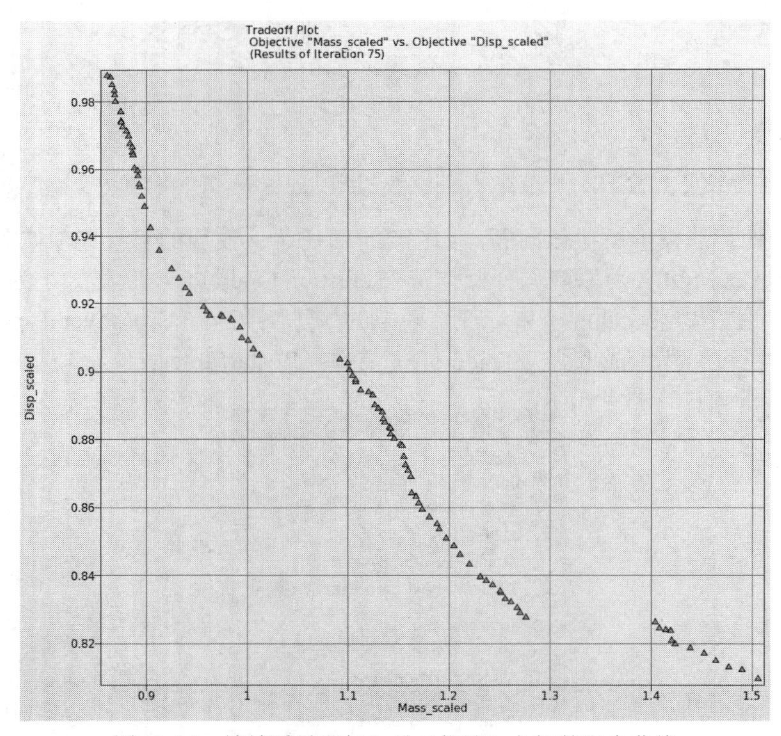

图 20-94　缩放质量和侵入量（位移）之间的取舍曲线

图 20-95 显示了目标函数、约束和变量的自组织映射图。在基于元模型的优化中，目标之间的冲突再次清晰可见，同时可以检查变量的范围和影响。

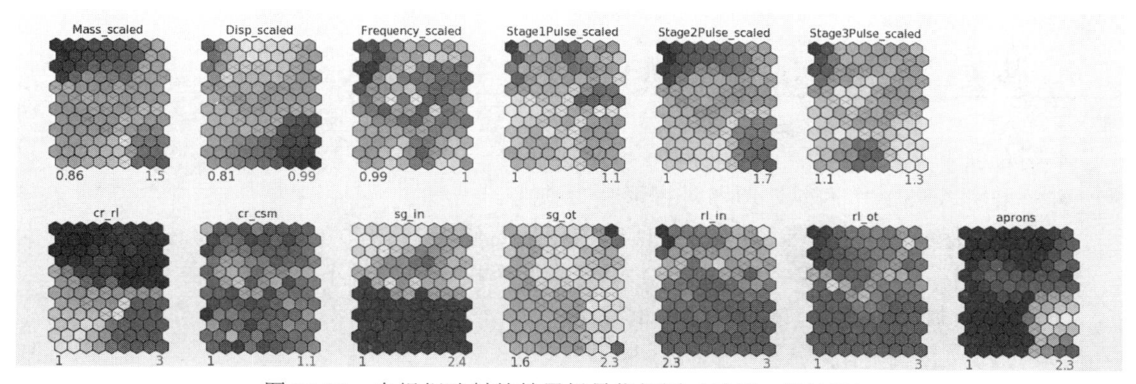

图 20-95　自组织映射的帕累托最优解图（最后一代结果）

图 20-96 显示了帕累托最优解的平行坐标图。对于从各种最适合应用需求的帕累托最优解决方案中选择一个运行来说，这个图非常有用。与基于元模型的优化一样，位于每个垂直轴顶部和底部的滑块可以交互调整，以修改约束边界和所有实体范围。这可以让用户缩小合适解决方案的范围。

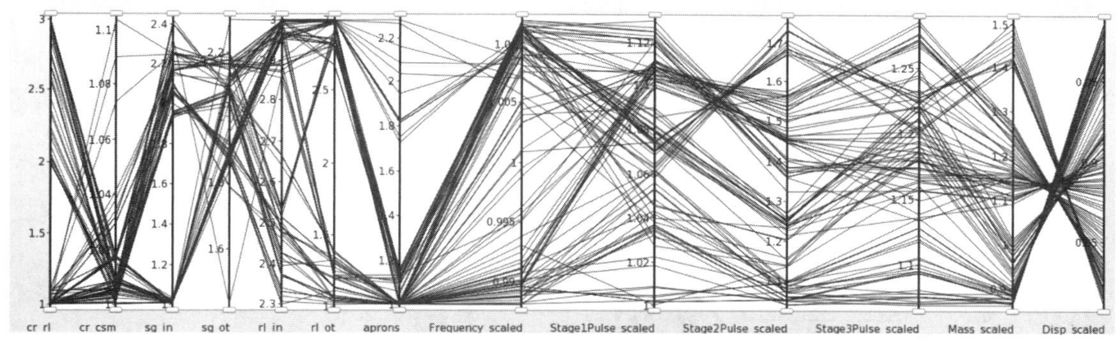

图 20-96　帕累托最优解的平行坐标图（最后一代结果）

这两个目标之间的取舍曲线表明，通过增加质量可以减少侵入量。取舍曲线清楚地表明，侵入量的减少（从 0.81 减少到 0.988）需要相应的质量增加（从 0.861 增加到 1.506）。候选帕累托最优解对应的最优设计变量范围见表 20-7。

表 20-7　最终最优解集中的设计变量取值范围

变量	下限	上限
Rail inner	2.27	3.01
Rail outer	0.97	3.04
Aprons	0.97	2.32
Shotgun inner	0.97	2.47
Shotgun outer	1.44	2.40
Cradle cross member	1.00	1.09
Cradle rails	0.96	3.04

20.6 膝关节撞击变量筛选（11个变量）

本例有以下特点：

- 采用ANSA作为前处理器进行形状参数化。
- 进行敏感性分析，以获得优化所需的变量简化集。
- 在目标（多准则或多目标问题）中得到两个极大值的最小值。

（致谢伟世通和福特汽车公司提供本案例）

20.6.1 有限元建模

图20-97为典型的汽车仪表板（IP）有限元模型。为了简化模型和减少每次迭代的计算时间，在分析中只使用了IP的驾驶员侧，它由大约25000个壳单元组成。在中心线处假设对称边界条件，为了模拟台车试验，假设车身附件所有6个方向上自由度都是固定的。在图20-97中还显示了简化的膝关节，其移动方向与以前物理试验确定的移动方向相同。如图所示，该系统由一个护膝板（钢、塑料或两者都有）和两个吸能（EA）支架（通常为钢）组成，前者也作为有造型曲面的转向管柱盖板，后者附加在IP结构上。支架通过适当变形吸收乘员下部身体撞击能量。有时，转向管柱隔离器（也称为轭架）可作为膝关节支撑系统的一部分，以延迟膝关节围绕转向柱的弯曲。最后三个组件是不外露部件，因此可以优化它们的形状。11个设计变量如图20-98所示。

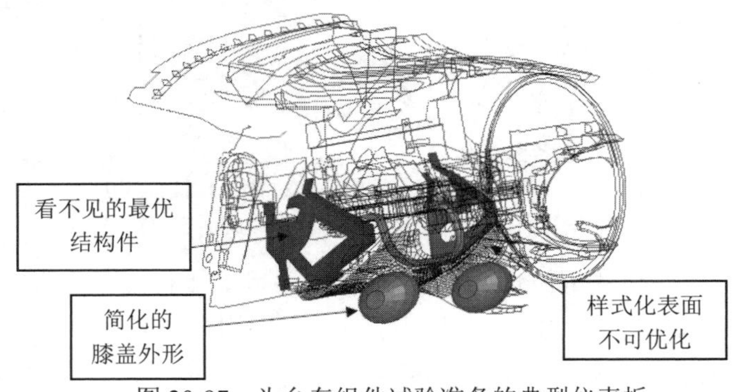

图20-97 为台车组件试验准备的典型仪表板

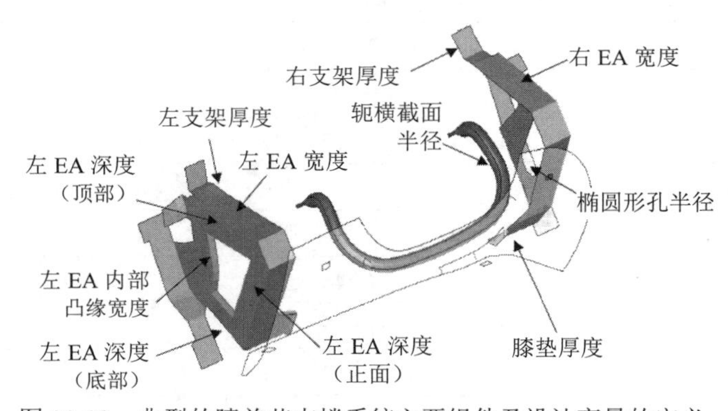

图20-98 典型的膝关节支撑系统主要组件及设计变量的定义

模拟时间为 40ms，此时膝盖已经得到放松。值得一提的是，台车组件试验主要用于膝关节支撑系统的开发；为了认证目的，进行了不同的台车物理试验来替代整车物理试验。由于这里的模拟是在子系统级别，所以这里的结果可能主要仅用于阐述的目的。

20.6.2　设计公式

优化问题定义如下：

Minimize(max(Knee_Force_Left, Knee_Force_Right))

约束如下：

Left Knee intrusion < 115mm
Right Knee intrusion < 115mm
Yoke displacement < 85mm
Kinetic Energy < 1.54e5

为了提高近似精度，对膝关节力进行了 SAE（60Hz）滤波。

20.6.3　解决方案

ANSA 用于参数化几何模型，如图 20-99 和图 20-100 所示。由于 ANSA 输出文件用作 LS-DYNA 输入文件中的 include 文件，因此必须定义一个文件传输，以便将该文件复制到相应的 LS-DYNA 运行目录，如图 20-101 所示。或者可以使用 Run jobs in directory of stage（“在阶段目录中运行作业”）选项，将最大膝关节力作为目标函数定义为一个复合表达式，如图 20-102 所示。约束的定义如图 20-103 所示。

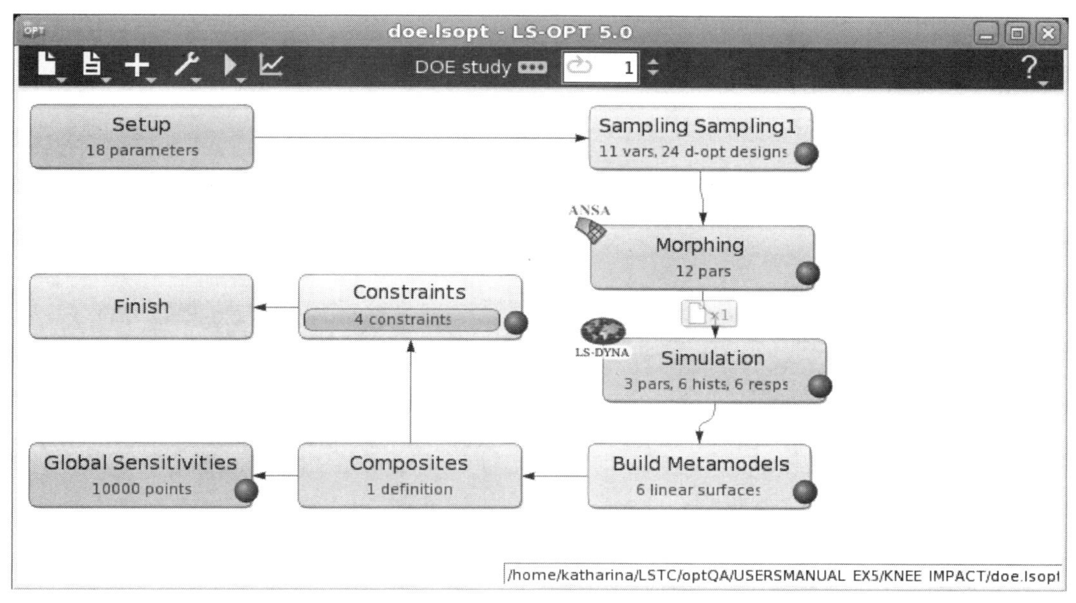

图 20-99　LS-OPT GUI 主窗口

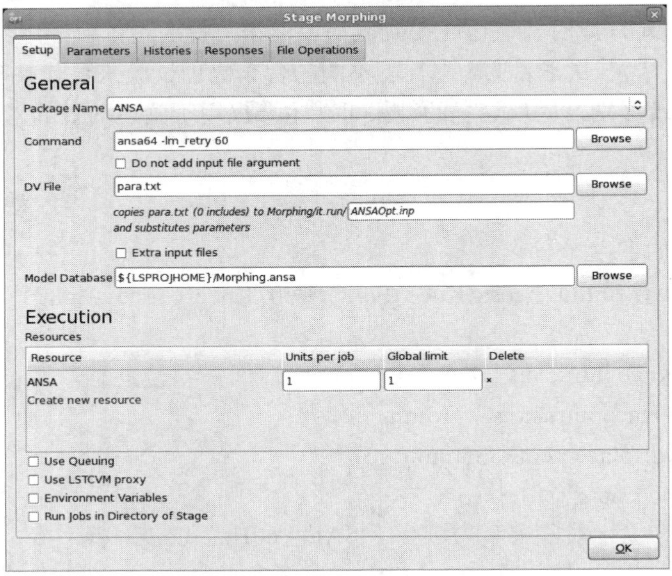

Stage Morphing

Setup | Parameters | Histories | Responses | File Operations

General

Package Name: ANSA

Command: ansa64 -lm_retry 60 | Browse

☐ Do not add input file argument

DV File: para.txt | Browse

copies para.txt (0 includes) to Morphing/it.run/ ANSAOpt.inp
and substitutes parameters

☐ Extra input files

Model Database: ${LSPROJHOME}/Morphing.ansa | Browse

Execution

Resources

Resource	Units per job	Global limit	Delete
ANSA	1	1	×
Create new resource			

☐ Use Queuing
☐ Use LSTCVM proxy
☐ Environment Variables
☐ Run Jobs in Directory of Stage

OK

图 20-100　ANSA 接口：定义 ANSA 命令，设计变量文件和 ANSA 数据库

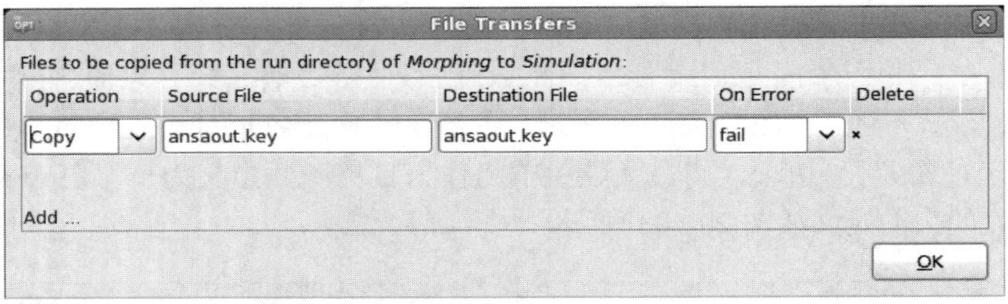

File Transfers

Files to be copied from the run directory of *Morphing* to *Simulation*:

Operation	Source File	Destination File	On Error	Delete
Copy	ansaout.key	ansaout.key	fail	×

Add ...

OK

图 20-101　文件传输：ANSA 输出用作 LS-DYNA 输入文件中的 include 文件

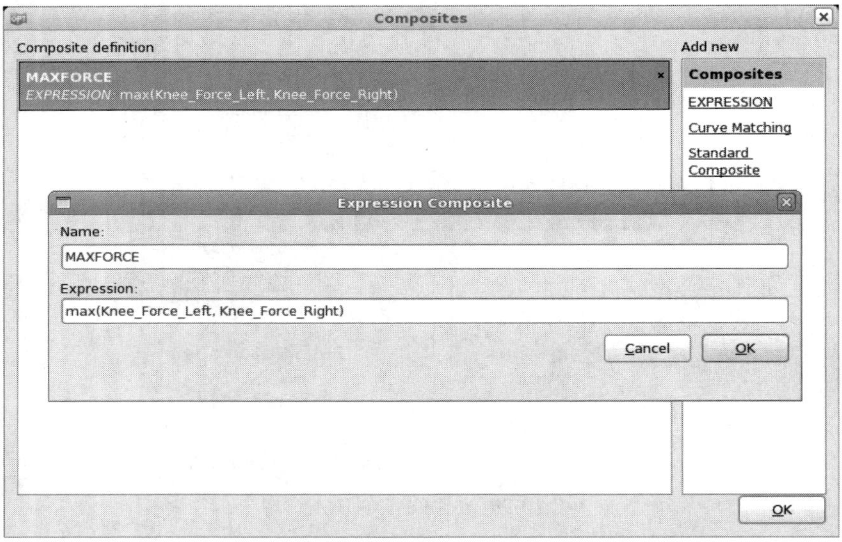

Composites

Composite definition

MAXFORCE ×
EXPRESSION: max(Knee_Force_Left, Knee_Force_Right)

Add new

Composites
EXPRESSION
Curve Matching
Standard Composite

Expression Composite

Name:
MAXFORCE

Expression:
max(Knee_Force_Left, Knee_Force_Right)

Cancel　OK

OK

图 20-102　最大膝关节力定义为复合表达式

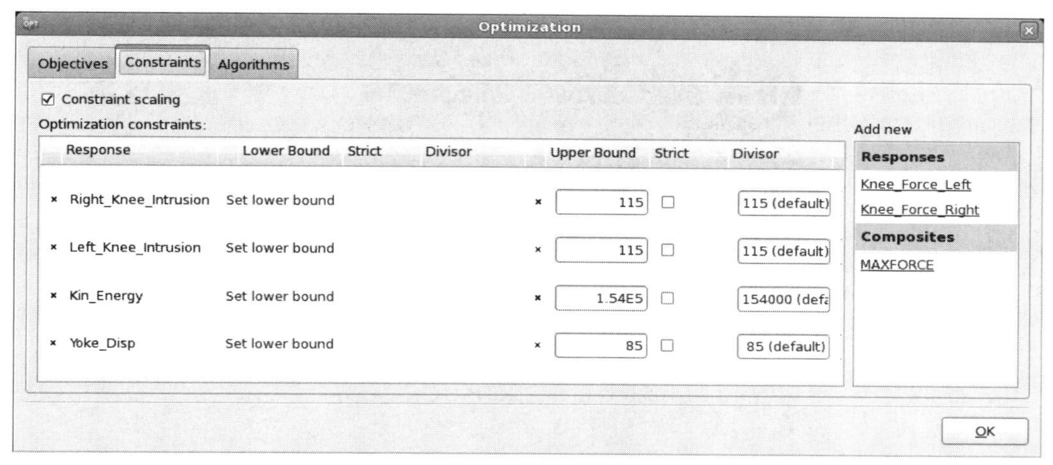

图 20-103　膝关节支撑设计问题的约束

20.6.4　变量筛选

首先，用线性逼近法求出最敏感的参数。ANOVA 和 Sobol 的全局敏感性分析图表可以用来评估结果，如图 20-104 和图 20-105 所示。注意一些响应的大置信区间（低置信水平），特别是 Kin_Energy、Knee_Force_Left 和 Yoke_Disp 响应。

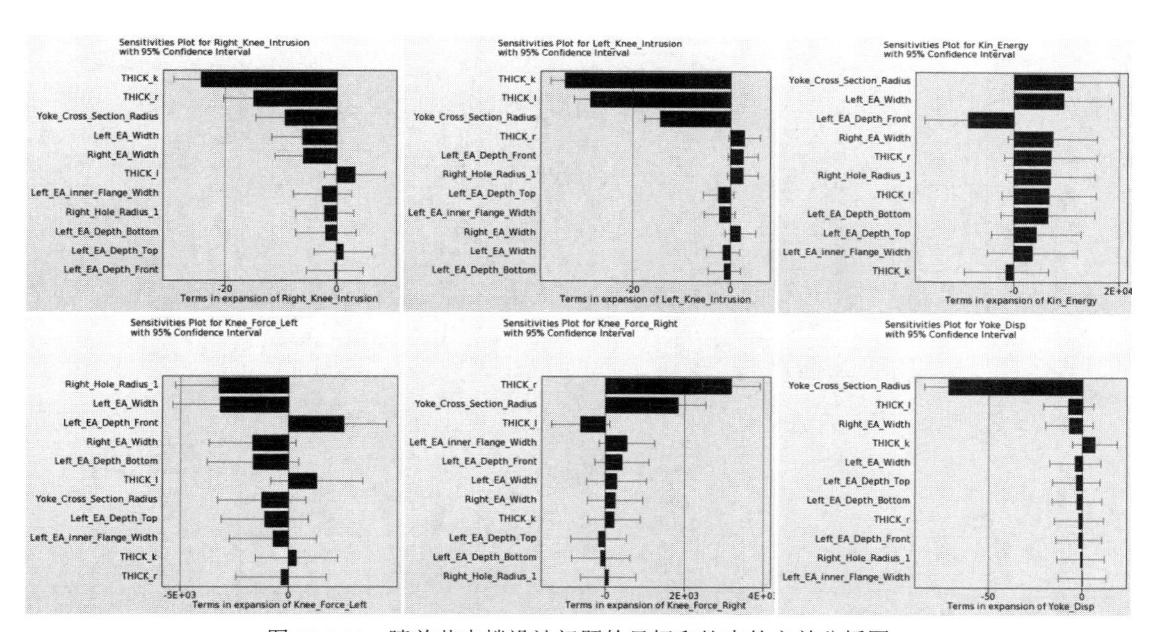

图 20-104　膝关节支撑设计问题的目标和约束的方差分析图

从图表中选出的六个最敏感的变量如下：

x=[Yoke_Cross_Section_Radius,THICK_k, THICK_r, THICK_l, Left_EA_Width, Right_Hole_Radius_1]^T;

上述六个变量用于执行优化。

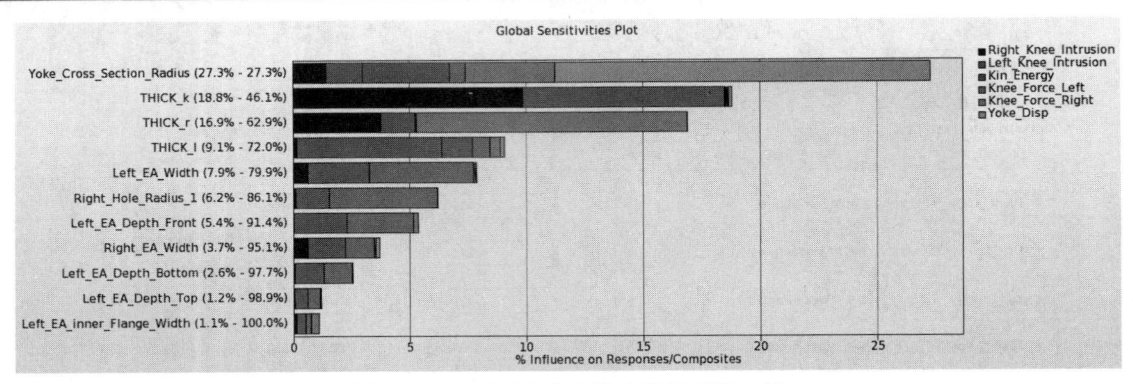

图 20-105 目标和约束的全局敏感性分析

20.6.5 优化

在减少了考虑以前完成 DOE 结果的参数集后，使用带域缩减和线性元模型的策略进行基于元模型的优化。

图 20-106 显示了优化历史，比如在迭代过程中，目标和最大约束违反的最优解部署。基准设计的最大受力为 16551.7，最大约束违反 41.7，优化设计的最大受力仅为 6720.7。虽然由于元模型的近似误差，中间计算结果是不可行的，但最终设计是可行的。

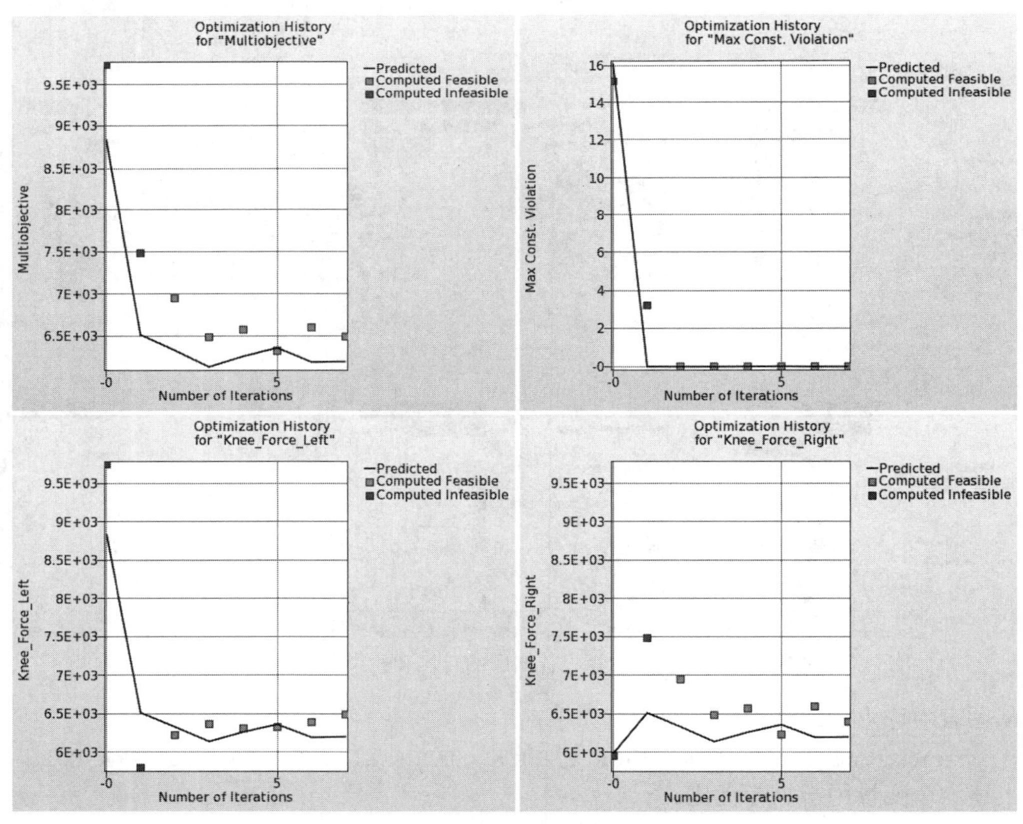

图 20-106 目标优化历史和最大约束违反

20.7 使用 ANSA 和 μETA 进行前纵梁形状优化

本例有以下特点：

- 使用 ANSA、LS-DYNA 和 μETA 进行一个三阶段过程优化。
- 使用 ANSA 变形工具进行形状优化。
- 离散变量。
- 使用 μETA 提取结果。

20.7.1 问题描述

需要分析的问题是一个前纵梁碰撞模拟。凹槽特征用于最小化加速度、约束质量和侵入量，如下：

mass< 1.8

intrusion< 300

设计变量为凹槽的深度和宽度、凹槽之间的距离以及纵梁的厚度，如图 20-107 所示。厚度和宽度定义为离散参数。

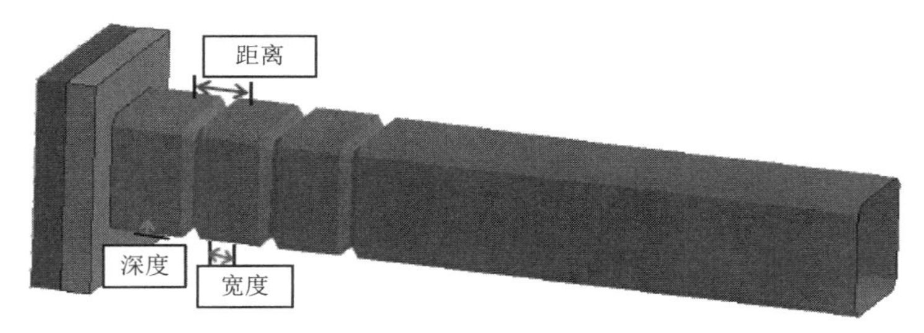

图 20-107 带有凹槽的纵梁

20.7.2 解决方案

利用 ANSA 前处理器的变形工具对几何参数进行并入处理。在 ANSA 中也定义了厚度参数。包含变形框、变形参数和优化任务的 ANSA 数据库在 rail_task.ansa 中提供。在运行优化之前，确保 Optimization task 在 ANSA 中设置为 Execution 模式。

本例使用了一种基于元模型的域缩减策略序贯优化方法。图 20-108 显示 LS-OPT GUI 主窗口可视化优化过程和 ANSA—LS-DYNA—μETA 过程链。

图 20-109 显示了 ANSA 阶段的设置。该阶段没有响应或历史。

将 rail_DV.txt 文件中定义的所有参数导入到 LS-OPT 中，包括类型、值和范围，如图 20-110 所示。

由于 ANSA 输出会用于 LS-DYNA 运行，因此需要文件传输的规范来将输出复制到相应的 LS-DYNA 运行目录，如图 20-111 所示，ANSA 输出文件 rail.key 被复制到相应的 LS-DYNA 运行目录。在相应的阶段目录中运行作业也可能要用到输出文件，这是在 META 阶段完成的，如图 20-112 所示，由于结果是从 LS-DYNA 输出中提取的，μETApost 在各自 LS-DYNA 运行目录下运行。

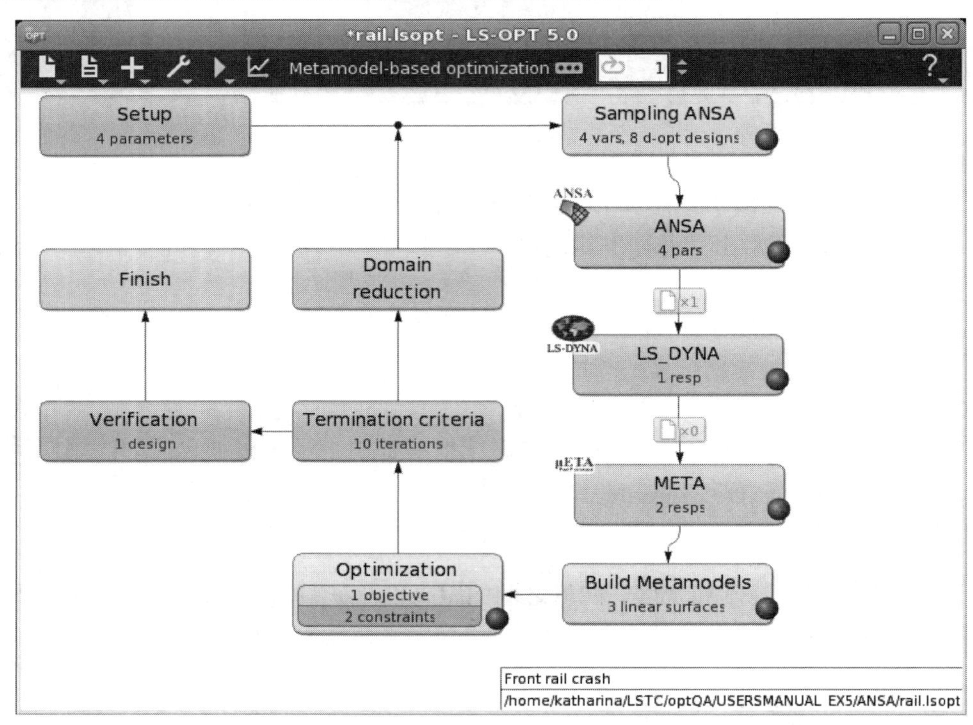

图 20-108 LS-OPT GUI 主窗口

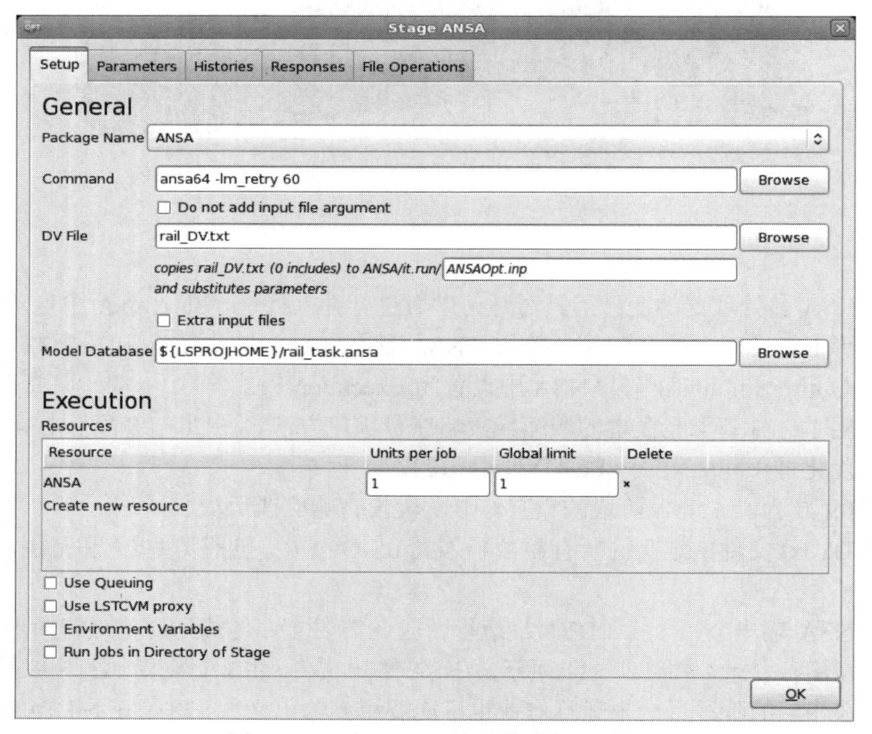

图 20-109 与 ANSA 接口的阶段对话框

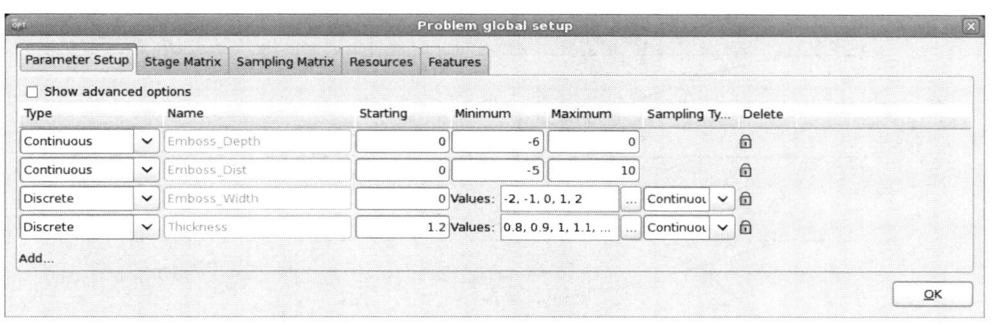

图 20-110　参数设置

图 20-111　文件传输对话框

图 20-112　与 μETApost 接口的阶段对话框

20.7.3　结果

图 20-113 和图 20-114 分别显示了变量和响应的优化历史。变量 Emboss_Dist 没有收敛性，但是如图 20-115 中全局敏感性图所示，该变量并不敏感。由于元模型不准确，最终的设计不可行，如图 20-116 所示，但是，第 8 次迭代的最优值则是可行的，加速度值是相似的。

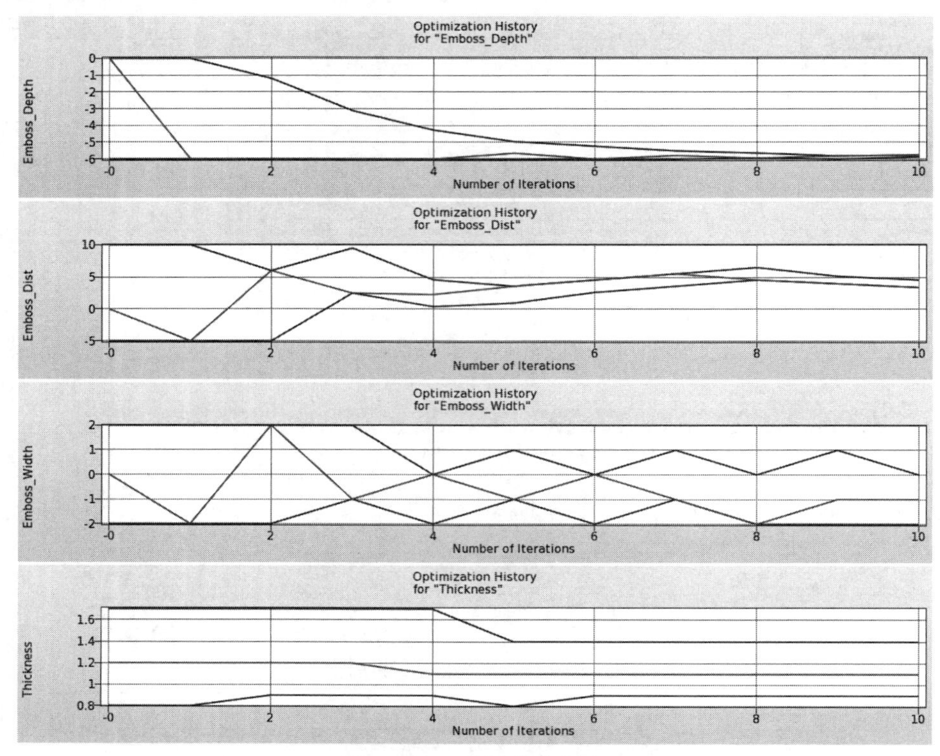

图 20-113　变量优化历史

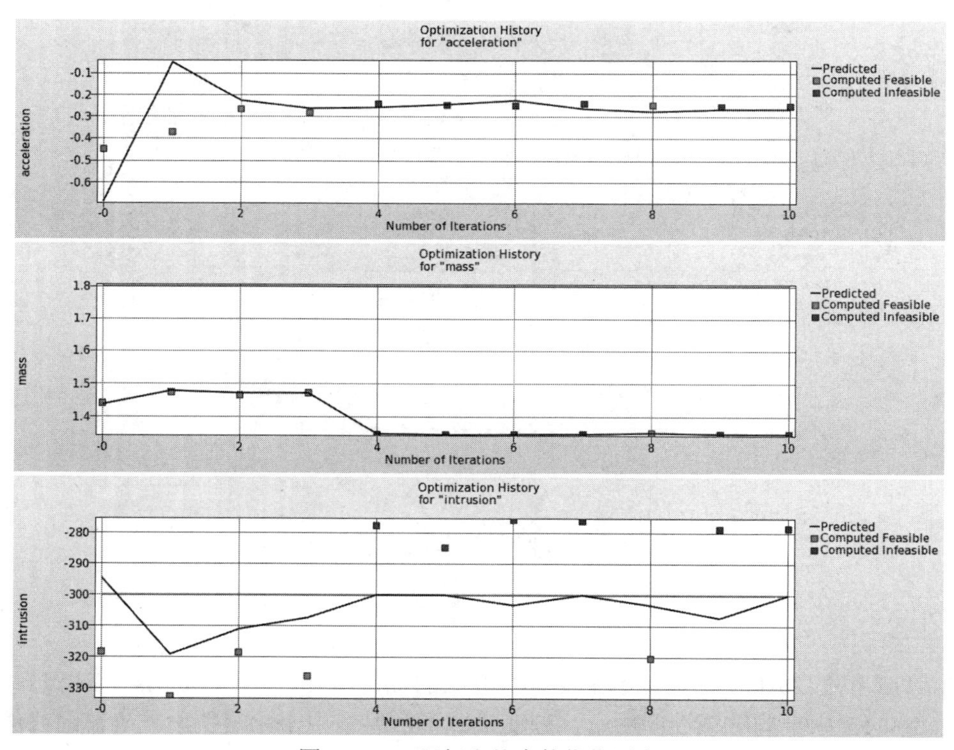

图 20-114　目标和约束的优化历史

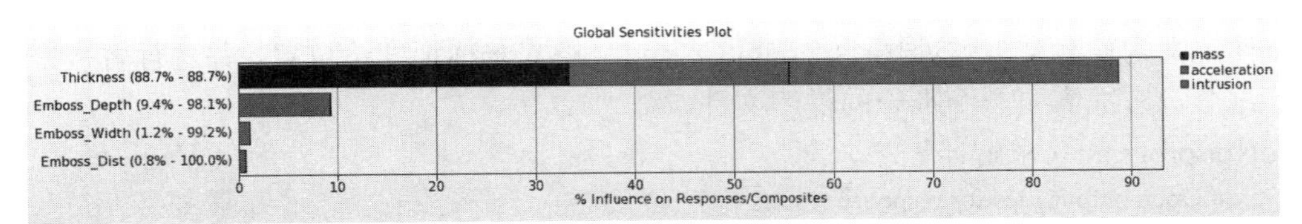

图 20-115　全局敏感性

图 20-116　最终设计（迭代 10 次的最优值）

20.8　具有分析设计敏感性的优化

本例有以下特点：

- 使用分析设计敏感性进行优化。
- 定义一个用户自定义求解器。

20.8.1　问题描述

要解决的优化问题为：$\max(x_1^2+4(x_2-0.5)^2)$

约束条件如下：

$$x_1+x_2\leqslant 1$$
$$-2x_1+x_2\leqslant 2$$
$$x_2\geqslant 0$$

图 20-117 显示了目标和约束函数。

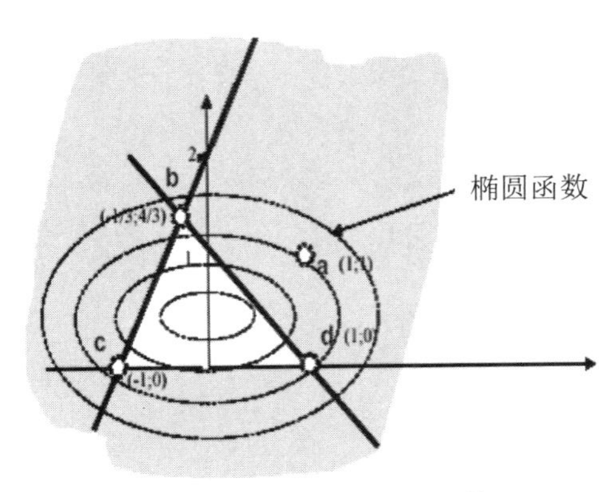

图 20-117　目标和约束函数

本例演示了借助求解器提供的梯度分析（参见第 9.1.2 节），如何使用 SLP 算法和域缩减方案进行优化。下面显示了一个 Perl 求解器，计算了各仿真点的解析函数和梯度。

在本例中，输入变量从文件中读取：XPoint，该文件由 LS-OPT 放在运行目录中。也可以将此文件定义为输入文件并使用<<variable_name>>格式来标记变量位置，并进行替换来读取。注意，每个响应都需要一个唯一的梯度文件。

Solver program（求解器程序）

```
# Open output files for response results
#
open(FOUT,">fsol");
open(G1OUT,">g1sol");
open(G2OUT,">g2sol");
#
# Output files for gradients
#
open(DF,">Gradf");
open(DG1,">Gradg1");
open(DG2,">Gradg2");
#
# Open the input file "XPoint" (automatically
# placed by LS-OPT in the run directory)
#
open(X,"<XPoint");
#
# Compute results and write to the files
# (i.e. conduct the simulation)
#
while (<X>) {
($x1,$x2) = split;
}
#
print FOUT ($x1*$x1) + (4*($x2-0.5)*($x2-0.5)),"\n";
# Derivative of f(x1,x2)
#-----------------------
print DF (2*$x1)," "; # df/dx1
print DF (8*($x2-0.5)),"\n"; # df/dx2
#
print G1OUT $x1 + $x2,"\n";
# Derivative of g1(x1,x2)
#------------------------
print DG1 1," ";
print DG1 1,"\n";
#
print G2OUT (-2*$x1) + $x2,"\n";
# Derivative of g2(x1,x2)
#------------------------
print DG2 -2," ";
print DG2 1,"\n";
#
# Signal normal termination
print "N o r m a l\n";
```

20.8.2　解决方案

图 20-118 显示了定义用户自定义求解器的阶段对话框。

图 20-118　定义用户自定义求解器

图 20-119 显示了结果提取。Perl 程序生成的梯度文件需要复制到一个名为 Gradient 的文件中，计算出的响应值需要输出到标准输出中。典型的 Gradient 文件（例如 f）如下所示：1.8000000000 –3.20000000000。

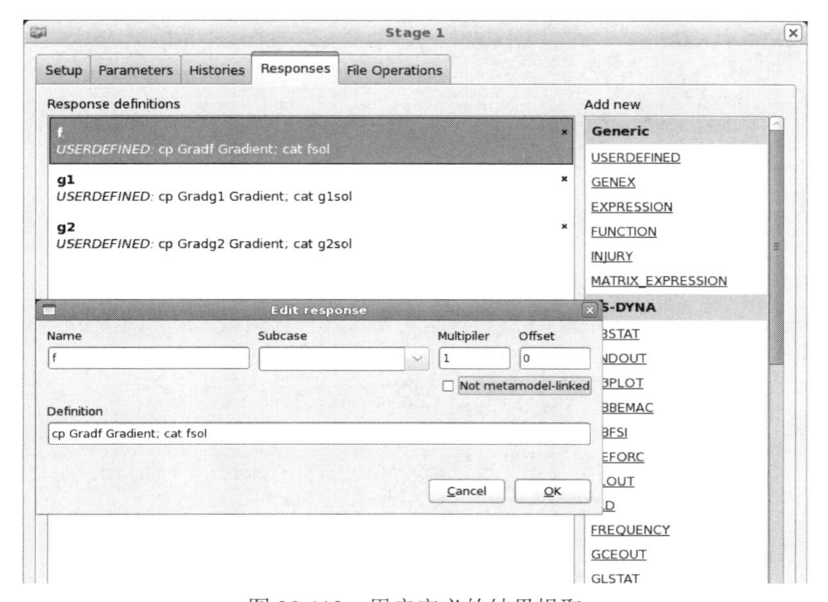

图 20-119　用户定义的结果提取

使用元模型类型 Sensitivity 来使用分析梯度进行优化，如图 20-120 所示。

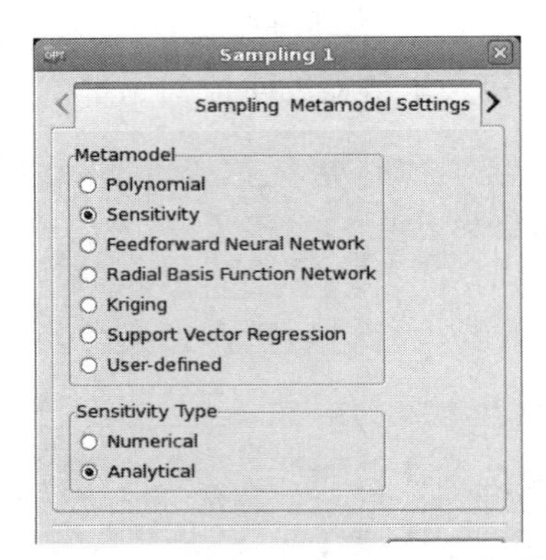

图 20-120　使用分析敏感性进行优化的采样定义

20.8.3　结果

优化结果如图 20-121、图 20-122 和图 20-123 所示。一个迭代表示单个模拟。红点表示计算结果，实线表示由上一点的梯度信息构造的线性近似。

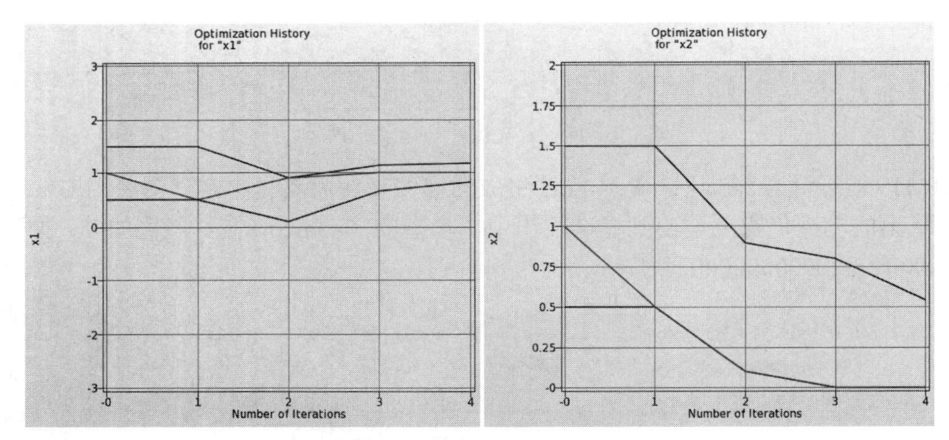

图 20-121　变量的优化历史

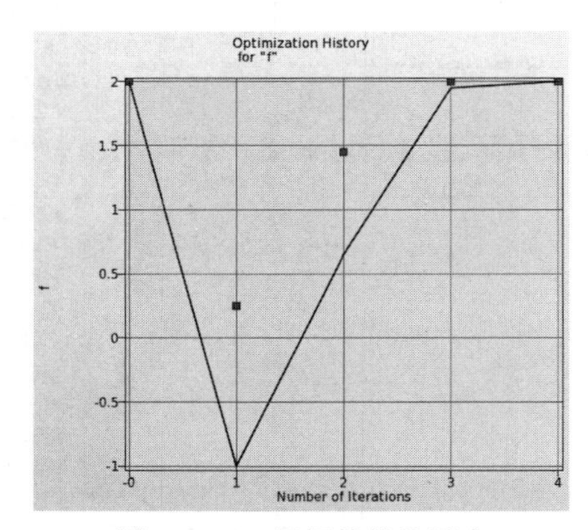

图 20-122　目标的优化历史

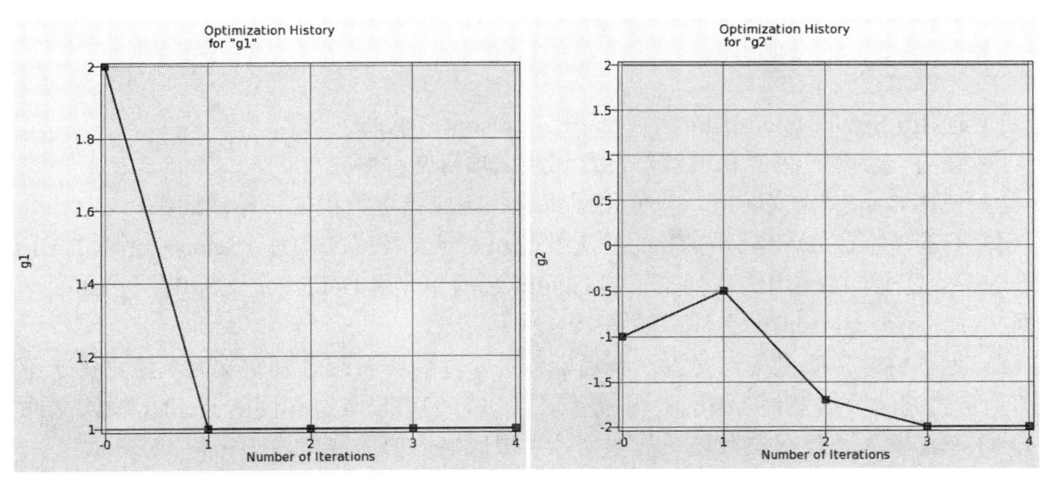

图 20-123　约束的优化历史

20.9　使用 GenEx 从数据文件中提取历史记录/响应的小型汽车耐撞性示例

20.9.1　问题描述

- 本例演示了如何使用 GenEx 从 LS-DYNA 数据文件中提取历史记录和响应。
- 通过使用 GenEx 定义 LS-DYNA 历史记录和响应，修改了小型汽车碰撞设计优化示例（参见第 17.2 节）。尽管在本例中可以不需要 GenEx，但还是使用它来阐述其用途。
- 本例是一个以四部件（part 2, 3, 4 和 5）总质量为目标，以两个节点（432 和 167）位移差为设计约束，计算侵入量的最小化问题。
- 定义任务类型和设计参数的步骤与其他简单的 LS-OPT 示例相似。在这个例子中，内能、节点加速度和刚性墙冲击力被定义为具有部件质量的历史，节点位移被定义为使用各种 GenEx 特性的响应。

本例中使用了以下文件：

main.k	具有 LS-OPT 设计参数的主（根）文件
car5.k	在主文件 main.k 中列出的 Include file
rigid2	在主文件 main.k 中列出的 Include file
sample_nodout	节点历史/响应的输入文件
sample_glstat	glstat 历史输入文件
sample_rwforc	rwforc 历史输入文件
sample_d3hsp	d3hsp 响应输入文件
genex_nodout.g6	节点输出的 GenEx 输入文件
genex_glstat.g6	glstat 的 GenEx 输入文件
genex_rwforc.g6	rwforc 的 GenEx 输入文件
genex_d3hsp.g6	d3hsp 的 GenEx 输入文件

20.9.2 在 GenEx 中定义响应

（1）使用 LS-OPT GUI 打开文件 genex.start.lsopt。

（2）任务、参数、采样和求解器设置已经在项目文件中定义。

（3）使用 GenEx 定义响应，以便稍后将这些响应指定为优化目标或约束。

（4）不是选择 LS-DYNA 响应，而是使用 GenEx 定义响应，即使用 Setup 对话框的 Histories 和 Responses 选项卡中通用选项列表下的 GenEx 选项。使用 GenEx 定义历史/响应需要一个输入数据文件和一个.g6 GenEx 文件，如图 20-124 所示。

（5）为了将部件质量集定义为一个目标，每个部件质量应分别定义为响应。由于部件质量的值是从相同的数据文件（d3hsp）中提取，所以它们可以具有相同的 GenEx 输入文件（.g6 文件）。GenEx 输入文件存储在要从数据文件中提取响应值的位置。

（6）单击 Responses 选项卡中的 GENEX，将部件 2 的质量定义为响应。响应命名后单击 Create/Edit 按钮打开 GenEx 窗口，创建一个.g6 文件（GenEx 输入文件）。

（7）质量从 LS-DYNA 的 d3hsp 文件提取，因此在 GenEx 中打开 sample_d3hsp 文件（文件→选择输入文件）。这些样本文件是基准分析的输出文件。

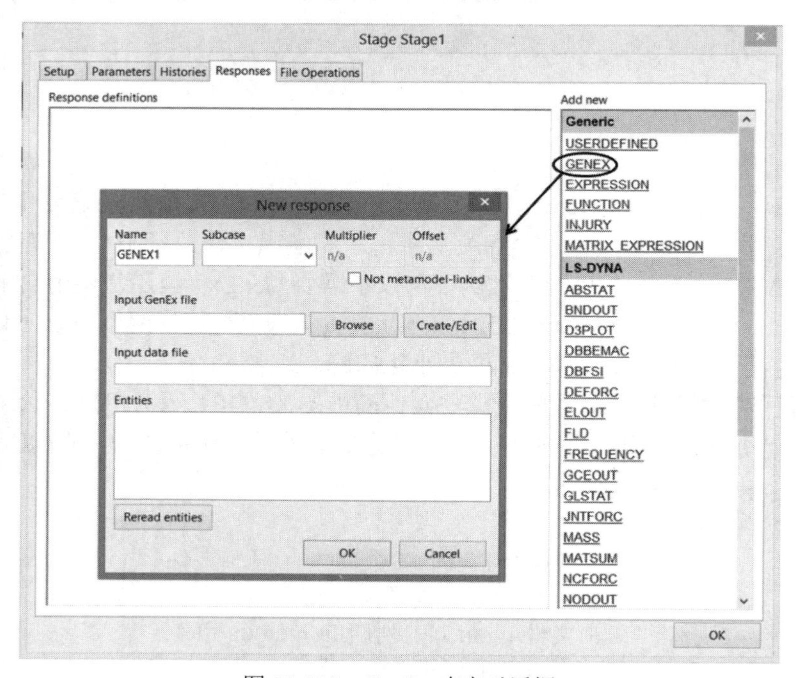

图 20-124 GenEx 响应对话框

（8）d3hsp 文件的部件 2 的质量是使用锚点和实体标识的。锚点便于从数据文件中搜索字段，而实体是要提取的实际值字段。

（9）部件质量信息输出在 d3hsp 的 summary of mass 部分。要定义锚点，请单击 New Anchor，指定一个名称（例如 mass_of_parts），并在 Text to search for 字段中输入 summary of mass，然后回车，这时在 d3hsp 文件中将在第一个出现 summary of mass 文本的开头创建一个锚，如图 20-125 所示。

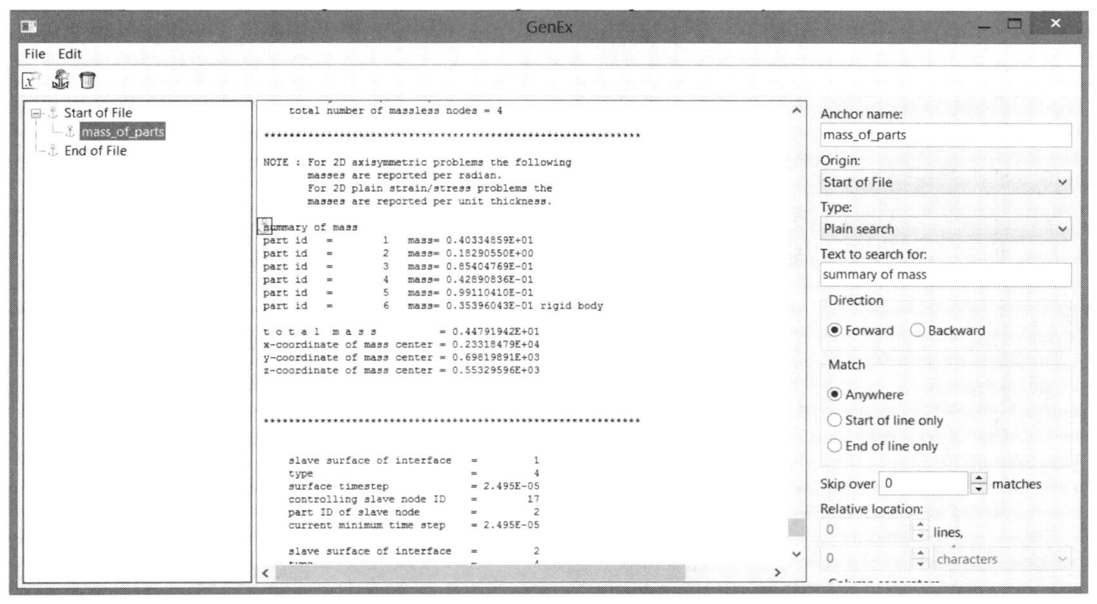

图 20-125　在 GenEx 中创建锚点

（10）使用 New Entry 选项，在此锚点下定义实体。因为响应是标量值，所以 Type of entity（实体的类型）被选择为 Scalar（标量）。调整此实体的相对位置以获得部件 2 的质量值。例如，在 sample_d3hsp 文件中，对应已定义的锚，部件 2 质量的相对位置指定为第 2 行第 5 列。提取的最终值将突出显示在数据文件中，如图 20-126 所示。

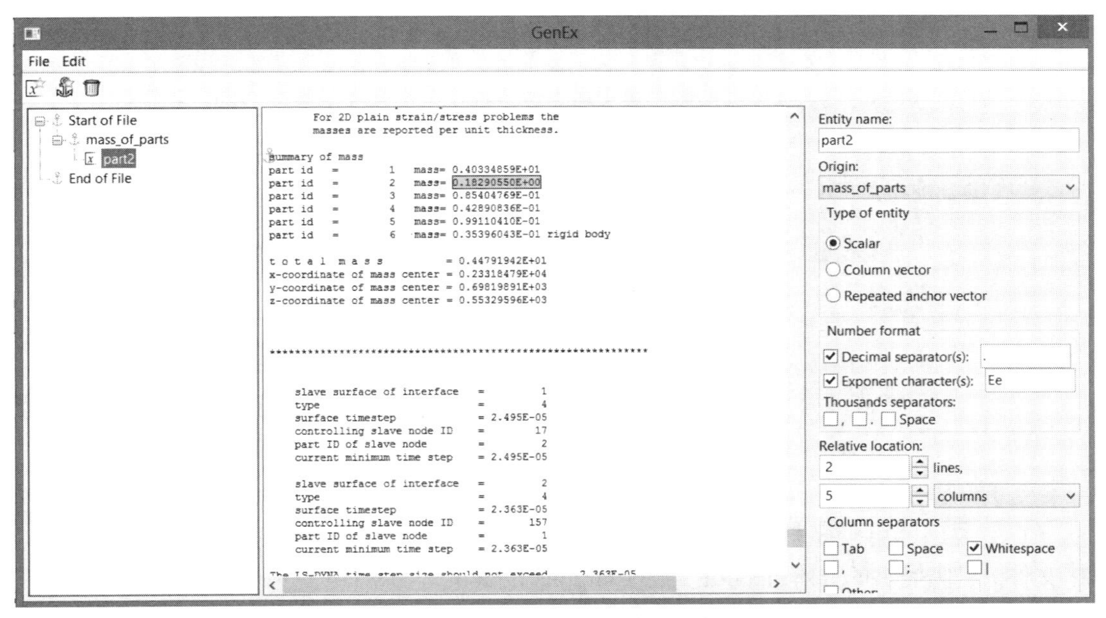

图 20-126　GenEx 中的实体选择

（11）类似地，可以在相同的锚下创建其他部分的实体，唯一的区别是它们各自的相对位置，如图 20-127 所示。

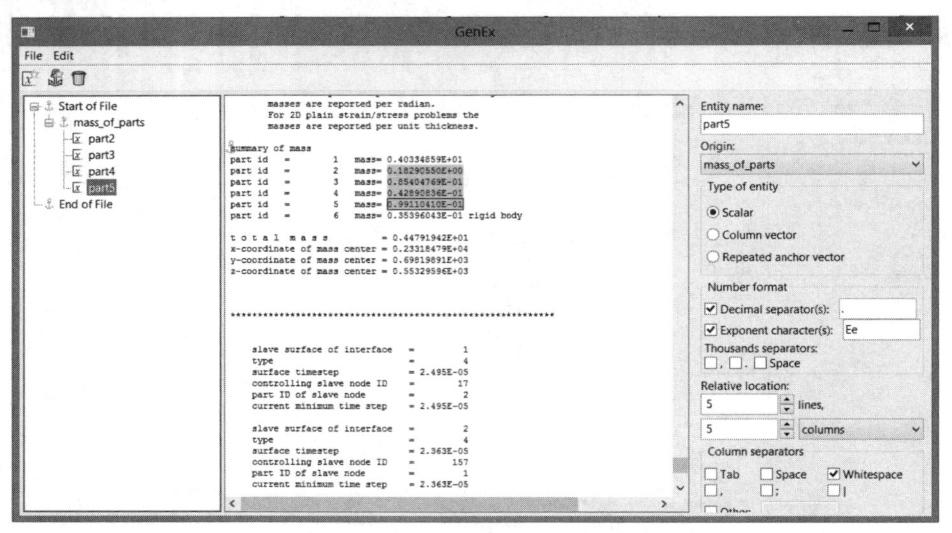

图 20-127 GenEx 中锚的多个实体

（12）定义了所有实体之后，保存提取设置以创建.g6 文件（sample_d3hsp.g6）。现在可以使用这个.g6 文件和相应的数据文件定义 LS-OPT 响应。在 New response 对话框中，选择这个.g6 文件作为 GenEx 输入文件。一旦选择了这个文件，LS-OPT 列出了文件中定义的所有实体。选择实体（part_2）将其定义为 LS-OPT 响应，d3hsp 作为输入数据文件，如图 20-128 所示。重复此过程以定义所有指定部件的 LS-OPT 质量响应。

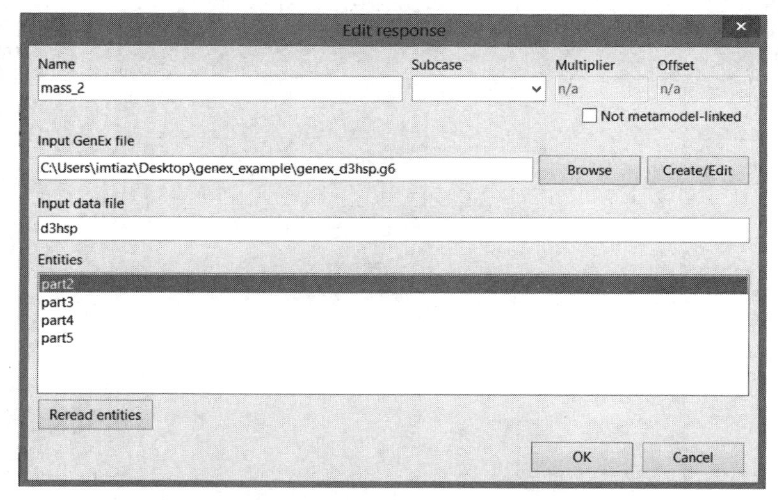

图 20-128 在 LS-OPT 中定义 GenEx 响应

（13）要创建用于提取节点位移的 GenEx 响应，可以采用类似步骤，将 nodout 作为输入数据文件。示例提供的样本 nodout 文件（sample_nodout）可用于创建所需的 GenEx 输入文件。可以创建一个锚来搜索文本 x-disp。默认情况下，这个锚点是在 Start of File 锚点下创建的，具有 forward 搜索方向，因此在 nodout 数据文件中定位第一个出现 x-disp 的搜索结果。由于需要最后报告的位移值，可以将锚点原点更改为 End of File，反向搜索方向如图 20-129 所示。两个节点（432 和 167）的 x 位移的实体都可以在这个锚下定义。

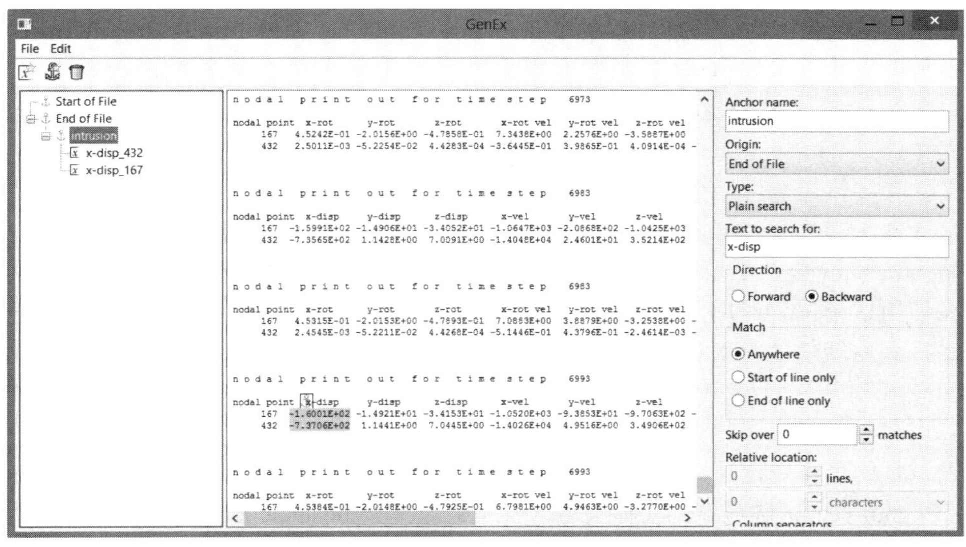

图 20-129　在 GenEx 中改变反向搜索的锚点原点和搜索方向

（14）一旦定义了所有必需的实体，这个过程就被保存为 genex_nodout.g6 文件，重复第（12）步，使用这个 GenEx 文件定义 LS-OPT 响应，nodout 作为输入数据文件。

（15）与其他 LS-OPT 响应一样，GenEx 响应可以被指定为优化目标/约束。

20.9.3 在 GenEx 中定义历史

尽管在这个示例问题中没有使用历史记录，但是也定义了内能、节点加速度和刚性墙冲击力历史记录，以演示 GenEx 如何从输入数据文件中提取历史记录。

与响应类似，GenEx 历史需要一个输入数据文件及其对应的.g6 GenEx 文件，如图 20-130 所示。

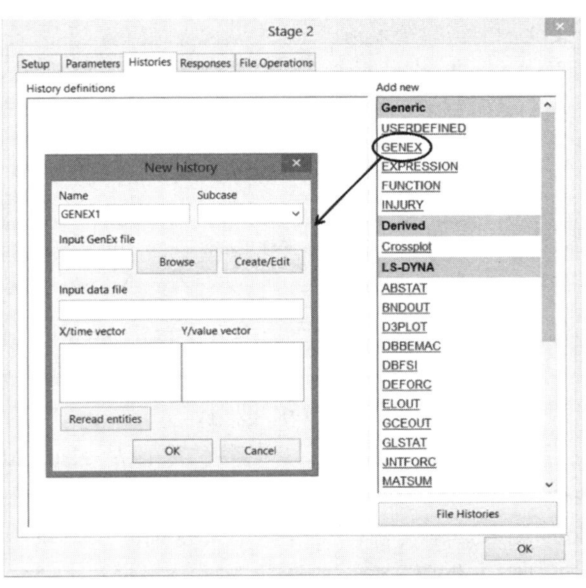

图 20-130　GenEx 历史对话框

要创建内能历史，单击 GENEX 并为历史指定一个名称。使用 LS-DYNA ASCII 文件 glstat 作为输入数据文件，即从 glstat 中提取内能历史。要创建一个.g6 文件（genex 输入文件），单击 Create/Edit 打开 GenEx 窗口，并从 GenEx 窗口（File→Select input file）中选择 sample_glstat 作为输入文件。

定义锚和实体来定位每个时间间隔的内能值。

定义锚点，请单击 New Anchor 选项，指定一个名称（例如 cycle），并在 Text to search for 字段中输入 dt of cycle，然后回车。这将在文本 dt of cycle 第一次出现时的开头创建一个锚。

现在使用这个锚为时间（x 向量）和内能值（y 向量）创建实体。单击 New Entry，用已定义的锚找到内能值的相对位置。可以使用行、字符和列选项确定相对位置。在本例中，实体 IE_value 相对于锚点位于第 5 行第 2 列，实体 time 位于第 2 行第 1 列（以空格作为列分隔符）。

由于这是一个历史记录，因此可以提取每个周期的实体 time 和 IE_value。可以通过选择 Repeated anchor vector 选项作为实体类型来实现。选择 Repeat anchor vector 作为锚类型，将突出显示整个数据文件中与文本 dt of cycle 相关的所有实体字段（图 20-131）。一旦定义了所有的锚和实体，保存 GenEx 文件并关闭 GenEx 窗口。

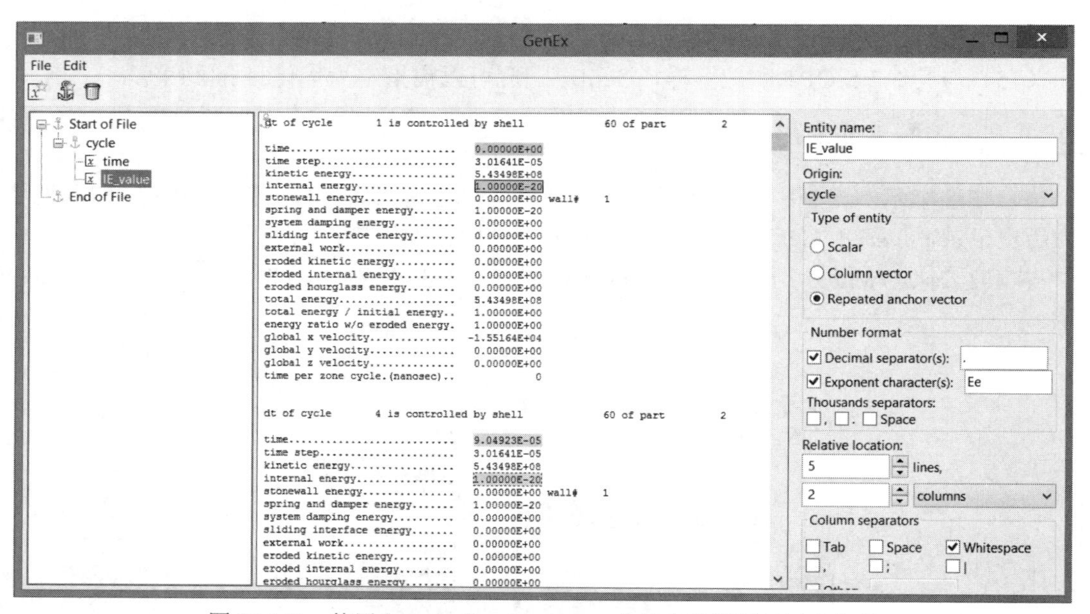

图 20-131　使用 Repeated anchor vector 作为实体类型的历史定义

选择前面步骤中创建的 GenEx 文件作为历史的 input GenEx file，glstat 作为 input data file。一旦选择了 GenEx 文件，定义的实体将在 X/时间向量和 Y/值向量下列出。选择 time 实体作为 X 向量，IE_value 作为 Y 向量，然后单击 OK 按钮，如图 20-132 所示。现在已经定义了使用 GenEx 的内能历史。当 LS-OPT 运行时，定义的实体字段从 glstat ASCII 文件中提取历史记录，这些 ASCII 文件是在每个运行目录中作为 LS-DYNA 分析结果文件来生成的。

同样地，对于 nodout 输入数据文件，可以使用重复锚向量来表示节点加速度历史。要创建.g6 文件，用于节点位移响应的相同输入 GenEx 文件（genex_nodout）可以被修改，使其包含历史实体。从 rwforc 数据文件中可以提取刚性墙的受力历史。在本例中，由于只定义了一个刚性墙，所以 rwforc history（时间与力）值被输出为一个列表。因此，在定义了锚之后，可以将实体的类型选择为列向量，而不是使用重复的锚向量。当选中列向量时，选中实体下面的所有组件都将突出显示，直到文件结束（图 20-133）。

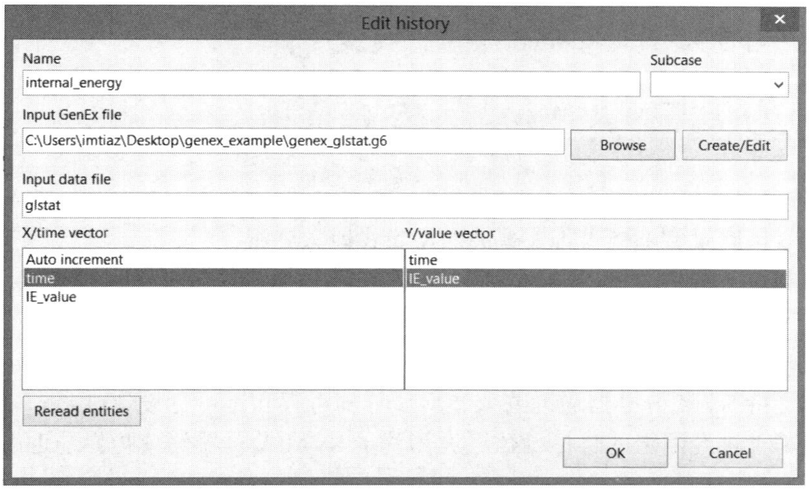

图 20-132　在 LS-OPT 中定义 GenEx 历史

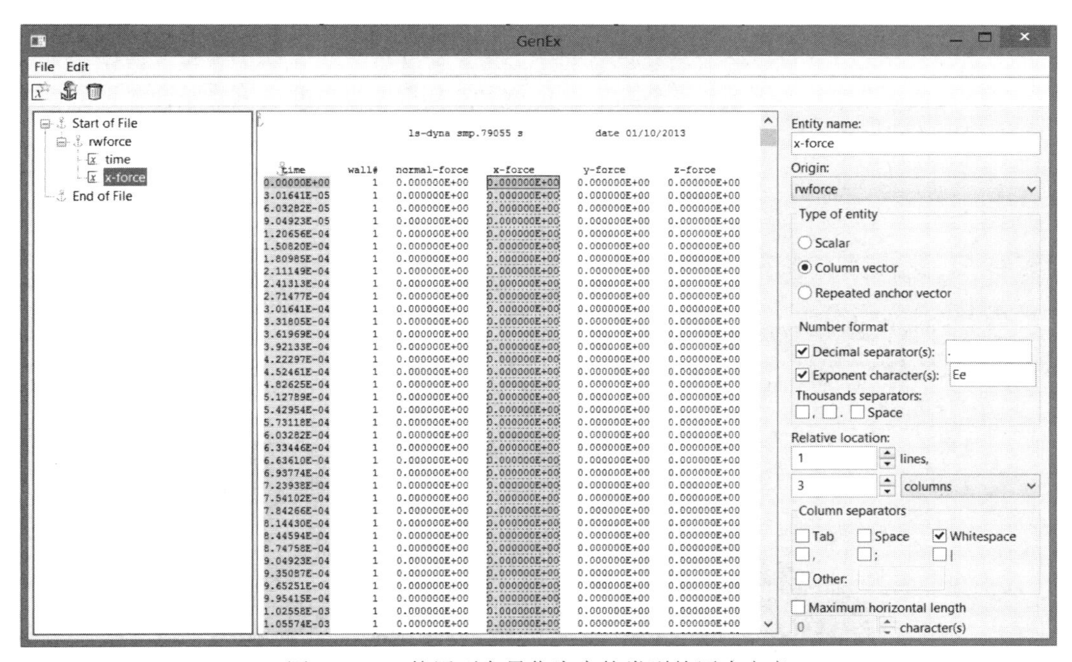

图 20-133　使用列向量作为实体类型的历史定义

如果用户需要列的组件数量有限，则可以使用 Maximum Number of Components 复选框来定义所需的数量。

一旦创建了 GenEx 文件，就可以使用这个文件定义 LS-OPT 历史记录，如步骤（8）所示。

20.9.4 优化结果

- 利用域缩减技术，采用基于元模型的序贯优化方法求解优化问题。
- 过程进行了七次迭代（每次迭代有五个设计点）才收敛。
- 在优化设计时，所选部件的总质量为 0.465kg，计算出的侵入量为 549.29mm，而元模型预测的侵入量为 550mm。

20.10 基于分类器约束的小型车 NVH 优化（2 个变量）

本例有以下特点：

- 采用双精度求解器，进行 LS-DYNA 隐式模态分析。
- 在限制第一阶扭转模态频率的同时，将车辆的质量降至最小。
- 模态可由一种设计切换至另一种设计，因此追踪扭转模态。
- 由于模态切换，频率响应是不连续的。
- 采用支持 SVM 分类器逼近约束边界，分离可行和不可行设计。
- 采用基于神经网络的目标函数逼近和基于 SVM 分类器约束边界逼近的混合 SA 算法进行优化。

20.10.1 介绍

本例分析对象为 LS-DYNA 简化汽车模型，如图 20-134 所示。该模型的质量最小，同时约束第一扭转模态大于一定极限。保险杠（tbumper）和纵梁（trailb）的厚度值是优化变量。因此优化问题为：

$$\min_{tbumper,thood} \quad Mass$$

$$s.t. v_{torsion} > 2.2$$

其中，$v_{torsion}$ 是第一阶扭转模态。

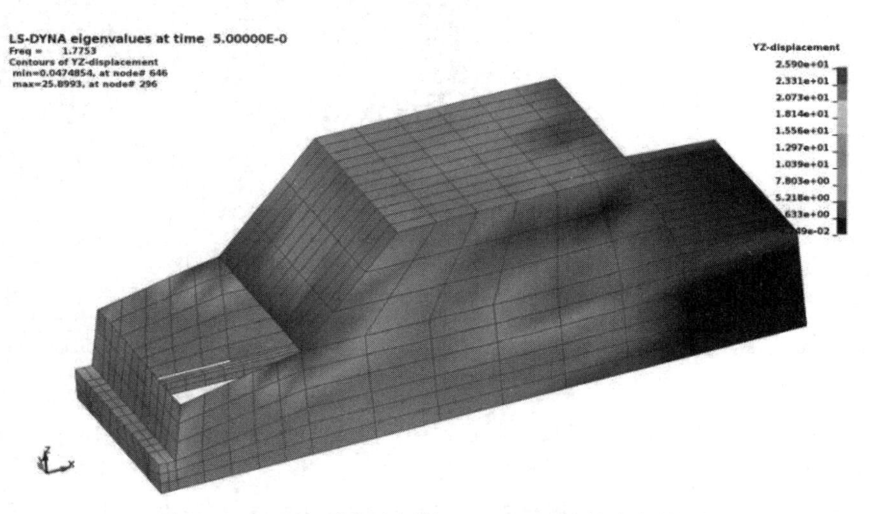

图 20-134 用于模态分析的 LS-DYNA 简化汽车模型

20.10.2　解决方案及结果

根据 MAC 准则（图 20-84），在对其他样本确定最接近的模态振型之前，先确定基准设计的第一扭转模态。模态可以从一种设计切换到另一种设计，并导致不连续，如图 20-135 所示。

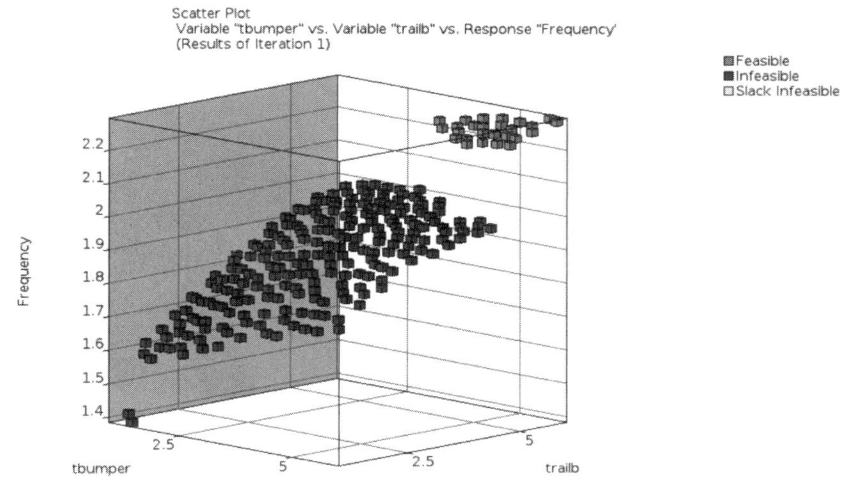

图 20-135　模态切换引起的不连续频率响应

为了证明两种方法的不同之处，提出了一种基于前馈神经网络（FNN）的频率逼近方法和一种 SVM 分类器逼近方法。这两种设置都由一个包含 250 个样本的迭代组成。但是，对于基于分类器的方法，可以注意 GUI 流程图中附加的“分类器”框。

分类器框（图 20-136（b））包含基于频率响应的分类器定义。该定义由一个频率上限为 2.2 的可行性准则和分类器类型（SVC）组成，如图 20-137 所示。分类器系统类型设置为默认的 Series，但这里无关紧要，因为只有一个可行性准则或分类器组件。图 20-138 比较了两种方法中的约束定义。在基于元模型方法中，约束是根据频率响应的近似来定义的（图 20-138（a））。在基于分类器的方法中，图 20-137 中定义的分类器约束大于零（正可行）。

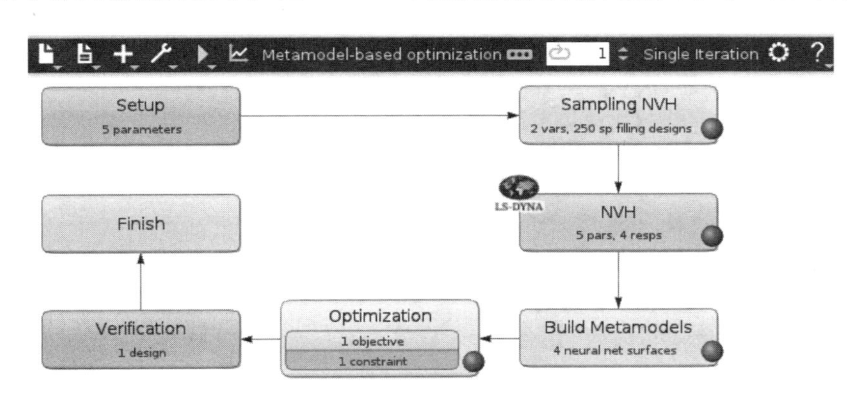

（a）使用基于元模型的方法

图 20-136　模态分析实例

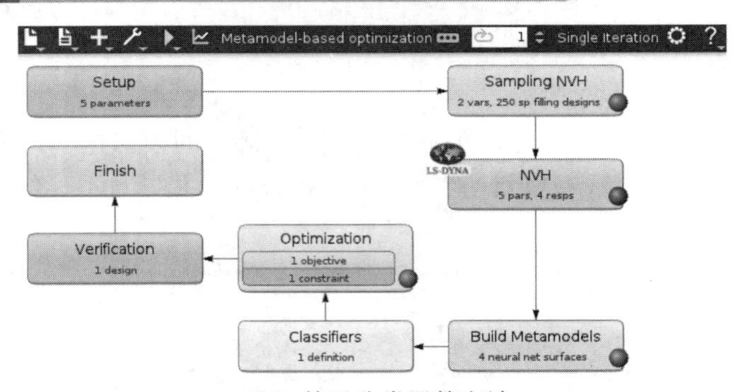

（b）基于分类器的方法

图 20-136　模态分析实例（续图）

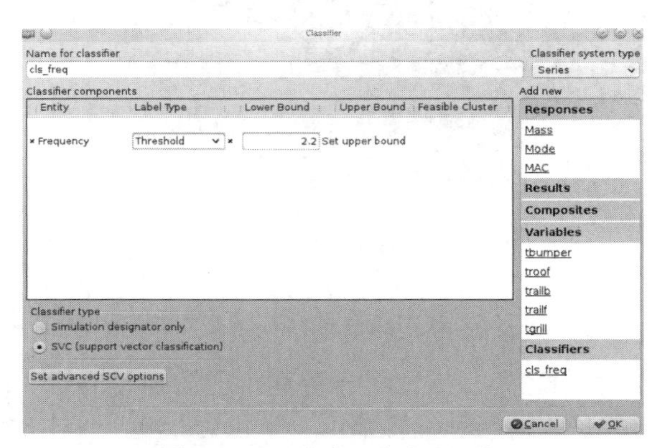

图 20-137　分类器定义对话框

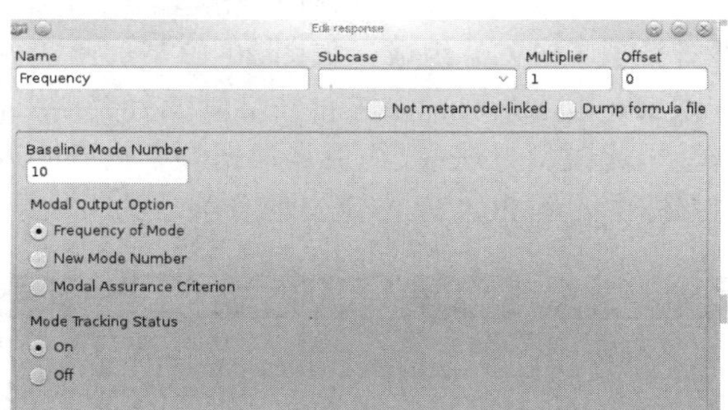

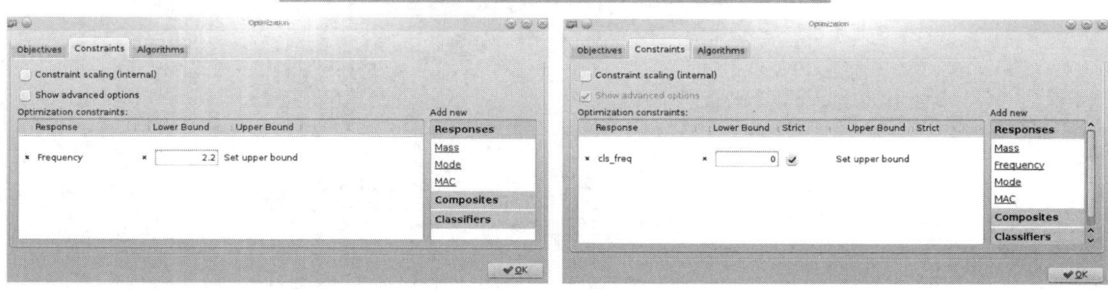

（a）基于元模型方法　　　　　　　　（b）基于分类器方法

图 20-138　基于元模型和基于分类器方法中的约束定义，在顶部显示了基本的频率响应定义

元模型方法与基于分类器方法的主要区别是，前者对任意设计的约束函数值，即频率值进行近似，而后者仅对设计的可行性进行预测。使用元模型，通过将预测的频率约束值与其上限（2.2）进行比较，确定设计的可行性。通过元模型预测和阈值比较，将可行性信息映射到设计空间。图 20-139 为质量和频率响应的神经网络近似及其可行性。图 20-140（a）显示了基于元模型设计空间预测可行性信息的投影和约束边界近似。相反，可行性准则是分类器定义的一部分（图 20-137）；分类器直接在设计空间中构造约束决策边界（图 20-140（b））。

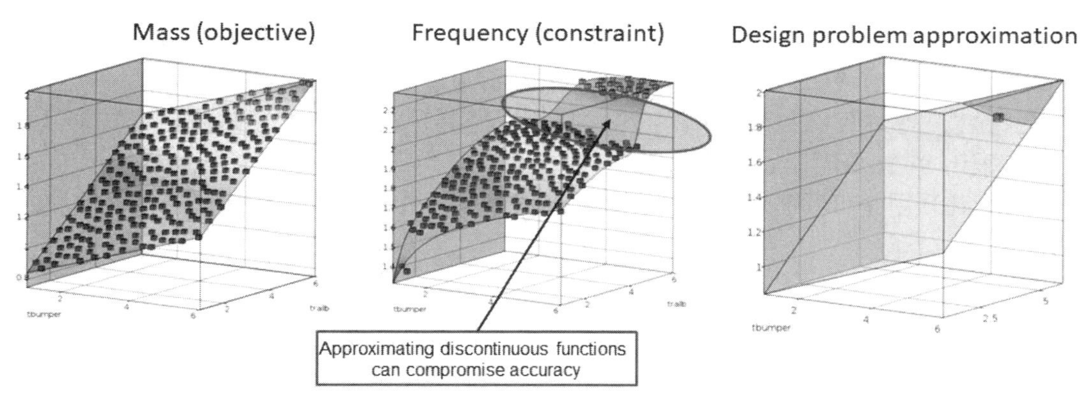

图 20-139 基于扭转频率约束的质量最小化 FNN 近似

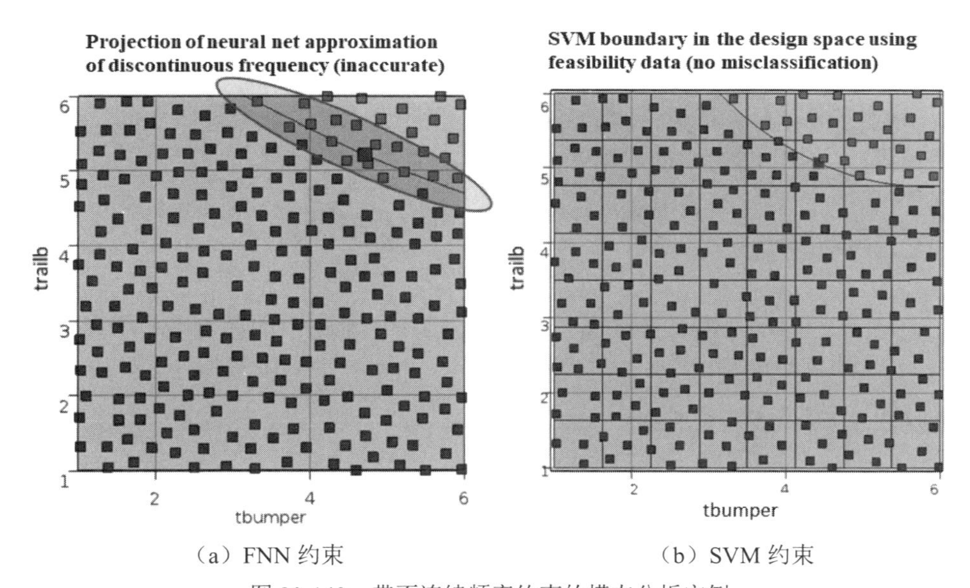

（a）FNN 约束 （b）SVM 约束

图 20-140 带不连续频率约束的模态分析实例

采用模糊神经网络的近似方法，会对一些可行的训练样本进行错误分类，并将其预测为不可行的。这导致了一个保守设计 tbumper = 4.71496 和 trailb = 5.20927，相应的质量目标为 1.78755。采用基于 SVM 约束方法，优化设计位于（tbumper = 4.42104，trailb = 5.06372），质量值较低，为 1.74285。

20.11　使用分类器约束的多学科优化

采用基于分类器的约束求解多学科优化问题，与传统的基于元模型约束逼近方法相比，证明了基于分类器的约束方法在计算成本上的节省。

本例有以下特点：

- 利用双精度解算器进行了 LS-DYNA 隐式模态分析。
- 在运行显式碰撞模拟之前，使用用户定义的 perl 脚本检查 NVH 约束的可行性。
- 为节省计算成本，将不可行 NVH 设计的碰撞分析终止时间近似设为零。
- 在第一扭转模态和碰撞分析的三阶段峰值约束下，将车辆的质量降至最小。
- 采用 SVM 分类器逼近约束边界，分离可行和不可行设计。
- 优化采用序贯域缩减策略、基于神经网络目标函数逼近和基于 SVM 分类器约束边界。

20.11.1　问题描述

选取车辆前端 10 个部件厚度作为设计变量。由于设计的对称性，设计变量减少到 7 个。在一定程度上约束扭转频率和碰撞阶段的三个峰值，使所选部件的总质量最小。NVH “白车身”设计和碰撞分析的有限模型以及所选择的设计部件如图 20-141 所示。

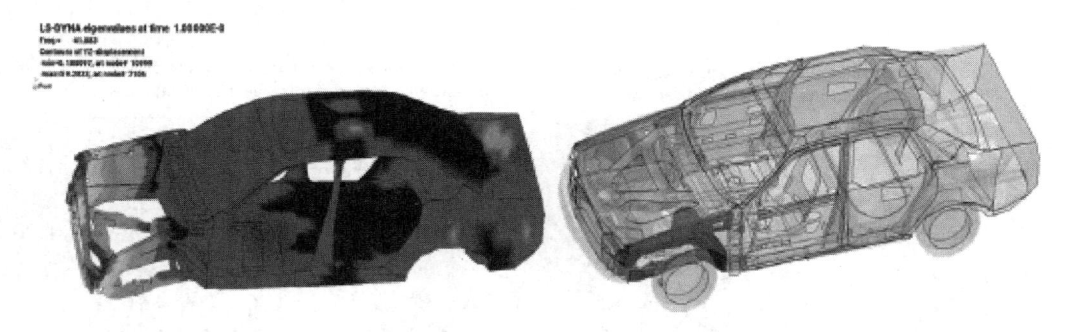

（a）NVH FE 模型　　　　（b）带有设计部件的碰撞 FE 模型

图 20-141　扭转模态下的 NVH FE 模型和带有设计部件的碰撞 FE 模型

优化问题的求解过程如下所示：

$$
\begin{aligned}
&\min \quad Mass(x_{1,2..7}) \\
&\text{s. t} \quad 4138\text{Hz} < b_{\text{freq}} < 42.38\text{Hz} \\
&\qquad \text{Stage 1 } pulse > 13.94\text{g} \\
&\qquad \text{Stage 2 } pulse > 19.17\text{g} \\
&\qquad \text{Stage 3 } pulse > 21.30\text{g}
\end{aligned}
$$

其中，$(x_{1,2..7})$是七个厚度设计变量；b_{freq}是基准扭转频率。

20.11.2　解决方案

LS-OPT 系统由三个分析阶段组成，依次分别为评估 NVH 设计、检查 NVH 设计可行性及对可行的 NVH 设计进行碰撞分析。选择带域缩减的序贯优化作为设计策略，但需要注意的是，前面迭代的所有点都包含在设置中。这个示例的 LS-OPT 设置如图 20-142 所示。

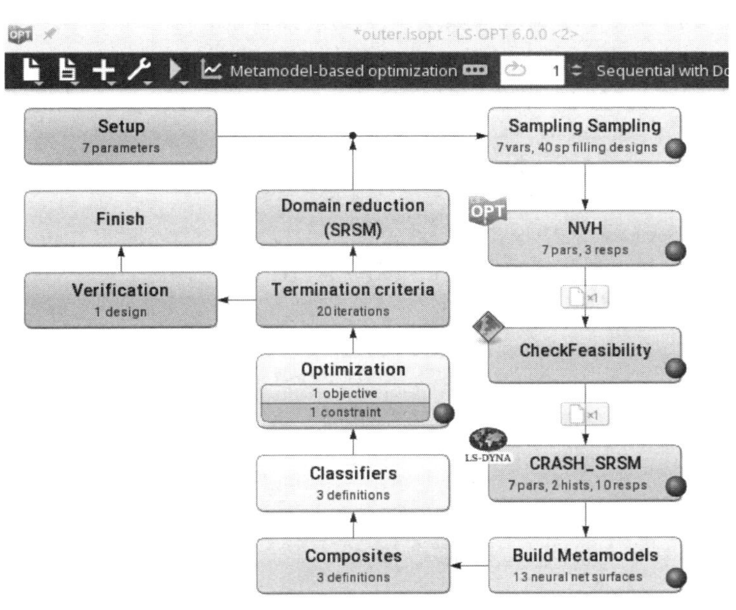

图 20-142　LS-OPT 设置

由于模态切换可以从一个设计到另一个设计，使用 MAC 准则追踪基准扭转模态振型。图 20-142 所示的 NVH 阶段对应于白车身的 LS-DYNA 分析。然而，由于该设置需要在分析碰撞模型之前提取频率响应，因此 NVH 阶段使用了多级设置。内部级别 NVH 设置如图 20-143 所示。

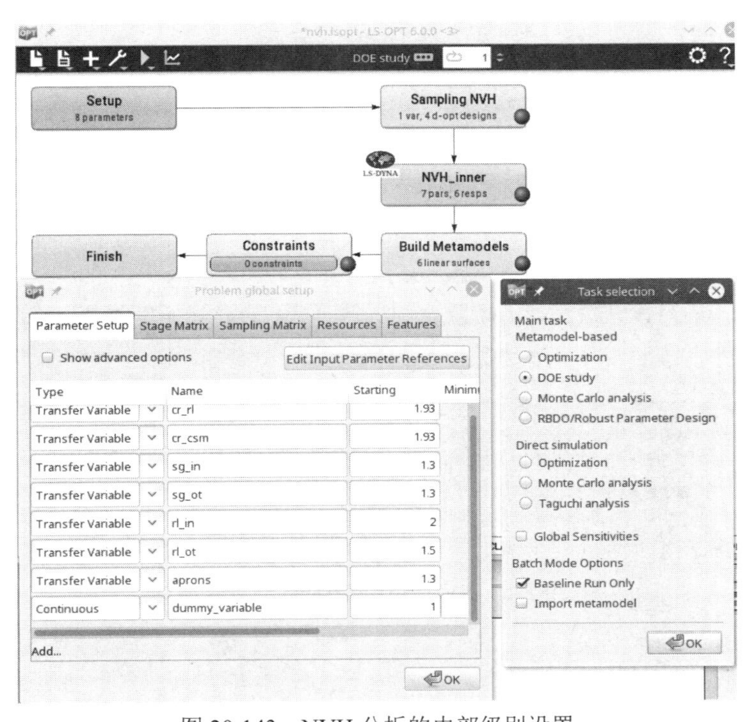

图 20-143　NVH 分析的内部级别设置

NVH 阶段的内部级别只是作为传递变量从外部级别传递基准分析的设计变量值。从外部 NVH 级别提取的频率响应传递到内部级别，验证其可行性。主设置中的第二阶段由用户定义的 perl 脚本组成，该脚本用于根据 NVH 响应可行性修改碰撞分析的终止时间，降低了 NVH 响应不可行设计点的终止时间，节省了计算成本。本例中使用的 perl 脚本如图 20-144 所示。

```
#!/usr/bin/perl
use File::Basename;
use Cwd;
use strict;
use File::Copy qw(copy);
my $filename = 'freq_resp';
#my $filename = 'finished';
open(my $fh, '<:encoding(UTF-8)', $filename)
  or die "Could not open file '$filename' $!";

my $str = <$fh>;
#my $substr = "N o r m a l";

open(FILE1,">include.k");
#if (index($str, $substr) != -1){
if ($str < 0.9881 | $str > 1.0119 ){
#copy 'finished', $destfile or die $!;
print FILE1 "*KEYWORD","\n";
print FILE1 "*CONTROL_TERMINATION","\n";
print FILE1 "1e-8,0,0,0,3","\n";
print FILE1 "*END","\n";
}
else
{
print FILE1 "*KEYWORD","\n";
print FILE1 "*CONTROL_TERMINATION","\n";
print FILE1 "0.09,0,0,0,3","\n";
print FILE1 "*END","\n";
}

print "N o r m a l\n";
```

图 20-144　perl 脚本用于修改基于 NVH 响应可行性的碰撞分析终止时间

主设置的第三阶段包括对碰撞模型 LS-DYNA 分析。频率和阶段峰值响应是使用基准值进行缩放。分类器框由分类器定义组成，并对四种响应都设置有可行性准则。响应的边界根据基准值进行缩放，如图 20-145 所示。选择该分类器作为优化的约束条件（下界为零），以质量为目标进行最小化处理。

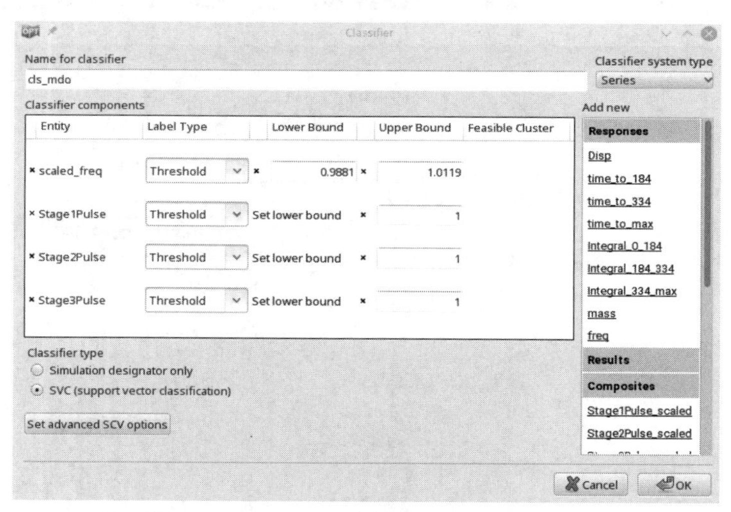

图 20-145　NVH 和碰撞响应的分类器定义

20.11.3　结果

图 20-146 显示了最佳计算设计的优化历史。最佳计算设计的设计变量值为 cr_rl=1.823，

cr_csm=1.191，sg_in=1.218，sg_out=1.901，rl_in=2.226，rl_ot =1.189，aprons=1.027。最佳计算设计的质量为 42.73 kg，比基准质量 46 kg 减少了 3.27 kg。频率约束值为 41.63 Hz，三级峰值相应为 13.97g、19.283g 和 22.033g。

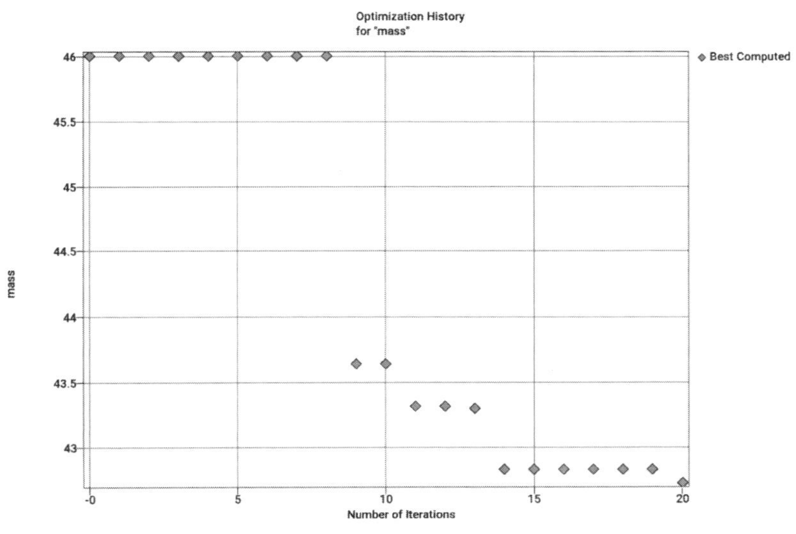

图 20-146 最佳计算设计的质量响应优化历史

每次迭代节省的计算成本如图 20-147 所示。

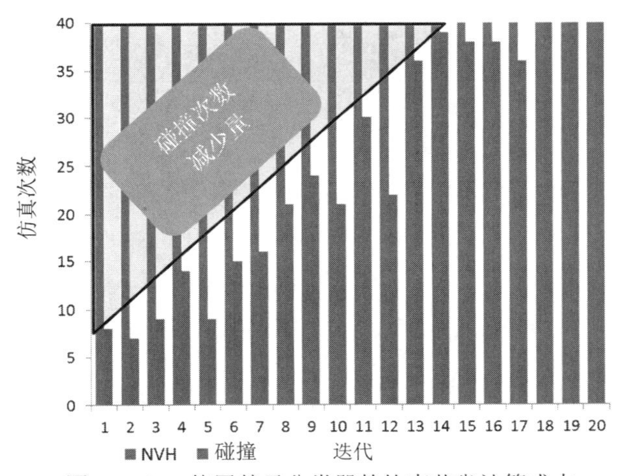

图 20-147 使用基于分类器的约束节省计算成本

虽然优化设置由 40 个 NVH 样本和 20 个迭代碰撞组成，但由于 NVH 设计不可行，只分析了 503 个碰撞仿真，使用基于分类器方法节省了 297 个仿真过程。

注意：

（1）本例需要一个多级设置（LS-OPT 阶段类型），这仅仅是因为在第一个阶段使用了频率响应。频率响应不作为响应变量工作，除非在内部级别提取它们。

（2）随着级数的增加，预计后一阶段所评估的样本数目将会减少。

（3）当所有学科使用相同采样时可使用该方法。

20.12 汽车座椅优化设计案例

20.12.1 分析目的

（1）找到设计过程中的关键影响因子，以及这些影响因子对结果的影响，用以指导设计。

（2）设计基本锁定后，获得设计的稳健性量化结果，评估原材料波动对结构的影响。

20.12.2 功能选择

（1）DOE 研究。

（2）鲁棒性参数设计。

20.12.3 主要流程

1. 前处理器内变量定义

（1）参数定义。选定关键影响因子，按照不同的类型来定义变量。其中，Material 主要定为 Real 类型，Thickness 定为 Integer 类型，如图 20-148 所示。

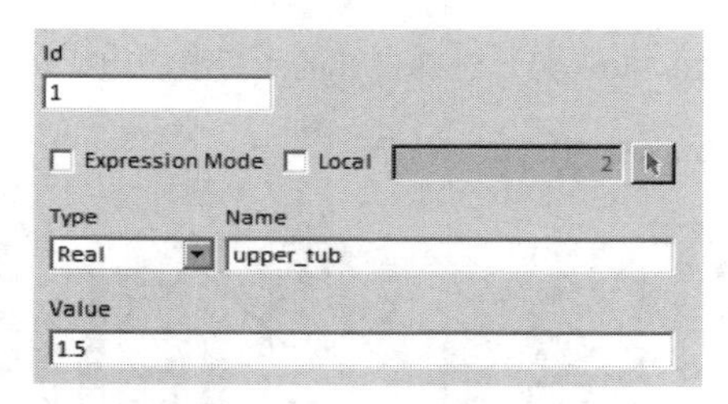

图 20-148 参数定义

（2）Section 定义。为防止关键因子的 Section 属性同时赋在多个 Part 上，需为每一个关键因子创建新的 Section 并赋至对应的 Part，如图 20-149 所示。

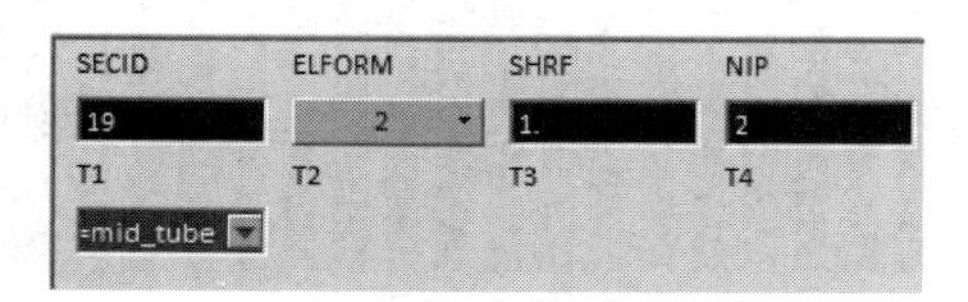

图 20-149 Section 定义

2. 变量范围设定及输出定义

（1）变量范围定义。将 k 文件加载至 LS-OPT 内，在前处理器内定义好的变量即会在 LS-OPT 内显示出来，即可按照变量类型设置变量范围等，如图 20-150 所示。

Type	Name	Starting	Minimum	Maximum	Sampling Type
Continuous	lock_brc1	2	1.9	2.1	
Continuous	lock_brck	2	1.9	2.1	
Discrete	low_tube_	18039120	Values:	18039110, 180391...	Discrete

图 20-150 变量范围

（2）响应、边界条件等定义。按照不同的工况需要定义相应的输出及边界条件，即 Response、History、Constraints 的定义，如图 20-151 和图 20-152 所示。

Component
Coordinate
Displacement
Velocity
Acceleration
Rotational Displacement
Rotational Velocity
Rotational Acceleration
Deformation
Distance
Direction
X Component
Y Component
Z Component
Resultant
Coordinate System
Global
Local in Reference frame
Local
IdentifierType
ID
Measured Node ID
4937
Reference Node ID
24615
Select in time
Minimum Value
From time
To time
0.15

图 20-151　响应历史定义

图 20-152　约束定义

3. 分析类型定义及报告输出

根据不同的功能需求，选择相应的分析类型。这里主要介绍两种类型，一是 DOE Study，可得出多因子多水平的设计方案结果分布，并找出其中的关键影响因子；二是 RBDO/Robust Parameter Design，设计基本锁定后的稳健性分析。设置方法如图 20-153 和图 20-154 所示。

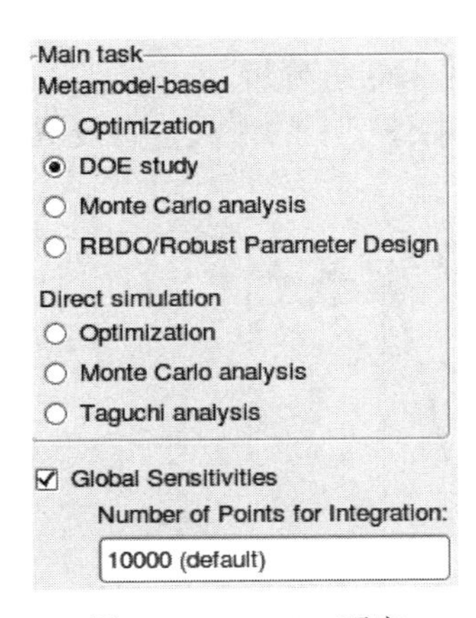

图 20-153　DOE 研究

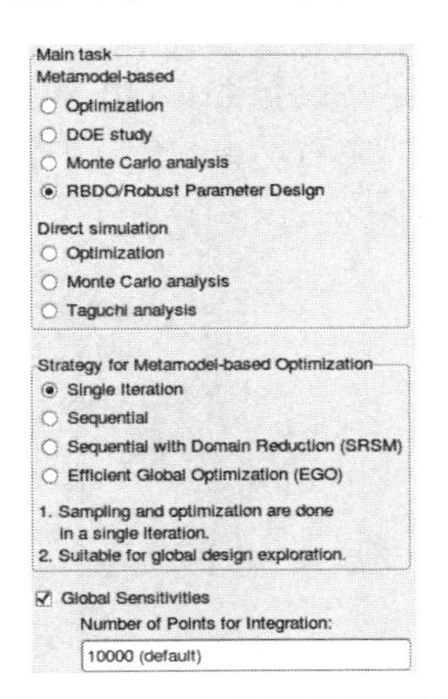

图 20-154　鲁棒性参数设计

20.12.4　案例分析

案例 1：

工况：Luggage Retention（LR）；需求：计算给定参数范围所有 LR 组合的结果分布。模型如图 20-155 所示。

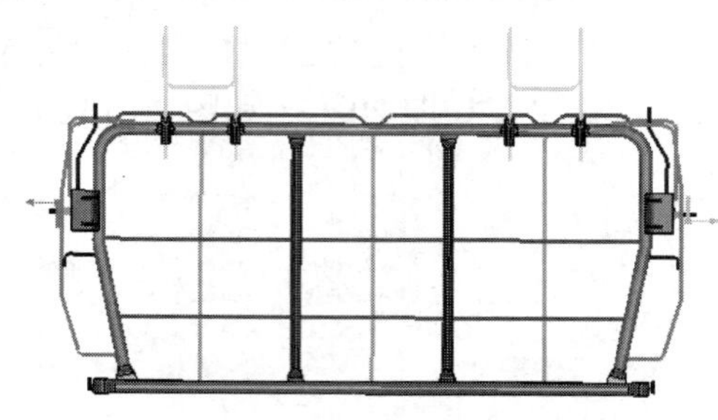

图 20-155　LR 工况模型

共定义 10 个关键变量，变量的定义如图 20-156 所示。

Type	Name	Starting	Minimum	Maximum	Sampling Type
Continuous	lock_brc1	2	1.9	2.1	
Continuous	lock_brck	2	1.9	2.1	
Discrete	low_tube_	18039120	Values: 18039110, 180391...	...	Discrete
Continuous	lower_tub	1.5	1.4	1.6	
Continuous	mid_b_tub	3	2.8	3.2	
Continuous	mid_tube	1.5	1.4	1.6	
Discrete	mid_tube_	18039120	Values: 18039110, 180391...	...	Discrete
Continuous	outer_b_t	3	2.8	3.2	
Discrete	up_tube_m	18039120	Values: 18039110, 180391...	...	Discrete
Continuous	upper_tub	1.5	1.4	1.6	

图 20-156　参数设置

边界条件设置：骨架位移最大点与 H_point+100mm 面的最小位移，应大于 0；头枕位移最大点与 H_point+150mm 面的最小位移，应大于 0。

History & Response 设置：两侧锁的截面力。

分析类型定义：按照 DOE Study 的分析方法，共计算 100 组分析。

结果输出：所有 100 组分析都能满足设计要求，其中骨架上的最大位移及界面力的输出如图 20-157 和图 20-158 所示。

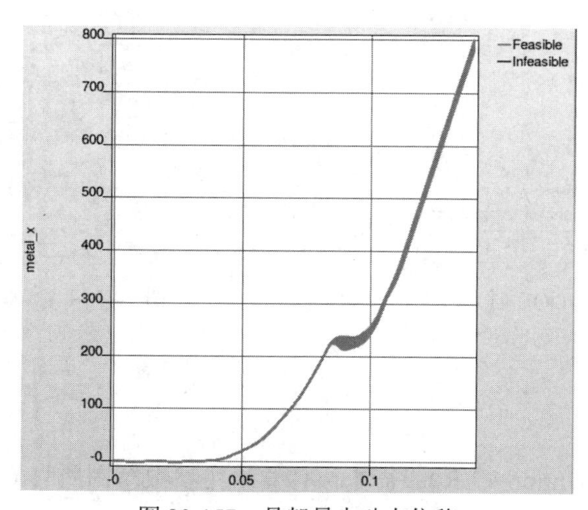

图 20-157　骨架最大动态位移

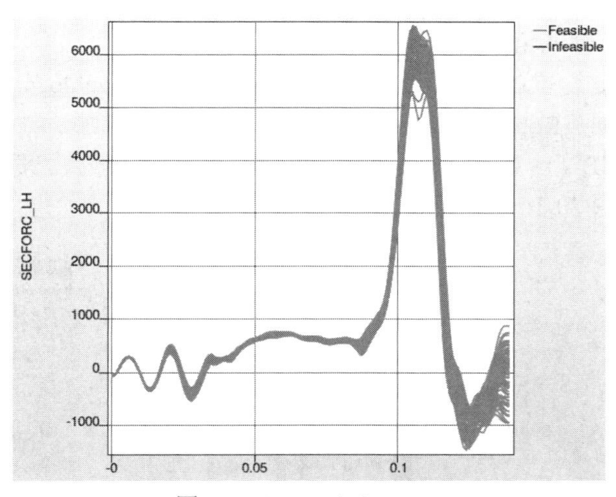

图 20-158　Lock force LH

案例 2：

工况：SBA；需求：计算锁定状态的骨架稳健性。模型如图 20-159 所示。

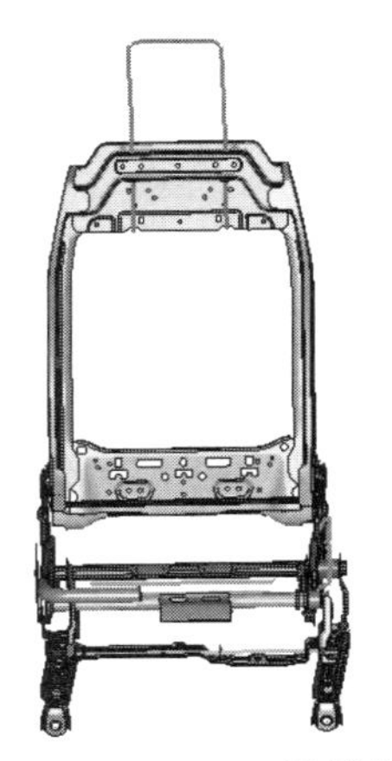

图 20-159　SBA 工况模型

共设定 11 组变量，变量的定义如图 20-160 所示。

Type	Name	Starting	Minimum	Maximum	Sampling Type	Distribution
Noise	CUSHION_P					Distribution
Noise	LH_Brk					Distribution
Noise	LH_CUSHIO					Distribution
Noise	LH_Recl_b					Distribution
Discrete	LH_Recl_m	18011120	Values: 18011110, 180111...	...	Discrete	(none)
Noise	LOW_Brk					Distribution
Noise	RH_Brk					Distribution
Noise	RH_CUSHIO					Distribution
Noise	RH_Recl_b					Distribution
Discrete	RH_Recl_m	18011120	Values: 18011110, 180111...	...	Discrete	(none)
Noise	UP_Brk					Distribution

图 20-160　参数设置

边界条件设置：两侧调角器扭矩小于 2000Nm。

History & Response 设置：危险系数最高的螺栓力输出；Buckle 安装点的 X 向位移输出。

分析类型定义：按照 Robustness Parameter Design 的分析方法，共计算 118 组分析。

结果输出：118 组 SBA 计算都能满足要求，设计的可靠性比较高。其中调角器扭矩及 Buckle 安装点的 X 向位移如图 20-161 和图 20-162 所示。

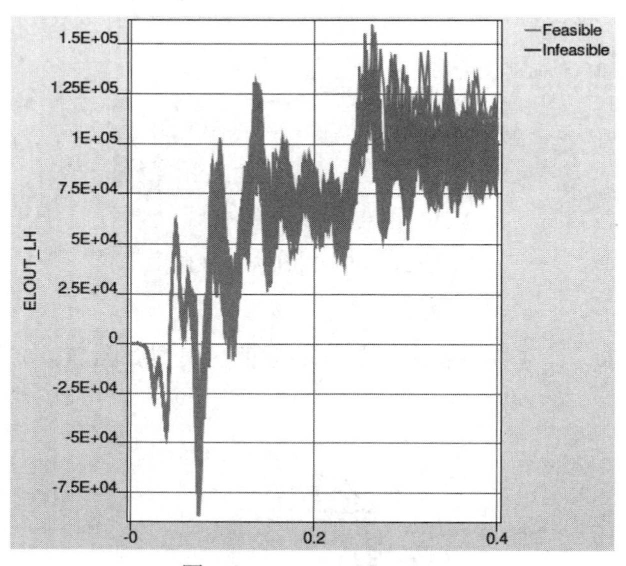

图 20-161 Lock force LH

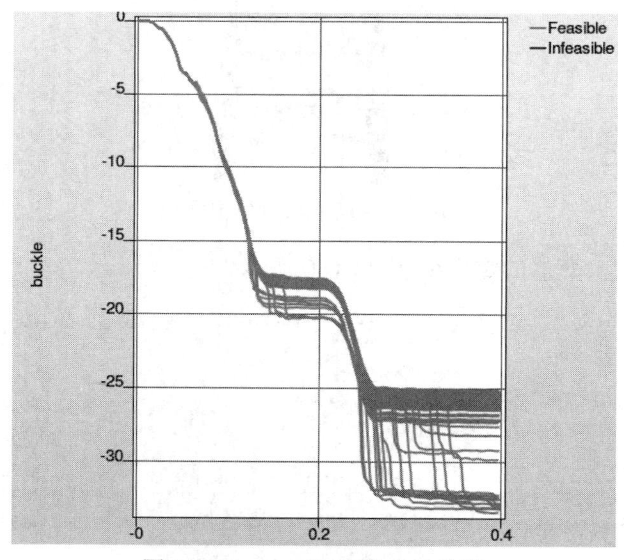

图 20-162 Buckle 安装点 X 位移

第21章 参数识别实例

21.1 材料识别（弹塑性材料）（2个变量）

本例采用从实验结果中导出系统或材料参数的方法，即使用优化方法进行系统或参数识别。本例有以下特点：

- 采用 Mean Square Error（均方误差）复合作为曲线匹配度量。
- 使用 Crossplot（交绘图）历史。
- 证明了最小一最大公式。
- 采用多个实验用例。
- 报告了最优参数的置信区间。

21.1.1 问题描述

泡沫材料的材料参数必须由实验结果来确定，即立方体试样在刚性基座上的合力与位移历程，如图 21-1 所示。以材料参数杨氏模量 E 和屈服应力 Y 为未知优化变量，通过最小化均方残余力（rcforc 二进制数据库）来求解。

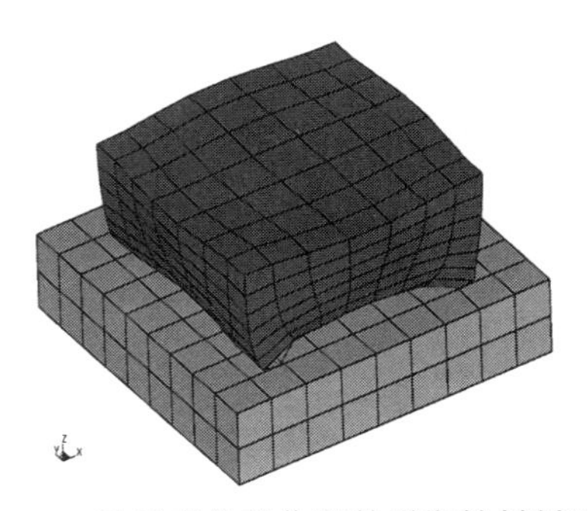

图 21-1 受垂直位移作用的弹塑性材料试样

实验合力与位移的关系如下所示。这些结是通过 LS-DYNA 运行得到的，其中参数 $E=10^6$。$Y=10^3$。第一个荷载工况在 2ms、4ms、6ms 和 8ms 时采样，第二个荷载工况测点取自力对变形的线性范围内：

Test1.txt

0.36168　10162

0.72562　12964

1.0903　　14840

1.4538　　17672

Test2.txt

0.02272　2047

0.03671　6997

0.04653　12215

0.05779　17010

两种情况的有限元模型分别为文件 foam1.k 和 foam2.k。

21.1.2　基于纵坐标的曲线匹配

LS-OPT GUI 主窗口如图 21-2 所示。分别利用 NODOUT 和 RCFORC 接口从仿真输出中提取位移和力的历史记录。这些历史记录构建一个力与位移的交绘图，如图 21-3 所示。将实验曲线作为目标曲线读入 LS-OPT 作为文件历史记录（File Histories），如图 21-4 所示。然后计算每个交绘图与相应测试数据之间的均方误差（MSE）。添加两个 MSE 值只是为了找到目标值。虽然每种情况下只给出 4 个测试点，但是为了在均方误差（Mean Square Error）复合中使用，每隔一定时间间隔内插值 10 个点，如图 21-5 所示（参见第 10.5.1 节）。插值公式如下：

$$\varepsilon=\frac{1}{P}\sum_{p=1}^{P}W_p\left(\frac{f_p(x)-G_p}{s_p}\right)^2=\frac{1}{P}\sum_{p=1}^{P}W_p\left(\frac{e_p(x)}{s_p}\right)^2$$

式中：P=10，s_p=17672（案例 1），17010（案例 2），W_p=1，$p=1,\cdots,10$。默认情况下，s_p 分别假设每个曲线的最大绝对值。

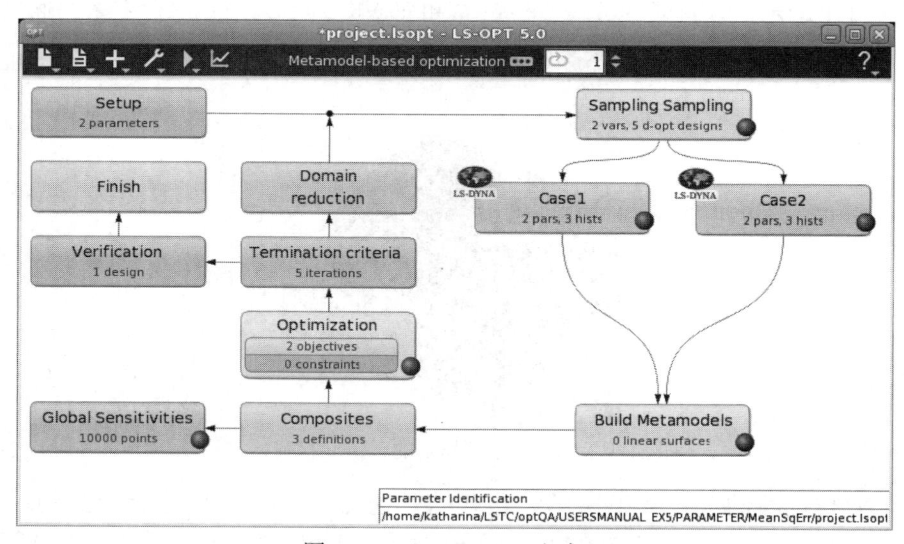

图 21-2　LS-OPT GUI 主窗口

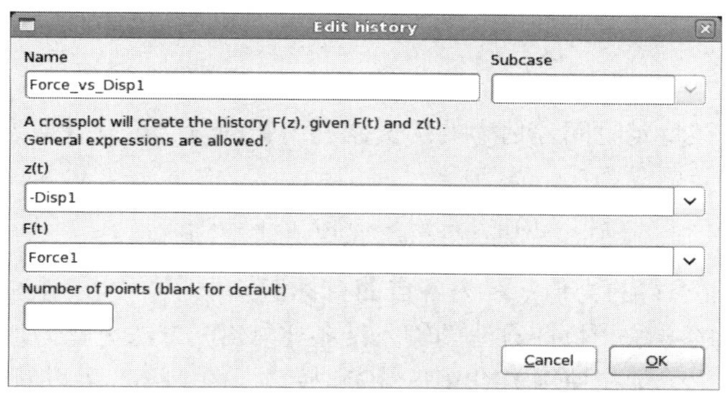

图 21-3　力与位移的交绘图定义

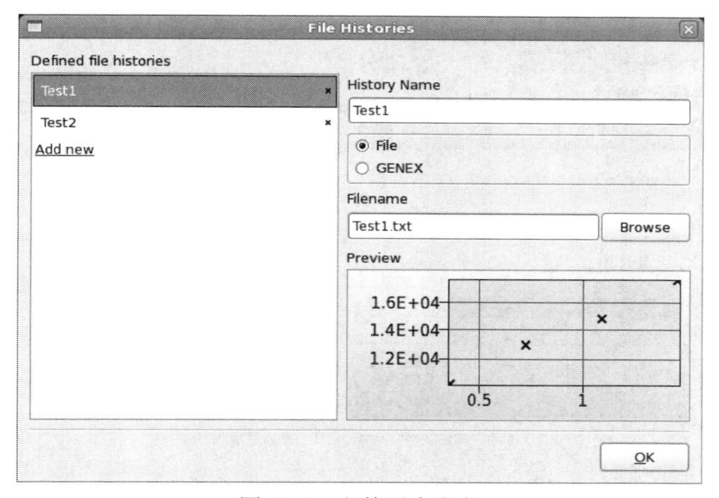

图 21-4　文件历史定义

以上 File Histories 对话框可以从阶段对话框的 Histories 选项卡或 Curve Mapping Composite 对话框中访问。

Curve Matching Composite
Name:
MSE1
Algorithm
Mean Square Error (difference in curve Y values)
Curve Mapping (size of area between curves)
Target curve:
Test1
add new file history
Computed curve:
Force_vs_Disp1
Regression Points
From target curve
Fixed number (equidistant, interpolated): 10
You can convert this composite to an expression for further fine-tuning.
Cancel
OK

图 21-5　均方误差复合定义

21.1.3 靶向复合公式

在这个公式中，在特定时间评估力的历史。利用靶向复合公式计算出各自目标值的偏差，因此参数识别的优化问题成为：

$$\text{Minimize} \sum_{j=1}^{7} [f_j(x) - F_j]$$

式中：f_j为仿真运行中求得的力值；F_j为各自的目标值。

对于第二种选择的方法，目前方法的输入准备比 MSE 方法更费力，使用 RCFORC 接口对力进行评估。此历史记录在使用 EXPRESSION 接口（图 21-6）可以获得目标值的地方进行了评估。靶向复合的定义如图 21-7 所示。

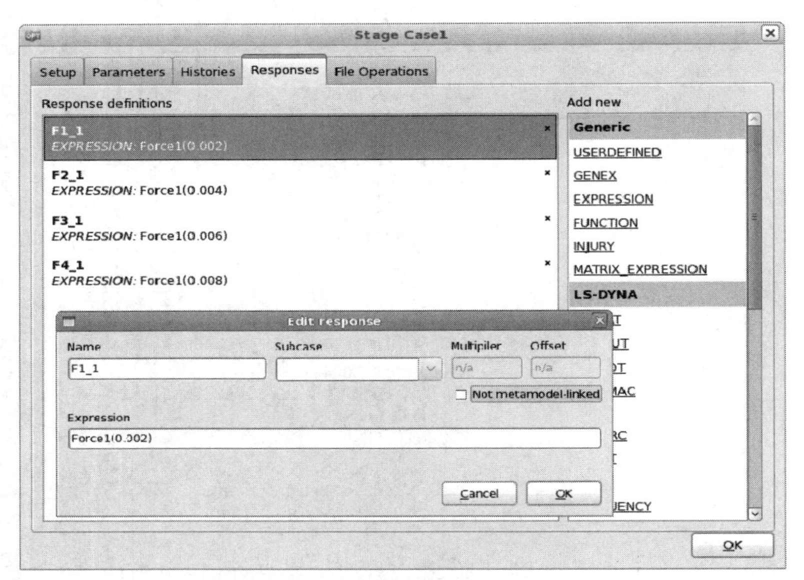

图 21-6　目标值处仿真曲线评估

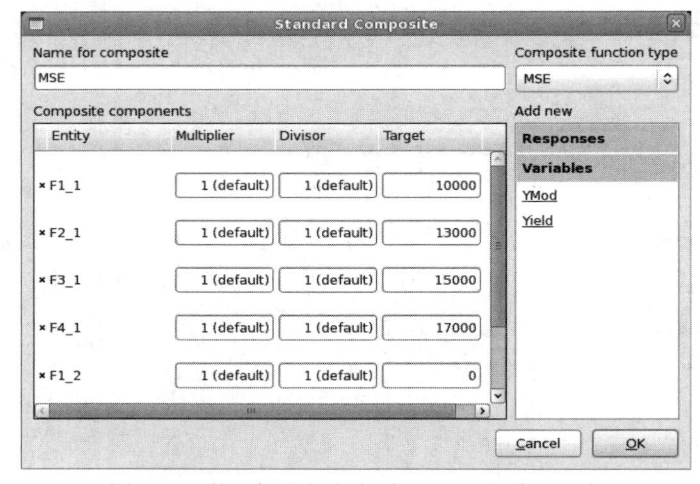

图 21-7　使用标准复合类型 MSE 定义等式约束

21.1.4　结果

下面比较两种方法（均方误差公式和靶向复合公式）的结果。

21.1.5　均方误差（MSE）公式

图 21-8 显示了迭代过程中的最优参数值（红线）和相应的子区域（蓝线）的可视化。

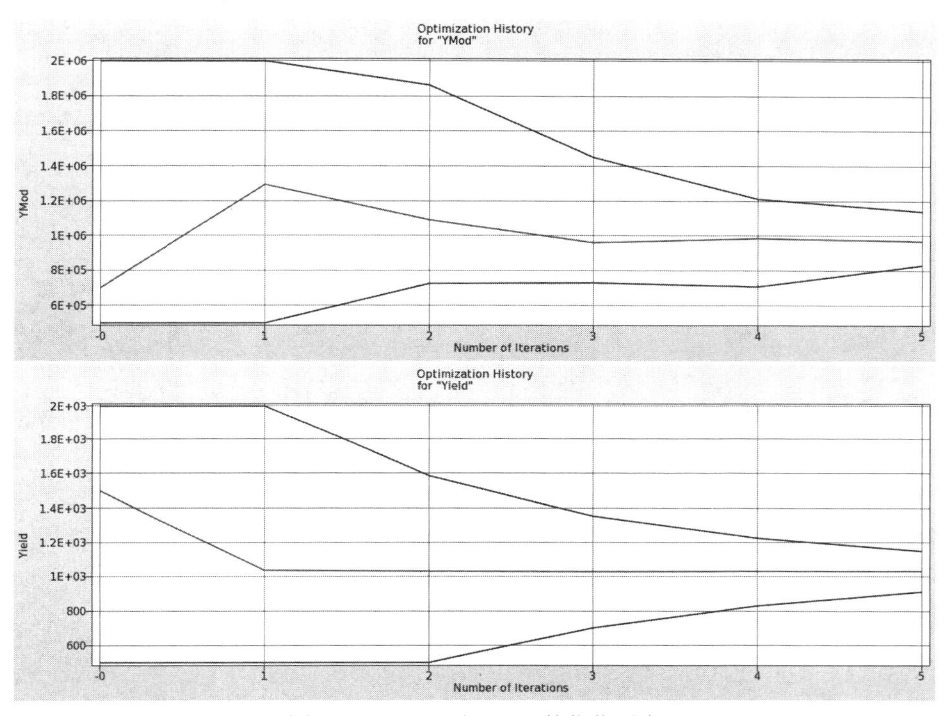

图 21-8　YMod 和 Yield 的优化历史

图 21-9 显示了相对于 95%置信区间归一化设计空间的最终最优参数值。YMod 的较大置信区间和较慢的收敛速度可以由该参数对目标函数的不显著性来解释，如图 21-10 所示。

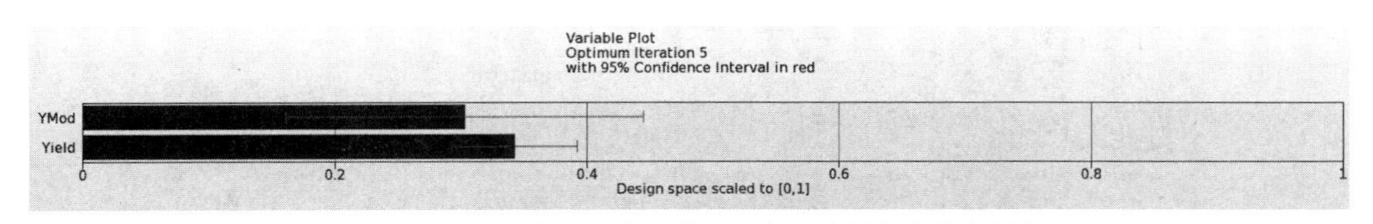

图 21-9　95%置信区间归一化设计空间中最优点的参数值

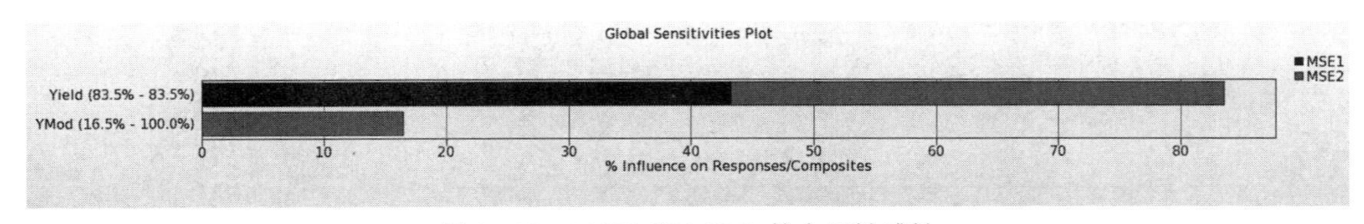

图 21-10　MSE1 和 MSE2 的全局敏感性

图 21-11 显示了迭代过程中计算的（绿色方块表示可行性点）和预测的（黑色线）目标值。两个目标都降低了，提高了预测的质量，得到了两个目标的收敛性，并且元模型的准确性随着迭代而提高。

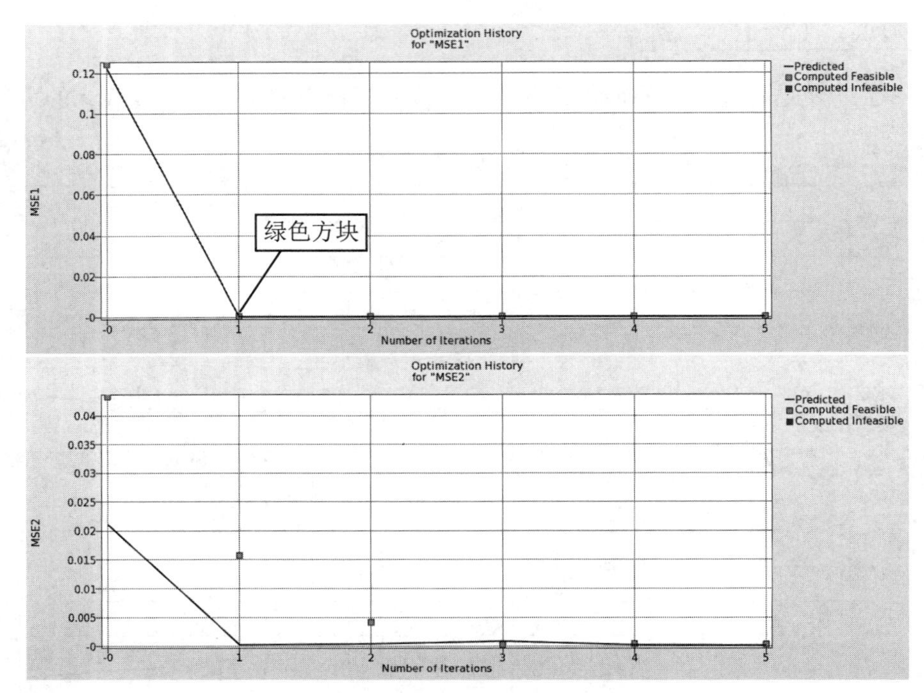

图 21-11　MSE 1 和 MSE2 的优化历史

图 21-12 将最优受力与位移曲线以及目标曲线可视化。仿真曲线经过迭代着色。在第二次迭代之后得到很好的匹配。

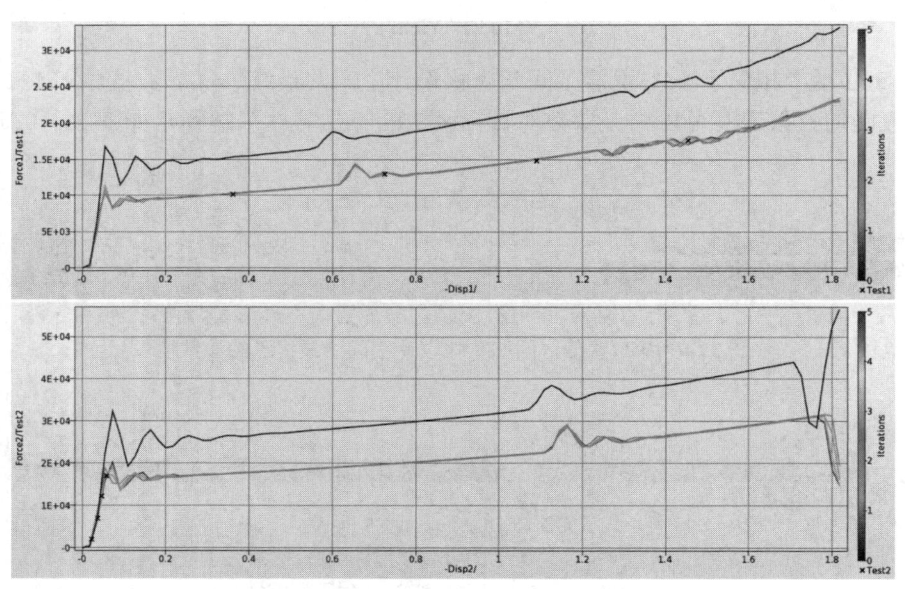

图 21-12　最优力一位移曲线与试验数据对比

21.1.6　最优参数结果

图 21-13 显示了迭代过程中的最优参数值（红色线）和相应子区域（蓝色线）的可视化。

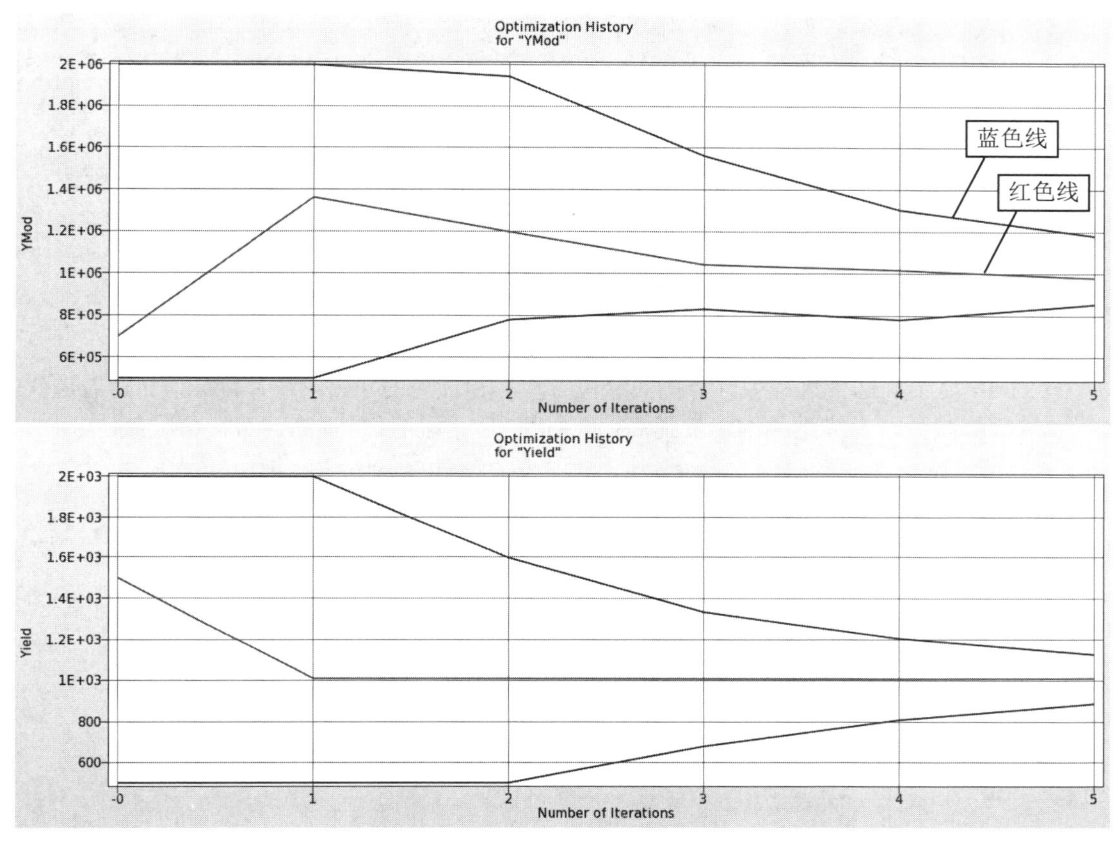

图 21-13　YMod 和 Yield 的优化历史

图 21-14 显示了相对于 95%置信区间的规范化设计空间的最终最优参数值。

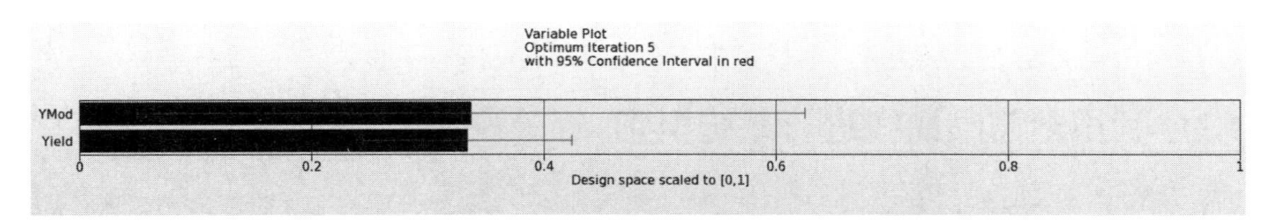

图 21-14　95%置信区间归一化设计空间中最优点的参数值

YMod 的较大置信区间和较慢的收敛速度可以由该参数对目标函数的不显著性来解释，如图 21-15 所示。

注意：由于最优杨氏模量在全局敏感性图（图 21-15）中所示的优化中相对不重要，因此与均方误差法得到的结果略有不同。

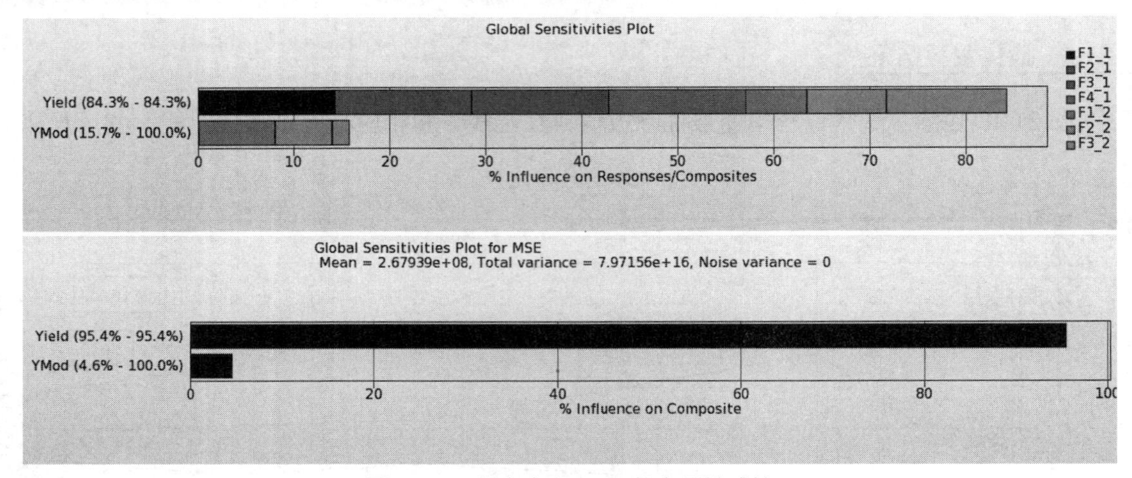

图 21-15　所有力和 MSE 的全局敏感性

图 21-16 显示了迭代过程中计算的（绿色方块）和预测的（黑色线）目标值。随着迭代的进行，目标值减少，元模型的准确性提高；目标降低，预测质量提高，目标值收敛。

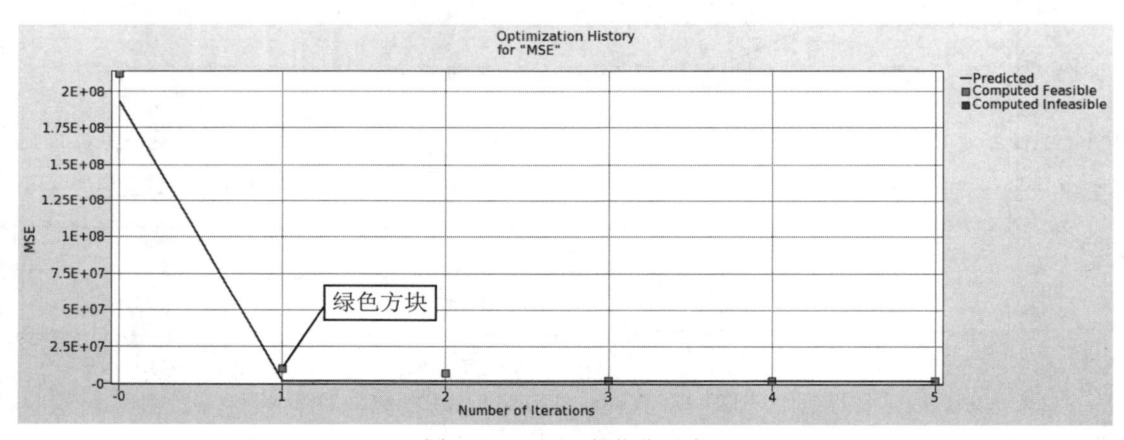

图 21-16　MSE 的优化历史

21.2　利用迟滞回曲线进行系统识别

21.2.1　问题描述

包辛格效应（Bauschinger Effect）对汽车钢板具有重要意义。这种现象在循环荷载作用下表现为滞后应力一应变曲线。迟滞回曲线的性质使识别材料参数所需的曲线匹配复杂化，因此需要一种比基于纵坐标匹配更为复杂的方法。因此，使用了曲线映射算法。

下面的例子由五种荷载情况组成，每一种情况代表不同的循环荷载范围，如图 21-17、图 21-18 和图 21-19 所示。材料由 9 个参数进行定义。

21.2.2 曲线映射解法

如图 21-17 所示，使用 LS-DYNA D3Plot 接口提取应力和应变。使用交绘图界面生成应力应变曲线。

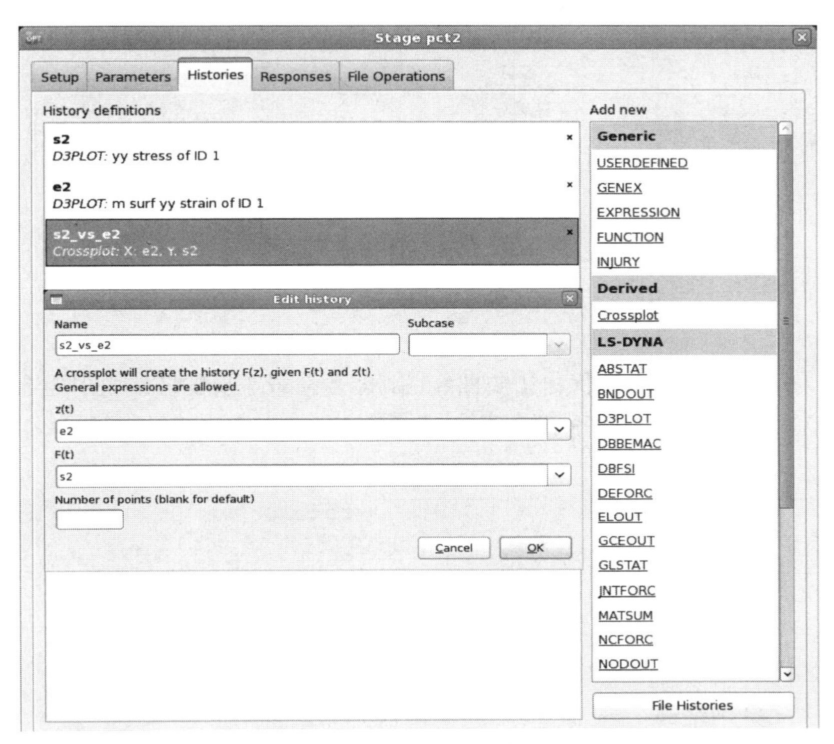

图 21-17　历史定义

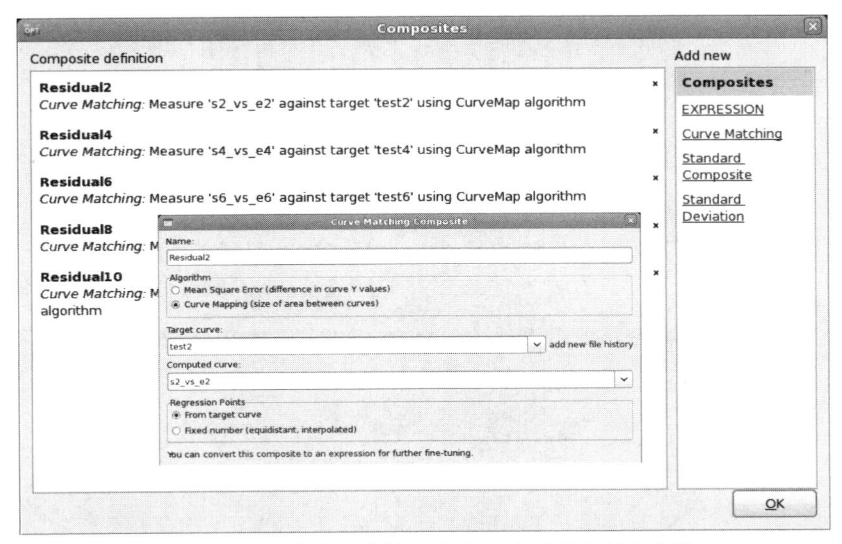

图 21-18　为每个荷载情况定义一个匹配的复合曲线

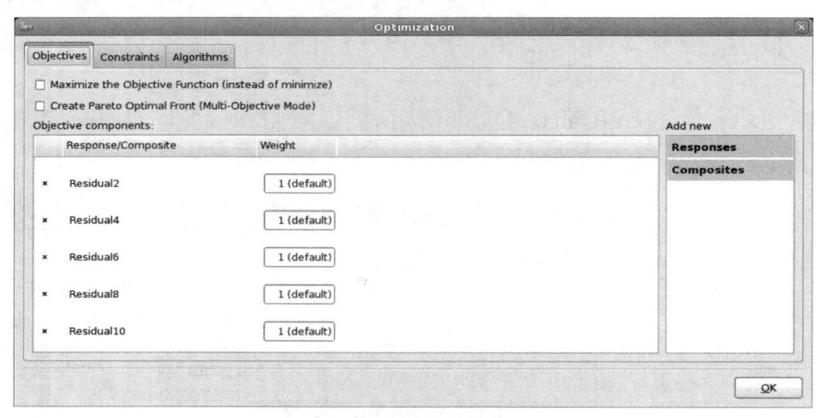

图 21-19　五个目标组件的定义

21.2.3　结果

图 21-20 为所有目标构件的优化历史曲线图，即各荷载工况的曲线映射组合，以及多目标的优化历史。对于所有实体，值都在快速下降，因为第一次迭代的最优值已经非常小。

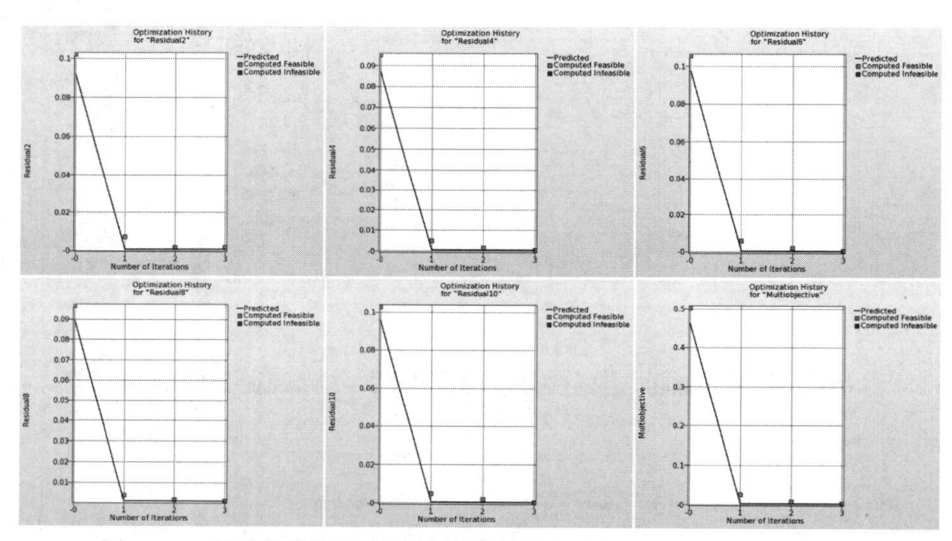

图 21-20　五种荷载情况下各目标组件的优化历史，以及多目标优化历史

图 21-21 显示了整个问题的全局敏感性图。变量 CB 是最敏感的。

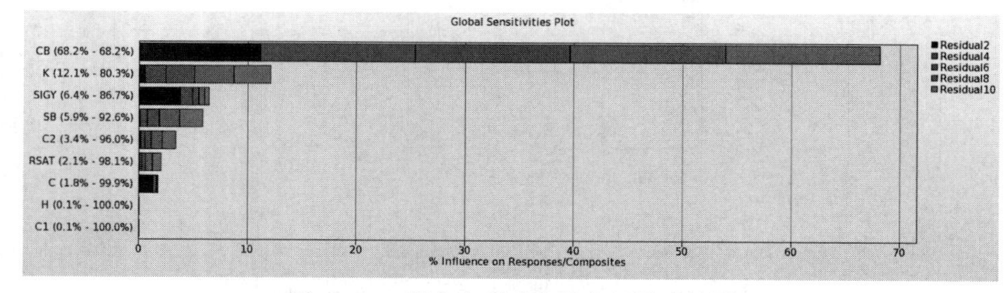

图 21-21　所有客观成分的全局敏感性图

图 21-22 显示了迭代所着色的所有迭代最优仿真曲线，以及所有荷载情况下的目标曲线，仿真曲线通过迭代着色（例如基准为蓝色），黑色十字表示目标值。第一次迭代的最优曲线（青绿色）已经表明了很好的拟合性。右下角的图显示了所有目标曲线（黑色十字）和所有负载情况下最终最佳仿真曲线的比较。

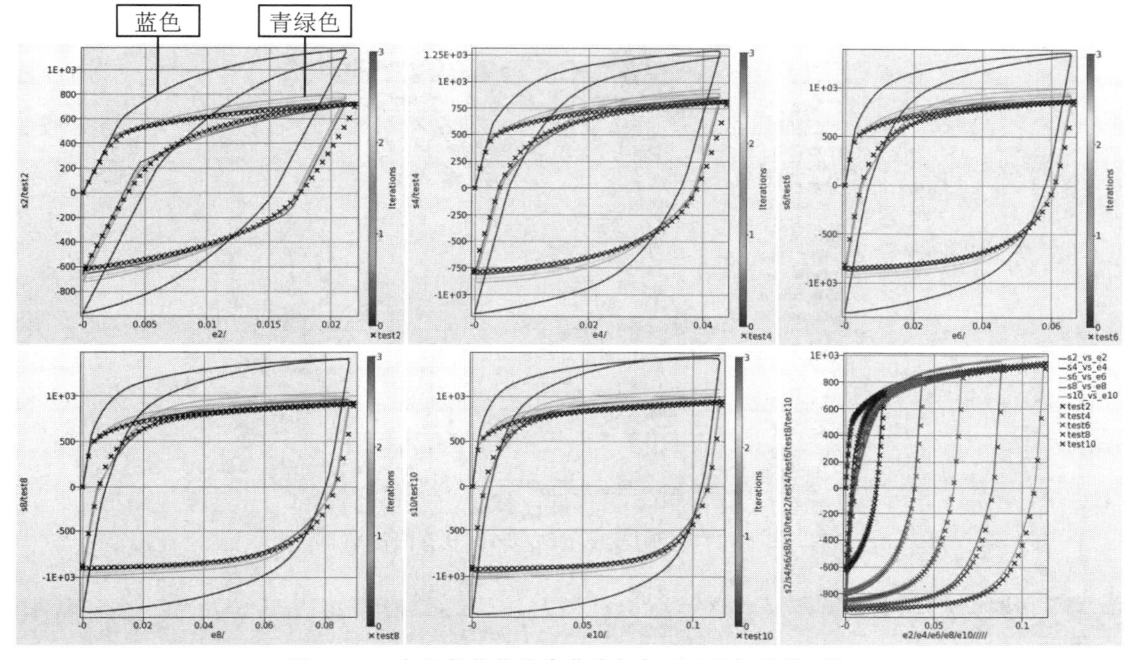

图 21-22 各迭代优化仿真曲线与各工况目标曲线对比

21.3 校正 GISSMO 模型

21.3.1 问题描述

本例演示了使用三个测试案例将 GISSMO 模型校准为合成目标曲线，如图 21-23 所示。这些曲线的特点是计算噪声和陡断失效曲线。

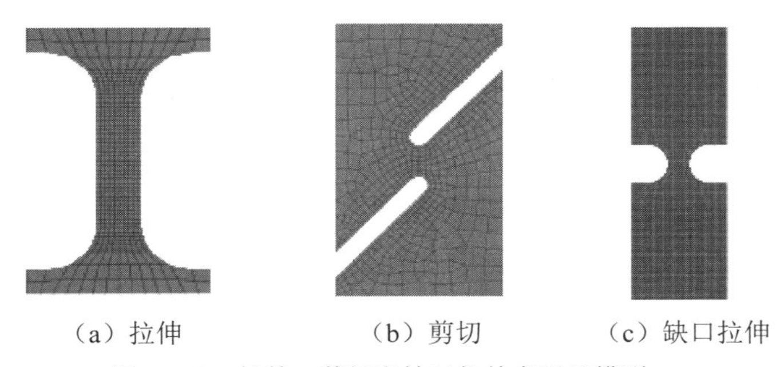

（a）拉伸　　（b）剪切　　（c）缺口拉伸

图 21-23 拉伸、剪切和缺口拉伸有限元模型

这些参数是 GISSMO 损伤模型的 7 个参数。

21.3.2 使用动态时间规整解决方案

由于仿真曲线噪声大，有突然失效部分，采用动态时间规整作为相似性度量，如图 21-24 所示。为了保证目标和仿真曲线的长度相似，在失效荷载作用下截断受力历史，如图 21-25 和图 21-26 所示。

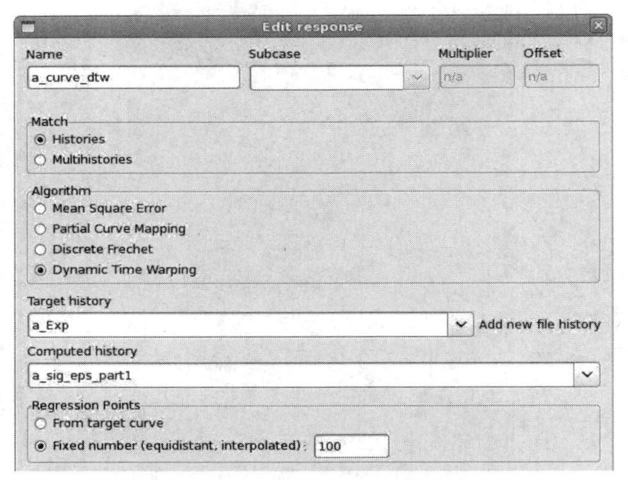

图 21-24 相似度度量动态时间规整的定义

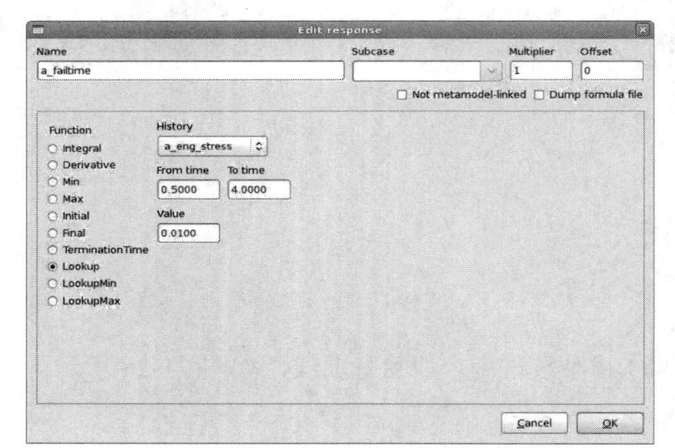

图 21-25 使用查找函数定义故障时间

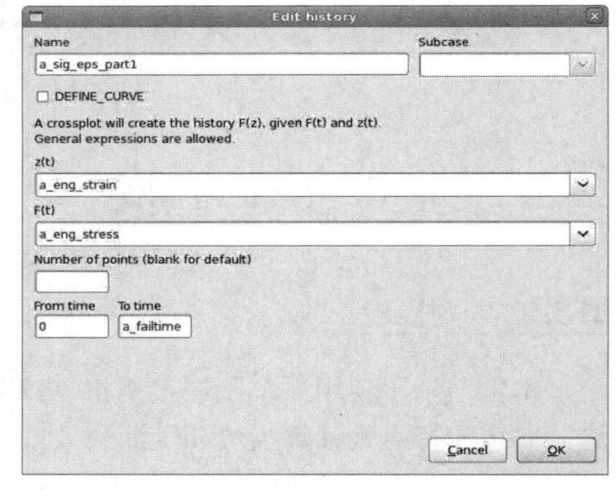

图 21-26 失效时截断的应力－应变曲线定义

优化方法为序贯响应面法，每次荷载情况下每次迭代有 15 次迭代 13 次仿真，共 588 次仿真，包括验证运行。

21.3.3 结果

目标和变量的优化历史如图 21-27 所示。所有的 DTW 残差都得到了显著改善，计算值更接近元模型值，并且所有值都收敛。

图 21-28 为各目标曲线迭代绘制的最优工程应力－应变曲线的历史曲线图。图 21-29 为与目标曲线比较的最终最优曲线。

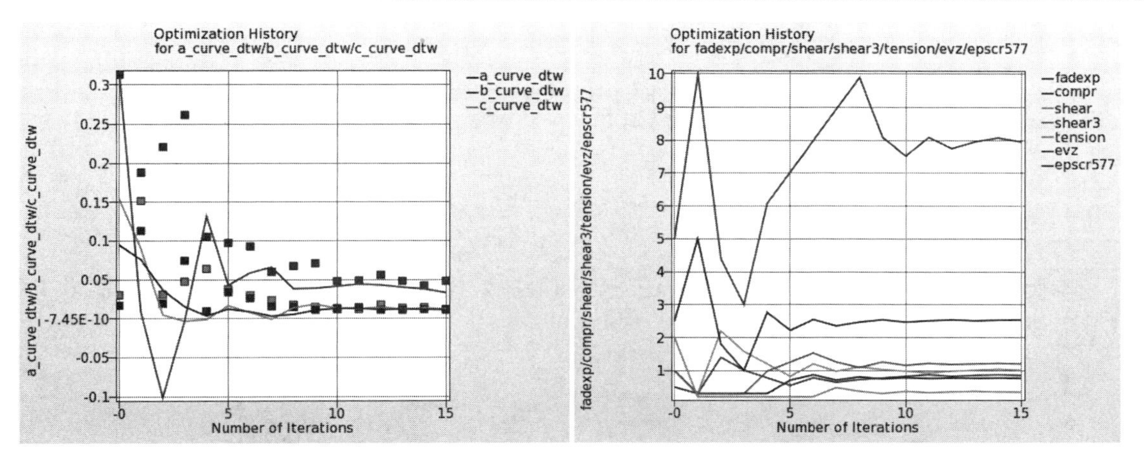

（a）目标优化历史图　　（b）变量优化历史图

图 21-27　目标和变量的优化历史图

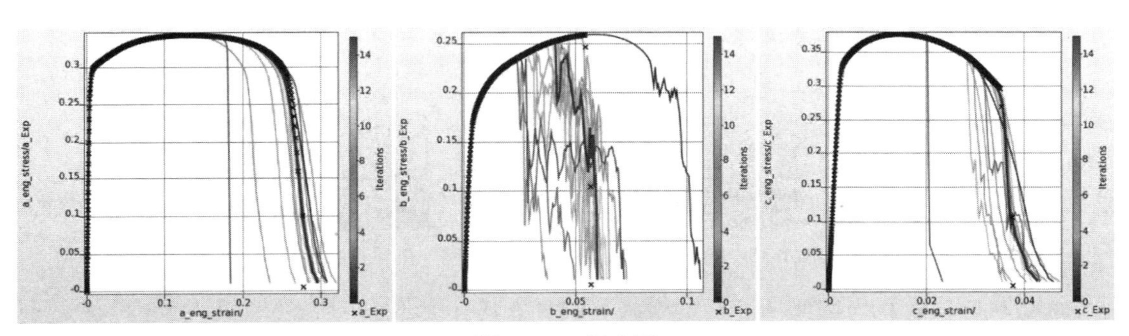

图 21-28　历史图

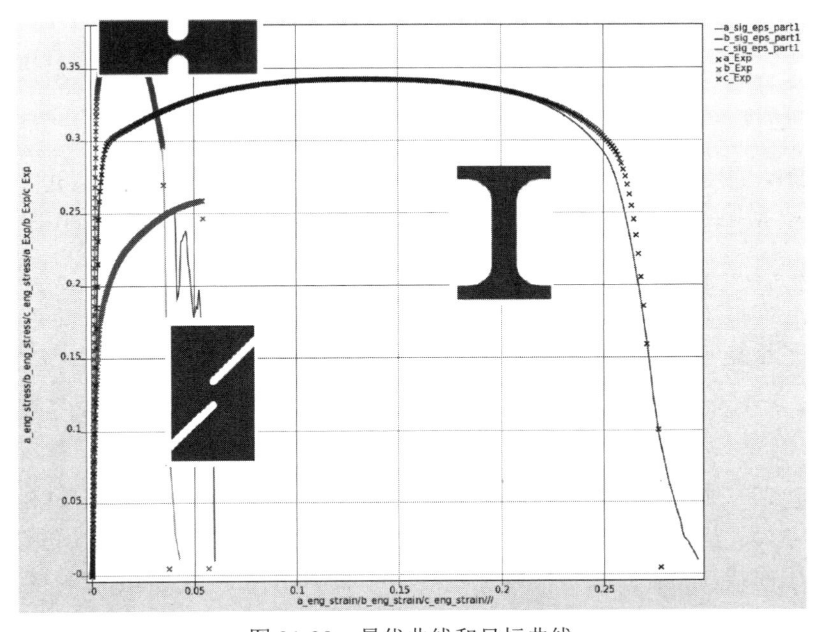

图 21-29　最优曲线和目标曲线

21.4 使用拉伸试验进行全场校准

21.4.1 问题描述

本例演示了修正 Hockett-Sherby 方法进行屈服参数校准，通过从拉伸试验的光学测量中获得数字成像结果，如图 21-30 所示。

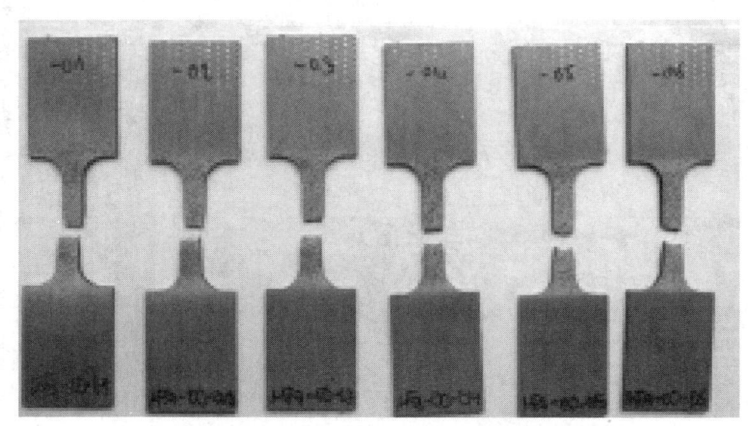

图 21-30 拉伸试验（0°w.r.t.轧制方向）的试验样件

标定方法：整个ε_{xx}应变场与整个测试区域的测试应变进行对比。

由于试验结果是同时在空间和时间上得到的，因此从仿真数据库中提取点向历史，并使用动态时间规整（DTW）法与实验曲线进行匹配。利用该距离范数计算的残差最小，得到四个材料参数。

21.4.2 材料模型

在 LS-DYNA 中建立有限元模型，对受拉力作用的典型试件（图 21-30）进行建模。材料模型使用 Von Mises Yield Locus（冯・米塞斯屈服轨迹）和修正 Hockett-Sherby 屈服曲线公式：

$$f(\varepsilon_p) = D + B(1 - \mathrm{e}^{-C\varepsilon_{pl}^N})$$

式中：D、B、C 和 N 为材料参数。

21.4.3 设置

优化过程包括一个前处理步骤，第一阶段定义屈服曲线，第二阶段使用 LS-DYNA 模拟拉伸试验（图 21-31）。第一阶段执行的脚本如图 21-32 所示，图 21-33 为后续仿真中材料模型所使用的最终屈服曲线，屈服曲线是材料参数 C、N、D 和 B 的函数。如图 21-34 所示，注意 FE 插值在单元中可以使用 Preview in LSPP 按钮选择预览选项。

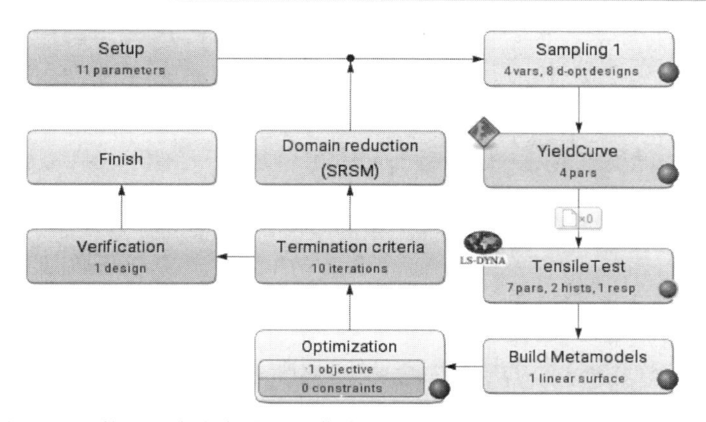

图 21-31　使用用户定义的屈服曲线进行前处理和拉伸试验的问题设置

```
#CREATE YIELD CURVE WITH MODIFIED HOCKETT-SHERBY
#David Koch, Christian Ilg, Pedro Roehl
#PYTHON 3.5
import sys
import csv
import math
import time
C = float('<<c>>')
N = float('<<n>>')
D = float('<<d>>')
B = float('<<b>>')
def getYieldCurve():
yieldcurve_eps = []
yieldcurve_sig = []
SamplePoints = 300
stepsize = 2.0 / (SamplePoints-1)
for i in range(SamplePoints):
val = i*stepsize
yieldcurve_eps.append(val)
yieldcurve_sig.append(D+B*(1-math.exp(-C*val**N)))
return yieldcurve_eps, yieldcurve_sig
yieldcurve_eps, yieldcurve_sig = getYieldCurve()
ycfile = 'yield_curve.inc'
f_yc = open(ycfile, 'w')
f_yc.write('*KEYWORD\n')
f_yc.write('$ Created: ' + time.strftime("%d.%m.%Y %H:%M:%S") + '\n')
f_yc.write('*DEFINE_CURVE_TITLE\n')
f_yc.write('yield curve\n')
f_yc.write('$ LCID SIDR SFA SFO OFFA OFFO DATTYP\n')
f_yc.write(' 500 0 1.0000 1.0000 0.0000 0.0000\n')
f_yc.write('%20.8e %19.8e\n' %(0.0, D))
for i in range(len(yieldcurve_eps)):
if yieldcurve_sig[i] > D:
f_yc.write('%20.8e %19.8e\n' %(yieldcurve_eps[i], yieldcurve_sig[i]))
f_yc.close()
print("N o r m a l")
```

图 21-32　生成屈服曲线的脚本

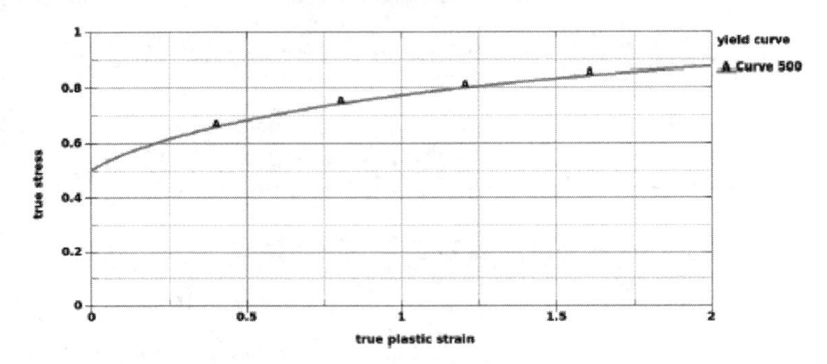

图 21-33　屈服曲线

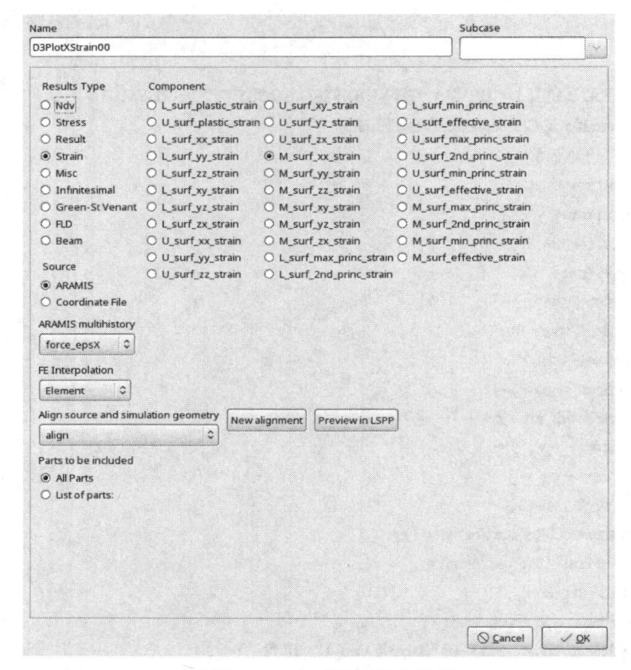

图 21-34　多点历史对话框

由于测试点集最初与 FE 模型不对齐，因此指定使用三个点的对齐。在本例中，三个 FE 节点与三个点坐标集对齐（图 21-35 和图 21-36），在该情况下，指定了相应的源点坐标。可以预览对齐（图 21-38）。最后，创建一个全局力与ε_{xx}应变场的交绘图（图 21-37）。

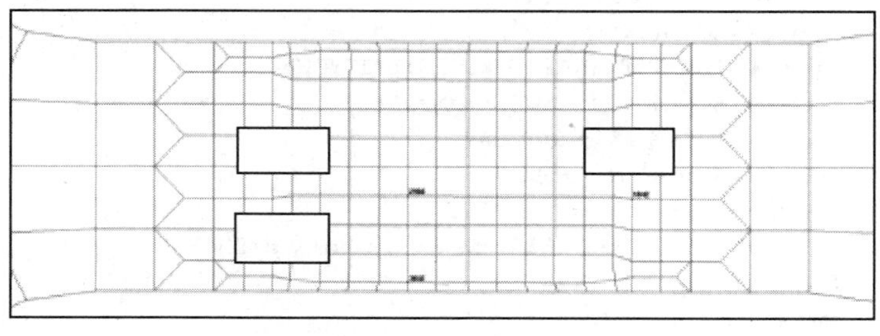

图 21-35　FE 网格上的三个对齐点

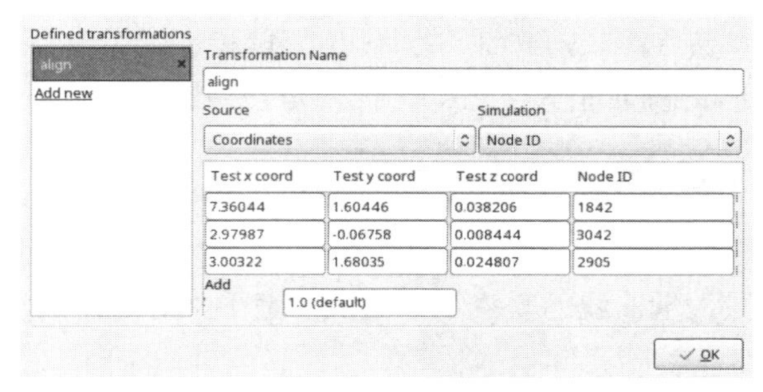

图 21-36　使用三个点与 id 为 1842、3042 和 2905 节点的对齐数据

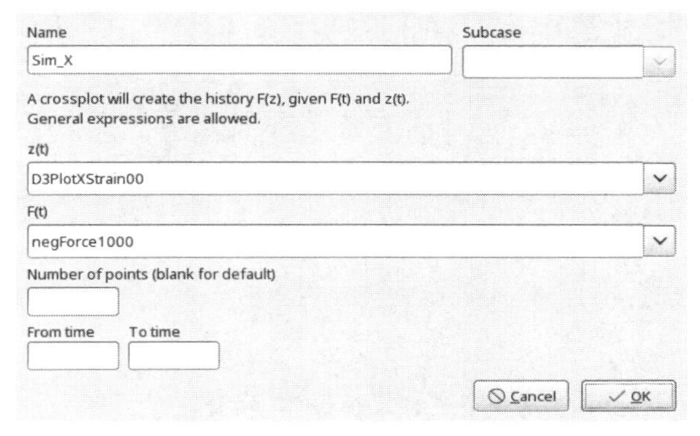

图 21-37　全局力与应变的交绘图定义

21.4.4　使用 DIC 数据和动态时间规整校核

利用实验室的 DIC 结果对材料模型进行校正。LS-OPT 设置要求 463 个测点与 FE 网格对齐，如图 21-38 所示。力与逐点的ε_{xx}应变曲线如图 21-39 中预览功能所示。每条曲线代表一个测量点，如图 21-38 黑色所示。力的使用确保静态和运动学都被纳入校准模型。

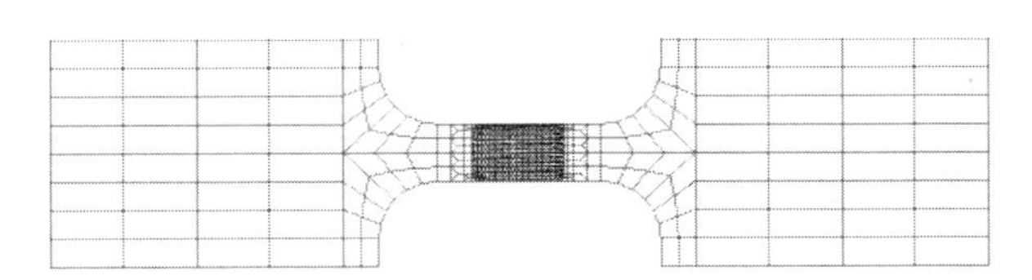

（a）全局图

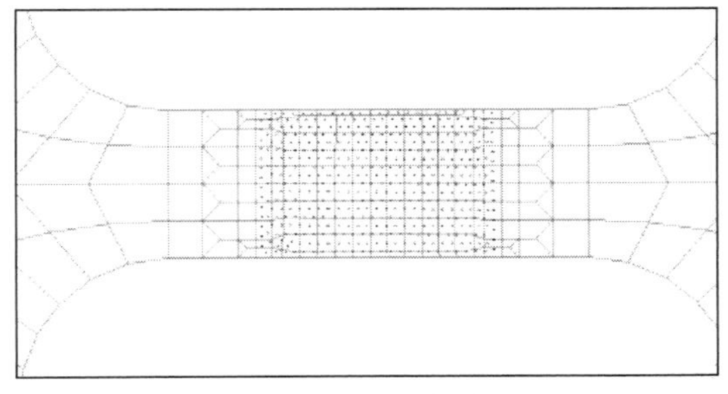

（b）局部放大图

图 21-38　有限元模型上叠加测试点预览

优化问题设置 4 个参数（C、N、D 和 B）作为变量和目标为最小化 DTW 距离函数 f。在每个空间点以及每个变形状态下理想匹配 ε_{xx}。优化是使用默认设置下序贯响应面方法，一共运行了 10 次迭代。

实际实验对参数识别提出了额外的挑战，这意味着相似性度量的选择非常重要。在这种情况下，选择动态时间规整方法（参见第 21.3.2 节例子）进行校准。而欧几里德距离法是不合适的，因为在屈服后阶段大量曲线的垂直下降违反了基于坐标的距离测量（图 21-39）。

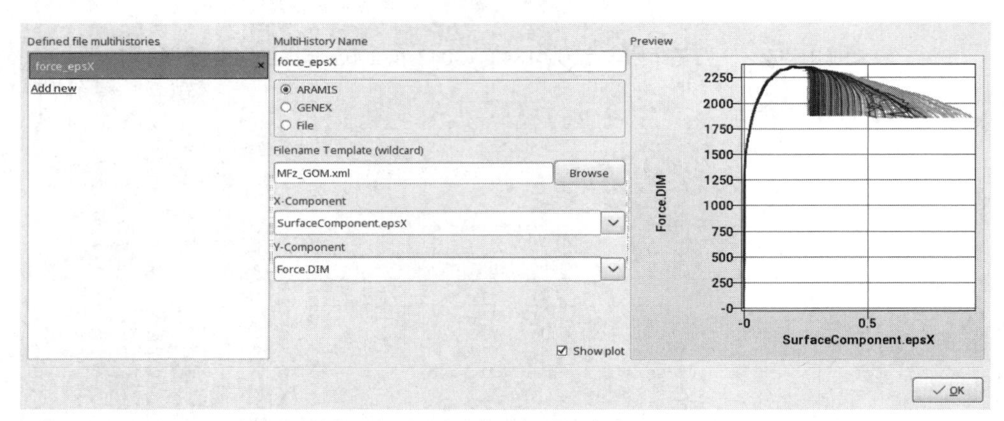

图 21-39　在文件多历史记录对话框中预览实验数据（力与全局应变）

本例使用 gom/ARAMIS 数据库的专用接口，还提供免费格式文本解析（GENEX）和固定格式（File）选项。一条曲线表示一个空间点，如图 21-38 所示。

21.4.5　结果

结果如图 21-40（残差优化历史）、图 21-41（基准和最优变量）和图 21-42（匹配应变等值线图）所示。从图或表中选择模拟点后，可以从查看器中选择等值线图。

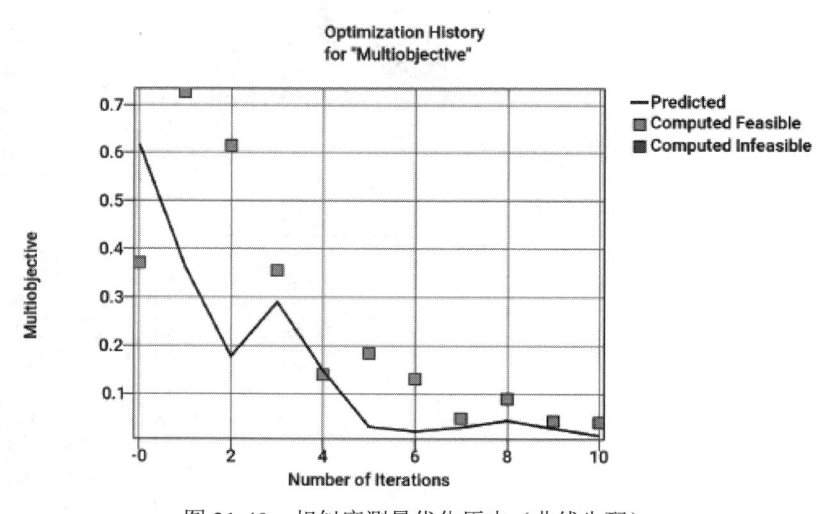

图 21-40　相似度测量优化历史（曲线失配）

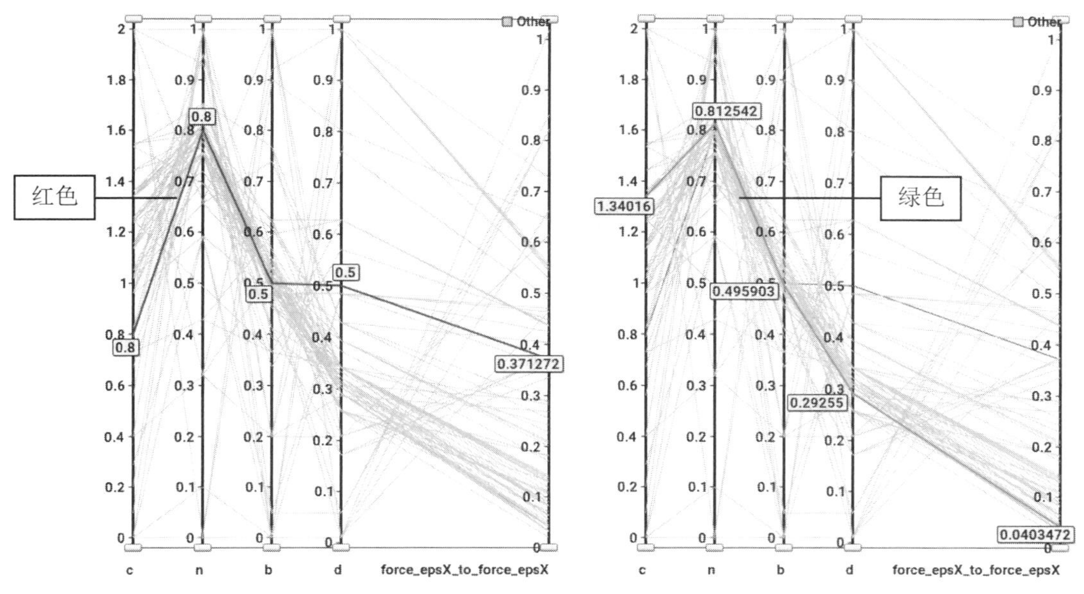

图 21-41　基准变量 C、N、B、D 以及目标值（force_epsX_to_force_epsX）为红色（左），最优解为绿色（右）。Categories 选项用于用红/绿突出显示相关曲线

21.4.6　使用最近节点集群进行节点映射

测试结果也可以映射到 FE 模型节点（代替单元映射）上（图 21-42），在本例中，生成一个 156 个点组成的点集群，点数已从 463 分减至 156 分，通过查找测试点最近邻居来创建节点集群（图 21-43）。从图 21-44 中可以看出，尽管存在节点邻近误差，但最优参数集与单元映射的最优参数集非常相似（图 21-41）。

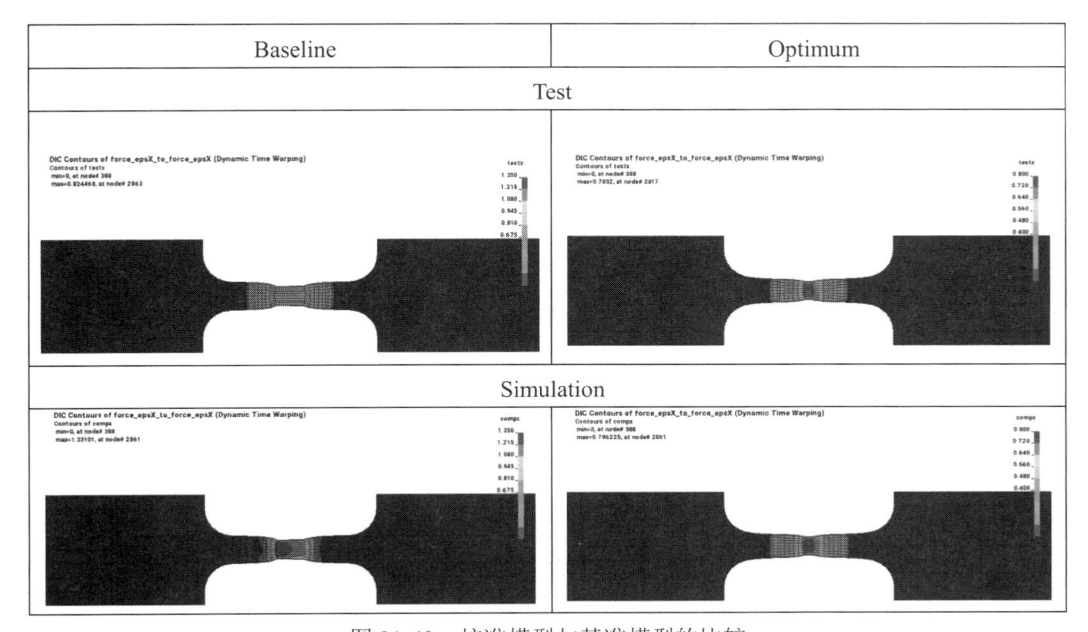

图 21-42　校准模型与基准模型的比较

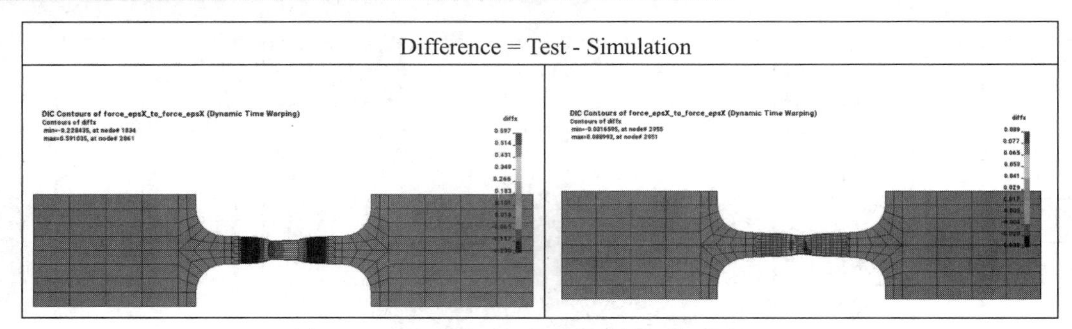

图 21-42　校准模型与基准模型的比较（续图）

测试图和模拟图在基准和最优值的尺度上是相同的。基准和最优值的差异在独特尺度上[-0.23,0.591]和[-0.032,0.089]缩放。

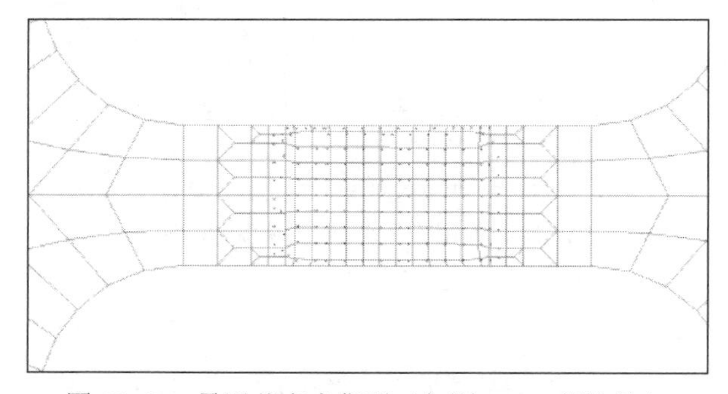

图 21-43　最近节点点集群（与图 21-38 相比较）

如图 21-44 所示，最优变量 *C*、*N*、*B* 和 *D* 与目标值（force_epsX_to_force_epsX）一起显示，基准用红色表示。

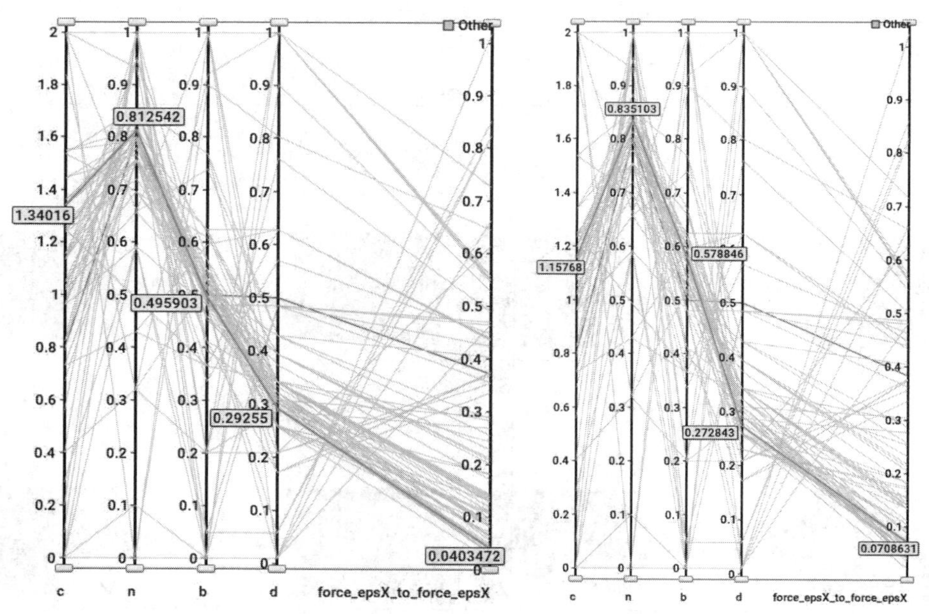

图 21-44　单元映射（左）和使用最近邻节点集进行节点映射（右）的最优材料参数比较

第22章

案例——概率分析

22.1 概率分析

22.1.1 概述

本例有以下特点：

- 概率分析。
- 蒙特卡罗分析。
- 使用元模型进行蒙特卡罗分析。
- 分岔分析。

22.1.2 问题描述

如图 22-1 所示，一个对称的短溃缩管受一移动刚性墙冲击，设计标准是墙体对溃缩管的侵入量（或者结构在墙体冲击下缩短了多少）。

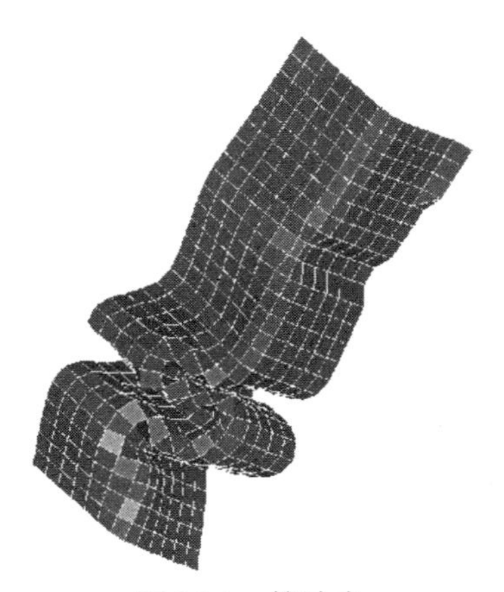

图 22-1 管冲击

该结构的壳体厚度和屈服强度均具有概率性。

壳体厚度正态分布在 1.0 左右，标准差为 5%，屈服强度正态分布在 1.0 左右，标准差为 10%。

名义设计有 144.4 个单位的侵入。侵入是根据位于管道末端节点 486 处的最小 z 向位移（NodDisp 响应）来计算的。计算侵入量大于 150 个单位的概率。使用蒙特卡罗分析进行 1500 次运行获得最好结果。采用蒙特卡罗方法对 60 次运行进行了评价，并采用 3^k 试验设计建立了二次响应面，对该问题进行了分析。不同方法的结果相似，如表 22-1 所示。

表 22-1　结果比较

响应	蒙特卡罗 1500 次运行	蒙特卡罗 60 次运行	响应面 9 次运行
平均侵入距离	141.3	141.8	141.4
侵入距离标准差	15.8	15.2	15.0
侵入概率> 150	0.32	0.33	0.29

利用响应面，计算侵入量对设计变量的导数，如表 22-2 所示。

表 22-2　响应面侵入量的导数

变量	侵入量的导数
壳厚度	208
屈服强度	107

二次响应面还可以研究响应变化对每个设计变量变化的依赖关系。考虑到该变量是结构变化的唯一来源（其他设计变量的变化设为零），计算了表 22-3 给出的侵入量标准差值。

表 22-3　侵入量的标准差

结构变化来源	侵入量标准偏差
壳厚度	10.4
屈服强度	10.7

分析细节见下面相应章节。

22.1.3　直接蒙特卡罗评价

如图 22-2 所示，概率变化通过指定统计分布描述。如图 22-3 所示，并将统计分布分配给噪声变量。通过求解器对基于分布产生的蒙特卡罗样本进行评价，计算出故障概率、响应标准差等响应统计量。

结果

蒙特卡罗分析的结果可以用 Statistical Tools（统计工具）图进行可视化。通过选择绘图类型 Histogram（直方图），可以显示变量和响应的分布，如图 22-4 所示。绘图标题中显示了所选实体的平均值和标准差。通过选择绘图类型 Bounds，可以显示超过 95%置信区间约束边界的概率，如图 22-5 所示。可以在查看器中交互式地修改边界。

图 22-4 给出了约束 NodDisp 的可行性信息。这些值显示在标题中。

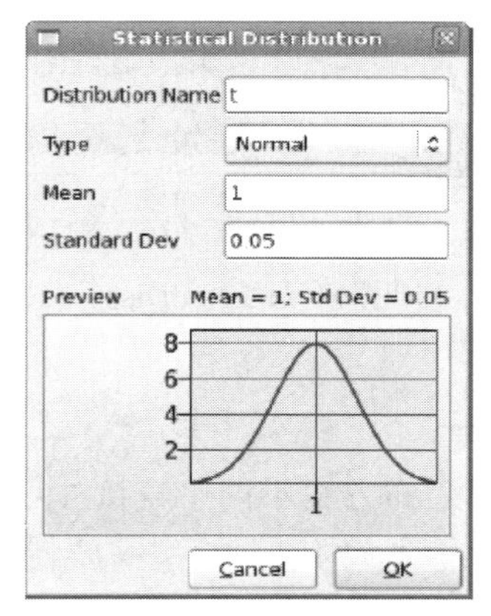

图 22-2 统计分布的定义

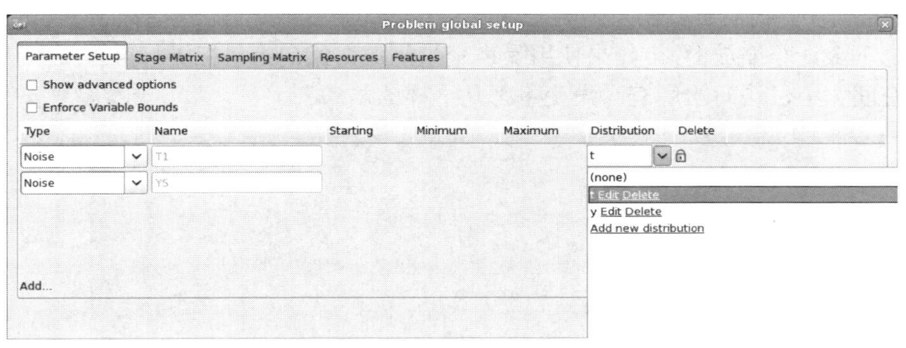

图 22-3 为噪声变量分配统计分布

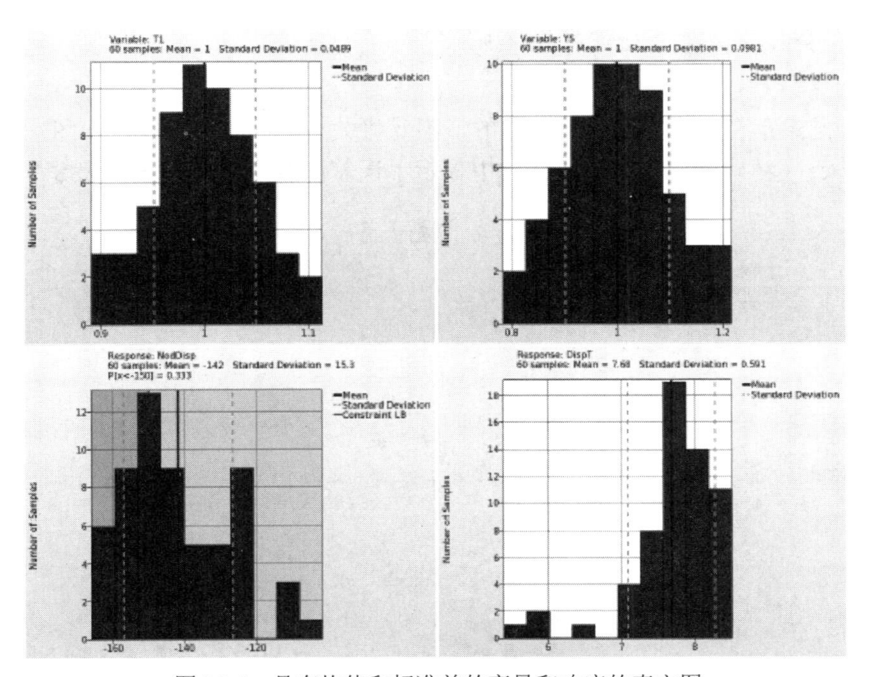

图 22-4 具有均值和标准差的变量和响应的直方图

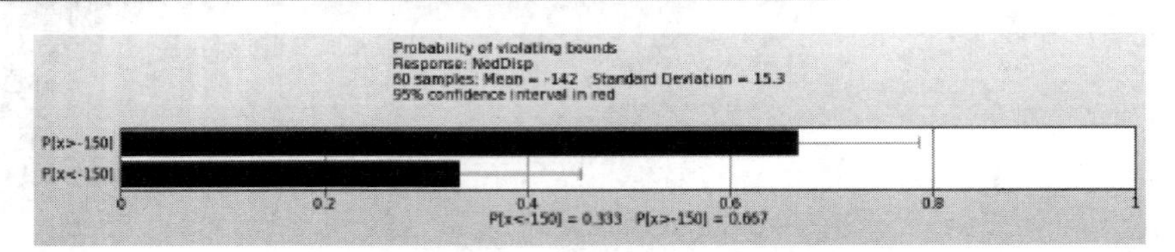

图 22-5　95%置信区间 NodDisp<-150 的概率

22.1.4　使用元模型的蒙特卡罗分析

基于元模型的蒙特卡罗分析的采样方案不同于直接 MC（蒙特卡罗）方法。在基于元模型的方法中，采样不完全由变量分布定义，构建元模型需要特定的变量边界。如果变量的类型被定义为噪声，那么它的边界被设置为距离平均值（默认值）两个标准差的范围，如图 22-6 所示。但是，这个倍数可以由用户更改。在这个特殊例子中，没有使用噪声变量来更好地控制变量边界。如果需要，我们可以在不影响变量边界的情况下更改一些变量的标准差（元模型是根据变量的上下限计算缩放的）。如果使用噪声变量，那么我们将只根据标准差（默认值为 2）定义设计空间大小，这对于所有噪声变量都是一样的。

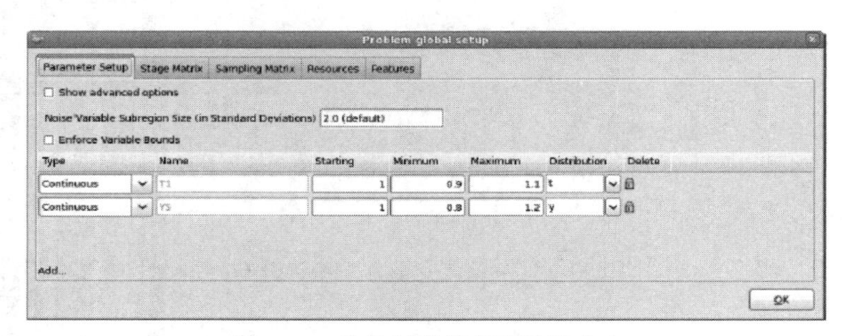

图 22-6　为控制变量分配统计分布

结果

由于统计结果是在元模型上进行评估的，因此将关注响应面精确度，如图 22-7 所示，可以使用 Accuracy（精确度）来显示。标题中显示了误差测量值 RMS、SPRESS 和 R^2。

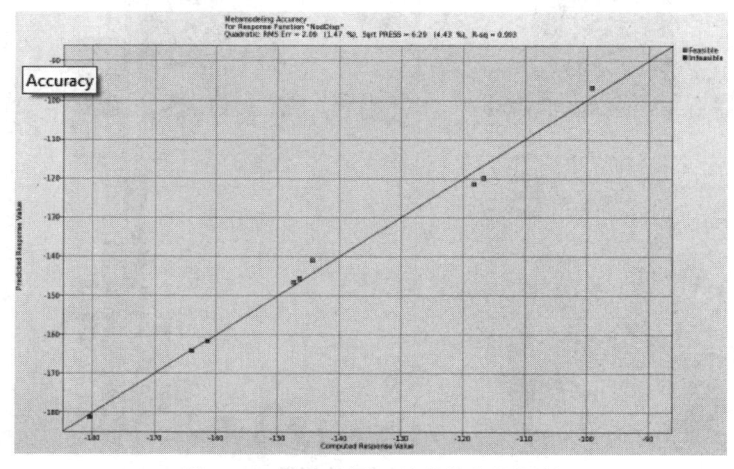

图 22-7　精确度图，计算值与预测值

使用第 22.1.3 节中描述的 Statistical Tools（统计工具）图可以可视化概率评价结果，但现在也可以使用元模型上评估的 10000 个点来计算统计量，如图 22-8 和图 22-9 所示。

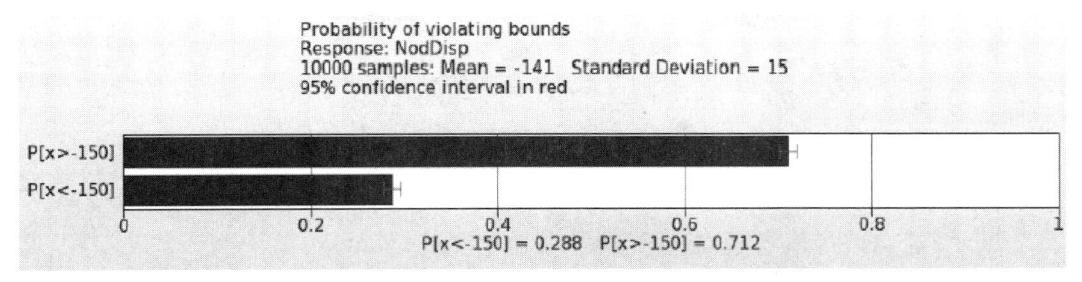

图 22-8　使用 10000 个点在元模型上评估 NodDisp < -150 且 95%置信区间的概率

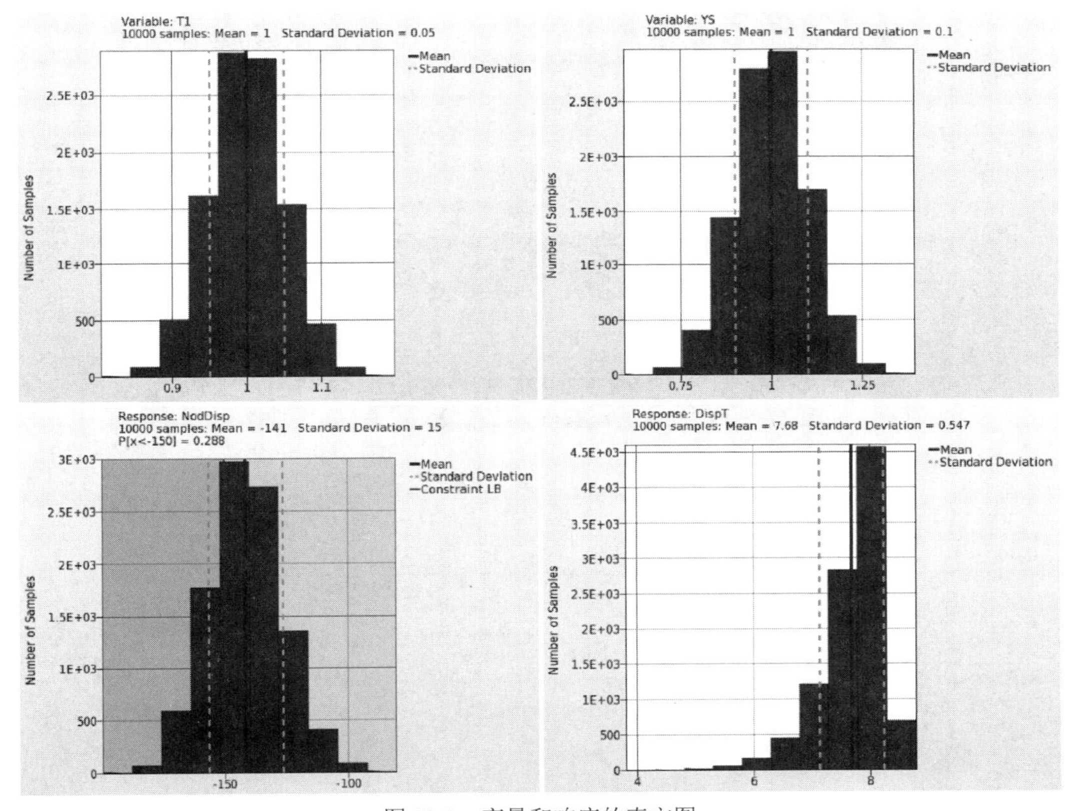

图 22-9　变量和响应的直方图

图 22-9 中的标题显示了平均值和标准差，在元模型上使用 10000 个点计算所有值。

22.1.5　蒙特卡罗分类器

与基于元模型的蒙特卡罗方法一样，基于分类器蒙特卡罗分析的采样方案也不同于直接蒙特卡罗方法。基于分类器的蒙特卡罗方法类似于基于元模型的方法，只是定义了一个作为约束的分类器。分类器 cls_disp 是基于响应 NodeDisp 定义的（图 22-10）。结果如图 22-11 和图 22-12 所示。

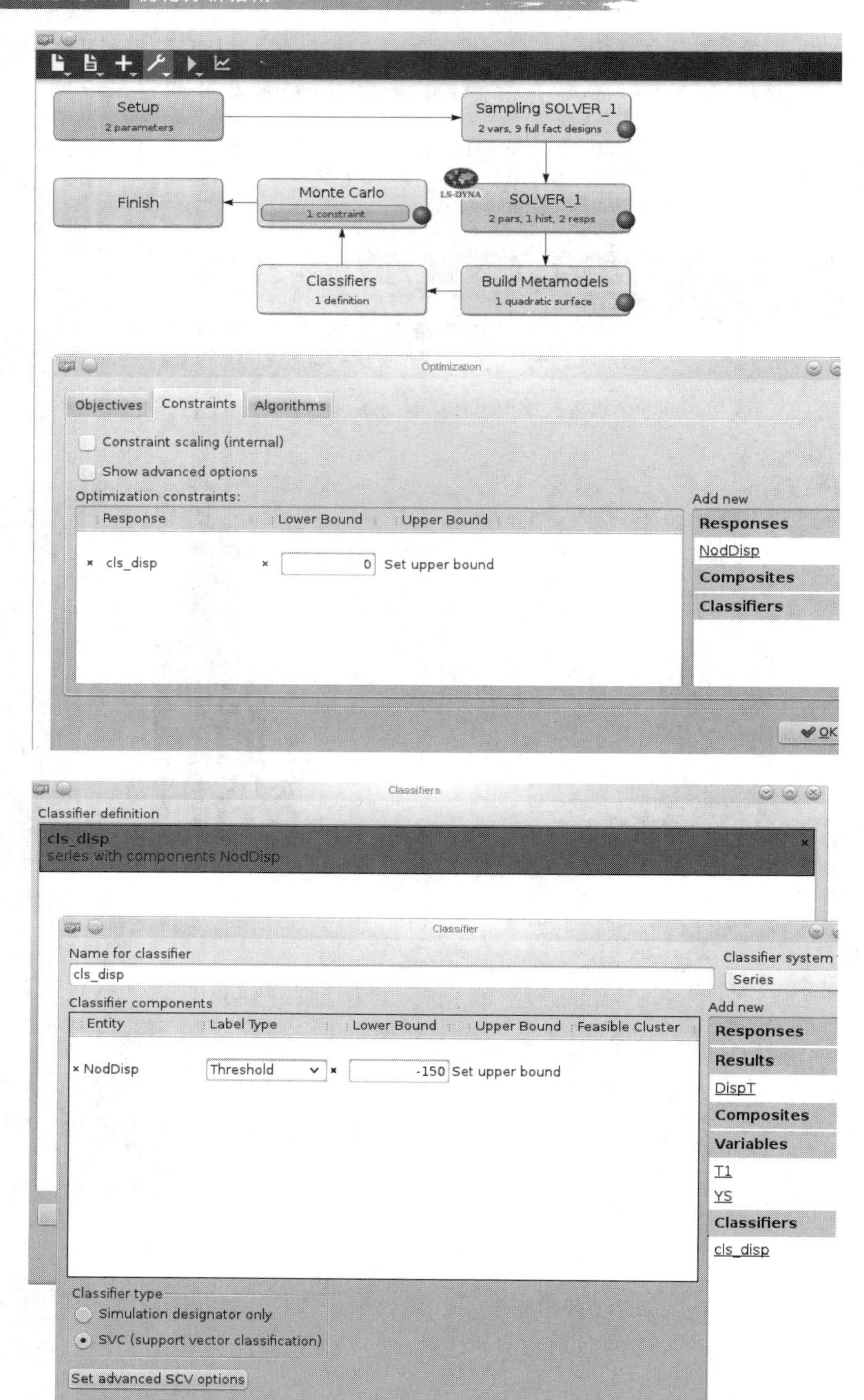

图 22-10 使用分类器约束的蒙特卡罗设置

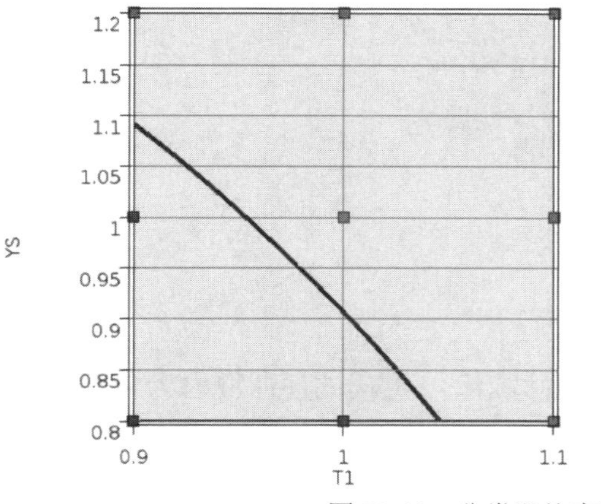

图 22-11　分类器约束近似

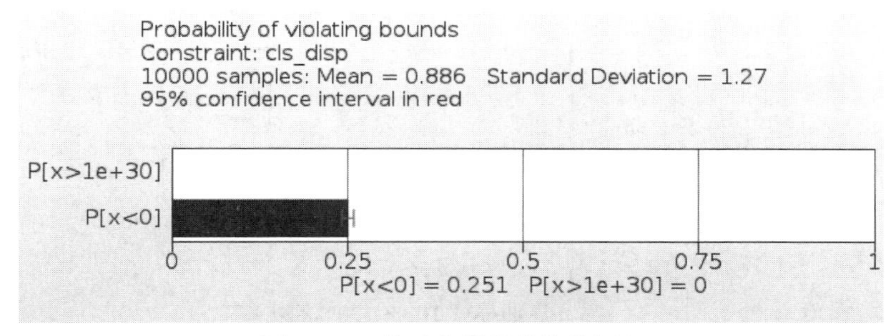

图 22-12　基于分类器的故障概率

22.1.6　分岔分析

本节对管子进行了分岔分析，使用的方法在第 18.8 节和第 22.2 节中有详细描述。分析得到的屈曲模式如图 22-13 所示。其中一种设计形成了额外的半波。

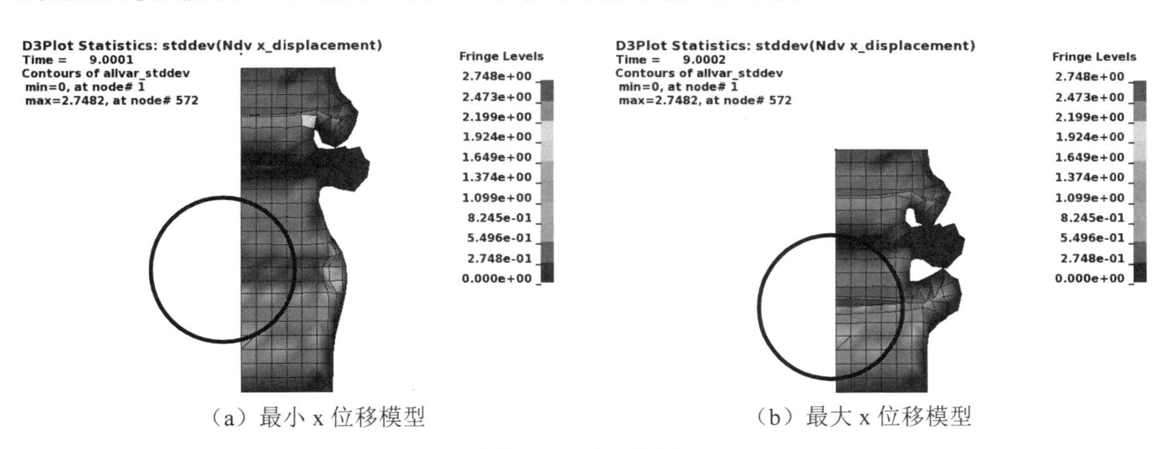

（a）最小 x 位移模型　（b）最大 x 位移模型

图 22-13　管子屈曲

22.2 分岔/异常值分析

22.2.1 概述

本例有以下特点：

- 蒙特卡罗分析。
- 识别结构中不同的屈曲模式。

22.2.2 问题描述

如图 22-14 所示的平板具有两种屈曲模式。正 z 方向的屈曲概率为 80%，负 z 方向的屈曲概率为 20%。尖端节点缺陷的统计分布决定特定模态下的屈曲概率。噪声变量的定义如图 22-15 所示。

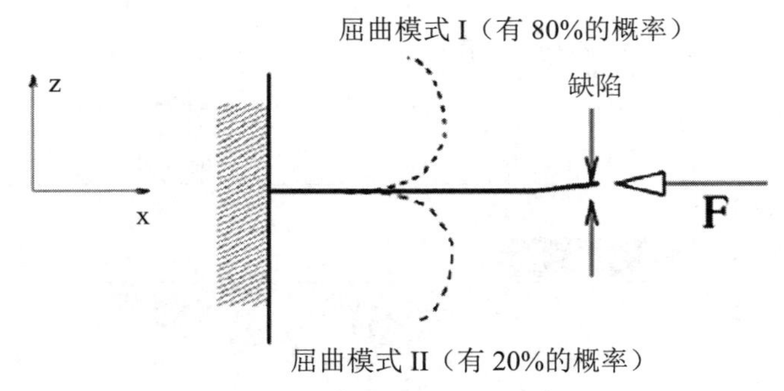

图 22-14　平板屈曲示例

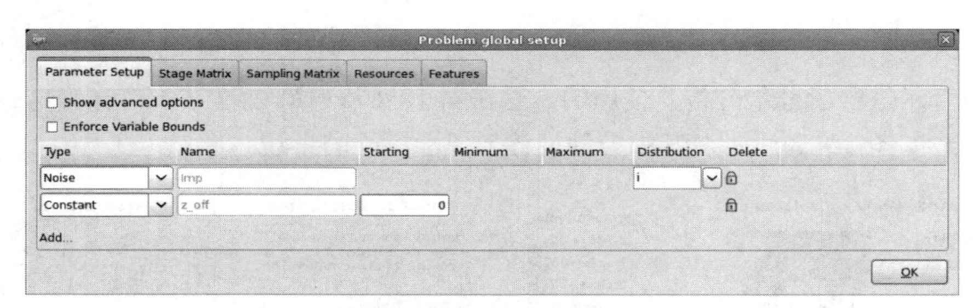

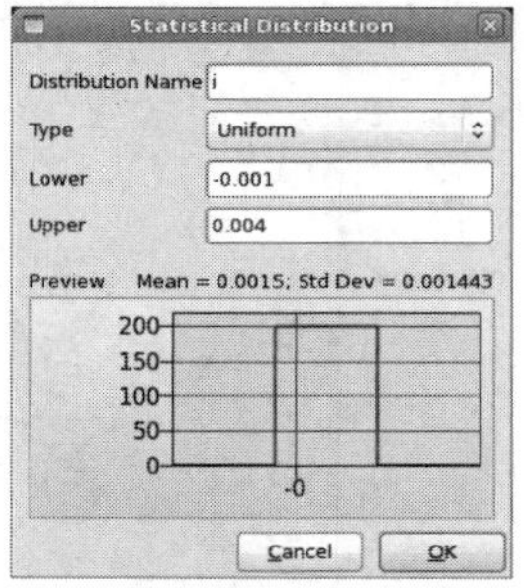

图 22-15　具有均匀分布噪声变量的定义

22.2.3 蒙特卡罗评价

使用拉丁超立方体实验设计进行蒙特卡罗分析，如图 22-16 所示。我们只分析五个点。考虑到负 z 方向弯曲的概率为 20%，假设负 z 方向发生屈曲的可能性为 20%，并且采用拉丁式超立方体实验设计，一次运行将沿负 z 方向屈曲。两种模态的区别在于 z 位移。因此，将叶尖节点的 z 位移定义为响应，如图 22-17 所示。下一节将演示如何找出哪个运行包含不同的屈曲模式。

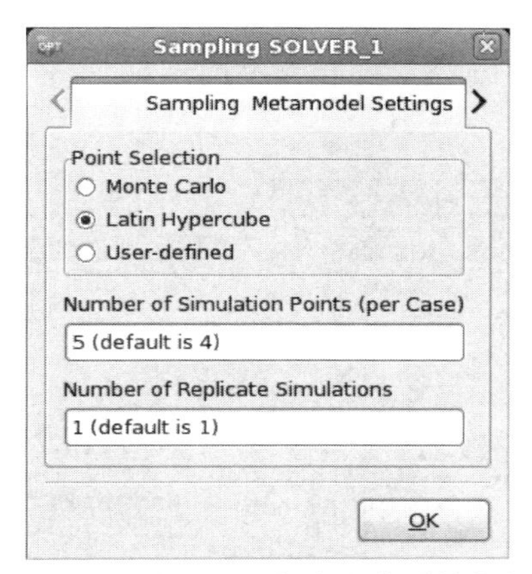

图 22-16　5 个点拉丁超立方体采样的定义

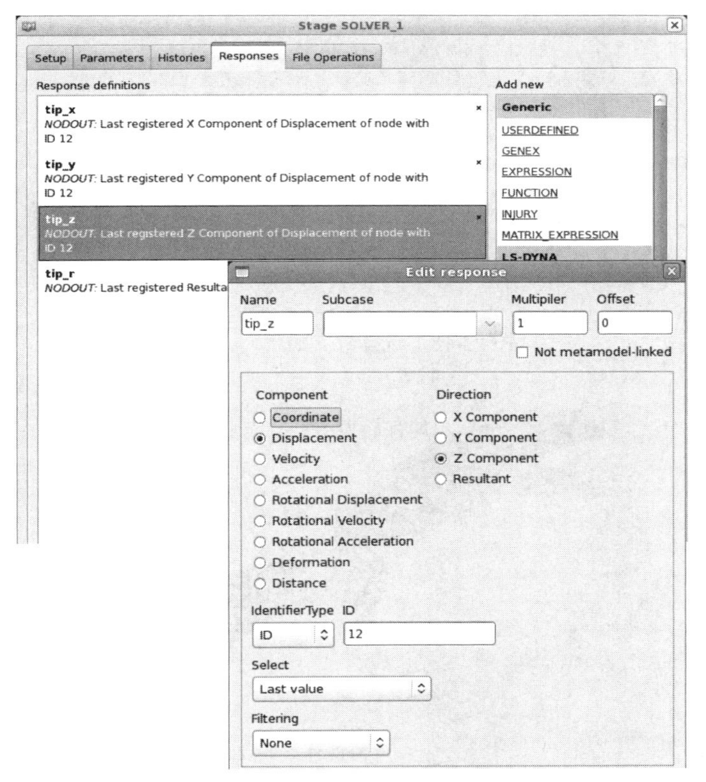

图 22-17　分岔识别的响应定义

22.2.4 屈曲模式的自动识别

可以自动识别不同的屈曲模式，并可以通过主 GUI 控制栏的 DynaStats 选项将其显示在 LS-PREPOST 中。为了识别分岔，我们显示了具有所选 D3Plot 部件极值的 FE 作业。对于这种结构，既可以考虑全局极限 z 位移，也可以考虑尖端 z 位移，从而确定分岔点。在 DynaStats GUI 中自动识别分岔，用户必须选择覆盖与最大和最小残差相关的 FE 模型，选择残差是全局残差还是特定节点上的残差，如图 22-18 所示。使用 LS-PREPOST 显示分岔，如图 22-19 所示。关于分岔识别的一些背景知识可以参考第 18.8 节。

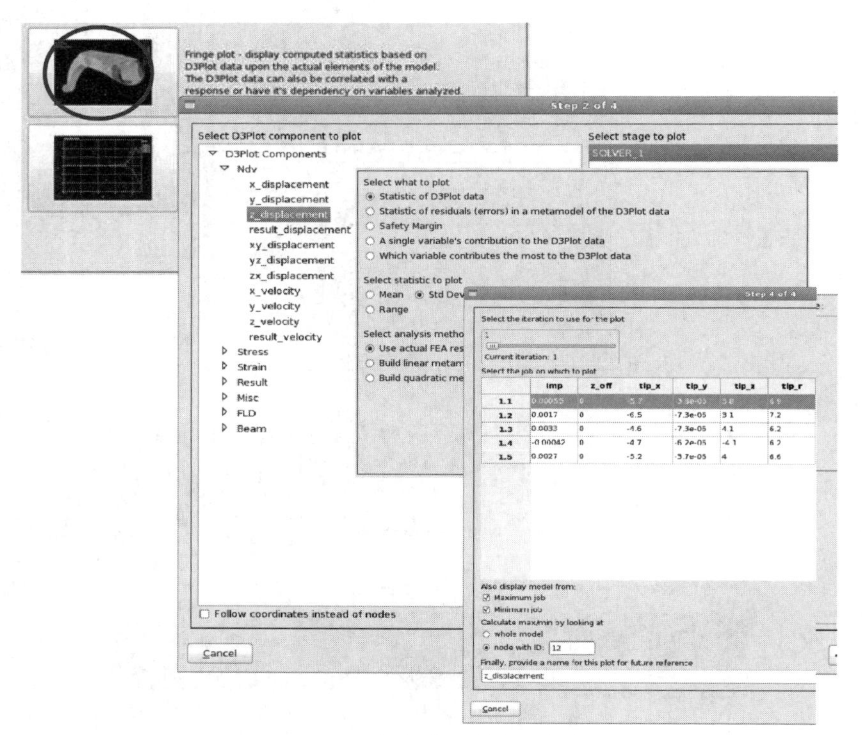

图 22-18　选择分支的自动标识

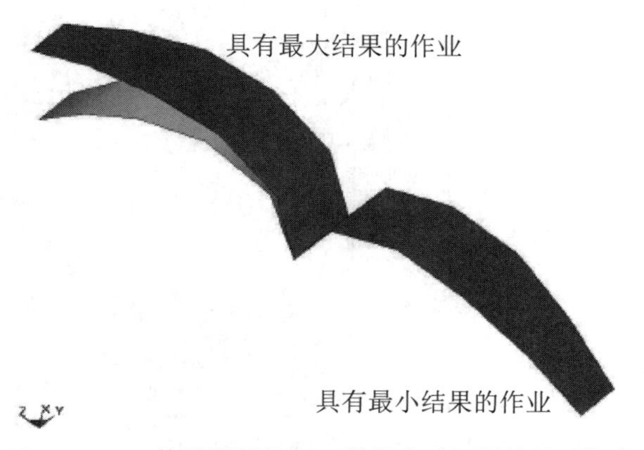

图 22-19　LS-OPT 使用显示的 GUI 设置自动识别并显示这个分岔

22.2.5　手动识别屈曲模式

从主 GUI 控制栏访问 DynaStats 选项来确定不同的屈曲模式。

接下来，可以启动 LS-PREPOST 来研究所有位移分量的范围（或标准偏差）。从位移结果图和其他图中可以清楚地看出，分岔在尖端。通过查看其他部件绘图，我们发现 z 位移的最大值是 5.3（图 22-20），x 位移的最大值是 4.5。利用最大矢量计算位移幅值的最大值为 6.9。

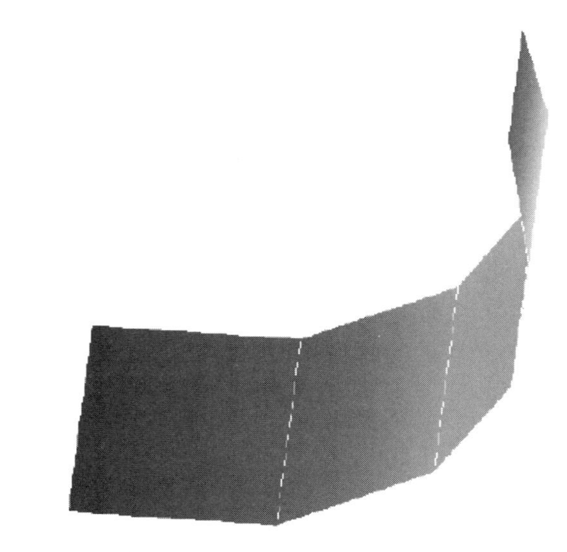

图 22-20　z 分量位移范围

因此，可以用 z 位移或最大矢量位移量来识别屈曲模式（图 22-21）。条纹图确定最大和最小位移运行指数为 2 和 4（图 22-22）。

图 22-21　最大 z 分量位移运行指数

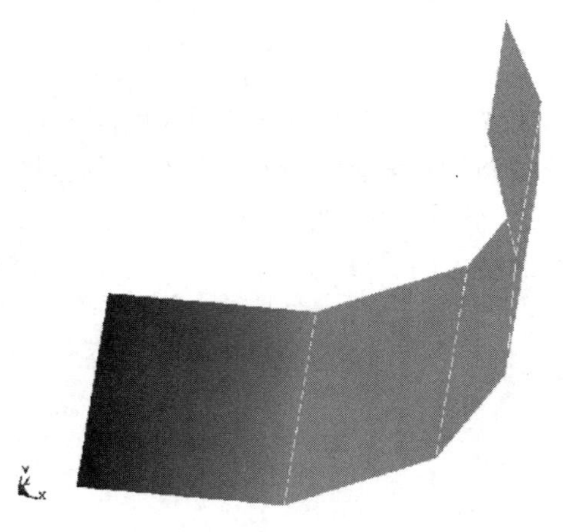

图 22-22　z 分量位移最小的运行指数

LS-OPT 可以让客户指定要用于 LS-PREPOST 绘图的作业编号。将运行 2 和 4 的结果作图，发现第二种屈曲模式如图 22-23 所示。

图 22-23　第二种屈曲模式

22.3　使用一次二阶矩法（FOSM）的基于可靠性设计优化（RBDO）

本节阐述了一个 RBDO 例子，使用第 20.2 节中定义的相同车辆问题示例。通过引入目标失效概率来修正约束条件。优化流程中的可靠性计算采用 FOSM 进行。优化问题为：

$$\begin{aligned}&\min\ \ HIC(15\text{ms})\\&\text{s.t.probability}[Intrusion > 550\text{mm}] \leqslant 10^{-6}\end{aligned} \tag{22-1}$$

式（22-1）表明汽车的设计更加安全，其故障概率小于 10^{-6}。在第 20.2 节中，约束是确定的，侵入量要求小于 550mm。如果在不确定性存在的情况下对侵入量平均值使用相同的约束，则可能导致很大的失败概率。这可以通过具有小失败概率目标的概率约束来避免。

在本例中，两个变量（thood，tbumber$\in$[1,5]）被赋值为相同的均匀分布，下界为-0.05，上界为 0.05。采用 SRSM 策略寻找最优解。变量设置和约束定义如图 22-24 所示。

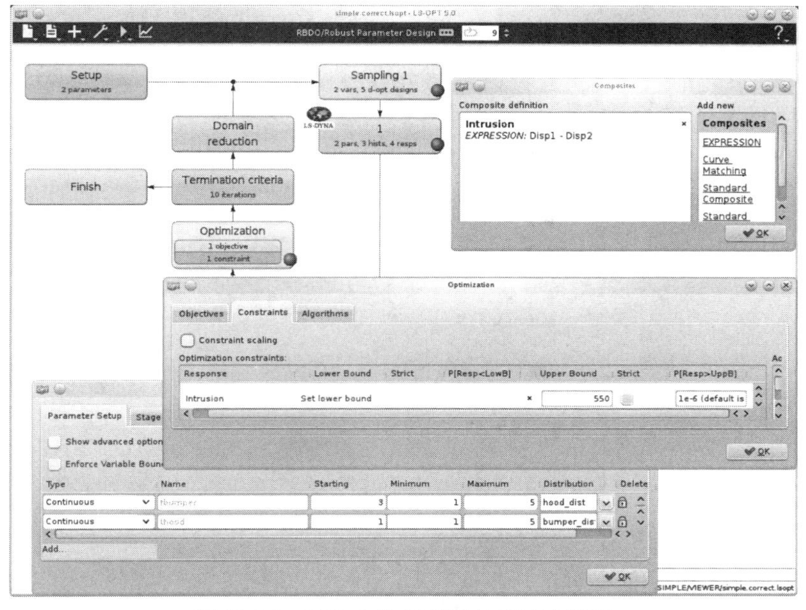

图 22-24　RBDO 的概率变量和约束定义

结果是 thood =1.7，tbumper=5，*HIC* 值为 139，侵入量为 545，标准偏差为 1.01。

22.4　鲁棒参数设计

本例有以下特点：

- 鲁棒参数设计。
- 标准偏差复合。

考虑如图 22-25 所示的双杆桁架问题。变量 Area，即杆的横截面积，是一个用均值为 2.0、标准差为 0.1 的正态分布描述的噪声变量。两杆之间的一半距离 Base，是一个控制变量，调整它来控制应力响应的方差。将应力响应的标准差作为鲁棒设计过程的目标，如图 22-28 所示。

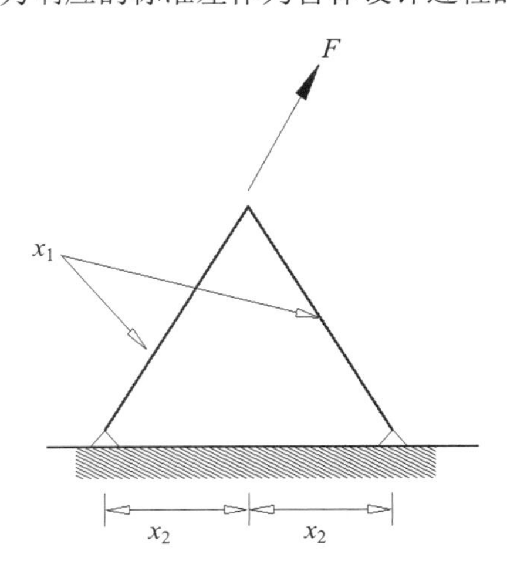

图 22-25　双杆桁架问题

该双杆桁架问题有两个变量：如图 22-25 所示杆的厚度和杆的宽度（两杆之间的一半距离 Base）。杆厚是噪声变量，而调整杆宽（控制变量）来最小化杆厚变化导致的影响。结构最大应力被监控。

使用基于元模型任务的 RBDO/鲁棒参数设计，如图 22-26 和图 22-27 所示。采用考虑变量影响和变量间相互作用的响应面来近似应力响应。

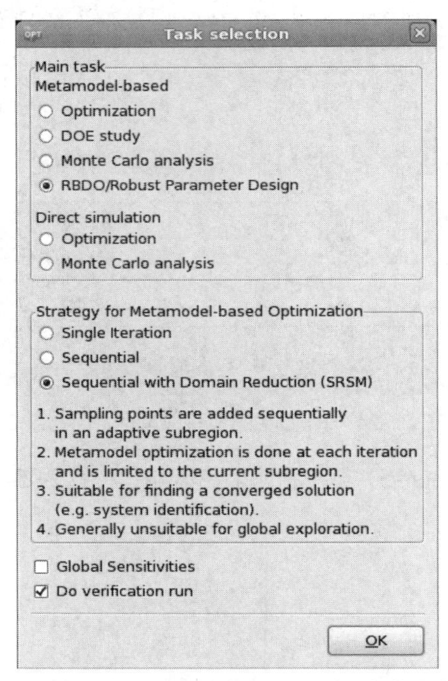

图 22-26　基于任务可靠性的设计优化/鲁棒参数设计

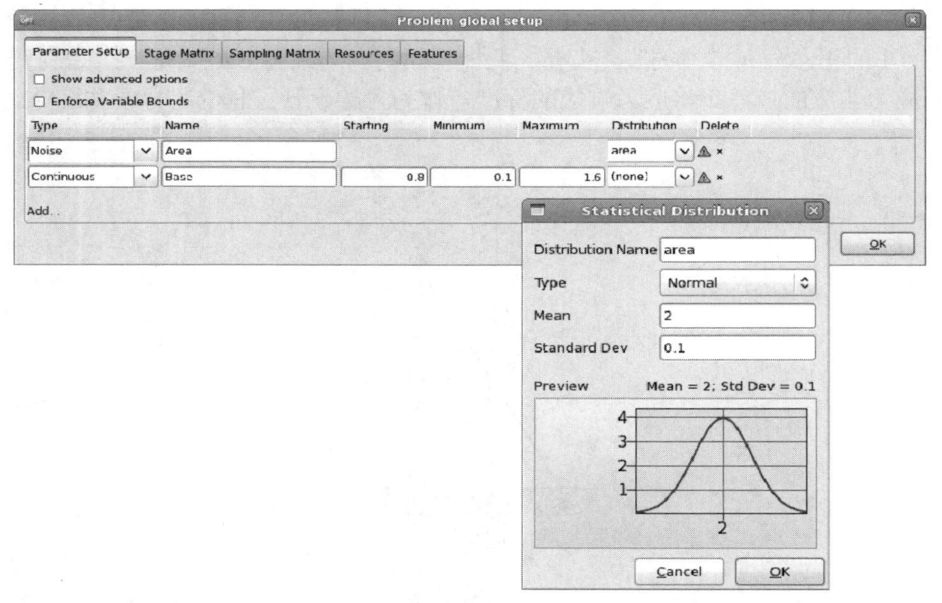

图 22-27　参数设置和分布

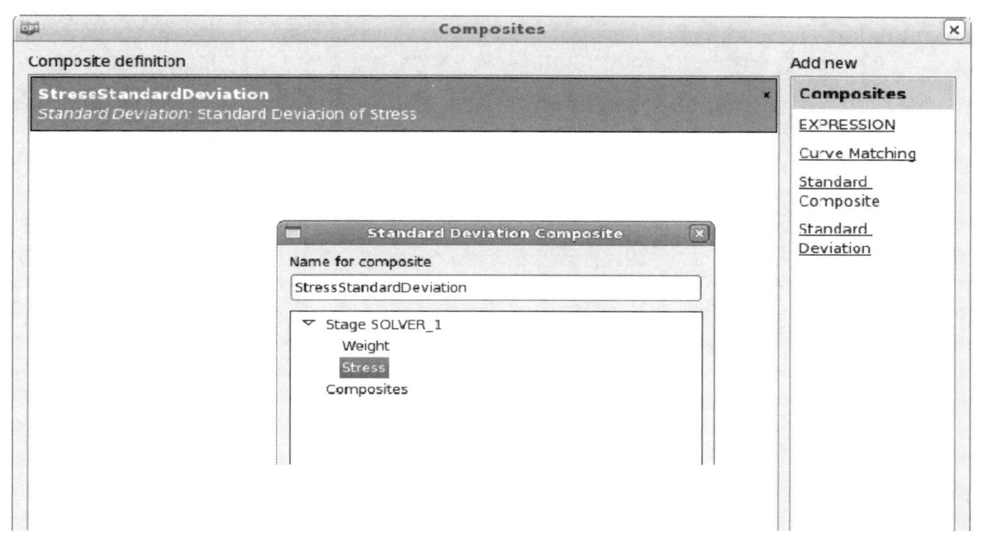

图 22-28　标准差复合的定义

实际应力响应如图 22-29 所示。从图中可以看出，考虑到设计将处于响应最平坦区域，必须将 Base 变量设置为大于 0.4 的值，才能获得应力的最小变化量。优化结果为 0.5，如图 22-30 所示。优化结果中还显示了应力标准差的设计历史。注意，在第 4 次迭代后，标准差响应对控制变量的变化将几乎不敏感，并且 Base 变量的子区域初始尺寸过大，初始响应面不精确而导致初始尺寸过大。

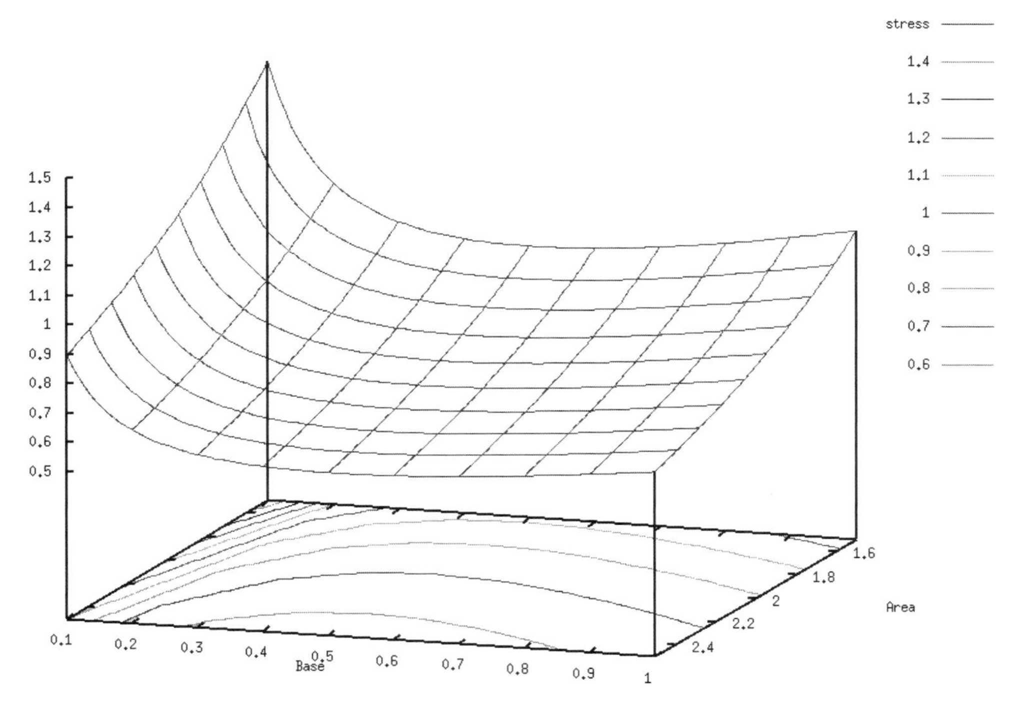

图 22-29　应力响应等值线图（响应最平坦的部分是变量'base' = 0.5 时）

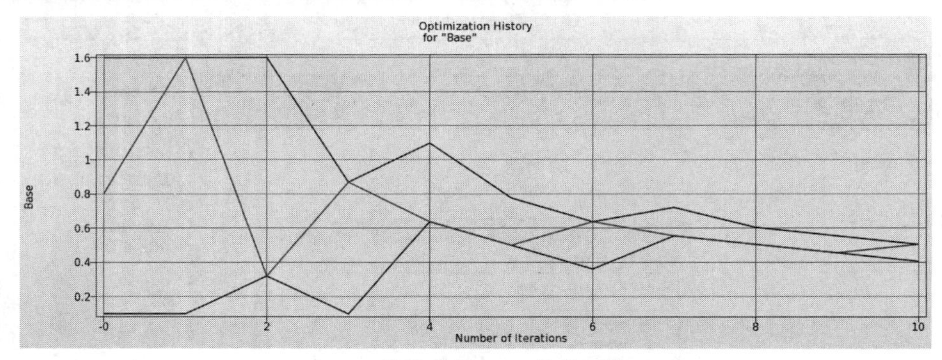

（a）设计变量 Base 优化历史

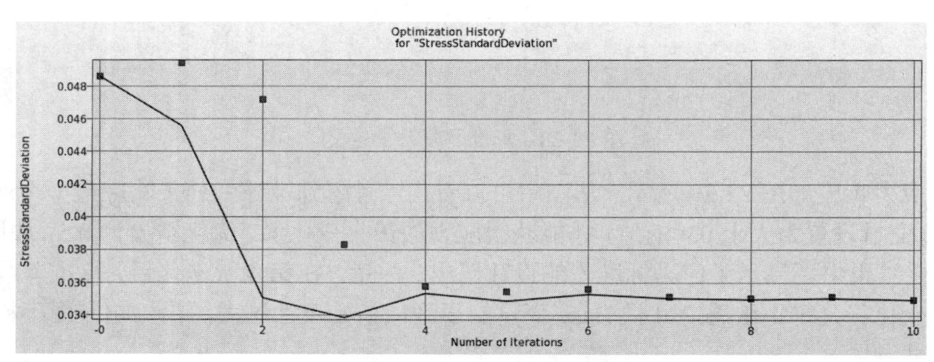

（b）应力响应标准差优化历史

图 22-30　优化结果

22.5　公差优化

22.5.1　概述

本例具有以下特征：

- 概率分析。
- 采用导入的元模型进行蒙特卡罗分析。
- 概率分布参数的参数化。
- 抽取概率分析结果作为响应。
- 多级优化。
- 多目标优化。
- 公差优化。

22.5.2　问题描述

在本例中，一个简化的车辆模型受到撞击。模型与第 20.2 节中定义的模型相同。其目标是优化部件 hood 和 bumper 的两个厚度参数及其相关公差值，以达到设计目标与优化鲁棒性之间的平衡。

不考虑容差或不确定性影响的确定性优化问题为：

$$
\begin{aligned}
&\min_{x} \quad f_1 = Mass(x) \\
&\text{s.t.} \\
&g_1(x) = Intrusion(x) - 500\text{mm} \leqslant 0\text{mm} \\
&g_2(x) = HIC(x) - 250 \leqslant 0 \\
&1 \leqslant x \leqslant 5
\end{aligned}
\tag{22-2}
$$

式（22-2）中的 x 为设计变量向量，即所选部件的 thood 和 tbumper。

上述优化解可能不具有鲁棒性，因为最优设计通常位于约束边界。这个问题可以通过引入公差来解决。通过对名义设计变量的控制，提高了相关公差，从而使设计具有更强的鲁棒性，在公差区间内失败的概率/可能性可以忽略不计。

这种增强的鲁棒性常以牺牲其他设计目标为代价。因此，优化方案可能包含多个相互竞争的目标。在本例中，使用两个目标执行优化，当相对公差最大时，名义质量值最小。最后的解是在名义质量和相对公差之间进行折中的帕累托最优解。

为简单起见，假定两个厚度具有相同的相对公差δ或 Rel_tol。需要注意的是，优化变量是厚度的名义值，称为 nominal_th 和 nominal_tb。总体上，该问题由三个优化变量 nominal_th、nominal_tb 和δ组成。基于公差的优化问题为：

$$
\begin{aligned}
&\max_{\bar{x},\delta} \quad \{\delta, -\bar{f}_1\} \\
&\text{s.t.} \\
&\text{Probability}[Intrusion > 500] \leqslant 10^{-8} \quad \text{for all } x \in [\bar{x}(1-\delta), \bar{x}(1+\delta)] \\
&\text{Probability}[HIC > 250] \leqslant 10^{-8} \quad \text{for all } x \in [\bar{x}(1-\delta), \bar{x}(1+\delta)]
\end{aligned}
\tag{22-3}
$$

在上面的方程中，δ是相对公差。$\bar{f}_1$ 表示设计部件的名义质量（上面负号表示最小化），$\bar{x}$ 为名义设计。在公差范围内（例如 $\forall x \in \left[\bar{x}(1-\delta), \bar{x}(1+\delta)\right]$），所有可能设计都必须满足对侵入量和 HIC 值的约束。

需要注意的一个重要特性是，概率约束函数要求计算具有固定名义变量值 $\bar{x}$ 和δ的条件概率。这可以通过在固定名义设计时使用简单的蒙特卡罗分析来实现，因为固定公差δ也固定了分布边界。这将在第 22.5.3 节中进行说明。

利用蒙特卡罗分析计算失败概率是式（22-3）中公差优化问题的一个子问题。在第 22.5.4 节中演示了使用两级设置的公差优化。在这里，蒙特卡罗分析形成了内部层次，并为不同组合名义设计和公差反复执行分析。

在第 22.5.3 节和 22.5.4 节中，蒙特卡罗分析都使用预先构造的全局元模型来进行，以减少与计算条件概率相关的计算成本。

22.5.3　基于导入元模型的固定公差蒙特卡罗分析

在本节中，目标是确定特定设计配置的可行性：名义值 nominal_th = 1.9，nominal_tb = 3，在 2%的公差区间内（rel_tol=0.02）。该设计具有不确定性，因此只有在名义设计的公差区间内，所有可能配置中没有一个失效，才被认为是可行的。对于所需的响应，假定可获得以前使用 LS-OPT 构造的精确全局元模型，则不需要额外的有限元模拟。元模型数据库是一个 XML

文件，在本例中，该文件的名称为 DesignFunctionsGlobal_PoleCrash。此外，假定两个厚度参数具有均匀分布，则这两个随机变量 thood 和 tbumper 的分布如图 22-31 所示。

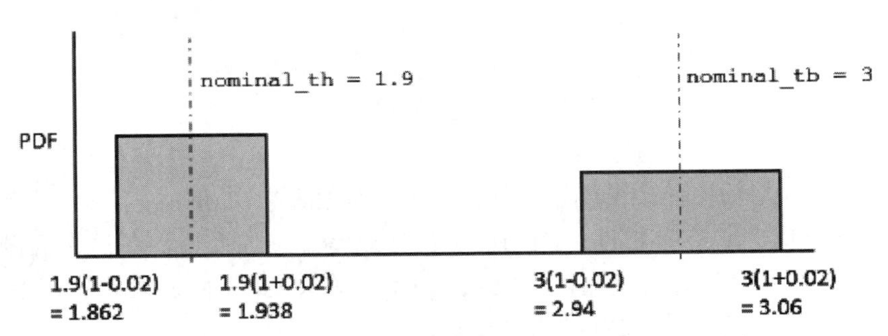

图 22-31　基于固定名义值和公差的 thood 和 tbumper 分布

使用导入元模型设置蒙特卡罗分析问题的步骤如下：

（1）使用基于元模型的蒙特卡罗分析作为任务类型启动一个新的 LS-OPT 项目。

（2）使用 Build metamodels 框中提供的 Import Metamodel 特性，指定包含预构建元模型的文件 DesignFunctionsGlobal PoleCrash。一旦文件被解析，LS-OPT 中将自动标识设计参数、响应和元模型类型，如图 22-32 所示。

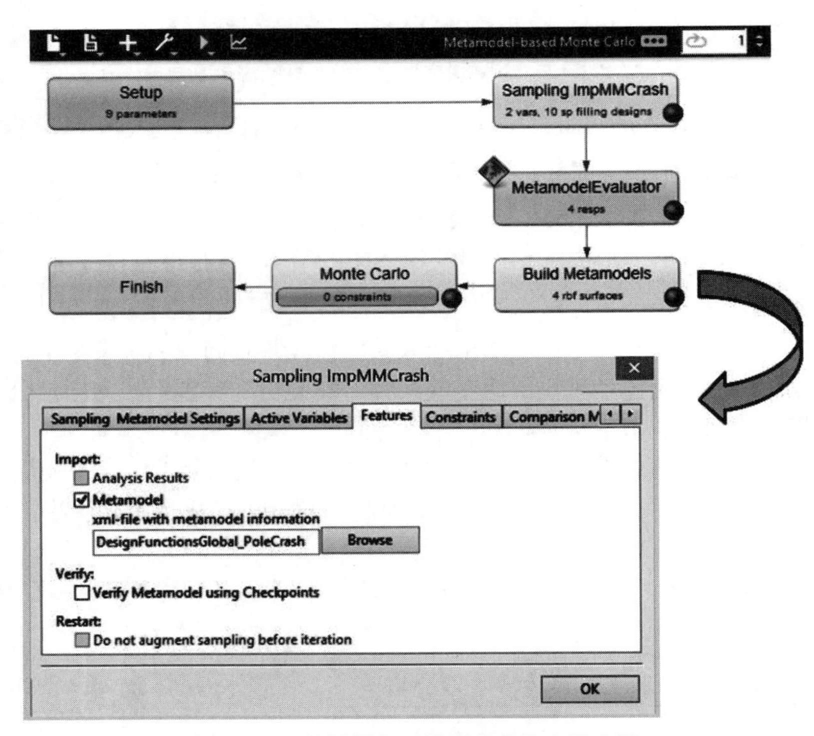

图 22-32　使用导入元模型的蒙特卡罗分析

（3）通过导入元模型解析的部件厚度设计变量（tbumper 和 thood）被定义为具有统一分布的噪声变量，如图 22-33 下部所示。由于公差和名义值是固定的，所以分布也是固定的，如图 22-31 所示。

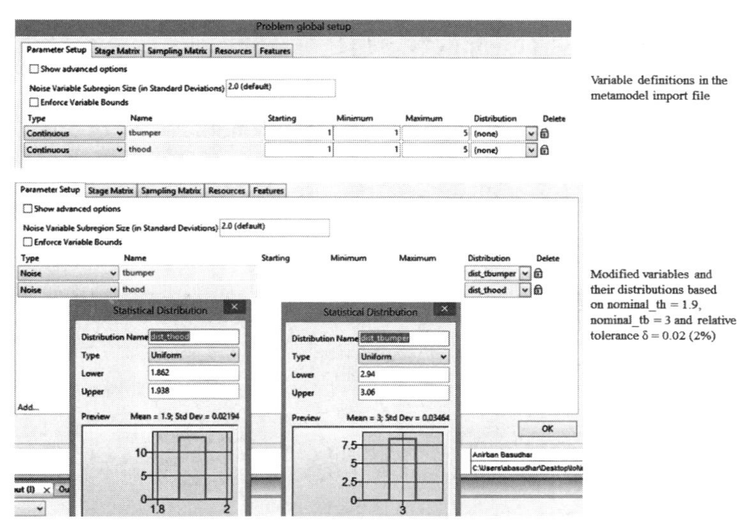

图 22-33　基于常数均值和公差的固定变量分布

（4）但是，如果有 10 种不同的设计方案（nominal_tb、nominal_th 和 rel_tol 的组合），那么每个噪声变量将有 10 种不同的分布。因此，对于 nominal_tb、nominal_th 和 rel_tol 的 10 种组合，用户需要计算下界和上界来定义分布。这种手工操作可以通过对分布参数进行参数化来避免，以便在 LS-OPT 中对任意给定的名义厚度参数和相对公差值集进行上限和下限的自动计算。这是使用“&”操作符实现的（图 22-34）。针对从属变量 tb_l、tb_u、th_l th_u 进行参数化，它们被定义为 nominal_th、nominal_tb 和 rel_tol(δ)的函数。对 nominal_th、nominal_tb 和 rel_tol(δ)依次手动添加常数，分别为 1.9、3 和 0.02。

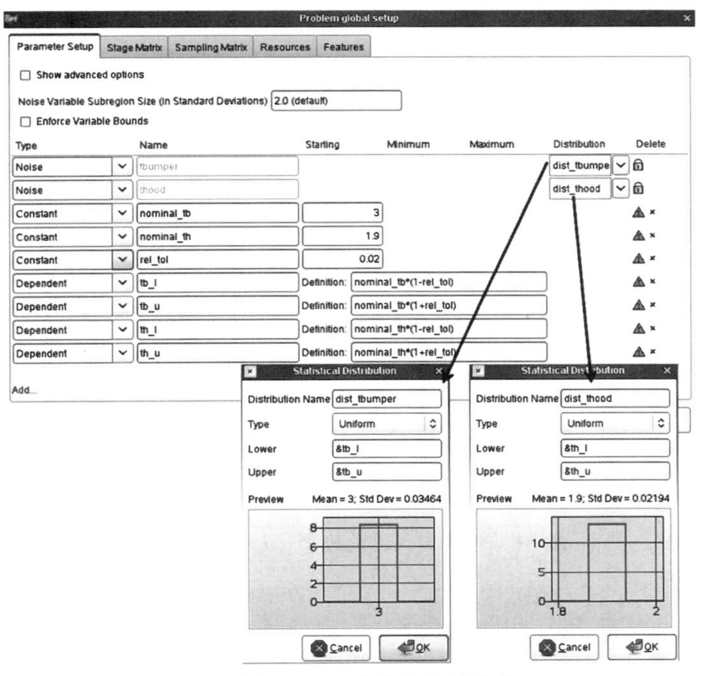

图 22-34　参数化变量分布

（5）对于单个蒙特卡罗分析，分布的参数化是可选的，但是在执行自动迭代公差优化时，参数化是必不可少的，参考第 22.5.4 节所述。

（6）本例包含侵入量的两个上界约束和 HIC 值（参见式（22-2））。需要将侵入量定义为一个复合（Disp1-Disp2），根据直接从元模型导入文件获得的两个位移响应 Disp1 和 Disp2 来定义，然后定义蒙特卡罗分析的约束（图 22-35）。基于导入的元模型，在 Algorithms 中定义用于计算的蒙特卡罗样本数量（图 22-35）。

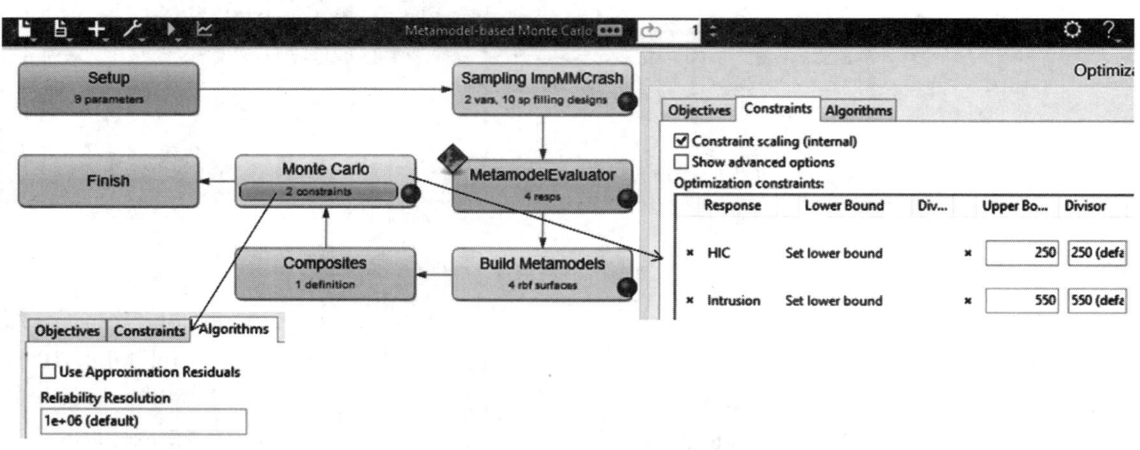

图 22-35 蒙特卡罗分析设置

（7）在 Task selection 菜单中选择 Import metamodel 复选框选项来导入元模型，然后选择 Normal Run 运行蒙特卡罗分析（参见图 22-36）。基于导入的元模型，本例是通过计算 10^6 个蒙特卡罗样本的响应来完成分析。

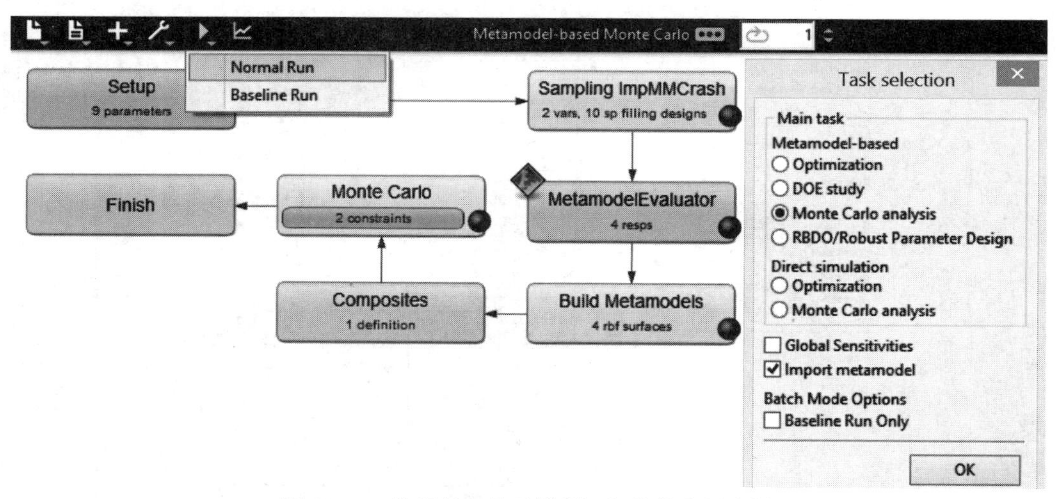

图 22-36 使用导入的元模型运行蒙特卡罗分析

两个约束函数的频率直方图如图 22-37 所示，在均值 nominal_tb =3 和 nominal_th =1.9 的情况下，在 2%的公差区间内没有发生失败。

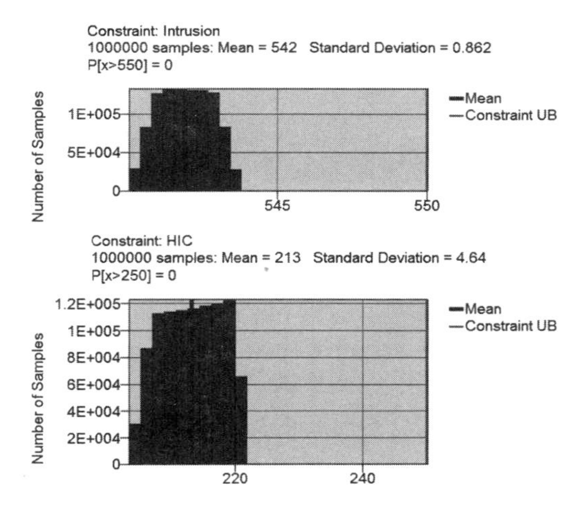

图 22-37　可行性的 HIC 和侵入量频率直方图（绿色背景说明该设计在公差范围内是可行的）

注意：可用另一种方式来执行第（5）步，而不是选择任务选择复选框选项来导入元模型，在使用 Normal Run 运行基于元模型蒙特卡罗分析任务之前，在 DesignFunctionsGlobal_PoleCrash 文件中通过修复操作（Repair→Import Metamodels）来导入元模型。然而，这种方法是一个需要手工干预的两步过程，即导入元模型后执行 Normal Run。因此，当蒙特卡罗分析是公差优化中的子问题时，这种方法是不可行的，在此过程中，在不同设计配置下进行若干蒙特卡罗分析（参见第 22.5.4 节）。

22.5.4　公差优化设置及结果

在第 22.5.3 节中，给出了在均匀分布假设下，采用固定的均值设计和公差值来计算失败概率的方法。在固定均值和公差之后，计算出的概率本质上是这些特定值的条件概率。在式（22-3）中，相同的条件概率是公差优化问题约束定义的一部分。因此，第 22.5.3 节给出的例子是式（22-3）中定义的公差优化公式的子问题。在 LS-OPT 中，可以使用多级框架来解决这些问题（参见第 17.7 节）。本节给出了式（22-3）中公差优化问题的建立和结果处理。用于公差优化的 LS-OPT 设置包括两个级别。基本的两级公差优化方法如图 22-38 所示。

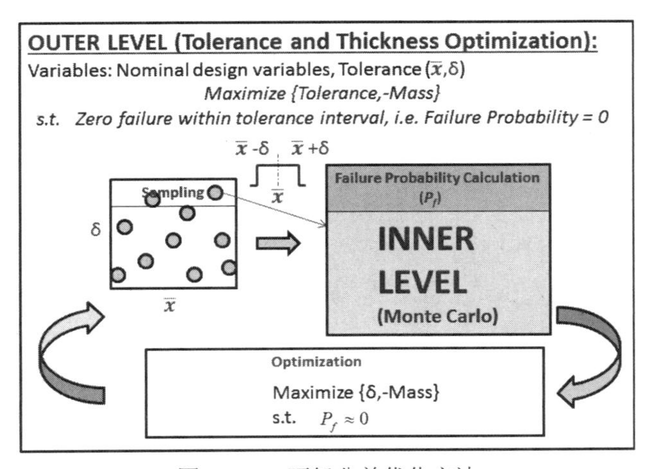

图 22-38　两级公差优化方法

为了降低两级优化的成本，我们使用导入的预构全局元模型进行内部级蒙特卡罗分析，如第 22.5.3 节所示。为此，需要首先创建一个全局元模型数据库。综上所述，完整的求解方法包括两个步骤：

步骤 1：基于单次迭代元模型的优化，构造全局元模型，得到式（22-2）的确定性最优解。

步骤 2：使用导入元模型进行两级公差优化。关于 LS-OPT 设置，外层是一个优化（在本例中是直接优化），以名义厚度值和相关的相对公差作为优化变量。内部层次是一个导入的基于元模型蒙特卡罗分析，它对每个外部层次的样本（x,δ）进行分析。

下面将详细介绍这两个步骤的设置步骤。

步骤 1：确定性优化。LS-OPT 设置如图 22-39 所示。这一步包括一个确定性基于元模型的单次迭代优化。优化公式如式（22-2）所示。所选择设计部件的质量在侵入量和 HIC 约束下最小化。优化变量是所选部件的厚度 thood 和 tbumper。也可以执行 DOE 任务而不是优化，因为这一步的主要目的是构造设计响应的高保真元模型。这些元模型以后可以用来替代下一步中所需要的大量有限元分析。

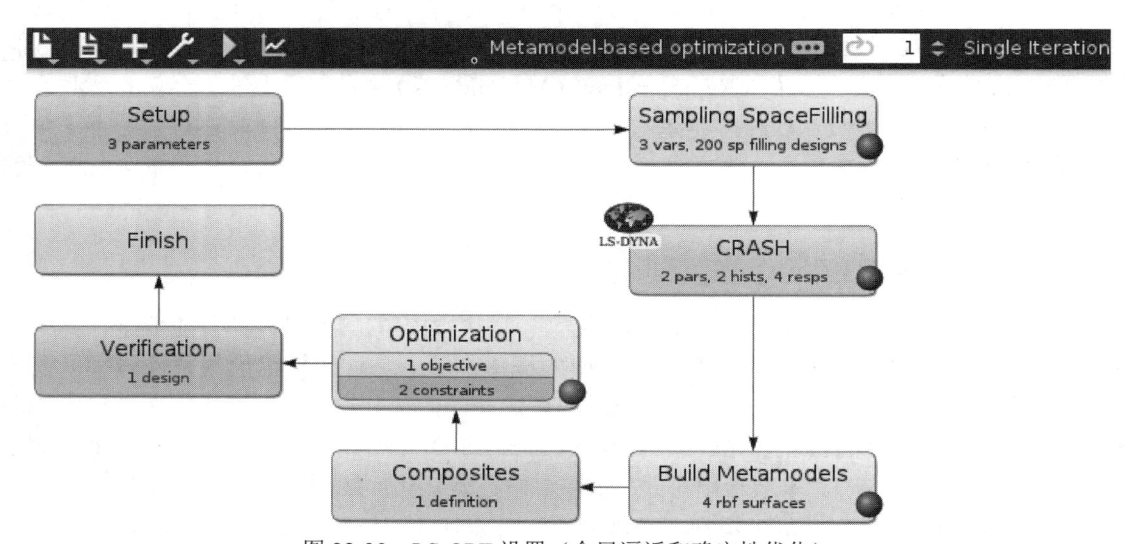

图 22-39　LS-OPT 设置（全局逼近和确定性优化）

在 LS-OPT 中，使用基于单次迭代元模型的优化任务类型来设置设计问题。以径向基函数网络为元模型，以空间填充为采样技术，定义大量设计样本（200 个），得到的全局元模型从而具有足够的准确性。LS-OPT 生成的元模型数据库 DesignFunctions.1 保存为 DesignFunctionsGlobal_PoleCrash。

目标函数 Mass 的元模型曲面图如图 22-40 所示，表征可行性域和不可行性域。从图中可以明显看出以下两件事，这再次强调了为什么在设计中要考虑不确定性影响（比如公差形式）：

- 最优解（tbumper=1，thood =1.734，质量为 0.4554）位于可行性域的边界。因此，轻微的扰动可能导致失败。
- 空间中还存在一个极微小的可行性孤岛区域（绿色），可能是由于噪声或局部元模型不准确导致的。如果最优方案就在该区域上，那么这样的设计根本就不可靠。同样，轻微的扰动可能导致失败。

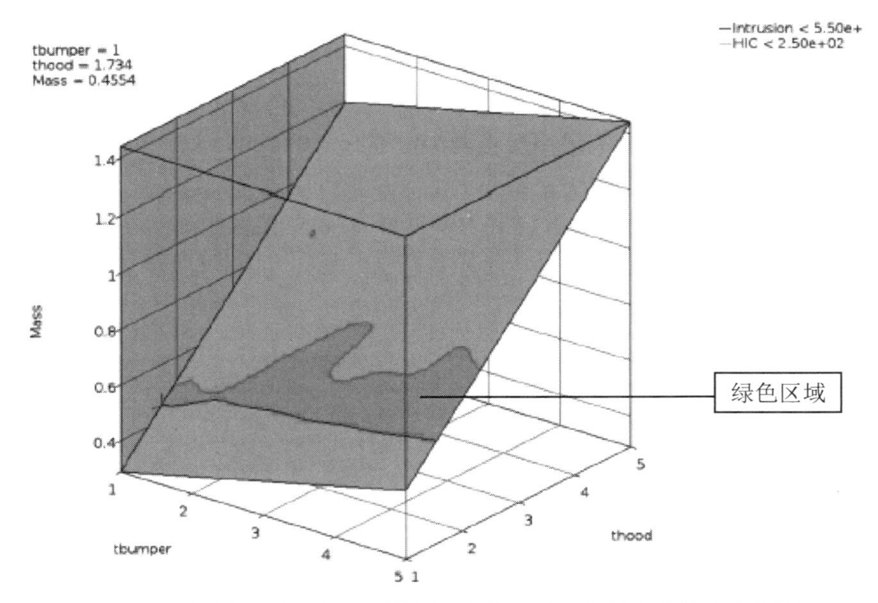

图 22-40　质量表面图（绿色区域是可行的，洋红色的十字代表最优解）

步骤 2：使用多级设置优化厚度和相对公差。而步骤 1 的目标主要是提供全局近似，以降低整个设计过程的成本。步骤 2 描述了实际的公差优化。总之，完整的设置有两个层次：

1）外部层次。

Task type（任务类型）：直接优化，如式（22-3）所示，种群数量为 100（使用直接优化，也可以使用元模型），遗传 50 代。

Control Variables（控制变量）：nominal_th、nominal_tb 和 rel_tol(δ)。

Responses（响应）：失败概率，名义值（LS-OPT 类型响应）。

Objectives（目标）：最大限度地提高 rel_tol，最大限度地降低 nominal_mass。

Constraints（约束条件）：失败概率≈0（上界小于内级可靠性分辨率）

$\text{Probability}[Intrusion > 500] \leqslant 10^{-8}$　　for all $\boldsymbol{x} \in [\boldsymbol{x}(1-\delta), \boldsymbol{x}(1+\delta)]$

$\text{Probability}[HIC > 250] \leqslant 10^{-8}$　　for all $\boldsymbol{x} \in [\boldsymbol{x}(1-\delta), \boldsymbol{x}(1+\delta)]$

2）内部层次。

Task type（任务类型）：在每个外部级别的示例中使用来自步骤 1（参见第 22.5.3 节）的基于导入元模型蒙特卡罗法。

Noise Variables（噪声变量）：thood，tbumper（定义的 thood 和 tbumber 分布作为外部变量的函数）。

Responses（响应）：HIC、位移、质量等（导入元模型响应）。

Constraints（约束条件）：HIC < 250，侵入量< 550mm。

下面将详细介绍在 LS-OPT 中设置以上所述内部和外部两个层次问题的步骤。首先设置内部级别，然后设置外部级别。内部级别设置是外部级别 LS-OPT 类型阶段的输入文件。

（1）内层设置（蒙特卡罗分析）。遵循与第 22.5.3 节相同的步骤。为了符合式（22-3）中的外层问题，需要修改约束定义。

1）按照与第 22.5.3 节中的（1）和（2）完全相同的步骤，从 DesignFunctionsGlobal_PoleCrash

导入现有元模型。

2）按照第 22.5.3 节相同的步骤（3）中方法，确保将分布参数化，如图 22-34 所示。然而，需要改变常数 nominal_tb、nominal_th 和 rel tol(δ)为 Transfer Variables，它们可以被赋给任何数值而不产生任何效果。因为这些值最终会被外层样本覆盖。第 22.5.5 节对此作了进一步解释。

如图 22-41 所示，这些变量在内层蒙特卡罗分析中被视为常量，但在外层中可能是优化变量（参见第 19.7 节）。将传递变量的值设置为外层样本变量值。因此，对于一个特定的外层样本，传递变量及其依赖项（名义变量和变量分布范围）是固定的，使用这些固定分布计算的内层失败概率对应于该特定的外层样本。

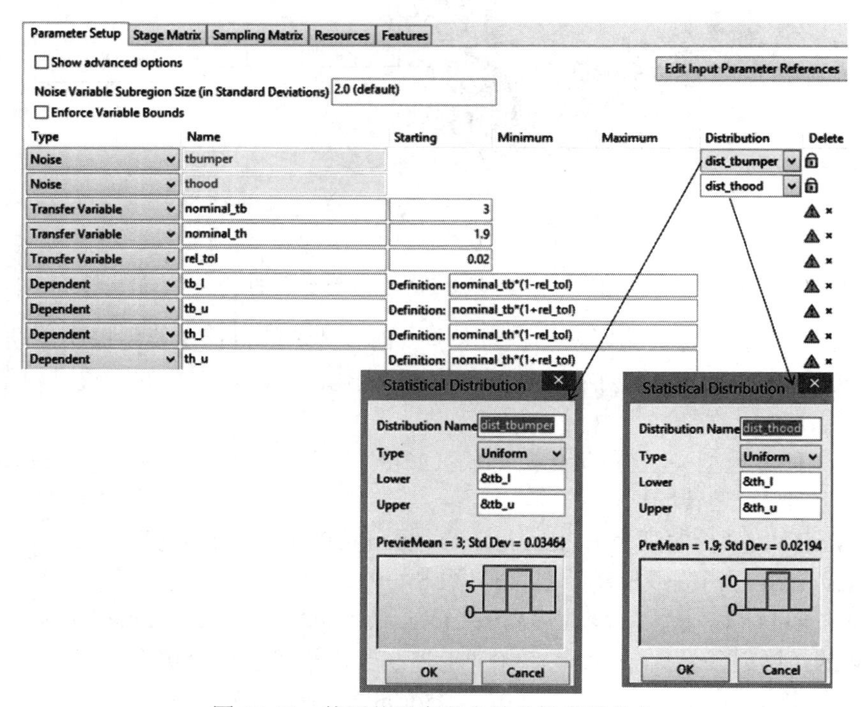

图 22-41　使用传递变量参数化的变量分布

3）按照与第 22.5.3 节相同的步骤（4）中方法来定义约束条件，如图 22-42 所示。

Optimization
Objectives　Constraints　Algorithms
☐ Constraint scaling (internal)
☐ Show advanced options
Optimization constraints:

Response	Lower Bound	Upper Bound
Intrusion	Set lower bound	550
HIC	Set lower bound	250

图 22-42　蒙特卡罗分析的内层级别约束

4）按照与第 22.5.3 节相同的步骤（5）中方法，在“任务选择”菜单中选择“导入元模型”复选框选项。但是，不要执行正常的运行，只需以任何名称保存内层级别设置，比如 inner.lsopt。

（2）外层设置（优化）。

1）启动一个新的 LS-OPT 项目，以直接优化作为任务类型。

2）选择 LS-OPT 作为阶段框中的求解器包。单击 Use default command 复选框，这将把命令更改为 LS-OPT 可执行文件的完整路径。使用 Browse 选项，选择内层级别 LS-OPT 项目文件 inner.lsopt 作为求解器的输入文件。由于元模型导入需要在内层级别使用文件 DesignFunctionsGlobal_PoleCrash，因此可以使用 Extra input files 选项将该文件传输到外层级别的运行目录，如图 22-43 所示。

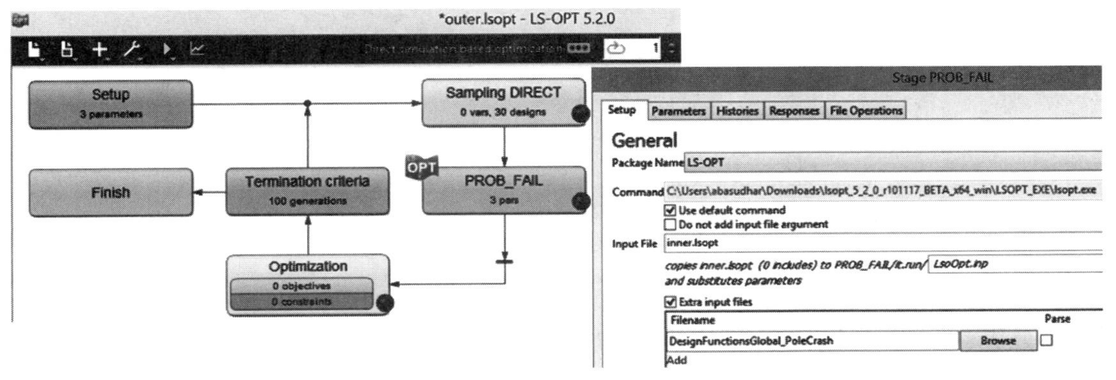

图 22-43　外层级设置

3）一旦解析了内层 LS-OPT 输入文件，就会在外层的参数设置框中显示内层 nominal_tb、nominal_th 和 rel_tol 的传输变量。将这些参数定义为连续变量，并为每个变量指定上界和下界，如图 22-44 所示。

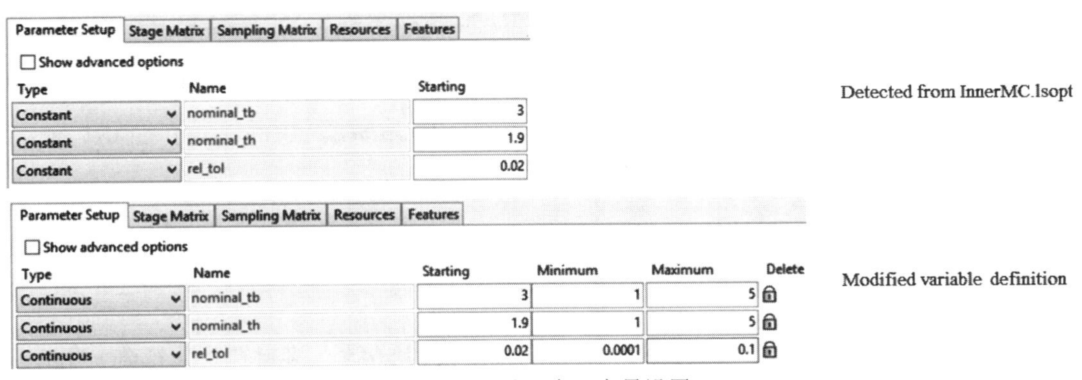

图 22-44　外层全局变量设置

4）定义外层响应。利用 LS-OPT 统计量响应定义可以提取内部层次蒙特卡罗分析的统计量。在本例中，我们提取了内层蒙特卡罗分析的约束失败概率和名义设计的响应值。因此，将超过上限概率和名义值的侵入量和 HIC 定义为外部响应。需要注意的是，每一个外层样本都对应于内层的名义设计。图 22-45 显示了侵入量失败概率和其他外层响应定义。

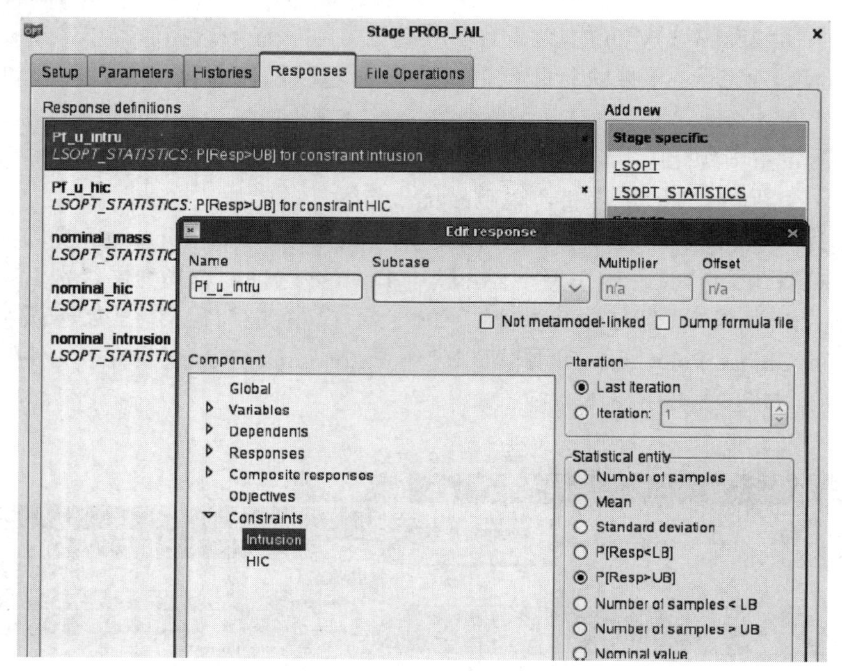

图 22-45　外层级别的响应定义

5）这些概率响应稍后被选择为外层设计约束，上界接近于零（小于内层蒙特卡罗分析的可靠性分辨率），如图 22-46 所示。最大限度的公差和最小的名义质量是外层设计的目标。当公差达到最大值时，公差变量的负值可以使用 Expression composite 定义为一个复合响应（obj_tol）。obj_tol 和 nominal_mass 为最小化目标函数。选择 Create Pareto Optimal Front 选项。

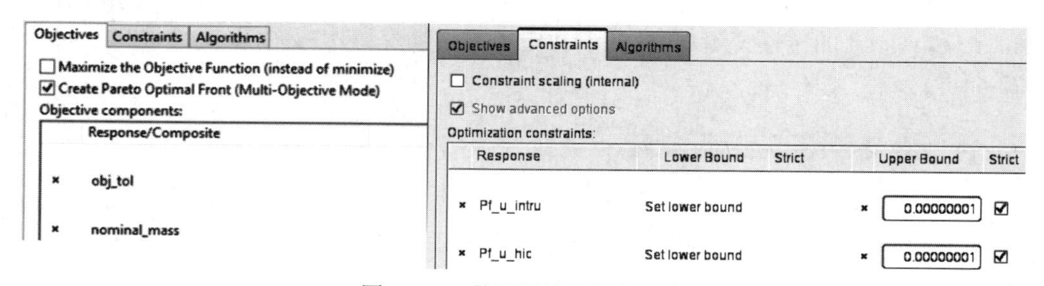

图 22-46　外层设计目标和约束

6）基于遗传算法的多目标优化，指定所需的种群大小和终止准则。外层的总体设置如图 22-47 所示。

结果

求解上述优化问题，样本个数为 100 个，迭代次数为 50 次。多目标优化得到一组设计部件质量从 0.456 到 0.472 的帕累托最优设计，最大公差为 0.037。因此，在质量增加约 0.016 个单位或 3.5%的情况下，获得了 3.7%的鲁棒设计公差。由于帕累托优化设计是基于元模型的，因此对这些点进行 LS-DYNA 分析，得到基于仿真的结果。最后一代基于元模型和 LS-DYNA 分析的帕累托前沿如图 22-48 所示。需要注意的是，所有基于仿真的优化设计都是可行的，表明步骤 1 得到的元模型具有较好的精度。

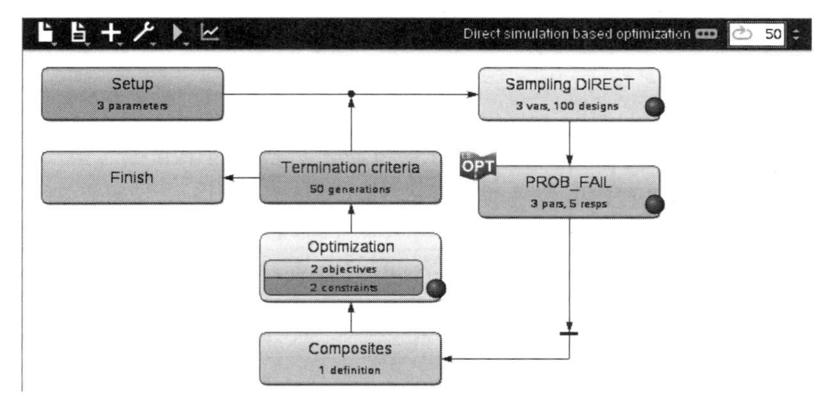

图 22-47　用于外层多目标优化的 LS-OPT 设置

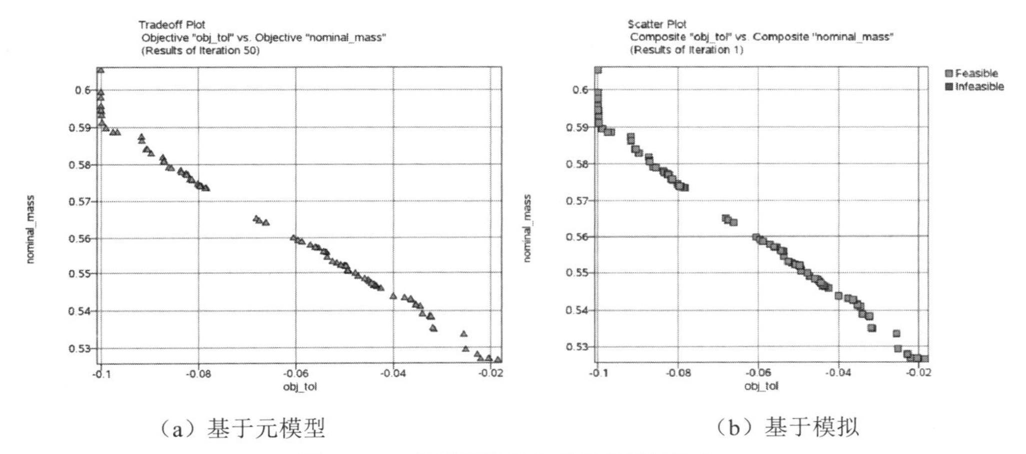

（a）基于元模型　　（b）基于模拟

图 22-48　基于元模型和基于模拟的取舍

图 22-49 显示了这两个目标之间的折中和帕累托前沿超过 50 迭代次数的演化。

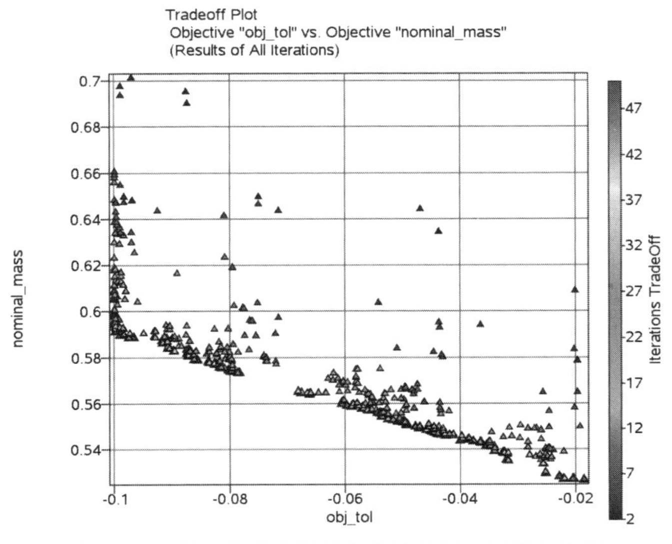

图 22-49　所有迭代的质量和公差目标之间的取舍图

表 22-4 对基准的目标和约束值、确定性最优和基于公差最优（在最大公差处）进行了结果汇总。

表 22-4　结果汇总

设计点	tbumper	thood	rel_tol	Mass	HIC	Intrusion	最大约束违反
基准	3	1	-	0.41	68.02	575.7	25.7
确定性最优	1	1.75	-	0.456	222.6	549.4	0
基于公差的最大公差优化	2.63	1.95	0.1	0.6	229.8	541.6	0

注意：也可在式（22-3）中约束目标函数（本例中的质量）。当然，这并不是必要的。有关详细信息可以参考文献[1]。

22.5.5　RBDO 与公差优化的对比

公差优化与 RBDO 在许多方面类似——都涉及一个或多个受概率约束的目标函数最小化。公差优化中的变量分布被截断，因此，公差优化类似于截断变量分布的 RBDO。主要的区别在于，与变量关联的公差值在这里也进行了优化。因此，在公差优化过程中，截断分布的范围发生了变化。这与 RBDO 相反，RBDO 中变量分布的范围是已知的，只有平均值在优化过程中发生变化。由于在 RBDO 中变量分布是固定的，因此使用在样本周围具有相同范围的分布来计算任意样本的失败概率。另一方面，在公差优化过程中，公差值也是样本的一个变量（外层优化变量），因此，每个样本的变量分布范围不同。然而，对于一个特定的外层样本，公差值和相关的变量分布范围是固定的。因此，利用蒙特卡罗分析方法计算了该样本的失败概率。

外部层和内部层之间的联系是使用传递变量建立的。每一个外层样本都定义了名义设计参数和公差值。相同的变量被定义为内部层的传递变量，并在那里作为常量处理。因此，一个特定的外部层示例将替换内部层中的传递变量值。内部层的分布使用传递变量进行参数化，传递变量在该层中具有常数值。因此，对于某一特定的外层级样本，内层级的分布也是固定的，这使得计算外层级样本的失败概率成为可能。

对于一个固定的公差值（也就是说，如果不优化公差值，而是在一个预先确定的区间内实施可行性），公差优化问题就简化为截断变量分布的 RBDO。

22.6　使用随机场

本例展示了：

- 在蒙特卡罗分析中使用随机场。
- 在蒙特卡罗分析中使用变量和随机场。
- 使用随机场复制实验。
- 使用固定随机场。

考虑图 22-50 所示的结构，这是用随机场模拟几何缺陷梁的压缩，所考虑的是分析结束时的负载。

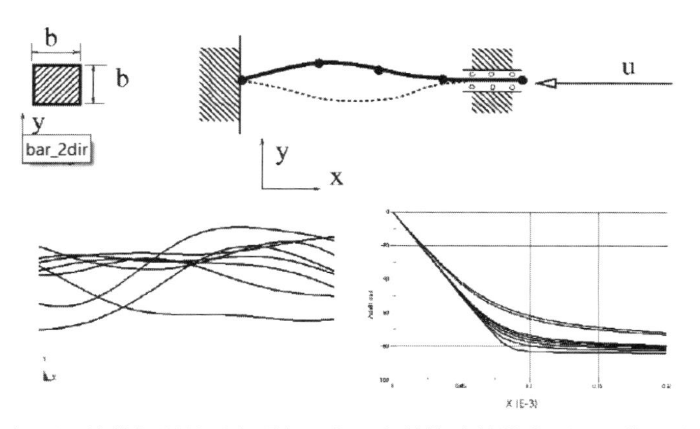

图 22-50 随机场问题（结构问题显示在顶部，左下角是扰动被放大了 100 倍，右下角是响应历史）

梁的长度为 20，杨氏模量为 2e8。采用隐式分析方法，用 128 个类型 2 的梁单元对其进行分析，并以 20 个增量将端部压缩-0.002 的距离。

用谱法产生扰动，得到高斯相关函数描述的自相关函数。高斯相关函数为 $P(x)=\mathrm{e}^{-(as)^2}$，距离为 s，常数 a=0.1。由此产生的扰动按 0.01 的比例缩放。LS-DYNA 的*PERTURBATION 关键字定义如下：

```
*PERTURBATION_NODE
$type, nid, scl, cmp, icoord, cid
4, , 1.e-2, 3
$cstype, e1, e2, rnd
1, , ,
1, 1.e-1
```

22.6.1 只使用随机场

首先，只考虑几何随机场进行蒙特卡罗分析（图 22-51）。使用 LS-DYNA 关键字*PERTURBATION 将随机场设置为自由变化。每个 LS-OPT 分析都需要一个变量。所以我们添加了一个什么操作都不进行的虚拟变量，如图 22-52 所示，运行了 50 个仿真，如图 22-53 所示。点的选择是任意的，因为没有使用变量值。注意，在 LS-DYNA 的* PERTURBATION 关键字中，有可能有一个变量控制随机种子，该变量由于多种原因而可能是有用的，比如仅只有某一随机场。

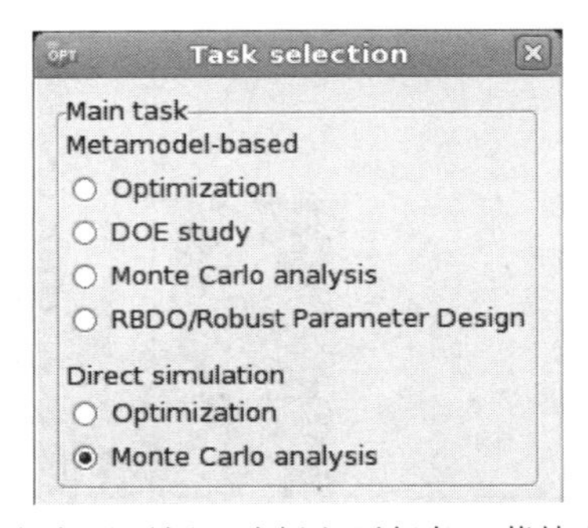

图 22-51 任务对话框（选择主要任务一蒙特卡罗分析）

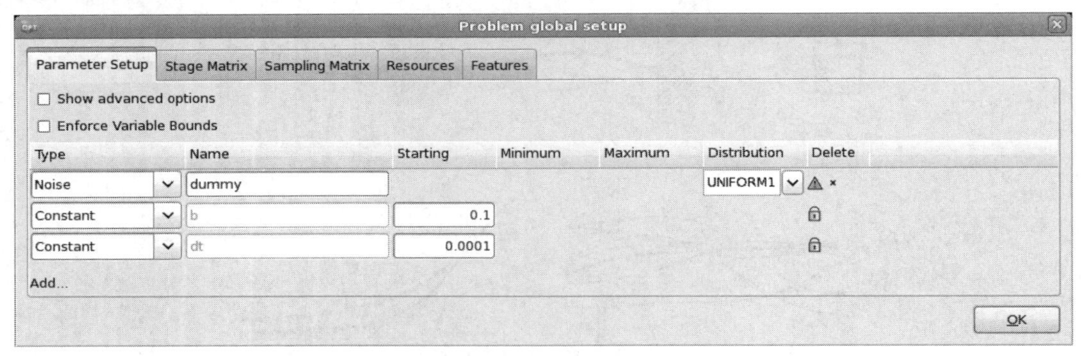

图 22-52 参数设置（由于不使用虚拟变量模型，这里可以使用任意分布）

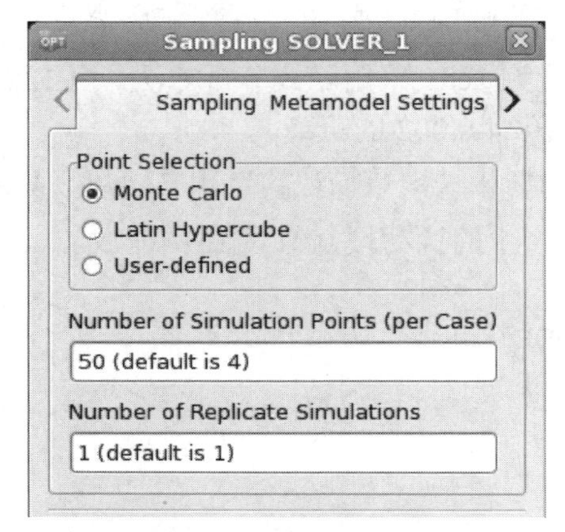

图 22-53 采样对话框（指定仿真点的数目，因为没有使用变量，点的选择不影响这里的分析）

响应的直方图如图 22-54 所示。注意，分布具有一个特征形状。

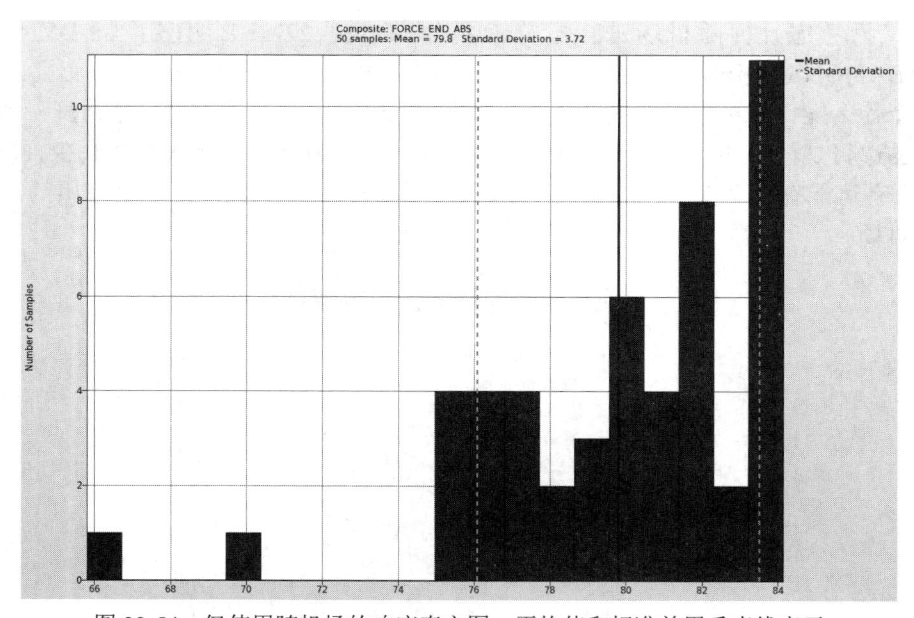

图 22-54 仅使用随机场的响应直方图—平均值和标准差用垂直线表示

22.6.2 一个变量和一个随机场

在这个例子中，一个变量和随机场被用来做分析。

通过使用*PERTURBATION 关键字，随机场可以自由变化，如第 22.6.1 节所描述，但是截面的尺寸 b 也根据正态分布而变化（图 22-55）。图 22-56 显示结果力。

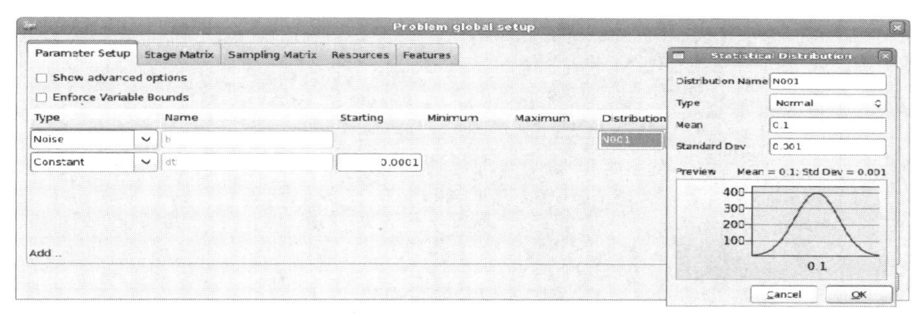

图 22-55 噪声变量分布定义

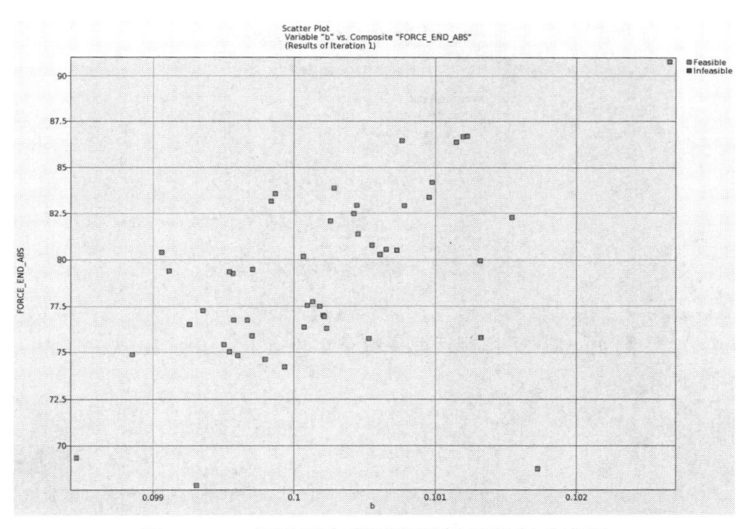

图 22-56 使用厚度变量和随机场绘制响应图

22.6.3 使用随机场重复实验

在本例中，分析一个变量和随机场。在每个实验点上用随机场不同值进行重复运行。在 LS-DYNA 中，将随机域的随机种子添加为变量，如图 22-57 所示。把种子设为 0，让变量自由变化：

```
*PARAMETER
irand, 0
$
*PERTURBATION_NODE
$type, nid, scl, cmp, icoord, cid
4, , 1.e-2, 3,
```

```
$cstype, e1, e2, rnd
1, , , &rand
$
1, 1.e-1
$
```

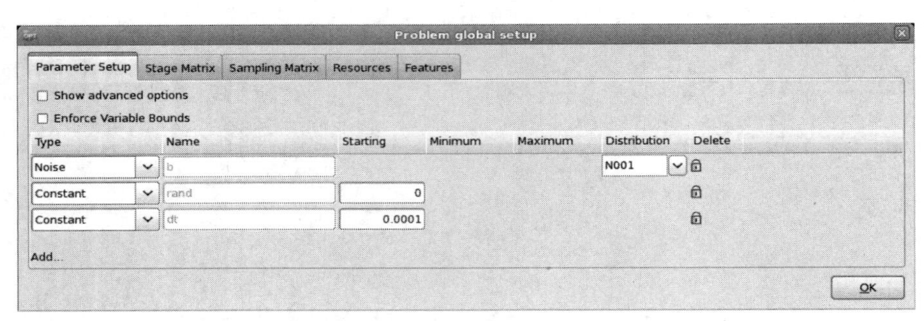

图 22-57　参数设置

在 LS-OPT 中，使用重复实验来分析，如图 22-58 所示，响应如图 22-59 所示。

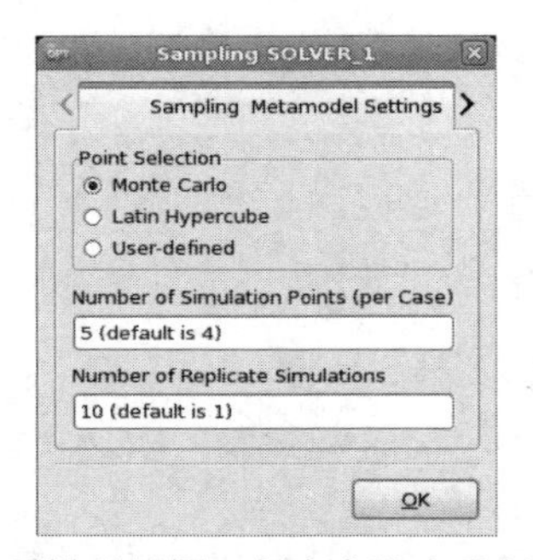

图 22-58　采样对话框—每个实验点重复运行 10 次

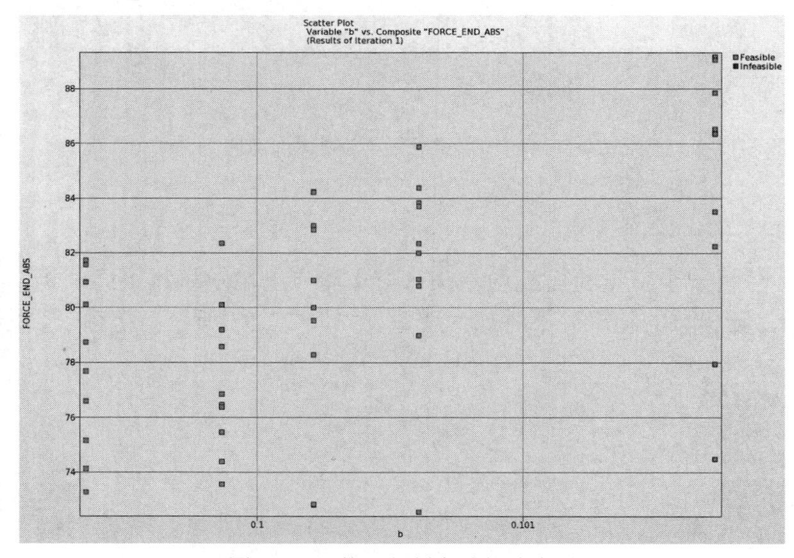

图 22-59　使用复制实验的响应图

22.6.4　使用固定随机场

在本例中，一个变量和随机场被用来做分析。使用相同的随机场在每个实验点上进行重复运行。通过使用随机场的种子作为变量，我们可以指定使用的随机场，如图 22-60 所示。*PERTURBATION 关键字中的随机种子只能取整数值。需要注意的是，该种子被定义为一个离散控制变量，没有一个只接受整数值的分布，而且也不是一个噪声变量。因此，任务是基于元模型的蒙特卡罗分析（直接蒙特卡罗分析用来分析不确定性变量的影响），如图 22-61 所示。采样对话框如图 22-62 所示，响应曲线如图 22-63 所示。

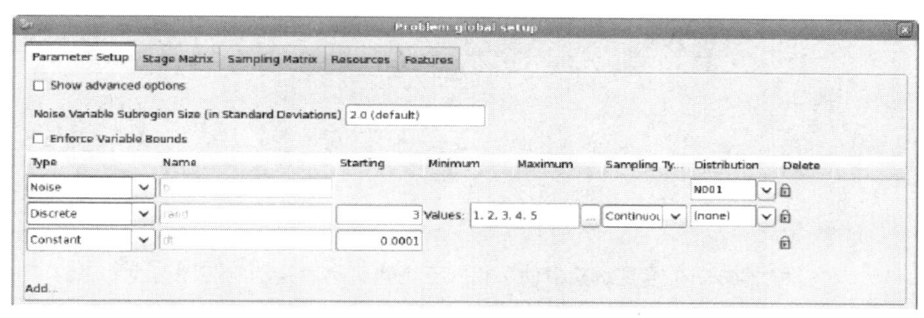

图 22-60　参数设置

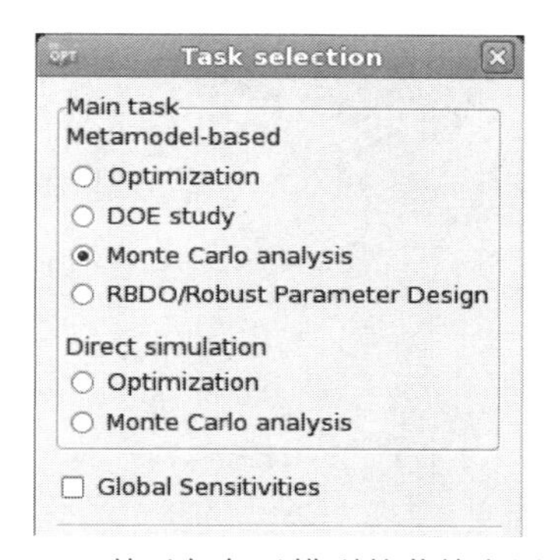

图 22-61　基于任务元模型的蒙特卡罗分析

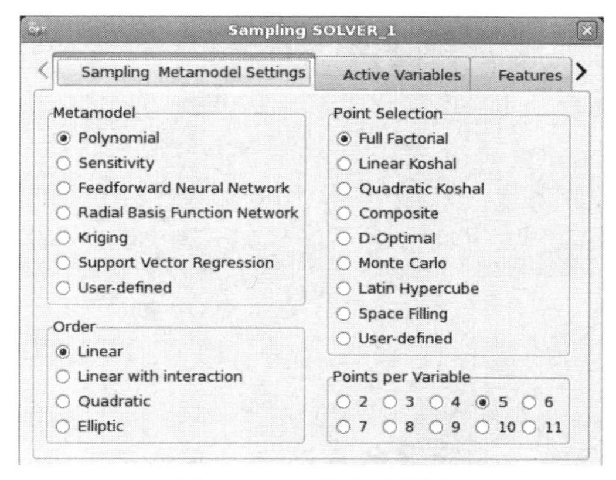

图 22-62　采样对话框

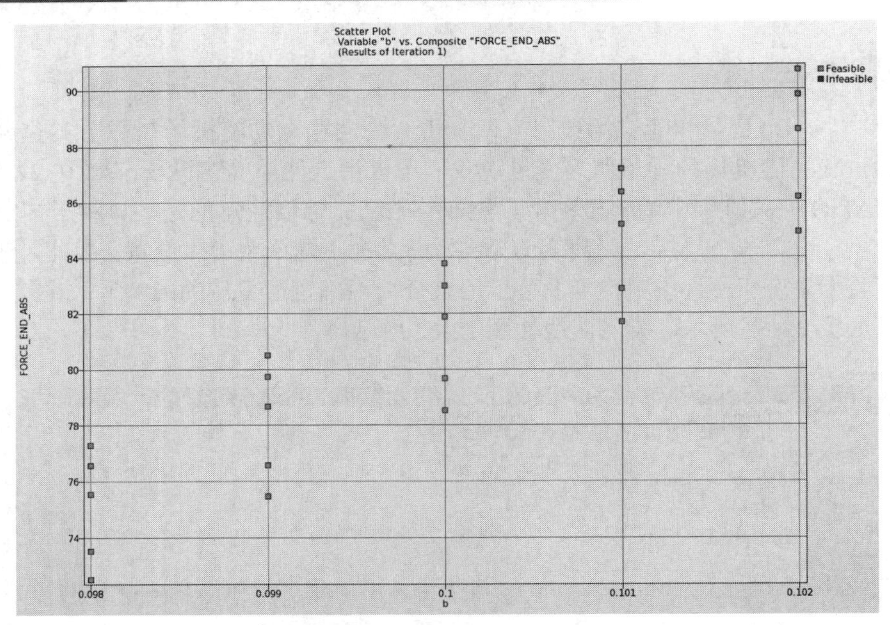

图 22-63 在重复试验中使用相同五个随机字段绘制响应图曲线